建筑施工现场管理人员岗位技能图表详解系列丛书

施工员岗位技能图表详解

主编 宁 平 谭 续 陈远吉

上海科学技术出版社

图书在版编目(CIP)数据

施工员岗位技能图表详解/宁平,谭续,陈远吉主编.—上海:上海科学技术出版社,2013.6
(建筑施工现场管理人员岗位技能图表详解系列丛书)
ISBN 978-7-5478-1418-5

Ⅰ.①施… Ⅱ.①宁… ②谭… ③陈… Ⅲ.①建筑工程－工程施工－图解 Ⅳ.①TU74-64

中国版本图书馆 CIP 数据核字(2012)第 178958 号

上海世纪出版股份有限公司
上 海 科 学 技 术 出 版 社 出版、发行
(上海钦州南路71号 邮政编码200235)
常熟市兴达印刷有限公司印刷
新华书店上海发行所经销
开本 889×1194 1/32 印张 22.25
字数 848 千字
2013年6月第1版 2013年6月第1次印刷
ISBN 978-7-5478-1418-5/TU·163
定价:68.00元

本书如有缺页、错装或坏损等严重质量问题,
请向工厂联系调换

内容提要

本书简明扼要地介绍了建筑工程施工员必须掌握的技术知识，主要内容包括建筑识图与构造、建筑结构基本知识、建筑材料、地基基础工程施工技术、砌体工程施工技术、混凝土结构工程施工技术、防水工程施工技术、装饰装修工程施工技术、施工现场安全管理等。

全书图表详解、通俗易懂、实用性强、可操作性好，是建筑工程施工员的好帮手，也可供建筑类大中专院校、成人教育和建筑工程施工培训用书，并可作为工民建专业学生的学习指导书和教师的教学参考用书。

建筑施工现场管理人员岗位技能图表详解系列丛书

编 委 会

主　编　宁　平　谭　续　陈远吉
副主编　李　娜　梁海丹
编　委　陈远清　陈文娟　陈　婷　陈娅茹
　　　　陈愈义　陈东旭　陈桂香　李　倩
　　　　李文慧　费月燕　叶志江　汪艳芳
　　　　黄　恋　邱小花　路文银　彭　维
　　　　王　芳　王　勇　毕春蕾　吉　艳
　　　　宁荣荣　孙艳鹏

前言

"建筑施工现场管理人员岗位技能图表详解系列丛书"由工程建设领域的知名专家学者历经四年编写而成,是他们多年实际工作的经验积累与总结。丛书结合建筑施工现场的具体要求,依据最新的国家标准或行业标准,对建筑施工现场管理工作人员应具备的技能进行了详细阐述和总结。

"建筑施工现场管理人员岗位技能图表详解系列丛书"共包括以下8个分册:
- 《造价员岗位技能图表详解》
- 《施工员岗位技能图表详解》
- 《材料员岗位技能图表详解》
- 《测量员岗位技能图表详解》
- 《资料员岗位技能图表详解》
- 《监理员岗位技能图表详解》
- 《质量员岗位技能图表详解》
- 《安全员岗位技能图表详解》

本套丛书依据建筑行业对人才的知识、能力、素质的要求,注重读者的全面发展,以常规技术为基础,关键技术为重点,先进技术为导向,理论知识以"必需"、"够用"、"管用"为度,坚持以职业能力培养为主线,体现与时俱进的原则。具体来讲,本套丛书具有以下几个特点:

(1)突出实用性。注重对基础理论的应用与实践能力的培养。本套丛书重点介绍了建筑施工现场管理人员必知、必用、必会、必备的基础理论知识、实践应用、相关方法和技巧。通过精选一些典型的实例,进行较详细的分析,以便读者接受和掌握。

(2)内容实用、针对性强。充分考虑建筑施工现场管理人员的具体工作特点,针对专业职业岗位的设置和业务要求,在内容上不贪大求全,但求实用。

(3)注重本行业的领先性。突出丛书在本行业中的领先性,注重多学科的交叉与整合,使本套丛书内容充实新颖。

(4)强调可读性。重点、难点突出,语言生动简练,通俗易懂,既利于教学又利于读者兴趣的提高。

本套丛书在编写时参考或引用了部分单位、专家学者的资料,得到了许多业内人士的大力支持,在此表示衷心的感谢。限于编者水平有限和时间紧迫,书中疏漏及不当之处在所难免,敬请广大读者批评指正。

本书编委会

2012 年 12 月

目录

第1章 建筑识图与构造 … 1
1.1 投影的基本知识 … 1
1.1.1 投影的概念及投影法的分类 … 1
1.1.2 正投影的基本性质 … 2
1.1.3 三面正投影图的形成 … 5
1.1.4 三面正投影图的分析 … 7
1.1.5 土木工程中常用的投影图 … 8
1.2 图样画法的基本规定 … 11
1.2.1 基本视图与辅助视图 … 11
1.2.2 剖面图与断面图 … 14
1.2.3 简化画法 … 27
1.3 建筑施工图识读 … 30
1.3.1 施工图首页 … 30
1.3.2 建筑总平面图 … 33
1.3.3 建筑平面图 … 36
1.3.4 建筑立面图 … 45
1.3.5 建筑剖面图 … 49
1.3.6 建筑详图 … 53
1.3.7 工业厂房建筑施工图 … 62
1.4 房屋构造 … 67
1.4.1 民用建筑构造概论 … 67
1.4.2 基础构造 … 75
1.4.3 墙体构造 … 86

第2章 建筑结构基本知识 ······ 113
2.1 房屋结构工程技术 ······ 113
2.1.1 房屋结构工程的可靠性技术要求 ······ 113
2.1.2 房屋结构平衡的技术要求 ······ 117
2.2 建筑结构的分类与安全要求 ······ 126
2.2.1 建筑结构的概念与分类 ······ 126
2.2.2 建筑结构的安全要求 ······ 126
2.3 建筑结构构件 ······ 129
2.3.1 建筑结构基本构件 ······ 129
2.3.2 单跨梁的受力特点 ······ 130
2.3.3 桁架内力分析 ······ 131
2.4 建筑结构体系 ······ 132
2.4.1 建筑结构体系的类型 ······ 132
2.4.2 混合结构体系的受力特点 ······ 139
2.4.3 框架结构体系的受力特点 ······ 140
2.4.4 剪力墙结构体系的受力特点 ······ 141
2.4.5 拱结构体系的受力特点 ······ 142
2.4.6 悬索结构体系的受力特点 ······ 143
2.5 建筑抗震基本知识 ······ 144
2.5.1 地震的震级及烈度 ······ 144
2.5.2 抗震设防 ······ 145
2.5.3 抗震构造措施 ······ 146

第3章 建筑材料 ······ 148
3.1 水泥 ······ 148
3.1.1 常用水泥的种类 ······ 148
3.1.2 常用水泥的选用 ······ 149
3.1.3 各种水泥的适用范围 ······ 151
3.1.4 水泥的验收保管与质量标准 ······ 154
3.2 混凝土 ······ 156
3.2.1 混凝土的基本性能 ······ 156

3.2.2　混凝土的分类 …………………………………… 156
   3.2.3　混凝土拌合物的和易性 …………………………… 162
   3.2.4　混凝土的强度 …………………………………… 168
   3.2.5　混凝土的耐久性及其提高措施 ……………………… 172
 3.3　建筑砂浆 …………………………………………… 176
   3.3.1　砂浆的作用及其分类 ……………………………… 176
   3.3.2　砂浆的技术要求 …………………………………… 177
   3.3.3　常用砂浆配合比用料 ……………………………… 177
   3.3.4　影响砂浆强度的因素 ……………………………… 178
 3.4　钢筋 ………………………………………………… 179
   3.4.1　钢筋的分类方法 …………………………………… 179
   3.4.2　常用钢筋品种、规格及性能 ………………………… 179

第4章　地基基础工程施工技术 …………………………… 209
 4.1　土的工程分类及性质 ………………………………… 209
   4.1.1　土的工程分类 ……………………………………… 209
   4.1.2　土的工程性质 ……………………………………… 211
   4.1.3　土的力学性质指标 ………………………………… 218
 4.2　土方开挖 …………………………………………… 219
   4.2.1　土方开挖的施工准备 ……………………………… 219
   4.2.2　土方边坡的基本规定 ……………………………… 221
   4.2.3　边坡处理方法 ……………………………………… 223
   4.2.4　边坡护面处理 ……………………………………… 224
   4.2.5　边坡加固 …………………………………………… 225
   4.2.6　土壁支撑 …………………………………………… 227
   4.2.7　集水井与井点降水 ………………………………… 234
   4.2.8　土方开挖方法 ……………………………………… 245
 4.3　土方回填与压实 ……………………………………… 254
   4.3.1　土方回填的要求 …………………………………… 254
   4.3.2　填土压实 …………………………………………… 257
 4.4　土方的季节性施工 …………………………………… 261

- 4.5 换填地基 ··· 263
  - 4.5.1 灰土地基加固 ······································· 263
  - 4.5.2 砂和砂石地基加固 ································· 266
- 4.6 强夯地基 ··· 271
  - 4.6.1 强夯施工方法及其适用范围 ····················· 271
  - 4.6.2 强夯施工技术参数 ································· 272
  - 4.6.3 夯点布置及施工数据 ······························ 273
- 4.7 注浆地基 ··· 275
  - 4.7.1 注浆地基的材料要求 ······························ 275
  - 4.7.2 浆液类型及配合比 ································· 277
  - 4.7.3 注浆地基的施工要点 ······························ 279
- 4.8 土和灰土挤密桩复合地基 ····························· 281
  - 4.8.1 复合地基的材料和构造要求 ····················· 281
  - 4.8.2 复合地基的施工要点 ······························ 282
- 4.9 混凝土预制桩施工 ······································ 282
  - 4.9.1 混凝土预制桩施工的材料要求 ·················· 282
  - 4.9.2 预制桩的制作、起吊、运输及堆放 ············ 283
  - 4.9.3 混凝土预制桩的施工要点 ························ 285
- 4.10 混凝土灌注桩施工 ····································· 290
  - 4.10.1 混凝土灌注桩施工的材料要求 ················ 290
  - 4.10.2 干作业钻孔灌注桩 ······························· 292
  - 4.10.3 干作业钻孔扩底灌注桩 ·························· 293
  - 4.10.4 泥浆护壁成孔灌注桩 ···························· 294
  - 4.10.5 套管成孔灌注桩 ·································· 297
  - 4.10.6 爆扩成孔灌注桩 ·································· 303

第5章 砌体工程施工技术 ······························ 308
- 5.1 常用砌筑材料 ·· 308
  - 5.1.1 砌筑用砖 ··· 308
  - 5.1.2 砌筑用砌块 ·· 315
  - 5.1.3 砌筑砂浆 ··· 318

5.1.4　砌筑用石材 ································· 319
　5.2　砖基础的砌筑 ······································ 320
　　　5.2.1　砖基础砌筑的操作工艺 ······················· 320
　　　5.2.2　砖基础砌筑的质量标准 ······················· 330
　5.3　砖墙的砌筑 ·· 333
　　　5.3.1　砖墙砌筑的操作工艺 ························· 333
　　　5.3.2　砖墙砌筑的质量标准 ························· 357
　5.4　石材砌体砌筑技术 ·································· 359
　　　5.4.1　石材砌体分类及其适用范围 ··················· 359
　　　5.4.2　毛石砌体的组砌形式 ························· 360
　　　5.4.3　毛石砌体的砌筑工艺与方法 ··················· 361
　　　5.4.4　毛石墙砌筑的勾缝 ··························· 366
　　　5.4.5　毛石砌体施工质量通病 ······················· 368
　　　5.4.6　石材砌体的质量标准 ························· 370
　5.5　混凝土小型空心砌块施工 ···························· 372
　　　5.5.1　混凝土小型空心砌块施工操作要点 ············· 372
　　　5.5.2　混凝土芯柱施工 ····························· 379
　　　5.5.3　砌块砌体施工质量通病与防治 ················· 383
　　　5.5.4　砌块砌体的质量标准 ························· 385

第6章　混凝土结构工程施工技术 ··························· 387
　6.1　概述 ·· 387
　　　6.1.1　混凝土施工过程 ····························· 387
　　　6.1.2　混凝土施工工艺流程 ························· 388
　6.2　施工准备 ·· 388
　　　6.2.1　地基的检查和清理 ··························· 388
　　　6.2.2　模板的检查和清理 ··························· 389
　　　6.2.3　钢筋的检查和清理 ··························· 389
　　　6.2.4　其他项目的检查与准备 ······················· 390
　6.3　混凝土的搅拌 ······································ 391
　　　6.3.1　混凝土的制备流程 ··························· 391

6.3.2 混凝土的施工配料 …… 391
6.3.3 混凝土的搅拌技术 …… 396
6.4 混凝土的运输 …… 399
6.4.1 运输机具 …… 399
6.4.2 运输中的一般要求 …… 399
6.4.3 混凝土从搅拌机中卸出后到浇筑完毕的延续时间
…… 399
6.5 混凝土的浇筑 …… 400
6.5.1 混凝土浇筑施工准备 …… 400
6.5.2 浇筑厚度及间歇时间 …… 401
6.5.3 混凝土浇筑质量要求 …… 402
6.5.4 施工缝的设置与处理 …… 403
6.6 混凝土的振捣 …… 409
6.6.1 振捣的目的和要求 …… 409
6.6.2 常用振捣工艺 …… 410
6.6.3 免振捣自密实混凝土技术 …… 413
6.7 混凝土的养护 …… 415
6.7.1 自然养护 …… 415
6.7.2 蒸汽养护 …… 417
6.7.3 太阳能养护 …… 418
6.7.4 电热养护 …… 419
6.7.5 养护剂养护 …… 421
6.8 模板拆除 …… 423
6.8.1 模板拆除条件 …… 423
6.8.2 模板拆除程序 …… 426
6.9 先张法预应力施工技术 …… 427
6.9.1 先张法概述 …… 427
6.9.2 预应力筋铺设 …… 429
6.9.3 预应力筋张拉 …… 429
6.9.4 混凝土的浇筑和养护 …… 435

6.9.5 预应力筋放张 ……………………………………… 436
6.10 后张法预应力施工技术 …………………………………… 439
 6.10.1 后张法概述 …………………………………… 439
 6.10.2 预留孔道 ……………………………………… 442
 6.10.3 预应力筋张拉 ………………………………… 445
 6.10.4 孔道灌浆 ……………………………………… 448

第7章 防水工程施工技术 …………………………………… 450
7.1 屋面防水工程施工技术 ……………………………………… 450
 7.1.1 卷材防水屋面施工技术 ………………………… 450
 7.1.2 涂膜防水屋面施工技术 ………………………… 475
 7.1.3 刚性防水屋面施工技术 ………………………… 480
7.2 地下工程卷材防水施工 ……………………………………… 486
 7.2.1 施工要求与工作准备 …………………………… 486
 7.2.2 地下沥青卷材防水施工 ………………………… 488
 7.2.3 高聚物改性沥青卷材防水施工 ………………… 495
 7.2.4 合成高分子卷材防水施工 ……………………… 498
 7.2.5 工程质量控制手段与措施 ……………………… 501

第8章 装饰装修工程施工技术 ……………………………… 510
8.1 内墙抹灰 ……………………………………………………… 510
 8.1.1 内墙抹灰工艺流程 ……………………………… 510
 8.1.2 不同基体的内墙抹灰 …………………………… 513
 8.1.3 一般抹灰的允许偏差 …………………………… 518
 8.1.4 冬、雨期抹灰技术 ……………………………… 519
8.2 外墙抹灰 ……………………………………………………… 519
 8.2.1 外墙抹灰工艺流程 ……………………………… 519
 8.2.2 外墙一般抹灰饰面做法 ………………………… 522
 8.2.3 加气混凝土墙体抹灰操作的注意事项 ………… 523
 8.2.4 外墙细部抹灰 …………………………………… 524
8.3 顶棚抹灰 ……………………………………………………… 526
 8.3.1 顶棚抹灰工艺流程 ……………………………… 526

- 8.3.2 顶棚抹灰分层做法 ······ 527
- 8.3.3 顶棚直接抹灰施工方法 ······ 528

8.4 机械抹灰 ······ 529
- 8.4.1 主要施工机具设备 ······ 529
- 8.4.2 机械抹灰工艺流程 ······ 529
- 8.4.3 机械抹灰施工准备 ······ 530
- 8.4.4 机械抹灰施工技术要点 ······ 530
- 8.4.5 持枪角度与喷枪口的距离 ······ 531

8.5 钢门窗安装 ······ 532
- 8.5.1 钢门窗的基本构造 ······ 532
- 8.5.2 钢门窗的五金配件要求 ······ 534
- 8.5.3 钢门窗的安装方法 ······ 539
- 8.5.4 钢门窗安装的允许偏差 ······ 540

8.6 铝合金门窗安装 ······ 541
- 8.6.1 铝合金门窗的基本构造 ······ 541
- 8.6.2 铝合金门窗的制作材料选购 ······ 541
- 8.6.3 铝合金门窗的制作与安装 ······ 543
- 8.6.4 铝合金门窗安装的允许偏差 ······ 548

8.7 塑料门窗安装 ······ 549
- 8.7.1 塑料门窗制作的工艺流程 ······ 549
- 8.7.2 塑料门窗的安装方法 ······ 551
- 8.7.3 塑料门窗安装的允许偏差 ······ 553

8.8 吊顶施工 ······ 554
- 8.8.1 吊顶的类型 ······ 554
- 8.8.2 吊顶的构造 ······ 555
- 8.8.3 暗龙骨吊顶施工 ······ 556
- 8.8.4 明龙骨吊顶施工 ······ 561

8.9 骨架隔墙施工 ······ 564
- 8.9.1 骨架隔墙施工的工艺流程 ······ 564
- 8.9.2 骨架隔墙安装的允许偏差 ······ 567

8.10 石膏空心板隔墙安装 ··· 567
8.10.1 石膏空心板隔墙安装的施工要点 ············ 567
8.10.2 石膏空心板(石膏砌块)隔墙安装的允许偏差和检验方法 ··· 569

8.11 饰面工程 ··· 569
8.11.1 饰面板安装的施工要求 ···················· 569
8.11.2 饰面板的接缝宽度 ························ 570
8.11.3 饰面板安装的允许偏差 ···················· 571
8.11.4 饰面砖粘贴的施工要求 ···················· 571
8.11.5 饰面砖粘贴的允许偏差 ···················· 576

8.12 地面基层施工 ······································· 576
8.12.1 地面基层施工的一般规定 ·················· 576
8.12.2 土料最佳含水量和最大干密度 ············ 579
8.12.3 每层虚铺厚度和碾压遍数关系 ············ 579

8.13 地面垫层施工 ······································· 580
8.13.1 灰土垫层施工 ······························ 580
8.13.2 三合土垫层施工 ··························· 583
8.13.3 炉渣垫层施工 ······························ 586
8.13.4 水泥混凝土垫层施工 ······················ 591

8.14 找平层施工 ··· 595
8.14.1 找平层施工要求 ··························· 595
8.14.2 找平层施工操作要点 ······················ 597

8.15 各种面层施工 ······································· 600
8.15.1 水泥混凝土面层施工 ······················ 600
8.15.2 水泥砂浆面层施工 ························ 605
8.15.3 水磨石面层施工 ··························· 610
8.15.4 板块面层施工 ······························ 619

8.16 水性涂料涂饰工程 ································· 622
8.16.1 水性涂料涂饰工程的材料要求 ············ 622
8.16.2 聚乙烯醇水玻璃内墙涂料施工 ············ 623

- 8.16.3 多彩花纹内墙涂料施工 ············ 624
- 8.16.4 104外墙饰面涂料施工 ············ 627
- 8.17 溶剂型涂料施工 ············ 629
  - 8.17.1 溶剂型涂料的材料质量要求 ············ 629
  - 8.17.2 丙烯酸酯类建筑涂料施工 ············ 630
  - 8.17.3 聚氯酯仿瓷涂料施工要求 ············ 632
- 8.18 美术涂饰工程 ············ 634
  - 8.18.1 美术涂饰工程的材料质量要求 ············ 634
  - 8.18.2 油漆涂饰施工要求 ············ 634
  - 8.18.3 仿天然石涂料施工要求 ············ 637

第9章 施工现场安全管理 ············ 639

- 9.1 施工现场临时用电安全管理 ············ 639
  - 9.1.1 一般规定 ············ 639
  - 9.1.2 临时用电安全管理原则 ············ 639
  - 9.1.3 施工现场外电线路的安全距离与防护 ············ 641
- 9.2 电器接零与接地保护措施 ············ 643
  - 9.2.1 保护接零 ············ 646
  - 9.2.2 接地与接地电阻 ············ 646
  - 9.2.3 防雷 ············ 648
- 9.3 配电室(柜、组)安全技术要求 ············ 649
  - 9.3.1 配电室安全技术 ············ 649
  - 9.3.2 230/400V自备发电机组 ············ 651
  - 9.3.3 配电箱安全技术措施 ············ 652
- 9.4 施工现场用电线路 ············ 653
  - 9.4.1 架空线路 ············ 653
  - 9.4.2 电缆线路 ············ 657
  - 9.4.3 室内配线 ············ 658
- 9.5 施工现场照明 ············ 659
  - 9.5.1 施工现场照明基本规定 ············ 659
  - 9.5.2 照明供电 ············ 660

9.5.3　照明装置 ································ 661
9.6　施工现场消防安全 ································ 662
　　9.6.1　施工现场消防安全一般规定 ················ 662
　　9.6.2　防火安全管理制度 ························ 663
　　9.6.3　重点工种的防火要求 ······················ 664
　　9.6.4　重点部位的防火要求 ······················ 673
　　9.6.5　特殊施工场所的防火要求 ·················· 676
9.7　施工现场高处作业安全防护 ······················ 679
　　9.7.1　一般规定 ································ 679
　　9.7.2　临边作业安全防护 ························ 679
　　9.7.3　洞口作业安全防护 ························ 680
　　9.7.4　悬空作业安全防护 ························ 681
　　9.7.5　上下高处和沟槽(基坑)安全防护 ············ 682
　　9.7.6　上下交叉作业安全防护 ···················· 682
9.8　文明施工的基本要求 ···························· 683
　　9.8.1　文明施工的基本要求 ······················ 683
　　9.8.2　文明工地的检查与评选 ···················· 687
参考文献 ·· 690

第1章 建筑识图与构造

1.1 投影的基本知识

1.1.1 投影的概念及投影法的分类

投影的概念及分类见表1.1.1。

表1.1.1 投影的概念及分类

序号	项目	说明
1	概念	在制图中,把光源称为投影中心,光线称为投射线,光线的射向称为投射方向,落影的平面(如地面、墙面等)称为投影面,影子的轮廓称为投影,用投影表示物体的形状和大小的方法称为投影法,用投影法画出的物体图形称为投影图(图1.1.1)
2	分类	根据投射方式的不同情况,投影法一般分为两类:中心投影法和平行投影法。由一点放射的投射线所产生的投影称为中心投影(图1.1.2a),由相互平行的投射线所产生的投影称为平行投影。平行投射线倾斜于投影面的称为斜投影(图1.1.2b)。平行投射线垂直于投影面的称为正投影(图1.1.2c)

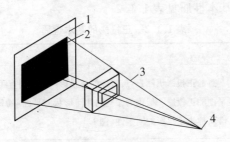

图1.1.1 投影图的形成
1—投影面;2—投影图;3—投影线;4—投影中心

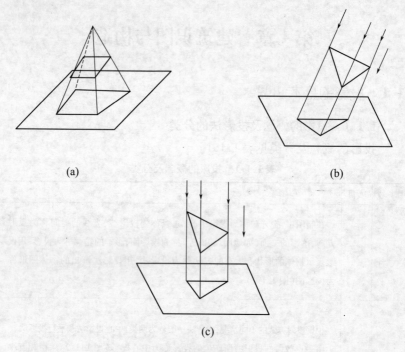

图 1.1.2 投影的分类
(a)中心投影;(b)斜投影;(c)正投影

1.1.2 正投影的基本性质

正投影的基本性质见表 1.1.2。

表 1.1.2 正投影的基本性质

序号	基本性质	说 明
1	同素性	点的正投影仍然是点,直线的正投影一般仍为直线(特殊情况例外),平面的正投影一般仍为原空间几何形状的平面(特殊情况例外),这种性质称为正投影的同素性(图 1.1.3)
2	从属性	点在直线上,点的正投影一定在该直线的正投影上。点、直线在平面上,点和直线的正投影一定在该平面的正投影上,这种性质称为正投影的从属性(图 1.1.4b)

（续表）

序号	基本性质	说　明
3	定比性	线段上的点将该线段分成的比例，等于点的正投影分线段的正投影所成的比例，这种性质称为正投影的定比性（图1.1.4a）。 在图1.1.4a中，点K将线段BC分成的比例，等于点K的投影k将线段BC的投影bc分成的比例，即$BK:KC = bk:kc$
4	平行性	两直线平行，它们的正投影也平行，且空间线段的长度之比等于它们正投影的长度之比，这种性质称为正投影的平行性（图1.1.5）。
5	全等性	当线段或平面平行于投影面时，其线段的投影长度反映线段的实长，平面的投影与原平面图形全等。这种性质称为正投影的全等性（图1.1.6）。
6	积聚性	当直线或平面垂直于投影面时，其直线的正投影积聚为一个点，平面的正投影积聚为一条直线。这种性质称为正投影的积聚性（图1.1.7）。

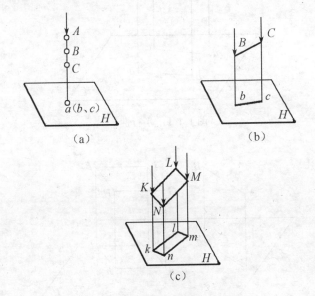

图1.1.3　同素性
(a)点的投影；(b)直线的投影；(c)平面的投影

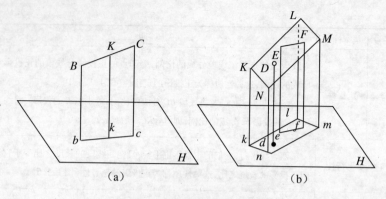

图 1.1.4 从属性和定比性
(a)定比性；(b)从属性

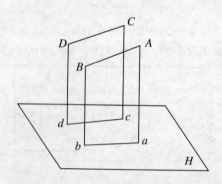

图 1.1.5 平行性

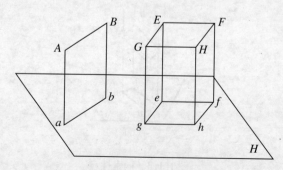

图 1.1.6 全等性

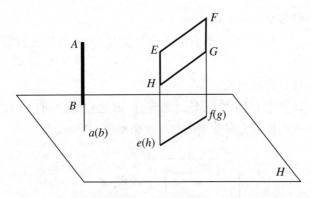

图 1.1.7 积聚性

1.1.3 三面正投影图的形成

图 1.1.8 中空间四个不同形状的物体,它们在同一个投影面上的正投影却是相同的。

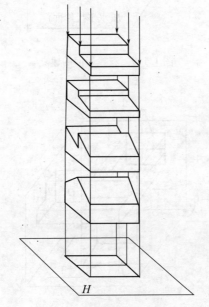

图 1.1.8 形体的单面投影

1. 三投影面体系的建立

通常,采用三个相互垂直的平面作为投影面,构成三投影面体系(图 1.1.9)。

2. 三投影图的形成

将物体置于 H 面之上,V 面之前,W 面之左的空间(图 1.1.10),按箭头所指的投影方向分别向三个投影面作正投影。

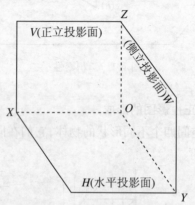

图 1.1.9 三投影面的建立

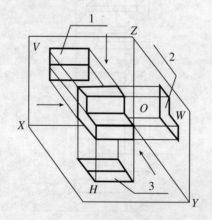

图 1.1.10 三投影图的形成
1—正面图;2—侧面图;3—平面图

3. 三个投影面的展开(图1.1.11)

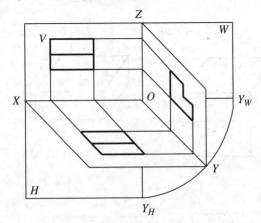

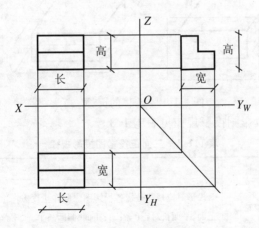

图1.1.11　投影面的展开

1.1.4　三面正投影图的分析

空间形体都有长、宽、高三个方向的尺度(图1.1.12)。

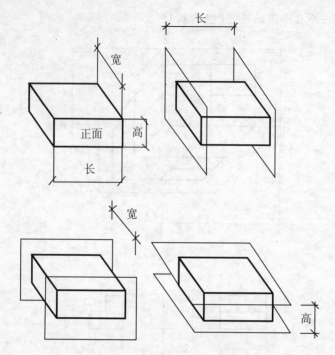

图 1.1.12 形体的长、宽、高

三面正投影图投影规律见表 1.1.3。

表 1.1.3 三面正投影图投影规律

序号	投影规律	说　　明
1	投影对应规律	投影对应规律是指各投影图之间在量度方向上的相互对应；正面、平面长对正(等长)；正面、侧面高平齐(等高)；平面、侧面宽相等(等宽)
2	方位对应规律	方位对应规律是指投影图之间在方向位置上相互对应

1.1.5　土木工程中常用的投影图

在土木工程的建造中，由于所表达的对象不同、目的不同，对图样的要求所采用的图示方法也随之不同。在土木工程上常用的投影图有四种：正投影图、轴测投影图、透视投影图、标高投影图(表1.1.4)。

表1.1.4 土木工程中常用的投影图

序号	投影图	原理	特点
1	正投影图	图1.1.13是形体的正投影图。它是用平行投影的正投影法绘制的多面投影图	作图较其他图示法简便,便于度量,工程上应用最广,但缺乏立体感
2	轴测投影图	图1.1.14是形体的轴测投影图(也称立体图)。它是用平行投影的正投影法绘制的单面投影图	优点:立体感强,非常直观。缺点:作图较繁,表面形状在图中往往失真,度量性差,只能作为工程上的辅助性图样
3	透视投影图	图1.1.15是形体的透视投影图。它是用中心投影法绘制的单面投影图	优点:图形逼真,直观性强。缺点:作图复杂,形体的尺寸不能直接在图中度量,故不能作为施工依据,仅用于建筑设计方案的比较及工艺美术和宣传广告画等
4	标高投影图	标高投影图是在物体的水平投影上加注某些特征面、线以及控制点的高度数值的单面正投影(图1.1.16)	

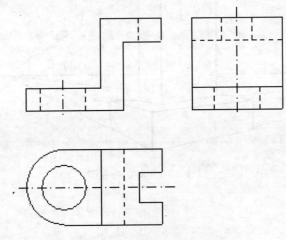

图1.1.13 形体的三面正投影图

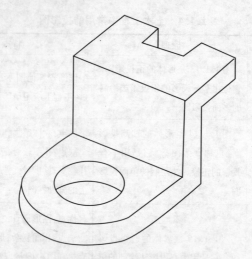

图 1.1.14　形体的轴测图

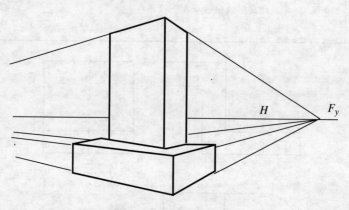

图 1.1.15　形体的透视图

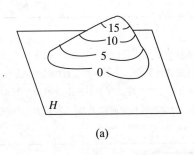
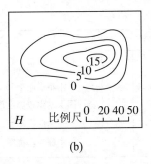

(a)   (b)

图 1.1.16 标高投影图

(a)立体图；(b)投影图

1.2 图样画法的基本规定

1.2.1 基本视图与辅助视图

基本视图与辅助视图的内容见表1.2.1。

表 1.2.1 基本视图与辅助视图

序号	视图		说 明
1	基本视图		六个视图称为基本视图。基本视图所在的投影面称为基本投影面(图1.2.1)。 通常将得到的六个视图展开摊平在与V面共面的平面上。图1.2.2表示展开过程。 六个视图展开后的排列位置如图1.2.3所示。在这种情况下，为合理利用图纸，可以不注视图名称。各视图的位置也可按主次关系从左至右依次排列(图1.2.4)。但在这种情况下，必须注写视图名称。视图名称注写在图的下方为宜，并在名称下划一粗横线，其长度应以视图名称所占长度为准
2	辅助视图	局部视图	将形体的某一局部结构形状向基本投影面作正投影，所得到的投影图称为局部视图(图1.2.5)。 局部视图是基本视图的一部份，其断裂边界应以波浪线或折断线表示。

（续表）

序号	视图		说　　明
2	辅助视图	斜视图	当形体的某一部分表面不平行于任何基本投影面，则在六个基本视图中都不能真实地反映该部分的实形。为了表达这一倾斜于基本投影面部分的真实形状，可以设置一个与该部分表面平行的辅助投影面，然后将该部分向辅助投影面作正投影，所得到的视图称为斜视图，如图1.2.6中的 A 视图

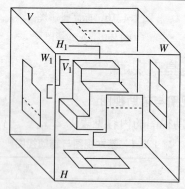

图 1.2.1　六个基本视图的立体图

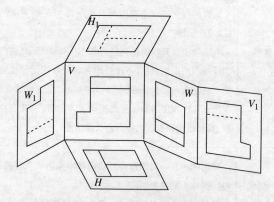

图 1.2.2　六个基本视图的展开图

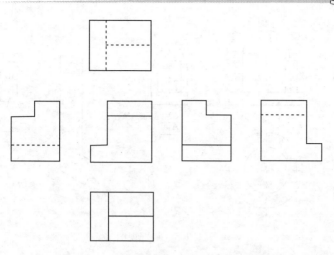

图 1.2.3 六个基本视图的展开后的投影图

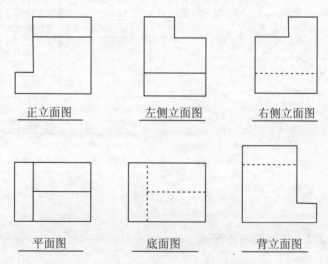

图 1.2.4 六个基本视图按主次关系的排列

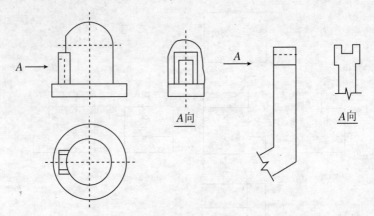

图 1.2.5 局部视图

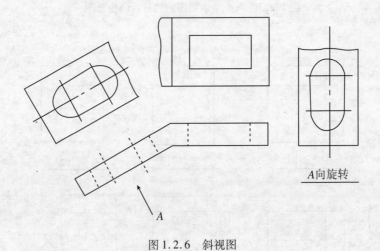

图 1.2.6 斜视图

1.2.2 剖面图与断面图

1. 剖面图

(1)剖面图的概念 假想用剖切平面剖开物体,将处在观察者和剖切平面之间的部分移去,而将其余部分向投影面投射所得的图形称为剖面图。

图 1.2.7 是双柱杯形基础的三面投影图。

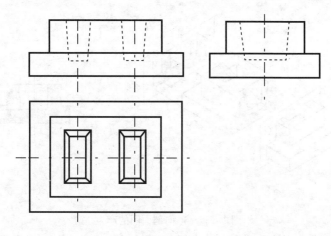

图1.2.7 双柱杯形基础的三面投影图

假想用两个平面 P 和 Q 将基础剖开(图1.2.8和图1.2.9)。

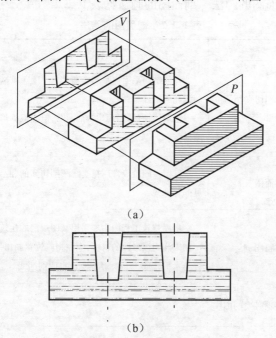

(a)

(b)

图1.2.8 V 向剖面图的产生

(a)假想用剖切平面 P 剖开基础并向 V 面进行投影;(b)基础的 V 向剖面图

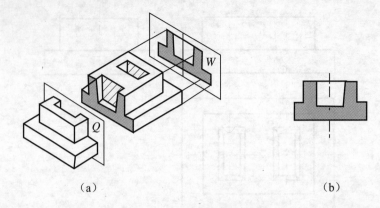

图 1.2.9 W 向剖面图的产生

(a)假想用剖切平面 Q 剖开基础并向 W 面进行投影;(b)基础的 W 向剖面图

(2)剖面图的画法　剖面图的画法见表 1.2.2。

表 1.2.2　剖面图的画法

序号	步骤	说　明
1	确定剖切平面的位置和数量	选择的剖切平面应平行于投影面,并且通过形体的对称面或孔的轴线。 一个形体,有时需画几个剖面图,但应根据形体的复杂程度而定
2	画剖面图	在制图基础阶段常用粗实线画剖切到的和沿投射方向可见的轮廓线
3	画材料图例	在房屋建筑工程图中应采用制图规定的建筑材料图例。 如未注明该形体的材料,应在相应位置画出同向、同间距并与水平线成45°角的细实线,也叫剖面线
4	省略不必要的虚线	
5	剖面图的标注	剖切位置及投影方向用剖切符号表示。剖切符号由剖切位置线及剖视方向线组成(图 1.2.10)

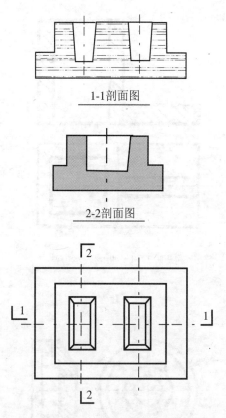

图 1.2.10 剖面图的剖切符号

(3)画剖面图应注意的问题　画剖面图应注意的问题见表 1.2.3。

表 1.2.3　画剖面图应注意的事项

序号	注意事项
1	由于剖面图的剖切是假想的,所以除剖面图外,其他投影图仍应完整画出
2	当剖切平面通过肋、支撑板时,该部分按不剖绘制。如图 1.2.11 所示,正投影图改画剖面图时,肋部按不剖画出
3	剖切平面应避免与形体表面重合,不能避免时,重合表面按不剖画出(图 1.2.12)

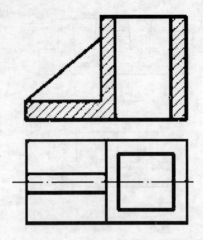

图 1.2.11 肋的表示方法

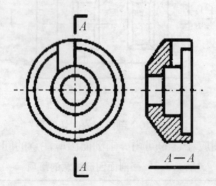

图 1.2.12 剖切平面通过形体表面

(4)常用的剖切方法 常用的剖切方法见表 1.2.4。

表 1.2.4 常用的剖切方法

序号	剖切方法	说　明
1	用一个剖切平面剖切	这是一种最简单,最常用的剖切方法。适用于一个剖切平面剖切后,就能把内部形状表示清楚的物体(图 1.2.13)

(续表)

序号	剖切方法	说　　明
2	用两个或两个以上互相平行的剖切平面剖切	有的物体内部结构层次较多,用一个剖切平面剖开物体不能将物体内部全部显示出来,可用两个或两个以上相互平行的剖切平面剖切。 采用阶梯剖切画剖面图应注意以下两点: (1)标注剖切符号时,为使转折的剖切位置线不与其他图线发生混淆,应在转折处的外侧加注与该符号相同的编号。如图1.2.14b和图1.2.15a中的平面图所示。 (2)画剖面图时,应把几个平行的剖切平面视为一个剖切平面,在图中,不可画出平行的剖切平面所剖到的两个断面在转折处的分界线,图1.2.14b是正确的,图1.2.14d是错误的画法
3	用两个相交剖切面的剖切	用两个或两个以上相交剖切平面将形体剖切开,所画出的剖面图,通常称为展开剖面图(图1.2.16)
4	分层剖面图与局部剖面图	用分层剖切或局部剖切的方法表示其内部的构造,用这种剖切方法所得的剖面图,称为分层剖面图或局部剖面图。如图1.2.17所示为分层剖面图,如图1.2.18所示为局部剖面图

图 1.2.13　用一个剖切平面剖切形体
(a)形体的投影图;(b)形体指定位置的剖面图

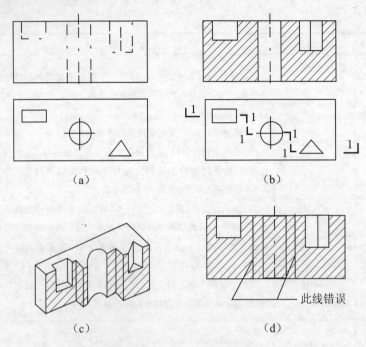

图 1.2.14 三个平行的剖切平面

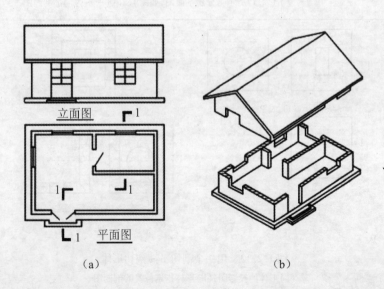

第1章 建筑识图与构造

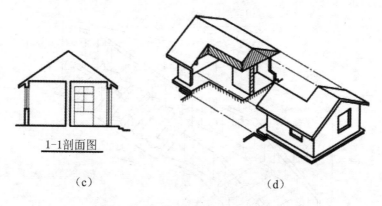

(c)　　　　　　　　(d)

图 1.2.15　模型立体的阶梯剖面图

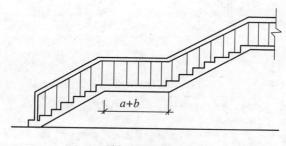

1-1剖面图(展开)

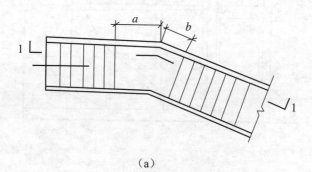

(a)

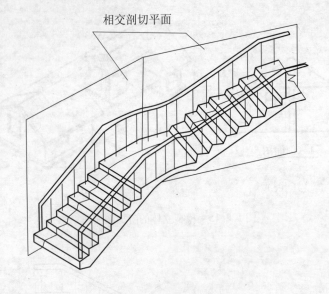

图 1.2.16　楼梯的展开剖面图

(a)投影图;(b)直观图

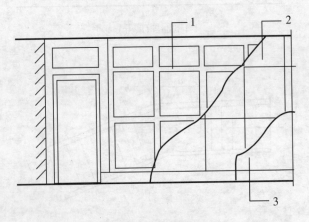

图 1.2.17　分层剖切剖面图

1—龙骨;2—板材;3—面层

在建筑工程和装饰工程中,常使用分层剖切法来表达物体各层不同的构造做法。

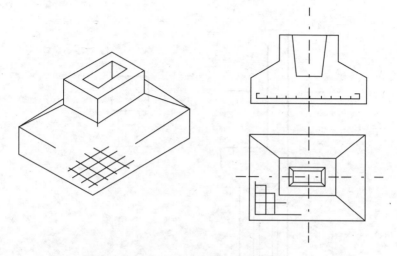

图 1.2.18　局部剖切剖面图

因为局部剖面图就画在物体的视图内,所以它通常无须标注。

2. 断面图

(1)断面图的概念及与剖面图的区别见表 1.2.5。

表 1.2.5　断面图的概念及与剖面图的区别

序号	项目	说　　明
1	概念	假想用剖切平面将物体切断,仅画出该剖切面与物体接触部分的图形,并在该图形内画上相应的材料图例,这样的图形称为断面图(图 1.2.19)
2	与剖面图的区别	(1)断面图只画出物体被剖切后剖切平面与形体接触的那部分,即只画出截断面的图形,而剖面图则画出被剖切后剩余部分的投影(图 1.2.20)。 (2)断面图和剖面图的符号也有不同,断面图的剖切符号只画长度 6～10mm 的粗实线作为剖切位置线,不画剖视方向线,编号写在投影方向的一侧(图 1.2.20b)

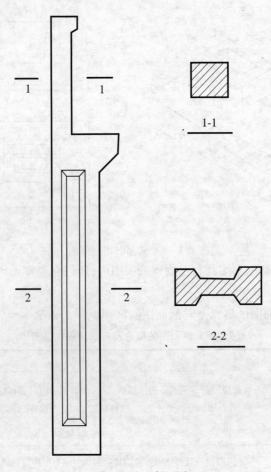

图 1.2.19　断面图

第1章 建筑识图与构造

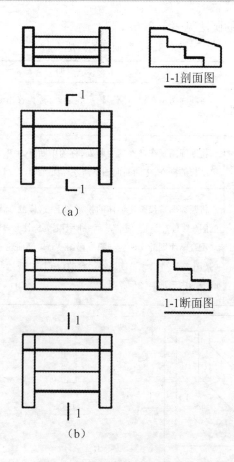

图 1.2.20 剖面图与断面图的区别
(a)剖面图；(b)断面图

(2)断面图的画法见表1.2.6。

表1.2.6　断面图的画法

序号	画法	说明
1	移出断面图	将断面图画在物体投影轮廓线之外,称为移出断面图(图1.2.21)
2	中断断面图	将断面图画在杆件的中断处,称为中断断面图。适用于外形简单细长的杆件,中断断面图不需要标注(图1.2.22)
3	重合断面图	将断面图直接画在形体的投影图上,这样的断面图称为重合断面图(图1.2.23)。重合断面一般不需要标注。 重合断面图的比例应与原投影图一致。断面轮廓线可能是闭合的(图1.2.24),也可能是不闭合的(图1.2.23),此时应于断面轮廓线的内侧加画图例符号

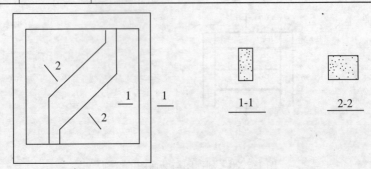

图1.2.21　断面图的画法

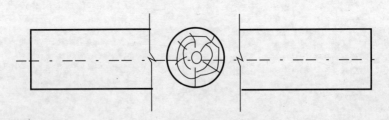

图1.2.22　中断断面图的画法

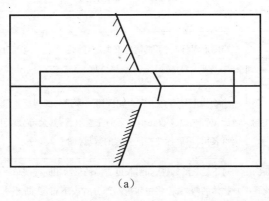

(a)

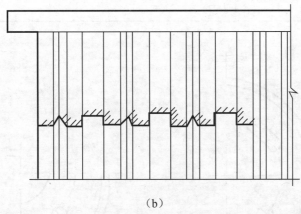

(b)

图 1.2.23　断面图与投影图重合

(a)厂房屋面的平面图;(b)墙壁上装饰的断面图

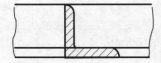 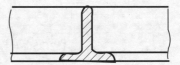

图 1.2.24　断面图是闭合的

1.2.3　简化画法

简化画法的内容见表 1.2.7。

表 1.2.7 简化画法

序号	项目	说 明
1	对称图形简化画法	当图形对称时,可视情况仅画出对称图形的一半或1/4,并在对称中心线上画上对称符号(图1.2.25)
2	相同要素简化画法	当物体上具有多个完全相同而连续排列的构造要素,可仅在两端或适当位置画出少数几个要素的完整形状,其余部分以中心线或中心线交点表示,然后标注相同要素的数量(图1.2.26)
3	折断图形简化画法	对于较长的构件,如沿长度方向的形状相同或按单一规律变化,可只画物体的两端,而将中间折断部分省去不画,在断开处,应以折断线表示(图1.2.27)

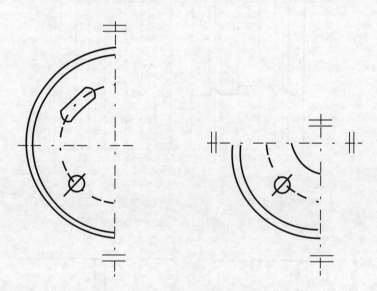

图 1.2.25 对称图形的简化画法

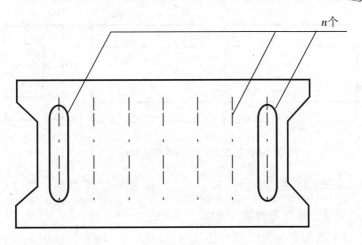

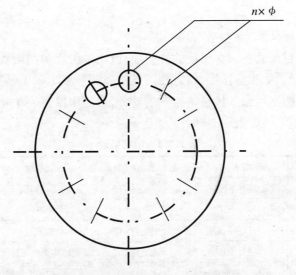

图 1.2.26 相同要素简化画法

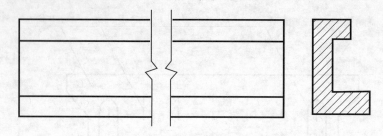

图 1.2.27 折断图形简化画法

1.3 建筑施工图识读

1.3.1 施工图首页

施工图首页一般由图纸目录、设计总说明、构造做法表及门窗表组成。

1. 图纸目录

图纸目录放在一套图纸的最前面,说明本工程的图纸类别、图号编排、图纸名称和备注等,以方便图纸的查阅。表 1.3.1 是某住宅楼的施工图图纸目录。该住宅楼共有建筑施工图 12 张,结构施工图 4 张,电气施工图 2 张。

表 1.3.1 图纸目录

图别	图号	图纸名称	备注	图别	图号	图纸名称	备注
建施	01	设计说明、门窗表		建施	10	1—1 剖面图	
建施	02	车库平面图		建施	11	大样图一	
建施	03	一~五层平面图		建施	12	大样图二	
建施	04	六层平面图		结施	01	基础结构平面布置图	
建施	05	阁楼层平面图		结施	02	标准层结构平面布置图	
建施	06	屋顶平面图		结施	03	屋顶结构平面布置图	
建施	07	①~⑩轴立面图		结施	04	柱配筋图	
建施	08	⑩~①轴立面图		电施	01	一层电气平面布置图	
建施	09	侧立面图		电施	02	二层电气平面布置图	

2. 设计总说明

主要说明工程的概况和总的要求。内容包括工程设计依据(如工程地质、水文、气象资料)、设计标准(建筑标准、结构荷载等级、抗震要求、耐火等级、防水等级)、建设规模(占地面积、建筑面积)、工程做法(墙体、地面、楼面、屋面等的做法)及材料要求。

下面是某住宅楼设计说明举例：

(1)本建筑为长沙某房地产公司经典生活住宅小区工程9栋，共6层，住宅楼底层为车库，总建筑面积3 263.36m²，基底面积538.33 m²。

(2)本工程为二类建筑，耐火等级二级，抗震设防烈度Ⅵ度。

(3)本建筑定位见总图；相对标高±0.000相对于绝对标高值见总图。

(4)本工程合理使用50年；屋面防水等级Ⅱ级。

(5)本设计各图除注明外，标高以m计，平面尺寸以mm计。

(6)本图未尽事宜，请按现行有关规范规程施工。

(7)墙体材料及做法：砌体结构选用材料除满足本设计外，还必须配合当地建设行政部门政策要求。地面以下或防潮层以下的砌体，潮湿房间的墙，采用MU10黏土多孔砖和M7.5水泥砂浆砌筑，其余按要求选用。

骨架结构中的填充砌体均不作承重用，其材料选用见表1.3.2。

表1.3.2 填充墙材料选用表

砌体部分	适用砌块名称	墙厚	砌块强度等级	砂浆强度等级	备注
外围护墙	黏土多孔砖	240	MU10	M5	砌块容重<16kN/m³
卫生间墙	黏土多孔砖	120	MU10	M5	砌块容重<16kN/m³
楼梯间墙	混凝土空心砌块	240	MU5	M5	砌块容重<10kN/m³

所用混合砂浆均为石灰水泥混合砂浆。

外墙做法：烧结多孔砖墙面，40厚聚苯颗粒保温砂浆，5.0厚耐碱玻纤网布抗裂砂浆，外墙涂料见立面图。

3.构造做法表

构造做法表是以表格的形式对建筑物各部位构造、做法、层次、选材、尺寸、施工要求等的详细说明。某住宅楼工程做法见表1.3.3。

表 1.3.3　构造做法表

名称	构造做法	施工范围
水泥砂浆地面	素土夯实	一层地面
	30 厚 C10 混凝土垫层随捣随抹	
	干铺一层塑料膜	
	20 厚 1:2 水泥砂浆面层	
卫生间楼地面	钢筋混凝土结构板上 15 厚 1:2 水泥砂浆找平	卫生间
	刷基层处理剂一遍,上做 2 厚一布四涂氯丁沥青防水涂料,四周沿墙上翻 150mm 高	
	15 厚 1:3 水泥砂浆保护层	
	1:6 水泥炉渣填充层,最薄处 20 厚 C20 细石混凝土找坡 1%	
	15 厚 1:3 水泥砂浆抹平	

4. 门窗表

门窗表反映门窗的类型、编号、数量、尺寸规格、所在标准图集等相应内容,以备工程施工、结算所需。表 1.3.4 为某住宅楼门窗表。

表 1.3.4　门　窗　表

类别	门窗编号	标准图号	图集编号	洞口尺寸(mm)		数量	备注
				宽	高		
门	M1	98ZJ681	GJM301	900	2 100	78	木门
	M2	98ZJ681	GJM301	800	2 100	52	铝合金推拉门
	MC1	见大样图	无	3 000	2 100	6	铝合金推拉门
	JM1	甲方自定	无	3 000	2 000	20	铝合金推拉门
窗	C1	见大样图	无	4 260	1 500	6	断桥铝合金中空玻璃窗
	C2	见大样图	无	1 800	1 500	24	断桥铝合金中空玻璃窗
	C3	98ZJ721	PLC70-44	1 800	1 500	7	断桥铝合金中空玻璃窗
	C4	98ZJ721	PLC70-44	1 500	1 500	10	断桥铝合金中空玻璃窗

(续表)

类别	门窗编号	标准图号	图集编号	洞口尺寸(mm) 宽	洞口尺寸(mm) 高	数量	备注
窗	C5	98ZJ721	PLC70-44	1 500	1 500	20	断桥铝合金中空玻璃窗
窗	C6	98ZJ721	PLC70-44	1 200	1 500	24	断桥铝合金中空玻璃窗
窗	C7	98ZJ721	PLC70-44	900	1 500	48	断桥铝合金中空玻璃窗

1.3.2 建筑总平面图

1.总平面图的形成和用途

总平面图的形成和用途见表1.3.5。

表1.3.5 总平面图的形成和用途

序号	项目	说　　明
1	总平面图的形成	总平面图是将拟建工程附近一定范围内的建筑物、构筑物及其自然状况,用水平投影方法和相应的图例画出的图样
2	总平面图的用途	主要是表示新建房屋的位置、朝向,与原有建筑物的关系,周围道路、绿化布置及地形地貌等内容。是新建房屋施工定位、土方施工,以及绘制水、暖、电等管线总平面图和施工总平面图的依据
3	总平面图的比例	总平面图的比例一般为1∶500、1∶1 000、1∶2 000等

2.总平面图的图示内容

总平面图的图示内容见表1.3.6。

表1.3.6 总平面图的图示内容

序号	图示内容
1	拟建建筑的定位:拟建建筑的定位有三种方式,一种是利用新建筑与原有建筑或道路中心线的距离确定新建筑的位置,第二种是利用施工坐标确定新建建筑的位置,第三种是利用大地测量坐标确定新建建筑的位置

(续表)

序号	图示内容
2	拟建建筑、原有建筑物位置、形状:在总平面图上将建筑物分成五种情况,即新建建筑物、原有建筑物、计划扩建的预留地或建筑物、拆除的建筑物和新建的地下建筑物或构筑物。当我们阅读总平面图时,要区分哪些是新建建筑物、哪些是原有建筑物。在设计中,为了清楚表示建筑物的总体情况,一般还在总平面图中建筑物的右上角以点数或数字表示楼房层数
3	附近的地形情况:一般用等高线表示,由等高线可以分析出地形的高低起伏情况
4	道路:主要表示道路位置、走向以及与新建建筑的联系等
5	风向频率玫瑰图:风玫瑰用于反映建筑场地范围内常年主导风向和6、7、8月三个月的主导风向(虚线表示),共有16个方向,图中实线表示全年的风向频率,虚线表示夏季(6、7、8月三个月)的风向频率。风由外面吹过建设区域中心的方向称为风向。风向频率是在一定的时间内某一方向出现风向的次数占总观察次数的百分比
6	树木、花草等的布置情况
7	喷泉、凉亭、雕塑等的布置情况

3. 建筑总平面图图例符号

要能熟练识读建筑总平面图,必须熟悉常用的建筑总平面图图例符号,常用建筑总平面图图例符号如图1.3.1所示。

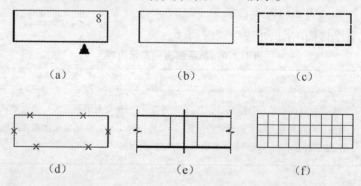

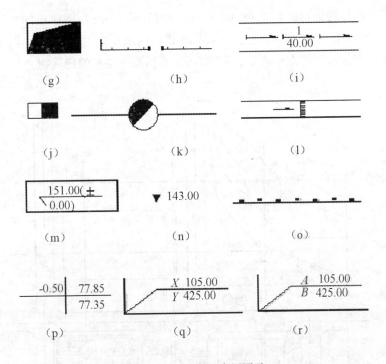

图 1.3.1 总平面常用图示

(a)新建建筑物;(b)原有建筑物;(c)计划扩建的预留地或建筑物;
(d)拆除建筑物;(e)建筑物下通道;(f)铺砌场地;(g)水池、坑槽;
(h)围墙、大门;(i)有盖排水沟;(j)雨水口;(k)消火栓井;(l)跌水;(m)室内标高;
(n)室外标高;(o)挡土墙;(p)方格网交叉点标高;(q)坐标一测;(r)坐标一建

4. 总平面图的识图示例

如图 1.3.2 所示,该图为某住宅小区的总平面图实例。图中所选用的绘图比例为 1:500。该住宅小区位于辽宁省辽阳市的青年大街的北侧、卫国路的西侧。通过风玫瑰图可知建筑朝向及该地区常年主导风向为西北风,其次为西南风。由地形等高线可知小区的西北角有土坡,等高线从 48~53m,相邻等高线高差约 1m。该小区划分为 4 个区域,在东北区原先有运动场、锅炉房;在西北区拟建两栋新建筑物;在东南区的西侧设有两个入口,四周有围墙、绿化植物等,同时还有一栋拆除建筑。新建住宅 4 栋均为 4 层,其中首层地面绝对标高为 48.30m,

室外地坪的绝对标高为48.00m,室内外高差0.3m;每栋建筑的长为11.46m,宽为12.48m;另外,在每栋建筑的西南角标注了X、Y坐标,是施工定位布置的重要依据;在西南区拟建两栋6层高的建筑物。

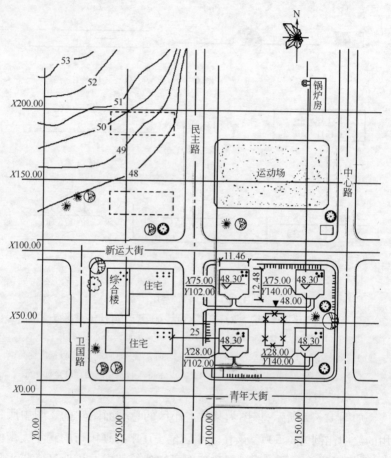

图1.3.2 某住宅小区总平面图

1.3.3 建筑平面图

1. 建筑平面图的形成和用途

建筑平面图的形成和用途见表1.3.7。

第1章 建筑识图与构造

表1.3.7 建筑平面图的形成和用途

序号	项目	说　明
1	形成	建筑平面图,简称平面图,它是假想用一水平剖切平面将房屋沿窗台以上适当部位剖切开来,对剖切平面以下部分所作的水平投影图
2	用途	平面图通常用1:50、1:100、1:200的比例绘制,它反映出房屋的平面形状、大小和房间的布置,墙(或柱)的位置、厚度、材料,门窗的位置、大小、开启方向等情况,作为施工时放线、砌墙、安装门窗、室内外装修及编制预算等的重要依据

2.建筑平面图的图示方法

当建筑物各层的房间布置不同时应分别画出各层平面图;若建筑物的各层布置相同,则可以用两个或三个平面图表达,即只画底层平面图和楼层平面图(或顶层平面图)。此时楼层平面图代表了中间各层相同的平面,故称标准层平面图。

因建筑平面图是水平剖面图,故在绘制时,应按剖面图的方法绘制,被剖切到的墙、柱轮廓用粗实线(b),门的开启方向线可用中粗实线($0.5b$)或细实线($0.25b$),窗的轮廓线以及其他可见轮廓和尺寸线等用细实线($0.25b$)表示。

3.建筑平面图的图示内容

(1)底层平面图的图示内容见表1.3.8。

表1.3.8 底层平面图的图示内容

序号	图示内容
1	表示建筑物的墙、柱位置并对其轴线编号
2	表示建筑物的门、窗位置及编号
3	注明各房间名称及室内外楼地面标高
4	表示楼梯的位置及楼梯上下行方向及级数、楼梯平台标高
5	表示阳台、雨篷、台阶、雨水管、散水、明沟、花池等的位置及尺寸

(续表)

序号	图示内容
6	表示室内设备(如卫生器具、水池等)的形状、位置
7	画出剖面图的剖切符号及编号
8	标注墙厚、墙段、门、窗、房屋开间、进深等各项尺寸
9	标注详图索引符号
10	画出指北针。 指北针常用来表示建筑物的朝向。指北针外圆直径为24mm,采用细实线绘制,指北针尾部宽度为3 mm,指北针头部应注明"北"或"N"字

《房屋建筑制图统一标准》(GB/T 50001—2010)规定:图样中的某一局部或构件,如需另见详图,应以索引符号索引。索引符号是由直径为10mm的圆和水平直径组成,圆和水平直径均应以细实线绘制。

索引符号按表1.3.9中的规定编写。

表1.3.9 索引符号

序号	索引符号
1	索引出的详图,如与被索引的详图同在一张图纸内,应在索引符号的上半圆中用阿拉伯数字注明该详图的编号,并在下半圆中间画一段水平细实线(图1.3.3a)
2	索引出的详图,如与被索引的详图不同在一张图纸内,应在索引符号的上半圆中用阿拉伯数字注明该详图的编号,在索引符号的下半圆中用阿拉伯数字注明该详图所在图纸的编号。数字较多时,可加文字标注(图1.3.3b)
3	索引出的详图,如采用标准图,应在索引符号水平直径的延长线上加注该标准图册的编号(图1.3.3c)

第1章 建筑识图与构造

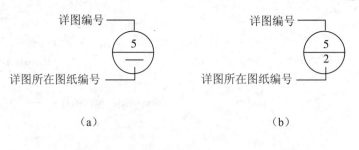

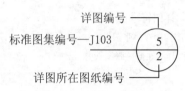

（c）

图1.3.3　详图索引符号

（a）索引出的详图与被索引的详图同在一张图纸内；

（b）索引出的详图与被索引的详图不同在一张图纸内；(c)索引出的详图采用标准图

详图的位置和编号，应以详图符号表示。详图符号的圆应以直径为14mm粗实线绘制。

详图应按表1.3.10中的规定编号。

表1.3.10　详图的编号

序号	规定
1	详图与被索引的图样同在一张图纸内时,应在详图符号内用阿拉伯数字注明详图的编号（图1.3.4a）
2	详图与被索引的图样不在同一张图纸内时,应用细实线在详图符号内画一水平直径,在上半圆中注明详图编号,在下半圆中注明被索引的图纸的编号（图1.3.4b）

图 1.3.4 详图符号
(a)详图与被索引的图样同在一张图纸内；
(b)详图与被索引的图样不在同一张图纸内

(2)标准层平面图的图示内容见表1.3.11。

表1.3.11 标准层平面图的图示内容

序号	图示内容
1	表示建筑物的门、窗位置及编号
2	注明各房间名称、各项尺寸及楼地面标高
3	表示建筑物的墙、柱位置并对其轴线编号
4	表示楼梯的位置及楼梯上下行方向、级数及平台标高
5	表示阳台、雨篷、雨水管的位置及尺寸
6	表示室内设备(如卫生器具、水池等)的形状、位置
7	标注详图索引符号

(3)屋顶平面图的图示内容，包括屋顶檐口、檐沟、屋顶坡度、分水线与落水口的投影、出屋顶水箱间、上人孔、消防梯及其他构筑物、索引符号等。

4.建筑平面图的图例符号

阅读建筑平面图应熟悉常用图例符号，图1.3.5是从规范中摘录的部分图例符号，读者可参见《房屋建筑制图统一标准》(GB/T 50001—2010)。

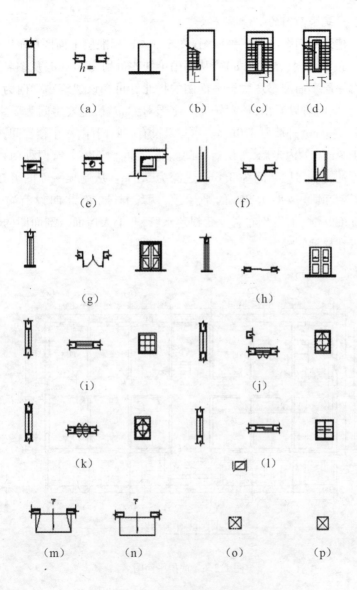

图 1.3.5 建筑平面图常用图例符号
(a)空门洞;(b)楼梯底层图;(c)楼梯顶层图;(d)楼梯标准层图;(e)烟道;(f)单扇门;
(g)双扇门;(h)推拉门;(i)单层固定窗;(j)单层外开平开窗;(k)双层外开平开窗;
(l)推拉窗;(m)门口坡道1;(n)门口坡道2;(o)不可见检查井;(p)可见检查井

5. 建筑平面图的识读举例

本建筑平面图分底层平面图(图1.3.6)、标准层平面图(图1.3.7)及屋顶平面图(图1.3.8)。从图中可知比例均为1:100,从图名可知是哪一层平面图。从底层平面图的指北针可知该建筑物朝向为坐北朝南;同时可以看出,该建筑为一字形对称布置,主要房间为卧室,内墙厚240mm,外墙厚370mm。本建筑设有一间门厅,一个楼梯间,中间有1.8m宽的内走廊,每层有一间厕所,一间盥洗室。有两种门,三种类型的窗。房屋开间为3.6m,进深为5.1m。从屋顶平面图可知,本建筑屋顶是坡度为3%的平屋顶,两坡排水,南北向设有宽为600 mm的外檐沟,分别布置有3根落水管,非上人屋面。剖面图的剖切位置在楼梯间处。

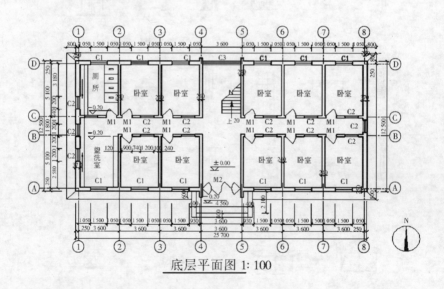

图1.3.6 底层平面图

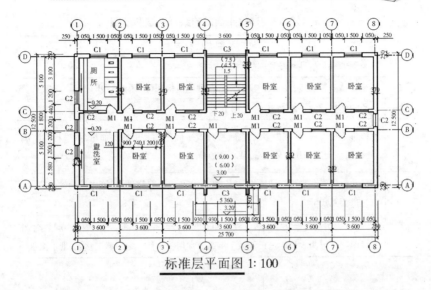

图 1.3.7　标准层平面图

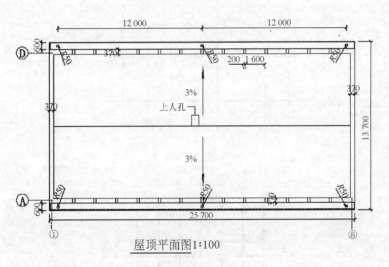

图 1.3.8　屋顶平面图

6. 建筑平面图的绘制方法和步骤

建筑平面图的绘制方法和步骤见表 1.3.12。

表 1.3.12　建筑平面图的绘制方法和步骤

序号	绘制方法和步骤
1	绘制墙身定位轴线及柱网(图 1.3.9a)
2	绘制墙身轮廓线、柱子、门窗洞口等各种建筑构配件(图 1.3.9b)
3	绘制楼梯、台阶、散水等细部(图 1.3.9c)
4	检查全图无误后,擦去多余线条,按建筑平面图的要求加深加粗,并进行门窗编号,画出剖面图剖切位置线等(图 1.3.9d)
5	尺寸标注。一般应标注三道尺寸,第一道尺寸为细部尺寸,第二道为轴线尺寸,第三道为总尺寸
6	图名、比例及其他文字内容。汉字写长仿宋字,图名字高一般为 7~10 号字,图内说明字一般为 5 号字。尺寸数字字高通常用 3.5 号。字形要工整、清晰不潦草

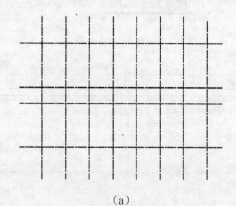

(a)

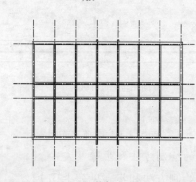

(b)

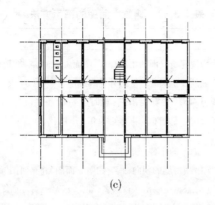

(c)

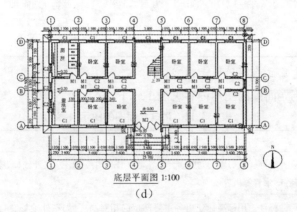

(d)

图1.3.9 平面图的画法

1.3.4 建筑立面图

1. 建筑立面图的形成与作用

建筑立面图,简称立面图,它是在与房屋立面平行的投影面上所作的房屋正投影图。它主要反映房屋的长度、高度、层数等外貌和外墙装修构造。它的主要作用是确定门窗、檐口、雨篷、阳台等的形状和位置及指导房屋外部装修施工和计算有关预算工程量。

2. 建筑立面图的图示方法及其命名

建筑立面图的图示方法及其命名见表1.3.13。

表 1.3.13　建筑立面图的图示方法

序号	项目	说明
1	建筑立面图的图示方法	为使建筑立面图主次分明、图面美观,通常将建筑物不同部位采用粗细的线型来表示。最外轮廓线画粗实线(b),室外地坪线用加粗实线(1.4b),所有突出部位如阳台、雨篷、线脚、门窗洞等用中实线(0.5b),其余部分用细实线(0.35b)表示
2	立面图的命名	立面图的命名方式有三种: (1)用房屋的朝向命名,如南立面图、北立面图等。 (2)根据主要出入口命名,如正立面图、背立面图、侧立面图。 (3)用立面图上首尾轴线命名,如①~⑧轴立面图和⑧~①轴立面图。 立面图的比例一般与平面图相同

3. 建筑立面图的图示内容

建筑立面图的图示内容见表 1.3.14。

表 1.3.14　建筑立面图的图示内容

序号	图示内容
1	室外地坪线及房屋的勒脚、台阶、花池、门窗、雨篷、阳台、室外楼梯、墙、柱、檐口、屋顶、雨水管等内容
2	尺寸标注。用标高标注出各主要部位的相对高度,如室外地坪、窗台、阳台、雨篷、女儿墙顶、屋顶水箱间及楼梯间屋顶等的标高。同时用尺寸标注的方法标注立面图上的细部尺寸、层高及总高
3	建筑物两端的定位轴线及其编号
4	外墙面装修。有的用文字说明,有的用详图索引符号表示

4. 建筑立面图的识读举例

如图 1.3.10 所示,本建筑立面图的图名为①~⑧轴立面图,比例为 1∶100,两端的定位轴线编号分别为①、⑧轴;室内外高差为 0.3m,层高 3m,共有四层,窗台高 0.9m;在建筑的主要出入口处设有一悬挑雨篷,有一个二级台阶,该立面外形规则,立面造型简单,外墙采用 100×100 黄色釉面瓷砖饰面,窗台线条用 100×100 白色釉面瓷砖点缀,金黄色琉璃瓦檐口;中间用墙垛形成竖向线条划分,使建筑给人一种高耸感。

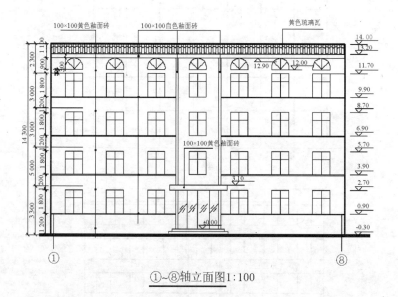

①~⑧轴立面图1:100

图1.3.10　①~⑧轴立面图

5．建筑立面图的绘图方法和步骤

建筑立面图的绘图方法和步骤见表1.3.15。

表1.3.15　建筑立面图的绘图方法和步骤

序号	绘图方法和步骤
1	室外地坪线、定位轴线、各层楼面线、外墙边线和屋檐线(图1.3.11a)
2	画各种建筑构配件的可见轮廓,如门窗洞、楼梯间、墙身及其暴露在外墙外的柱子(图1.3.11b)
3	画门窗、雨水管、外墙分割线等建筑物细部(图1.3.11c)
4	画尺寸界线、标高数字、索引符号和相关注释文字
5	尺寸标注
6	检查无误后,按建筑立面图所要求的图线加深、加粗,并标注标高、首尾轴线号、墙面装修说明文字、图名和比例,说明文字用5号字(图1.3.11d)

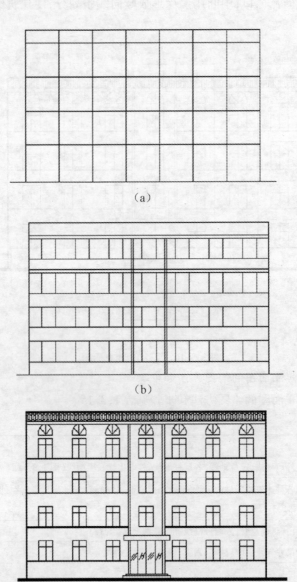

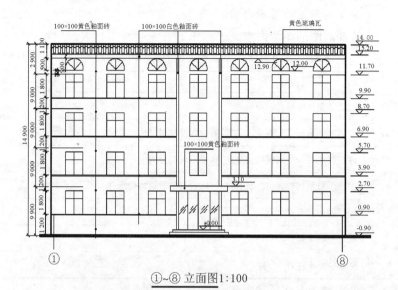

①~⑧ 立面图1:100
(d)

图1.3.11 立面图的画法

1.3.5 建筑剖面图

1. 建筑剖面图的形成与作用

建筑剖面图的形成和作用见表1.3.16。

表1.3.16 建筑剖面图的形成和作用

序号	项目	说 明
1	形成	建筑剖面图,简称剖面图,它是假想用一铅垂剖切面将房屋剖切开后移去靠近观察者的部分,作出剩下部分的投影图。 剖面图的数量是根据房屋的复杂情况和施工实际需要决定的;剖切面的位置,要选择在房屋内部构造比较复杂、有代表性的部位,如门窗洞口和楼梯间等位置,并应通过门窗洞口。剖面图的图名符号应与底层平面图上剖切符号相对应
2	作用	剖面图用以表示房屋内部的结构或构造方式,如屋面(楼、地面)形式、分层情况、材料、做法、高度尺寸及各部位的联系等。它与平、立面图互相配合用于计算工程量,指导各层楼板和屋面施工、门窗安装和内部装修等

2. 建筑剖面图的图示内容

建筑剖面图的图示内容见表 1.3.17。

表 1.3.17　建筑剖面图的图示内容

序号	图示内容
1	必要的定位轴线及轴线编号
2	剖切到的屋面、楼面、墙体、梁等的轮廓及材料做法
3	建筑物内部分层情况以及竖向、水平方向的分隔
4	即使没被剖切到，但在剖视方向可以看到的建筑物构配件
5	屋顶的形式及排水坡度
6	标高及必须标注的局部尺寸
7	必要的文字注释

3. 建筑剖面图的识读方法

建筑剖面图的识读方法见表 1.3.18。

表 1.3.18　建筑剖面图的识图方法

序号	识图方法
1	结合底层平面图阅读，对应剖面图与平面图的相互关系，建立起建筑内部的空间概念
2	结合建筑设计说明或材料做法表，查阅地面、墙面、楼面、顶棚等的装修做法
3	根据剖面图尺寸及标高，了解建筑层高、总高、层数及房屋室内外地面高差。如图 1.3.12 所示，本建筑层高 3m，总高 14 m，4 层，房屋室内外地面高差 0.3m
4	了解建筑构配件之间的搭接关系
5	了解建筑屋面的构造及屋面坡度的形成。该建筑屋面为架空通风隔热、保温屋面，材料找坡，屋顶坡度 3%，设有外伸 600mm 天沟，属有组织排水
6	了解墙体、梁等承重构件的竖向定位关系，如轴线是否偏心。该建筑外墙厚 370mm，向内偏心 90mm，内墙厚 240 mm，无偏心

第1章 建筑识图与构造

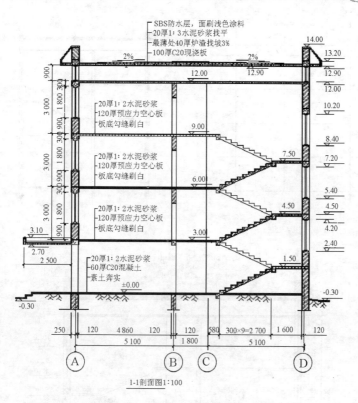

.图1.3.12　1-1剖面图

4.建筑剖面图的绘制方法和步骤

建筑剖面图的绘制方法和步骤见表1.3.19。

表1.3.19　建筑剖面图的绘制方法和步骤

序号	绘制方法和步骤
1	画地坪线、定位轴线、各层的楼面线、楼面(图1.3.13a)
2	画剖面图门窗洞口位置、楼梯平台、女儿墙、檐口及其他可见轮廓线(图1.3.13b)
3	画各种梁的轮廓线以及断面
4	画楼梯、台阶及其他可见的细节构件,并且绘出楼梯的材质
5	画尺寸界线、标高数字和相关注释文字
6	画索引符号及尺寸标注(图1.3.13c)

· 51 ·

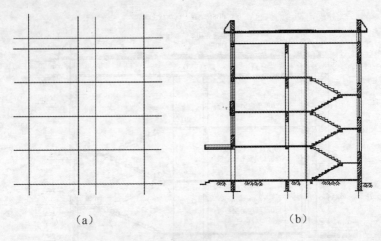

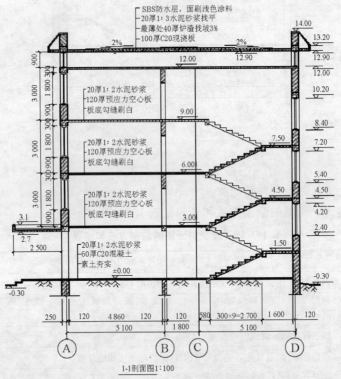

图 1.3.13 建筑剖面图的画法

1.3.6 建筑详图

1.墙身详图

墙身详图也叫墙身大样图,实际上是建筑剖面图的有关部位的局部放大图。它主要表达墙身与地面、楼面、屋面的构造连接情况以及檐口、门窗顶、窗台、勒脚、防潮层、散水、明沟的尺寸、材料、做法等构造情况,是砌墙、室内外装修、门窗安装、编制施工预算以及材料估算等的重要依据。有时在外墙详图上引出分层构造,注明楼地面、屋顶等的构造情况,而在建筑剖面图中省略不标。

外墙剖面详图往往在窗洞口断开,因此在门窗洞口处出现双折断线(该部位图形高度变小,但标注的窗洞竖向尺寸不变),成为几个节点详图的组合。在多层房屋中,若各层的构造情况一样时,可只画墙脚、檐口和中间层(含门窗洞口)三个节点,按上下位置整体排列。有时墙身详图不以整体形式布置,而把各个节点详图分别单独绘制,也称为墙身节点详图。

(1)墙身详图的图示内容　墙身详图的图示内容见表1.3.20。

表1.3.20　墙身详图的图示内容

序号	图示内容
1	墙身的定位轴线及编号,墙体的厚度、材料及其本身与轴线的关系
2	勒脚、散水节点构造。主要反映墙身防潮做法、首层地面构造、室内外高差、散水做法,一层窗台标高等
3	标准层楼层节点构造。主要反映标准层梁、板等构件的位置及其与墙体的联系,构件表面抹灰、装饰等内容
4	檐口部位节点构造。主要反映檐口部位包括封檐构造(如女儿墙或挑檐)、圈梁、过梁、屋顶泛水构造、屋面保温、防水做法和屋面板等结构构件
5	图中的详图索引符号等

(2)墙身详图的阅读举例

①如图1.3.14所示,该墙体为Ⓐ轴外墙,厚度370mm。

②室内外高差为0.3m,墙身防潮采用20mm防水砂浆,设置于首层地面垫层与面层交接处,一层窗台标高为0.9m,首层地面做法从上至下依次为20厚1∶2水泥砂浆面层,20厚防水砂浆一道,60厚混凝土垫层,素土夯实。

③标准层楼层构造为20厚1∶2水泥砂浆面层,120厚预应力空心楼板,板底勾缝刷白;120厚预应力空心楼板搁置于横墙上;标准层楼层标高分别为3m、6m、9m。

④屋顶采用架空900mm高的通风屋面,下层板为120厚预应力空心楼板,上层板为100厚C20现浇钢筋混凝土板;采用SBS柔性防水,刷浅色涂料保护层;檐口采用外天沟,挑出600mm,为了使立面美观,外天沟用斜向板封闭,并外贴金黄色琉璃瓦。

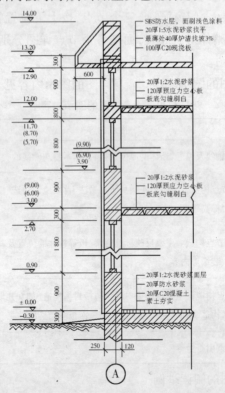

图1.3.14 墙身节点详图

第1章 建筑识图与构造

2. 楼梯详图

楼梯详图主要表示楼梯的类型和结构形式。楼梯是由楼梯段、休息平台、栏杆或栏板组成。楼梯详图主要表示楼梯的类型、结构形式、各部位的尺寸及装修做法等,是楼梯施工放样的主要依据。

楼梯详图一般分建筑详图与结构详图,应分别绘制并编入建筑施工图和结构施工图中。对于一些构造和装修较简单的现浇钢筋混凝土楼梯,其建筑详图与结构详图可合并绘制,编入建筑施工图或结构施工图。

楼梯的建筑详图一般有楼梯平面图、楼梯剖面图以及踏步和栏杆等节点详图(表1.3.21)。

表1.3.21　楼梯的建筑详图

序号	类别	说明
1	楼梯平面图	楼梯平面图实际上是在建筑平面图中楼梯间部分的局部放大图(图1.3.15)。 楼梯平面图通常要分别画出底层楼梯平面图、顶层楼梯平面图及中间各层的楼梯平面图。如果中间各层的楼梯位置、楼梯数量、踏步数、梯段长度都完全相同时,可以只画一个中间层楼梯平面图,这种相同的中间层的楼梯平面图称为标准层楼梯平面图。在标准层楼梯平面图中的楼层地面和休息平台上应标注出各层楼面及平台面相应的标高,其次序应由下而上逐一注写。 楼梯平面图主要表明梯段的长度和宽度、上行或下行的方向、踏步数和踏面宽度、楼梯休息平台的宽度、栏杆扶手的位置以及其他一些平面形状。 楼梯平面图中,楼梯段被水平剖切后,其剖切线是水平线,而各级踏步也是水平线,为避免混淆,剖切处仍规定画45°折断符号,首层楼梯平面图中的45°折断符号应以楼梯平台板与梯段的分界处为起始点画出,使第一梯段的长度保持完整。 楼梯平面图中,梯段的上行或下行方向是以各层楼地面为基准标注的。向上者称为上行,向下者称为下行,并用长线箭头和文字在梯段上注明上行、下行的方向及踏步总数。 在楼梯平面图中,除注明楼梯间的开间和进深尺寸、楼地面和平台面的尺寸及标高外,还需注出各细部的详细尺寸。通常用踏步数与踏步宽度的乘积来表示梯段的长度。通常三个平面图画在同一张图纸内,并互相对齐,这样既便于阅读,又可省略注一些重复的尺寸。 楼梯平面图的读图方法和画法分别见表1.3.22和表1.3.23

(续表)

序号	类别	说　　明
2	楼梯剖面图	楼梯剖面图实际上是在建筑剖面图中楼梯间部分的局部放大图(图1.3.17)。 　　楼梯剖面图能清楚地注明各层楼(地)面的标高,楼梯段的高度、踏步的宽度和高度、级数及楼地面、楼梯平台、墙身、栏杆、栏板等的构造做法及其相对位置。 　　表示楼梯剖面图的剖切位置的剖切符号应在底层楼梯平面图中画出。剖切平面一般应通过第一跑,并位于能剖到门窗洞口的位置上,剖切后向未剖到的梯段进行投影。 　　在多层建筑中,若中间层楼梯完全相同时,楼梯剖面图可只画出底层、中间层、顶层的楼梯剖面,在中间层处用折断线符号分开,并在中间层的楼面和楼梯平台面上注写适用于其他中间层楼面的标高。若楼梯间的屋面构造做法没有特殊之处,一般不再画出。 　　在楼梯剖面图中,应标注楼梯间的进深尺寸及轴线编号,各梯段和栏杆、栏板的高度尺寸,楼地面的标高以及楼梯间外墙上门窗洞口的高度尺寸和标高。梯段的高度尺寸可用级数与踢面高度的乘积来表示,应注意的是级数与踏面数相差为1,即踏面数＝级数－1。 　　(1)楼梯剖面图的读图方法如下: 　　①了解楼梯的构造形式。如图1.3.17所示,该楼梯为双跑楼梯,现浇钢筋混凝土制作。 　　②熟悉楼梯在竖向和进深方向的有关标高、尺寸和详图索引符号。该楼梯为等跑楼梯,楼梯平台标高分别为1.5m、4.5m、7.5m。 　　③了解梯段、平台、栏杆、扶手等相互间的连接构造。 　　④明确踏步的宽度、高度及栏杆的高度。该楼梯踏步宽300mm,踢面高150mm,栏杆的高度为1 100 mm。 　　(2)楼梯剖面图的画法: 　　①画定位轴线及各楼面、休息平台、墙身线(图1.3.18a)。 　　②确定楼梯踏步的起点,用平行线等分的方法,画出楼梯剖面图上各踏步的投影(图1.3.18b)。 　　③擦去多余线条,画楼地面、楼梯休息平台、踏步板的厚度以及楼层梁、平台梁等其他细部内容(图1.3.18c)。 　　④检查无误后,加深、加粗并画详图索引符号,最后标注尺寸、图名等(图1.3.18d)

第1章 建筑识图与构造

(续表)

序号	类别	说　　明
3	楼梯节点详图	楼梯节点详图主要是指栏杆详图、扶手详图以及踏步详图。它们分别用索引符号与楼梯平面图或楼梯剖面图联系。 踏步详图表明踏步的截面尺寸、大小、材料及面层的做法。如图1.3.19所示,楼梯踏步的踏面宽300mm,踢面高150mm;现浇钢筋混凝土楼梯,面层为1:3水泥砂浆找平。 栏板与扶手详图主要表明栏板及扶手的形式、大小、所用材料及其与踏步的连接等情况。楼梯扶手采用 $\phi 50$ 无缝钢管,面刷黑色调和漆;栏杆用 $\phi 18$ 圆钢制成,与踏步用预埋钢筋通过焊接连接
4	其他详图	在建筑、结构设计中,对大量重复出现的构配件如门窗、台阶、面层做法等,通常采用标准设计,即由国家或地方编制的一般建筑常用的构配件详图,供设计人员选用,以减少不必要的重复劳动。在读图时要学会查阅这些标准图集

表1.3.22　楼梯平面图的读图方法

序号	读图方法
1	了解楼梯或楼梯间在房屋中的平面位置。如图1.3.15所示,楼梯间位于Ⓒ~Ⓓ轴×④~⑤轴
2	熟悉楼梯段、楼梯井和休息平台的平面形式、位置、踏步的宽度和踏步的数量。本建筑楼梯为等分双跑楼梯,楼梯井宽160 mm,梯段长2 700mm、宽1 600mm,平台宽1 600mm,每层20级踏步
3	了解楼梯间处的墙、柱、门窗平面位置及尺寸。本建筑楼梯间处承重墙宽240 mm,外墙宽370 mm,外墙窗宽3 240 mm
4	看清楼梯的走向以及楼梯段起步的位置。楼梯的走向用箭头表示
5	了解各层平台的标高。本建筑一、二、三层平台的标高分别为1.5m、4.5m、7.5m
6	在楼梯平面图中了解楼梯剖面图的剖切位置

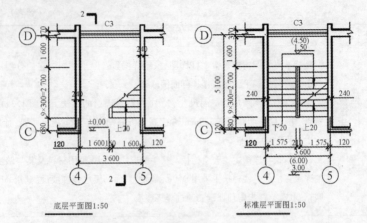
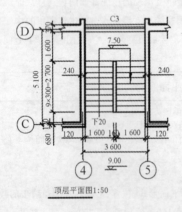

图 1.3.15 楼梯平面图

表 1.3.23 楼梯平面图的画法

序号	画 法
1	根据楼梯间的开间、进深尺寸,画楼梯间定位轴线、墙身以及楼梯段、楼梯平台的投影位置(图 1.3.16a)
2	用平行线等分楼梯段,画出各踏面的投影(图 1.3.16b)
3	画出栏杆、楼梯折断线、门窗等细部内容,并画出定位轴线,标出尺寸、标高和楼梯剖切符号等
4	写出图名、比例、说明文字等(图 1.3.16c)

第1章 建筑识图与构造

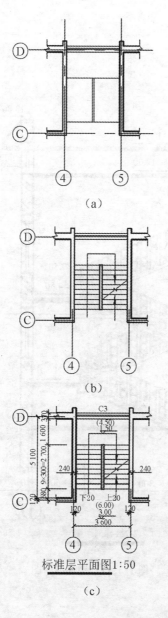

(a)

(b)

标准层平面图 1:50

(c)

图 1.3.16 楼梯平面图的画法

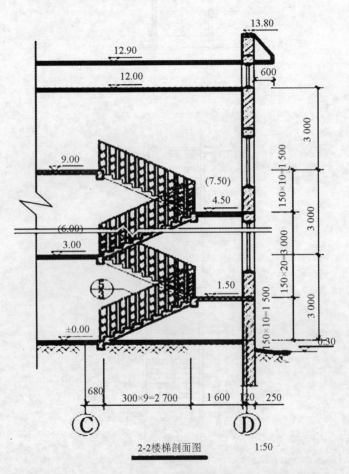

2-2楼梯剖面图　　1:50

图1.3.17　楼梯剖面图

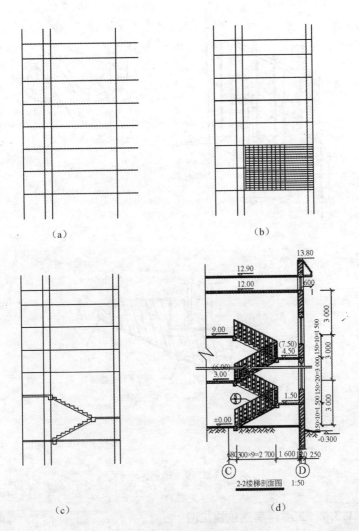

图 1.3.18　楼梯剖面图的画法

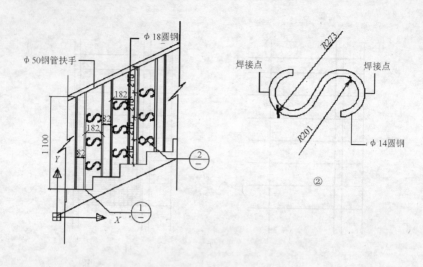

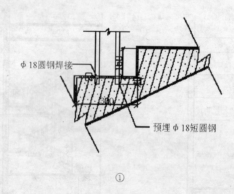

图 1.3.19 楼梯详图

1.3.7 工业厂房建筑施工图

工业建筑与民用建筑的显著区别是工业建筑必须满足工业要求,此外是设置有吊车。多层厂房建筑施工图与民用建筑基本相同,这里主要介绍单层工业厂房建筑施工图。

1. 单层工业厂房平面图

(1)单层工业厂房建筑平面图图示内容见表 1.3.24。

第1章 建筑识图与构造

表1.3.24 单层工业厂房建筑平面图图示内容

序号	图示内容	说明
1	纵、横向定位轴线	如图1.3.20所示,①、②、③、④、⑤、⑥轴为横向定位轴线,⑦、⑧、⑨、⑩轴为纵向定位轴线,它们构成柱网,可以用来确定柱子的位置,横向定位轴线之间的距离确定厂房的柱距,纵向定位轴线确定厂房的跨度。厂房的柱距决定屋架的间距和屋面板、吊车梁等构件的长度,车间跨度则决定屋架的跨度和吊车的轨距。如图1.3.20所示,本厂房的柱距为6m,距离为18m;由于平面为L形布置,⑥轴与⑦轴之间的距离应为墙厚+变形缝尺寸+600mm。厂房的柱距和距离还应满足模数制的要求;纵、横向定位轴线是施工放线的重要依据
2	墙体、门窗布置	在平面图上需表明墙体、门窗的位置、型号和数量。门窗的表示方法和民用建筑相同,在表示门窗的图例旁边注写代号,门的代号是M,窗的代号是C,在代号后注写数字表示门窗的不同型号。单层工业厂房的墙体一般为自承重墙,主要起围护作用,一般沿四周布置
3	吊车设置	单层工业厂房平面图应表明吊车的起重量及吊车轮距,这是它与民用建筑的重要区别(图1.3.20)
4	辅助用房的布置	辅助用房是为了实现工业厂房的功能而布置的,布置较简单,如图1.3.20中的⑦~⑧轴×Ⓐ~Ⓑ轴的两个办公室
5	尺寸标注	通常沿厂房长、宽两个方向分别标注三道尺寸:第一道是门窗宽度及墙段尺寸、联系尺寸、变形缝尺寸等;第二道是定位轴线间尺寸;第三道是厂房的总长和总宽
6	画出指北针、剖切符号、索引符号	它们的画法、用途与民用建筑相同,这里不再讲解

(2)单层工业厂房平面图阅读举例。

①了解厂房平面形状、朝向。如图1.3.20所示,根据工艺布置要求,本厂房采用L形平面布置,①~⑥轴车间坐北朝南。

②了解厂房柱网布置,该厂房柱距6m,跨度18m。

③了解厂房门窗位置、形状、开启方向。该厂房在南、北、西向分

别设有一道大门,外墙上设计为通窗。

④了解墙体布置。墙体为自承重墙,沿外围布置,起围护作用。

⑤了解吊车设置。本厂房吊车起重量为10t,吊车轮距为16.5m。

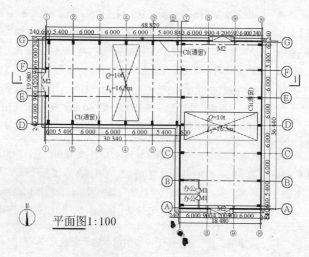

图1.3.20 厂房平面图

2. 单层工业厂房立面图

(1)建筑立面图的图示内容见表1.3.25。

表1.3.25 建筑立面图的图示内容

序号	图示内容
1	屋顶、门、窗、雨篷、台阶、雨水管等细部的形状和位置
2	室外装修及材料做法等
3	立面外貌及形状
4	室内外地面、窗台、门窗顶、雨篷底面及屋顶等处的标高
5	立面图两端的轴线编号及图名、比例

(2)建筑立面图阅读举例。

①如图1.3.21所示,本厂房为L形布置,在本立面上设有一大门,上方有一雨篷,屋顶为两坡排水,设有外天沟,为有组织排水。

②为了取得良好的采光通风效果,外墙设计通窗。

③本厂房室内外高差为0.3m,下段窗台标高1.2m,窗顶标高为

4.5m,上段窗窗台标高5.7m,窗顶标高为8.4m。

④外墙装修为刷蓝色仿瓷涂料。

3. 工业厂房剖面图

(1)工业厂房剖面图图示内容见表1.3.26。

表1.3.26 工业厂房剖面图图示内容

序号	图示内容
1	表明厂房内部的柱、吊车梁断面及屋架、天窗架、屋面板以及墙、门窗等构配件的相互关系
2	各部位竖向尺寸和主要部位标高尺寸
3	屋架下弦底面标高及吊车轨顶标高,它们是单层工业厂房的重要尺寸

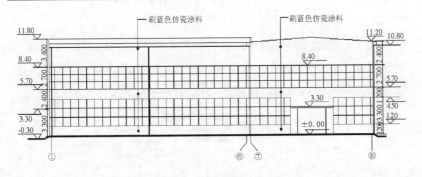

图1.3.21 厂房立面图

(2)建筑剖面图阅读举例。

①如图1.3.22所示,本厂房采用钢筋混凝土排架结构,排架柱在5.3m标高处设有牛腿,牛腿上设有T形吊车梁,吊车梁梁顶标高5.7m,排架柱柱顶标高8.4m。

②屋面采用屋架承重,屋面板直接支承在屋架上,为无檩体系。

③厂房端部设有抗风柱,以协助山墙抵抗风荷载。

④在厂房中部设有柱间支撑,以增加厂房的整体刚度。

⑤了解厂房屋顶做法,屋面排水设计。

⑥在外墙上设有两道连系梁,以减少墙体计算高度,提高墙体的

稳定性。

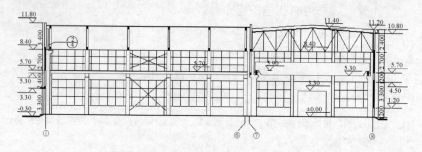

1-1剖面图1:100

图1.3.22 厂房剖面图

4.工业厂房施工详图

为了清楚地反映厂房细部及构配件的形状、尺寸、材料做法等,需要绘制详图。一般包括墙身剖面详图、屋面节点详图、柱节点详图。如图1.3.23所示,为该厂房屋架与抗风柱连接详图。

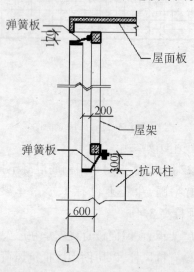

抗风柱与屋架连接详图1:30

图1.3.23 抗风柱与屋架连接详图

1.4 房屋构造

1.4.1 民用建筑构造概论

1. 建筑的基本构成要素

(1)建筑:在表示建造活动成果时,包括建筑物和构筑物。

建筑物:能供人们在其中生产、生活和其他活动的房屋或场所。

构筑物:主要指工程设施,人们不在其中生产、生活的建筑。

(2)建筑三要素:建筑功能、物质技术条件、建筑形象(表1.4.1)。

表1.4.1 建筑三要素

序号	要素	说 明
1	建筑功能	建筑的使用目的是决定因素
2	物质技术条件	建筑的物质条件和技术条件,是实现建筑设计和施工的条件和手段
3	建筑形象	以其平面空间组合、建筑体形和立面、材料的色彩和质感、细部的处理及刻画来体现的。成功的建筑应当反映时代特征、民族特点、地方特色、文化色彩,并与周围的建筑和环境有机融合、协调,能经受时间的考验

2. 建筑的分类

建筑的类别见表1.4.2。

表1.4.2 建筑的类别

序号	分类依据	类 别
1	按建筑的使用性质分	(1)民用建筑:供人们居住及进行社会活动等非生产性的建筑,又分为居住建筑和公共建筑。 (2)工业建筑:供人们进行工业生产活动的建筑。工业建筑一般包括生产用建筑及辅助生产、动力、运输、仓储用建筑。 (3)农业建筑:供人们进行农牧业的种植、养殖、储存等用途的建筑

(续表)

序号	分类依据	类别
2	按建筑高度或层数分	（1）住宅建筑：1~3层为低层；4~6层为多层；7~9层为中高层；10层及10层以上为高层。 （2）除住宅建筑之外的民用建筑：高度小于24m为单层和多层，大于24m为高层建筑（不包括单层主体建筑）。建筑高度是指自室外设计地面至建筑主体檐口顶部的垂直高度。 （3）建筑总高度超过100m时，不论是住宅或公共建筑均为超高层。 （4）高层建筑的具体分类： ①第一类高层建筑9~16层（最高50m）。 ②第二类高层建筑17~25层（最高75m）。 ③第三类高层建筑26~40层（最高100m）。 ④第四类高层建筑40层以上（100m以上）
3	按建筑结构类型分	（1）砌体结构：结构的竖向承重构件是采用黏土、多孔砖或承重钢筋混凝土小砌块砌筑的墙体，水平承重构件为钢筋混凝土楼板及屋面板。一般用于多层建筑中。 （2）框架结构：结构的承重部分是由钢筋混凝土或型钢组成的梁柱体系，墙体只起围护和分隔作用。适用于跨度大、荷载大、高度大的多层和高层建筑。 （3）钢筋混凝土板墙结构：结构的竖向承重构件和水平承重构件均采用钢筋混凝土制作，施工时可在现场浇筑或在加工厂预制，现场吊装。可用于水平荷载较大的高层建筑。 （4）空间结构：由钢筋混凝土或型钢组成空间结构承受建筑的全部荷载，如网架、悬索、拱、壳体等。适用于大跨度的公共建筑

3.建筑物的等级划分

建筑物的等级划分见表1.4.3。

第1章 建筑识图与构造

表1.4.3 建筑物的等级划分

序号	划分依据	等级划分
1	耐久等级	建筑物耐久等级的指标是耐久年限,耐久年限的长短是依据建筑物的性质决定的,影响建筑寿命长短的主要因素是结构构件的选材和结构体系。 耐久等级一般分为5级
2	耐火等级	耐火等级取决于房屋的主要构件的耐火极限和燃烧性能,单位为h。 耐火极限指从受到火的作用起,到失去支持能力,或发生穿透性裂缝,或背火一面温度升高到220℃时所延续的时间。 燃烧性能是指建筑构件在明火或高温辐射的情况下,能否燃烧及燃烧的难易程度。建筑构件按照燃烧性能分成非燃烧体(或称不燃烧体)、难燃烧体和燃烧体。 我国《高层民用建筑设计防火规范(2010年版)》和《建筑设计防火规范》(GB 50016—2006)规定,高层民用建筑的耐火等级分为2级,多层建筑的耐火等级分为4级
3	工程等级	建筑的工程等级以其复杂程度为依据,共分6级

4.民用建筑的构造组成

民用建筑的构造组成见表1.4.4和图1.4.1。

表1.4.4 民用建筑

序号	组成部分		说明
1	房屋的主要组成部分	基础	建筑最下部的承重构件,承担建筑的全部荷载,并下传给地基
		墙体和柱	墙体是建筑物的承重和围护构件。在框架承重结构中,柱是主要的竖向承重构件
		屋顶	建筑顶部的承重和围护构件,一般由屋面、保温(隔热)层和承重结构三部分组成
		楼地层	楼房建筑中的水平承重构件,包括底层地面和中间的楼板层
		楼梯	楼房建筑的垂直交通设施,供人们平时上下和紧急疏散时使用
		门窗	门主要用作内外交通联系及分隔房间,窗的主要作用是采光和通风,门窗属于非承重构件
2	建筑的次要组成部分		附属的构件和配件,如阳台、雨篷、台阶、散水、通风道等

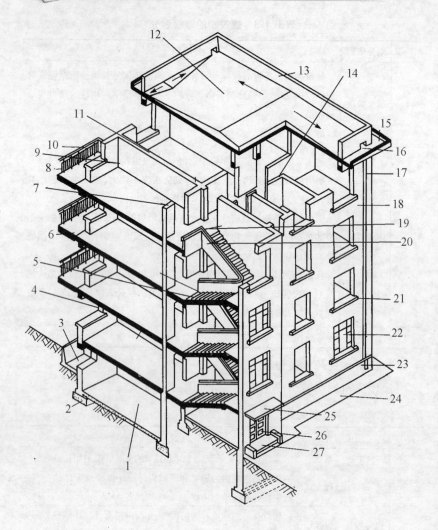

图 1.4.1　房屋的组成

1—地下室；2—基础；3—采光井；4—楼板；5—楼梯；6—阳台；7—内纵墙；
8—栏杆；9—窗台；10—阳台扶手；11—内横墙；12—屋顶；13—女儿墙；
14—隔墙；15—挑檐沟；16—雨水口；17—落水管；18—外墙；19—楼梯扶手；
20—栏板；21—窗台；22—窗；23—勒脚；24—散水；25—雨篷；26—门；27—台阶

5. 影响建筑构造的因素和构造设计原则

（1）影响建筑构造的因素见表1.4.5。

表1.4.5　影响建筑构造的因素

序号	影响因素	说　　明
1	外力作用的影响	直接作用在建筑的外力统称为荷载,可分为恒荷载和活荷载两大类。外力的作用是影响建筑构造的主要因素。 风荷载是对建筑影响较大的荷载之一,风力往往是建筑承受水平荷载的主体。高层建筑、空旷及沿海地区的建筑受风荷载的影响尤其明显。 地震是对建筑造成破坏的主要自然因素,在构造设计中,应根据各地区的实际情况予以设防
2	自然气候的影响	应当根据当地的实际情况对房屋的各有关部位采取相应的构造措施,如保温隔热、防潮防水、防冻胀等,以保证房屋的正常使用
3	人为因素和其他因素的影响	如噪声、振动、化学辐射、爆炸、火灾等。应通过在房屋相应的部位采取可靠的构造措施提高房屋的生存能力
4	技术和经济条件的影响	建筑构造要根据行业发展的现状和趋势,以及经济水平的提高不断调整,推陈出新

(2)建筑构造的设计原则见表1.4.6。

表1.4.6　建筑构造的设计原则

序号	设计原则
1	满足建筑使用功能的要求
2	确保结构安全
3	适应建筑工业化和建筑施工的需要
4	注重社会、经济和环境效益
5	注重美观

6.建筑模数协调统一标准与建筑轴线的确定

(1)建筑模数协调统一标准　建筑模数协调统一标准见表1.4.7。

表1.4.7 建筑模数协调统一标准

序号	项目	说　明
1	《建筑模数协调统一标准》(GBJ 2—1986)	用以约束和协调建筑的尺度关系
2	建筑模数	选定的标准尺度单位,作为建筑空间、建筑构配件、建筑制品以及有关设备尺寸相互协调中的增值单位
3	基本模数	模数协调中选用的基本单位,其数值为100mm,符号为M,即1M=100mm。整个建筑物及其一部分或建筑组合构件的模数化尺寸应为基本模数的倍数
4	导出模数	包括扩大模数和分模数
5	扩大模数	基本模数的整数倍数。水平扩大模数基数为3M、6M、12M、15M、30M、60M,其相应的尺寸分别是300mm、600mm、1 200mm、1 500mm、3 000mm、6 000mm。竖向扩大模数基数为3M、6M,其相应的尺寸分别是300mm、600mm
6	分模数	整数除以基本模数的数值。分模数基数为1/2M、1/5M、1/10M,其相应的尺寸分别是50mm、20mm、10mm
7	模数数列	以选定的模数基数为基础而展开的模数系统,它可以保证不同建筑及其组成部分之间尺度的统一协调,有效减少建筑尺寸的种类,并确保尺寸具有合理的灵活性

(2)建筑轴线的确定。

①定位轴线:确定房屋主要结构或构件的位置及其尺寸的基线。

②砖混结构。砖混结构建筑轴线的确定见表1.4.8。

表1.4.8 砖混结构建筑轴线的确定

序号	说　明
1	内墙顶层墙身的中心线一般与平面定位轴线相重合
2	承重外墙顶层墙身的内缘与平面定位轴线的距离,一般为顶层承重内墙厚度的一半、顶层墙身厚度的一半、半砖(120mm)或半砖的倍数(图1.4.2)。当墙厚为180mm时,墙身的中心线与平面定位轴线重合

(续表)

序号	说　　明
3	非承重外墙与平面定位轴线的联系，除可按承重外墙布置外，还可使墙身内侧与平面定位轴线相重合

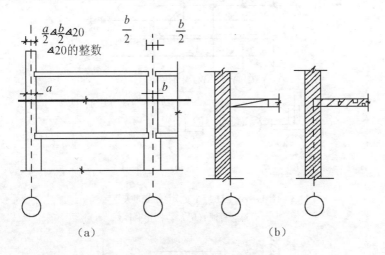

图 1.4.2　墙与平面定位的关系
(a)承重内、外墙；(b)非承重外墙

③框架结构。框架结构建筑轴线的确定见表 1.4.9。

表 1.4.9　框架结构建筑轴线的确定

序号	说　　明
1	中柱(中柱上柱或顶层中柱)的中线一般与纵、横向平面定位轴线相重合
2	边柱的外缘一般与纵向平面定位轴线相重合或偏离，也可使边柱(顶层边柱)的纵向中线与纵向平面定位轴线相重合(图 1.4.3)。 在多层建筑中，一般常使建筑物各层的楼面、首层地面与竖向定位轴线相重合(图 1.4.4)。必要时，可使各层的结构层表面与竖向定位轴线相重合。平屋面(无屋架或屋面大梁)一般使屋顶结构层表面与竖向定位轴线重合

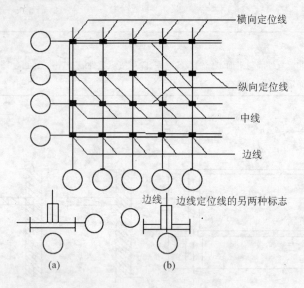

图 1.4.3 柱与平面定位线的关系

(a)墙包柱时;(b)墙与柱外平时

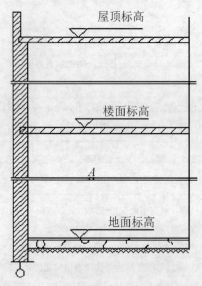

图 1.4.4 建筑物首层地面、楼面及屋面标高与竖向定位线的关系

1.4.2 基础构造

1. 地基与基础的基本概念

(1)地基的概念及分类见表1.4.10。

表1.4.10 地基的分类

序号	项目	说　　明
1	基础	基础是建筑物的组成部分,它承受着建筑物的上部荷载,并将这些荷载传递给地基
2	地基	支承建筑物重量的土层,地基不是建筑物的组成部分
3	天然地基	凡天然土层本身具有足够的强度,能直接承受建筑荷载的地基称为天然地基
4	人工地基	凡天然土层本身的承载能力弱,或建筑物上部荷载较大,须预先对土壤层进行人工加工或加固处理后才能承受建筑物荷载的地基称为人工地基。人工加固地基通常采用压实法、换土法、打桩法等

(2)地基与基础的设计要求见表1.4.11。

表1.4.11 地基与基础的设计要求

序号	设计要求
1	地基应具有足够的承载能力和均匀程度
2	基础应具有足够的强度和耐久性
3	经济技术要求

2. 基础的类型与构造

(1)基础的埋深　从设计室外地面至基础底面的垂直距离称为基础的埋置深度。基础埋深不超过5m时称为浅基础,基础埋深大于5m时称为深基础。基础埋深在一般情况下应不小于500mm。

(2)基础的分类与构造　基础的分类与构造见表1.4.12。

表 1.4.12 基础的分类与构造

序号	分类依据	分类与构造	说明
1	按材料及受力特点分类	刚性基础	由砖石、毛石、素混凝土、灰土等刚性材料制作的基础,这种基础抗压强度高而抗拉、抗剪强度低。其基础底面尺寸的放大应根据材料的刚性角来决定。 刚性角是指基础放宽的引线与墙体垂直线之间的夹角,如图 1.4.5 所示的 α 角。凡受刚性角限制的基础称为刚性基础。 刚性角可以用基础放阶的级宽与级高之比值来表示。不同材料和不同基底压力应选用不同的宽高比。 大放脚的做法一般采用每两皮砖挑出 1/4 砖长或每两皮砖挑出 1/4 与一皮砖挑出 1/4 砖长相间砌筑
		柔性基础	用钢筋混凝土制作的基础。钢筋混凝土的抗弯性能和抗剪性能良好,可在上部结构荷载较大、地基承载力不高以及有水平力和力矩等荷载的情况下使用。为了节约材料可将基础做成锥形,但基础最薄处不得小于 200mm;或做成阶梯形,但每级步高为 300~500mm,故适宜在基础浅埋的场合下采用(图 1.4.6)
2	按构造形式分类	单独基础	它是独立的块状形式,常用断面形式有踏步形、锥形、杯形。适用于多层框架结构或厂房排架柱下基础,地基承载力不低于 80kPa 时,其材料通常采用钢筋混凝土、素混凝土等
		条形基础	它是连续带形的,也称带形基础。 (1)墙下条形基础。一般用于多层混合结构的墙下,低层或小型建筑常用砖、混凝土等刚性条形基础。 (2)柱下条形基础。一般多用于上部为框架或排架结构建筑,此时常将柱下钢筋混凝土条形基础沿纵横两个方向用基础梁相互连接成一体形成井格基础,故又称十字带形基础

(续表)

序号	分类依据	分类与构造	说　　　明
2	按构造形式分类	片筏基础	建筑物的基础由整片的钢筋混凝土板组成,板直接作用于地基上。片筏基础常用于地基软弱的多层砌体结构、框架结构、剪力墙结构的建筑,以及上部结构荷载较大且不均匀或地基承载力低的情况,按其结构布置分为梁板式(也叫满堂基础)和无梁式,其受力特点与倒置的楼板相似
		箱形基础	当上部建筑物为荷载大、对地基不均匀沉降要求严格的高层建筑、重型建筑以及软弱土地基上多层建筑时,为增加基础刚度,将地下室的底板、顶板和墙整体浇成箱子状。箱形基础的刚度较大,且抗震性能好,有地下空间可以利用,可用于特大荷载且需设地下室的建筑
		桩基础	当浅层地基土不能满足建筑物对地基承载力和变形的要求,而又不适宜采取地基处理措施时,就要考虑以下部坚实土层或岩层作为持力层的深基础。桩基础一般由设置于土中的桩身和承接上部结构的承台组成

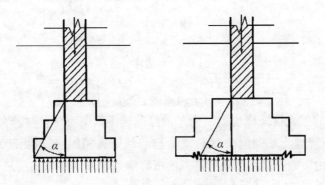

图 1.4.5　刚性基础

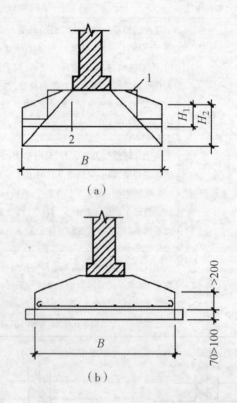

图 1.4.6 柔性基础
(a)混凝土与钢筋混凝土基础比较;(b)基础构造
1—钢筋混凝土基础;2—混凝土基础

(3)基础沉降缝构造　为了消除基础不均匀沉降,应按要求设置基础沉降缝。基础沉降缝的宽度与上部结构相同,基础由于埋在地下,缝内一般不填塞。条形基础的沉降缝通常采用双墙式和悬挑式做法(图1.4.7)。

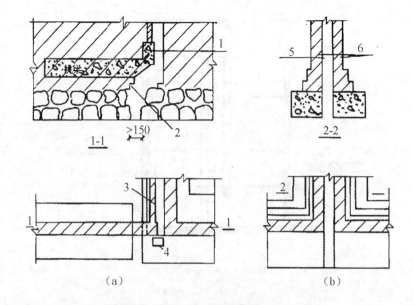

图1.4.7 基础沉降缝的处理方法
(a)悬挑式;(b)双墙式
1—横梁(支承轻质墙);2—沉降缝宽度;3—轻质墙;
4—雨水管或其他遮缝材料;5—沉降缝;6—承重墙

3. 地下室构造

(1)地下室的分类见表1.4.13。

表1.4.13 地下室的分类

序号	分类依据	类别
1	按使用功能分	普通地下室和防空地下室
2	按顶板标高分	半地下室(埋深为1/3~1/2地下室净高)和全地下室(埋深为地下室净高的1/2以上)
3	按结构材料分	砖混结构地下室和钢筋混凝土结构地下室(图1.4.8)

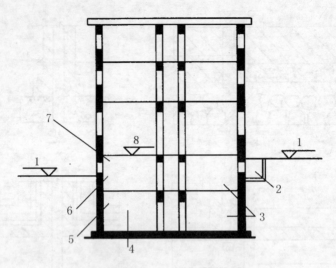

图 1.4.8 地下室结构示意

1—室外地坪;2—采光井;3—全地下室;4—二层地下室;
5—全地下室;6—半地下室;7—一层地下室;8—首层地面

(2)地下室的构造组成见表 1.4.14。

表 1.4.14 地下室的构造组成

序号	构造组成	说明
1	墙体	地下室的外墙应按挡土墙设计
2	顶板	可用预制板、现浇板或预制板上做现浇层(装配整体式楼板)。如为防空地下室,必须采用现浇板,并按防空设计的有关规定决定其厚度和混凝土强度等级
3	底板	底板处于最高地下水位以上,并且无压力作用时,可按一般地面工程处理,即垫层上现浇混凝土 60～80mm 厚,再做面层;如底板处于最高地下水位以下时,应采用钢筋混凝土底板,并配双层筋,底板下垫层上还应设置防水层,以防渗漏
4	门窗	普通地下室的门窗与地上房间门窗相同,地下室外墙窗如在室外地坪以下时,应设置采光井,以利室内采光、通风。防空地下室一般不允许设置窗。防空地下室的外门应按防空等级要求,设置相应的防护构造

(续表)

序号	构造组成	说　　明
5	楼梯	可与地面上房间的楼梯结合设置,层高小或用作辅助房间的地下室,可只设置单跑楼梯。防空要求的地下室至少要设置两部楼梯通向地面的安全出口,并且必须有一个是独立的安全出口
6	采光井	一般每个窗设一个独立的采光井,当窗的距离很近时,也可将采光井连在一起。采光井侧墙一般用砖砌筑,井底板则用混凝土浇筑。 采光井的深度视地下室的窗台高度而定。一般采光井底面应低于窗台 250~300mm,采光井的深度为 1~2m,其宽度在 1m 左右,其长度则应比窗宽大 1m 左右。采光井侧墙顶面应比室外设计地面高 250~300mm,以防地面水流入。采光井的构造如图 1.4.9 所示

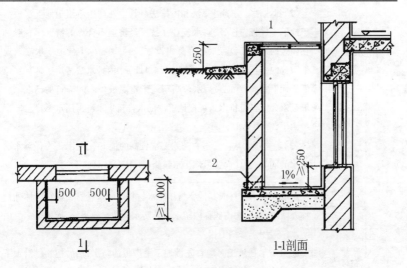

图 1.4.9　采光井构造

1—铁栅栏;2—ϕ100 排水管

(3)地下室的防潮、防水构造与地下室防潮见表 1.4.15。

表1.4.15 地下室的防潮、防水构造与地下室防潮

序号	项目	说明
1	地下室防潮构造	当地下水的常年水位和最高水位在地下室地坪标高以下时,地下室底板和墙身可以作防潮处理。防潮构造做法通常是:首先在地下室墙体外表面抹20mm厚的1:2防水砂浆,地下室墙体应采用水泥砂浆砌筑,灰缝必须饱满;并在地下室地坪及首层地坪分设两道墙体水平防潮层。地下室墙体外侧周边要用透水性差的土壤分层回填夯实,如黏土、灰土等(图1.4.10)
2	地下室防水构造	当设计最高地下水位高于地下室底板顶面时,必须作防水处理。地下工程的防水等级分为四级
3	地下室的防水方案	(1)隔水法。利用各种材料的不透水性来隔绝地下室外围水及毛细管水的渗透,是目前采用较多的防水做法,分卷材防水和构件自防水(图1.4.11a)。 (2)排水法。分为外排法和内排法。其中外排法适用于地下水位高于地下室底板,且采用防水设计在技术经济上不合算的情况。一般是在建筑四周地下设置永久性降水设施,如盲沟排水。使地下水渗入地下陶管内排至城市排水干线(图1.4.11b)。内排法适用于常年水位低于地下室底板,但最高水位高于地下室底板(≤500mm)的情况。一般是永久性自流排水系统把地下室的水排至集水坑再用水泵排至城市排水干线(图1.4.11c)。 (3)综合排水法。一般在防水要求较高的地下室采用,即在做隔水法防水的同时,还要设置内部排水设施(图1.4.11d)
4	卷材防水	用沥青防水卷材或其他卷材作防水材料。防水卷材粘贴在墙体外侧称外防水,粘贴在内侧称内防水。外防水的防水效果好,应用较多。内防水一般用于修缮工程。 卷材防水在施工时应首先做地下室底板的防水,然后把卷材沿地下室地坪连续粘贴到墙体外表面。地下室地面防水首先在基底浇筑C10混凝土垫层,厚度约为100mm。然后粘贴卷材,再在卷材上抹20mm厚1:3水泥砂浆,最后浇筑钢筋混凝土底板。墙体外表面先抹20mm厚1:3水泥砂浆,冷底子油,然后粘贴卷材。

(续表)

序号	项目	说明
4	卷材防水	卷材的粘贴应错缝,相邻卷材搭接宽度不小于 100mm。卷材最上部应高出最高水位 500mm 左右,外侧砌半砖护墙(图 1.4.12)。 卷材防水应慎重处理水平防水层和垂直防水层的交换处和平面交角处的构造,否则易发生渗漏。一般应在这些部位加设卷材,转角部的找平层应做成圆弧形,在墙面与底板的转角处,应把卷材接缝留在底面上,并距墙的根部 600mm 以上
5	构件自防水	当建筑的高度较大或地下室层数较多时,地下室的墙体往往采用钢筋混凝土结构。防水混凝土的配制在满足强度的同时,重点考虑了抗渗的要求。石子骨料的用量相对减少,适当增加砂率和水泥用量。水泥砂浆除了满足填充黏结作用外,还能在粗骨料周围形成一定数量的质量好的包裹层,把粗骨料充分隔离开,提高了混凝土的密实度和抗渗性。为保证防水效果,防水混凝土墙体的底板应具有一定的厚度,防水混凝土的设计抗渗等级应符合相应的规定。 防水混凝土自防水构造如图 1.4.13 所示

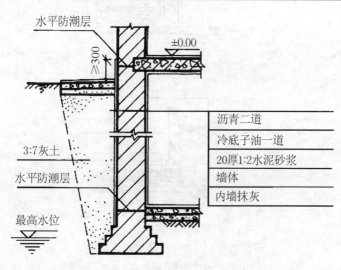

图 1.4.10 地下室防潮构造

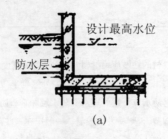
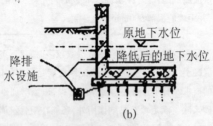
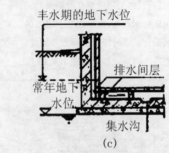
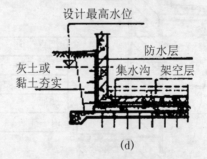

图 1.4.11 地下室防水设计方案
(a)隔水法；(b)外排水法；(c)内排水法；(d)综合法

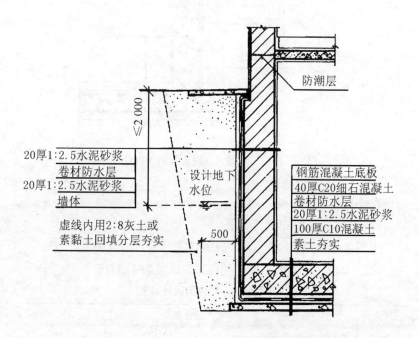

图1.4.12 卷材防水构造

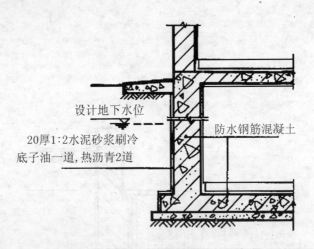

图 1.4.13　防水混凝土自防水构造

1.4.3　墙体构造

1. 墙体的类型与设计要求

(1) 墙体的作用和设计要求

① 墙体的作用：承重、围护、分隔、装饰。

② 墙体的设计要求。墙体的设计要求见表 1.4.16。

表 1.4.16　墙体的设计要求

序号	设计要求
1	具有足够的强度和稳定性
2	满足热工方面（保温、隔热、防止产生凝结水）的要求
3	满足隔声的要求
4	满足防火要求
5	满足防潮、防水要求
6	满足经济和适应建筑工业化的发展要求

(2) 墙体的类型　墙体的类型见表 1.4.17。

第1章 建筑识图与构造

表 1.4.17 墙体的类型

序号	分类依据	类 别
1	按墙体的材料分类	砖墙、加气混凝土砌块墙、石材墙、板材墙、承重混凝土空心砌块墙
2	按墙体在建筑平面上所处的位置分类	墙体按所处的位置一般分为外墙和内墙两大部分。 (1)纵墙:沿建筑物纵轴方向布置的墙,其中外纵墙又称为檐墙。 (2)横墙:沿建筑物横轴方向布置的墙,其中外横墙又称山墙。 (3)女儿墙:屋顶上部的房屋四周的墙
3	按墙体的受力特点分类	(1)承重墙:直接承受楼板、屋顶等上部结构传来的垂直荷载和风力、地震作用等水平荷载及自重的墙。 (2)非承重墙:不直接承受上述这些外来荷载作用的墙体
4	按墙的构造形式分类	实体墙、空体墙、复合墙
5	按施工方法分类	(1)块材墙:用砂浆等胶结材料将砖、石、砌块等组砌而成。 (2)板筑墙:在施工时,直接在墙体位置现场立模板,在模板内夯筑黏土或浇筑混凝土振捣密实而成。 (3)装配式板材墙:预先在工厂制成墙板,再运至施工现场进行安装、拼接而成

(3)墙体承重方式 墙体承重方式见表 1.4.18。

表 1.4.18 墙体承重方式

序号	墙体承重方式	说 明
1	横墙承重	楼板支承在横向墙上,建筑物的横向刚度较强、整体性好,多用于横墙较多的建筑中,如住宅、宿舍、办公楼等(图1.4.14a)
2	纵墙承重	楼板支承在纵向墙体。开间布置灵活,但横向刚度弱,而且承重纵墙上开设门窗洞口有时受到限制,多用于使用上要求有较大空间的建筑,如办公楼、商店、教学楼、阅览室等(图1.4.14b)

(续表)

序号	墙体承重方式	说　明
3	混合承重	一部分楼板支承在纵向墙上,另一部分楼板支承在横向墙上。多用于中间有走廊或一侧有走廊的办公楼,以及开间、进深变化较多的建筑,如幼儿园、医院等(图1.4.14c)
4	内框架承重	房屋内部采用柱、梁组成的内框架承重,四周采用墙承重,由墙和柱共同承受水平承重构件传来的荷载,适用室内需要大空间的建筑,如大型商店、餐厅等(图1.4.14d)

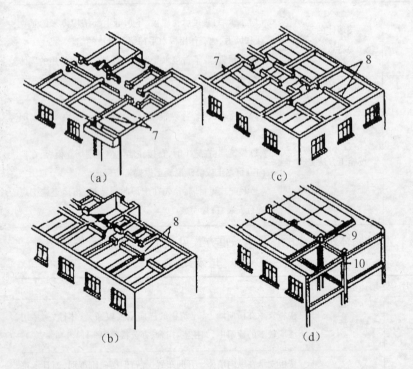

第1章 建筑识图与构造

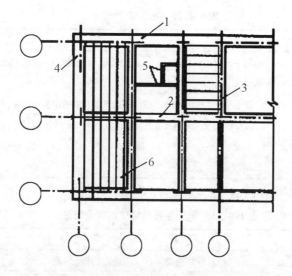

图1.4.14 墙体承重方式
(a)横墙承重;(b)纵墙承重;(c)混合承重;(d)内框架承重
1—纵向外墙;2—纵向内墙;3—横向内墙;4—横向外墙;5—隔墙;
6—楼板;7—横向承重墙;8—纵向承重墙;9—梁;10—柱

2.砖墙构造

(1)黏土多孔砖的类型见表1.4.19。

表1.4.19 黏土多孔砖的类型

序号	类型	说 明
1	模数型(M型)系列	DM1-1、DM1-2(190mm×240mm×90mm)、DM2-1、DM2-2(190mm×190mm×90mm)、DM3-1、DM3-2(190mm×140mm×90mm)、DM4-1、DM4-2(190mm×90mm×90mm)
2	KP1型系列	KP1型多孔砖的代号为KP1-1、KP1-2、KP1-3,尺寸为240mm×115mm×90mm。其配砖代号为KP1-P,尺寸为180mm×115mm×90mm

(2)砂浆的种类见表1.4.20。

表 1.4.20 砂浆的种类

序号	砂浆的种类	说明
1	水泥砂浆	属于水硬性材料,强度高,适合砌筑处于潮湿环境下的砌体,如基础部位
2	石灰砂浆	属于气硬性材料,强度不高,多用于砌筑次要的建筑地面以上的砌体
3	混合砂浆	强度较高,和易性和保水性较好,适于砌筑一般建筑地面以上的砌体。砂浆强度分为七个等级,即 M0.4、M1、M2.5、M5、M7.5、M10、M15,常用的砌筑砂浆是 M1～M5

(3)黏土多孔砖墙体的砌合方法见表 1.4.21。

表 1.4.21 黏土多孔砖墙体的砌合方法

序号	项目	说明
1	砌筑要求	横平竖直、砂浆饱满、内外搭砌、上下错缝
2	一顺一丁式	一层砌顺砖、一层砌丁砖,特点是搭接好,无通缝,整体性强,因而应用较广(图 1.4.15b、c)
3	全顺式	每皮均为顺砖组砌,上下皮左右搭接为半砖。适用于模数型多孔砖的砌合(图 1.4.15d)
4	顺丁相间式	由顺砖和丁砖相间铺砌而成。它整体性好,且墙面美观,亦称为梅花丁式砌法(图 1.4.15e)

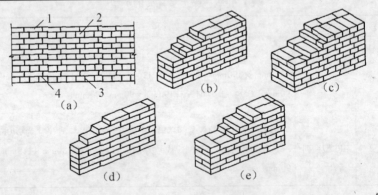

图 1.4.15 常见的几种砖墙砌法
(a)砖缝形式;(b)、(c)一顺一丁式;(d)全顺式;(e)顺丁相间式
1—顺砖;2—丁砖;3—竖缝;4—横缝

(4)黏土多孔砖的墙体尺度见表1.4.22。

表1.4.22 黏土多孔砖的墙体尺度

序号	多孔砖类型	墙体尺度
1	模数型多孔砖	模数型多孔砖砌体用没型号规格的砖组合搭配砌筑,砌体高度以100mm(1M)进级,墙体厚度和长度以50mm(1/2M)进级。个别边角空缺不足整砖的部位用砍配砖或锯切口DM3、DM4填补。排砖的挑出长度不大于50mm
2	KP型多孔砖	KP1型多孔砖的砌体高度以100mm(1M)进级,墙体厚度有120mm、240mm、360mm、490mm。 墙体灰缝厚度10mm,砖的规格形成为长:宽:厚=4:2:1的关系。在1m长的砌体中有4个砖长、8个砖宽。砌体的平面尺寸以半砖长(120mm)进级。 三模制(3M)轴线定位,内墙厚为240mm时,轴线居中;外墙厚360mm时,轴线内侧120mm,外侧240mm

(5)砖墙的细部构造。

①勒脚。勒脚的相关内容见表1.4.23。

表1.4.23 勒脚

序号	项目	说明
1	概念	勒脚是外墙身接近室外地面处的表面保护和饰面处理部分
2	高度	一般指位于室内地坪与室外地面的高差部分,也可根据立面的需要而提高勒脚的高度尺寸
3	作用	加固墙身,防止外界机械作用力碰撞破坏;保护近地面处的墙体,防止地表水、雨雪、冰冻对墙脚的侵蚀;增强建筑物立面美观
4	做法	防水砂浆抹灰处理(图1.4.16a);用石块砌筑(图1.4.16c);用天然石板、人造石板贴面(图1.4.16b)

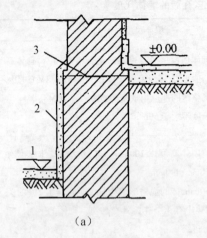
(a)

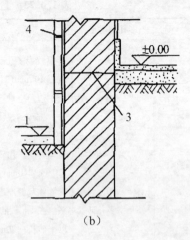
(b)

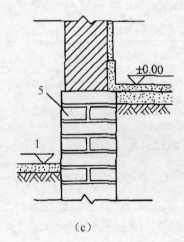
(c)

图 1.4.16 勒脚构造
(a)抹面;(b)贴面、(c)石砌
1—室外地面;2—抹灰;3—防潮层;4—石材贴面;5—石砌

②墙身防潮层。墙身防潮层的相关内容见表 1.4.24。

表1.4.24 墙身防潮层

序号	项目	说明
1	作用	防止土壤中的水分沿基础上升,使位于勒脚处的地面水渗入墙内而导致墙身受潮。从而提高建筑物的耐久性,保持室内干燥卫生。构造形式上有水平防潮层和垂直防潮层两种形式
2	位置	水平防潮层一般应在室内地面不透水垫层(如混凝土)范围以内,通常在 -0.06m 标高处设置,而且至少要高于室外地坪150mm;当地面垫层为透水材料(如碎石、炉渣等)时,水平防潮层的位置应平齐或高于室内地面一皮砖的地方,即在0.06m处;当两相邻房间之间室内地面有高差时,应在墙身内设置高低两道水平防潮层,并在靠土壤一侧设置垂直防潮层,将两道水平防潮层连接起来,以避免回填土中的潮气侵入墙身(图1.4.17)
3	水平防潮层的做法	(1)油毡防潮层:如图1.4.18a所示,目前较少采用。 (2)防水砂浆防潮层:如图1.4.18b所示,它适用于抗震地区、独立砖柱和震动较大的砖砌体中,其整体性较好,抗震能力强,但砂浆是脆性易开裂材料,在地基发生不均匀沉降而导致墙体开裂或因砂浆铺贴不饱满时会影响防潮效果。 (3)细石混凝土防潮层:如图1.4.18c所示,它适用于整体刚度要求较高的建筑中,但应把防水要求和结构做法合并考虑较好
4	垂直防潮层的做法	在需设垂直防潮层的墙面(靠回填土一侧)先用1:2的水泥砂浆抹面15~20mm厚,再刷冷底子油一道,刷热沥青2道;也可以直接采用掺有3%~5%防水剂的砂浆抹面15~20mm厚的做法

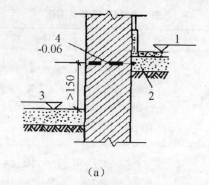
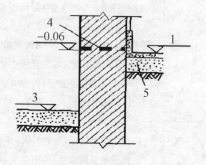
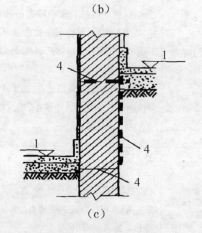

图 1.4.17 墙身防潮层的位置

(a)地面垫层为密实材料;(b)地面垫层为透水材料;(c)室内地面有高差

1—室内;2—不透水材料;3—室外;4—防潮层;5—透水材料

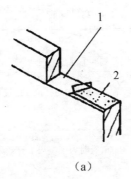

(a)

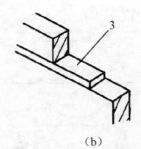

(b)

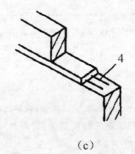

(c)

图 1.4.18 水平防潮层的做法

(a)油毡防潮层;(b)防水砂浆防潮层;(c)细石混凝土防潮层

1—油毡搭接长度≥100mm,沥青黏结;2—20mm 厚 M5 级砂浆找平层;3—20~25mm 厚1:2水泥砂浆加 3%~5%防水剂;4—60mmC20 细石混凝土内配 3 Φ 6 或 3 Φ 8

③踢脚。踢脚的相关内容见表1.4.25。

表1.4.25 踢脚

序号	项目	说　明
1	概念	外墙内侧或内墙两侧的下部与室内地坪交接处的构造
2	作用	加固并保护内墙脚,遮盖墙面与楼地面的接缝,防止平时使用中污染墙面
3	高度	一般在120~150mm,有时为了突出墙面效果或防潮,也可将其延伸至900~1 800mm(这时即成为墙裙)
4	常用的面层材料	有水泥砂浆、水磨石、木材、缸砖、油漆等,但设计施工时应尽量选用与地面材料相一致的面层材料

④散水。散水的相关内容见表1.4.26。

表1.4.26 散水

序号	项目	说　明
1	概念	靠近勒脚下部的排水坡
2	作用	为了迅速排除从屋檐下滴的雨水,防止因积水渗入地基而造成建筑物的下沉
3	宽度和坡度	宽度一般为600~1 000mm,当屋面为自由落水时,其宽度应比屋檐挑出宽度大200mm。坡度一般在3%~5%,外缘高出室外地坪20~50mm较好
4	做法	一般可用水泥砂浆、混凝土、砖块、石块等材料作面层。由于建筑物的沉降、勒脚与散水施工时间的差异,在勒脚与散水交接处应留有20mm左右的缝隙(图1.4.19)

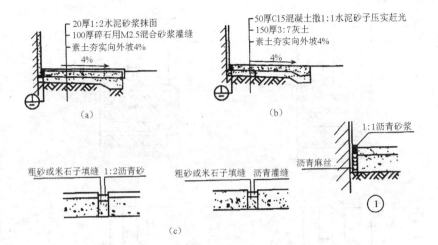

图 1.4.19 散水构造

(a)水泥砂浆散水;(b)混凝土散水;(c)散水伸缩缝构造

⑤窗台。窗台的相关内容见表 1.4.27。

表 1.4.27 窗台

序号	项目	说 明
1	概念	窗洞口下部设置的防水构造。以窗框为界,位于室外一侧的称为外窗台,位于室内一侧的称为内窗台(图 1.4.20)
2	外窗台构造	外窗台应设置排水构造。外窗台应有不透水的面层,并向外形成不小于 20% 的坡度,以利于排水。外窗台有悬挑窗台和不悬挑窗台两种。悬挑窗台常采用丁砌一皮砖出挑 60mm 或将一砖侧砌并出挑 60mm,也可采用钢筋混凝土窗台。悬挑窗台底部边缘处抹灰时应做宽度和深度均不小于 10mm 的滴水线或滴水槽或滴水斜面(俗称鹰嘴)
3	内窗台构造	内窗台一般为水平放置,起着排除窗台内侧冷凝水,保护该处墙面以及搁物、装饰等作用。通常结合室内装修要求做成水泥砂浆抹灰、木板或贴面砖等多种饰面形式。使用木窗台板时,一般窗台板两端应伸出窗台线少许,并挑出墙面 30~40mm,板厚约 30mm。在寒冷地区,采暖房间的内窗台常与暖气罩结合在一起综合考虑,此时应采用预制水磨石板或预制钢筋混凝土窗台板形成内窗台

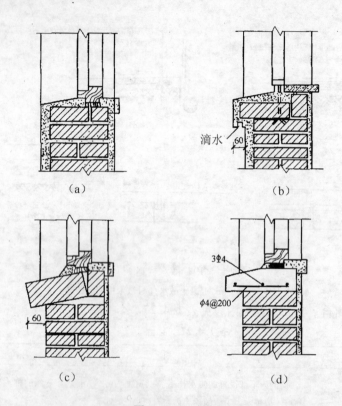

图 1.4.20 窗台构造

(a)不悬挑窗台;(b)滴水窗台;(c)侧砌砖窗台;(d)预制钢筋混凝土窗台

⑥过梁。过梁的相关内容见表 1.4.28。

表 1.4.28 过梁

序号	项目	说 明
1	概念	设置在门窗洞口上方的用来支承门窗洞口上部砌体和楼板传来的荷载,并把这些荷载传给门窗洞口两侧墙体的水平承重构件
2	做法	一般采用钢筋混凝土材料,其断面尺寸或配筋截面面积,均根据上部荷载大小经计算确定。其构造做法常用的有三种: (1)钢筋混凝土过梁。当门窗洞口较大或洞口上部有集中荷载时,常采用钢筋混凝土过梁。一般过梁宽度同墙厚,高度及配筋应由计算确

(续表)

序号	项目	说　　明
2	做法	定，梁高与砖的皮数相适应。过梁在洞口两侧伸入墙内的长度应不小于240mm。对于外墙中的门窗过梁，在过梁底部抹灰时要注意做好滴水处理。 过梁的断面形式有矩形和L形，矩形多用于内墙和混水墙，L形多用于外墙和清水墙。在寒冷地区，为防止钢筋混凝土过梁产生冷桥问题，也可将外墙洞口的过梁断面做成L形或组合式过梁。其形式如图1.4.21所示。 (2)砖拱过梁。将立砖和侧砖相间砌筑而成的，它利用灰缝上大下小，使砖向两边倾斜，相互挤压形成拱的作用来承担荷载。有平拱和弧拱两种（图1.4.22）。 砖拱过梁不宜用于上部有集中荷载或有较大振动荷载，或可能产生不均匀沉降和有抗震设防要求的建筑中。 (3)钢筋砖过梁。它是配置了钢筋的平砌砖过梁，砌筑形式与墙体一样，一般用一顺一丁或梅花丁。通常将间距小于120mm的$\phi 6$钢筋埋在梁底部30mm厚1:2.5的水泥砂浆层内，钢筋伸入洞口两侧墙内的长度不应小于240mm，并设90°直弯钩，埋在墙体的竖缝内。在洞口上部不小于1/4洞口跨度的高度范围内（且不应小于5皮砖），用不低于M5.0的水泥砂浆砌筑。钢筋砖过梁净跨宜不大于1.5m，不应超过2m。 钢筋砖过梁适用于跨度不大，上部无集中荷载的洞口上

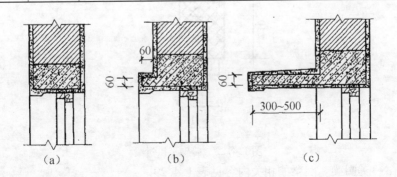

(a)　　　　　　(b)　　　　　　(c)

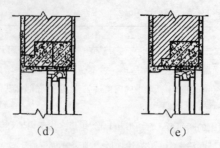

图 1.4.21 钢筋混凝土过梁形式

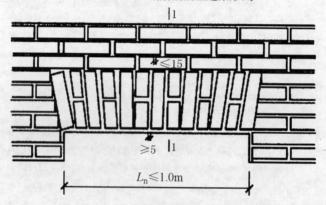

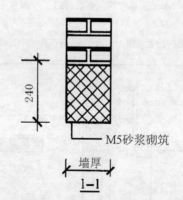

图 1.4.22 砖砌平拱过梁

⑦圈梁。圈梁的相关内容见表 1.4.29。

表 1.4.29　圈　　梁

序号	项目	说　　明
1	概念	沿建筑物外墙四周及部分内墙的水平方向设置的连续闭合的梁，又称腰箍
2	作用	增强楼层平面的空间刚度和整体性，减少因地基不均匀沉降而引起的墙身开裂，并与构造柱组合在一起形成骨架，提高抗震能力
3	构造尺寸	一般采用钢筋混凝土材料。其宽度同墙厚，在寒冷地区，为了防止"冷桥"现象，其厚度可略小于墙厚，但不应小于180mm，高度一般不小于120mm
4	位置	应根据结构构造确定。当只设一道圈梁时，应设在屋面檐口下面；当设几道时，可分别设在屋面檐口下面、楼板底面或基础顶面；有时为了节约材料可以将门窗过梁与其合并处理。数量应根据房屋的层高、层数、墙厚、地基条件、地震等因素来综合考虑
5	附加圈梁	圈梁必须是连续闭合的，但当遇有门窗洞口致使圈梁局部截断时，应在洞口上部增设相应截面的附加圈梁。附加圈梁与圈梁搭接长度不应小于其垂直间距的2倍，且不得小于1m（图1.4.23）。但对有抗震要求的建筑物，圈梁不宜被洞口截断

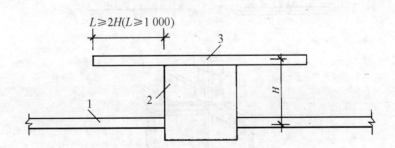

图 1.4.23　附加圈梁

1—圈梁；2—洞口；3—附加圈梁

⑧**构造柱**。构造柱的相关内容见表1.4.30。

表1.4.30 构造柱

序号	项目	说　　明
1	作用	在Ⅵ度及以上的地震设防区,用于增强建筑物的整体刚度和稳定性
2	位置	一般设在外墙转角、内外墙交接处、较大洞口两侧、较长墙段的中部及楼梯、电梯四角等。由于房屋的层数和地震烈度不同,构造柱的设置要求也有所不同
3	构造要求	构造柱必须与圈梁紧密连接,形成空间骨架。构造柱的最小截面尺寸为240mm×180mm,当采用黏土多孔砖时,最小构造柱的最小截面尺寸为240mm×240mm。最小配筋量是:纵向钢筋4Φ12,箍筋φ6@200~250。构造柱下端应锚固在钢筋混凝土基础或基础梁内,无基础梁时应伸入底层地坪下500mm处,上端应锚固在顶层圈梁或女儿墙压顶内,以增强其稳定性。为加强构造柱与墙体的连接,构造柱处的墙体宜砌成"马牙槎",并沿墙高每隔500mm设2Φ6拉结钢筋,每边伸入墙内不少于1 000mm。施工时,先放置构造柱钢筋骨架,后砌墙,并随着墙体的升高而逐段现浇混凝土构造柱身,以保证墙柱形成整体(图1.4.24)

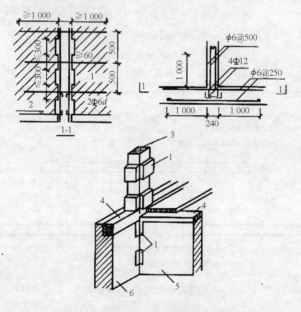

图1.4.24 砖砌体中的构造柱
1—马牙槎;2—楼层面;3—构造柱;4—圈梁;5—横墙;6—纵墙

3. 砌块墙构造

(1) 砌块的类型与规格见表1.4.31。

表1.4.31 砌块的类型与规格

序号	项目	说　　明
1	概念	采用预制块材按一定技术要求砌筑而成的墙体。砌块墙一般适用于6层以下的住宅、学校、办公楼以及单层厂房
2	砌块的类型	按单块重量和幅面大小分为小型砌块、中型砌块和大型砌块;按砌块材料分为普通混凝土砌块、加气混凝土砌块、轻骨料混凝土砌块;按砌块的构造分为空心砌块和实心砌块,空心砌块的孔有方孔、圆孔、扁孔等几种
3	砌块的规格	小型砌块高度为115~380mm,单块重量不超过20kg,便于人工砌筑。 中型砌块高度为380~980mm,单块重量在20~350kg。 大型砌块高度大于980mm,单块重量大于350kg。 中小型砌块是我国目前采用较多的砌块

(2) 砌块墙的排列与组合　在设计时应考虑砌块的排列,并给出砌块排列组合图,并注明每一砌块的型号和编号,以便施工时按图进料和安装(图1.4.25)。

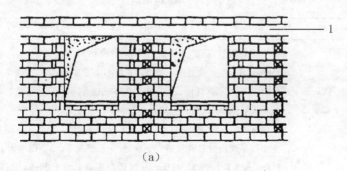

(a)

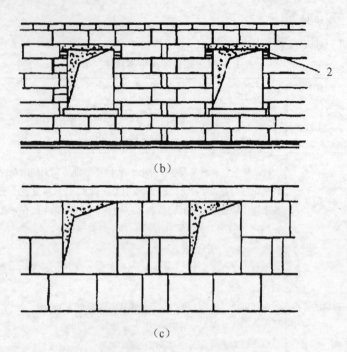

图 1.4.25 砌块的排列组合图
(a)小型砌块排列;(b)中型砌块排列;(c)大型砌块排列
1—圈梁;2—镶砖

(3)砌块墙构造的相关内容见表 1.4.32。

表 1.4.32 砌块墙构造

序号	项目	说　　明
1	砌块的接缝	中型砌块上下皮搭接长度不少于砌块高度的 1/3,且不小于 150mm,小型空心砌块上下皮搭接长度不小于 90mm。当搭接长度不足时,应在水平灰缝内设置不小于 2φ4 的钢筋网片,网片每端均超过该垂直缝 300mm(图 1.4.26)。 砌筑砌块一般采用强度不低于 M5 的水泥砂浆。竖直灰缝的宽度主要根据砌块材料和规格大小确定,一般情况下,小型砌块为 10～15mm,中型砌块为 15～20mm。当竖直灰缝宽大于 30mm 时,须用 C20 细石混凝土灌缝密实

(续表)

序号	项目	说明
2	设置过梁、圈梁和构造柱	当出现层高与砌块高的差异时,可通过调节过梁的高度来协调。砌块建筑应在适当的位置设置圈梁,以加强砌块墙的整体性。当圈梁与过梁位置接近时,可以将过梁与圈梁合并考虑设计施工。圈梁分现浇和预制两种。预制圈梁一般采用U形预制块代替模板,然后在凹槽内配筋,再浇灌混凝土(图1.4.27)。 构造柱多利用空心砌块上下孔洞对齐,并在孔中用$4\phi(12\sim14)$的钢筋分层插入,再用C20细石混凝土分层灌实。构造柱与砌块墙连接处的拉结钢筋网片,每边伸入墙内不少于1m。混凝土小型砌块房屋可采用$\phi6$点焊钢筋网片,沿墙高每隔600mm设置,中型砌块可采用$\phi6$钢筋网片,并隔皮设置

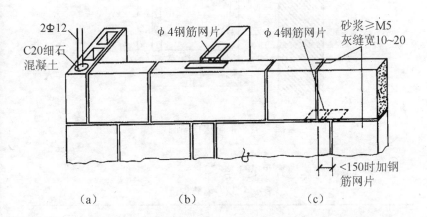

图1.4.26 砌缝的构造处理
(a)转角配筋(以空心砌块为例);(b)丁字墙配筋(以实心砌块为例);
(c)错缝配筋(以实心砌块为例)

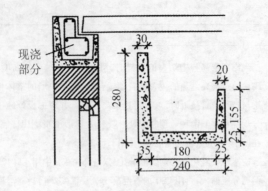

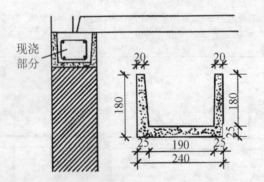

图 1.4.27　砌块预制圈梁

4. 隔墙构造

隔墙构造的相关内容见表 1.4.33。

表 1.4.33　隔墙构造

序号	项目	说　　　明
1	隔墙的设计要求	（1）重量轻、厚度薄。 （2）要保证隔墙的稳定性良好，特别要注意其与承重墙的连接。 （3）要满足一定的隔声、防火、防潮和防水要求
2	块材隔墙	（1）普通砖隔墙　普通砖隔墙一般采用半砖隔墙，用普通黏土砖顺砌而成，其标志尺寸为 120mm。 不同等级的砌筑砂浆对应相应的隔墙长度和高度，当长度超过 6m 时，应设砖壁柱。

(续表)

序号	项目	说　　明
2	块材隔墙	半砖隔墙构造上要求隔墙与承重墙或柱之间连接牢固，一般沿高度每隔 500mm 砌入 2ϕ4 的通长钢筋，还应沿隔墙高度每隔 1 200mm 设一道 30mm 厚水泥砂浆层，内放 2ϕ6 拉结钢筋。 半砖隔墙的特点是墙体坚固耐久，隔声性能较好，布置灵活，但稳定性较差、自重大、湿作业量大、不易拆装。 (2)砌块隔墙　目前常采用加气混凝土砌块、粉煤灰硅酸盐砌块，以及水泥炉渣空心砖等砌筑隔墙。 砌块隔墙厚由砌块尺寸决定，一般为 90～120mm。砌块墙吸水性强，故在砌筑时应先在墙下部实砌 3～5 皮黏土砖再砌砌块。砌块不够整块时宜用普通黏土砖填补。砌块隔墙的构造处理的方法同普通砖隔墙，但对于空心砖有时也可以竖向配筋拉结(图 1.4.28)
3	骨架隔墙	由骨架和面层两部分组成。它是以骨架为依托，把面层钉结、涂抹或粘贴在骨架上形成的隔墙。 (1)骨架　骨架有木骨架、轻钢骨架、石膏骨架、石棉水泥骨架和铝合金骨架等。 骨架由上槛、下槛、墙筋、斜撑及横撑等组成。墙筋的间距取决于面板的尺寸，一般为 400～600mm。骨架的安装过程是先用射钉将上、下槛固定在楼板上，然后安装龙骨(墙筋和横撑)。 (2)面层　有人造板面层和抹灰面层。根据不同的面板和骨架材料可分别采用钉子、自攻螺钉、膨胀铆钉或金属夹子等，将面板固定在立筋骨架上
4	板材隔墙	单块轻质板材的高度相当于房间净高的隔墙，它不依赖骨架，可直接装配而成。它具有自重轻、安装方便、施工速度快、工业化程度高的特点。目前多采用条板，如加气混凝土条板、石膏条板、炭化石灰板、石膏珍珠岩板以及各种复合板(如泰柏板)。条板厚度大多为 60～100mm，宽度为 600～1 000mm，长度略小于房间净高。安装时，条板下部先用一对对口木楔顶紧，然后用细石混凝土堵严，板缝用黏结砂浆或粘结剂进行黏结，并用胶泥刮缝，平整后再作表面装修

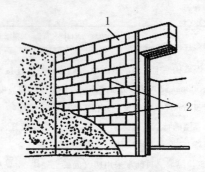

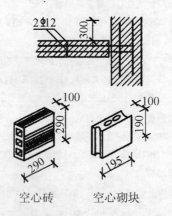

图 1.4.28 砌块隔墙构造

1—砌块或空心砖;2—2Φ6 每层楼两道

5. 变形缝

(1)伸缩缝　伸缩缝的相关内容见表 1.4.34。

表 1.4.34　伸缩缝

序号	项目	说　　明
1	概念	为防止建筑物受温度变化而引起变形,产生裂缝而设置的变形缝,又称温度缝。伸缩缝要求建筑物的墙体、楼板层、屋顶等地面以上构件全部断开,基础可不分开
2	间距	与结构类型和房屋的屋盖类型以及有无保温层和隔热层有关,建筑结构设计规范明确规定了伸缩缝的最大间距

(续表)

序号	项目	说　　明
3	构造要求	宽度一般为 20～30mm。因墙厚不同,墙身变形缝可做成平缝、错缝或企口缝等形式。外墙缝内应填塞可以防水、防腐蚀的弹性材料。对内墙和外墙内侧的伸缩缝,通常以装饰性木板或金属调节板遮盖,木盖板一边固定在墙上,另一边悬空,以便适应伸缩变形的需要。伸缩缝处理如图 1.4.29

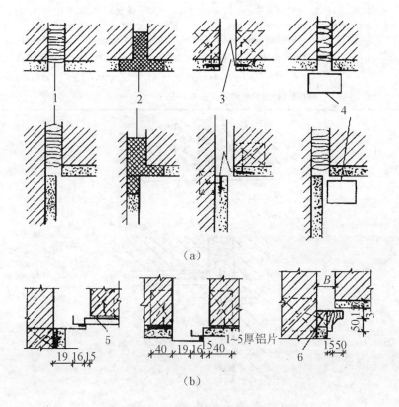

(a)

(b)

图 1.4.29　墙体伸缩缝构造
(a)外墙伸缩缝;(b)内墙伸缩缝

1—沥青麻丝;2—橡胶条或塑料条;3—金属调节片;4—雨水管;5—钉钢丝网;6—木压条

(2)沉降缝　沉降缝的相关内容见表 1.4.35。

表 1.4.35　沉降缝

序号	项目	说　　明
1	概念	为防止建筑物由于各部位因地基不均匀沉降而引起结构变形破坏而设置的变形缝，沉降缝将建筑划分成若干个可以自由沉降的独立单元
2	设置条件	(1) 平面形状复杂的建筑物转角处。 (2) 过长建筑物的适当部位。 (3) 地基不均匀，难以保证建筑物各部分沉降量一致。 (4) 同一建筑物相邻部分高度或荷载相差很大，或结构形式不同。 (5) 建筑物的基础类型不同，以及分期建造房屋的毗连处
3	构造要求	建筑物从基础到屋顶都要断开，沉降缝两侧应各有基础和墙体，以满足沉降和伸缩的双重需要。沉降缝的宽度与地基性质及建筑物的高度有关，最小为 30～70mm，在软弱地基上的建筑物，其缝宽应适当增大，沉降缝的盖缝处理如图 1.4.30 所示

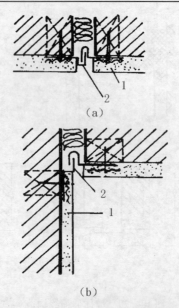

图 1.4.30　沉降缝的盖缝处理
(a) 平直墙体；(b) 转角墙体
1—水泥砂浆抹灰；2—金属调节片

(3)防震缝　防震缝的相关内容见表1.4.36。

表1.4.36　防震缝

序号	项目	说　　明
1	概念	在抗震设防烈度Ⅶ~Ⅸ度的地区,为防止建筑在地震波作用下相互挤压、拉伸,造成变形和破坏而设置的变形缝
2	设置条件	(1)建筑物平面体形复杂,凹角长度过大或突出部分较多,应用防震缝将其分开,使其形成几个简单规整的独立单元。 (2)建筑物立面高差在6m以上,在高差变化处应设缝。 (3)建筑物毗连部分的结构刚度或荷载相差悬殊。 (4)建筑物有错层,且楼板错开距离较大,须在变化处设缝
3	构造要求	防震缝应沿建筑物全高设置,一般基础可不断开,但平面较复杂或结构需时也可断开。防震缝一般应与伸缩缝、沉降缝协调布置,但当地震区需设置伸缩缝和沉降缝时,须按防震缝构造要求处理。 　　防震缝的最小宽度应根据不同的结构类型和体系以及设计烈度确定。防震缝封盖做法与伸缩缝相同,但不应做错台和企口缝。由于防震缝的宽度比较大,构造上应注意做好盖缝防护构造处理(图1.4.31)

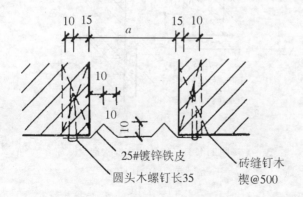

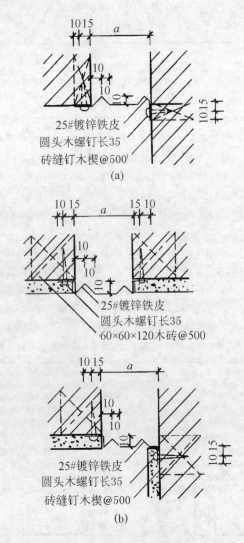

图 1.4.31 墙体防震缝构造

(a)清水墙面;(b)抹灰墙面

a—防震缝宽度

第2章 建筑结构基本知识

2.1 房屋结构工程技术

2.1.1 房屋结构工程的可靠性技术要求

1. 房屋结构的安全性要求

(1)结构的功能要求 结构设计的主要目的是要保证所建造的结构安全适用,能够在规定的期限内满足各种预期的功能要求,并且要经济合理。具体说来,结构应具有以下几项功能(表2.1.1)。

表2.1.1 结构的功能要求

序号	功能要求	说　　明
1	安全性	在正常施工和正常使用的条件下,结构应能承受可能出现的各种荷载作用和变形而不发生破坏;在偶然事件发生后,结构仍能保持必要的整体稳定性。例如,厂房结构平时受自重、吊车、风和积雪等荷载作用时,均应坚固不坏,而在遇到强烈地震、爆炸等偶然事件时,容许有局部的损伤,但应保持结构的整体稳定而不发生倒塌
2	适用性	在正常使用时,结构应具有良好的工作性能。如吊车梁变形过大会使吊车无法正常运行,水池出现裂缝便不能蓄水等,都影响正常使用,需要对变形、裂缝等进行必要的控制
3	耐久性	在正常维护的条件下,结构应能在预计的使用年限内满足各项功能要求,也即应具有足够的耐久性。例如,不因混凝土的老化、腐蚀或钢筋的锈蚀等而影响结构的使用寿命

安全性、适用性和耐久性概括称为结构的可靠性。

(2)两种极限状态 为了使设计的结构既可靠又经济,必须进行两方面的研究,一方面研究各种"作用"在结构中产生的各种效应,另一方面研究结构或构件抵抗这些效应的内在能力(表2.1.2)。

表 2.1.2 两种极限状态

序号	说　明
1	"作用"主要是指各种荷载,如构件自重、人群重量、风压和积雪重等;此外还有外加变形或约束变形,如温度变化、支座沉降和地震作用等。后者中有一些往往被简化为等效的荷载作用,如地震荷载等。本书主要讨论荷载以及荷载所产生的各种效应,即荷载效应。荷载效应是在荷载作用下结构或构件内产生的内力(如轴力、剪力、弯矩等)、变形(如梁的挠度、柱顶位移等)和裂缝等的总称。所谓抵抗能力是指结构或构件抵抗上述荷载效应的能力,它与截面的大小和形状以及材料的性质和分布有关
2	荷载效应是外荷载在构件内产生的轴向拉力 S。设构件截面积为 A,构件材料单位面积的抗拉强度为 f_1,则构件对轴向拉力的抵抗能力为 $R = f_1/A$。显然: 若 $S > R$,则构件将破坏,即属于不可靠状态。 若 $S < R$,则构件属于可靠状态。 若 $S = R$,则构件处于即将破坏的边缘状态,称为极限状态。 很明显,$S > R$ 是不可靠的,R 比 S 超出很多是不经济的。我国的设计就是基于极限状态的设计
3	承载能力极限状态是对应于结构或构件达到最大承载能力或不适于继续承载的变形,它包括结构构件或连接因强度超过而破坏,结构或其一部分作为刚体而失去平衡(如倾覆、滑移),在反复荷载下构件或连接发生疲劳破坏等。这一极限状态关系到结构全部或部分的破坏或倒塌,会导致人员的伤亡或严重的经济损失,所以对所有结构和构件都必须按承载力极限状态进行计算,施工时应严格保证施工质量,以满足结构的安全性

(3)杆件的受力形式　结构杆件的基本受力形式按其变形特点可归纳为以下五种:拉伸、压缩、弯曲、剪切和扭转。

实际结构中的构件往往是几种受力形式的组合,如梁承受弯曲与剪力,柱子受到压力与弯矩等。

(4)材料强度的基本概念　材料强度的基本概念见表 2.1.3。

第 2 章　建筑结构基本知识

表 2.1.3　材料强度的基本概念

序号	项目	说　明
1	强度和强度要求	结构杆件所用材料在规定的荷载作用下,材料发生破坏时的应力称为强度,要求不破坏的要求,称为强度要求
2	材料强度分类	根据外力作用方式不同,材料有抗拉强度、抗压强度、抗剪强度等。对有屈服点的钢材还有屈服强度和极限强度的区别
3	材料强度和结构承载力的关系	在相同条件下,材料的强度高,则结构的承载力也高

(5)杆件稳定的基本概念　在工程结构中,受压杆件如果比较细长,受力达到一定的数值(这时一般未达到强度破坏)时,杆件突然发生弯曲,以致引起整个结构的破坏,这种现象称为失稳。因此,受压杆件要有稳定性要求。一细长压杆,承受轴向压力 P,当压力 P 增加到 P_u 时,压杆的直线平衡状态失去了稳定。P_u 具有临界的性质,因此称为临界力。

临界力 P_u 的大小与下列因素有关(表 2.1.4)。

表 2.1.4　临界力的影响因素

序号	影响因素
1	压杆的材料:钢柱的 P_u 比木柱大,因为钢柱的弹性模量 E 大
2	压杆的截面形状与大小:截面大不易失稳,因为惯性矩大
3	压杆的长度 L:长度大,P_u 小,易失稳
4	压杆的支承情况:两端固定的与两端铰接的比,前者 P_u 大

当构件长细比过大时,常常会发生失稳破坏,我们在计算这类柱子的承载能力时,引入一个小于 1 的系数来反映其降低的程度。系数值可根据长细比算出来,也可查表得出来。

2.房屋结构的适用性要求

房屋结构的适用性要求见表 2.1.5。

表 2.1.5 房屋结构的适用性要求

序号	项目	说 明
1	房屋结构适用性	房屋结构除了要保证安全外,还应满足适用性的要求,在设计中称为正常使用的极限状态。 这种极限状态相应于结构或构件达到正常使用或耐久性的某项规定的限值,它包括构件在正常使用条件下产生过度变形,导致影响正常使用或建筑外观(构件)过早产生裂缝或裂缝发展过宽,在动力荷载作用下结构或构件产生过大的振幅等。超过这种极限状态会使结构不能正常工作,使结构的耐久性受影响
2	杆件刚度与梁的位移计算	结构杆件在规定的荷载作用下,虽有足够的强度,但其变形也不能过大,如果变形超过了允许的范围,也会影响正常的使用。限制过大变形的要求即为刚度要求,或称为正常使用下的极限状态要求。 梁的变形主要是弯矩所引起的,称弯曲变形。剪力所引起的变形很小,可以忽略不计
3	混凝土结构的裂缝控制	裂缝控制主要针对混凝土梁(受弯构件)及受拉构件。裂缝控制分为三个等级: (1)构件不出现拉应力。 (2)构件虽有拉应力,但不超过混凝土的抗拉强度。 (3)允许出现裂缝,但裂缝宽度不超过允许值。 对(1)、(2)等级的混凝土构件,一般只有预应力构件才能达到

3. 房屋结构的耐久性要求

房屋结构的耐久性要求的相关内容见表 2.1.6。

表 2.1.6 房屋结构的耐久性要求

序号	项目	内 容
1	房屋结构耐久性的含义	房屋结构在自然环境和人为环境的长期作用下,发生着极其复杂的物理化学反应而造成损伤,随着时间的延续,损伤的积累使结构的性能逐渐恶化,以致不再能满足其功能要求。 所谓结构的耐久性是指结构在规定的工作环境中,在预期的使用年限内,在正常维护条件下不需进行大修就能完成预定功能的能力。 房屋结构中,混凝土结构耐久性是一个复杂的多因素综合问题,我国规范增加了混凝土结构耐久性设计的基本原则和有关规定

(续表)

序号	项目	内　　容
2	结构设计使用年限	我国《建筑结构可靠度设计统一标准》(GB 50068—2001)首次提出了建筑结构的设计使用年限。设计使用年限是设计规定的一个时期，在这一时期内，只需正常维修(不需大修)就能完成预定功能，即房屋建筑在正常设计、正常施工、正常使用和维护下所应达到的使用年限
3	混凝土结构耐久性的环境类别	在不同环境中，混凝土的劣化与损伤速度是不一样的，因此应针对不同的环境提出不同要求
4	混凝土结构的耐久性要求	(1)保护层厚度　混凝土保护层厚度是一个重要参数，它不仅关系到构件的承载力和适用性，而且对结构构件的耐久性有决定性的影响，因此，要求设计使用年限为50年的钢筋混凝土及预应力混凝土结构，其纵向受力钢筋的混凝土保护层厚度不应小于钢筋的公称直径。 (2)水灰比、水泥用量的一些要求　对于一类、二类和三类环境中，设计使用年限为50年的结构混凝土，其最大水灰比、最小水泥用量、最低混凝土强度等级、最大氯离子含量以及最大碱含量，按照耐久性的要求应符合相关规定

2.1.2　房屋结构平衡的技术要求

1. 建筑荷载的分类及装饰装修荷载变动对建筑结构的影响

(1)荷载的概念和分类　荷载的概念和分类见表2.1.7。

表2.1.7　荷载的概念及分类

序号	项目	说　　明
1	概念	作用在物体上的力或力系统称为外力，物体所受的外力包括主动力和约束反力两种，其中主动力又称为荷载(即为直接作用)。如物体的自重、人群作用力、风压力、雪压力等。此外，其他可以使物体产生内力和变形的任何作用，如温度变形、材料收缩、地震的冲击等，从广义上讲也称为荷载(即间接作用)

(续表)

序号	项目	内　容
2	分类	按作用的性质分：(1)永久荷载(又称为恒荷载)：长期作用不变的荷载。如构件本身自重、设备自重等。永久荷载的大小可根据其形状尺寸、材料的容重计算确定。一般常用的各种材料的容重可由《建筑结构荷载规范》查得。 (2)可变荷载(又称为活荷载)：荷载的大小和作用位置经常随时间变化。如楼面上人群、物品的重量、雪荷载、风荷载、吊车荷载等。在《建筑结构荷载规范》中对各种活荷载的标准值(称为标准荷载)都作了规定,计算时可直接查用
		按分布形式分：(1)集中荷载：荷载的分布面积远小于物体受荷的面积时,为简化计算,可近似地看成集中作用在一点上,这种荷载称为集中荷载。集中荷载在日常生活和实践中经常遇到,例如人站在地板上,人的重量就是集中荷载。集中荷载的单位是 N 或 kN,通常用字母 F 表示(图2.1.1)。 (2)均布荷载：荷载连续作用,且大小各处相等,这种荷载称为均布荷载。单位面积上承受的均布荷载称为均布面荷载,通常用字母 p 表示(图2.1.2),单位为 N/m^2 或 kN/m^2。单位长度上承受的均布荷载称为均布线荷载,通常用字母 q 表示(图2.1.3),单位为 N/m 或 kN/m。 (3)非均布荷载：荷载连续作用,大小各处不相等,而是按一定规律变化的,这种荷载称为非均布荷载。例如挡土墙所受土压力作用的大小与土的深度成正比,愈往下,挡土墙所受的土压力也愈大,呈三角形分布,故为非均布荷载(图2.1.4)

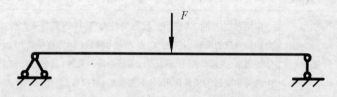

图 2.1.1　集中荷载

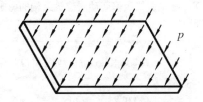

图 2.1.2 均布面荷载

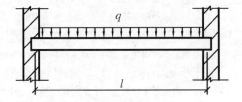

图 2.1.3 均布线荷载

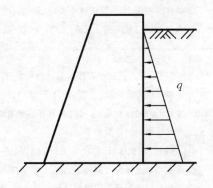

图 2.1.4 非均布荷载

（2）施工荷载 在施工工程中,将对建筑结构增加一定数量的施工荷载,如电动设备的振动、对楼面或墙的撞击等,带有明显的动力荷载的特性;又如在房间放置大量的砂石、水泥等建筑材料,可能使得建筑物局部面积上的荷载值远远超过设计允许的范围。

（3）建筑装饰装修变动对建筑结构的影响及对策 建筑装饰装修变动对建筑结构的影响及对策见表 2.1.8。

表 2.1.8 建筑装饰装修变动对建筑结构的影响及对策

序号	项目	说　明
1	建筑装饰装修对建筑结构的影响	在装饰装修过程中，如有结构变动，或增加荷载时，应注意： (1)在设计和施工时，必须了解结构能承受的荷载值是多少，将各种增加的装修装饰荷载控制在允许范围以内，如果做不到这一点，应对结构进行重新验算，必要时应采取相应的加固补强措施。 (2)建筑装饰装修工程设计必须保证建筑物的结构安全和主要使用功能。当涉及主体和承重结构改动或增加荷载时，必须由原结构设计单位或具备相应资质的设计单位核查有关原始资料，对既有建筑结构的安全性进行核验、确认。 (3)建筑装饰装修工程施工中，严禁违反设计文件擅自改动建筑主体、承重结构或主要使用功能；严禁未经设计确认和有关部门批准擅自拆改水、暖、电、燃气、通信等配套设施
2	在楼面上加铺任何材料属于对楼板增加了面荷载	(1)设计人员在确定楼面装修材料前，首先要了解该楼板能够承受多大荷载，住宅、办公楼、学校、旅馆各类建筑楼板承受荷载的标准是不一样的，只有了解清楚后，才能确定选择什么材料作楼面的装修。 (2)装配式楼板结构，为了加强结构的整体性、抗震性能，常在楼板上做现浇的钢筋混凝土叠合层，厚度 50~80mm；严禁采用凿掉叠合层以减轻荷载的方法，进行楼面装修。 (3)吊顶通常采用轻钢龙骨石膏板的做法。施工时，需要在楼板上打洞、下膨胀螺栓、焊钢筋吊杆，需要注意的问题是一般建筑采用预应力钢筋混凝土圆孔板作为楼层的结构，板与板之间的缝隙用现浇钢筋混凝土，以保证装配式楼板的整体性。在吊顶的过程中，不了解这种结构，把吊点的洞打在圆孔上，膨胀螺栓根本不起作用，而应该在钢筋混凝土的板缝处下膨胀螺栓

第2章 建筑结构基本知识

(续表)

序号	项目	说　　明
3	在室内增加隔墙、封闭阳台,属于增加的线荷载	(1)在室内增加隔墙,增加的荷载全部传递给楼板或梁。一般情况下,当采用轻型材料(如石膏板)作隔墙时,对结构的影响不是很大,当采用砌块墙体时,则影响很大。特别是隔墙的重量全部传递给一块楼板时,将使这块楼板的变形较大,影响结构安全。这种情况应对楼板进行加固,以满足承载力的要求。 (2)封闭阳台、在阳台四周做储物柜、花盆架,这些做法相当于在一个悬挑构件的最外端增加了连续的线荷载,这是对悬挑结构极为不利的。阳台装修时改变使用功能,应征求原设计单位的意见,或请有资质的单位重新设计
4	在室内增加装饰性的柱子	在室内增加装饰性的柱子,特别是石柱,悬挂较大的吊灯,房间局部增加假山盆景,这些装修做法就是对结构增加了集中荷载,使结构构件局部受到较重荷载作用,引起结构的较大变形,造成不安全的隐患,应采取安全加固措施
5	变动墙对结构的影响	(1)建筑物的墙体根据其受力特点分为承重墙、非承重墙。承重墙不得拆除。 (2)在承重墙上开设洞口,将削弱墙体截面,减少墙体刚度,降低墙体的承载能力。未经结构验算并采取加强措施是不允许随便在承重墙体上开洞的。 (3)墙体开洞时,应经设计确定开洞位置、大小和开洞方法
6	楼板或屋面板上开洞、开槽对结构的影响	无论发生哪种情况,都将削弱楼板截面、切断或者损伤楼板钢筋,预应力楼板因敲击楼板使混凝土松动,降低楼板的承载能力。开洞、开槽应经设计单位同意

(续表)

序号	项目	说　　明
7	变动梁、柱对结构的影响	(1)在梁上开洞将削弱梁的截面,降低梁的承载能力 (2)在原有梁上设置梁、柱、支架等构件时,不得将后加构件的钢筋或连接件与原有梁的钢筋焊接,这将损伤梁的钢筋,降低梁的承载能力和抵抗变形的能力,是十分危险的。 (3)凿掉梁的混凝土保护层,未能采取有效的补救措施时,梁的截面会受到削弱,钢筋暴露在大气环境中逐渐锈蚀。此时应采用比原梁混凝土强度高一个等级的细石混凝土,重新浇筑混凝土保护层。 (4)梁下加柱相当于在梁下增加了支撑点,将改变梁的受力状态。在新增柱的两侧,梁由承受正弯矩变为承受负弯矩,这种变动是危险的。 (5)梁上增设柱子或梁,此种做法除了连接可能带来的结构问题以外,主要问题是增设的梁或柱将对原有的梁增加荷载。应对原梁进行结构验算。 (6)在柱子中部加梁(包括悬臂梁)将改变柱子的受力状态,增加柱子的荷载以及由此荷载引起的内力(包括轴力、弯矩等),如果不进行必要的结构验算并采用相应的结构措施,盲目地在柱子中部加梁将会引起严重的后果。 (7)在原有建筑的空间里加层,加层的结构,与周围原有的柱梁进行连接,这种做法对原结构增加了相当大的荷载,特别是增加的梁与原有的柱连接时,会造成原结构的受力状态发生改变,与最初计算时考虑的受力状态不相符,是非常危险的。 处理这一类的问题的原则是,任何室内装修的做法,以不改变原结构最初受力状态为基准,加固或新增构件的布置,应避免局部加强导致结构刚度或强度突变。否则就要重新调整设计方案,以确保结构的安全

第 2 章 建筑结构基本知识

(续表)

序号	项目	说　　明
8	房屋增层对结构的影响	房屋增层是对原有结构的根本性的变动。房屋增层后即形成一种新的结构体系,要保证结构体系的安全必须进行如下几个主要方面的结构计算工作: (1)验算增层后的地基承载力。 (2)将原结构与增层结构看作一个统一的结构体系,并对此结构体系进行各种荷载作用的内力计算和内力组合。 (3)验算原结构的承载能力和变形。 (4)验算原结构与新结构之间连接的可靠性
9	吊顶装修或悬挂重物对结构的影响	桁架、网架结构的受力是通过节点传递给杆件的,不允许将较重的荷载作用在杆件上。在吊顶装修或悬挂重物时,注意主龙骨和重物的吊点应与桁架的结点采用常温情况的连接,避免焊接,以防止高温影响桁架杆件的受力

(4)建筑结构变形缝的功能及在装饰装修中应予以的维护　建筑结构变形缝的功能及在装饰装修中应予以的维护见表2.1.9。

表 2.1.9　建筑结构变形缝的功能及在装饰装修中应予以的维护

序号	项目	说　　明
1	伸缩缝	为了避免温度变化引起结构伸缩应力,使房屋构件产生裂缝而设置的。基础受温度影响小,不用断开设缝,地上建筑部分应设缝
2	沉降缝	为了避免地基不均匀沉降时,在房屋构件中产生裂缝而设置的。从基础到上部结构,全部断开设缝。现在经常采用后浇带的处理方式,对建筑防水、装修有利。特别注意后浇带处,仍有微小沉降变形。此处的墙、地面的装修应考虑可能开裂,需设缝
3	防震缝	当房屋外形复杂或者房屋各部分刚度、高度和重量相差悬殊时,在地震力作用下,由于各部分的自振频率不同,在各部分连接部位,必然会引起相互推拉挤压,产生附加拉力、剪力和弯矩引起震害,防震缝就是为了避免由这种附加应力和变形引起震害而设置的。基础受地震影响位移小,不用断开设缝,地上建筑部分设缝

· 123 ·

在建筑变形缝处的装修构造,必须满足于各自所在建筑主体的自由变形。

2. 结构平衡的条件

(1)力的基本性质见表2.1.10。

表2.1.10 力的基本性质

序号	项目	说 明
1	力的作用效果	促使或限制物体运动状态的改变,称力的运动效果;促使物体发生变形或破坏,称力的变形效果
2	力的三要素	力的大小、力的方向和力的作用点的位置称力的三要素
3	作用与反作用原理	力是物体之间的作用,其作用力与反作用力总是大小相等、方向相反、沿同一作用线相互作用于两个物体
4	力的合成与分解	作用在物体上的两个力用一个力来代替称力的合成。力可以用线段表示,线段长短表示力的大小,起点表示作用点,箭头表示力的作用方向。力的合成可用平行四边形法则。利用平行四边形法则也可将一个力分解为两个力。但是力的合成只有一个结果,而力的分解会有多种结果
5	约束与约束反力	工程结构是由很多杆件组成的一个整体,其中每一个杆件的运动都要受到相连杆件、节点或支座的限制或称约束。约束杆件对被约束杆件的反作用力,称约束反力

(2)平面力系的平衡条件及其应用见表2.1.11。

表2.1.11 平面力系的平衡条件及其应用

序号	项目	说 明
1	物体的平衡状态	物体相对于地球处于静止状态和等速直线运动状态,力学上把这两种状态都称为平衡状态
2	平衡条件	物体在许多力的共同作用下处于平衡状态时,这些力(称为力系)之间必须满足一定的条件,这个条件称为力系的平衡条件。

第 2 章 建筑结构基本知识

(续表)

序号	项目	说　明
2	平衡条件	(1) 二力的平衡条件:作用于同一物体上的两个力大小相等、方向相反、作用线相重合,这就是二力的平衡条件。 (2) 平面汇交力系的平衡条件:一个物体上的作用力系,作用线都在同一平面内,且汇交于一点,这种力系称为平面汇交力系。平面汇交力系的平衡条件是, $\sum X = 0$ 和 $\sum Y = 0$。 (3) 一般平面力系的平衡条件还要加上力矩的平衡,所以平面力系的平衡条件是 $\sum X = 0$, $\sum Y = 0$ 和 $\sum M = 0$
3	利用平衡条件求未知力	一个物体,重量为 w,通过两条绳索 AC 和 BC 吊着,计算 AC、BC 拉力的步骤为:首先取隔离体,作出隔离体受力图;然后再列平衡方程,$\sum X = 0$,$\sum Y = 0$,求未知力
4	静定桁架的内力计算	(1) 桁架的计算简图,先进行如下假设: ①桁架的节点是铰接。 ②每个杆件的轴线是直线,并通过铰的中心。 ③荷载及支座反力都作用在节点上。 (2) 用节点法计算桁架轴力:先用静定平衡方程式求支座反力,再截取节点,为隔离体作平衡对象,求杆件的未知力。 二力杆:力作用于杆件的两端并沿杆件的轴线,称轴力。轴力分拉力和压力两种。只有轴力的杆称二力杆。 (3) 用截面法计算桁架轴力:截面法是求桁架杆件内力的另一种方法,首先,求支座反力,然后在桁架中作一截面,截断三个杆件,出现三个未知力,可利用 $\sum X = 0$,$\sum Y = 0$,$\sum M = 0$,求出未知力
5	用截面法计算单跨静定梁的内力	杆件结构可以分为静定结构和超静定结构两类。可以用静力平衡条件确定全部反力和内力的结构叫静定结构

125

3. 防止结构倾覆的技术要求

(1) 力偶、力矩的特性。

(2) 防止构件(或机械)倾覆的技术要求。

对于悬挑构件(如阳台、雨篷、探头板等)、挡土墙、起重机械防止倾覆的基本要求是,引起倾覆的力矩应小于抵抗倾覆的力矩。

2.2 建筑结构的分类与安全要求

2.2.1 建筑结构的概念与分类

1. 建筑结构的概念

在建筑中,由若干构件(如柱、梁、板等)连接而成的能承受荷载和其他作用(如温度变化、地基不均匀沉降等)的体系,称为建筑结构。建筑结构在建筑中起骨架作用,是建筑的重要组成部分。

2. 建筑结构的分类

建筑结构的分类见表2.2.1。

表2.2.1　建筑结构的分类说明

序号	类别	说　明
1	混凝土结构	混凝土结构是钢筋混凝土结构、预应力混凝土结构、素混凝土结构的总称。目前应用广泛的是钢筋混凝土结构
2	砌体结构	砌体结构目前广泛应用于多层住宅建筑中。由于砌筑用砖要挖掘黏土烧砖,消耗有限的土地资源,因此是一个值得高度重视的问题。目前,在一些地区黏土砖已被禁止使用
3	钢结构	钢结构是用型钢建成的结构,目前主要用于大跨度屋盖、吊车吨位很大的重工业厂房、高耸结构等
4	木结构	木结构目前在大中城市的房屋建筑中已极少采用,但在山区、林区和农村中,使用还较为普遍

2.2.2 建筑结构的安全要求

建筑结构的安全要求见表2.2.2。

第2章 建筑结构基本知识

表 2.2.2 建筑结构的安全要求

序号	类别		安全要求
1	功能要求	安全性	结构应能承受在正常施工和正常使用时可能出现的各种作用,如各种荷载、支座沉降、温度变化等的作用,以及在偶然作用(如爆炸、地震等作用)下或偶然事件发生时及发生后,仍能保持必要的整体稳定性,不至于因局部破坏而发生连续倒塌
		适用性	建筑结构在正常使用时应能满足正常的使用要求,具有良好的工作性能,如变形、裂缝宽度或振动等性能均不超过规定的限值
		耐久性	建筑结构在正常使用和正常维护的条件下,在规定的使用期限内应具有足够的耐久性能,如在设计基准期内,结构材料的锈蚀或其他腐蚀不超过规定的限值
		可靠性	安全、适用和耐久是结构的可靠标志,统称为结构的可靠性。亦即结构在规定的时间内(我国设计基准期为50年),在规定的条件下(正常设计、正常施工、正常使用和正常维修的条件),满足预定功能(安全性、适用性、耐久性)的能力,则结构是可靠的
2	安全等级		任何房屋结构的功能都应具有一定的可靠度,但由于房屋的重要性不同,一旦房屋结构丧失其功能,例如结构发生破坏时对生命财产的危害程度和社会影响是不同的。《建筑结构可靠度设计统一标准》(GB 50068—2001)将建筑结构分为以下三个安全等级,以便在进行建筑结构设计时采用不同的安全标准: (1)一级——破坏后果很严重的重要建筑结构。 (2)二级——破坏后果严重的一般工业与民用建筑结构。 (3)三级——破坏后果不严重的次要建筑结构
3	荷载	一般规定	功能良好的房屋结构在使用和施工过程中应能承受各种作用。直接施加在结构上的作用力称为直接作用,习惯上称为荷载。房屋结构的荷载有房屋各种构件的自重,人和人在房内生活的用品、家具、生产用的设备、原材料等的重力,屋面的积灰、雪的重力和风力等。温度变化、地不均匀沉陷、地震等引起房屋结构产生附加变形的作用称为间接作用。准确地确定各种荷载和间接作用,无论对使用或设计房屋结构都是非常重要的

(续表)

序号	类别			安全要求
3	荷载	分类	按时间变化分类	
			永久荷载	永久荷载又称为恒载,指在结构使用期间,其大小或方向不随时间而变化且幅度很小,其变化可忽略不计的荷载,如房屋构件的自重、土压力、预应力
			可变荷载	可变荷载又称为活荷载,指在结构使用期间,其大小或方向随时间而变化且幅度较大,其变化不可忽略的荷载。如楼面活荷载、屋面活荷载和积灰荷载、吊车荷载、风荷载、雪荷载等
			偶然荷载	偶然荷载指在结构使用期间不一定出现,但一旦出现则数值很大且持续作用时间短暂的荷载。如爆炸、撞击等产生的作用于房屋结构上的作用力即为偶然荷载
			按作用位置是否变化分类	
			固定荷载	固定荷载指结构构件自重、固定设备重量等在结构上作用位置不变的荷载
			移动荷载	移动荷载指作用位置在一定范围内可以移动的荷载。如工厂车间的吊车荷载、楼房里人群的荷载即为移动荷载
		取值	概述	结构计算时,需根据不同的设计要求采用不同的荷载数值,称为荷载代表值。《建筑结构荷载规范》(GB 50009—2001)给出了三种代表值,即标准值、准永久值和组合值
			分类	
			标准值	荷载标准值是指房屋结构使用期间,在正常情况下出现的最大荷载值分为永久荷载标准值和可变荷载标准值。由于最大荷载值是随机变量,因而是取其具有一定保证率的荷载最大值
			准永久值	荷载的准永久值是按正常使用极限状态定的

2.3 建筑结构构件

2.3.1 建筑结构基本构件

建筑结构基本构件见表2.3.1。

表2.3.1 建筑结构基本构件

序号	名称	概念	特点
1	板	在建筑结构中,平面尺寸较大而厚度较小的构件,称为板	板通常是水平设置,但有时亦有斜向设置的(如楼梯板和坡度较大的屋面板等),板主要承受垂直于板面的各种荷载,属于以受弯为主的构件。板在房屋建筑中是不可缺少的,其用量亦很大,如屋面板、楼面板、基础板、楼梯板、雨篷板、阳台板等
2	梁	在房屋建筑结构中,截面尺寸的高与宽均较小,而长度尺寸相对较大的构件,称为梁	梁主要承受垂直于梁轴的荷载,属于以受弯为主的构件,跨度较大或荷载较大的梁,还承受较大的剪力(主要发生在近支承处和集中荷载处)。梁通常是水平搁置,有时为满足使用要求也有倾斜搁置的。梁在房屋建筑中的用途极其广泛,如楼盖、屋盖中的主梁、次梁、吊车梁、基础梁等
3	墙	在房屋建筑结构中,竖向尺寸的高与宽均较大,而厚度相对较小的构件,称为墙	墙属于受压为主的构件,但有时亦受弯及受剪。墙主要承受由楼、屋盖中梁、板或屋架等传来的竖向荷载及自重,一般建筑物的外墙和高层建筑中的结构墙还同时要承受垂直于墙面的风和地震作用力等,地下建筑的外墙则还要承受垂直于墙面的地下水和土的侧压力等
4	柱	在房屋建筑结构中,截面尺寸较小,而高度相对较大的构件,称为柱	柱主要承受竖向荷载,属于受压为主的构件,值柱有时也要承受横向荷载或较大的偏心压力,导致柱出现弯曲和受剪的受力状态。柱是房屋建筑中极为重要的构件,因为在其较小的截面尺寸上,往往要承受较大的荷载,容易出现失稳破坏,而导致整个结构的倒塌。柱广泛应用于房屋建筑中,如框架柱、排架柱、楼盖和屋盖的支柱等

(续表)

序号	名称	概念	特点
5	桁架	桁架是由许多杆件按一定的几何形状连接起来的格构式平面构件	桁架在房屋建筑中的作用基本与梁相同,但桁架在荷载作用下,其各杆件主要承受轴向拉力和压力,可充分利用材料的强度,在跨度较大时比普通梁节省材料,减轻自重和增大刚度,故特别适用于跨度较大的承重结构。但桁架的制作比梁复杂,其自身尺寸较大而且需占用较大的建筑空间。桁架在各种工程结构中应用较广泛,在房屋建筑中,它主要用于屋盖,此时它也称为屋架

2.3.2 单跨梁的受力特点

单跨梁在各种荷载下的内力图见表2.3.2。

表2.3.2 单跨梁在各种荷载下的内力图

梁及荷载	弯矩				剪力		
	弯矩图	最大弯矩	C点弯矩	任意点x(自A端)	剪力图	支座	A / B
集中力P在跨中		$PL/4$	$PL/4$	$Px/2$ ($x \leqslant L/2$)			$PL/2$ / $PL/2$
均布荷载q		$qL^2/8$	$qL^2/8$	$\frac{1}{2}qx(L-x)$			$qL/2$ / $qL/2$
悬臂集中力P		PL		$P(L-x)$			P / P
悬臂均布q		$qL^2/2$		$\frac{1}{2}qx(2L-x)$ (从B端)			qL / 0

(续表)

梁及荷载	弯矩				剪力		
	弯矩图	最大弯矩	C点弯矩	任意点 x（自 A 端）	剪力图	支座	A / B
(图)	(图)	Pab/L	Pab/L	$A \sim C$ 段：bPx/L $C \sim B$ 段：$aP(L-x)/L$	(图)		bP/L aP/L
(图)	(图)	Pa	0	$P(a-x)x$ $(x<a)$	(图)		P P

2.3.3 桁架内力分析

1. 桁架的概念

桁架是由杆件组成的结构体系，桁架体形可以多样化，如平行弦桁架、三角形桁架、弧形桁架。桁架的节点一般假定为铰节点，荷载作用在节点上，桁架的杆体内力与桁架的外形有着密切的关系。

2. 不同形式屋架的内力分析

不同形式屋架的内力分析见表2.3.3。

表2.3.3 不同形式屋架的内力分析

序号	类别	特点
1	平行弦桁架	杆件内力是不均匀的，弦杆内力是两端小而向中间逐渐增大，腹杆内力是两端大而向中间逐渐减小
2	三角形桁架	杆件内力是不均匀的，弦杆内力是两端大而向中间逐渐减小，腹杆内力是两端小而向中间逐渐增大
3	弧形桁架	杆件内力大致均匀。从力学角度看，它的形状与简支梁的弯矩圆形相似，其形状符合受荷后的内力变化规律，所以它是结构上的较好形式

(续表)

序号	类别	图示
1	平行弦桁架	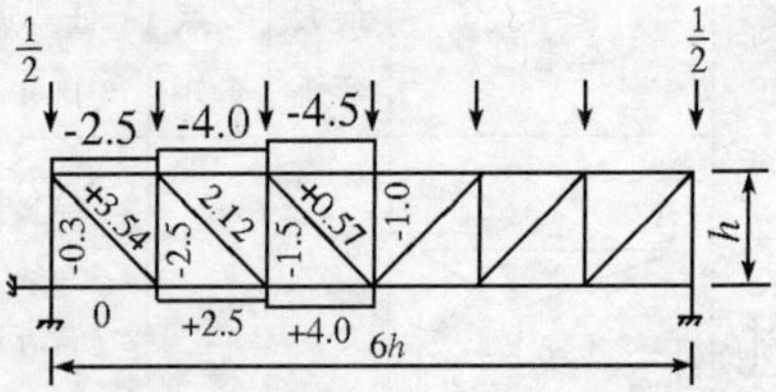
2	三角形桁架	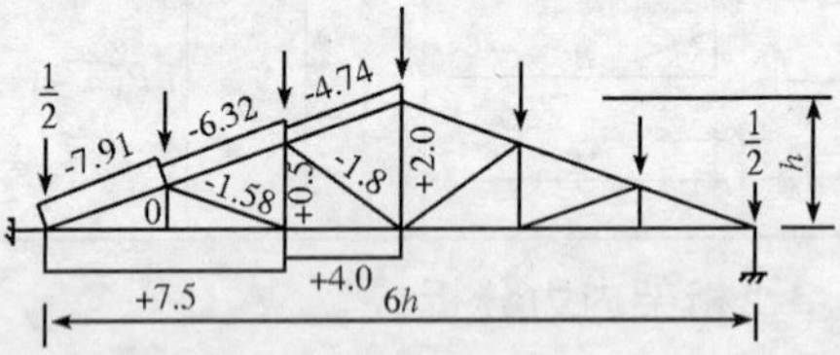
3	弧形桁架	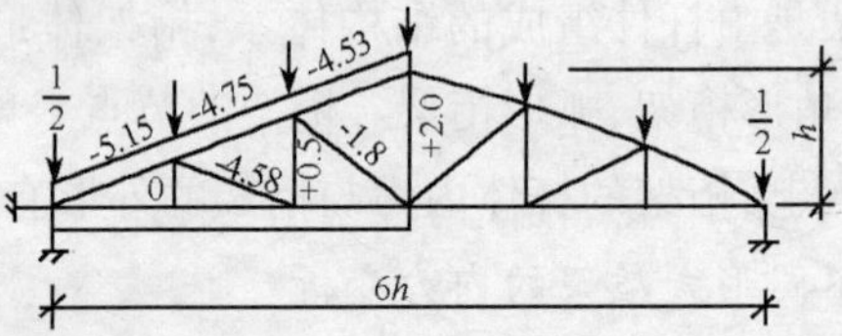

2.4 建筑结构体系

2.4.1 建筑结构体系的类型

建筑结构体系的类型见表2.4.1。

表2.4.1 建筑结构体系的类型

序号	类型	概念	特点
1	墙板结构	墙板结构是指由竖向构件为墙体和水平构件为楼板、屋面板所组成的房屋建筑结构	当墙体采用砖墙，而楼板、屋面板等采用钢筋混凝土时，则称其为砖混结构，砖混结构在一般单层、多层建筑中应用最为广泛

第 2 章 建筑结构基本知识

(续表)

序号	类型	概念	特点
2	板柱结构	板柱结构是指水平构件为板和竖向构件为柱所组成的房屋建筑结构	板柱结构的特点是室内没有梁,空间通畅明亮,平面布置灵活,能降低建筑物层高,有较好的综合经济效果。大多用于多层厂房、仓库、商场等,但不适用高层建筑
3	框架结构	框架结构是指由梁和柱以刚性连接而成的承重结构	由于框架结构的构件截面较小,抗震性能较差,刚度较低,在强震下容易产生震害,因此它主要用于非抗震设计、层数较少的建筑中。需要抗震设防时,框架结构采用不多,采用抗震设计的框架结构除必须加强梁、柱和节点的抗震措施外,还要注意填充墙的材料以及填充墙与框架的连接,避免框架过大变形时填充墙的损坏
4	剪力墙结构	剪力墙结构是指由剪力墙承受全部竖向和水平荷载的建筑结构	由钢筋混凝土墙体承受全部水平和竖向荷载,剪力墙沿横向、纵向正交布置或沿多轴线斜交布置。它刚度大、空间整体性好、用钢量较省。剪力墙结构表现了良好的抗震性能,震害较少发生,而且程度也比较轻微。在住宅和旅馆客房层采用剪力墙结构可以较好地适应墙体较多、房间面积不太大的特点,而且可以使房间内不露出梁柱,整齐美观
5	框架-剪力墙结构	在框架结构中布置一定数量的剪力墙可以组成框架-剪力墙结构	这种结构既具有框架结构布置灵活、使用方便的特点,又有较大的刚度和较强的抗震能力,因而广泛地应用于高层办公建筑和旅馆建筑

(续表)

序号	类型		概念	特点
6	筒体结构	框架-筒体结构		中央布置剪力墙薄壁筒,它承受大部分水平力;周边布置大柱距的普通框架,它的受力特点类似于框架-剪力墙结构
		筒中筒结构		由内外两个筒体组合而成,内筒为剪力墙薄壁筒,外筒是由密柱(通常柱距不大于3m)组成的框筒。由于外柱很密,梁刚度很大,门窗洞口面积小(一般不大于墙面面积的50%),因而框筒的工作不同于普通平面框架,而有很好的空间整体作用,类似于一个多孔的竖向箱形梁,有很好的抗风和抗震性能。目前国内最高的钢筋混凝土结构——广州国际大厦(63层,200m)和Ⅸ度设防的北京中央电视台大楼(27层,113m)都采用了筒中筒结构
		多筒体结构		在平面内设置多个剪力墙薄壁筒体,每个筒体都比较小。这多用于平面形状复杂的建筑中,也常用于角部加强
7	巨型结构			由若干个巨柱(通常由楼电梯井或大截面实体柱组成)以及巨梁(每隔几个或十几个楼层设置一道,梁截面一般占1~2层楼高)组成第一级巨型框架,承受主要的水平力和竖向荷载;其余的楼面梁柱组成二级结构,它只将楼面荷载传递到第一级结构上去。这样,二级结构的梁、柱截面可以做得很小,增加了建筑布置的灵活性和有效使用面积。深圳香格里拉大酒店(33层,114m)就采用了巨型框架体系
8	悬索结构		悬索结构是由受拉钢索及其边缘支承构件所形成的承重结构体系	悬索结构最突出的优点是所用的钢索只承受拉力,能充分利用高强材料的抗拉性能,可以做到跨度大、自重轻、材料省、施工易。国内不少体育馆等公共建筑的大跨度空间都采用悬索结构

第 2 章 建筑结构基本知识

（续表）

序号	类型	图示
1	墙板结构	
2	板柱结构	

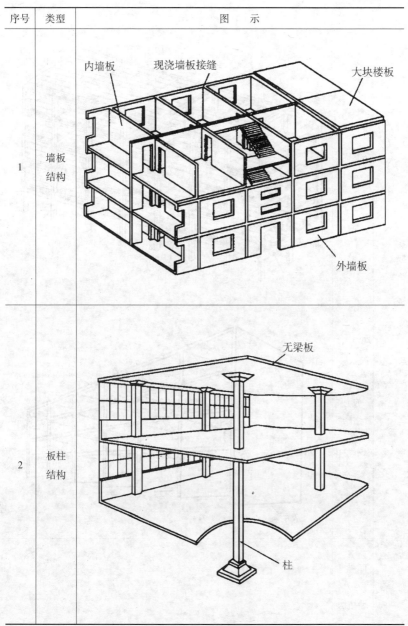

（续表）

序号	类型	图示
3	框架结构	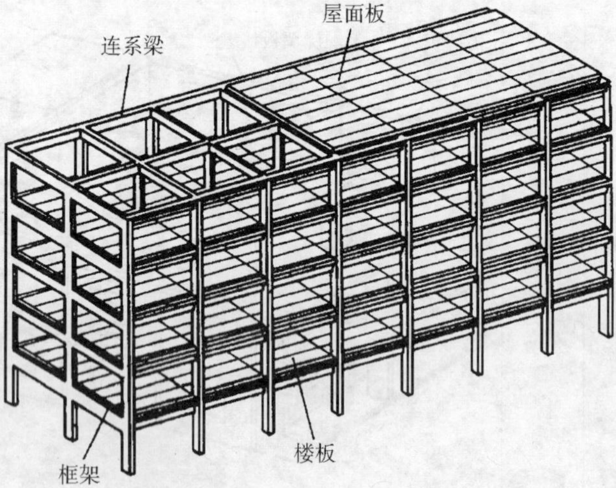 屋面板、连系梁、楼板、框架
4	剪力墙结构	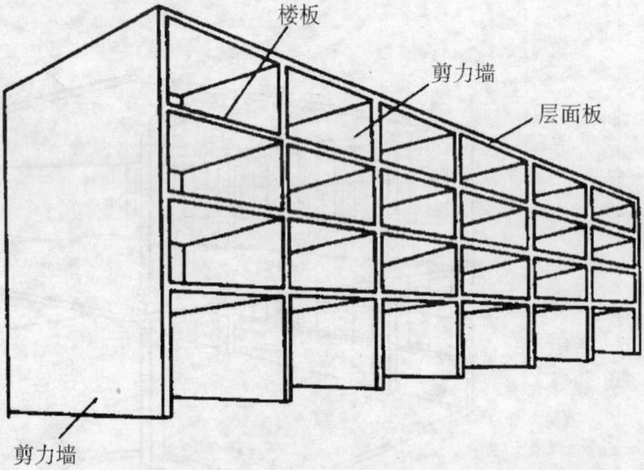 楼板、剪力墙、层面板、剪力墙
5	框架-剪力墙结构	

第 2 章 建筑结构基本知识

（续表）

序号	类型	图示
6	筒体结构	框架—筒体结构 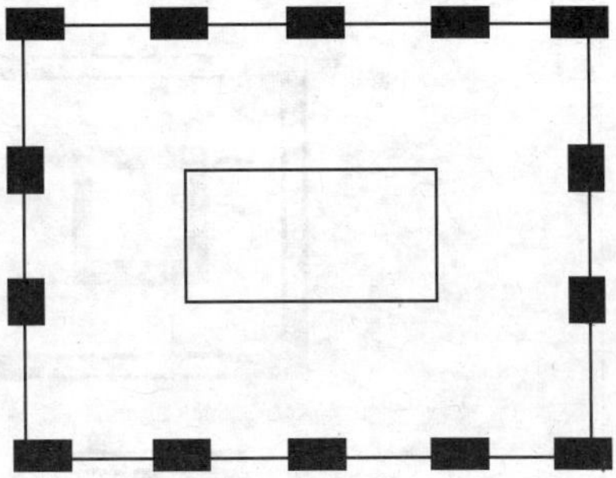
		筒中筒结构 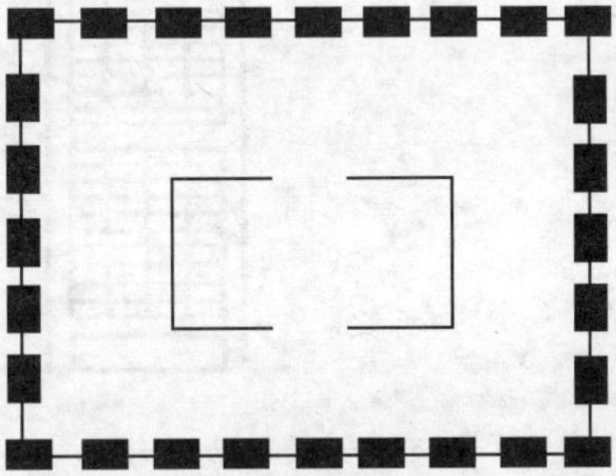
		多筒体结构 

（续表）

序号	类型	图示
7	巨型结构	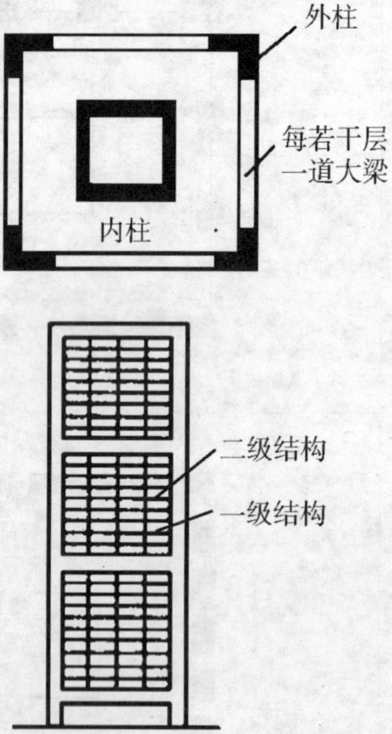 外柱、每若干层一道大梁、内柱；二级结构、一级结构
8	悬索结构	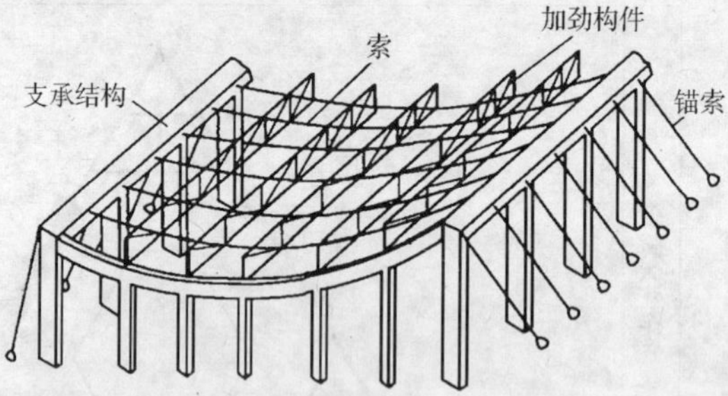 支承结构、索、加劲构件、锚索

(续表)

序号	类型	图示
8	悬索结构	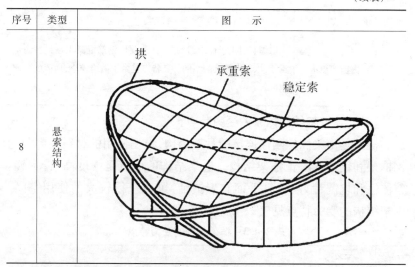

2.4.2 混合结构体系的受力特点

混合结构体系受力特点见表2.4.2。

表2.4.2 混合结构体系受力特点

序号	承重形式(方案)	特点
1	横墙承重	其受力特点是主要靠横墙支撑楼板,横墙是主要承重墙。纵墙主要起维护、隔断和维持横墙的整体作用,故纵墙是自承重墙。该方案的优点是横墙较密,房屋横向刚度大,整体刚度好。其缺点是平面布置不灵活
2	纵墙承重	其受力特点是把荷载传给梁,由梁传给纵墙,纵墙是主要承重墙,横墙只承受小部分荷载,横墙的设置主要为了满足房屋刚度和整体性的需要,它的间距比较大。优点是房屋的空间可以比较大,平面布置比较灵活,墙面积较小。缺点是房屋的刚度较差
3	纵横墙承重	纵横墙同时承重,即为纵横墙承重方案。这种方案的横墙布置随房间的开间需要而定,横墙的间距比纵墙的小,所以房屋的横向刚度比纵墙承重方案有所提高

(续表)

序号	承重形式(方案)	特 点
4	内框架承重	房屋有时由于使用的要求,往往要用钢筋混凝土柱代替内承重墙,以取得较大的空间。其特点是由于横墙较小,房屋的空间刚度较差

2.4.3 框架结构体系的受力特点

框架是由梁和柱刚性连接的骨架结构,根据使用的材料不同分为钢框架和钢筋混凝土框架结构。框架结构的优点是强度高、自重轻、整体性和抗震性好、建筑平面布置灵活,可以获得较大的使用空间。框架结构的受力特点见表2.4.3。

表2.4.3 框架结构的受力特点

序号	名称	说 明
1	框架结构适用的层数	在水平荷载作用下,框架的水平位移较大,是一种柔性结构,其结构的合理层数是6~15层,最经济是10层左右
2	框架结构的高宽比	为控制水平位移,框架结构的高度与结构的平面短边之比称为高宽比,应控制在5~7。在高层建筑中控制设计的是水平荷载而不是竖向荷载,是刚度而不是结构材料的强度。框架结构在水平荷载作用下,其抗侧力刚度小,水平位移大,房屋层数越多,对框架越不利,故高层建筑必须注重抗侧力刚度,其刚度大小主要取决于结构体系的形式,体系的效能与材料耗量。结构的最优化设计应以最小的材料消耗量获得最大的房屋刚度
3	框架的布置	以横向框架作为主要承重框架,横向的梁为主梁,而纵向的梁为连系梁。此种布置可以有效地提高房屋横向的抗侧力强度与刚度,有利于建筑立面处理和采光。一般工业与民用建筑多采用此种结构布置

第2章 建筑结构基本知识

(续表)

序号	名称	说　　明
3	框架的布置	以纵向框架为主要承重框架,纵向的梁为主梁,横向的梁为连系梁。这种布置由于横向连系梁截面高度小,便于通风管道沿纵向通过而不致减小楼层的净空,此外房间的使用划分比较灵活。缺点是房屋的横向刚度差,抗震差,民用房屋一般不采用这种结构布置
		以纵横向框架都作为主要承重框架。当房屋平面为正方形,或当房屋有抗震要求时,两个方向的框架都应具有足够的刚度与强度,故应采用纵横两个方向的布置,其节点投影均应采用刚性节点
4	柱网尺寸	工业建筑的柱网尺寸柱距有6m、9m、12m。跨度:内廊式柱网常用跨度为$(6.0+2.4+6.0)$m或$(6.9+3.0+6.9)$m;等跨式柱网常用跨度为6m、7.5m、9m、12m
		民用建筑的柱网尺寸柱距有3.3~6m或6~8m;跨度有6~12m

2.4.4　剪力墙结构体系的受力特点

剪力墙结构体系的受力特点见表2.4.4。

表2.4.4　剪力墙结构体系的受力特点

序号	类别	说　　明
1	框架-剪力墙结构	(1)在框架体系的房屋中设置一些剪力墙来替代部分框架。 (2)在整个体系中,框、剪同时存在,剪力墙负担绝大部分水平荷载,而框架则以负担竖向荷载为主,这种结构体系属半刚性结构系,适用于25层以下的房屋为宜。 (3)地震区Ⅶ度设防时高度可达100m,Ⅷ度设防高度可达90m,Ⅸ度设防时则不宜超过40m,建筑物的高宽比不宜大于5

(续表)

序号	类别	说　　明
2	剪力墙结构	(1)剪力墙结构是全部由剪力墙承重而不设框架的结构体系。 (2)剪力墙体系的墙体布置,实际上等于将混合结构的混凝土墙换成现浇的钢筋混凝土墙,其房屋的刚度比框架－剪力墙体系好,适用层数在40层以下比较合适。 (3)地震区在Ⅶ度设防时可到130m,Ⅷ度设防时到120m,Ⅸ度设防时可到70m,建筑物高宽比不宜大于6
3	框支剪力墙结构	(1)高层建筑中,底层需要大空间时,须采用底层框架的剪力墙结构,即所谓框支剪力墙结构体系。 (2)这种结构体系由于以框架结构代替了若干剪力墙,房屋抗侧力刚度有所削弱,其刚度比全剪力墙体系差,比框架－剪力墙体系要好,框支剪力墙结构对抗震要求较高的房屋宜经过专门的试验研究后采用
4	筒式结构	(1)筒式结构是框架－剪力墙结构与全剪结构的演变发展出来的,它将剪力墙集中到房屋的内部或外部,形成封闭的筒体。 (2)筒体在水平荷载作用下好像一个竖向悬臂封闭箱,它的空间刚度极大、抗扭性能好、平面设计灵活,适用于30层以上的各类建筑

2.4.5　拱结构体系的受力特点

拱结构体系的受力特点如图2.4.1所示。

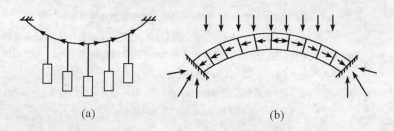

图2.4.1　拱结构体系的受力特点
(a)拱结构的受力分析(一);(b)拱结构的受力分析(二)

2.4.6 悬索结构体系的受力特点

悬索结构体系的受力特点如图 2.4.2 所示。

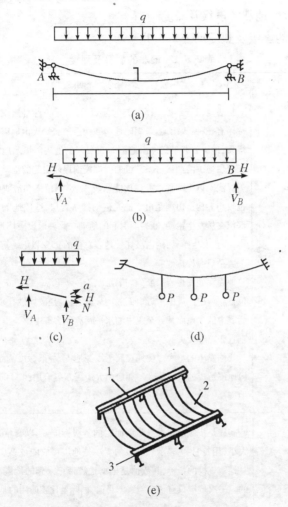

图 2.4.2 悬索结构体系的受力特点
(a)悬索集中荷载;(b)悬索均布荷载;(c)集中荷载自由体受力分析;
(d)三点受力图;(e)悬索结构名称
1—边缘构件(梁);2—索网;3—下部支承结构

2.5 建筑抗震基本知识

2.5.1 地震的震级及烈度

地震的震级及烈度见表2.5.1。

表2.5.1 地震的震级及烈度

序号	项目	说　明
1	地震的概念	地震是由于某种原因引起的强烈地动,是一种自然现象。地震的成因有三种:火山地震、塌陷地震和构造地震。火山地震是由于火山爆发,地下岩浆迅猛冲出地面时而引起的地动。塌陷地震是由于石灰岩层地下溶洞或古旧矿坑的大规模崩塌而引起的地动,它数量少,震源浅。以上两种地震释放能量较小、影响范围和造成的破坏程度也较小。构造地震是由于地壳运动推挤岩层,造成地下岩层的薄弱部位突然发生错动、断裂而引起的地动。此种地震破坏性大、影响面广,而且发生频繁,约占破坏性地震总量的95%以上。房屋构造抗震主要是研究构造地震。 地壳深处发生岩层断裂、错动的部位称震源。震源正上方的地方位置叫震中。震中附近地面震动最厉害,也是破坏最严重的地区,称为震中区。地面某处至震中的水平距离称为震中距。震中至震源的垂直距离称为震源深度。 我国发生的绝大多数地震属于浅源地震,一般深度为5～40km,浅源地震造成的危害最大。如唐山大地震断裂岩层约11km,属于浅源地震
2	震级	震级是按照地震本身强度而定的等级标度,用以衡量某次地震的大小,用符号 M 表示。震级的大小是地震释放能量多少的尺度,也是地震规模的指标,其数值是根据地震带记录到的地震波图来确定的。一次地震只有一个震级。目前,国际上比较通用的是里氏震级
3	地震烈度	地震发生后,各地区的影响程度不同,通常用地震烈度来描述。如人的感觉、器物反应、地表现象、建筑物的破坏程度。世界上多数国家采用的是12个等级划分的烈度表。

第 2 章　建筑结构基本知识

（续表）

序号	项目	说　明
3	地震烈度	地震烈度是指某一地区的地面及建筑物遭受一次地震影响的强弱程度。一般来说，距震中愈远，地震影响愈小，烈度就愈小；反之，距震中愈近，烈度就愈高。此外，地震烈度还与地震大小、震源深浅、地震传播介质、表土性质、建筑物的动力特性、施工质量等许多因素有关。 　　一个地区基本烈度是指该地区今后一定时间内，在一般场地条件下可能遭遇的最大地震烈度。基本烈度大体为在设计基准期超越概率为10%的地震烈度。为了进行建筑结构的抗震设计，按国家规定的权限批准审定作为一个地区抗震设防的地震烈度称为抗震设防烈度。一般情况下，抗震设防裂度可采用中国地震参数区划图的地震基本烈度

2.5.2　抗震设防

抗震设防是指房屋进行抗震设计和采用抗震措施，来达到抗震效果。抗震设防的依据是抗震设防烈度（表 2.5.2）。

表 2.5.2　抗震设防

序号	项目	说　明
1	抗震设防的基本思想	现行抗震设计规范适用于抗震设防烈度为Ⅵ、Ⅶ、Ⅷ、Ⅸ度地区建筑工程的抗震设计、隔震、消能减震设计。抗震设防是以现有的科技水平和经济条件为前提的。以北京地区为例，抗震设防烈度为Ⅷ度，超越Ⅷ度的概率为10%左右。 　　我国规范抗震设防的基本思想和原则是"三个水准"为抗震设防目标。简单地说就是"小震不坏、大震不倒"。 　　"三个水准"的抗震设防目标是：当遭受低于本地区抗震设防烈度的多遇地震影响时，建筑物一般不受损坏或不需修理仍可继续使用；当遭受相当于本地区抗震设防烈度的地震影响时，可能损坏，经一般修理或不需修理仍可继续使用；当遭受高于本地区抗震设防烈度预估的罕遇地震影响时，不会倒塌或发生危及生命的严重破坏

(续表)

序号	项目	说明
2	建筑抗震设防分类	建筑物的抗震设计根据其使用功能的重要性分为甲类、乙类、丙类、丁类四个抗震设防类别。大量的建筑物属于丙类,这类建筑的地震作用和抗震措施均应符合本地区抗震设防烈度的要求
3	抗震结构的概念设计	在强烈地震作用下,建筑物的破坏机理和过程是十分复杂的。对一个建筑物要进行精确的抗震计算也是非常困难的。因此,在对建筑物进行抗震设防的设计时,根据以往地震灾害的经验和科学研究的成果首先进行"概念设计"。概念设计可以使我们提高建筑物总体上的抗震能力。数值设计是对地震作用效应进行定量计算,而概念设计是根据地震灾害和工程经验所形成的基本设计原则和设计思想,进行建筑和结构总体布量并确定细部构造的过程。概念设计要考虑以下因素: (1)选择对抗震有利的场地,避开不利的场地。开阔平坦密实均匀中硬土地段是有利场地。不利场地一般是指软弱土、易液化土、山嘴孤丘、陡坡河岸、采空区和土质不均匀的场地。 (2)建筑物形状力求简单、规则,避免地震时发生扭转和应力集中而形成薄弱部位。 (3)选择技术先进又经济合理的抗震结构体系,地震力的传递路线合理明确,并有道抗震防线。 (4)保证结构的整体性,并使结构和连接部位具有较好的延性。 (5)选择抗震性能比较好的建筑材料。 (6)非结构构件应与承重结构有可靠的连接以满足抗震要求

2.5.3 抗震构造措施

抗震构造措施见表2.5.3。

表2.5.3 抗震构造措施

序号	措施	说明
1	多层砌体房屋的抗震构造措施	多层砌体房屋是我们目前的主要结构类型之一。但是这种结构材料脆性大,抗拉、抗剪能力低,抵抗地震的能力差。震害表明,在强烈地震作用下,多层砌体房层的破坏部位主要是墙身,楼盖本身的破坏

(续表)

序号	措施	说　　明
1	多层砌体房屋的抗震构造措施	较轻。因此，采取如下措施： (1)设置钢筋混凝土构件柱，减少墙身的破坏，并改善其抗震性能，提高延性。 (2)设置钢筋混凝土圈梁与构造柱连接起来。增强了房屋的整体性，改善了房屋的抗震性能，提高了抗震能力。 (3)加强墙体的连接，楼板和梁应有足够的长度和可靠连接。 (4)加强楼梯间的整体性等
2	框架结构构造措施	钢筋混凝土框架房屋是我国工业与民用建筑较常用的结构形式。震害调查表明，框架结构震害的严重部位多发生在框架梁柱节点和填充墙处。一般是柱的震害重于梁，柱顶的震害重于柱底，角柱的震害重于内柱，短柱的震害重于一般柱，为此采取了一系列措施。把框架设计成延性框架，遵守强柱、强节点、强锚固，避免短柱，加强角柱，框架沿高度不宜突变，避免出现薄弱层，控制最小配筋率，限制配筋最小直径等原则。构造上采取受力筋锚固适当加长，节点处箍筋适当加密等措施
3	设置必要的防震缝	不论什么结构形式，防震缝可以将不规则的建筑物分割成几个规则的结构单元，每个单元在地震作用下受力明确合理，避免产生扭转或应力集中的薄弱部位，有利于抗震

第3章 建筑材料

3.1 水泥

3.1.1 常用水泥的种类

常用的水泥有硅酸盐水泥、普通硅酸盐水泥、矿渣硅酸盐水泥、火山灰质硅酸盐水泥、粉煤灰硅酸盐水泥和复合硅酸盐水泥。常用水泥的种类及性能见表3.1.1。

表3.1.1 常用水泥的种类及性能

水泥名称	标准编号	原料	代号	特性	强度等级	备注
硅酸盐水泥	GB 175—2007	硅酸盐水泥熟料、0~5%的石灰石或粒化高炉矿渣、适量石膏磨细制成的水硬性胶凝材料	P·Ⅰ P·Ⅱ	早期强度及后期强度都较高,在低温下强度增长比其他种类的水泥快,抗冻、耐磨性都好,但水化热较高,抗腐蚀性较差	42.5、42.5R、52.5、52.5R、62.5、62.5R	R系指早强型水泥
普通硅酸盐水泥		硅酸盐水泥熟料、6%~15%的石灰石或粒化高炉矿渣、适量石膏磨细制成的水硬性胶凝材料	P·O	除早期强度比硅酸盐水泥稍低,其他性能接近硅酸盐水泥	32.5、32.5R、42.5、42.5R、52.5、52.5R	
矿渣硅酸盐水泥		硅酸盐水泥熟料和20%~70%粒化高炉矿渣、适量石膏磨细制成的水硬性胶凝材料	P·S	早期强度较低,在低温环境中强度增长较慢,但后期强度增长较快,水化热较低,抗硫酸盐侵蚀性较好,耐热性较好,但干缩变形较大,析水性较大,耐磨性较差	32.5、32.5R、42.5、42.5R、52.5、52.5R	

第3章 建筑材料

(续表)

水泥名称	标准编号	原料	代号	特性	强度等级	备注
火山灰质硅酸盐水泥	GB 175—2007	硅酸盐水泥熟料和20%~50%火山灰质混合材料、适量石膏磨细制成	P·P	早期强度较低,在低温环境中强度增长较慢,在高温潮湿环境(如蒸汽养护)中强度增长较快,水化热较低,抗硫酸盐侵蚀性较好,但干缩变形较大,析水性较大,耐磨性较差	32.5、32.5R、42.5、42.5R、52.5、52.5R	R系指早强型水泥
粉煤灰硅酸盐水泥		硅酸盐水泥熟料和20%~40%粉煤灰、适量石膏磨细制成	P·F	早期强度较低,水化热比火山灰水泥还低,和易性好,抗腐蚀性好,干缩性也较小,但抗冻、耐磨性较差	32.5、32.5R、42.5、42.5R、52.5、52.5R	
复合硅酸盐水泥		硅酸盐水泥熟料、15%~50%两种或两种以上规定的混合材料、适量石膏磨细制成的水硬性胶凝材料	P·C	介于普通水泥与火山灰水泥、矿渣水泥以及粉煤灰水泥性能之间,当复掺混合材料较少(小于20%)时,它的性能与普通水泥相似,随着混合材料复掺量的增加,性能也趋向所掺混合材料的水泥	32.5、32.5R、42.5、42.5R、52.5、52.5R	

3.1.2 常用水泥的选用

常用水泥的选用见表3.1.2。

表 3.1.2 常用水泥的选用

混凝土工程特点或所处环境条件		优先选用	可以使用	不得使用
环境条件	在普通气候环境中的混凝土	普通硅酸盐水泥	矿渣硅酸盐水泥、火山灰质硅酸盐水泥、粉煤灰硅酸盐水泥	
	在干燥环境中的混凝土	普通硅酸盐水泥	矿渣硅酸盐水泥	火山灰质硅酸盐水泥、粉煤灰硅酸盐水泥
	在高湿度环境中或永远处在水下的混凝土	矿渣硅酸盐水泥	普通硅酸盐水泥、火山灰质硅酸盐水泥、粉煤灰硅酸盐水泥	
	严寒地区的露天混凝土、寒冷地区的处在水位升降范围内的混凝土	普通硅酸盐水泥	矿渣硅酸盐水泥	火山灰质硅酸盐水泥、粉煤灰硅酸盐水泥
	严寒地区处在水位升降范围内的混凝土	普通硅酸盐水泥		火山灰质硅酸盐水泥、粉煤灰硅酸盐水泥、矿渣硅酸盐水泥
	受侵蚀性环境水或侵蚀性气体作用的混凝土	根据侵蚀性介质的种类、浓度等具体条件按专门(或设计)规定选用		
工程特点	厚大体积的混凝土	粉煤灰硅酸盐水泥、矿渣硅酸盐水泥	普通硅酸盐水泥、火山灰质硅酸盐水泥	硅酸盐水泥、快硬硅酸盐水泥
	要求快硬的混凝土	快硬硅酸盐水泥、硅酸盐水泥	普通硅酸盐水泥	矿渣硅酸盐水泥、火山灰质硅酸盐水泥、粉煤灰硅酸盐水泥
	高强(大于C60)的混凝土	硅酸盐水泥	普通硅酸盐水泥、矿渣硅酸盐水泥	火山灰质硅酸盐水泥、粉煤灰硅酸盐水泥

(续表)

混凝土工程特点或所处环境条件		优先选用	可以使用	不得使用
工程特点	有抗渗性要求的混凝土	普通硅酸盐水泥、火山灰质硅酸盐水泥		不宜使用矿渣硅酸盐水泥
	有耐磨性要求的混凝土	硅酸盐水泥、普通硅酸盐水泥	矿渣硅酸盐水泥	火山灰质硅酸盐水泥、粉煤灰硅酸盐水泥

注：1.蒸汽养护时用的水泥品种，宜根据具体条件通过试验确定。
2.复合硅酸盐水泥选用应根据其混合材料的比例确定。

3.1.3 各种水泥的适用范围

各种水泥的适用范围见表3.1.3。

表3.1.3 各种水泥的适用范围

序号	水泥名称	水泥标准编号	基本用途	可用范围	不适用范围	使用注意事项
1	硅酸盐水泥	GB 175—2007	混凝土、钢筋混凝土和预应力混凝土的地上、地下和水中结构		受侵蚀水（海水、矿物水、工业废水等）及压力水作用的结构	使用加气剂可提高抗冻能力
2	普通硅酸盐水泥					
3	矿渣硅酸盐水泥		混凝土和钢筋混凝土的地上、地下和水中的结构以及抗硫酸盐侵蚀的结构		需早期发挥强度的结构	加强洒水养护,冬期施工注意保温
4	火山灰质硅酸盐水泥			高湿条件下的地上一般建筑	(1)受反复冻融及干湿循环作用的结构。(2)干燥环境中的结构	加强洒水养护,冬期施工注意保温

(续表)

序号	水泥名称	水泥标准编号	基本用途	可用范围	不适用范围	使用注意事项
5	粉煤灰硅酸盐水泥	GB 175—2007	混凝土和钢筋混凝土的地上、地下和水中的结构；抗硫酸盐侵蚀的结构；大体积水工混凝土		需早期发挥强度的结构	加强洒水养护，冬期施工注意保温
6	抗硫酸盐硅酸盐水泥	GB 748—2005	受硫酸盐水溶液侵蚀，反复冻融及干湿	受硫酸盐（SO_4^{2-}离子浓度在2 500 mg/L以下）水溶液侵蚀的混凝土及钢筋混凝土结构		配制混凝土的水灰比应小些
7	高抗硫酸盐水泥		循环作用的混凝土及钢筋混凝土结构	受硫酸盐（SO_4^{2-}离子浓度在2 500～10 000mg/L）水溶液侵蚀的混凝土及钢筋混凝土结构		严格控制水灰比
8	快硬硅酸盐水泥		要求快硬的混凝土、钢筋混凝土和预应力混凝土结构			
9	高强硅酸盐水泥		要求快硬、高强的混凝土、钢筋混凝土和预应力混凝土结构			（1）储存过久，易风化变质。（2）需强烈搅拌，并最好采用预振和加压振捣

(续表)

序号	水泥名称	水泥标准编号	基本用途	可用范围	不适用范围	使用注意事项
10	矾土水泥（高铝水泥）	GB 201—2000	（1）耐热（<1 300℃）混凝土。（2）抗腐蚀（如弱酸性腐蚀、硫酸盐、镁盐腐蚀）的混凝土和钢筋混凝土	（1）特殊需要的抢修抢建工程。（2）在-5℃以上施工的工程	（1）蒸汽养护的混凝土。（2）连续浇筑的大体积混凝土。（3）与碱液接触的工程。（4）不宜制作薄壁构件	（1）后期强度有下降。混凝土应以最低强度稳定值作为设计强度。（2）不得与硅酸盐水泥、石灰及碱性物质混合。（3）未经试验不得使用外掺剂。（4）钢筋混凝土结构的钢筋保护层应加大1~2cm。（5）在混凝土硬化过程中，环境温度不得超过30℃
11	砌筑水泥	GB/T 3183—2003	（1）钢筋混凝土预制构件之间的锚固连接（浆锚法）。（2）抢修及修补工程的灌孔、接缝、填充补强等		要求膨胀量大的混凝土不宜使用砌筑水泥	（1）未经试验不得掺入其他外加剂。（2）可与硅酸盐水泥混合，但混合后即失去其原有特性。不得与其他水泥混用。（3）使用温度不得低于5℃，不得高于40℃。（4）水泥严防受潮

3.1.4 水泥的验收保管与质量标准

1. 水泥的验收与保管

水泥验收方法与保管措施见表 3.1.4。

表 3.1.4 水泥验收方法与保管措施

项目	水泥验收方法与保护措施
水泥验收方法	水泥进场时应对其品种、级别、包装或散装仓号、出厂日期等进行检查,并应对其强度、安定性及其他必要的性能指标进行复验,其质量必须符合现行国家标准《通用硅酸盐水泥》(GB 175—2007)等的规定。 当在使用中对水泥质量有怀疑或水泥出厂超过 3 个月(快硬硅酸盐水泥超过 1 个月)时,应进行复验,并按复验结果使用。 钢筋混凝土结构、预应力混凝土结构中,严禁使用含氯化物的水泥。 检查数量:按同一生产厂家、同一等级、同一品种、同一批号且连续进场的水泥,袋装不超过 200t 为一批,散装不超过 500t 为一批,每批抽样不少于一次。 检验方法:检查产品合格证、出厂检验报告和进场复验报告。为能及时得知水泥强度,可按《水泥强度快速检验方法》(JC/T 738—2004)预测水泥 28d 强度
水泥保管措施	(1)入库的水泥应按品种、强度等级、出厂日期分别堆放,并树立标志,做到先到先用,并防止混掺使用。 (2)为了防止水泥受潮,现场仓库应尽量密闭。包装水泥存放时,应垫起离地约 30cm,离墙亦应在 30cm 以上。堆放高度一般不要超过 10 包。临时露天暂存水泥也应用防雨布盖严,底板要垫高,并采取防潮措施。 (3)水泥储存时间不宜过长,以免结块降低强度。常用水泥在正常环境中存放 3 个月,强度将降低 10%~20%;存放 6 个月,强度将降低 15%~30%。为此,水泥存放时间按出厂日期起算,超过 3 个月应视为过期水泥,使用时必须重新检验确定其强度等级。 (4)水泥不得和石灰石、石膏、白垩等粉状物料混放在一起

2. 通用水泥的质量标准

通用水泥的质量标准见表 3.1.5。

表3.1.5 通用水泥的质量标准

项目	品种	硅酸盐水泥		普通硅酸盐水泥		矿渣硅酸盐水泥 火山灰质硅酸盐水泥 粉煤灰硅酸盐水泥	
细 度		硅酸盐水泥比表面积,300m²/kg;其余水泥80μm方孔筛筛余≤10%					
凝结时间		初凝时间≤45min;终凝时间≤10h;硅酸盐水泥终凝时间≥6.5h					
安定性		用沸煮法检验必须合格					
	强度等级	龄 期					
		3d	28d	3d	28d	3d	28d
抗压强度 (MPa)	32.5			11.0	32.5	10.0	32.5
	32.5R			16.0	32.5	15.0	32.5
	42.5	17.0	42.5	16.0	42.5	15.0	42.5
	42.5R	22.0	42.5	21.0	42.5	19.0	42.5
	52.5	23.0	52.5	22.0	52.5	21.0	52.5
	52.5R	27.0	52.5	26.0	52.5	23.0	52.5
	62.5	28.0	62.5				
	62.5R	32.0	62.5				
抗折强度 (MPa)	32.5			2.5	5.5	2.5	5.5
	32.5R			3.5	5.5	3.5	5.5
	42.5	3.5	6.5	3.5	6.5	3.5	6.5
	42.5R	4.0	6.5	4.0	6.5	4.0	6.5
	52.5	4.0	7.0	4.0	7.0	4.0	7.0
	52.5R	5.0	7.0	5.0	7.0	4.5	7.0
	62.5	5.0	8.0				
	62.5R	5.5	8.0				
烧失量		硅酸盐水泥Ⅰ型≤3.0%,Ⅱ型≤3.5%;其余水泥≤5%					
氧化镁		熟料中氧化镁含量≤5%,如水泥经压蒸安定性试验合格,则氧化镁含量放宽到6%					
三氧化硫		除矿渣硅酸盐水泥≤4%外,其余水泥≤3.5%					

3.2 混凝土

3.2.1 混凝土的基本性能

混凝土是由水泥(胶凝材料)、水、粗细集料按一定的比例配合拌制而成的混合料,经硬化后形成的人造石材,是目前广泛应用于建筑工程中的主要结构材料(图3.2.1)。

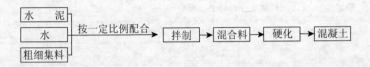

图 3.2.1 混凝土的形成

混凝土具有很多的优点(表3.2.1)。

表 3.2.1 混凝土的优点

优点	说 明
强度高	混凝土的抗压强度高,但抗拉强度较低
刚性好	承受设计荷载时,变形和挠度很小
整体性强	混凝土和钢筋混凝土连续浇灌,使建筑物成为整体,有良好的抗震能力
耐久性好	对机械作用、天然的风化和化学侵蚀作用的抵抗力强,在环境适宜时强度不但不衰减,反而有所增长
可模性好	利用模板可浇灌成各种不同形状和大小的构件
耐火性能好	混凝土是不良导热体,防火性较好
保养费用低	保养费用小

由于混凝土具有上述优点,故广泛应用于建筑工程、水工结构物、道路路面等。

3.2.2 混凝土的分类

常见的混凝土分类方法见表3.2.2。

表3.2.2 混凝土的分类方法

分类方法	名　称	特性用途
按胶凝材料分类	水泥混凝土	以硅酸盐水泥、普通水泥、矿渣水泥、火山灰质水泥、粉煤灰水泥等为胶凝材料。广泛用于各种混凝土工程
	石灰混凝土	以石灰、天然水泥、火山灰等活性硅酸盐或铝酸盐与消石灰的混合物为胶凝材料
	石膏混凝土	以天然石膏及工业废料石膏为胶凝材料。可做小型砌块、板等内隔墙制品
	碱矿渣混凝土	以磨细矿渣及碱溶液为胶凝材料,是一种新型混凝土,可做各种结构
	水玻璃混凝土	以钠或钾水玻璃为胶凝材料,可做耐酸结构
	硫磺混凝土	硫磺加热熔化后,注入粗、细集料中,冷却硬化后可用作粘结剂及用于低温防腐蚀工程
	沥青混凝土	用天然或人造沥青为胶凝材料,可做路面及耐酸、碱地面
	聚合物水泥混凝土	以水泥为主要胶凝材料,加入少量乳胶或水溶性树脂。能提高和改善混凝土各种性能
	树脂混凝土	以聚酯树脂、环氧树脂、尿醛树脂等为胶凝材料。用于侵蚀性介质中
按质量密度和形状分类	特重混凝土	用钢球、铁矿石、重晶石等为粗集料。混凝土表观密度大于2 700kg/m³,用于防射线混凝土工程
	普通混凝土	用普通砂、石作集料,混凝土表观密度1 900～2 500kg/m³
	轻混凝土	用天然或人造轻集料,如浮石、火山渣和各种陶粒、矿渣等。混凝土表观密度1 000～1 900kg/m³,可用于承重构件或既承重又保温的围护结构
	特轻混凝土	用人造轻集料,混凝土表观密度小于1 000kg/m³,如泡沫混凝土、加气混凝土等

(续表)

分类方法	名称	特性用途
按质量密度和形状分类	特细砂混凝土	以水泥作胶凝材料,细度模数小于1.5,平均粒径在0.25mm以下的特细砂作细集料,碎石或卵石作粗集料和水配制而成的混凝土。可以配制成一般混凝土、钢筋混凝土和预应力混凝土
	大孔混凝土	由水泥、粗集料和水拌制而成的无砂混凝土,分普通大孔混凝土,堆密度为1 500~1 900kg/m³;轻集料大孔混凝土,堆密度为500~1 200kg/m³。前者可作为预制墙板和多层、高层住宅墙体的承重墙,后者可作为预制或现浇砌块和墙板
按性能、用途分类	防水混凝土	能承受0.6MPa以上的水压,不透水的混凝土,用于地下防水工程和储水构筑物
	耐酸混凝土	用于化学工业的输液管、洗涤池、车间地面、设备基础等,要求能抵抗强酸和腐蚀性气体的侵蚀,如硫磺耐酸混凝土、沥青混凝土和水玻璃耐酸混凝土等
	耐碱混凝土	以普通水泥与耐碱集料、粉料、水配制而成,用作耐碱地坪,储碱池、槽、罐体及受碱腐蚀的基础等
	耐油混凝土	系在普通混凝土中掺入密实剂氢氧化铁、三氯化铁或三乙醇胺复合剂配制而成,可用于建造储存轻油类、重油类的油槽、油罐设备及耐油底板、地坪等
	耐热(火)混凝土	通常能承受200~900℃高温的混凝土称耐热混凝土,承受900℃以上高温的混凝土称耐火混凝土,具有能长期经受高温并保持所需的物理力学的性能,用于热工设备内衬和受高温作用的结构,如水泥耐热混凝土、水玻璃耐热混凝土
	抗冻混凝土	系在普通混凝土中掺入少量松香酸钠泡沫剂配制而成,具有良好的抗冻、抗渗性能,用于制冷设备基础工程
	耐低温混凝土	系用水泥、膨胀珍珠岩砂和泡沫剂配制而成,用于深冷(-196~0℃)工程作隔热、保温材料以及管道、屋面等隔热保温结构

(续表)

分类方法	名 称	特性用途
按性能、用途分类	防辐射混凝土	系用水泥与特重的集料配制而成的一种密度大、含有大量结合水的特重混凝土(密度达 3 000~4 000kg/m³),又称屏蔽混凝土,能屏蔽 X、α、β、γ 射线及中子射线等,是原子能反应堆、粒子加速器等常用的防护材料
	水工混凝土	用于大坝等水工构筑物,多数为大体积工程,要求有抗冲刷、耐磨及抗大气腐蚀性能。依其不同使用条件可选用普通水泥、矿渣水泥或火山灰水泥及大坝水泥等
	水下不分散混凝土	系在普通混凝土中加入 UWB(丙烯系)速凝剂配制而成。具有混凝土拌和物遇水不离析、水泥不流失、可进行水中自落浇筑性能,适用于沉井封底、人工筑岛、围堰水下结构浇筑等
	耐海水混凝土	凡直接受海水影响并且能够抵抗海水侵蚀和破坏、耐久性能优良的混凝土,包括海岸工程(如港口、挡潮闸、跨海桥梁、海岸防护工程等)和离岸工程(如大型深水码头、海上采油平台等)混凝土
	道路混凝土	可用水泥或沥青胶凝材料,要求具有较高的抗折强度和耐候性、耐磨性,用于路面的混凝土
	膨胀混凝土	用膨胀水泥或掺加膨胀剂配制的混凝土,分为补偿收缩混凝土和自应力混凝土两类。可减轻或避免混凝土因体积收缩而引起的开裂以及可提高构件的承载和工作能力。应用于结构自防水、大体积混凝土裂缝控制、刚性防水屋面以及高性能混凝土
	高强、超高强混凝土	强度等级≥C50 的称高强混凝土;强度等级≥C80 的称超高强混凝土。可用于高层、超高层建筑结构、铁路及公路桥梁结构上
	耐磨耗混凝土	使用较多的有高性能抗磨蚀混凝土、钢屑耐磨混凝土、石英砂耐磨混凝土、钢纤维耐磨混凝土等。可用于耐磨地坪、机场跑道、道路、矿仓库的衬里、起重机轨道的垫层、楼梯踏步等处

(续表)

分类方法	名称	特性用途
按性能、用途分类	装饰混凝土	利用饰面和造型技术,进行建筑艺术加工的混凝土,有着色混凝土、清水装饰混凝土、露集料装饰混凝土等,集构件的承重、围护、耐久与装饰等多种功能集于一身
	透水性混凝土	采用单一粒级的粗集料与42.5级以上硅酸盐水泥、普通水泥或高分子树脂配制而成的无砂多孔混凝土,有水泥透水性混凝土、高分子透水混凝土和烧结透水混凝土。主要用于公园内道路、人行道、轻量级道路、停车场及各种新型体育场的跑道及比赛场地
	绿化混凝土	能够适应绿色植被生长、进行绿色植被的混凝土及其制品,目前有孔洞型绿化混凝土、多孔连续型绿化混凝土和孔洞型多层结构绿化混凝土。主要用于城市道路两侧及中央隔离带、水边护坡、楼顶、停车场等部位
按施工工艺分类	预拌混凝土	集中搅拌后再以商品形式供应用户的混凝土,又称商品混凝土
	泵送混凝土	用混凝土泵输送和浇筑的混凝土。用于大体积混凝土结构、大型设备基础、高层建筑结构以及隧洞、桥墩、城市中心建筑密集地段的工程
	喷射混凝土	用压缩空气喷射施工的混凝土,分干式喷射法、湿式喷射法和造壳喷射法等。多用于井巷及隧道衬砌工程
	裹砂混凝土	又称造壳混凝土或S·E·C混凝土,是一种用新型搅拌工艺配制的混凝土。适用于各种普通混凝土的应用场合
	磁化水混凝土	用磁化水拌制的水泥混凝土,可提高混凝土的各种性能。用于各种水泥混凝土及防水工程
	真空混凝土	用真空泵将混凝土中多余的水分吸出,从而提高其密实度的一种工艺。用于道路、机场跑道、楼地面、薄壳等工程

(续表)

分类方法	名 称	特性用途
按施工工艺分类	预填集料混凝土	先铺粗集料,然后用压浆泵强制注入水泥砂浆的混凝土。适用于柱、墙的基础和大型设备基础以及混凝土蜂窝孔洞的加固
	碾压混凝土	用振动压路机通过外部振动和辗压施工的一种干硬性混凝土。用于大坝、道路、机场跑道、停车场、堤岸等工程
	挤压混凝土	用挤压机成形的混凝土。用于长线台座法的空心板、T形小梁等构件生产
	离心混凝土	用离心机成形的混凝土。用于混凝土管、电杆等管状构件
按配筋情况分类	素混凝土	即无筋混凝土,用于基础及垫层等的低强度等级的混凝土
	钢筋混凝土	用普通钢筋加强的混凝土。广泛用于各种工程结构
	钢丝网混凝土	用钢丝网加强的无粗骨料混凝土,又称钢丝网砂浆。用于制作薄壳、船体等薄壁构件
	纤维混凝土	用各种纤维加强的混凝土,如钢纤维混凝土、玻璃纤维混凝土、聚丙烯纤维混凝土等,其抗冲击、抗拉、抗弯性能好。可用于路面、桥面、机场跑道护面、隧道衬砌、刚性屋面等
	预应力混凝土	用先张法、后张法或化学方法使混凝土预压以提高其抗拉、抗弯强度的配筋混凝土。用于各种建筑结构及构筑物,特别是大跨度桥梁等
	钢管混凝土	在钢管中填充混凝土而形成的一种构件,可提高轴向承载力和塑性、韧性。可用于工业厂房柱、地铁站台柱、桥拱结构以及高层结构的框架柱等
按流动性分类	干硬性、超干硬性混凝土	水泥用量小,石子较多,其坍落度≤10mm的称干硬性混凝土,坍落度为0的称超干硬性混凝土,这种混凝土凝固前的性能不同于普通混凝土,硬化后的性能与普通混凝土相似

(续表)

分类方法	名称	特性用途
按流动性分类	塑性混凝土	坍落度在 10～90mm 范围内的普通混凝土
	流动性混凝土	坍落度在 100～150mm 的混凝土。与普通混凝土相比除流动性稍大外,其他性能基本相似,特别适用于泵送混凝土
	流态混凝土	在坍落度为 100～150mm 的流动性混凝土中,加入流化剂(高效能减水剂)后,使坍落度增大至 180～220mm,能像水一样流动的混凝土。用于泵送施工及钢筋密集、捣实困难的薄壁结构
	自流平、自密实混凝土	由水泥、砂、掺和料、超塑剂、稳定剂等混合配制而成,加水拌和后即可泵送施工。主要用于地面施工,不需振捣、抹平,可自流平、自密实

3.2.3 混凝土拌合物的和易性

混凝土各组成材料按一定比例配合,拌制而成的尚未凝结硬化的塑性状态拌合物,称为混凝土拌合物,又称新拌混凝土。它必须具有良好的工作性,便于施工,以保证能获得良好的浇筑质量,从而保证混凝土拌合物凝结硬化以后,具有足够的强度和必要的耐久性。

1. 和易性的相关概念

和易性的相关概念见表 3.2.3。

表 3.2.3 和易性的相关概念解释

项目	解释
流动性	混凝土拌合料在一定的施工条件下,便于施工操作并能获得质量均匀、密实混凝土的能力。它包括流动性、黏聚性和保水性三方面的涵义。流动性是指混凝土拌合料在本身自重的作用下,能够产生流动的性能。混凝土流动性大,操作方便,但因水泥浆量太多,用水量较大,容易影响混凝土的密实性、均匀性和强度等,且水泥用量也大

(续表)

项目	解释
黏聚性	混凝土拌合料各成分相互黏聚的能力。混凝土拌合料在运输过程中,如果流动性过大,容易产生分层离析现象。表现为粗骨料下沉,砂浆上浮。而黏聚好的混凝土拌合料则能有效地防止此种现象
保水性	混凝土拌合料保持水分不易析出的能力。在混凝土拌合料浇筑、振捣、凝结这一施工操作过程中,由于骨料和水泥浆下沉,水分上升,在已浇筑构件的表面,有水分析出的现象,这叫泌水。泌水的结果,使混凝土孔隙增大或形成疏松层,影响混凝土的均匀密实。由此可知,拌合料保水性越好,泌水现象就越少,混凝土就越密实

2. 和易性的测定

和易性是一项综合性指标,通常采用测定混凝土拌合物的流动性的同时,以直观经验评定黏聚性和保水性,来评价混凝土拌合物的和易性。混凝土拌合物流动性不同,其和易性的评定方法也不同。流动性大的可采用坍落度法,流动性小的可用维勃稠度法。其测定方法见表3.2.4。

表3.2.4 和易性的测定方法与步骤

测定方法	测定步骤
坍落度法	混凝土拌合物坍落度用坍落度筒来测定,将混凝土拌合料分三次装入坍落度筒中,每次装料约1/3筒高,用捣棒捣插25下,刮平后,将筒垂直提起,测定拌合物由于自重产生坍落的毫米数,称为坍落度(图3.2.2和图3.2.3)。坍落度越大,表示混凝土拌合物的流动性越大。 在测定坍落度时,还需同时观察混凝土拌合物的黏聚性和保水性。提起坍落度筒后,轻拍混凝土侧面,不是均匀下沉,而是突然倒塌或部分崩溃,石子掉落,则为混凝土拌合物的黏聚性不良。如果有水析出,说明保水性较差。 坍落度筒测定流动性的方法,只适用于粗骨料粒径小于40mm,坍落度值不小于10mm的混凝土拌合物。 根据混凝土拌合物坍落度的大小将混凝土分为干硬性混凝土(坍落度<10mm)、塑性混凝土(坍落度10~90mm)、流动性混凝土(坍落度100~150mm)、大流动性混凝土(坍落度≥160mm)

(续表)

测定方法	测定步骤
维勃稠度法	干硬性混凝土的和易性用维勃稠度法评定。测定时,在坍落度筒中按规定方法装满混凝土拌合物,提起坍落度筒,在混凝土拌合物试体顶面放一透明圆盘。开启振动台,同时用秒表计时,到透明圆盘的底面完全为水泥浆所布满时,停止秒表,关闭振动台。此时就认为混凝土拌合物已密实,所读秒数称为维勃稠度。维勃稠度仪如图3.2.4所示。 混凝土拌合物按其维勃稠度值的大小可以分为四级,并应符合表3.2.5的规定

图 3.2.2 坍落度试验示意图

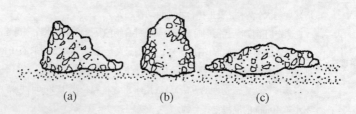

图 3.2.3 坍落度试验合格与不合格示意图
(a)部分坍落型;(b)正常坍落型;(c)崩溃型

表3.2.5 维勃稠度分级及允许偏差

级别	混凝土拌合料性状	维勃稠度(s)	允许偏差(s)
V_0	超干硬性混凝土	>30	±6
V_1	特干硬性混凝土	21~30	±6
V_2	干硬性混凝土	11~20	±4
V_3	中干硬性混凝土	5~10	±3

3. 坍落度的选择

选择混凝土拌合物的坍落度，关系到混凝土的施工质量和水泥用量。坍落度大的混凝土施工比较容易，但水泥用量较多；坍落度小的混凝土能节约水泥，但施工较为困难。选择的原则应是在保证施工质量的前提下尽可能选用较小的坍落度。

混凝土的坍落度应根据建筑物的特征、钢筋含量、运输距离、浇筑方法及气候条件等因素确定。对于结构断面较小、钢筋含量较多的建筑物，应选用坍落度较大的混凝土；对于大体积素混凝土及少筋混凝土，可选用坍落度较小的混凝土。混凝土在浇筑时的坍落度可按表3.2.6选用。

4. 影响和易性的主要因素

影响混凝土拌合物和易性的因素很多，其中主要有水泥浆用量、水灰比、砂率、水泥品种与性质、骨料的种类与特征、外加剂、施工时的温度和时间等(表3.2.7)。

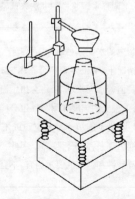

图3.2.4 维勃稠度仪

表 3.2.6 混凝土浇筑时的坍落度

序号	结构种类	坍落度(mm)
1	基础或地面等的垫层、无筋的厚大结构或配筋稀疏的结构	10~30
2	板、梁和大型及中型截面的柱子等	30~50
3	配筋密列的结构(薄壁、斗仓、筒仓、细柱等)	50~70
4	配筋特密的结构	70~90

注：有温控要求或低温季节浇筑混凝土时，混凝土的坍落度可根据具体情况酌量增减。

表 3.2.7 影响和易性的重要因素

项目	内容
水泥浆的稠度	水泥浆的稠度是由水灰比所决定的。在水泥用量不变的情况下，水灰比愈小，水泥浆就愈稠，混凝土拌合物的流动性便愈小。当水灰比过小时，水泥浆干稠，混凝土拌合物的流动性过低，会使施工困难，不能保证混凝土的密实性。增加水灰比会使流动性加大，如果水灰比过大，又会造成混凝土拌合物的黏聚性和保水性不良，而产生流浆离析现象，并严重影响混凝土的强度。无论是水泥浆的多少，还是水泥浆的稀稠，实际上对混凝土拌合物流动性起决定作用的是用水量的多少。用水量小则流动性小，混凝土不易成形密实；用水量大则流动性大，随着用水量再增大，混凝土拌合物的黏聚性和保水性常常随之恶化。因此，不应单纯以增加用水量来调整混凝土拌合物的流动性，而应当在保持水灰比不变的条件下，用调整水泥浆量的办法来调整混凝土拌合物的流动性
水泥浆的用量	混凝土拌合物中的水泥浆，赋予混凝土拌合物以一定的流动性。在水灰比不变的情况下，单位体积拌合物内，如果水泥浆愈多，则拌合物的流动性愈大。但若水泥浆过多，将会出现流浆现象，使拌合物的黏聚性变差，同时对混凝土的强度和耐久性也会产生一定影响，且水泥用量也大；水泥浆过少，则不能填满骨料空隙或不能很好地包裹骨料表面，此时就会产生崩坍现象，黏聚性变差。因此，混凝土拌合物中水泥浆的含量应以满足流动性和强度的要求为宜，不宜过量

(续表)

项目	内 容
砂率	砂率是指混凝土中所用砂重量占所用砂、石总重量的百分数,砂率对混凝土的流动性及其他特征也有明显的影响。砂率太小,砂量不足,水泥砂浆不能填满石子颗粒间的空隙,因而会降低拌合料的流动性,并产生分层、离析现象。砂率较大时,水泥砂浆在填满石子间的空隙后还有多余,多余的砂浆会在石子颗粒间形成润滑层,使拌合料流动性增大。但如果砂率过大时,水泥浆不足以包裹砂粒表面和填满砂粒之间的空隙,也会导致拌合料流动性减小。因此,砂率的大小应通过试验确定其最佳值(图3.2.5和图3.2.6)
骨料的种类与特征	在混凝土配合比相同的情况下,使用表面粗糙且多棱角的砂、石时,拌合物的和易性较差。因此,采用多棱角的碎石时,应增大砂率和相应的水泥浆用量(用水量)。采用级配不好的砂、石,其空隙率大,在同样配合比的情况下,混凝土拌合物易产生离析,黏聚性及保水性能均较差。因此尽量采用表面光滑、颗粒近似圆形、级配良好的骨料(卵石)拌制混凝土
时间与温度	搅拌完的混凝土拌合物,随着时间的延长而逐渐变得干稠,和易性变差,其原因是部分水分供水泥水化,部分水分被骨料吸收,另一部分水分蒸发掉。由于水分减少,混凝土拌合物的流动度变小。随着温度的升高,混凝土拌合物的流动性要降低,温度每升高10℃,坍落度约减少20mm。因此在施工中为保证混凝土拌合物的和易性,要考虑时间和温度的影响,并采取相应措施
外加剂	在拌制混凝土时,掺入适量的外加剂,能有效地改善混凝土施工的工艺性能。如掺入加气剂,可以产生大量气泡,改善拌合料的和易性。如掺入减水剂,能使混凝土拌合料在不增加用水量的条件下降低水灰比,改善和易性,增加流动性

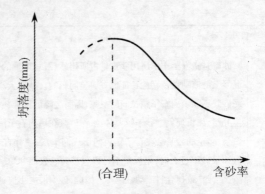

图 3.2.5　含砂率与坍落度的关系(水与水泥用量为一定)

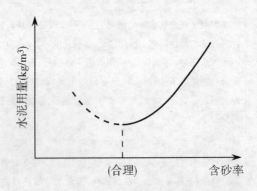

图 3.2.6　含砂率与水泥的关系(坍落度为一定)

3.2.4　混凝土的强度

混凝土的强度包括抗压强度、抗拉强度、抗剪切强度等。其中,混凝土的抗压强度最大,抗拉强度最小。因此,在结构工程中混凝土主要用于承受压力。

1. 混凝土的抗压强度和等级

混凝土具有较高的抗压强度,因此,抗压强度是施工中控制和评定混凝土质量的主要指标。在设计混凝土结构时,首先要对所选用的混凝土质量,提出一个总的指标,这就是混凝土的强度等级。根据强度等级可以在生产时对混凝土质量加以检验。

混凝土抗压强度标准值是指,按标准方法制作和养护边长为

150mm 立方体试件,在标准状态下(温度为 20℃±3℃,相对湿度大于 90%)养护 28d 后所测得的抗压强度值,用符号 C 表示,单位为 MPa (N/mm^2)。

根据抗压强度,混凝土划分为 C7.5、C10、C15、C20、C25、C30、C35、C40、C45、C50、C55、C60 等 12 个强度等级。如果实际测出 28d 抗压强度值在两个强度等级之间,则该混凝土等级应定为较低一级。例如某试块测得 28d 抗压强度为 34.9MPa 时,该混凝土等级为 C30。

不同工程或不同部位的混凝土结构,应采用不同强度等级的混凝土。对不同等级混凝土的选用原则一般见表 3.2.8。

表 3.2.8　不同等级混凝土的选用原则

不同等级的混凝土	选 用 原 则
C7.5、C10、C15	用于垫层、基础、地坪及受力不大的结构
C15、C20、C25	用于梁、板、柱、楼梯、屋架等工业与民用建筑的普通钢筋混凝土结构
C20、C25、C30	用于大跨度结构,耐久性要求较高的结构,预制构件和要求具有较高耐久性能的钢筋混凝土结构等
C30 以上	用于预应力钢筋混凝土构件,承受动荷载结构构件以及特种构件等

测定混凝土立方体试块抗压强度,可根据粗骨料最大粒径,按表 3.2.9 选用不同尺寸的试块。

表 3.2.9　试块尺寸的选择及折算系数

骨料的最大粒径(mm)	试块尺寸(mm)	折算系数
≤31.5	100×100×100	0.95
≤40	150×150×150	1.00
≤63	200×200×200	1.05

注:强度等级为 C60 及以上的混凝土试件,其强度的尺寸折算系数可通过试验确定。

在实际工程中,混凝土及钢筋混凝土很难达到标准养护条件。为了证明工程中的混凝土实际达到的强度,往往把混凝土标准试块放在与工程相同的条件下进行养护,通常是放在靠近混凝土施工现场处,按需要的龄期进行试验,作为现场混凝土质量控制的依据。

2. 混凝土的抗拉强度

混凝土的轴心抗拉强度是指用立方体试块测得单位面积上所能承受的最大轴向拉力。测试方法如图 3.2.7 所示。在立方体试块中心平面内用垫条施加两个方向相反均匀分布的压力,当压力增大到一定程度时,试块就沿此平面劈裂破坏,这时测得的强度就是劈裂抗拉强度。

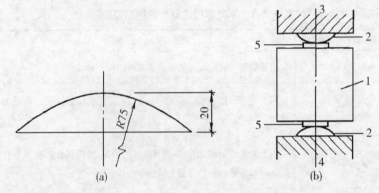

图 3.2.7　劈裂试验示意图

(a)劈裂抗拉试验用垫条;(b)劈裂试验装置

1—试件;2—垫条;3—上压板;4—下压板;5—垫层

混凝土的抗拉强度只有抗压强度的 1/20~1/10,并且随着混凝土等级的提高,比值有所降低,即当混凝土强度等级提高时,抗拉强度的增加不如抗压强度增加的快。

3. 影响混凝土强度的主要因素

混凝土强度的主要影响因素见表 3.2.10。

表 3.2.10 混凝土强度的主要影响因素

影响因素	对混凝土的影响
一般规定	混凝土的强度主要取决于水泥石强度及其与骨料表面的黏结强度。而水泥石强度及其与骨料的黏结强度又与水泥强度、水灰比及骨料的性质有密切关系。此外,混凝土的强度还受施工质量、养护条件及龄期的影响
水泥标号与水灰比	水泥标号和水灰比是决定混凝土强度的最主要因素。在混凝土配合比相同的条件下,水泥标号越高,配制的混凝土强度越高。当用同一水泥(品种及标号相同)时,混凝土的强度主要决定于水灰比。水灰比愈小,水泥石的强度愈高,与骨料黏结力愈大,混凝土的强度愈高。但是,如果水灰比太小,拌合物过于干稠,捣实困难,反而会导致混凝土强度降低
骨料	粗骨料的强度一般都比水泥石的强度高,因此骨料的强度一般对混凝土强度几乎没有影响。当骨料级配良好、砂率适当时,有利于混凝土强度的提高。如果混凝土中的骨料有害杂质较多、品质低、级配不好,则会降低混凝土强度。另外,表面粗糙、多棱角的碎石与水泥石的机械啮合力和黏结力要比表面光滑的卵石好。所以在水泥强度和水灰比相同的情况下,碎石混凝土强度高于卵石混凝土的强度
养护的温度和湿度	为了获得质量良好的混凝土,成形后必须在适宜的温度和湿度环境中进行养护。通常养护温度高,混凝土的早期强度也高,但早期养护温度越高,混凝土后期强度的增进率越小。一般来说,夏天浇筑的混凝土要较同样的混凝土在春、秋季浇筑的后期强度高。但如温度降至冰点以下,混凝土的强度停止发展甚至会因冰膨作用,使混凝土已获得的强度受到破坏而损失。湿度对混凝土强度的发展有显著影响,因为水是水泥水化反应、混凝土强度增长的必要成分,如果湿度不够,水泥水化反应不能正常进行,甚至停止水化,这不仅严重降低混凝土强度,而且使混凝土结构疏松,形成干缩裂缝,增大了渗水性,从而影响混凝土的耐久性和构件的安全性。按规范规定,混凝土浇筑后,应在 12h 内加以覆盖和浇水;浇水养护的时间,对采用普通硅酸盐水泥和矿渣硅酸盐水泥拌制的混凝土,不得少于 7d;对掺有缓凝型外加剂或有抗渗要求的混凝土不得少于 14d;混凝土的表面不便浇水或使用塑料布养护时,宜涂刷养护液等,防止混凝土内部水分蒸发

(续表)

影响因素	对混凝土的影响
龄期	在正常养护条件下,混凝土的强度随着龄期的增长而逐渐提高。最初7~14d内强度增长较快,以后逐渐缓慢,28d达到设计强度,28d后强度仍在发展,其增长过程可延续数十年
成形方式	施工中浇捣混凝土时,必须充分密实,才能得到强度高的混凝土。同样的混凝土,机械振捣比人工捣固质量好,这是不言而喻的,但应根据流动性不同的拌合物施以相应的密实成形方式。因为,一般情况下,振捣时间愈长,振力愈大,混凝土愈密实,但对塑性、流态混凝土,振力过大或振捣时间过长,会使混凝土产生泌水离析现象,强度降低

3.2.5 混凝土的耐久性及其提高措施

1. 混凝土的耐久性

混凝土除需要具有适当的强度外,还需要具有能够长期抵抗外面的各种侵蚀性因素的持久能力。也就是说,混凝土要经久耐用。混凝土的这种性能称为耐久性。如承受压力水作用的混凝土,需要有较高的抗渗性;遭受反复冻融作用的混凝土,需要具有较高抗冻性;遭受环境水侵蚀作用的混凝土,需要具有与之相适应的抗侵蚀性等。这些性能决定着混凝土经久耐用的程度,所以统称为耐久性。

混凝土的耐久性见表3.2.11。

2. 提高耐久性的措施

提高混凝土的耐久性的措施主要包括表3.2.13中的相关内容。

表3.2.11 混凝土的耐久性

项目	内容
抗渗性	混凝土抵抗水渗透的性能,称为混凝土的抗渗性
	我国一般多采用抗渗等级表示混凝土的抗渗性。混凝土抗渗等级是根据28d龄期的标准试件,采用标准试验方法,以每组六个试件中未出现渗水时的最大水压表示。分级为S2、S4、S6、S8、S10、S12

(续表)

项目	内 容
抗渗性	混凝土中水灰比对抗渗起决定作用,增大水灰比时,混凝土密实度降低,其抗渗性变坏,抗渗等级与水灰比的关系见表3.2.12
	混凝土的抗渗性好与坏直接影响混凝土的耐久性。混凝土渗水主要原因是混凝土中多余水分蒸发留下的孔道。混凝土拌合物由于泌水,在粗骨料颗粒与钢筋下缘形成的水膜或由于泌水留下的孔道,在压打水作用下就形成连通渗水管道。另外,施工处理不好,捣固不密实,很容易形成渗水孔道和缝隙。若由于水浸入而引起冰冻作用,还能造成钢筋混凝土中钢筋的锈蚀和保护层的开裂、剥落
抗冻性	混凝土的抗冻性,在许多情况下,决定着混凝土的耐久性。在寒冷地区,特别是经常接触水或处于水位升降范围内的混凝土结构,需要保证混凝土具有必要的抗冻能力
	水结冰时,它的体积约可膨胀9%。当混凝土内部孔隙和毛细管中的水结冰膨胀时,将产生相当大的压力,作用于孔隙管的内壁,使混凝土发生破坏。但气温升高时,冰又开始融化。如此反复冻融循环,混凝土内部的微细裂缝逐渐增多、扩大,混凝土强度逐渐降低,表面开始剥落,甚至遭受破坏
	混凝土内部孔隙充水程度、环境温度降低程度、混凝土反复冻融次数等,都是混凝土遭受冻害的主要因素;混凝土受冻破坏多是由表及里,从表面部分掉角脱皮开始
	水泥的品种和技术性能,在很大程度上也影响着混凝土的抗冻性。一般使用硅酸盐水泥和普通水泥,混凝土的抗冻性最好,矿渣水泥稍差,而火山灰质水泥的抗冻性比较差。混凝土的密实性是决定其抗冻性的重要因素。混凝土越密实,质地越均匀,其渗水、吸水性也越低,也越不易遭受冻害。因此,凡能改善混凝土抗渗性的一切技术措施,都可以不同程度地改善混凝土的抗冻性
	混凝土抗冻性大小,一般用混凝土28d试件在吸水饱和后所能承受的最大冻融循环次数表示,称为抗冻标号。这时,混凝土试件的抗压强度下降不得超过25%,重量损失不得超过5%。根据最大冻融循环次数,将混凝土抗冻标号等级划分为M15、M25、M50、M100、M150、M200,分别表示混凝土能够承受反复冻融循环次数为15、25、50、100、150、200等

(续表)

项目	内 容
混凝土的抗侵蚀性	当工程所处的环境有侵蚀介质时,对混凝土必须提出抗侵蚀性的要求。混凝土的抗侵蚀性取决于水泥品种、混凝土的密实度以及孔隙特征。密实性好的,具有封闭孔隙的混凝土,侵蚀介质不易侵入,故抗侵蚀性好
混凝土的碳化	混凝土的碳化作用是指空气中的二氧化碳与水泥石中的氢氧化钙作用,生成碳酸钙和水。碳化作用对混凝土有不利的影响,首先是减弱对钢筋的保护作用,使钢筋表面的氧化膜被破坏而开始生锈;其次,碳化作用还会引起混凝土的收缩,使混凝土表面碳化层产生拉应力,可能产生微细裂缝,从而降低了混凝土的抗折强度
混凝土的碱－骨料反应	碱－骨料反应是指水泥中的碱(Na_2O、K_2O)与骨料中的活性二氧化硅(SiO_2)发生化学反应,在骨料表面生成复杂的碱—硅酸凝胶,吸水后体积膨胀(可增加3倍以上),从而导致混凝土膨胀开裂
	为抑制碱－骨料反应的危害,在实际工程中可采用以下方法: (1)使用含碱量小于0.6%的水泥。 (2)选用非活性骨料。 (3)掺用粉煤灰、矿渣、硅灰等掺合物,以降低水泥用量。 (4)防止水分侵入,设法使混凝土处于干燥状态

表 3.2.12 抗渗等级与水灰比的关系

抗 渗 等 级	水 灰 比
S4	0.60 ~ 0.65
S6	0.55 ~ 0.60
S8	0.50 ~ 0.55
S12	<0.50

第3章 建筑材料

表3.2.13 提高混凝土耐久性的措施

序号	措　施
1	合理选择水泥品种
2	选用质量良好、技术条件合格的砂、石骨料
3	适当控制水灰比和水泥用量。 水灰比的大小是决定混凝土密实性的主要因素,它不但影响混凝土的强度,而且也严重影响其耐久性。 保证足够的水泥用量同样可起到提高混凝土密实性和耐久性的作用。《普通混凝土配合比设计规程》规定了工业与民用建筑工程所用混凝土的最大水灰比和最小水泥用量的限值(表3.2.14)

表3.2.14 混凝土的最大水灰比和最小水泥用量

环境条件		结构物类别	最大水灰比			最小水泥用量(kg/m^3)		
			素混凝土	钢筋混凝土	预应力混凝土	素混凝土	钢筋混凝土	预应力混凝土
干燥环境		正常的居住或办公用房屋内	不作规定	0.65	0.60	200	260	300
潮湿环境	无冻害	高湿度的室内部件 室外部件 在非侵蚀性土和(或)水中的部件	0.70	0.60	0.60	225	280	300
	有冻害	经受冻害的室外部件 在非侵蚀性土和(或)水中经受冻害的部件 高湿度且经受冻害中的室内部件	0.55	0.55	0.55	250	280	300
有冻害和除冻剂的潮湿环境		经受冻害和除冻剂作用的室内和室外部件	0.50	0.50	0.50	300	300	300

注:1. 当用活性掺和料取代部分水泥时,表中的最大水灰比及最小水泥用量即为取代水泥前的水灰比和水泥用量。

2. 配制C15级及以下的混凝土,可不受本表限制。

3. 冬期施工应优先选用硅酸盐水泥和普通硅酸盐水泥。最小水泥用量不应少于$300kg/m^3$,水灰比不应大于0.60。

3.3 建筑砂浆

3.3.1 砂浆的作用及其分类

砂浆的作用及其分类见表 3.3.1。

表 3.3.1 砂浆的作用及其分类

项 目			说 明
适用范围			砂浆是由胶凝材料、水和砂按适当比例拌和而成。砂浆在建筑工程中是一项用量大、用途广的建筑材料,它主要用于砌筑砖结构(如基础、墙体等),也用于建筑物内外表面(墙面、地面、天棚等)的抹面
砂浆的作用			把各个块体胶结在一起,形成一个整体,当砂浆硬结后,可以均匀地传递荷载,保证砌体的整体性,由于砂浆填满了砖石间的缝隙,对房屋起到保温的作用
砂浆的种类		水泥砂浆	水泥砂浆是由水泥和砂按一定比例混合搅拌而成,它可以配置强度较高的砂浆。水泥砂浆一般应用于基础、长期受水浸泡的地下室和承受较大外力的砌体
		混合砂浆	混合砂浆一般由水泥、石灰膏、砂拌合而成。一般用于地面以上的砌体。混和砂浆由于加入了石灰膏,改善了砂浆的和易性,操作起来比较方便,有利于砌体密实度和工效的提高
		石灰砂浆	石灰砂浆是由石灰膏和砂按一定比例搅拌而成的砂浆,完全靠石灰的气硬而获得强度。强度等级一般达到 M0.4 或 M1
	其他砂浆	防水砂浆	在水泥砂浆中加入 3%~5% 的防水剂制成防水砂浆。防水砂浆应用于需要防水的砌体(如地下室墙、砖砌水池、化粪池等),也广泛用于房屋的防潮层
		嵌缝砂浆	一般使用水泥砂浆,也有用白灰砂浆的。其主要特点是砂必须采用细沙或特细砂,以利于勾缝
		聚合物砂浆	它是一种掺入一定量高分子聚合物的砂浆。一般用于有特殊要求的砌筑物

3.3.2 砂浆的技术要求

砂浆的技术要求见表3.3.2。

表3.3.2 砂浆的技术要求

砂浆的技术要求	说 明
流动性	流动性也叫稠度,是指砂浆稀稠程度。砂浆的流动性与砂浆的加水量、水泥用量、石灰膏用量、砂的颗粒大小和形状、砂的孔隙以及砂浆搅拌的时间等有关。对砂浆流动性的要求,可以因砌体种类、施工时大气温度和湿度等的不同而异。当砖浇水适当而气候干热时,稠度宜采用8~10;当气候湿冷,或砖浇水过多及遇雨天,稠度宜采用4~5;如砌筑毛石、块石等吸水率小的材料时,稠度宜采用5~7
保水性	砂浆的保水性是指砂浆从搅拌机出料后到使用在砌体上,砂浆中的水和胶结料以及骨料之间分离的快慢程度。分离快保水性差,分离慢保水性好。保水性与砂浆的组分配合、砂的粗细程度和密实度等有关。一般说来,石灰砂浆的保水性比较好,混合砂浆次之,水泥砂浆较差。远距离运输也容易引起砂浆的离析。同一种砂浆,稠度大的容易离析,保水性就差。所以,在砂浆中添加微沫剂是改善保水性的有效措施
强度	强度是砂浆的主要指标,其数值与砌体的强度有直接关系。砂浆强度是由砂浆试块的强度测定的。 砂浆强度等级分为 M15、M10、M7.5、M5、M2.5、M1 和 M0.4 七个等级

3.3.3 常用砂浆配合比用料

常用砂浆配合比用料见表3.3.3。

表3.3.3 常用砂浆配合比用料参考表

砂浆配合比 (质量比)		材料名称及每 m³ 砂浆材料用量				
		32.5级水泥(kg)	石灰膏(kg)	石灰(kg)	电石渣(m³)	静砂(kg)
石灰砂浆	1:2		0.46	332		0.92
	1:2.5		0.4	288		1.02
	1:3		0.36	260		1.02

(续表)

砂浆配合比（质量比）		材料名称及每 m³ 砂浆材料用量				
		32.5级水泥(kg)	石灰膏(kg)	石灰(kg)	电石渣(m³)	静砂(kg)
水泥砂浆	1:2	550				0.93
	1:2.5	485				1.02
	1:3	404				1.02
水泥混合砂浆	1:0.5:4	303	0.13	94		1.02
	1:1:4	276	0.23	166		0.93
	1:1:5	241	0.2	144		1.02
	1:1:6	203	0.17	123		1.02
	1:3:9	129	0.32	231		0.98
电石渣混合砂浆	1:1:4	267			0.23	1.1
	1:1:6	197			0.17	1.24
电石渣砂浆	1:2.5				0.36	1.1
	1:3				0.32	1.16
素水泥浆		1 517				

3.3.4 影响砂浆强度的因素

影响砂浆强度的因素见表3.3.4。

表3.3.4 影响砂浆强度的因素

影响砂浆强度的因素	说　明
配合比	配合比是指砂浆中各种原料的比例组合，一般由试验室提供。配合比应严格计量，要求每种材料均经过磅秤称量才能进入搅拌机
原材料	原材料的各种技术性能必须经过试验室测试检定，不合格的材料不得使用
搅拌时间	砂浆必须经过充分的搅拌，使水泥、石灰膏、砂等成为一个均匀的混合体。特别是水泥，如果搅拌不均匀，则会明显影响砂浆的强度

(续表)

影响砂浆强度的因素	说　明
砌筑砂浆的拌制	砌筑砂浆的拌制应按下述要求进行： (1)原材料必须符合要求，而且具备完整的测试数据和书面材料。 (2)砂浆一般采用机械搅拌，如果采用人工搅拌时，宜将石灰膏先化成石灰浆，水泥和砂拌均匀后，加入石灰浆中，最后用水调整稠度，翻拌3~4遍，直至色泽均匀，稠度一致，没有疙瘩为合格。 (3)砂浆的配合比由试验室提供。 (4)砌筑砂浆拌制以后，应及时送到作业点，要做到随拌随用。一般应在2h之内用完，气温低于10℃延长至3h，但气温达到冬期施工条件时，应按冬期施工的有关规定执行

3.4 钢筋

3.4.1 钢筋的分类方法

钢筋的分类见表3.4.1。

3.4.2 常用钢筋品种、规格及性能

1. 热轧钢筋

热轧钢筋是经热轧成形并自然冷却的成品钢筋，主要用于钢筋混凝土和预应力混凝土结构的配筋，是土木建筑工程中使用量最大的钢材品种之一。直径6.5~9mm的钢筋，大多数卷成盘条；直径10~40mm的一般是6~12m长的直条(表3.4.2)。热轧钢筋应具备一定的强度，即屈服点和抗拉强度，它是结构设计的主要依据。分为热轧光圆钢筋和热轧带肋钢筋两种。

我国的热轧钢筋按强度主要分为四级(表3.4.3)。

表3.4.1 钢筋的分类

项目	内容
按轧制的外形分	(1)光面钢筋。HPB235级钢筋(Q235级钢筋)均轧制为光面圆形截面,供应形式有盘圆,直径不大于 $\phi 10$,直条长为 $6\sim 12m$。 (2)带肋钢筋。有螺旋形、人字形和月牙形三种。一般HRB335、HRB400级钢筋轧制成人字形,RRB400级钢筋轧制成螺旋形及月牙形纹。 (3)钢丝及钢纹线。钢丝有低碳钢丝和碳素钢丝两种。此外还有经冷轧并冷扭成形的冷轧扭钢筋。
按直径大小分	(1)钢丝(直径 $3\sim 5mm$)。 (2)细钢筋(直径 $6\sim 10mm$)。 (3)中钢筋(直径 $12\sim 20mm$)。 (4)粗钢筋(直径 $>22mm$)。
按生产工艺分	(1)热轧钢筋、冷拉钢筋、热处理钢筋、冷轧带肋钢筋。 (2)预应力混凝土结构用碳素钢丝:采用优质碳素结构钢圆盘条冷拔而成,可制作钢绳、钢丝束、钢丝网等。 (3)预应力混凝土结构用刻痕钢丝:采用钢丝经刻痕而成。 (4)预应力混凝土结构用钢铰线:采用碳素钢丝铰捻而成。 (5)冷拔低碳钢丝:采用普通低碳钢的热轧盘圆冷拔而成
按化学成分分	(1)碳素钢钢筋。低碳钢,含碳量少于 0.25%,如HPB235级钢筋。中碳钢,含碳量为 $0.25\%\sim 0.7\%$。高碳钢,含碳量为 $0.7\%\sim 1.4\%$,如碳素钢丝。 (2)普通低合金钢筋。在碳素钢中加入少量合金元素,如HRB335、HRB400、RRB400级钢筋
按强度分	分HPB235级、HRB335级、HRB400级、RRB400级,为热轧、冷轧、冷拉钢筋;还有以RRB400级钢筋经热处理而成的热处理钢筋,强度比前者更高
按在结构中的作用分	受拉钢筋、受压钢筋、弯起钢筋、架立钢筋、分布钢筋、箍筋等

表 3.4.2　热轧钢筋的直径、横截面面积和重量

公称直径(mm)	内径(mm)	纵肋高/横肋高 h/h_1	公称横截面面积(mm^2)	理论质量(kg/mm)
6	5.8	0.6	28.27	0.222
8	7.7	0.8	50.27	0.395
10	9.6	1.0	78.54	0.617
12	11.5	1.2	113.1	0.888
14	13.4	1.4	153.9	1.21
16	15.4	1.5	201.1	1.58
18	17.3	1.6	254.5	2.00
20	19.3	1.7	314.2	2.47
22	21.3	1.9	380.1	2.98
25	24.2	2.1	490.9	3.85
28	27.2	2.2	615.8	4.83
32	31.0	2.4	804.2	6.31
36	35.0	2.6	1 018	7.99
40	38.7	2.9	1 257	9.87
50	48.5	3.2	1 964	15.42

注：1. 表中理论质量按密度为 $7.85g/cm^3$ 计算。

2. 质量允许偏差：直径 6～12mm 为 ±7%,14～20mm 为 ±5%,22～50mm 为 ±4%。

表 3.4.3　热轧钢筋分级

牌号	强度级别	符号	屈服点(MPa)	抗拉强度(MPa)	外形	类别
HPB235	Ⅰ	φ	235	370	光圆	盘条、直径
HRB335	Ⅱ	⏀	≥335	≥490	带肋	直条
HRB400	Ⅲ	⏀	≥400	≥570		
HRB500	Ⅳ	⏀^{R}	≥500	≥630		

在表 3.4.3 中，Ⅰ级钢筋,其强度等级为 24/38 公斤级,是用镇静钢、半镇静钢或沸腾钢 3 号普通碳素钢轧制的光圆钢筋。它属于低强度钢筋,具有塑性好、伸长率高(在 25% 以上)、便于弯折成形、容易焊接等特点。它的使用范围很广,可用作中小型钢筋混凝土结构的主要受力钢筋,构件的箍筋,钢、木结构的拉杆等。盘条钢筋还可作为冷拔

低碳钢丝和双钢筋的原料。Ⅱ级钢筋和Ⅲ级钢筋,用低合金镇静钢或半镇静钢轧制,以硅、锰作为固溶强化元素。Ⅱ级钢筋强度级别为34(32)/52(50)公斤级;Ⅲ级钢筋为38/58公斤级,其强度较高,塑性较好,焊接性能比较理想。钢筋表面轧有通长的纵筋和均匀分布的横肋,从而可加强钢筋与混凝土间的黏结。用Ⅱ、Ⅲ级钢筋作为钢筋混凝土结构的受力钢筋,比使用Ⅰ级钢筋可节省钢材40%~50%。因此,广泛用于大中型钢筋混凝土结构,如桥梁、水坝、港口工程和房屋建筑结构的主筋。Ⅱ、Ⅲ级钢筋经冷拉后,也可用作房屋建筑结构的预应力钢筋。Ⅳ级钢筋,其强度级别为55/85公斤级,用中碳低合金镇静钢轧制,其中除以硅、锰为主要合金元素外,还加入钒或钛作为固溶和析出强化元素,使之在提高强度的同时保证其塑性和韧性。Ⅳ级钢筋表面也轧有纵筋和横肋,它是房屋建筑工程的主要预应力钢筋。Ⅳ级钢筋在使用前应由施工单位进行冷拉处理,冷拉应力为750MPa,以提高屈服点,发挥钢材的内在潜力,达到节约钢材的目的。经冷拉的钢筋,其屈服点不明显,因此设计时以冷拉应力统计值(冷拉设计强度)为依据。但冷拉过的钢筋经数月自然时效或人工加温时效后,钢筋又会出现短小的屈服台阶,其值略高于冷拉应力,同时钢筋有变硬趋势,此现象称作"时效硬化"。因此,钢筋冷拉时在保证规定冷拉应力的同时,要控制冷拉伸长率不过大,以免钢筋变脆。Ⅳ级钢筋含碳量较高,对焊时一般采用闪光—预热—闪光焊或对焊后通电热处理的工艺,以保证对焊接头,包括热影响区不产生淬硬性组织,防止发生脆性断裂。Ⅳ级钢筋的直径一般为12mm,广泛用于预应力混凝土板类构件以及成束配置用于大型预应力建筑构件(如屋架、吊车梁等)。热轧Ⅳ级钢筋作为预应力钢筋使用时,尚需冷拉、焊接,其强度还偏低,需要进一步改进。上述无论哪个级别的钢筋,在施工过程中首先要了解这些钢筋的力学性能(表3.4.4)。

根据《钢筋混凝土用钢 第2部分:热轧带肋钢筋》(GB 1499.2—2007)的规定,热轧带肋钢筋的规格如图3.4.1所示并见表3.4.5。其技术性能见表3.4.4和表3.4.6。

2. 余热处理钢筋

余热处理钢筋是经热轧后立即穿水,进行表面控制冷却,然后利用芯部余热自身完成回火处理所得的成品钢筋。根据《钢筋混凝土用余热处理钢筋》(GB 13014—1991)的规定,其表面形状同热轧月牙肋钢筋,强度级别为 HRB400 级。余热处理钢筋的规格、化学成分与力学性能见表 3.4.7~表 3.4.9。

表 3.4.4 热轧钢筋的力学性能

表面形状	强度等级代号	公称直径 d(mm)	屈服点 σ_s(MPa) ≥	抗拉强度 σ_s(MPa) ≥	伸长率 δ_5(%) ≥	冷弯 弯曲角度	冷弯 弯心直径	符号
光圆	HPB235	8~20	235	370	25	180°	d	ϕ
月牙肋	HRB335	6~25	335	490	16	180°	$3d$	Φ
		28~50				180°	$4d$	
月牙肋	HRB400	6~25	400	570	14	180°	$4d$	Φ
		28~50				180°	$5d$	
月牙肋	HRB500	6~25	500	630	12	180°	$6d$	
		28~50				180°	$7d$	

注:1. HRB500 级钢筋尚未列入《混凝土结构设计规范》(GB 50010—2010)。
2. 采用 $d>40$mm 的钢筋时,应有可靠的工程经验。

表 3.4.5 推荐使用的热轧带肋钢筋直径

公称直径(mm)	公称横截面积(mm²)	理论质量(kg/m)	公称直径(mm)	公称横截面积(mm²)	理论质量(kg/m)
6	28.27	0.222	22	380.1	2.98
8	50.27	0.395	25	490.9	3.85
10	78.54	0.617	28	615.8	4.83
12	113.1	0.888	32	804.2	6.31
14	153.9	1.21	36	1 018	7.99
16	201.1	1.58	40	1 257	9.87
18	254.5	2.00	50	1 964	15.42
20	314.2	2.47			

注:表中理论质量按密度为 7.85g/cm³ 计算。

表 3.4.6 热轧带肋钢筋的化学成分和碳当量

牌号	化学成分(%)					
	C	Si	Mn	P	S	C_eq
HRB335	0.25	0.80	1.60	0.045	0.045	0.52
HRB400	0.25	0.80	1.60	0.045	0.045	0.52
HRB500	0.25	0.80	1.60	0.045	0.045	0.52

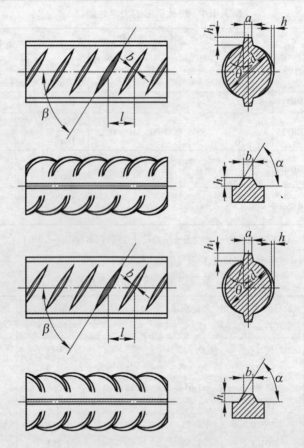

图 3.4.1 月牙肋钢筋表面及截面形状

d—钢筋内径；α—横肋斜角；h—横肋高度；β—横肋与轴线夹角；h_1—纵肋高度；
θ—纵肋斜角；a—纵肋顶宽；l—横肋间距；b—横肋顶宽

表 3.4.7　余热处理钢筋规格

公称直径(mm)	公称横截面积(mm²)	公称质量(kg·m)	公称直径(mm)	公称横截面积(mm²)	公称质量(kg·m)
8	50.27	0.395	22	380.1	2.98
10	78.54	0.617	25	490.9	3.85
12	113.1	0.888	28	615.8	4.83
14	153.9	1.21	32	804.2	6.31
16	201.1	1.58	36	1 018	7.99
18	254.5	2.00	40	1 257	9.87
20	314.2	2.47			

注：表中公称质量按密度为 7.85g/cm³ 计算。

表 3.4.8　余热处理钢筋的化学成分

表面形状	钢筋级别	强度代号	牌号	化学成分(%)				
				C	Si	Mn	P	S
							≤	
月牙肋	HRB400	KL400	20MnSi	0.17~0.25	0.40~0.80	1.20~1.60	0.045	0.045

表 3.4.9　余热处理钢筋的力学性能

表面形状	强度等级代号	公称直径 d(mm)	屈服点 σ_s (MPa)	抗拉强度 σ_b (MPa)	伸长率 δ_5 (%)	冷弯		符号
						弯曲角度	弯心直径	
月牙肋	HRB400	8~25	440	600	14	90°	3d	ϕ^R
		28~40				90°	4d	

3. 冷轧带肋钢筋

冷轧带肋钢筋是热轧圆盘条经冷轧或冷拔减径后在其表面冷轧成三面或二面有肋的钢筋。它的生产和使用应符合《冷轧带肋钢筋》(GB 13788—2008)和《冷轧带肋钢筋混凝土结构技术规程》(JGJ95—2011)的规定。冷轧带肋钢筋按抗拉强度分为 CRB550、CRB650、CRB800、CRB970、CRB1 170，以前三种较为常用。

冷轧带肋钢筋的公称直径范围为 4~12mm，推荐钢筋公称直径为 5mm、6mm、7mm、8mm、9mm、10mm。

550 级钢筋宜用作钢筋混凝土结构构件中的受力主筋、架立筋、箍筋和构造钢筋;650级和800级钢筋宜用作中小型预应力混凝土结构构件中的受力主筋。

冷轧带肋钢筋的外形如图3.4.2所示。肋呈月牙形,三面肋沿钢筋横截面周围均匀分布,其中有一面必须与另两面反向。肋中心线和钢筋轴线夹角β为40°~60°。肋两侧面和钢筋表面斜角α不得小于45°。肋间隙的总和应不大于公长称周长的20%。冷轧带肋钢筋的尺寸、质量及允许偏差见表3.4.10。

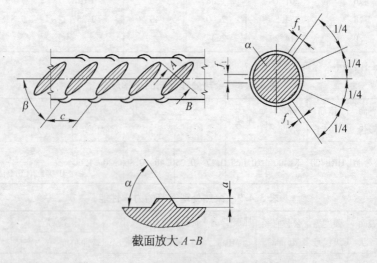

图3.4.2 冷轧带肋钢筋表面及截面形状

冷轧带肋钢筋的直径、横截面面积和质量见表3.4.11。冷轧带肋钢筋的力学性能见表3.4.12。

表3.4.10 三面肋和两面肋钢筋的尺寸、重量及允许偏差

公称直径 d(mm)	公称横截面积 (mm²)	质量		横肋中点高		横肋顶宽 b(mm)	横肋间距	
		理论质量 (kg/m)	允许偏差(%)	h(mm)	允许偏差(mm)		l(mm)	允许偏差(%)
4	12.6	0.099	±4	0.30	+0.10 −0.05	0.2d	4.0	±15
4.5	15.9	0.125		0.32			4.0	
5	19.6	0.154		0.32			4.0	

(续表)

公称直径 d(mm)	公称横截面积 (mm²)	质量		横肋中点高		横肋顶宽 b(mm)	横肋间距	
		理论质量 (kg/m)	允许偏差(%)	h(mm)	允许偏差 (mm)		l(mm)	允许偏差(%)
5.5	23.7	0.186	±4	0.40	+0.10 −0.05	0.2d	5.0	±15
6	28.3	0.222		0.40			5.0	
6.5	33.2	0.261		0.46			5.0	
7	38.5	0.302		0.46			5.0	
7.5	44.2	0.347		0.55			6.0	
8	50.3	0.395		0.55			6.0	
8.5	56.7	0.445		0.55			7.0	
9	63.6	0.499		0.75			7.0	
9.5	70.8	0.556		0.75			7.0	
10	78.5	0.617		0.75	±0.10		7.0	
10.5	86.5	0.679		0.75			7.4	
11	95.0	0.746		0.85			7.4	
11.5	103.8	0.815		0.95			8.4	
12	113.1	0.888		0.95			8.4	

表 3.4.11 冷轧带肋钢筋的直径、横截面面积和重量

公称直径 d(mm)	公称横截面积 (mm²)	理论质量 (kg/m)
4	12.6	0.099
5	19.6	0.154
6	28.3	0.222
7	38.5	0.302
8	50.3	0.395
9	63.6	0.499
10	78.5	0.617
12	113.1	0.888

注：重量允许偏差 ±4%。

表 3.4.12　冷轧带肋钢筋的力学性能

级别代号	屈服强度 $\sigma_{0.2}$(MPa) ≥	抗拉强度 σ_b(MPa) ≥	伸长率≥(%) δ_{10}	伸长率≥(%) δ_{100}	冷弯180°,弯心直径 D 与钢筋公称直径 d 的关系	应力松弛 $\sigma_{kn}0.7\sigma_b$ 1 000h ≤(%)	应力松弛 $\sigma_{kn}0.7\sigma_b$ 10h ≤(%)
LL550	500	550	8		$D=3d$		
LL650	520	650		4	$D=4d$	8	5
LL800	640	800		4	$D=5d$	8	5

4. 冷轧扭钢筋

冷轧扭钢筋是用低碳钢钢筋(含碳量低于 0.25%)经冷轧扭工艺制成,其表面呈连续螺旋形(图 3.4.3)。这种钢筋具有较高的强度,而且有足够的塑性,与混凝土黏结性能优异,代替 HPB235 级钢筋可节约钢材约 30%。该钢筋外观呈连续均匀的螺旋状,表面光滑无裂痕,性能与其母材相比,极限抗拉强度与混凝土的握裹力分别提高了 1.67 倍和 1.59 倍。

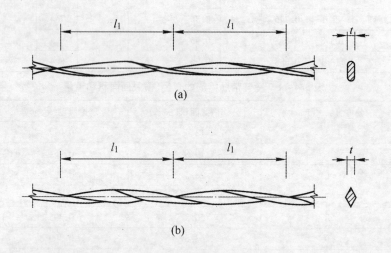

图 3.4.3　冷轧扭钢筋
(a) Ⅰ型;(b) Ⅱ型
t—轧扁厚度;l_1—节距

冷轧扭钢筋适用于一般房屋和一般构筑物的冷轧扭钢筋混凝土结构设计与施工,尤其适用于现浇楼板。冷轧扭钢筋混凝土结构以板类及中小型梁类受弯构件为主。

冷轧扭钢筋应符合行业标准《冷轧扭钢筋》(JG 190—2006)的规定。其规格与力学性能分别见表3.4.13和表3.4.14。

表3.4.13 冷轧扭钢筋规格

类型	标志直径 d(mm)	公称截面面积 A(mm^2)	轧扁厚度 t(mm)≥	节距 l_1(mm)≤	公称质量 G(kg/m)
Ⅰ型矩形	6.5	29.5	3.7	75	0.232
	8.0	45.3	4.2	95	0.356
	10.0	68.3	5.3	110	0.536
	12.0	98.3	6.2	150	0.733
	14.0	132.7	8.0	170	1.042
Ⅱ型菱形	12.0	97.8	8.0	145	0.768

注:实际质量和公称质量的负偏差不应大于5%。

表3.4.14 冷轧扭钢筋力学性能

标志直径 d(mm)	抗拉强度 σ_b(MPa) ≥	伸长率 δ_{10}(%)	冷弯 弯曲角度	冷弯 弯心直径	符号
6.5~14.0	580	4.5	180°	$3d$	ϕ^t

5. 冷拔螺旋钢筋

冷拔螺旋钢筋是热轧圆盘条经冷拔后在表面形成连续螺旋槽的钢筋。

冷拔螺旋钢筋的外形如图3.4.4所示,其规格与力学性能分别见表3.4.15和表3.4.16。

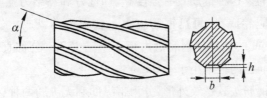

图3.4.4 冷拔螺旋钢筋

表3.4.15 冷拔螺旋钢筋的尺寸、重量及允许偏差

公称直径 D(mm)	公称横截面积 (mm²)	质量 理论质量 (kg/m)	质量 允许偏差 (%)	槽深 h (mm)	槽深 允许偏差 (mm)	槽宽 b (mm)	螺旋角 α	允许偏差
4	12.56	0.098 6		0.12				
5	19.63	0.154 1		0.15				
6	28.27	0.221 9		0.18				
7	38.48	0.302 1	±4	0.21	-0.05~+0.10	0.2D~0.3D	72°	±5°
8	50.27	0.394 6		0.24				
9	63.62	0.499 4		0.27				
10	78.54	0.616 5		0.30				

表3.4.16 冷拔螺旋钢筋力学性能

级别代号	屈服强度 $\sigma_{0.2}$(MPa) ≥	抗拉强度 σ_b(MPa) ≥	伸长率≥(%) δ_{10}	伸长率≥(%) δ_{100}	冷弯180°,弯心直径D与钢筋公称直径d的关系	应力松弛 $\sigma=0.7\sigma_b$ 1 000h (%)	应力松弛 $\sigma=0.7\sigma_b$ 10h (%)
LX550	≥500	≥550	8		$D=3d$		
LX650	≥520	≥650		4	$D=4d$	<8	<5
LX800	≥640	≥800		4	$D=5d$	<8	<5

冷拔螺旋钢筋生产,可利用原有的冷拔设备,只需增加一个专用螺旋装置与陶瓷模具。该钢筋具有强度适中、握裹力强、塑性好、成本低等优点。用于钢筋混凝土构件中的受力钢筋,可以节约钢材;用于预应力空心板,可提高延性和改善构件的使用性能。

6. 热处理钢筋

热处理钢筋是由普通热轧中碳低合金钢筋经淬火和回火的调质热处理制成的。这种钢筋具有强度高、韧性好和黏结力强等优点。钢筋热处理后应卷成盘,每盘钢筋应由一整根钢筋盘成。公称直径为6mm和8.2mm的热处理钢筋盘内径不小于1.7m,公称直径为10mm的热处理钢筋盘内径不小于2.0m。

热处理钢筋按其螺纹外形,分为带纵肋和无纵肋两种(图3.4.5)。热处理钢筋的外形与力学性能,应符合国家标准《预应力混凝土用钢

棒》(GB/T 5223.3—2005)的有关规定(表3.4.17 和表3.4.18)。

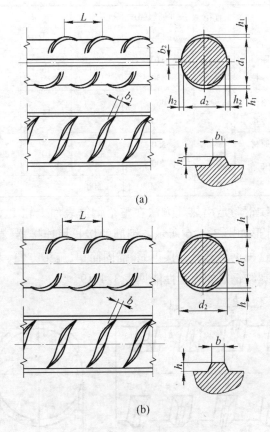

图 3.4.5 热处理钢筋的外形
(a)带纵肋;(b)无纵肋

表 3.4.17 热处理钢筋的力学性能

公称直径 (mm)	牌号	条件屈服强度 $f_{0.2}$(MPa)	抗拉强度 f_y(MPa)	伸长率 δ_{10}(MPa)
		≥		
6	40Si2Mn			
8.2	48Si2Mn	1 325	1 470	6
10	45Si2Cr			

表 3.4.18 国产低合金钢筋的物理力学性能

钢筋		直径(mm)	条件屈服强度 $f_{0.2}$(MPa)	抗拉强度 f_y(MPa)	伸长率 δ_5(MPa)	冷弯	冷拉率
Ⅱ级	原材	≤25	310	520	16	3d 180°	5.5
	冷拉		450				
Ⅲ级	原材		380	580	14	3d 90°	5
	冷拉		500				
Ⅳ级	原材		550	850	10	5d 90°	4
	冷拉		700				
Ⅴ级	原材		1 350	1 500	6		

精轧螺纹钢筋是用热轧方法在整个钢筋表面上轧出不带纵肋的类似螺纹,外形如图 3.4.6 所示。钢筋的接长用连接器,端头锚固直接用螺母。这种钢筋具有连接可靠、锚固简单、施工方便、无需焊接等优点。精轧螺纹钢筋的力学性能见表 3.4.19。

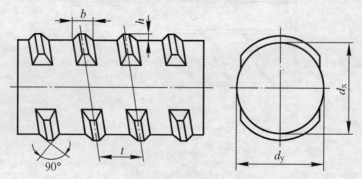

图 3.4.6 精轧螺纹钢筋的外形

表 3.4.19 精轧螺纹钢筋力学性能

钢筋强度级别	屈服点 ≤(MPa)	极限强度 ≥(MPa)	伸长率 δ_5(MPa)	90°冷弯的弯心半径 D	松弛值 1 000h≤	弹性模量(MPa)
75/100	750	100°	7	7	3%	2×10^5
95/120	950	120°	8	8		

注:1.试样是钢筋原样,不得进行任何处理及加工。
2.松弛值及疲劳强度不作为交货条件。

对于精轧螺纹钢筋的外形尺寸可用如图 3.4.7 所示的环规综合检查其各部尺寸及偏差。当通环规可沿试样全长自由旋转通过,止环规旋不进螺旋视为尺寸合格。精轧螺纹环规尺寸见表 3.4.20。

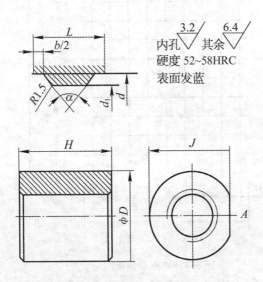

图 3.4.7　精轧螺纹止、通环规外形

表 3.4.20　精轧螺纹钢筋止、通环规尺寸　　　　　　（mm）

名称	H	D	J	L	b/2	d	d_1	标记A
L25×12 通环规	48	45	45	43	$12^{-0.043}$	$3.6^{+0.030}$	$25.8^{-0.052}$	L1.25×12T
L25×12 止环规	36	36	45	43	$12^{-0.043}$	$2.73^{+0.025}$	$24.45^{-0.052}$	L1.25×12Z
L32×16 通环规	64	64	55	53	$16^{-0.043}$	$4.1^{+0.030}$	$32.5^{-0.062}$	L32×16T
L32×16 止环规	48	48	55	53	$16^{+0.043}$	$3.22^{+0.062}$	$31.44^{+0.062}$	L32×16Z

7. 钢筋焊接网

钢筋焊接网是由纵向钢筋和横向钢筋分别以一定间距排列且互

成直角,全部交叉点均用电阻点焊在一起的钢筋网件(图3.4.8)。

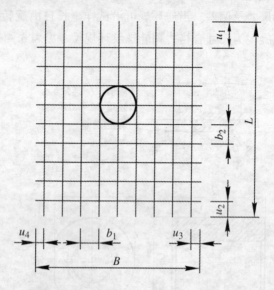

图3.4.8 钢筋焊接网形状

钢筋焊接网就钢筋直径和网孔尺寸而言变化范围较大,钢筋直径在0.5~25mm之间,网孔尺寸在6~300mm(个别达400mm)之间。

钢筋焊接网按钢丝直径和用途分为表3.4.21所列的几类。

表3.4.21 钢筋焊接网按钢丝直径和用途分类

项目	直径和用途
细网	钢筋直径0.5~1.5mm,用于墙面抹灰,防止表面裂缝,用于玻璃中的加强配筋,日用品及家用电器的保护栅栏等
轻网	钢筋直径1~6mm,用于农业、民用和商业娱乐设施的围栏,井下巷道的衬砌支护,用于混凝土结构加固工程等
加强网	钢筋直径一般为5~12mm(最大可达25mm),网孔尺寸为100mm×100mm~200mm×200mm,有的一个方向网孔尺寸可达400mm

在表3.4.21中,加强网即为建筑用钢筋焊接网,主要用于现浇混

凝土楼板。

钢筋焊接网可按形状、规格分为定型焊接网和定制焊接网两种。

定型焊接网在两个方向上的钢筋间距和直径可以不同，但在同一个方向上的钢筋应具有相同的直径、间距和长度。《钢筋焊接网混凝土结构技术规程》(JGJ 114—2003)提供的定型钢筋焊接网的型号见表3.4.22。《钢筋混凝土用钢 第3部分:钢筋焊接网》(GB/T 1499.3—2010)推荐采用的定型钢筋网号见表3.4.23。焊接网钢筋强度标准值见表3.4.24，焊接网钢筋强度设计值见表3.4.25。

表3.4.22 定型钢筋焊接网型号

焊接网代号	纵向钢筋			横向钢筋			双向钢筋总质量（kg/m²）
	公称直径（mm）	间距（mm）	每延米钢筋面积（mm²/m）	公称直径（mm）	间距（mm）	每延米钢筋面积（mm²/m）	
A12	12	200	566	12	200	566	8.88
A11	11		475	11		475	7.46
A10	10		393	10		393	6.16
A9	9		318	9		318	4.99
A8	8		252	8		252	3.95
A7	7		193	7		193	3.02
A6	6		142	6		142	2.22
A5	5		98	5		98	1.54
B12	12	100	1 131	8	200	252	10.90
B11	11		950	8		252	9.43
B10	10		785	8		252	8.14
B9	9		635	8		252	6.97
B8	8		503	8		252	5.93
B7	7		385	7		193	4.53
B6	6		283	7		293	3.73
B5	5		196	7		193	3.05

(续表)

焊接网代号	纵向钢筋 公称直径(mm)	间距(mm)	每延米钢筋面积(mm²/m)	横向钢筋 公称直径(mm)	间距(mm)	每延米钢筋面积(mm²/m)	双向钢筋总质量(kg/m²)
C12	12	150	754	12	200	566	10.36
C11	11		634	11		475	8.70
C10	10		523	10		393	7.19
C9	9		423	9		318	5.82
C8	8		335	8		252	4.61
C7	7		257	7		193	3.53
C6	6		189	6		142	2.60
C5	5		131	5		98	1.80
D12	12	100	1 131	12	100	1 131	17.75
D11	11		950	11		950	14.92
D10	10		785	10		785	12.33
D9	9		635	9		635	9.98
D8	8		503	8		503	7.90
D7	7		385	7		385	6.04
D6	6		283	6		283	4.44
D5	5		196	5		196	3.08
E11	11	150	634	11	150	634	9.95
E10	10		523	10		523	8.22
E9	9		423	9		423	6.66
E8	8		335	8		335	5.26
E7	7		257	7		257	4.03
E6	6		189	6		189	2.96
E5	5		131	5		131	2.05

注:表中焊接网的质量(kg/m²),是根据纵、横向钢筋按表中的间距均匀布置时计算的理论质量,未考虑焊接网端部钢筋伸出长度的影响。

表 3.4.23 推荐采用的定型钢筋网

钢筋网型号	纵向钢筋			横向钢筋			双向钢筋总质量 (kg/m²)
	公称直径 (mm)	间距 (mm)	每延米钢筋面积 (mm²/m)	公称直径 (mm)	间距 (mm)	每延米钢筋面积 (mm²/m)	
A393	10	200	393	10	200	393	6.16
A318	9	200	318	9	200	318	4.99
A252	8	200	252	8	200	252	3.95
A193	7	200	193	7	200	193	3.02
A142	6	200	142	6	200	142	3.22
A98	5	200	98	5	200	98	1.54
A576	10	150	576	10	200	393	7.61
A466	9	150	466	9	200	318	6.15
B369	8	150	369	8	200	252	4.87
B282	7	150	282	7	200	193	3.73
B208	6	150	208	6	200	142	2.75
B144	5	150	144	5	200	98	1.90
C1 131	12	100	1 131	8	200	252	10.9
C785	10	100	758	8	200	252	8.14
C636	9	100	636	8	200	252	6.97
C503	8	100	503	8	200	252	5.93
C385	7	100	385	7	200	193	4.53
C283	6	100	283	7	200	193	3.73
C196	5	100	169	7	200	193	3.05

表 3.4.24 焊接网钢筋强度标准值

焊接网钢筋	符号	钢筋直径 (mm)	f_{stk} 或 f_{yk} (N/mm²)
冷轧带肋钢筋 CRB550	ϕ^R	5、6、7、8、9、10、11、12	550
热轧带肋钢筋 HRB400	Φ	6、8、10、12、14、16	400
冷拔光面钢筋 CPB500	ϕ^{CP}	5、6、7、8、9、10、11、12	550

表 3.4.25　焊接网钢筋强度设计值

焊接网钢筋	符号	f_y(N/mm²)	f'_y(N/mm²)
冷轧带肋钢筋 CRB550	ϕ^R	360	360
热轧带肋钢筋 HRB400	⊕	360	360
冷拔光面钢筋 CPB500	ϕ^{CP}	360	360

注：在钢筋混凝土结构中，轴心受拉和小偏心受拉构件的钢筋抗拉强度设计值大于 300N/mm² 时，仍应按 N/mm² 取用。

8. 常用预应力筋

（1）无黏结预应力筋　无黏结预应力筋是以专用防腐润滑脂作为涂料层，由聚乙烯（或聚丙烯）塑料作为护套的钢绞线或碳素钢丝束制作而成的。

无黏结预应力筋按网筋种类和直径分类有三种：12 的钢绞线、15 的钢绞线和 75 的碳素钢丝束，形状如图 3.4.9 所示，技术指标及工艺参数见表 3.4.26。

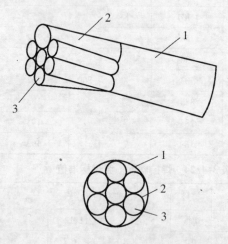

图 3.4.9　无黏结预应力筋
1—塑料护套；2—防腐润滑脂；3—钢绞线（或高强钢丝束）

表 3.4.26　无黏结预应力筋技术参数

名称	项　目	碳素钢丝束 （7φ5mm）	钢绞线	
			$d=12.70\text{mm}$ （7φ4mm）	$d=15.20\text{mm}$ （7φ5mm）
钢材	抗拉强度（MPa）	1 470～1 770	1 860	1 720、1 860
	弹性模量（MPa）	2.05×10^5	1.95×10^5	1.95×10^5
	伸长率（%）	4	3.5	3.5
	截面积（mm²）	137.47	89.45	139.98
	质量（kg/m）	1.08	0.7	1.09
油脂	无黏结预应力筋专用防腐润滑脂质量（g/m）	50	43	50
塑料	聚乙烯或聚丙烯护套厚度（mm）	0.8～1.2	0.8～1.2	0.8～1.2
μ	无黏结预应力筋与壁之间的摩擦因数	0.1	0.12	0.12
g	考虑无黏结预应力筋壁（每米）局部偏差对摩擦的影响系数	0.003 5	0.004	0.004

注：1. 无黏结预应力钢丝束规格为75，中心丝应加粗，比周边钢丝直径大5%～7%。

2. 对无黏结预应力钢丝束，钢绞线设计值 f_{py} 取 $0.8\times0.8f_{ptk}$。

（2）高强碳素钢丝　预应力混凝土用钢丝的分类按交货状态，可分类冷拉钢丝和消除应力钢丝两种；按外形分为光面钢丝、刻痕钢丝、螺旋肋钢丝三种；按松弛性能分两级，即Ⅰ级和Ⅱ级松弛。

预应力混凝土用光面、刻痕和螺旋肋的冷拉或消除应力的高强度钢丝的规格与力学性能，应符合国家标准《预应力混凝土用钢丝》（GB/T 5223—2002）的规定。其外形如图 3.4.10～图 3.4.12 所示。其尺寸及允许偏差见表 3.4.27～表 3.4.30。碳素钢丝力学性能见表 3.4.31，预应力钢丝强度标准值与设计值见表 3.4.32。

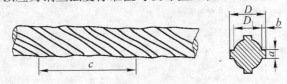

图 3.4.10　预应力螺旋肋钢丝外形图

表 3.4.27　螺旋肋钢丝尺寸及允许偏差

公称直径(mm)	螺旋肋数量(条)	螺旋肋公称尺寸				螺旋肋导程 $c(mm/360°)$
		基圆直径 $D_1(mm)$	外轮廓直径 $D(mm)$	单肋尺寸		
				宽度 $a(mm)$	$b(mm)$	
4.00	3	3.85±0.05	4.25±0.05	1.00~1.50	0.20±0.05	>32.00~36.00
5.00	4	4.80±0.05	5.40±0.10	1.20~1.80	0.25±0.05	>34.00~40.0
6.00	4	5.80±0.05	6.50±0.10	1.30~2.00	0.35±0.05	>38.00~45.00
7.00	4	6.70±0.05	7.50±0.10	1.80~2.20	0.40±0.05	>35.00~56.00
8.00	4	7.70±0.05	8.60±0.10	1.80~2.40	0.45±0.05	>55.00~65.00

表 3.4.28　光面钢丝尺寸及允许偏差

钢丝公称直径	直径允许偏差	横截面积	每米理论质量(kg/m)
3.00	±0.04	7.07	0.055
4.00		12.57	0.099
5.00	±0.05	19.63	0.154
6.00		28.27	0.222
7.00		38.48	0.302
8.00	±0.05	50.26	0.394
9.00		63.62	0.499

注：计算钢丝理论质量时钢的密度为 $7.85g/cm^3$。

表 3.4.29　两面刻痕钢丝尺寸及允许偏差　　　　（mm）

钢丝公称直径	d		h		a		b		R	
	允许偏差	公称尺寸	允许偏差	公称尺寸	允许偏差	公称尺寸	允许偏差	公称尺寸	允许偏差	
5.00	±0.05	4.60	0.10	3.50	±0.50	3.00	±0.50	4.50	±0.50
7.00		6.60							

注：1. 钢丝的横截面积和单重与光面钢丝相同。
　　2. 两面刻痕允许任意错位，错位后一面压痕公称深度为 0.2mm。
　　3. 尺寸参照图 3.4.11。

表 3.4.30　三面刻痕钢丝尺寸及允许偏差　　　　（mm）

公称直径 d	公称刻痕尺寸		
	深度 a	长度 $b \geqslant$	节距 $L \geqslant$
≤5.00	0.12±0.05	3.5	5.5
>5.00	0.15±0.05	5.0	8.0

注：1. 钢丝的横截面积和单重与光面钢丝相同。
　　2. 尺寸参照图 3.4.12。

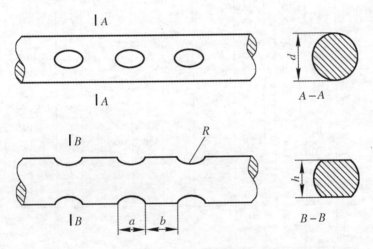

图 3.4.11　两面刻痕钢丝外形图

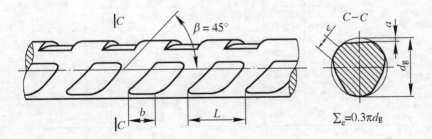

图 3.4.12　三面刻痕钢丝外形图

表 3.4.31 碳素钢丝力学性能

种类	公称直径	抗拉强度(MPa) ≥	规定非比例伸长应力 σ_p (MPa) ≥	伸长率(%)(L_0=100mm) ≥	弯曲次数		松弛			备注
					次数(180°) ≥	弯曲半径(mm)	初始应力相当于公称抗拉强度的百分数(%)	1000h应力损失(%) ≤		
								Ⅰ级松弛	Ⅱ级松弛	
消除应力及螺旋肋钢丝	4.00	1 470	1 250	4	3	10	60	4.5	1.0	Ⅰ级松弛即普通松弛,Ⅱ级松弛为低松弛 $\sigma_{p0.2} \geq 0.85\sigma_b$
		1 570	1 330							
	5.00	1 670	1 410			15	70	8	2.5	
		1 770	1 500							
	6.00	1 570	1 330		4					
		1 670	1 420							
	7.00	1 470	1 250			20				
	8.00									
	9.00	1570	1 330			25	80	12	4.5	
冷拉钢丝	3.00	1 470	1 100	2	4	7.5				$\sigma_{p0.2} \geq 0.75\sigma_b$
		1 570	1 180							
	4.00	1 670	1 250			10				
	5.00	1 470	1 100	3	5	15				
		1 570	1 180							
		1 670	1 250							
刻痕钢丝	≤5.00	1 470	1 250	4	3	15	70	8	25	$\sigma_{p0.2} \geq 0.85\sigma_b$
		1 570	1 340							
	>5.00	1 470	1 250			20				
		1 570	1 340							

表 3.4.32　预应力钢丝强度标准值与设计值

种　类		符号	d(mm)	f_{ptk}(MPa)	f_{py}(MPa)	f'_{py}(MPa)
消除应力钢丝	光面螺旋肋	ϕ^P ϕ^H	4、5	1 770	1 250	410
				1 670	1 180	
				1 570	1 110	
			6	1 670	1 180	
				1 570	1 110	
			7、8、9	1 570	1 110	
	刻痕	ϕ^I	5、7	1 570	1 110	410

注：消除应力钢丝（光面钢丝、螺旋肋钢丝、刻痕钢丝）弹性模量 E_s（$\times 10^5$MPa）为 2.05。

（3）冷拔低碳钢丝　冷拔低碳钢丝是由 HRB235 级热轧小直径盘圆钢筋拔制而成，价格低廉。冷拔低碳钢丝有较高的抗拉强度，目前仍为我国小型构件尤其是短向圆孔板的主要预应力钢材。冷拔低碳钢丝的强度标准值见表 3.4.33。

表 3.4.33　冷拔低碳钢丝的强度

级　别	直　径(mm)	标准强度(MPa)	
		Ⅰ组	Ⅱ组
甲级	$\phi 4$	700	650
	$\phi 5$	650	600
乙级	$\phi 3 \sim \phi 5$	550	

对无明显物理缺陷的冷拔低碳钢丝，可取 $0.8\sigma_b$（σ_b 为国家标准规定的极限抗拉强度）为该钢筋设计强度（表 3.4.34）。

表 3.4.34　冷拔低碳钢丝强度设计值

种　类		f_y 或 f_{py}(MPa)		f'_y 或 f'_{py}(MPa)
冷拔低碳钢丝	甲级： $\phi 4$mm $\phi 5$mm	Ⅰ组 460 430	Ⅱ组 430 400	400
	乙级： $\phi 3 \sim \phi 5$mm 用于焊接骨架和焊接网时	320		320
	用于绑扎骨架和绑扎网时	250		250

冷拔低碳钢丝的主要缺点是塑性太小，$\phi 4mm$ 或 $\phi 5mm$ 的冷拔低碳钢丝的伸长率 δ_{100}（以 100mm 为标距测量伸长率）仅为 1.5%～3.0%。因此，采用这种钢丝配筋的预应力构件，破坏前的变形预兆很小，多呈现出突发性的"脆性断裂"特征。

（4）钢绞线　钢绞线是由 2、3、7 根高强钢丝扭结而成的一种高强预应力钢材。预应力钢铰线截面如图 3.4.13、图 3.4.14 和图 3.4.15 所示。

工程中用得最多的是由 6 根钢丝围绕着一根芯丝顺一个方向扭结而成的 7 股钢绞线。芯丝直径常比外围钢丝直径大 5%～7%，使各根钢丝紧密接触，钢丝的扭矩一般为 $12d$～$16d$。常用的钢绞线为 74 和 75 两种（图 3.4.15）。

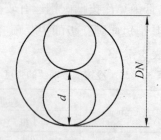

图 3.4.13　1×2 结构钢绞线

d—钢丝直径(mm)；DN—钢绞线直径(mm)

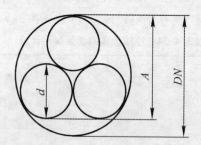

图 3.4.14　1×3 结构钢绞线

d—钢丝直径(mm)；DN—钢绞线直径(mm)；A—钢绞线测量尺寸(mm)

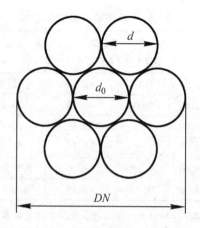

图 3.4.15 1×7 结构钢绞线

DN—钢绞线直径(mm);d_0—中心钢丝直径(mm);d—外层钢丝直径(mm)

7 股钢绞线由于面积较大,比较柔软,操作方便,既适用于先张法又适用于后张法施工,目前已成为国际上应用最广的一种预应力钢材。它既可以在先张法预应力混凝土中使用,也可以适用于后张法有黏结和无黏结工艺。

预应力钢绞线的外形尺寸与允许偏差及力学性能见表 3.4.35 ~ 表 3.4.37。预应力钢绞线强度标准值与设计值见表 3.4.38。钢绞线尺寸及拉伸性能见表 3.4.39。

表 3.4.35 1×2 结构钢绞线尺寸及允许偏差

钢绞线结构	公称直径(mm)		钢绞线直径允许偏差(mm)	钢绞线公称截面积(mm^2)	每 1 000m 钢绞线理论质量(kg)
	钢绞线	钢丝			
1×2	5.00	2.50	+0.20 -0.10	9.81	77.0
	5.80	2.90		13.2	104
	8.00	4.00	+0.30 -0.15	25.3	199
	10.00	5.00	+0.30 -0.15	39.5	310
	12.00	6.00		56.9	447

表 3.4.36　1×3 结构钢绞线尺寸及允许偏差

钢绞线结构	公称直径(mm) 钢绞线	公称直径(mm) 钢丝	钢绞线测量尺寸	钢绞线测量尺寸允许偏差(mm)	钢绞线公称截面积(mm^2)	每1 000m钢绞线理论质量(kg)
1×3	6.20	2.90	5.41	+0.20	19.8	77.0
	6.50	3.00	5.60	−0.10	21.3	104
	8.60	4.00	7.46	+0.30	37.4	199
	8.74	4.05	7.56	−0.15	38.64	306
	10.80	5.00	9.33	+0.30	59.3	465
	12.90	6.00	11.20	−0.15	85.4	671

表 3.4.37　1×7 结构钢绞线尺寸及允许偏差

钢绞线结构	公称直径	直径允许偏差(mm)	钢绞线公称截面积(mm^2)	每1 000m的理论质量(kg)	中心钢丝直径加大范围(%)≥
1×7 标准型	9.50	+0.30 −0.15	54.8	432	
	11.10		74.2	580	
	12.70		98.7	774	2.0
	15.20	+0.40 −0.20	139	1 101	
1×7 模拔型	12.70		112	890	
	15.20		165	1 295	

表 3.4.38　预应力钢绞线强度标准值与设计值

种类	符号	d(mm)	f_{ptk}(MPa)	f_{py}(MPa)	f'_{py}(MPa)
钢绞线	ϕ^s	8.6、10.8	1 860	1 320	390
			1 720	1 220	
1×3			1 570	1 110	
1×7		12.9	1 720	1 220	
			1 570	1 110	
		9.5、11.1、12.7	1 860	1 320	
		15.2	1 720	1 220	

注：钢绞线弹性模量 E_s($\times 10^5$MPa)为1.95，必要时可采用实测的弹性模量。

表 3.4.39　钢绞线尺寸及拉伸性能

钢绞线结构	钢绞线公称直径(mm)	强度级别(MPa)	整根钢绞线的最大负荷(kN) ≥	屈服载荷(kN)	伸长率(%)	1 000h 松弛率(%) ≤			
						Ⅰ级松弛		Ⅱ级松弛	
						初始负荷			
						70%公称最大负荷	80%公称最大负荷	70%公称最大负荷	80%公称最大负荷
1×2	5.00	1 570	15.4	13.1	3.5	8.0	12	2.5	4.5
		1 720	16.9	14.3					
		1 860	18.2	15.5					
	5.80	1 570	20.7	17.6					
		1 720	22.7	19.3					
		1 860	24.6	20.9					
	8.00	1 470	37.2	31.6					
		1 570	39.7	33.7					
		1 720	43.5	37.0					
		1 860	47.1	40.0					
	10.00	1 470	58.1	49.4					
		1 570	62.0	52.7					
		1 720							
		1 860	73.5	62.5					
	12.00	1 470	83.6	71.1					
		1 570	89.3	75.9					
		1 720							
1×3	6.20	1 570	31.1	26.4	3.5	8.0	12	2.5	4.5
		1 720	34.1	29.0					
		1 860	36.8	31.3					
	6.50	1 570	33.3	28.3					
		1 720	36.5	31.0					
		1 860	39.4	33.5					

(续表)

钢绞线结构	钢绞线公称直径(mm)	强度级别(MPa)	整根钢绞线的最大负荷(kN) ≥	屈服载荷(kN) ≥	伸长率(%)	1 000h 松弛率(%)≤			
						I 级松弛		II 级松弛	
						初始负荷			
						70%公称最大负荷	80%公称最大负荷	70%公称最大负荷	80%公称最大负荷
1×3	8.60	1 470	55.9	47.5	3.5	8.0	12	2.5	4.5
		1 570	59.7	50.7					
		1 720	65.4	55.6					
		1 860	70.7	60.1					
	10.80	1 470	87.2	74.1					
		1 570	93.1	79.1					
		1 720							
		1 860	110	93.5					
	12.90	1 470	126	107					
		1 570	134	114					
		1 720							
	8.74	1 570	60.6	51.5	3.5	8.0			
1×7	标准型 9.5	1 860	102	86.6	3.5	8.0	12	2.5	4.5
	11.10	1 860	138	117					
	12.70	1 860	184	156					
	15.20	1 720	239	203					
		1 860	259	220					
	模拔型 12.70	1 860	209	178					
	15.20	1 820	300	255					

注:1. I 级松弛即普通松弛级,II 级松弛即低松弛级,它们分别适用于所有钢绞线。

2. 屈服负荷不小于整根钢绞线公称最大负荷的85%。

3. 表中公称直径8.74 的1×3 钢绞线只适用于刻痕钢绞线。

第4章 地基基础工程施工技术

4.1 土的工程分类及性质

4.1.1 土的工程分类

土方工程是建筑工程基础施工的主要施工过程,它包括土方的开挖、回填、夯实、运输等主要施工过程,以及排水、降水、土壁支持等辅助工作。

土的种类繁多,分类方法也多种多样,土的工程分类见表4.1.1。

表4.1.1 土的工程分类

序号	分类根据	说 明
1	根据土的颗粒级配或塑性指数	可分为碎石类、砂土和黏性土。碎石类土又根据颗粒形状和级配,分为漂石土、块石土、卵石土、碎石土、圆砾土;砂土根据颗粒级配又可分为砾砂、中砂、细砂、粉砂;黏性土根据塑性指数又可分为黏土、粉质黏土和轻粉质黏土
2	根据土的沉积年代	黏性土又可分为老黏性土、一般黏性土和新近沉积黏性土,不同的黏性土,其强度和压缩性均不同
3	根据土的工程性质	可分为特殊类土,如软土、人工填土、黄土、膨胀土、红黏土、盐渍土和冻土
4	在土方工程施工中按土的开挖难易程度	具体分类方法见表4.1.2

表4.1.2 在土的工程施工中,按土的开挖难易程度进行的分类

土的分类	土(岩)的名称	压实系数 f	质量密度(kg/m^3)
一类土(松软土)	略有黏性的砂土;粉土、腐殖土及疏松的种植土;泥炭(淤泥)	0.5~0.6	600~1 500
二类土(普通土)	潮湿的黏性土和黄土;软的盐土和碱土;含有建筑材料碎屑、碎石、卵石的堆积土和种植土	0.6~0.8	1 100~1 600

（续表）

土的分类	土(岩)的名称	压实系数 f	质量密度(kg/m^3)
三类土(坚土)	中等密实的黏性土或黄土；含有碎石、卵石或建筑材料碎屑的潮湿的黏性土或黄土	0.8~1.0	1 800~1 900
四类土（沙砾坚土）	坚硬密实的黏性土或黄土；含有碎石、砾石(体积在10%~30%,质量在25kg以下石块)的中等密实黏性土或黄土；硬化的重盐土；软泥灰岩	1~1.5	1 900
五类土(软石)	硬的石炭纪黏土；胶结不紧的砾岩；软的、节理多的石灰岩及贝壳石灰岩；坚实的白垩；中等坚实的页岩、泥灰岩	1.5~4.0	1 200~2 700
六类土(次坚石)	坚硬的泥质页岩；坚实的泥灰岩；角砾状花岗岩；泥质质石灰岩；黏土质砂岩；云母页岩及砂质页岩、风化的花岗岩、片麻岩及正长岩；滑石质的蛇纹岩；密实的石灰岩；硅质胶结的砾岩；砂岩；砂质石灰质页岩	4~10	2 200~2 900
七类土(坚石)	白云岩；大理石；坚实的石灰岩、石灰质及石英质的砂岩；坚硬的砂质页岩；蛇纹岩；粗粒正长岩；有风化痕迹的安山岩及玄武岩；片麻岩、粗面岩；中粗花岗岩；坚实的片麻岩，粗面岩；辉绿岩；玢岩；中粗正长岩	10~18	2 500~2 900
八类土(特坚石)	坚实的细粒花岗岩；花岗片麻岩；闪长岩；坚实的玢岩、角闪岩、辉长岩、石英岩；安山岩、玄武岩；最坚实的辉绿岩、石灰岩及闪长岩；橄榄石质玄武岩；特别坚实的辉长岩、石英岩及玢岩	18~25 及以上	2 700~3 300

注：1. 土的级别为相当于一般16级土石分类级别。

2. 坚实系数 f 为相当于普氏岩石强度系数。

4.1.2 土的工程性质

(1) 土的基本物理性质见表 4.1.3。

表 4.1.3　土的基本物理性质

序号	性质		性质特点
1	土的颗粒组成		土中的固体颗粒(简称土粒)的大小和形状、矿物成分及其组成情况是决定土的物理力学性质的重要因素。粗大土粒往往是岩石经物理风化作用形成的碎屑,或是岩石中未产生化学变化的矿物颗粒,如石英和长石等;而细小土粒主要是化学风化作用形成的次生矿物和生成过程中混入的有机物质。粗大土粒其形状都呈块状或粒状,而细小土粒其形状主要呈片状。土粒的组合情况就是大大小小土粒含量的相对数量关系。 目前土的粒组划分方法并不完全一致,表 4.1.4 提供的是一种常用的土粒粒组的划分方法,表中根据界限粒径 200mm、60mm、2mm、0.075mm 和 0.005mm 把土粒分为六大粒组:漂石(块石)颗粒、卵石(碎石)颗粒、圆砾(角砾)颗粒、砂粒、粉粒及黏粒
2	无黏性土的密实度		无黏性土的密实度与其工程性质有着密切的关系。呈密实状态时,强度较大,可作为良好的天然地基;呈松散状态时,则是不良地基。对于同一种无黏性土,当其孔隙比小于某一限度时,处于密实状态,随着孔隙比的增大,则处于中密、稍密直到松散状态。无黏性土的这种特性,是因为它所具有的单粘结构决定的
3	黏性土的可塑性指标	界限含水量	同一种黏性土随其含水量的不同,而分别处于固态、半固态、可塑状态及流动状态。所谓可塑状态,就是当黏性土在某含水量范围内,可用外力塑成任何形状而不发生裂纹,并当外力移去后仍能保持既得的形状,土的这种性能叫做可塑性。黏性土由一种状态转到另一种状态的分界含水量,叫做界限含水量。它对黏性土的分类及工程性质的评价有重要意义。如图 4.1.1 所示,土由可塑状态转到流动状态的界限含水量叫

(续表)

序号	性质		性 质 特 点
3	黏性土的可塑性指标	界限含水量	做液限(也称塑性上限含水量或流限),用符号 w_L 表示;土由半固态转到可塑状态的界限含水量叫做塑限(也称塑性下限含水量),用符号 w_P 表示;土由半固体状态不断蒸发水分,则体积逐渐缩小,直到体积不再缩小时土的界限含水量叫缩限,用符号 w_s 表示。界限含水量都以百分数表示
		黏性土的塑性指数和液性指数	黏性土的塑性指数是指液限和塑限的差值(省去%符号),即土处在可塑状态的含水量变化范围,用符号 I_P 表示,即 $I_P = w_L - w_P$。 显然,液限和塑限之差(或塑性指数)愈大,土处于可塑状态的含水量范围也愈大。换句话说,塑性指数的大小与土中结合水的可能含量有关,亦即与土的颗粒组成、土粒的矿物成分以及土中水的离子成分和浓度等因素有关。从土的颗粒来说,土粒越细,且细颗粒(黏粒)的含量越高,则其比表面和可能的结合水含量愈高,因而 I_P 也随之增大。从矿物成分来说,黏土矿物可能具有的结合水量大(其中尤以蒙脱石类为最大),因而 I_P 也大。从土中水的离子成分和浓度来说,当水中高价阳离子的浓度增加时,土粒表面吸附的反离子层的厚度变薄,结合水含量相应减少,I_P 也小;反之随着反离子层中的低价阳离子的增加,I_P 变大。 由于塑性指数在一定程度上综合反映了影响黏性土特征的各种重要因素,因此,在工程上常按塑性指数对黏性土进行分类。 液性指数是指黏性土的天然含水量和塑限的差值与塑性指数之比,用符号 I_L 表示,即 $I_L = \dfrac{w - w_P}{w_L - w_P} = \dfrac{w - w_P}{I_P}$。

(续表)

序号	性质	性质特点	
3	黏性土的可塑性指标	黏性土的塑性指数和液性指数	从式中可见,当土的天然含水量 $w < w_P$ 时,$I_L < 0$,天然土处于坚硬状态;当 $w > w_L$ 时,$I_L > 1$,天然土处于流动状态;当 w 在 w_P 与 w_L 之间时,即 I_L 在 $0 \sim 1$ 之间,则天然土处于可塑状态。因此可以利用液性指数 I_L 来表示黏性土所处的软硬状态。I_L 值愈大,土质愈软;反之,土质愈硬
4	土的透水性指标		土的渗透性一般是指水流通过土中孔隙难易程度的性质,或称透水性。地下水的补给与排泄条件,以及在土中的渗透速度与土的渗透性有关。在计算地基沉降的速率和地下水涌水量时都需要土的渗透性指标。 地下水的运动有层流和紊流两种形式。地下水在土中孔隙或微小裂隙中以不大的速度连续渗透时属层流运动;而在岩石的裂隙或空洞中流动时,速度较大,会有紊流发生,其流线有互相交错的现象。地下水在土中的渗透速度一般可按达西(Darcy)根据实验得到的直线渗透定律计算(图 4.1.2),其公式为 $$v = ki$$ 式中 v——水在土中的渗透速度(cm/s),它不是地下水的实际流速,而是在一单位时间(s)内流过一单位土截面(cm^2)的水量(cm^3); i——水力梯度,$i = \dfrac{H_1 - H_2}{L}$,即土中 A_1 和 A_2 两点的水头差($H_1 - H_2$)与两点间的流线长度 L 之比,图中 h_1、h_2 为两点的压头,z_1、z_2 为位头,则 H_1、H_2 为总水头; k——土的渗透系数(cm/s),与土的渗透性质有关的待定常数。 在上述公式中,当 $i = 1$ 时,$k = v$,即土的渗透系数,其值等于水力梯度为 1 时的地下水渗透速度,其值的大小反映了土渗透性的强弱。 为了简化计算,如采用该直线在横坐标上的截距 i'_1,作为计算起始梯度,则用于黏性土的达西定律的公式如下:

（续表）

序号	性质	性 质 特 点
4	土的透水性指标	$v = k(i - i'_1)$ 土的渗透系数可以通过室内渗透试验或现场抽水试验来测定。各种土的渗透系数变化范围见表4.1.5

图 4.1.1　黏性土的物理状态与含水量关系

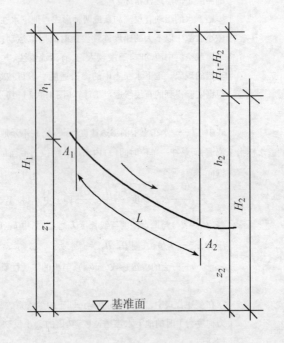

图 4.1.2　水的渗流

表 4.1.4　常用的土粒粒组的划分

粒组名称		粒径范围(mm)	一 般 特 征
漂石或块石颗粒		>200	透水性很大,无黏性,无毛细水
卵石或碎石颗粒		60~200	
圆粒或角砾颗粒	粗	20~60	透水性大,无黏性,毛细水上升高度不超过粒径大小
	中	5~20	
	细	2~5	
沙粒	粗	0.5~2	易透水,当混入云母等杂质时透水性减少,而压缩性增加,无黏性,遇水不膨胀,干燥时松散,毛细水上升高度不大,并随粒径变小而增大
	中	0.25~0.5	
	极	0.1~0.25	
	细	0.075~0.1	
粉粒	粗	0.01~0.075	透水性小,湿时稍有黏性,遇水膨胀小,干时稍有收缩;毛细水上升高度较大
	细	0.005~0.01	
黏粒		<0.005	透水性很小,湿时有黏性、可塑性,遇水膨胀大,干时收缩显著;毛细水上升高度大,但速度较慢

注:1. 漂石、卵石和圆砾颗粒均呈一定的磨圆形状(圆形或亚圆形);块石、碎石和角砾颗粒都带有棱角。
2. 黏粒或称黏土粒,粉粒或称粉土粒。
3. 黏粒的粒径上限也有采用 0.002mm 的。
4. 粉粒的粒径上限也有直接以 200 号筛的孔径 0.074mm 为准的。

表 4.1.5　各种土的渗透系数参考值

序　号	土的名称	渗透系数(cm/s)
1	致密黏土	$<10^{-7}$
2	粉质黏土	$10^{-7} \sim 10^{-6}$
3	粉土、裂隙黏土	$10^{-6} \sim 10^{-4}$
4	粉砂、细砂	$10^{-4} \sim 10^{-2}$
5	中砂	$10^{-2} \sim 10^{-1}$
6	粗砂、砾石	$10^{-1} \sim 10^{2}$

(2)土的力学性能指标见表 4.1.6。

表4.1.6 土的力学性能指标

序号	名称	概念	计算公式	
			公式	解释
1	压缩系数	土的压缩性通常用压缩系数表示，其值由原状土的压缩试验确定	$a = 1\,000 \times \dfrac{e_1 - e_2}{p_1 - p_2}$ 式中 1 000——单位换算系数； a——压缩系数(MPa)； p_1、p_2——固结压力(kPa)； e_1、e_2——相对于p_1、p_2时的孔隙比	评价地基土压缩性时，按p_1为100kPa，p_2为200kPa，相应的压缩系数值以a_{1-2}划分为低、中、高三种，并应按以下规定进行评价： (1)当$a_{1-2}<0.1$时，为低压缩性土； (2)当$0.1<a_{1-2}<0.5$时，为中压缩性土； ③当$a_{1-2}\geqslant 0.5$时，为高压缩性土
2	压缩模量	在工程上，也用室内实验作为土的压缩性指标	$E_s = \dfrac{1 + e_c}{a}$ 式中 E_s——土的压缩模量(MPa)； a——从土的自重应力至土的自重加附加应力段的压缩系数(MPa)； e_c——土的天然孔隙比	用压缩模量划分压缩性等级和评价土的压缩性，可按表4.1.7的规定

（续表）

序号	名称	概念	计算公式	
			公式	解释
3	抗剪强度	土的抗剪强度是指土在外力作用下抵抗剪切滑动的极限强度，其测定方法有室内直剪、三轴剪切、原位直剪、十字板剪切、野外标准贯入、动力触探、静力触探等方法，它是评价地基承载力、边坡稳定性、计算土压力的重要指标	$\tau_f = \sigma\tan\phi + c$ 式中 τ_f——土的抗剪强度(kPa)； σ——作用于剪切面土的法向应力(kPa)； ϕ——土的内摩擦角(°)，剪切试验法向应力与剪应力曲线的切线倾斜角； c——土的黏聚力(kPa)，剪切试验中土的法向应力为0时的抗剪强度，砂类土 $c=0$	砂土的内摩擦角一般随其粒度变细而逐渐降低。砾砂、粗砂、中砂的 ϕ 值为 32°～40°；细砂、粉砂的 ϕ 值为 28°～36°；黏性土的抗剪强度指标变化范围较大。黏性土内摩擦角度 ϕ 变化范围大致为 0～30°；黏聚力 c 一般为 10～100kPa，坚硬黏土则更高
			确定土的内摩擦角和黏聚力。同一土样切取不少于4个环刀进行不同垂直压力作用下的剪力试验后，用相同的比例尺在坐标纸上绘制抗剪强度 τ 与法向应力 σ 的相关直线，直线交 σ 值的截距即为土的黏聚力 c，砂土的 $c=0$，直线的倾斜角即为土的内摩擦角度（图4.1.3）	

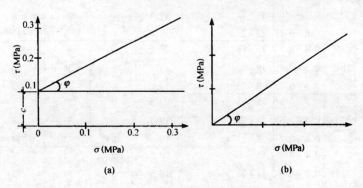

图4.1.3 抗剪强度与法向应力的关系曲线
(a)黏性土；(b)砂土

4.1.3 土的力学性质指标

土的力学性质指标的经验参考数据见表 4.1.7 和表 4.1.8。

表 4.1.7 土的力学性质指标的经验数据

土类		孔隙比 e	液性指数 I_L	含水量 $w(\%)$	液限 $w_L(\%)$	塑性指数 I_p	承载力 $f(\text{MPa})$	压缩模量 E_s (kPa)	黏聚力 $c(\text{kPa})$	内摩擦角 $\phi(°)$
一般黏性土		0.55~1.0	0~1.0	15~30	25~45	5~20	100~450	4~15	10~50	15~22
新近代黏性土		0.7~1.2	0.25~1.2	24~36	30~45	6~18	80~140	2~7.5	10~20	7~15
淤泥或淤泥质土	沿海内陆山区	1~2.0	>1.0	36~70	30~65	10~25	4~10 5~11 3~8	10~50 20~50 10~60	5~15	4~10
红黏土		0~1.9	0~0.4	30~50	50~90	>17	10~32	50~160	30~80	5~10

表 4.1.8 土的力学性质指标的经验数据范围参考值

土类		孔隙比 e	天然含水量 $w(\%)$	塑限含水量 $w_p(\%)$	重度 γ (kN/m³)	黏聚力 $c(\text{kPa})$	内摩擦角 $\phi(°)$	变形模量 $E_0(\text{MPa})$
砂土	粗砂	0.4~0.5	15~18		20.5	0	42	46
		0.5~0.6	19~22		19.5	0	40	40
		0.6~0.7	23~25		19.0	0	38	33
	中砂	0.4~0.5	15~18		20.5	0	40	46
		0.5~0.6	19~22		19.5	0	38	40
		0.6~0.7	23~25		19.0	0	35	33
	细砂	0.4~0.5	15~18		20.5	0	38	37
		0.5~0.6	19~22		19.5	0	36	28
		0.6~0.7	23~25		19.0	0	32	24
	粉砂	0.4~0.5	15~18		20.5	5	36	14
		0.5~0.6	19~22		19.5	3	34	12
		0.6~0.7	23~25		19.0	2	28	10

第4章 地基基础工程施工技术

（续表）

土类		孔隙比 e	天然含水量 $w(\%)$	塑限含水量 $w_p(\%)$	重度 γ (kN/m^3)	黏聚力 $c(kPa)$	内摩擦角 $\phi(°)$	变形模量 $E_0(MPa)$
黏性土	粉土	0.4~0.5	15~18	<9.4	21.0	6	30	18
		0.5~0.6	19~22		20.0	5	28	14
		0.6~0.7	23~25		19.5	2	27	11
		0.4~0.5	15~18	9.5~12.4	21.0	7	25	23
		0.5~0.6	19~22		20.0	5	24	16
		0.6~0.7	23~25		19.5	3	23	13
	粉质黏土	0.4~0.5	15~18	12.5~15.4	21.0	25	24	45
		0.5~0.6	19~22		20.0	15	23	21
		0.7~0.8	26~29		19.0	5	21	12
		0.5~0.6	19~22	15.5~18.4	20.0	35	22	39
		0.7~0.8	26~29		19.0	10	20	15
		0.9~1.0	35~40		18.0	5	18	8
		0.6~0.7	23~25	18.5~22.4	19.5	40	20	33
		0.7~0.8	26~29		19.0	25	19	19
		0.9~1.0	35~40		18.0	10	18	9
	黏土	0.7~0.8	26~29	22.5~26.4	19.0	60	18	28
		0.9~1.1	35~40		17.5	25	16	11
		0.8~0.9	30~34	26.5~30.4	18.5	65	16	24
		0.9~1.1	35~40		17.5	35	16	14

4.2 土方开挖

4.2.1 土方开挖的施工准备

土方开挖的施工准备见表4.2.1。

表4.2.1 土方开挖的施工准备

序号	类别	准备说明
1	技术准备	检查图纸和资料是否齐全
		了解工程规模、结构形式、特点、工程量和质量要求
		熟悉土层地质、水文勘察资料
		向参加施工的人员层层进行技术交底

(续表)

序号	类别	准备说明
2	编制施工方案	研究制定现场场地整平、基坑开挖施工方案
		绘制施工总平面布置图和基坑土方开挖图,确定开挖路线、顺序、范围、底板标高、边坡坡度、排水沟、集水井位置,以及挖去的土方堆放地点
		提出需用施工机具、劳力、推广新技术计划
3	设置排水设施,排除地面积水	场地内低洼地区的积水必须排除,同时应注意雨水的排除,使场地保持干燥,以利土方施工
		地面水的排除一般采用排水沟、截水沟、挡水土坝等措施
		应尽量利用自然地形来设置排水沟,使水直接排至场外,或流向低洼处再用水泵抽走。主排水沟最好设置在施工区域的边缘或道路的两旁,其横断面和纵向坡度应根据最大流量确定。一般排水沟的断面不小于$0.5m \times 0.5m$,纵向坡度一般不小于3‰。平坦地区,如排出水困难,其纵向坡度不应小于2‰,沼泽地区可减至1‰。场地平整过程中,要注意保持排水沟畅通,必要时应设置涵洞
		山区的场地平整施工,应在较高一面的山坡上开挖截水沟。在低洼地区施工时,除开挖排水沟外,必要时应修筑挡水坝,以阻挡雨水的流入
4	修筑临时设施	施工机械进入现场所经过的道路、桥梁和卸车设施等,应事先做好必要的加宽、加固等准备工作
		开工前应做好施工现场内机械运行的道路,主要道路宜结合永久性道路的布置修筑。路面行走宽度一般不少于7m,路基底层可铺砌200~300mm厚的块石或卵石层,两侧做排水沟。道路与铁路、电信线路、电缆线路以及各种管线相交时,应设置标志,并符合有关安全技术规定
		此外,还应做好现场供水、供电、供压缩空气(当开挖石方时),以及施工机具和材料进场,搭设临时工棚(工具材料库、休息棚、茶炉棚等)等准备工作

4.2.2 土方边坡的基本规定

(1) 当地质条件良好,土质均匀且地下水位低于基坑(槽)或管沟底面标高时,挖方边坡可做成直立壁不加支撑,但深度不宜超过表4.2.2规定的数值。

表4.2.2 土方挖方边坡可做成直立壁不加支撑的最大允许深度

土质情况	最大允许挖方深度(m)
密实、中密的砂土和碎石类土(充填物为砂土)	≤1
硬塑、可塑的粉土及粉质黏土	≤1.25
硬塑、可塑的黏土和碎石类土(充填物为黏性土)	≤1.5
坚硬的黏土	≤2

注:当挖方深度超过表中规定的数值时,应考虑放坡或做成直立壁加支撑。

(2) 当地质条件良好,土质均匀且地下水位低于基坑(槽)或管沟地面标高时,挖方深度在5m以内不加支撑的边坡的最陡坡度应符合表4.2.3的规定。

表4.2.3 深度在5m内的基坑(槽)、管沟边坡的最陡坡度(不加支撑)

土的类别	边坡坡度(高:宽)		
	坡顶无荷载	坡顶有静载	坡顶有动载
中密的砂土	1:1.00	1:1.25	1:1.50
中密的碎石类土(充填物为砂土)	1:0.75	1:1.00	1:1.25
软土(经井点降水后)	1:1.00		
硬塑的粉土	1:0.67	1:0.75	1:1.00
中密的碎石类土(充填物为黏性土)	1:0.50	1:0.67	1:0.75
硬塑的粉质黏土、黏土	1:0.33	1:0.50	1:0.67
老黄土	1:0.10	1:0.25	1:0.33

注:1. 静载指堆土或材料等,动载指机械挖土或汽车运输作业等。静载或动载距挖方边缘的距离应保证边坡和直立壁的稳定,堆土或材料应距挖方边缘0.8m以外,高度不超过1.5m。

2. 当有成熟施工经验时,可不受本表限制。

(3) 对使用时间较长的临时性挖方边坡坡度,在山坡整体稳定情况下,如地质条件良好,土质较均匀,高度在 10m 以内的应符合表 4.2.4 的规定。

(4) 在山坡整体稳定情况下,边坡的开挖应符合以下规定:边坡的坡度允许值,应根据当地经验参照同类土(岩)体的稳定坡度值确定。当地质条件良好,土(岩)质比较均匀时,可按表 4.2.5、表 4.2.6 确定。

(5) 遇到下列情况之一时,边坡的坡度允许值应另行设计:
①边坡的高度大于表 4.2.5、表 4.2.6 的规定。
②地下水比较发达或具有软弱结构面的倾斜地层。
③岩层层面的倾斜方向与边坡的开挖面的倾斜方向一致,且两者走向的夹角小于 45°。

(6) 对于土质边坡或易于软化的岩质边坡,在开挖时应采取相应的排水和坡脚、坡面保护措施,并不得在影响边坡稳定的范围内积水。

(7) 开挖土石方时,宜从上到下,依次进行;挖、填土宜求平衡,尽量分散处理弃土,如必须在坡顶或山腰大量弃土时,应进行坡体稳定性验算。

表 4.2.4　使用时间较长、高 10m 以内的临时性挖方边坡坡度值

土的类别		边坡坡度(高:宽)
砂土(不包括细砂、粉砂)		1:1.25～1:1.5
一般黏性土	坚硬	1:0.75～1:1
	硬塑	1:1～1:1.15
碎石类土	充填坚硬、硬塑性土	1:0.5～1:1
	充填砂土	1:1～1:1.5

注:1. 使用时间较长的临时性挖方是指使用时间超过一年的临时道路、临时工程的挖方。
　2. 挖方经过不同类别的土(岩)层或深度超过 10m 时,其边坡可做成折线形或台阶形。
　3. 有成熟施工经验时,可不受本表限制。

表 4.2.5 土质边坡坡度允许值

土的类别	密实度或状态	坡度允许值(高宽比)	
		坡高 5m 以内	坡高 5~10m
碎石土	密实 中密 稍密	1:0.35~1:0.50 1:0.50~1:0.75 1:0.75~1:1.00	1:0.50~1:0.75 1:0.75~1:1.00 1:1.00~1:1.25
黏性土	坚硬 硬塑	1:0.75~1:1.00 1:1.00~1:1.25	1:1.00~1:1.25 1:1.25~1:1.50

注:1. 表中碎石土的充填物为坚硬或硬塑状态的黏性土。
2. 对于砂土或充填物为砂土的碎石土,其边坡坡度允许值均按自然休止角确定。
3. 引自《建筑地基基础工程施工质量验收规范》(GB 50202—2002)。

表 4.2.6 岩石边坡坡度允许值

岩石类土	风化程度	坡度允许值(高宽比)		
		坡高 8m 以内	坡高 8~15m	坡高 15~30m
硬质岩石	微风化 中等风化 强风化	1:0.10~1:0.20 1:0.20~1:0.35 1:0.35~1:0.50	1:0.20~1:0.35 1:0.35~1:0.50 1:0.50~1:0.75	1:0.30~1:0.50 1:0.50~1:0.75 1:0.75~1:1.00
软质岩石	微风化 中等风化 强风化	1:0.35~1:0.50 1:0.50~1:0.75 1:0.75~1:1.00	1:0.50~1:0.75 1:0.75~1:1.00 1:1.00~1:1.25	1:0.75~1:1.00 1:1.00~1:1.50

4.2.3 边坡处理方法

土方开挖边坡处理方法见表 4.2.7。

表 4.2.7　边坡的处理方法

项目	处理方法
刷坡处理	对于土坡一般应开出不小于 1:(0.75~1) 的坡度,将不稳定的土层挖去;当有两种土层时,则应设台阶形边坡;同时在坡顶、坡脚设置截水沟和排水沟,以防地表雨水冲刷坡面。 对一般难以风化的岩石,如花岗岩、石灰岩、砂岩等,可按 1:(0.2~0.3) 开坡,但应避免出现倒坡。 对易风化的泥岩、页岩,一般宜开出 1:(0.3~0.75) 的坡度,并在表面作护面处理
易风化岩石边坡护面处理	(1)抹石灰炉渣面层(图 4.2.1a)。砂浆配合比为白灰:炉渣=1:(2~3)(质量比),并掺相当石灰重 6%~7% 的纸筋、草筋或麻刀拌合。炉渣粒径不大于 5mm,石灰用淋透的石灰膏。拌好的砂浆用人工压抹在边坡表面,厚 20~30mm,一次抹成并压实、抹光、拍打紧密,最后在表面刷卤水并用卵石磨光,对怕水浸蚀的边坡,在表面干燥后刷(刮)热沥青胶一道罩面。 (2)抹水泥粉煤灰砂浆面层。砂浆配合比为水泥:粉煤灰:砂=1:1:2(质量比),并掺入适量石灰膏,用喷射法施工,分两次喷涂,每次厚 10~15mm,总厚 20~30mm。 (3)砌卵石护墙(图 4.2.1b)。墙体用直径 150mm 以上的大卵石砌筑,用 M5 水泥石灰炉渣砂浆砌筑,砂浆配合比为水泥:石灰:炉渣=1:(0.3~0.7):(4~6.5)(质量比),护墙厚 40~60cm。在护墙高度方向每隔 3~4m 设一道混凝土圈梁,配筋为 6φ16 或 6φ12,用锚筋与岩石连接。墙面每 2m×2m 设一 φ50 泄水孔。水流较大的则在护墙上做一道垂直方向的水沟集中把水排出。每隔 10m 留一条竖向伸缩缝,中间填塞浸渍沥青的木板。 (4)上部抹石灰炉渣面层,下部砌卵石(块石)墙相结合的方法(图 4.2.1c)

4.2.4　边坡护面处理

边坡护面处理如图 4.2.1 所示。

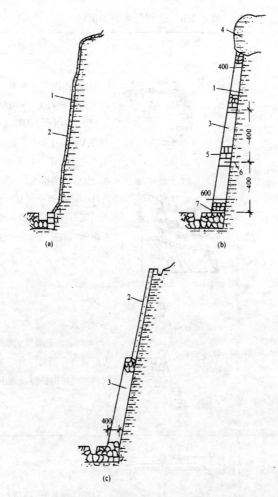

图 4.2.1 易风化岩石边坡护面处理
(a)石灰炉渣抹面或喷水泥粉煤灰砂浆保护层;(b)卵石保护墙;
(c)抹面与卵石(块石)墙结合的保护层
1—易风化泥岩;2—抹白灰炉渣厚20~30mm 或喷水泥粉煤灰砂浆;
3—砌大卵石保护墙;4—危岩;5—钢筋混凝土圈梁;
6—锚筋虫25@3 000,锚入岩石 1.0~1.5m;7—水孔 φ50@3 000

4.2.5 边坡加固

土方开挖边坡危岩的加固法见表 4.2.8。

表4.2.8 边坡危岩的加固法

序号	项目	加固示意图	加固法说明
1	用纵向钢筋拉条或水平腰带捆锁加固		用纵向钢筋拉条将危岩拴牢在上部完整的岩石上,并用混凝土锚固桩固定,或用水平钢筋腰带将孤石、探头大块石拴紧在两侧坚固的岩石上。拉条腰带一般采用1~4根⊈25钢筋,两端锚入岩石中深不小于1.5m。小的孤石用其中一种,对较大的孤石可同时纵横向都拴。施工采取先埋锚筋,砂浆硬化后,再与锚筋电焊连接
2	砌矮支承墙加固		对高度不大的探头悬岩和大块石,采用砌块石矮支承墙的方法,并可借以将背面易风化的岩石封闭,同时在底部砌护脚以防止被雨水掏空
3	设支墩、悬臂梁或钢支撑架支顶加固		对整体性较好、高度不大的特大悬岩,可采取砌块石支墩支顶;对离地面较高的悬头悬岩,可采取用钢筋混凝土悬臂梁,或钢支撑架和拉筋相结合的方法顶固,利用下部岩石作支座使上部悬石保持稳定

(续表)

序号	项目	加固示意图	加固法说明
4	用扒钉拉结条或铆钉加固	扒钉／巴壳／φ25铆钉	对附在边坡或大块石上的有裂缝的石头,尽量打去,如打去影响上部或周围岩石稳固的,可采用φ28深1.5m的扒钉或拉结条将它固定在附近坚固岩石上;较厚的"巴壳"用铆钉钉固,在背面岩石上脱空部分,用C10混凝土填补密实
5	用锚杆加固倾斜危岩	危岩／裂隙／钢锚杆或预应力锚杆	对倾斜度较大,且与坡向相近的裂隙较发达的危岩,当除去很困难,工程量较大时,可采用钢锚杆或预应力锚杆进行加固,使与背部较完整的岩层连成整体,以阻止危岩滑坍,稳定边坡
6	较宽危岩裂隙,用填塞法作封闭处理	裂隙用砂浆或混凝土封闭／砌块石封墙	对陡壁岩体上大小不等的裂隙(纵的和横的,宽为10～500mm),应将缝隙内的树根、草皮、浮土清理干净,树根清不掉的用火烧,然后用M10水泥砂浆填实,大裂隙应用细石混凝土加以封实,过大缝隙应砌块石或填以块石混凝土,以防止因雨水沿裂隙浸蚀而造成上部岩体发生崩塌

4.2.6 土壁支撑

1.沟、槽支撑方法

沟、槽支撑方法见表4.2.9。

表4.2.9　沟、槽支撑方法

序号	支撑方式	示意图	支撑方式及适用条件
1	间断式水平支撑	（木楔、横撑、水平挡土板）	两侧挡土板水平放置。用工具或木横撑将木楔顶紧，挖一层土，支顶一层。 适于能保持立壁的干土或天然湿度的黏土类土，地下水很少，深度在2m以内
2	断续式水平支撑	（立楞木、横撑、木楔、水平挡土板）	挡土板水平放置，中间留出间隔，并在两侧同时对称立竖楞木。再用工具或木横撑上下顶紧。 适于能保持直立壁的干土或天然湿度的黏土类土，地下水很少，深度在3m以内
3	连续式水平支撑	（立楞木、横撑、木楔、水平挡土板）	挡土板水平连续放置，不留间隙。然后两侧同时对称立竖楞木，上下各顶一根撑木，端头加木楔顶紧。 适用于较松散的干土或天然湿度的黏土类土，地下水很少，深度为3~5m
4	连续或间断式垂直支撑	（木楔、横撑、垂直挡土板、横楞木）	挡土板垂直放置，连续或留适当间隙，然后每侧上下各水平顶一根楞木，再用横撑顶紧。 适于土质较松散或湿度很高的土，地下水较少，深度不限

(续表)

序号	支撑方式	示意图	支撑方式及适用条件
5	水平垂直混合支撑		沟槽上部设连续或水平支撑,下部设连续或垂直支撑。 适于沟槽深度较大,下部有含水土层情况

2. 基坑支撑法

(1) 一般基坑支撑方法见表 4.2.10。

表 4.2.10　一般基坑支撑方法

序号	支撑方式	示意图	支撑方式及适用条件
1	斜柱支撑		水平挡土板钉在柱桩内侧,柱桩外侧用斜撑支顶,斜撑底端支在木桩上,在挡土板内侧回填土。 适于开挖较大型、深度不大的基坑或使用机械挖土
2	锚拉支撑		水平挡土板支在柱桩的内侧,柱桩一端打入土中,另一端用拉杆与锚桩拉紧,在挡土板内侧回填土。 适于开挖较大型、深度不大的基坑或使用机械挖土而不能安设横撑时使用

(续表)

序号	支撑方式	示意图	支撑方式及适用条件
3	短桩横隔支撑	横隔板、短桩、填土	打入小短木桩,部分打入土中,部分露出地面,钉上水平挡土板,在背面填土。 适于开挖宽度大的基坑,当部分地段下部放坡不够时使用
4	临时挡土墙支撑	装土、砂草袋或干砌、浆砌毛石	沿坡脚用砖、石叠砌或用草袋装土砂堆砌,使坡脚保持稳定。 适于开挖宽度大的基坑,当部分地段下部放坡不够时使用

(2)深基坑支撑(护)方法见表4.2.11。

表4.2.11 深基坑支撑(护)方法

序号	支撑方式	示意图	支撑方式及适用条件
1	型钢桩、横挡板支撑	型钢桩 挡土板 楔子 型钢桩 挡土板 1-1	沿挡土位置预先打入钢轨、工字钢或H型钢桩,间距1~1.5m,然后边挖方边将3~6cm厚的挡土板塞进钢桩之间挡土,并在横向挡板与型钢桩之间打入楔子,使横板与土体紧密接触。 适于地下水较低、深度不很大的一般黏性或砂土层中应用
2	钢板桩支撑	钢板桩 横撑 水平支撑	在开挖基坑的周围打钢板桩或钢筋混凝土板桩,板桩入土深度及悬臂长度应经计算确定,如基坑宽度很大,可加水平支撑。 适于一般地下水、深度和宽度不很大的黏性砂土层中应用

(续表)

序号	支撑方式	示意图	支撑方式及适用条件
3	钢板桩与构架结合支撑	钢板桩、钢横撑、钢支撑、钢横撑、钢柱	在开挖的基坑周围打钢板桩,在柱位置上打入暂设的钢柱,在基坑中挖土,每下挖3~4m,装上一层构架支撑体系,挖土在钢构架网格中进行,也可不预先打入钢柱,随挖随接长支柱。适于在饱和软弱土层中开挖较大、较深基坑,钢板桩刚度不够时采用
4	挡土灌注桩支撑	锚桩、钢横撑、拉杆、钻孔灌注桩	在开挖基坑的周围,用钻机钻孔,现场灌注钢筋混凝土桩,达到强度后,在基坑中间用机械或人工挖土,下挖1m左右装上横撑,在桩背面装上拉杆与已设锚桩拉紧,然后继续挖土至要求深度。在桩间土方挖成外拱形,使之起土拱作用。如基坑深度小于6m,或邻近有建筑物,也可不设锚拉杆,采取加密桩距或加大桩径处理。适于开挖较大、较深(>6m)基坑,临近有建筑物,不允许支护,背面地基有下沉、位移时采用
5	挡土灌注桩与土层锚杆结合支撑	钢横撑、钻孔灌注桩、土层锚桩	同挡土灌注桩支撑,但在桩顶不设锚桩锚杆,而是挖至一定深度,每隔一定距离向桩背面斜下方用锚杆钻机打孔,安放钢筋锚杆,用水泥压力灌浆,达到强度后,安上横撑,拉紧固定,在桩中间进行挖土,直至设计深度。如设2~3层锚杆,可挖一层土,装设一次锚杆。

(续表)

序号	支撑方式	示意图	支撑方式及适用条件
5	挡土灌注桩与土层锚杆结合支撑		适于大型较深基坑,施工期较长,邻近有高层建筑,不允许支护,邻近地基不允许有任何下沉位移时采用
6	地下连续墙支护	地下连续墙、地下室梁板	在开挖的基坑周围,先建造混凝土或钢筋混凝土地下连续墙,达到强度后,在墙中间用机械或人工挖土,直至要求深度。对跨度、深度很大时,可在内部加设水平支撑及支柱。用于逆作法施工,每下挖一层,把下一层梁、板、柱浇筑完成,以此作为地下连续墙的水平框架支撑,如此循环作业,直到地下室的底层全部挖土,浇筑完成。 适于开挖较大、较深(>10m),有地下水,周围有建筑物、公路的基坑,作为地下结构的外墙一部分,或用于高层建筑的逆作法施工,作为地下室结构的部分外墙
7	地下连续墙与土层锚杆结合支护	锚头垫座、地下连续墙、土层锚杆	在开挖基坑的周围先建造地下连续墙支护,在墙中部用机械配合人工开挖土方至锚杆部位,用锚杆钻机在要求位置钻孔,放入锚杆,进行灌浆,待达到强度,装上锚杆横梁,或锚头垫座,然后继续下挖至要求深度,如设2~3层锚杆,每挖一层装一层,采用快凝砂浆灌浆。

(续表)

序号	支撑方式	示意图	支撑方式及适用条件
7	地下连续墙与土层锚杆结合支护		适于开挖较大、较深(>10m),有地下水的大型基坑,周围有高层建筑,不允许支护有变形,采用机械挖方,要求有较大空间,不允许内部设支撑时采用
8	土层锚杆支护		沿开挖基坑。边坡每2~4m设置一层水平土层锚杆,直到挖土至要求深度。 适于较硬土层或破碎岩石中开挖较大、较深基坑,邻近有建筑物必须保证边坡稳定时采用
9	板桩(灌注桩)中央横顶支撑		在基坑周围打板桩或设挡土灌注桩。在内侧放坡挖中间部分土方到坑底,先施工中间部分结构至地面,然后再利用此结构作支承向板桩(灌注桩)支水平横顶撑,挖除放坡部分土方,每挖一层支一层水平横顶撑,直至设计深度,最后再建该部分结构。 适于开挖较大、较深的基坑,支护桩刚度不够,又不允许设置过多支撑时用
10	板桩(灌注桩)中央斜顶支撑		在基坑周围打板桩或设挡土灌注桩,在内侧放坡挖中间部分土方到坑底,并先施工好中间部分基础,再从基础向桩上方支斜顶撑,然后再把放坡的土方挖除,每挖一层,支一层斜撑。直至坑底,最后再建该部分结构。

(续表)

序号	支撑方式	示意图	支撑方式及适用条件
10	板桩（灌注桩）中央斜顶支撑		适于开挖较大、较深基坑，支护桩刚度不够，坑内不允许设置过多支撑时用
11	分层板桩支撑	（一级混凝土板桩、拉杆、二级混凝土板桩、锚桩）	在开挖厂房群基础，周围先打支护板桩，然后在内侧挖土方至群基础底标高，再在中部主体深基础四周打二级支护板桩，挖主体深基础土方，施工主体结构至地面，最后施工外围群基础。适于开挖较大、较深基坑，当中部主体与周围群基础标高不等，而又无重型板桩时采用

4.2.7 集水井与井点降水

（1）集水井降水见表 4.2.12 和图 4.2.2。

表 4.2.12 集水井降水

序号	类型	说明
1	概念	集水井降水方法是在基坑或沟槽开挖时，在开挖基坑的一侧、两侧或中间设置排水沟，并沿排水沟方向每间隔 20～30m 设一集水井（或在基坑的四角处设置），使地下水流入集水井内，再用水泵抽出坑外
2	设置范围	一般小面积基坑排水沟深 0.3～0.6m，底宽不应小于 0.2～0.3m，水沟的边坡为 1:(1～1.5)，沟底设有 0.2%～0.5% 纵坡。基坑面积较大时，排水沟截面尺寸应相应加大，以保证排水畅通。另外，排水沟深度应始终保持比挖土面低 0.4～0.5m
3	要求	集水井的直径或宽度，一般为 0.7～0.8m。其深度随着挖土的加深而加深，要始终低于挖土面 0.8～1.0m，井壁用方木板支撑加固。至基底以下井底应填以 20cm 厚碎石或卵石，以防止泥沙进入水泵，同时井底面应低于坑底 1～2m

(续表)

序号	类型	说　明
4	选用的水泵类型	基坑排水采用的水泵,常用动力水泵,有机动、电动、真空及缸吸泵等。选用水泵类型时,一般取水泵的排水量为基坑涌水量的1.5~2倍。当基坑涌水量$Q<20 m^3/h$,可用隔膜式泵或潜水电泵;当Q为20~60 m^3/h,可用隔膜式或离心式水泵或潜水电泵;当$Q>60\ m^3/h$,多用离心式水泵

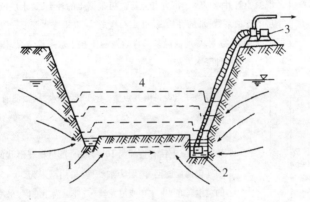

图 4.2.2　集水井降水

1—排水沟;2—集水坑;3—水泵;4—基坑

(2)井点降水见表 4.2.13。

表 4.2.13　井点降水

序号	项目	说　明
1	条件	基坑中直接抽出地下水的方法比较简单,施工费用低,应用比较广,但当土为细砂或粉砂,地下水渗流时会出现流沙、边坡塌方及管涌等可能,使施工困难,工作条件恶化,并有引起附近建筑物下沉的危险,此时常用井点降水的方法进行降水施工
2	原理	井点降水就是在基坑开挖前,预先在基坑四周埋设一定数量的滤水管(井),在基坑开挖前和开挖过程中,利用真空原理,不断抽出地下水,使地下水位降低到坑底以下,从而根本上解决了地下水涌入坑内的问题(图4.2.3a);防止了边坡由于受地下水流的冲刷而引起的塌方(图4.2.3b);使坑底

(续表)

序号	项目	说明
2	原理	的土层消除了地下水位差引起的压力,因此防止了坑底土的上涌(图4.2.3c);由于没有水压力,使板桩减少了横向荷载(图4.2.3d);由于没有地下水的渗流,也就消除了流沙现象(图4.2.3e)。降低地下水位后,由于土体固结,还能使土层密实,增加地基土的承载能力
3	方法	井点降水方法有轻型井点、喷射井点、电渗井点、管井井点、深井井点、无砂混凝土管井点以及小沉井井点等。可根据土的种类,透水层位置、厚度,土层的渗透系数,水的补给源,井点布置形式,要求降水深度,邻近建筑、管线情况,工程特点,场地及设备条件以及施工技术水平等情况,作出比较后选用一种或两种降水方法
4	类型	轻型井点降水 / 设备 / 轻型井点设备由井点管、弯联管、集水总管、滤管和抽水设备组成。 　　滤管为进水设备,长度一般为1.0~1.5m,直径常与井点管相同;管壁上钻有直径为10~18mm的呈梅花形状的滤孔,管壁外包两层滤网,内层为细滤网,采用网眼为30~50孔/cm^2的黄铜丝布、生丝布或尼龙丝布;外层为粗滤网,采用网眼为3~10孔/cm^2的铁丝布、尼龙丝布或棕树皮。为避免滤孔淤塞,在管壁与滤网间用铁丝绕成螺旋状隔开,滤网外面再围一层8号粗铁型保护层。滤管下端放一个锥形的铸铁头。井点管为直径38~55mm的钢管(或镀锌钢管),长5~7m,井点管上端用弯联管与总管相连。弯联管宜用透明塑料管或用橡胶软管。 　　集水总管一般用直径为75~100mm的钢管分节连接,每节长4m,每间隔0.8~1.6m设一个连接井点管的接头。 　　抽水设备有三种类型,一是真空泵轻型井点设备,由真空泵、离心泵和气水分离器组成,这种设备国内已有定型产品供应,设备形成真空度高(67~80kPa),带井点数多(60~70根),降水深度较大(5.5~6.0m);但该设备较复杂,易出故障,维修管理困难,耗电量大,适用于重要的较大规模的工程降水。二是射流泵轻型井点设备,它由离心泵、射流泵(射流

(续表)

序号	项目			说　　明
4	类型	轻型井点降水	设备	器)、水箱等组成。射流泵抽水系由高压水泵供给工作水,经射流泵后产生真空,引射地下水流;它构造简单,制造容易,降水深度较大(可达9m),成本低,操作维修方便,耗电少,但其所带的井点管一般只有25~40根,总管长度30~50m。若采用两台离心泵和两个射流器联合工作,能带动井点管两根,总管长100m。这种形式目前应用较广,是一种有发展前途的抽水设备
			布置 — 平面布置	当基坑(槽)宽小于6m,且降水深度不超过6m时,可采用单排井点,布置在地下水上游一侧,两端延伸长度以不小于槽宽为宜(图4.2.4)。如宽度大于6m或土质不良、渗透系数较大时,宜采用双排井点,布置在基坑(槽)的两侧。当基坑面积较大时宜采用环形井点(图4.2.5);考虑运输设备人道,一般在地下水下游方向布置成不封闭。井点管距离基坑壁一般可取0.7~1.0m,以防局部发生漏气。井点管间距为0.8m、1.2m、1.6m,由计算或经验确定。井点管在总管四角部分应适当加密
			布置 — 高程布置	高程布置轻型井点的降水深度,从理论上讲可达10.3m,但由于管路系统的水头损失,其实际的降水深度一般不宜超过6m。井点管的埋置深度H,可按下式计算(图4.2.5b): $$H \geq H_1 + h + iL$$ 式中　H_1——井点管埋设面至基坑底面的距离(m); 　　　h——降低后的地下水位至基坑中心底面的距离,一般为0.5~1.0m,人工开挖取下限,机械开挖取上限; 　　　i——降水曲线坡度,对环状或双排井点取1/15~1/10,对单排井点取1/4; 　　　L——井点管中心至基坑中心的短边距离(m)。 如H值小于降水深度6m时,可用一级井点;H值稍大于6m且地下水位离地面较深时,可采用降低总管埋设面的方法,仍可采用一级井点;当一级井点达不到降水深度要求时,则可采用二级井点或喷射井点(图4.2.6)

(续表)

序号	项目			说 明
4	类型	轻型井点降水	施工工艺流程	轻型井点施工工艺按如下流程进行:放线定位→铺设总管→冲孔安装井点管,填砂砾滤料,上部填黏土密封→用弯联管将井点管与总管接通→安装抽水设备→开动设备试抽水→测量观测井中地下水位变化
			井点管埋设	井点管的埋设一般采用水冲法进行,借助于高压水冲刷土体,用冲管扰动土体助冲,将土层冲成圆孔后埋设井点管。整个过程可分冲孔与埋管两个施工过程(图4.2.7)。冲孔的直径一般为300mm,以保证井管四周有一定厚度的砂滤层;冲孔深度宜比滤管底深0.5m左右,以防冲管拔出时部分土颗粒沉于底部而触及滤管底部。 井孔冲成后,立即拔出冲管,插入井点管,并在井点管与孔壁之间迅速填灌砂滤层,以防孔壁塌土。砂滤层的填灌质量是保证轻型井点顺利抽水的关键。一般宜选用干净粗砂,填灌均匀,并填至滤管顶上1~1.5m,以保证水流畅通。井点填砂后,须用黏土封口,以防漏气。 井点管埋设完毕后,需进行试抽,以检查有无漏气、淤塞现象,出水是否正常,如有异常情况,应检修好方可使用
		喷射井点降水	条件	当基坑开挖较深或降水深度大于6m时,必须使用多级轻型井点才可收到预期效果。但要增大基坑土方开挖量,延长工期并增加设备数量,不够经济。此时,宜采用喷射井点降水,它在渗透系数3~50m/d的砂土中应用最为有效,在渗透系数为0.1~2m/d的亚砂土、粉砂、淤泥质土中效果也较显著,其降水深度可达8~20m
			设备	喷射井点根据其工作时使用液体或气体的不同,分为喷水井点和喷气井点两种。其设备主要由喷射井管、高压水泵(或空气压缩机)和管路系统组成(图4.2.8a)。喷射井管1由内管8和外管9组成,在内管下端装有升水装置——喷射扬水器与滤管2相连(图4.2.8b)。在高压水泵5作用下,具有一

第4章 地基基础工程施工技术

(续表)

序号	项目			说 明
4	类型	喷射井点降水	设备	定压力水头(0.7~0.8MPa)的高压水经进水总管3进入井管的内外管之间的环形空间,并经扬水器的侧孔流向喷嘴10。由于喷嘴截面的突然缩小,流速急剧增加,压力水由喷嘴以很高流速喷入混合室11,将喷嘴口周围空气吸入,被急速水流带走,因该室压力下降而造成一定真空度。此时地下水被吸入喷嘴上面的混合室,与高压水汇合,流经扩散管12时,由于截面扩大,流速减低而转化为高压,沿内管上升经排水总管排于集水池6内,此池内的水,一部分用水泵7排走,另一部分供高压水泵压入井管用。如此循环不断,将地下水逐步抽出,降低了地下水位。高压水泵宜采用流量为50~80m³/h的多级高压水泵,每套能带动20~30根井管
			布置与使用	喷射井点的管路布置、井管埋设方法及要求与轻型井点相同。喷射井管间距一般为2~3m,冲孔直径为400~600mm,深度应比滤管深1m以上(图4.2.8c)。使用时,为防止喷射器损坏,需先对喷射井管逐根冲洗,开泵时压力要小一些(<0.3MPa),以后再逐步开足,如发现井管周围有翻砂、冒水现象,应立即关闭井管检修。工作水应保持清洁,试抽2d后应更换清水,此后视水质污浊程度定期更换清水,以减轻工作水对喷射嘴及水泵叶轮等的磨损
		管井井点降水	概念	管井井点又称大口径井点,适用于渗透系数大(20~200m/d)、地下水丰富的土层和砂层,或用集水井法易造成土粒大量流失,引起边坡塌方及用轻型井点难以满足要求的情况下使用。具有排水量大、降水深、排水效果好、可代替多组轻型井点作用等特点
			主要设备	由滤水井管、吸水管和抽水机械等组成(图4.2.9)。滤水井管的过滤部分,可采用钢筋焊接骨架外包孔眼为1~2mm的滤网,长2~3m;井管部分,宜用直径为20mm以上的钢管或其他竹木、混凝土等管材。吸水管宜用直径为50~100mm的胶皮管或钢管,插入滤水井管内,其底端应插到管井抽吸时的最低水位以下,必要时装设逆止阀,上端装设带法兰盘的短钢管一节。抽水机械常用4~8m的离心式水泵

(续表)

序号	项目		说明
4	类型	管井井点降水	管井布置	管井布置沿基坑外圈四周呈环形或沿基坑(或沟槽)两侧或单侧呈直线布置。井中心距基坑(或沟槽)边缘的距离,根据所用钻机的钻孔方法而定,当用冲击式钻机用泥浆护壁时为 0.5~1.5m;当用套管法时不小于 3m。管井的埋设深度和间距根据所需降水面积和深度以及含水层的渗透系数与因素而定,埋深 5~10m,间距 10~50m,降水深度 3~5m

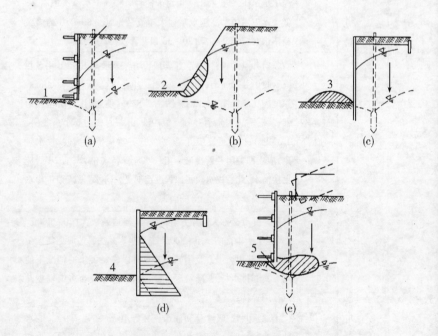

图 4.2.3 井点降水的作用

(a)防水涌水;(b)使边坡稳定;(c)防止土的上冒;(d)减少横向荷载;(e)防止流沙
1—漏水;2—塌方;3—管涌;4—水压;5—流沙

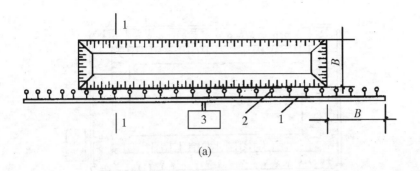

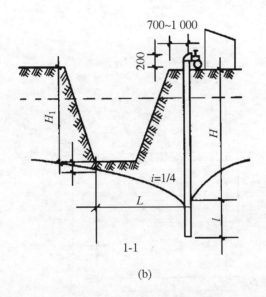

图4.2.4 单排井点布置简图

(a)平面布置;(b)高程布置

1—总管;2—井点管;3—抽水设备

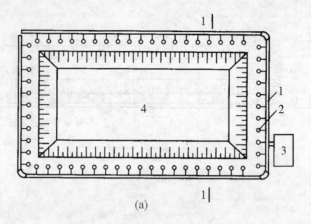

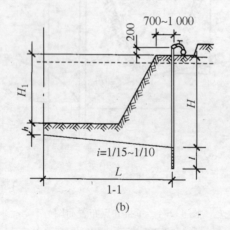

图 4.2.5 环形井点布置简图
(a)平面布置;(b)高程布置
1—总管;2—井点管;3—抽水设备;4—基坑

第 4 章 地基基础工程施工技术

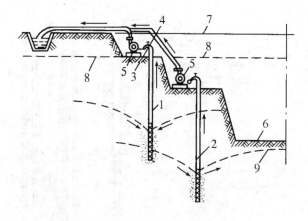

图 4.2.6 二级轻型井点降水示意图

1—第一级轻型井点;2—第二级轻型井点;3—集水总管;4—连接管;5—水泵;
6—基坑;7—原地面线;8—原地下水位线;9—降低后地下水位线

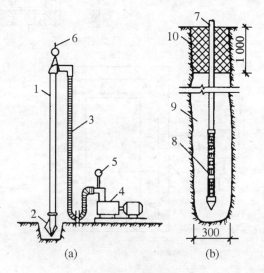

图 4.2.7 井点管的埋设

(a)冲孔;(b)埋管

1—冲管;2—冲嘴;3—胶皮管;4—高压水泵;5—压力表;
6—起重机吊钩;7—井点管;8—滤管;9—填砂;
10—黏土封口

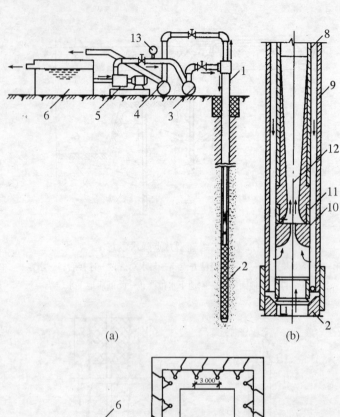

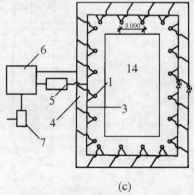

图 4.2.8 喷射井点设备及平面布置简图

(a) 喷射井点设备简图;(b) 喷射扬水器详图;(c) 喷射井点平面布置

1—喷射井管;2—滤管;3—进水总管;4—排水总管;5—高压水泵;6—集水池;

7—水泵;8—内管;9—外管;10—喷嘴;11—混合室;12—扩散管;13—压力表;14—基坑

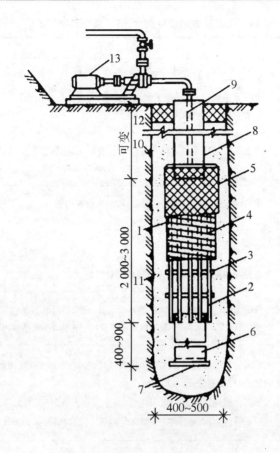

图 4.2.9 管井井点

1—滤水井管；2—φ14 钢筋焊接骨架；3—6×30 铁环@250；
4—10 号铁丝垫筋@25 焊于管架上；5—孔眼为 1~2mm 铁丝网点焊于垫筋上；
6—沉砂管；7—木塞；8—φ150~φ250 钢管；9—吸水管；10—钻孔；
11—填充砂砾；12—黏土；13—水泵

4.2.8 土方开挖方法

基础土方开挖的方法分为人工挖方与机械挖方两类。

1. 人工挖方

人工挖方的适用条件、施工准备和施工要点见表 4.2.14。

表 4.2.14 人工挖方的适用条件、施工准备和施工要点

项目	序号	内容
适用条件	1	一般建筑物、构筑物的基坑(槽)和各种管沟等
施工准备	1	土方开挖前,应根据施工方案的要求,将施工区域内的地下、地上障碍物清除和处理完毕
	2	地表面要清理平整,做好排水坡向,在施工区域内,要挖临时性排水沟
	3	建筑物位置的标准轴线桩、构筑物的定位控制桩、标准水平桩及灰线尺寸,必须先经过检查,并办完预检手续
	4	夜间施工时,应合理安排工序,防止错挖或超挖。施工场地应根据需要安设照明设施,在危险地段设置明显标志
	5	开挖低于地下水位的基坑(槽)、管沟时,应根据当地工程地质资料,采取措施降低地下水位,一般要降至低于开挖底面的0.5m,然后再开挖
施工要点	1	在天然湿度的土中,开挖基坑(槽)和管沟时,当挖土深度不超过规定的数值时,可不放坡,不加支撑。 若超出规定深度,在5m以内时,当土具有天然湿度,构造均匀,水文地质条件好,且无地下水,不加支撑的基坑(槽)和管沟,必须放坡
	2	开挖浅的条形基础,如不放坡时,应先沿灰线直边切出槽边的轮廓线,一般黏性土可自上而下分层开挖,每层深度以600mm为宜,从开挖端部逆向倒退按踏步型挖掘。碎石类土先用镐翻松,正向挖掘,每层深度视翻土厚度而定,每层应清底和出土,然后逐步挖掘
	3	基坑(槽)管沟的直立壁和边坡,在开挖过程和敞露期间应防止塌陷,必要时应加以保护。 在挖方上侧弃土时,应保证边坡和直立壁的稳定。当土质良好时,抛于槽边的土方(或材料),应距槽(沟)边缘0.8m以外,高度不宜超过1.5m。 在柱基周围、墙基或围墙一侧,不得堆土过高

第4章 地基基础工程施工技术

(续表)

项目	序号	内　　容
施工要点	4	开挖基坑(槽)或管沟时,应合理确定开挖顺序和分层开挖深度。当接近地下水位时,应先完成标高最低处的一挖方,以便于在该处集中排水。开挖后,在挖到距槽底500mm以内时,测量放线人员应配合挖出距槽底500mm平线,自每条槽端部200mm处每隔2～3m,在槽帮上钉水平标高小木橛。在挖至接近槽底标高时,用尺或事先量好的500mm,随时以小木橛上平校核槽底标高。最后由两端轴线(中心线)引桩拉通线,检查距槽边尺寸,确定槽宽标准,据此整槽帮,最后清除槽底土方,修底铲平
	5	开挖浅管沟时,与浅条形基础开挖基本相同,仅沟帮不切直修平。标高按龙门板下返沟底尺寸,符合设计标高后,再从两端龙门板下的沟底标高上返500mm,拉小线用尺检查沟底标高,最后修整沟底
	6	开挖放坡的坑(槽)和管沟时,应先按施工方案规定的坡度,粗略开挖,再分层按坡度要求做出坡度线,每隔3m左右做一条,以此线为准进行铲坡。深管沟挖土时,应在沟帮中间留出宽800mm左右的倒土台
	7	开挖大面积浅基坑时,沿坑三面开挖,挖出的土方装入手推车或翻斗车,由未开挖的一面运至弃土地点
	8	开挖基坑(槽)的土方,在场地有条件堆放时,一定要留足回填需用的好土,多余的土方应一次运至弃土地点
	9	土方开挖一般不宜在雨期进行。工作面不宜过大,应逐段、逐片的分期完成。 雨期开挖基坑(槽)或管沟时,应注意边坡稳定。必要时可适当放缓边坡坡度或设置支撑。同时应在坑(槽)外侧围以土堤或开挖水沟,防止地面水流入。施工时应加强边坡、支撑、土堤等的检查
	10	土方开挖不宜在冬期施工,如必须在冬期施工时,其施工方法应按冬期施工方案进行

2. 机械挖方

（1）机械挖方的适用条件　机械挖方主要适用于一般建筑的地下室、半地下室土方，基槽深度超过 2.5m 的住宅工程，条形基础槽宽 3m 或土方量超过 500m³ 的其他工程。

（2）挖掘机械作业方法。

①拉铲挖掘机开挖方法见表 4.2.15。

表 4.2.15　拉铲挖掘机开挖方法

序号	作业名称	作业方法	使用范围
1	沟端开挖法	拉铲停在沟端，倒退着沿沟纵向开挖。开挖宽度可以达到机械挖土半径的 2 倍，能两面出土，汽车停放在一侧或两侧，装车角度小，坡度较易控制，并能开挖较陡的坡	适于就地取土、填筑路基及修筑堤坝等
2	沟侧开挖法	拉铲停在沟侧沿沟横向开挖，沿沟边与沟平行移动，如沟槽较宽，可在沟槽的两侧开挖。本法开挖宽度和深度均较小，一次开挖宽度约等于挖土半径，且开挖边坡不易控制	适于开挖土方就地堆放的基坑、槽以及填筑路堤等工程
3	三角开挖法 A、B、C—拉铲停放位置； 1、2、3—开挖顺序	拉铲按"之"字形移位，与开挖沟槽的边缘成 45°角左右。本法拉铲的回转角度小，生产率高，而且边坡开挖整齐	适于开挖宽度在 8m 左右的沟槽

第4章 地基基础工程施工技术

(续表)

序号	作业名称	作业方法	使用范围
4	分段拉土法	在第一段采取三角挖土,第二段机身沿 AB 线移动进行分段挖土。如沟底(或坑底)土质较硬,地下水位较低时,应使汽车停在沟下装土,铲斗装土后稍微提起即可装车,能缩短铲斗起落时间,又能减小臂杆的回转角度	适于开挖宽度大的基坑、槽、沟渠工程
5	层层拉土法	拉铲从左到右或从右到左顺序逐层挖土,直至全深。本法可以挖得平整,拉铲斗的时间可以缩短。当土装满铲斗后,可以从任何高度提起铲斗,运送土时的提升高度可减少到最低限度。但落斗时要注意将拉斗钢绳与落斗钢绳一起放松,使铲斗垂直下落	适于开挖较深的基坑,特别是圆形或方形基坑
6	顺序挖土法	挖土时先挖两边,保持两边低、中间高的地形,然后顺序向中间挖土。本法挖土只只两边遇到阻力,较省力,边坡可以挖得整齐,铲斗不会发生翻滚现象	适于开挖土质较硬的基坑

· 249 ·

(续表)

序号	作业名称	作业方法	使用范围
7	转圈挖土法	拉铲在边线外顺圆周转圈挖土,形成四周低中间高,可防止铲斗翻滚。当挖到5m以下时,则需配合人工在坑内沿坑周边往下挖一条宽50cm、深40~50cm的槽,然后进行开挖,直至槽底平,接着再人工挖槽,再用拉铲挖土,如此循环作业至设计标高为止	适于开挖较大、较深圆形基坑
8	扇形挖土法	拉铲先在一端挖成一个锐角形,然后挖土机沿直线按扇形后退,直至挖土完成。本法挖土机移动次数少,汽车在一个部位循环,道路少,装车高度小	适于挖直径和深度不大的圆形基坑或沟渠

②正铲挖掘机作业法见表4.2.16。

表4.2.16 正铲挖掘机作业法

序号	作业名称	作业方法	使用范围
1	正向开挖,侧向装土法	正铲向前进方向挖土,汽车位于正铲的侧向装车。本法铲臂卸土回转角度最小(<90°),装车方便,循环时间短,生产效率高	用于开挖工作面较大,深度不大的边坡、基坑(槽)、沟渠和路堑等,为最常用的开挖方法

(续表)

序号	作业名称	作业方法	使用范围
2	正向开挖,反方装土法	正铲向前进方向挖土,汽车停在正铲的后面。本法开挖工作面较大,但铲臂卸土回转角度较大(在180°左右),且汽车要侧行车,增加工作循环时间,生产效率降低(回转角度180°,效率约低23%,回转角度130°,约降低13%)	用于开挖工作面狭小,且较深的基坑(槽)、管沟和路堑等
3	分层开挖法	将开挖面按机械的合理高度分为多层开挖(图a),当开挖面高度不能成为一次挖掘深度的整数倍时,则可在挖方的边缘或中部先开挖一条浅槽作为第一次挖土运输线路(图b),然后再逐次开挖直至基坑底部	用于开挖大型基坑或沟渠,工作面高度大于机械挖掘的合理高度时采用
4	上下轮换开挖法	先将土层上部1m以下土挖深30~40cm,然后再挖土层上部1m厚的土,如此上下轮换开挖。本法挖土阻力小,易装满铲斗,卸土容易	适于土层较高,土质不太硬,铲斗挖掘距离很短时使用
5	顺铲开挖法	铲斗从一侧向另一侧一斗挨一斗地顺序开挖,使每次挖土增加一个自由面,阻力减小,易于挖掘。也可依据土质的坚硬程度使每次只挖2~3个斗牙位置的土	适于土质坚硬,挖土时不易装满铲斗,而且装土时间长时采用

（续表）

序号	作业名称	作业方法	使用范围
6	间隔开挖法	即在扇形工作面上第一铲与第二铲之间保留一定距离，使铲斗接触土体的摩擦面减少，两侧受力均匀，铲土速度加快，容易装满铲斗，生产效率提高	适于开挖土质不太硬、较宽的边坡或基坑、沟渠等
7	多层挖土法	将开挖面按机械的合理开挖高度，分为多层同时开挖，以加快开挖速度，土方可以分层运出，也可分层递送，至最上层（或下层）用汽车运去，但两台挖土机沿前进方向，上层应先开挖保持30～50cm距离	适于开挖高边坡或大型基坑
8	中心开挖法	正铲先在挖土区的中心开挖，当向前挖至回转角度超过90°时，则转向两侧开挖，运土汽车按八字形停放装土。本法开挖移位方便，回转角度小（<90°）。挖土区宽度宜在40m以上，以便于汽车靠近正铲装车	适用于开挖较宽的山坡地段或基坑、沟渠等

③反铲挖掘机作业法见表4.2.17。

表 4.2.17 反铲挖掘机作业法

序号	作业名称	作业方法	使用范围
1	沟端开挖法 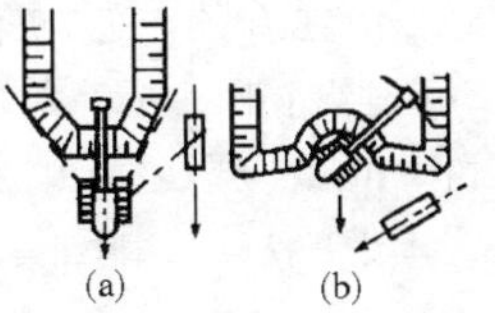 (图示 (a)(b))	反铲停于沟端,后退挖土,同时往沟一侧弃土或装汽车运走(图a)。挖掘宽度可不受机械最大挖掘半径限制,臂杆回转半径仅45°~90°,同时可挖到最大深度。对较宽基坑可采用如图b所示方法,其最大一次挖掘宽度为反铲有效挖掘半径的2倍。但汽车须停在机身后面装土,生产效率降低,或采用几次沟端开挖法完成作业	适于一次成沟后退挖土挖出土方随即运走时采用,或就地取土填筑路基或修筑堤坝等
2	沟侧开挖法 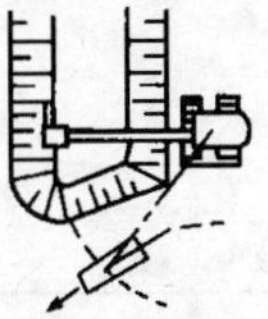	反铲停于沟侧沿沟边开挖,汽车停在机旁装土或往沟一侧卸土。本法铲臂回转角度小,能将土弃于距沟边较远的地方,但挖土宽度比挖掘半径小。边坡不好控制,同时机身靠沟边停放,稳定性较差	用于横挖土体和需将土方甩到离沟边较远的距离时使用
3	沟角开挖法 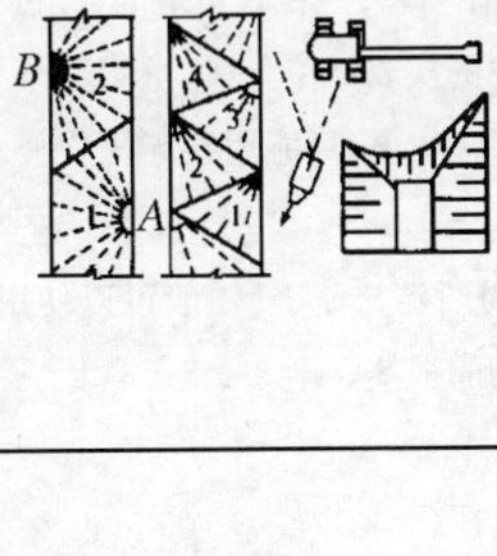	反铲位于沟前端的边角上,随着沟槽的掘进,机身沿着沟边往后作"之"字形移动。臂杆回转角度平均在45°左右,机身稳定性好,可挖较硬土体,并能挖出一定的坡度	适于开挖土质较硬、宽度较小的沟槽(坑)

(续表)

序号	作业名称	作业方法	使用范围
4	多层接力开挖法	用两台或多台挖土机设在不同作业高度上同时挖土、边挖土、边向上传递到上层，由地表挖土机连挖土带装车。上部可用大型反铲，中、下层用大型或小型反铲，以便挖土和装车，均衡连续作业，一般两层挖土可挖深10m，三层可挖深15m左右。本法开挖较深基坑，可一次开挖到设计标高，一次完成，可避免汽车在坑下装运作业，提高生产效率，且不必设专用垫道	适于开挖土质较好、深10m以上的大型基坑、沟槽和渠道

4.3 土方回填与压实

4.3.1 土方回填的要求

土方回填的要求见表4.3.1。

表4.3.1　土方回填的要求

序号	类别	要　求
1	回填土料	(1)碎石类土、砂土和爆破石渣(粒径不大于每层铺土厚的2/3)，可用于表层下的填料。 (2)含水量符合压实要求的黏性土，可作各层填料。 (3)淤泥和淤泥质土，一般不能用作填料，但在软土地区，经过处理含水量符合压实要求的，可用于填方中的次要部位。 (4)碎块草皮和有机质含量大于5%的土，只能用在无压实要求的填方。 (5)含有盐分的盐渍土中，仅中、弱两类盐渍土，一般可以使用，但填料中不得含有盐晶、盐块或含盐植物的根茎。 (6)不得使用冻土、膨胀性土作填料。 (7)含水率要求：

(续表)

序号	类别	要求	
1	回填土料	①填土土料含水量的大小,直接影响到夯实(碾压)质量,在夯实(碾压)前应预试验,以得到符合密实度要求条件下的最优含水量和最少夯实(或碾压)遍数。含水量过小,夯压(碾压)不实;含水量过大,则易成橡皮土。 ②当填料为黏性土或排水不良的砂土时,其最优含水量与相应的最大干密度,应用击实试验测定(表4.3.2)。 ③土料含水量一般以手握成团,落地开花为适宜。当含水量过大,应采取翻松、晾干、风干、换土回填、掺入干土或其他吸水性材料等措施;如土料过干,则应预先洒水润湿,每1 m³ 铺好的土层需要补充水量(L)按下式计算: $$V = \frac{\rho_w}{1+w}(w_{op} - w)$$ 式中 V——单位体积内需要补充的水量(L); w——土的天然含水量(%)(以小数计); w_{op}——土的最优含水量(%)(以小数计); ρ_w——填土碾压前的密度(kg/m³)。 在气候干燥时,须采取加速挖土、运土、平土和碾压过程,以减少土的水分散失。 ④当填料为碎石类土(充填物为砂土)时,碾压前应充分洒水湿透,以提高压实效果	
2	土方回填	高度限制	填方边坡的高度限制见表4.3.3
		人工填土	(1)回填土时从场地最低部分开始,由一端向另一端自下而上分层铺填。每层虚铺厚度,用人工木夯夯实时,不大于20cm;用打夯机械夯实时不大于25cm。 (2)深浅坑(槽)相连时,应先填深坑(槽),相平后与浅坑全面分层填夯。如果采取分段填筑,交接处应填成阶梯形。墙基及管道回填应在两侧用细土同时均匀回填、夯实,防止墙基及管道中心线位移。 (3)人工夯填土,用60~80kg 的木夯或铁、石夯,由4~8人拉绳,两人扶夯,举高不小于0.5m,一夯压半夯,按次序进行

(续表)

序号	类别		要求
2	土方回填	人工填土	(4)较大面积人工回填用打夯机夯实。两机平行时其间距不得小于3m,在同一夯打路线上,前后间距不得小于10m
		机械填土 推土机填土	(1)填土应由下而上分层铺填,每层虚铺厚度不宜大于30cm。大坡度堆填土,不得居高临下,不分层次,一次堆填。 (2)推土机运土回填,可采取分堆集中,一次运送方法,分段距离约为10~15m,以减少运土漏失量。 (3)土方推至填方部位时,应提起一次铲刀,成堆卸土,并向前行驶0.5~1.0m,利用推土机后退时将土刮平。 (4)用推土机来回行驶进行碾压,履带应重叠一半。 (5)填土程序宜采用纵向铺填顺序,从挖土区段至填土区段,以40~60cm距离为宜
		铲运机填土	(1)铲运机铺土,铺填土区段,长度不宜小于20m,宽度不宜小于8m。 (2)铺土应分层进行,每次铺土厚度不大于30~50cm(视所用压实机械的要求而定),每层铺土后,利用空车返回时将地表面刮平。 (3)填土顺序一般尽量采取横向或纵向分层卸土,以利行驶时初步压实
		自卸汽车填土	(1)自卸汽车为成堆卸土,须配以推土机推土、摊平。 (2)每层的铺土厚度不大于30~50cm(随选用的压实机具而定)。 (3)填土可利用汽车行驶作部分压实工作,行车路线须均匀分布于填土层上。 (4)汽车不能在虚土上行驶,卸土推平和压实工作须采取分段交叉进行

第4章 地基基础工程施工技术

表 4.3.2 土的最优含水量和最大干密度参考表

序号	土的种类	变动范围	
		最优含水量(%)(质量分数)	最大干密度(t/m^3)
1	砂土	8~12	1.80~1.88
2	黏土	19~23	1.58~1.70
3	粉质黏土	12~15	1.85~1.95
4	粉土	16~22	1.61~1.80

注:1. 表中土的最大干密度应以现场实际达到的数字为准。
　　2. 一般性的回填可不作此项测定。

表 4.3.3 永久性填方边坡的高度限制

序号	土的种类	填方高度(m)	边坡坡度
1	黏土类土、黄土、类黄土	5	1:1.50
2	粉质黏土、泥灰岩土	6~7	1:1.50
3	中砂或粗砂	10	1:1.50
4	砾石或碎石土	10~12	1:1.50
5	易风化岩土	12	1:1.50
6	轻微风化、尺寸25cm 内的石料	6 以内	1:1.33
		6~12	1:1.50
7	轻微风化、尺寸大于25cm 的石料,边坡用最大石块,分排整齐铺砌	12 以内	1:1.50~1:0.75
8	轻微风化、尺寸大于40cm 的石料,其边坡分排整齐	5 以内	1:0.50
		5~10	1:0.65
		>10	1:1.00

注:1. 当填方高度超过本表限值时,其边坡可做成折线形,填方下部的边坡坡度应为 1:1.75~1:2.00。
　　2. 凡永久性填方,土的种类未列入本表者,其边坡坡度角不得大于$(\phi+45°)/2$,ϕ 为土的自然倾斜角。

4.3.2 填土压实

填土压实的方法与要求见表 4.3.4。

表4.3.4 填土压实

序号	类别	说明
1	一般要求	(1)填土压实应控制土的含水率在最优含水量范围内，土料含水量一般以手握成团、落地开花为宜。当土料含水量过大，可采取翻松、晾干、风干、换土回填、掺入干土或其他吸水材料等措施；如土料过干，则应洒水润湿，增加压实遍数，或使用大功率压实机械等措施。 (2)填方应从最低处开始，由下向上水平分层铺填碾压(或夯实)。 (3)在地形起伏之处，应做好接搓，修筑1:2阶梯形边坡，每步台阶高可取50cm、宽100cm。分段填筑时，每层接缝处应做成大于1:1.5的斜坡，碾迹重叠0.5~1.0m，上下层错缝距离不应小于1m。接缝部位不得在基础、墙角、柱墩等重要部位。 (4)压实填土的质量要求应符合表4.3.5的规定
2	人工夯实	(1)人力打夯前应将填土初步整平，打夯要按一定方向进行，一夯压半夯，夯夯相接，行行相连，两遍纵横交叉，分层夯打。夯实基槽及地坪时，行夯路线应由四边开始，然后再夯向中间。 (2)用蛙式打夯机等小型机具夯实时，一般填土厚度不宜大于25cm，打夯之前对填土应初步平整，打夯机依次夯打，均匀分布，不留间隙，施工时的分层厚度及压实遍数应符合表4.3.6的要求。 (3)基坑(槽)回填应在相对两侧或四周同时进行回填与夯实，压实填土的边坡允许值应符合表4.3.7的规定。 (4)回填管沟时，应用人工先在管子周围填土夯实，并应从管道两边同时进行，直至管顶0.5m以上。在不损坏管道情况下，方可采用机械填土回填和压实
3	机械压实	(1)填土在碾压机械碾压之前，宜先用轻型推土机、拖拉机推平，低速行驶预压4~5遍，使其表面平实，采用振动平碾压实。爆破石碴或碎石类土，应先用静压而后振压。 (2)碾压机械压实填方时应控制行驶速度：一般平碾、振动碾不超过2km/h；凸块碾压不超过3km/h，并要控制压实遍数。 (3)用压路机进行填方碾压，应采用"薄填、慢驶、多次"的方法，填土厚度不应超过25~30cm；碾压方向应从两边逐渐压向中间，碾轮每次重叠宽度约15~25cm，边角、坡度压实不到之处，应辅以人力夯或小型

(续表)

序号	类别	说　　明
3	机械压实	夯实机具夯实。压实密实度除另有规定外,应压至轮子下沉量不超过1~2cm为度,每碾压一层完后,应用人工或机械(推土机)将表面拉毛,以利接合。 (4)用凸块碾碾压时,填土宽度不宜大于50cm,碾压方向应从填土区的两侧逐渐压向中心。每次碾压应有15~20cm重叠,同时随时清除黏着于凸块之间的土料。为提高上部土层密实度,凸块碾压过后,宜再辅以拖式平碾或压路机压平,常用凸块碾碾压运行方法(图4.3.1)。 (5)用铲运机及运土工具进行压实,铲运机及运土工具的移动须均匀分布于填筑层的表面,逐次卸土碾压(图4.3.2)

表4.3.5　压实填土的质量控制

结构类型	填土部位	压实系数 λ_c	控制含水量(%)
砌体承重结构和框架结构	在地基主要受力层范围内	≥0.97	$w_{op} \pm 2$
	在地基主要受力层范围以下	≥0.95	
排架结构	在地基主要受力层范围内	≥0.96	
	在地基主要受力层范围以下	≥0.94	

表4.3.6　填土施工时的分层厚度及压实遍数

序号	压实工具	分层厚度(mm)	每层压实遍数
1	平碾	250~300	6~8
2	振动压实机	250~350	3~4
3	柴油打夯机	200~250	3~4
4	人工打夯	≤200	3~4

注:1.压实系数 λ_c 为压实填土的控制干密度 ρ_d 与最大干密度 ρ_{dmax} 的比值,w_{op} 为最优含水量。

2.地坪垫层以下及基础底面标高以上的压实填土,压实系数不应小于0.94。

表 4.3.7 压实填土的边坡允许值

序号	填料类别	压实系数 λ_c	边坡允许值(高度比) 填土厚度 H(m)			
			$H \leq 5$	$5 < H \leq 10$	$10 < H \leq 15$	$15 < H \leq 20$
1	碎石、卵石	0.94~0.97	1:1.25	1:1.50	1:1.75	1:2.00
2	砂夹石(其中碎石、卵石占全重30%~50%)		1:1.25	1:1.50	1:1.75	1:2.00
3	土夹石(其中碎石、卵石占全重30%~50%)	0.94~0.97	1:1.25	1:1.50	1:1.75	1:2.00
4	粉质黏土、黏粒含量 $\rho_c \geq 10\%$ 的粉土		1:1.50	1:1.75	1:2.00	1:2.25

注:当压实填土厚度大于20m时,可设计成台阶进行压实填土的施工。

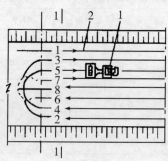

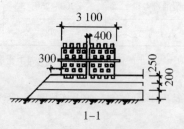

图 4.3.1 凸块碾运行方法
1—凸块碾;2—运行路线

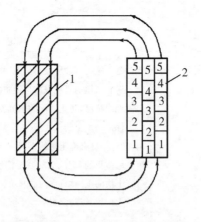

图4.3.2 铲运机在填土地段逐次卸土碾压
1—挖土区;2—卸土碾土区

4.4 土方的季节性施工

土方季节性施工方法与要求见表4.4.1。

表4.4.1 土方的季节性施工

施工季节	一般说明	规 定
冬期施工	土方工程不宜在冬期施工,以免增加工程造价。如必须在冬期施工,其施工方法应经过技术经济比较后确定,施工前应周密计划、充分准备,做到连续施工	凡冬季施工期间新开工程,可根据地下水位、地质情况,尽量采用预制混凝土桩或钻孔灌注桩,并及早落实施工条件,进行变更设计洽商,以减少大量的土方开挖工程
		冬季施工期间,原则上尽量不开挖冻土,如必须在冬期开挖基础土方,应预先采取防冻措施,即沿槽两侧各加宽30~40cm的范围,并于冻结前,用保温材料覆盖或将表面不小于30cm厚的土层翻松。此外,也可以采用机械开冻土法或白灰(石灰)开冻法
		开挖基坑(槽)或管沟时,必须防止基土遭受冻结。如基坑(槽)开挖完毕至垫层和基础施工之间有间歇时间,应在基底的标高之上留适当厚度的松土或保温材料覆盖。 冬期开挖土方时,如可能引起邻近建筑物(或构筑物)的地基或地下设施产生冻结破坏时,应预先采取防冻措施

(续表)

施工季节	一般说明	规定
冬期施工		冬季施工基础应及时回填,并用土覆盖表面免遭冻结。用于房心回填的土应采取保温防冻措施。不允许在冻土层上做地面垫层,防止地面的下沉或裂缝。
		为保证回填土的密实度,规范规定:室外的基坑(槽)或管沟,允许用含有冻土块的土回填,但冻土块的体积不得超过填土总体积的15%;管沟底至管顶50cm范围内,不得用含有冻土块的土回填;室内的基坑(槽)或管沟不得用含有冻块的土回填,以防常温后发生沉陷
		灰土应尽量错开严冬季节施工,灰土不准许受冻,如必须在严冬期打灰土时,要做到随拌、随打、随盖,一般当气温低于-10℃时,灰土不宜施工
雨期施工	土方工程施工应尽可能避开雨期,或安排在雨期之前,也可安排在雨期之后进行。对于无法避开雨期的土方工程,施工时应注意右栏所列的几个问题	大型基坑或施工周期长的地下工程,应先在基础边坡四周做好截水沟、挡水堤,防止场内雨水灌槽
		一般挖槽要根据土的种类、性质、湿度和挖槽深度,按照安全规程放坡,挖土过程中加强对边坡和支撑的检查。必要时放缓边坡或加设支撑,以保证边坡的稳定。 雨期施工,土方开挖面不宜过大,应逐段、逐片分期完成
		挖出的土方应集中运至场外,以避免场内积水或造成塌方。留作回填土的应集中堆置于槽边3m以外。机械在槽外侧行驶应距槽边5m以外,手推车运输应距槽1m以外
		回填土时,应先排除槽内积水,然后方可填土夯实。雨期进行灰土基础垫层施工时,应做到"四随"(即随筛、随拌、随运、随打),如未经夯实而淋雨时,应挖出重做。在雨季施工期间,当天所下的灰土必须当日打完,槽内不准留有虚土,应尽快完成基础垫层

4.5 换填地基

4.5.1 灰土地基加固

灰土地基加固见表4.5.1。

表4.5.1 灰土地基加固

序号	类型	说 明
1	概 念	地基分为天然地基和人工加固处理地基两类。未经加固处理直接支撑建筑物的地基称为天然地基;采用人工加固达到设计要求承载能力的地基称为人工加固处理地基。地基加固处理的方法有换填法、强夯法、注浆法、挤密法等多种方法。 当地基持力层松散软弱时,一般将一定厚度的弱土层挖除,用灰土、人工砂土等作垫层加固地基。 灰土地基是将基础底面下要求范围内的软弱土层挖去,用一定比例的石灰与土,在最优含水量的情况下,充分拌合,分层回填夯实或压实而成。灰土地基具有一定的强度、水稳定性和抗渗性,施工工艺简单,取材容易,费用较低,是一种应用广泛、经济、实用的地基加固方法。适于加固深1~4m厚的软弱土、湿陷性黄土、杂填土等,还可用作结构的辅助防渗层
2	材料质量要求	(1)土料采用就地挖土的黏性土及塑性指数大于4的粉土,土内不得含有松软杂质和耕植土;土料应过筛,其颗粒不应大于15mm。 (2)石灰应用Ⅲ级以上新鲜的块灰,含氧化钙、氧化镁越高越好,使用前1~2d消解并过筛,其颗粒不得大于5mm,且不应夹有未熟化的生石灰块粒及其他杂质,也不得含有过多水分,灰土中石灰氧化物含量对强度的影响见表4.5.2。 (3)灰土土质、配合比、龄期对强度的影响见表4.5.3。 (4)水泥(代替石灰)可选用32.5级或42.5级普通硅酸盐水泥,安定性和强度应经复试合格
3	施工准备	(1)基坑(槽)在铺灰土前必须先行钎探验槽,并按设计和勘探部门的要求处理完地基,办完隐检手续。 (2)基础外侧打灰土,必须对基础、地下室墙和地下防水层、保护层进行检查,发现损坏时应及时修补处理,办完隐检手续;现浇的混凝土基础墙、地梁等均应达到规定的强度,不得碰坏损伤混凝土。

(续表)

序号	类型	说　　明
3	施工准备	（3）当地下水位高于基坑（槽）底时，施工前应采取排水或降低地下水位的措施，使地下水位经常保持在施工面以下 0.5m 左右。在 3d 内不得受水浸泡。 （4）施工前应根据工程特点、设计压实系数、土料种类、施工条件等，合理确定土料含水量控制范围、铺灰土的厚度和夯打遍数等参数。重要的灰土填方参数应通过压实试验来确定。 （5）房心灰土和管沟灰土，应先完成上下水管道的安装或管沟墙间加固等措施后再进行。并且将管沟、槽内、地坪上的积水或杂物、垃圾等清除干净。 （6）施工前，应作好水平高程的标志。如在基坑（槽）或管沟的边坡上每隔 3m 钉上灰土上平的木橛，在室内和散水的边墙上弹上水平线或在地坪上钉好标高控制的标准木桩
4	施工工艺流程	（1）检验土料和石灰粉的质量。首先检查土料种类和质量以及石灰材料的质量是否符合标准的要求，然后分别过筛。如果是块灰闷制的熟石灰，要用 6~10mm 的筛子过筛，如是生石灰粉则可直接使用；土料要用 16~20mm 筛子过筛，均应确保粒径的要求。 （2）灰土拌合： ①灰土的配合比应用体积比，除设计有特殊要求外，一般为 2∶8 或 3∶7。基础垫层灰土必须过标准斗，严格控制配合比。拌合时必须均匀一致，至少翻拌两次，拌合好的灰土颜色应一致。 ②灰土施工时，应适当控制含水量。工地检验方法是：用手将灰土紧握成团，两指轻捏即碎为宜。如土料水分过大或不足时，应晾干或洒水润湿。 （3）槽底清理。对其槽（坑）应先验槽，消除松土，并打两遍底夯，要求平整干净。如有积水、淤泥应晾干；局部有软弱土层或孔洞，应及时挖除后用灰土分层回填夯实。 （4）分层铺灰土。每层的灰土铺摊厚度，可根据不同的施工方法，按表 4.5.4 选用。 （5）夯打密实。夯打（压）的遍数应根据设计要求的干土质量密

(续表)

序号	类型	说　　明
4	施工工艺流程	度或现场试验确定,一般不少于三遍。人工打夯应一夯压半夯,夯夯相接,行行相接,纵横交叉。 (6)找平验收。灰土最上一层完成后,应拉线或用靠尺检查标高和平整度,超高处用铁锹铲平,低洼处应及时补打灰土
5	施工要点	(1)灰土料的施工含水量应控制在最优含水量±2%的范围内,最优含水量可以通过击实实验确定,也可按当地经验取用。 (2)灰土分段施工时,不得在墙角、柱基及承重窗间墙下接缝,上下两层的接缝距离不得小于500mm,接缝处夯压密实,并做成直槎。当灰土地基高度不同时,应做成阶梯形,每阶宽不少于500mm;对辅助防渗层的灰土,应将地下水位以下结构包围,并处理好接缝,同时注意接缝质量,每层虚土从留缝处往前延伸500mm,夯实时应夯过接缝300mm以上;接缝时,用铁锹在留缝处垂直切齐,再铺下段夯实。 (3)灰土应当日铺填夯压,入槽(坑)灰土不得隔日夯实。夯实后的灰土30d内不得受水浸泡,并及时进行基础施工与基坑回填,或在灰土表面作临时性覆盖,避免日晒雨淋。雨季施工时,应采取适当防雨、排水措施,以保证灰土在基槽(坑)内无积水的状态下进行。刚打完的灰土,如突然遇雨,应将松软灰土除去,并补填夯实;稍受湿的灰土可在晾干后补夯。 (4)冬季施工,必须在基层不冻的状态下进行,土料应覆盖保温,冻土及夹有冻块的土料不得使用;已熟化的石灰应在次日用完,以充分利用石灰熟化时的热量。当日拌合灰土应当日铺填夯完,表面应用塑料布及草袋覆盖保温,以防灰土垫层早期受冻降低强度。 (5)施工时应注意妥善保护定位桩、轴线桩,防止碰撞位移,并应经常复测。 (6)对基础、基础墙或地下防水层、保护层以及从基础墙伸出的各种管线,均应妥善保护,防止回填灰土时碰撞或损坏。 (7)夜间施工时,应合理安排施工顺序,要配备有足够的照明设施,防止铺填超厚或配合比错误。

（续表）

序号	类型	说　明
5	施工要点	（8）灰土地基打完后，应及时进行基础的施工和地平面层的施工，否则应临时遮盖，防止日晒雨淋。 （9）每一层铺筑完毕后，应进行质量检验并认真填写分层检测记录，当某一填层不符合质量要求时，应立即采取补救措施，进行整改

表4.5.2　灰土中石灰氧化物含量对强度的影响　　（％）

活性氧化钙含量	81.74	74.59	69.49
相对强度	100	74	60

表4.5.3　灰土土质、配合比、龄期对强度的影响　　（MPa）

龄期	灰土比 \ 土种类	黏　土	粉质黏土	粉　土
7d	4:6	0.507	0.411	0.311
	3:7	0.669	0.533	0.284
	2:8	0.526	0.537	0.163

表4.5.4　灰土最大虚铺厚度

序号	夯实机具种类	质量(t)	虚铺厚度(mm)	备注
1	石夯、木夯	0.04～0.08	200～250	人力送夯，落距400～500mm，一夯压半夯，夯实后约80～100mm厚
2	轻型夯实机械	0.12～0.4	200～250	蛙式夯机、柴油打夯机，夯实后约100～150mm厚
3	压路机	6～10	200～250	双轮

4.5.2　砂和砂石地基加固

砂和砂石地基加固见表4.5.5。

表 4.5.5　砂和砂石地基加固

序号	施工类型	说　　明
1	概　念	砂和砂石地基,系用砂或砂砾石(碎石)混合物,经分层夯实,作为地基的持力层,提高基础下部地基强度,并通过垫层的压力扩散作用,降低地基的压应力,减少变形量,同时垫层可起排水作用,地基土中孔隙水可通过垫层快速地排出,能加速下部土层的沉降和固结。 砂和砂石地基具有应用范围广泛,适于处理 3.0m 以内的软弱、透水性强的黏性土地基,不宜用于加固湿陷性黄土地基及渗透系数小的黏性土地基
2	材料质量要求	(1)砂宜用颗粒级配良好、质地坚硬的中砂或粗砂,当用细砂、粉砂时应掺加粒径 20~50mm 卵石(或碎石),但要分布均匀。砂中不得含有杂草、树根等有机物。用作排水固结的地基材料,含泥量宜小于 3%。 (2)采用工业废粒料作为地基材料,应符合表 4.5.6 的技术条件。 干渣有分级干渣、混合干渣和原状干渣。小面积垫层用 8~40mm 与 40~60mm 的分级干渣或 0~60mm 的混合干渣;大面积填埋时,可采用混合干渣或原状干渣,原状干渣最大粒径不大于 200mm 或不大于碾压分层虚铺厚度的 1/3。 (3)砂石。用自然级配的砂石(或卵石、碎石)混合物,粒级应在 50mm 以下,其含量应在 50% 以内,不得含有植物残体、垃圾等杂物,含泥量小于 5%
3	施工准备	(1)设置控制铺筑厚度的标志,如水平标准木桩或标高桩,或在固定的建筑物墙上、槽和沟的边坡上弹上水平标高线或钉上水平标高木橛。 (2)在地下水位高于基坑(槽)底面的工程中施工时,应采取排水或降低地下水位的措施,使基坑(槽)保持无水状态。 (3)铺筑前,应组织有关单位共同验槽,包括轴线尺寸、水平标高、地质情况,如有无孔洞、沟、井、墓穴等。应在未做地基前处理完毕并办理隐检手续。 (4)检查基槽(坑)、管沟的边坡是否稳定,并清除基底上的浮土和积水

(续表)

序号	施工类型	说明
4	施工工艺流程	(1) 检验砂石质量。对级配砂石进行技术鉴定，如是人工级配砂石，应将砂石拌合均匀，其质量均应达到设计要求或规范的规定。 (2) 分层铺筑砂石： ①铺筑砂石的每层厚度，一般为 15~20cm，不宜超过 30cm，分层厚度可用样桩控制。视不同条件，可选用夯实或压实的方法。大面积的砂石垫层，铺筑厚度可达 35cm，宜采用 6~10t 的压路机碾压。 ②砂和砂石地基底面宜铺设在同一标高上，如深度不同时，基土面应挖成踏步和斜坡形，搭槎处应注意压（夯）实。施工应按先深后浅的顺序进行。 ③分段施工时，接槎处应做成斜坡，每层接岔处的水平距离应错开 0.5~1.0m，并应充分压（夯）实。 ④铺筑的砂石应级配均匀。如发现砂窝或石子成堆现象，应将该处砂或石子挖出，分别填入级配好的砂石。 ⑤砂和砂石地基的压实，可采用平振法、插振法、水撼法、夯实法、碾压法。各种施工方法的每层铺筑厚度及最优含水量见表 4.5.7。 (3) 洒水。铺筑级配砂石在夯实碾压前，应根据其干湿程度和气候条件，适当地洒水以保持砂石的最佳含水量，一般为 8%~12%。 (4) 夯实或碾压。夯实或碾压的遍数，由现场试验确定。用木夯或蛙式打夯机时，应保持落距为 400~500mm，要一夯压半夯，行行相接，全面夯实，一般不少于 3 遍。采用压路机往复碾压，一般碾压不少于 4 遍，其轮距搭接不小于 50cm。边缘和转角处应用人工或蛙式打夯机补夯密实。 (5) 找平验收： ①施工时应分层找平，夯压密实，并应设置纯砂检查点，用 200cm³ 的环刀取样，测定干砂的质量密度。下层密实度合格后，方可进行上层施工。用贯入法测定质量时，用贯入仪、钢筋或钢叉等以贯入度进行检查，小于试验所确定的贯入度为合格。 ②最后一层压（夯）完成后，表面应拉线找平，并且要符合设计规定的标高

第4章 地基基础工程施工技术

(续表)

序号	施工类型	说　　明
5	施工要点	(1) 铺设垫层前应验槽,将基底表面浮土、淤泥、杂物清除干净,两侧应设一定坡度,防止振捣时塌方。 (2) 垫层底面标高不同时,土面应挖成阶梯或斜坡搭接,并按先深后浅的顺序施工,搭接处应夯压密实。分层铺设时,接头应做成斜坡或阶梯形搭接,每层错开 0.5~1.0m,并注意充分捣实。 (3) 人工级配的砂砾石,应先将砂、卵石拌合均匀后,再铺夯压实。 (4) 垫层铺设时,严禁扰动垫层下卧层及侧壁的软弱土层,防止被践踏、受冻或受浸泡,降低其强度。如垫层下有厚度较小的淤泥或淤泥质土层,在碾压荷载下抛石能挤入该层底面时,可采取挤淤处理。先在软弱土面上堆填块石、片石等,然后将其压入以置换和挤出软弱土,再做垫层。 (5) 垫层应分层铺设,分层夯或压实,基坑内预先安好 5m×5m 网格标桩,控制每层砂垫层的铺设厚度。振夯压要做到交叉重叠 1/3,防止漏振、漏压。夯实、碾压遍数,振实时间应通过试验确定。用细砂作为垫层材料时,不宜使用振捣法或水撼法,以免产生液化现象。 (6) 当地下水位较高或在饱和的软弱地基上铺设垫层时,应加强基坑内及外侧四周的排水工作,防止砂垫层泡水引起砂的流失,保持基坑边坡稳定,或采取降低地下水位措施,使地下水位降低到基坑底 500mm 以下。 (7) 当采用水撼法或插振法施工时,以振捣棒振幅半径的 1.75 倍为间距(一般为 400~500mm)插入振捣,依次振实,以不再冒气泡为准,直至完成;同时应采取措施做到有控制地注水和排水。垫层接头应重复振捣,插入式振动棒振完所留孔洞应用砂填实;在振动首层的垫层时,不得将振动棒插入原土层或基槽边部,以避免使泥土混入砂垫层而降低砂垫层的强度。 (8) 垫层铺设完毕,应立即进行下道工序施工,严禁小车及人在砂层上面行走,必要时应在垫层上铺板行走。 (9) 回填砂石时,应注意保护好现场轴线桩、标准高程桩,防止碰撞位移,并应经常复测。 (10) 夜间施工时,应合理安排施工顺序,配备足够的照明设施;防止级配砂石不准或铺筑超厚。 (11) 级配砂石成活后,应连续进行上部施工,否则应经常适当洒水润湿

表4.5.6 干渣技术条件

序号	项目	质量检验
1	稳定性	合格
2	松散重度(kN/m^3)	>11
3	泥土和有机杂质含量	<5%

表4.5.7 砂垫层和砂石垫层铺设厚度及施工最优含水量

序号	捣实方法	每层铺设厚度(mm)	施工时最优含水量(%)	施工要点	备注
1	平振法	200~250	15~20	（1）用平板式振捣器往复振捣，往复次数以简易测定密实度合格为准。 （2）振捣器移动时，每行应搭接1/3，以防振动面积不搭接	不宜使用干细砂或含泥量较大的砂铺筑砂垫层
2	插振法	振捣器插入深度	饱和	（1）用插入式振捣器。 （2）插入间距可根据机械振捣大小决定。 （3）不用插至下卧黏性土层。 （4）插入振捣完毕，所留的孔洞应用砂填实。 （5）应有控制地注水和排水	不宜使用干细砂或含泥量较大的砂铺筑砂垫层
3	水撼法	250	饱和	（1）注水高度略超过铺设面层。 （2）用钢叉摇撼捣实，插入点间距100mm左右。 （3）有控制地注水和排水。 （4）钢叉分四齿，齿的间距30mm，长300mm，木柄长900mm	湿陷性黄土、膨胀土、基土不得使用

(续表)

序号	捣实方法	每层铺设厚度(mm)	施工时最优含水量(%)	施工要点	备注
4	夯实法	150~200	8~12	(1)用木夯或机械夯。 (2)木夯重40kg,落距400~500mm。 (3)一夯压半夯,全面夯实	适用于砂石垫层
5	碾压法	150~350	8~12	6~10t压路机往复碾压;碾压次数以达到要求密实度为准,一般不少于4遍,用振动压路机械,振动3~5min	适用于大面积的砂石垫层,不宜用于地下水位以下的砂垫层

注:在地下水位以下的地基其最下层的铺筑厚度可比上表层增加50mm。

4.6 强夯地基

4.6.1 强夯施工方法及其适用范围

强夯地基的施工方法及其适用范围见表4.6.1。

表4.6.1 强夯地基的施工方法及其适用范围

施工方法	适用范围
(1)施工前场地应进行地质勘探,通过现场试验确定强夯施工技术参数(试夯区尺寸不小于20m×20m)或参照表4.6.2。 (2)强夯前应平整场地,周围做好排水沟,按夯点布置测量放线确定夯位。地下水位较高应在表面铺0.5~2.0m中(粗)砂或砂石垫层,以防设备下陷和便于消散强夯产生的孔隙水压,或采取降低地下水位后再强夯。 (3)强夯应分段进行,顺序从边缘夯向中央(图4.6.1)。对厂房柱也可一排一排夯,吊车直线行驶,从一边向另一边进行,每夯完一遍,用推土机整平场地,放线定位,即可接着进行下一遍夯击。 (4)夯击时,落锤应保持平稳,夯位应准确,夯击坑内	适用于加固软弱土、碎石土、砂土、黏性土、湿陷性黄土、高填土及杂填土等地基,也可用于防止粉土及粉砂的液化,对于淤泥与饱和软黏土,如采取一定措施也可以采用。但当强夯所产生的震动对周围建筑物设备有一定影响时,一般不得采用,必要时,应采取防震措施。 强夯施工设备简单,适用土质范围广,加固效果好(一般地基强度可提高2~5倍,压缩性

(续表)

施工方法	适用范围
积水应及时排除。坑底土含水量过大时,可铺砂石后再进行夯击。离建筑物小于10m时,应挖防震沟。 (5)夯击前后应对地基土进行原位测试,包括室内土分析试验、野外标准贯入、静力(轻便)触探、旁压仪(或野外荷载试验),测定有关数据,以确定地基的影响深度。检查点数,每个建筑物的地基不少于3处,检测深度和位置按设计要求确定,同时现场测定每遍夯击点后的地基平均变形值,以检验强夯效果	可降低2~10倍,加固影响深度可达6~10m);工效高,施工速度快(一台设备每月可加固5 000~10 000m^2 地基);节约原材料,节省投资,与预制桩基相比,可节省投资50%~75%,与砂桩相比,可节省投资40%~50%

4.6.2 强夯施工技术参数

强夯施工技术参数见表4.6.2。

表4.6.2 强夯施工技术参数

序号	项目	施工技术参数
1	锤重和落距	锤重$G(t)$与落距h是影响夯击能和加固深度的重要因素。 锤重一般不宜小于8t,常用的为8t、11t、13t、15t、17t、18t、25t。 落距一般不小于6m,多采用8m、10m、11m、13m、15m、17m、18m、20m、25m等几种
2	夯击能和平均夯击能	锤重G与落距h的乘积称为夯击能E,一般取500~600kJ。 夯击能的总和(由锤重、落距、夯击坑数和每一夯击点的夯击次数算得)除以施工面积称为平均夯击能,一般对砂质土取500~1 000 kJ/m^2,对黏性土取1 500~3 000 kJ/m^2。夯击能过小,加固效果差,夯击能过大,对于饱和黏土,会破坏土体形成橡皮土,降低强度
3	夯击点布置及间距	夯击点布置对大面积地基,一般采用梅花形或正方形网格排列;对条形基础夯点可成行布置;对工业厂房独立柱基础,可按柱网设置单夯点。 夯击点间距取夯锤直径的3倍,一般为5~15m,一般第一遍夯点的间距宜大,以便夯击能向深部传递

(续表)

序号	项目	施工技术参数
4	夯击遍数与击数	一般为2~5遍,前2~3遍为"间夯",最后一遍以低能量(为前几遍能量的1/5~1/4)进行"满夯"(即锤印彼此搭接),以加固前几遍夯点之间的黏土和被振松的表土层。每夯击点的夯击数,以使土体竖向压缩量最大而侧向移动最小或最后两击沉降量之差小于试夯确定的数值为准,一般软土控制瞬时沉降量为5~8cm,废渣填石地基控制的最后两击下沉量之差为2~4cm。每夯击点之夯击数一般为3~10击,开始两遍夯击数宜多些,随后各遍击数逐渐减小,最后一遍只夯1~2击
5	两遍之间的间隔时间	通常待土层内超孔隙水压力大部分消散,地基稳定后再夯下一遍,一般时间间隔1~4周。对黏土或冲积土常为3周,若无地下水或地下水位在5m以下,含水量较少的碎石类填土或透水性强的砂性土,可采取间隔1~2d或采用连续夯击,而不需要间歇
6	强夯加固范围	对于重要工程应比设计地基长L、宽B各大出一个加固深度H,即$(L+H)×(B+H)$;对于一般建筑物,在离地基轴线以外3m布置一圈夯击点即可
7	加固影响深度	加固影响深度$H(m)$与强夯工艺有密切关系,一般按梅那氏(法)公式估算: $$H = K\sqrt{G \times h}$$ 式中 G——夯锤重(t); h——落距(m); K——经验系数,饱和软土为0.45~0.50,饱和砂土为0.5~0.6,填土为0.6~0.8,黄土为0.4~0.5

4.6.3 夯点布置及施工数据

1. 夯点布置

夯点布置如图4.6.1所示。

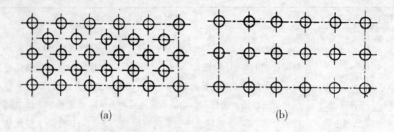

图 4.6.1 夯点布置

(a)梅花形布置;(b)方形布置

2. 施工数据

施工有关数据见表 4.6.3~表 4.6.5。

表 4.6.3 重锤夯实地基施工有关数据

序号	项目	参考数据	
1	锤重(t)	1.5~3.0	
2	落距(m)	2.5~4.5	
3	锤底静压力(kPa)	15~20	
4	加固深度(m)	1.2~2.0	
5	最后下沉量(cm)	黏土及湿陷性黄土	10~20
		砂土	5~10
6	夯击遍数(遍)	8~12	

注:1. 最后下沉量系指最后两击平均每击的土面下沉量。

2. 夯击遍数应按试夯确定的最少遍数增加 1~2 遍。

3. 适于地下水位 0.8m 以上、稍湿的黏性土、砂土、饱和度≤60 的湿陷性黄土、杂填土以及分层填土地基的加固。

表 4.6.4 强夯加固法有关施工数据

序号	项目	参考数据
1	锤重(t)	≥8
2	落距(m)	≥6
3	锤底静压力(kPa)	25~40
4	夯击点间距(m)	5~15

(续表)

序 号	项 目	参考数据
5	每夯击点击数(次)	3~10
6	夯击遍数(遍)	2~5
7	两遍之间间歇时间(周)	1~4
8	夯击点距已有建筑物距离(m)	≥15

注:适于加固碎石土、砂土、低饱和度粉土、黏性土、湿陷性黄土、高填土、杂填土、工业废渣、垃圾地基等的处理。

表4.6.5 强夯法的有效加固深度

单击夯击能(kN·m)	有效加固深度(m)	
	碎石土、砂土等	粉土、黏性土、湿陷性黄土等
1 000	5~6	4~5
2 000	6~7	5~6
3 000	7~8	6~7
4 000	8~9	7~8
5 000	9~9.5	8~8.5
6 000	9.5~10	8.5~9

注:强夯法的有效加固深度应从起夯面算起。

4.7 注浆地基

4.7.1 注浆地基的材料要求

注浆地基的材料要求见表4.7.1。

表4.7.1 注浆地基的材料要求

序号	项目	说 明
1	水泥	按设计规定的品种、强度等级,查验出厂质保书或按批号抽样送检,查试验报告
2	注浆用砂	粒径<2.5mm,细度模数<2.0,含泥量及有机物含量<3%,同产地同规格每300~600t为一验收批,查送样试验报告

(续表)

序号	项目	说 明
3	注浆用黏土	塑性指数>14,黏粒含量>25%,含砂量<5%,有机物含量<3%,决定取土部位后取样送检,查送检样品试验报告
4	粉煤灰	细度不大于同时使用的水泥细度,烧失量不小于3%,决定取煤厂粉煤灰后取样送检,查送检样品试验报告
5	水玻璃	模数在2.5~3.3之间,按进货批现场随机抽样送检,查送检试验报告
6	其他化学浆液	按设计要求化学浆液性能指标,查出厂质保书或抽样送检试验报告
7	注浆材料的选择	(1)浆液应是真溶液而不是悬浊液。浆液黏度低、流动性好,能进入细小裂隙。 (2)浆液凝胶时间可从几秒至几小时范围内随意调节,并能准确地控制,浆液一经发生凝胶就在瞬间完成。 (3)浆液的稳定性好。在常温常压下,长期存放不改变性质,不发生任何化学反应。 (4)浆液无毒无臭。对环境不污染,对人体无害,属非易爆物品。 (5)浆液对注浆设备、管路、混凝土结构物、橡胶制品等无腐蚀性,并容易清洗。 (6)浆液固化时无收缩现象,固化后与岩石、混凝土等有一定黏结性。 (7)浆液结石体有一定抗压和抗拉强度,不龟裂,抗渗性能和防冲刷性能好。 (8)结石体耐老化性能好,能长期耐酸、碱、盐、生物细菌等腐蚀,且不受温度和湿度的影响。 (9)材料来源丰富、价格低廉。 (10)浆液配制方便,操作容易

4.7.2 浆液类型及配合比

1. 注浆地基的原理及其类型

注浆地基是将配置好的化学浆液或水泥浆液,通过导管注入土体孔隙中,与土体结合,发生物理化学反应,从而提高土体强度,减少其压缩性和渗透性。

常用浆液类型见表4.7.2。

表4.7.2 常用浆液的类型

浆液		浆液类型
粒状浆液(悬液)	不稳定粒状浆液	水泥浆 水泥砂浆
	稳定粒状浆液	黏土浆 水泥黏土浆
化学浆液(溶液)	无机浆液	硅酸盐
	有机浆液	环氧树脂类 甲基丙烯酸酯类 丙烯酰胺类 木质素类 其他类

2. 水泥注浆材料及配合比

水泥注浆材料及配合比见表4.7.3。

表4.7.3 水泥注浆材料及配合比

序号	名称	说　明
1	水泥	32.5级或42.5级普通硅酸盐水泥
2	水	饮用淡水
3	配合比	净水泥浆,水灰比0.6~2.0。要求快凝可采用快凝水泥或掺入水泥用量1%~2%的氯化钙;如要求缓凝可掺入水泥用量0.1%~0.5%的木质素磺酸钙。 在裂隙或孔隙较大、可灌性好的地层,可在浆液中掺入适量细砂或粉煤灰,比例为1:0.5~1:3。对松散土层,可在水泥浆中掺加细粉质黏土配成水泥黏土浆,灰泥比为1:3~1:8(水泥:土,体积分数)

3. 各种硅化法注浆的适用范围及化学溶液的浓度

各种硅化法注浆的适用范围及化学溶液的浓度见表4.7.4。

表4.7.4 各种硅化法注浆的适用范围及化学溶液的浓度

序号	硅化方法	土的种类	土的渗透系数（m/d）	溶液的浓度($t=18$℃)	
				水玻璃（模数2.5~3.3）	氯化钙
1	压力双液硅化	砂类土和黏性土	0.1~10 10~20 20~80	1.35~1.38 1.38~1.41 1.41~1.44	1.26~1.28
2	压力单液硅化	湿陷性黄土	0.1~2	1.13~1.25	
3	压力混合液硅化	粗砂、细砂		水玻璃与铝酸钠按体积比1:1混合	
4	电动双液硅化	各类土	≤0.1	1.13~1.21	1.07~1.11
5	加气硅化	砂土、湿陷性黄土、一般黏性土	0.1~2	1.09~1.21	

注：压力混合液硅化所用水玻璃模数为2.4~2.8，波美度40°，水玻璃铝酸钠浆液温度为13~15℃，凝胶时间为13~15s，浆液初期黏度为4×10^{-3}Pa·s。

4. 土的渗透系数和灌注速度

土的渗透系数和灌注速度见表4.7.5。

表4.7.5 土的渗透系数和灌注速度

土的名称	土的渗透系数(m/d)	溶液灌注速度(L/min)
砂类土	<1	1~2
	1~5	2~5
	10~20	2~3
	20~80	3~5
湿陷性黄土	0.1~0.5	2~3
	0.5~2.0	3~5

5. 土的压力硅化加固半径

土的压力硅化加固半径见表4.7.6。

表4.7.6 土的压力硅化加固半径

序号	土的类别	加固方法	土的渗透系数(m/d)	土的加固半径(m)
1	砂土	压力双液硅化法	2~10	0.3~0.4
			10~20	0.4~0.6
			20~50	0.6~0.8
			50~80	0.8~1.0
2	粉砂	压力单液硅化法	0.3~0.5	0.3~0.4
			0.5~1.0	0.4~0.6
			1.0~2.0	0.6~0.8
			2.0~5.0	0.8~1.0
3	湿陷性黄土	压力单液硅化法	0.1~0.3	0.3~0.4
			0.3~0.5	0.4~0.6
			0.5~1.0	0.6~0.9
			1.0~2.0	0.9~1.0

4.7.3 注浆地基的施工要点

注浆地基的施工要点见表4.7.7。

表4.7.7 注浆地基的施工要点

序号	施工要点
1	施工前应预先在现场进行试验,确定各项参数
2	施工时,注液管用内径20~50mm、壁厚5mm的带管尖的有孔管(图4.7.1),泵将压缩空气以0.2~0.6MPa的压力,将溶液以1~5L/min的速度压入土中。注液管间距为1.73R、行距1.5R(图4.7.1b),R为每根注液管的加固半径,其值按表4.7.6取用。砂类土每层加固厚度为注液管有孔部分的长度加0.5R,其他可按试验确定
3	硅化加固土层以上应保留不少于1m的不加固土层

(续表)

序号	施工要点
4	施工程序对均质土层,应按加固层自上而下进行,如土的渗透系数随深度增大,则应自下而上进行。采用压力或电动双液硅化法,溶液灌注程序为:当地下水流速 $v<1$m/d 时,应先自上而下的灌注水玻璃,然后再自下而上的灌注氯化钙;当 v 为 $1\sim 3$m/d 时,轮流将水玻璃与氯化钙溶液注入;当 $v>3$m/d 时,应将水玻璃与氯化钙溶液同时注入,灌注间隔时间应符合表 4.7.8 规定。灌注次序:采用单液硅化时,溶液应逐排灌注;采用双液硅化时,溶液应先灌注单数排,然后双数排压入。不同土类灌注速度见表 4.7.5
5	灌注管成孔用振动打拔管机,震动钻或三脚架穿心锤(重 20~30kg)打入。电极可用 $\phi 22$ 钢筋,用打入法或先钻孔 2~3m 再打入
6	电动双液硅化是把注液管作为阳极,铁棒作为阴极,将水玻璃和氯化钙溶液先由阳极压入土中,通电后,孔隙水由阳极流向阴极,化学溶液也随之渗流分布于土的孔隙中,硬化生成硅胶。要求电压梯度为 0.5~0.75V/cm,不加固土层的注液管应绝缘;注液与通电应连续进行
7	硅化完毕,用桩架或三脚架借卷扬机或倒链拔管,留下孔洞用 1:5 水泥砂浆或土填塞
8	硅化地基的验收,砂土和黄土应在施工后 15d 以后,黏性土应在 60d 以后进行。砂土硅化后的强度,应取试块作无侧限抗压试验,其值不得低于设计强度的 90%,黏性土硅化后,应按加固前后沉降观测变化,或使用触探测加固前后土的阻力的变化,以确定其质量

表 4.7.8 向注液管中灌注水玻璃和氯化钙溶液的间隔时间

地下水流速(m/d)	0.0	0.5	1.0	1.5	3.0
最大间隔时间(h)	24	6	4	2	1

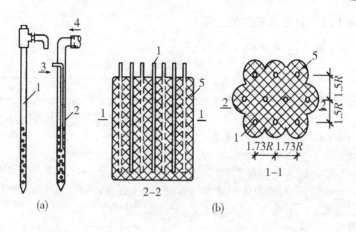

图 4.7.1 注液管及注液管排列

(a)注液管构造；(b)注液管的排列及分层加固

1—单液注液管；2—双液注液管；3—第一种溶液；4—第二种溶液；5—硅化加固区

4.8 土和灰土挤密桩复合地基

4.8.1 复合地基的材料和构造要求

复合地基的材料和构造要求见表 4.8.1。

表 4.8.1 复合地基的材料和构造要求

序号	项目	说　　明
1	材料要求	土桩和灰土桩所用的土，一般采用素土，但不得含有机杂质，使用前应过筛，其粒径不得大于 20mm。 灰土桩所用的熟石灰应过筛，其粒径不得大于 5mm。熟石灰中不得夹有未熟化的生石灰块，也不得含有过多的水分
2	构造要求	灰土挤密桩是将钢管打入土中，将管拔出后，在桩孔中回填 2:8 或 3:7 灰土夯筑而成。灰土材料及配制工艺要求同灰土地基。 桩身直径一般为 300~450mm，深度 4~10m，平面布置多按等边三角形排列，桩距 D 一般取 2.5~3.0 倍直径，排距 $0.866D$，地基挤密面积应每边超出基础宽 b 0.2 倍，桩顶一般设 0.5~0.8m 厚灰土垫层

4.8.2 复合地基的施工要点

复合地基的施工要点见表 4.8.2。

表 4.8.2 复合地基的施工要点

序号	施工要点
1	施工前应在现场进行成孔、夯填工艺和挤密效果试验,以确定分层填料厚度、夯击次数和夯实后干密度等要求
2	桩的成孔方法,可选用沉管法、爆扩法、冲击法或洛阳铲成孔法等,一般多采用 0.6t 或 1.8t 柴油打桩机将与桩同直径钢管打入土中,拔管成孔。桩管顶设桩帽,下端做成锥形约成 60°,桩尖可以上下活动,以减少拔管阻力,避免坍孔
3	桩施工顺序应先外排后里排,同排内应间隔 1~2 孔,以免因振动挤压造成相邻孔缩孔或坍孔。成孔后应清底夯实、夯平,并立即夯填灰土
4	桩孔应分层回填夯实,每次回填厚度为 350~400mm。人工夯实用重 25kg 带长柄的混凝土锤;机械夯实用简易夯实机,一般落锤高不小于 2m,每层夯击不少于 10 锤。桩顶高出设计标高 15cm,挖土时,将高出部分铲除
5	桩成孔质量,应按桩数 5% 抽查。成孔垂直度应小于 1.5%,中心位移不大于 50mm,桩径偏差不大于 -20mm(沉管法为 ±50mm,冲击法为 +100mm、-50mm),桩深度允许偏差:沉管法为 -100mm(爆扩法、冲击法为 -300mm)

4.9 混凝土预制桩施工

4.9.1 混凝土预制桩施工的材料要求

混凝土预制桩施工的材料要求见表 4.9.1。

表 4.9.1 混凝土预制桩施工的材料要求

序号	材料名称	要求
1	粗骨料	应采用质地坚硬的卵石、碎石,其粒径宜用 5~40mm 连续级配。含泥量不大于 2%,无垃圾及杂物
2	细骨料	应选用质地坚硬的中砂,含泥量不大于 3%,无有机物、垃圾、泥块等杂物

(续表)

序号	材料名称	要求
3	水泥	宜用强度等级为32.5级、42.5级的硅酸盐水泥或普通硅酸盐水泥,使用前必须有出厂质量证明书和水泥现场取样复试试验报告,合格后方准使用
4	钢筋	应具有出厂质量证明书和钢筋现场取样复试试验报告,合格后方准使用
5	拌合用水	一般饮用水或洁净的自然水
6	混凝土配合比	用现场材料和设计要求强度,经试验室试配后出具的混凝土配合比

4.9.2 预制桩的制作、起吊、运输及堆放

预制桩的制作、起吊、运输及堆放见表4.9.2。

表4.9.2 预制桩的制作、起吊、运输及堆放

序号	项目		说明
1	预制桩的制作	制作程序	现场布置→场地处理、整平→场地地坪混凝土→支模→绑扎钢筋、安设吊环→浇筑混凝土→养护至30%强度拆模,再支上层模板,涂刷隔离剂→重叠生产浇筑第二层混凝土→养护至70%强度起吊→100%强度运输、堆放→沉桩
		制作原理	现场预制采用工具式木模或钢模板,支在坚实平整场地上,用间隔重叠法生产。桩头部分使用钢模堵头板,并与两侧模板相互垂直。桩与桩间用油毡、水泥袋纸或废机油、滑石粉隔离剂隔开。邻桩与上层桩的混凝土浇筑须待邻桩或下层桩的混凝土达到设计强度的30%以后进行,重叠层数一般不宜超过4层

（续表）

序号	项目		说　　明
1	预制桩的制作	混凝土空心管桩的制作	混凝土空心管桩采用成套钢管模胎，在工厂用离心法制成。桩钢筋应严格保证位置正确，桩尖应对准纵轴线，纵向钢筋顶部保护层不应过厚，钢筋网格的距离应正确，以防锤击时打碎桩头，同时桩顶平面与桩纵轴线倾斜不应大于3mm。桩混凝土强度等级不低于C30；粗骨料用5~40mm碎石或细卵石；用机械拌制混凝土，坍落度不大于6cm。桩混凝土浇筑应由桩头向桩尖方向或由两头向中间连续灌筑，不得中断，并用振捣器捣实，接桩的接头处要平整，使上下桩能互相贴合对准。浇筑完毕应护盖洒水养护不少于7d；如蒸汽养护，在蒸养后，尚应适当自然养护30d方可使用
2	桩的起吊		当桩的混凝土达到设计强度的70%后方可起吊，吊点应系于设计规定之处，如无吊环，可按图4.9.1所示位置起吊，以防裂断，在吊索与桩间应加衬垫，起吊应平稳提升，避免撞击和振动
3	桩的运输		桩运输时，强度应达到100%，运输可采用平板拖车、轻轨平板车或载重汽车，装载时应将桩装载稳固，并支撑或绑牢固。长桩运输时，桩下宜设活动支座
4	桩的堆放		桩堆放时，应按规格、桩号分层叠置在平整坚实的地面上，支承点应设在吊点处或附近，上下层垫块应在同一直线上，堆放层数不宜超过4层

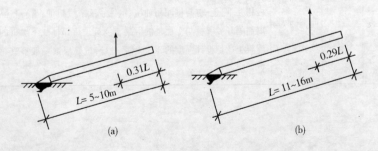

(a)　　　　　　　　　　(b)

第4章 地基基础工程施工技术

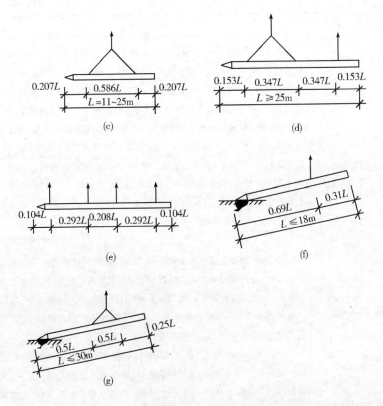

图 4.9.1 预制桩吊点位置

(a)、(b)—一点吊法;(c)两点吊法;(d)三点吊法;
(e)四点吊法;(f)预应力管桩一点吊法;(g)预应力管桩两点吊法

4.9.3 混凝土预制桩的施工要点

混凝土预制桩施工要点见表 4.9.3。

表 4.9.3 混凝土预制桩施工要点

序号	项目	说　　明
1	吊定桩位	桩的吊立定位,一般利用桩架附设的起重钩吊桩就位,或配一台起重机送桩就位

(续表)

序号	项目		说 明
2	打(沉)桩顺序		根据土质情况、桩基平面尺寸、密集程度、深度、桩机移动方便等决定打桩顺序,图4.9.2为几种打桩顺序和土体挤密情况。当基坑不大时,打桩应从中间开始分头向两边或周边进行。当基坑较大时,应将基坑分为数段,而后在各段范围内分别进行。打桩避免自外向内或从周边向中间进行,以避免中间土体被挤密,桩难打入,或虽勉强打入,但使邻桩侧移或上冒。对基础标高不一的桩,宜先深后浅,对不同规格的桩,宜先大后小,先长后短,以使土层挤密均匀,以避免位移偏斜。在粉质黏土及黏土地区,应避免按照一个方向进行,使土向一边挤压,造成入土深度不一,土体挤实程度不均,导致不均匀沉降。若桩距大于或等于4倍桩直径,则与打桩顺序无关
3	打(沉)桩方法		有锤击法、振动法及静力压桩法等,以锤击法应用最普遍。 打桩时,应用导板夹具或桩箍将桩嵌固在桩架两导柱中,桩位置及垂直度经校正后,可将锤连同桩帽压在桩顶,开始沉桩。桩顶不平,应用厚纸板垫平或用环氧树脂砂浆补抹平整。开始沉桩应起锤轻压,并轻击数锤,观察桩身、桩架、桩锤等垂直一致,可转入正常。 打桩应用适合桩头尺寸之桩帽和弹性垫层,以缓和打桩时的冲击,桩帽用钢板制成,并用硬木或绳垫承托,桩帽与桩接触表面须平整,与桩身应在同一直线上,以免沉桩产生偏移。桩锤本身带帽者,则只在桩顶护以绳垫或木块。桩须深送入土时,应用钢制送桩(图4.9.3),放于桩头上,锤击送桩将桩送入。振动沉桩与锤击沉桩法基本相同,是用振动箱代替桩锤,使桩头套入振动箱连固桩帽或液压夹桩器夹紧,便可照锤击法,启动振动箱进行沉桩至设计要求深度
4	接桩方法	接头形式	(1)角钢帮焊接头。 (2)钢板对焊接头。 (3)法兰盘接头。 (4)硫磺胶泥锚固接头
		焊接接头施工	要求端头钢板与桩的轴线垂直,钢板平整,以使相连接的二桩节轴线重合,连接后桩身保持竖直。接头施工时,当下节桩沉至桩顶离地面0.8~1.5m处可吊上节桩。若二端头

(续表)

序号	项目		说　明
4	接桩方法	焊接接头施工	钢板之间有缝隙,用薄钢片垫实焊牢,然后由两人进行对角分段焊接。在焊接前要清除预埋件表面的污泥杂物,焊缝应连续饱满
		硫磺胶泥锚固接头施工	先将下节桩沉至桩顶离地面0.8~1.0m处,提起沉桩机具后对锚筋孔进行清洗,除去孔内油污、杂物和积水,同时对上节桩的锚筋进行清刷调直;接着将上节桩对准下节桩,使四根锚筋(其长度为15倍锚筋直径)插入锚筋孔(其孔径为锚筋直径的2.5倍,长度大于15倍锚筋直径),下落压梁并套住上节桩顶,保持上下节桩的端面相距200mm左右,安设好施工夹箍(由四块木板,内侧用人造革包裹40mm厚的树脂海绵块组成);然后将熔化的硫磺胶泥(胶泥浇筑温度控制在145℃左右)注满锚筋孔内,并溢出铺满下节桩顶面;最后将上节桩和压梁同时徐徐下落,使上下桩端面紧密黏合。当硫磺胶泥停歇冷却并拆除施工夹箍后,即可继续沉桩。硫磺胶泥灌注时间一般为2min
		硫磺胶泥重量配合比及各组成材料的要求	硫磺胶泥是一种热塑冷硬性胶结材料,它由胶结料、细骨料、填充料和增韧剂熔融搅拌混合而成,其重量配合比(%)如下: 硫磺:水泥:粉砂:聚硫708胶 = 44:11:33:1 硫磺:石英砂:石墨粉:聚硫甲胶 = 60:34.3:5:0.7 各组成材料的要求如下: 硫磺——纯度97%以上的粉状或片状硫磺,含水率小于1%,不含杂质,保管应注意防潮。 粉砂——可用含泥量少且通0.6mm筛的普通砂;也可用清除杂质的0.4mm/0.26mm目工业模型砂。 石英砂——宜选用3.2mm洁净砂。 水泥——可选用低强度等级水泥。 石墨粉——含水率小于0.5%。 聚硫橡胶——增韧剂,可选用黑绿色液态聚硫708胶或青绿色固态聚硫甲胶。应随做随用,储藏期不应超过15d,使用时注意防水密闭,防杂质污染

(续表)

序号	项目		说 明
4	接桩方法	硫磺胶泥熬制方法	硫磺胶泥具有一定温度下多次重复搅拌熔融而强度不变的特性,故可固定生产,制成产品,重复熔融使用。其熬制方法如图4.9.4所示
		硫磺胶泥锚固法施工注意事项	(1)硫磺的熔点为96℃,故在备料、储藏和熬制过程中应避免明火接触。熬制时要在通风处,并备有劳保用品,熬制温度严格控制在170℃以内。 (2)采用硫磺胶泥半成品在现场重新熬制时,炉子的结构要满足硫磺胶泥能进一步脱水,物料熔化能上下运动混合均匀,搅拌器的转速能分级调速(先慢后快)。 (3)桩的运输、起吊要注意避免碰弯锚筋、损伤连接面混凝土,必要时需采取保护措施。 (4)接桩用的夹箍,应有一定强度和刚度,以保证节点密实与桩的整体性
5	质量控制		桩至接近设计深度,应进行观测,一般以设计要求最后3次10锤的平均贯入度或入土标高为控制,如桩尖土为硬塑和坚硬的黏性土、碎石土、中密状态以上的砂类土或风化岩层时,以贯入度控制为主。桩尖设计标高或桩尖进入持力层作为参考;如桩尖土为其他较软土层时,以标高控制为主,贯入度作为参考。 振动法沉桩是以振动箱代替桩锤,其质量控制是以最后3次振动(加压),每次10min或5min,测出每分钟的平均贯入度,以不大于设计规定的数值为合格,而摩擦桩则以沉到设计要求的深度为合格
6	拔桩方法		需拔桩时,长桩可用拔桩机,一般桩可用人字架、卷扬机或用钢丝绳捆紧,借横梁用2台千斤顶抬起。采用汽锤拔桩,将汽锤倒连在桩上,当锤的动程向上,桩收到一个向上的力,即可将桩拔出

第 4 章 地基基础工程施工技术

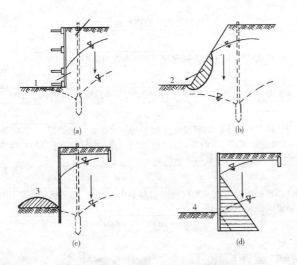

图 4.9.2　打桩顺序和土体挤密情况

(a)逐排顺序打设；(b)中央向边沿打设；(c)自边沿向中央打设；(d)分段打设

1—漏水；2—塌方；3—管涌；4—水压

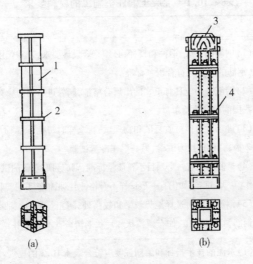

图 4.9.3　钢送桩构造

(a)钢轨送桩；(b)钢板送桩

1—钢轨；2—15mm 厚钢板箍；3—硬木垫；4—连接螺栓

```
按质量比称取原材料
        ↓
将硫磺放入热铁锅中,不停搅拌,小火加温熔化至130℃
        ↓
将水泥和干燥的砂均匀地加入到熔化的硫磺内,不停地搅拌,并升温至150~155℃
        ↓
将聚硫708胶(使用聚硫甲胶时需切成长15~20mm、宽4~5mm、厚1~2mm的薄片)
缓慢均匀地加入硫磺砂浆中,不断搅拌,严格控制温度,使其保持在170℃以内(超过
170℃会使硫升华和聚硫橡胶分解而影响质量)
        ↓
待完全脱水(以液面上无气泡为准)后,降温至140~150℃,即可供接头灌注用,也可
浇注入模盘,制成硫磺胶泥预制块
```

图 4.9.4　硫磺胶泥熬制方法

4.10　混凝土灌注桩施工

4.10.1　混凝土灌注桩施工的材料要求

混凝土灌注桩施工的材料要求见表 4.10.1。

表 4.10.1　混凝土灌注桩施工的材料要求

序号	项目	说　明
1	钢筋	(1)钢筋的等级、钢种和直径,必须符合设计要求,若需代用应征得设计同意,钢筋的质量应符合国家标准。 (2)钢筋进场应具有正式的出厂合格证,国外进口钢筋应有进口国质保书和我国商检局检验单。 (3)进场后需作材质复试和物理试验,取样时每批质量不大于60t,每套试样2根,一根作拉力试验,另一根作冷弯试验。 (4)试验时如有一个项目不符质量标准,则应另取双倍的试样,对不合格项目作第二次试验,如仍有一根试样不合格,则该批钢筋不予验收,不能应用。 (5)钢筋堆放时选择地势较平和较高处,防止与酸、盐、油类放在一起,防止钢筋锈蚀和污染,如有颗粒状和片状老锈斑者不能使用
2	水泥	(1)水泥的技术指标和龄期强度应符合表 4.10.2 的规定。水泥进场必须具有正式出厂合格证和材质试验报告,进场后分批(每批不超过400t)进行材质复试,每批从20袋水泥中各取1kg,如当地另有明文规定可按当地规定执行。

(续表)

序号	项目	说明
2	水泥	(2)应按不同强度等级、品种、出厂日期分别验收分别堆放,严禁不同厂家、不同强度等级水泥混杂使用在同一根桩内。 (3)出厂日期超过3个月或对质量有怀疑时,应取样复验合格后才可使用。 (4)钻孔灌注桩使用强度等级不低于32.5级的水泥,严禁采用快硬型水泥
3	粗、细骨料	(1)粗骨料应采用质地坚硬的卵石、碎石,其粒径宜用15~25mm。卵石不宜大于50mm,碎石不宜大于40mm。含泥量不大于2%,无垃圾及杂物。 (2)细骨料应选用质地坚硬的中砂,含泥量不大于5%,无垃圾、草根、泥块等杂物
4	搅拌用水	凡可饮用的水和洁净的天然水,都可作为拌制混凝土和养护用水,但不可应用海水、工业废水及pH值小于4的酸性水、含硫酸盐量超过水重1%的水,以及含有对混凝土凝结和硬化有影响的杂质或油脂糖类等的水均不能使用
5	外加剂	(1)混凝土中掺用外加剂的质量应符合规定。 (2)外加剂应有产品合格证书,进货时应对照合格证书进行验收,对产品有疑问应取样复验,外加剂应分类保管。 (3)外加剂种类繁多,使用时应考虑与水泥成分和水质的相容性,为此必须严格按混凝土配合比设计规定的种类和掺量使用,不得超越

表4.10.2 常用水泥的技术指标

序号	项目	技术指标
1	氧化镁含量	在熟料中不得超过5%;若水泥经压蒸安定性试验合格,可放宽至6%
2	三氧化硫含量	矿渣水泥不得超过4%;其余品种的水泥不得超过3.5%
3	烧失量	旋窑厂水泥不得大于5.0%;立窑厂水泥不得大于7.0%

(续表)

序号	项目	技术指标
4	细度	0.080mm方孔筛的筛余量不得超过12%
5	凝结时间	初凝不得早于45min,终凝不得迟于12h
6	安定性	用沸煮法检查必须合格

4.10.2 干作业钻孔灌注桩

干作业钻孔灌注桩内容见表4.10.3。

表4.10.3 干作业钻孔灌注桩

序号	项目		说 明
1	成孔	螺旋钻钻孔	螺旋钻孔法是利用螺旋钻头的部分刃片旋转切削土层,被切的土块随钻头旋转,并沿整个钻杆上的螺旋叶片上升而被推出孔外的方法。在软塑土层含水量大时,可用叶片螺距较大的钻杆,这样工效可高一些;在可塑或硬塑的土层中,或含水量较小的砂土中,则应采用叶片螺距较小的钻杆,以便能均匀平稳地钻进土中。一节钻杆钻完后,可接上第二节钻杆,直到钻至要求的深度
		机动洛阳铲钻孔	机动洛阳铲钻孔是利用机动洛阳铲将其提升到一定高度后,利用洛阳铲的冲击能量来开孔挖土的另一种方法。每次冲铲后,将土从铲具钢套中倒弃
2	施工程序		桩机就位→钻土成孔→测量孔径、孔深和桩孔水平与垂直距离,并校正→挖至设计标高→成孔质量检查→安放钢筋笼→放置孔口护孔漏斗→灌注混凝土并振捣→拔出护孔漏斗
3	施工要点		(1)钻孔时,钻杆应保持垂直稳固、位置正确,防止因钻杆晃动引起扩大孔径。 (2)钻进速度应根据电流值变化,及时进行调整。 (3)钻进过程中,应随时清理孔口积土和地面散落土,遇到地下水、塌孔、缩孔等异常情况时,应及时处理。 (4)成孔达设计深度后,孔口应予以保护,并按规定进行验收,并做好记录。

(续表)

序号	项目	说　　明
3	施工要点	(5)灌注混凝土前,应先放置孔口护孔漏斗,随后放置钢筋笼并再次测量孔内虚土厚度。柱顶以下5m范围内混凝土应随浇随振动,并且每次浇筑高度不得大于1.5m

4.10.3 干作业钻孔扩底灌注桩

(1)施工操作要点见表4.10.4。

表4.10.4　施工操作要点

序号	项目	说　　明
1	钻孔扩底灌注桩施工法	钻孔扩底灌注桩施工法是把按等直径钻孔方法形成的桩孔钻进到预定的深度,然后换上扩张钻头并撑开钻头的扩孔刀刃使之旋转切削地层扩大孔底,成孔后放入钢筋笼,灌注混凝土形成零底桩以便获得较大垂直承载力的方法
2	扩底灌注桩扩底端尺寸的规定	(1)当持力层承载力低于桩身混凝土受压承载力时,可采用扩底。扩底端直径与桩身直径比D/d,应根据承载力要求及扩底端部侧面和桩端持力层土性确定,最大不超过3.0。 (2)扩底端侧面的斜率应根据实际成孔及护孔条件确定,a/h_c取1/3～1/2;砂土取约1/3,粉土、黏性土取约1/2。 (3)扩底端底面一般呈锅底形,矢高h_b取$(0.10～0.15)D$

(2)施工注意事项见表4.10.5。

表4.10.5　施工注意事项

序号	项目	注　意　事　项
1	钻孔扩底桩的施工直孔部分的规定	(1)钻杆应保持垂直稳固,位置正确,防止因钻杆晃动引起扩大孔径。 (2)钻进速度应根据电流值变化及时调整。 (3)钻进过程中,应随时清理孔口积土,遇到地下水、塌孔、缩孔等异常情况时,应及时处理

(续表)

序号	项目	注 意 事 项
2	钻孔扩底部位的规定	(1)根据电流值或油压值调节扩孔刀片切削土量,防止出现超负荷现象。 (2)扩底直径应符合设计要求,经清底扫膛,孔底的虚土厚度应符合规定。 (3)成孔达到设计深度后,孔口应予以保护,按规定验收,并做好记录。 (4)灌注混凝土前,应先放置孔口护孔漏斗,随后放置钢筋笼并再次测量孔内虚土厚度。扩底桩灌注混凝土时,第一次应灌到扩底部位的顶面,随即振捣密实;浇筑桩顶以下 5m 范围内的混凝土时,应随浇随振动,每次浇筑高度不得大于 1.5m

4.10.4 泥浆护壁成孔灌注桩

泥浆护壁成孔灌注桩内容见表 4.10.6。

表 4.10.6 泥浆护壁成孔灌注桩

序号	项目	说 明
1	施工工艺流程	泥浆护壁成孔灌注桩施工工艺流程如图 4.10.1 所示
2	成孔	(1)机具就位平整垂直,护筒埋设牢固并且垂直,保证桩孔成孔的垂直。 (2)要控制孔内的水位高于地下水位 1.0m 左右,防止地下水位过高后引起坍孔。 (3)发现轻微坍孔的现象应及时调整泥浆的比重和孔内水头。泥浆的比重按土质情况的不同而不同,一般控制在 1.1~1.5 的范围内。成孔的快慢与土质有关,应灵活掌握钻进的速度。 (4)成孔时发现难于钻进或遇到硬土、石块等,应及时检查,以防桩孔出现严重的偏斜、位移等
3	护筒埋设	(1)护筒内径应大于钻头直径:用回转钻时宜大于 100mm;用冲击钻时宜大于 200mm。 (2)护筒位置应埋设正确和稳定,护筒与坑壁之间应用黏土填实,护筒中心与桩位中心线偏差不得大于 20mm。

(续表)

序号	项目	说　　明
3	护筒埋设	(3)护筒埋设深度:在黏性土中不宜小于1m,在砂土中不宜小于1.5m。并应保持孔内泥浆面高出地下水位1m以上。 (4)护筒埋设可采用打入法或挖埋法。前者适用钢护筒,后者适用于混凝土护筒。护筒口一般高出地面30~40cm或地下水位1.5m以上
4	护壁泥浆与清孔	(1)孔壁土质较好不易塌孔时,可用空气吸泥机清孔。 (2)用原土造浆的孔,清孔后泥浆的比重应控制在1.1左右。 (3)孔壁土质较差时,宜用泥浆循环清孔。清孔后的泥浆比重应控制在1.15~1.25。泥浆取样应选在距孔20~50cm处。 (4)第一次清孔在提钻前,第二次清孔在沉放钢筋笼、下导管以后。 (5)浇筑混凝土前,桩孔沉渣允许厚度: 以摩擦力为主时,允许厚度不得大于150mm。 以端承力为主时,允许厚度不得大于50mm。 以套管成孔的灌注桩不得有沉渣
5	钢筋骨架制作与安装	(1)钢筋骨架的制作应符合设计与规范要求。 (2)长桩骨架宜分段制作,分段长度应根据吊装条件和总长度计算确定,应确保钢筋骨架在移动、起吊时不变形,相邻两段钢筋骨架的接头需按有关规范要求错开。 (3)应在钢筋骨架外侧设置控制保护层厚度的垫块,可采用与桩身混凝土等强度的混凝土垫块或用钢筋焊在竖向主筋上,其间距竖向为2m,横向圆周不得少于4处,并均匀布置。骨架顶端应设置吊环。 (4)大直径钢筋骨架制作完成后,应在内部加强箍上设置十字撑或三角撑,确保钢筋骨架在存放、移动、吊装过程中不变形。 (5)骨架入孔一般用吊车,对于小直径桩无吊车时可采用钻机钻架、灌注塔架等。起吊应按骨架长度的编号入孔,起吊过程中应采取措施确保骨架不变形。 (6)钢筋骨架的制作和吊放的允许偏差为:主筋间距±10mm;箍筋间距±20mm;骨架外径±10mm;骨架长度±50mm;骨架倾斜度±0.5%;骨架保护层厚度水下灌注±20mm,非水下灌注±10mm;骨架中心平面位置20mm;骨架顶端高程±20mm,骨架底面高程±50mm。钢筋笼除符合设计要求外,还应符合下列规定:

(续表)

序号	项目	说　明
5	钢筋骨架制作与安装	①分段制作的钢筋笼,其接头宜采用焊接并应遵守《混凝土结构工程施工质量验收规范》[GB 50204—2002(2011)]的规定。 ②主筋净距必须大于混凝土粗骨料粒径3倍以上。 ③加劲箍宜设在主筋外侧,主筋一般不设弯钩,根据施工工艺要求所设弯钩不得向内圆伸露,以免妨碍导管工作。 ④钢筋笼的内径比导管接头处外径大100mm以上。 (7)搬运和吊装时,应防止变形,安放要对准孔位,避免碰撞孔壁,就位后应立即固定。钢筋骨架吊放入孔时应居中,防止碰撞孔壁,钢筋骨架吊放入孔后,应采用钢丝绳或钢筋固定,使其位置符合设计及规范要求,并保证在安放导管、清孔及灌注混凝土过程中不发生位移
6	混凝土浇筑	(1)混凝土开始灌注时,漏斗下的封水塞可采用预制混凝土塞、木塞或充气球胆。 (2)混凝土运至灌注地点时,应检查其均匀性和坍落度,如不符合要求应进行第二次拌合,二次拌合后仍不符合要求时不得使用。 (3)第二次清孔完毕,检查合格后应立即进行水下混凝土灌注,其时间间隔不宜大于30min。 (4)首批混凝土灌注后,混凝土应连续灌注,严禁中途停止。 (5)在灌注过程中,应经常测探井孔内混凝土面的位置,及时调整导管埋深,导管埋深宜控制在2~6m。严禁导管提出混凝土面,要有专人测量导管埋深及管内外混凝土面的高差,填写水下混凝土灌注记录。 (6)在灌注过程中,应时刻注意观测孔内泥浆返出情况,倾听导管内混凝土下落声音,如有异常必须采取相应处理措施。 (7)在灌注过程中宜使导管在一定范围内上下窜动,防止混凝土凝固,增加灌注速度。 (8)为防止钢筋骨架上浮,当灌注的混凝土顶面距钢筋骨架底部1m左右时,应降低混凝土的灌注速度,当混凝土拌合物上升到骨架底口4m以上时,提升导管,使其底口高于骨架底部2m以上,即可恢复正常灌注速度。 (9)灌注的桩顶标高应比设计高出一定高度,一般为0.5~1.0m,以保证桩头混凝土强度,多余部分接桩前必须凿除,桩头应无松散层。

(续表)

序号	项目	说 明
6	混凝土浇筑	(10)在灌注将近结束时,应核对混凝土的灌入数量,以确保所测混凝土的灌注高度是否正确。 (11)开始灌注时,应先搅拌 $0.5 \sim 1.0 m^3$ 与混凝土强度等级相同的水泥砂浆,放在料斗的底部

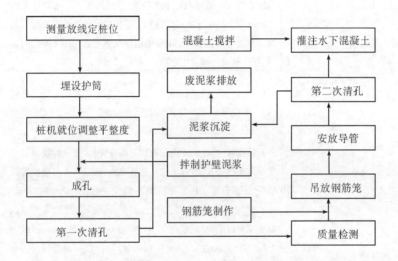

图 4.10.1　泥浆护壁灌注桩施工工艺流程图

4.10.5　套管成孔灌注桩

1. 振动沉管灌注桩

振动沉管灌注桩施工见表 4.10.7。

表 4.10.7　振动沉管灌注桩施工

序号	项目		说　明
1	施工工艺流程	流程图	振动沉管灌注桩的施工工艺流程如图 4.10.2 所示
		桩机就位	施工前,应根据土质情况选择适用的振动打桩机,桩尖采用活瓣式。施工时先安装好桩机,将桩管对准桩位中心,桩尖活瓣合拢,放松卷扬机钢丝绳,利用振动机及桩管自重,把桩尖压入土中,勿使偏斜,即可启动振动箱沉管

(续表)

序号	项目		说 明
1	施工工艺流程	振动沉管	沉管过程中,应经常探测管内有无地下水或泥浆,如发现水或泥浆较多,应拔出桩管,检查活瓣桩尖缝隙是否过疏,漏进泥水,如过疏应加以修理,并用砂回填桩孔后重新沉管,如再发现有小量水时,一般可在沉入前先灌入 $0.1m^3$ 左右的混凝土或砂浆封堵活瓣桩尖缝隙再继续沉入。 沉管时为了适应不同土质条件,常用加压方法来调整土的自振频率。桩尖压力改变可利用卷扬机滑轮钢丝绳把桩架的部分重量传到桩管上,并根据钢管沉入速度,随时调整离合器,防止桩架抬起发生事故
		混凝土浇筑	桩管沉到设计位后,停止振动,用上料斗将混凝土灌入桩管内,一般应灌满或略高于地面
		边拔管边振动	开始拔管时,先启动振动箱片刻再拔管,并用吊铊探测得桩尖活瓣确已张开,混凝土已从桩管中流出以后,方可继续抽拔桩管,边拔边振。拔管速度当活瓣桩尖时,不宜大于 2.5m/min,预制钢筋混凝土桩尖不宜大于 4m/min。拔管方法一般宜采用单打法,每拔起 0.5~1.0m 停拔,振动 5~10s,再拔管 0.5~1.0m,振动 5~10s,如此反复进行,直至全部拔出。在拔管过程中,桩管内应至少保持 2m 以上高度的混凝土,或不低于地面,可用吊铊探测,不足时要及时补灌,以防混凝土中断,形成缩颈。 振动灌注桩的中心距不宜小于桩管外径的 4 倍,相邻的桩施工时,其间隔时间不得超过水泥的初凝时间,中间需停顿时,应将桩管在停歇前先沉入土中
		安放钢筋笼或插筋	第一次浇筑至笼底标高,然后安放钢筋笼,再灌注混凝土至设计标高
2	施工要点	一般说明	振动沉管施工法,是在振动锤竖直方向往复振动作用下,桩管也以一定的频率和振幅产生竖向往复振动,减少桩管与周围土体间的摩阻力,当强迫振动频率与土体的自振频率相同

(续表)

序号	项目		说明
2	施工要点	一般说明	时,砂土自振频率为 900~1 200Hz,黏性土自振频率为 600~700Hz,土体结构因共振而破坏。与此同时,桩管受着加压作用而沉入土中,在达到设计要求深度后,边拔管边振动,边灌注混凝土边成桩。 振动冲击施工法是利用振动冲击锤在冲击和振动的共同作用下,桩尖对四周的土层进行挤压,改变土体结构排列,使周围土层挤密,桩管迅速沉入土中,在达到设计标高后,边拔管边振动,边灌注混凝土边成桩。 振动冲击沉管施工法一般有单打法、反插法、复打法等。应根据土质情况和荷载要求分别选用。单打法适用于含水量较小的土层,且宜采用预制桩尖;反插法及复打法适用于软弱饱和土层
		单打法	即一次拔管法。拔管时每提升 0.5~1m,振动 5~10s,再拔管 0.5~1m,如此反复进行,直至全部拔出为止,一般情况下振动沉管灌注桩均采用此法
		复打法	在同一桩孔内进行两次单打,即按单打法制成桩后再在混凝土桩内成孔并灌注混凝土。采用此法可扩大桩径,大大提高桩的承载力
		反插法	将套管每提升 0.5m,再下沉 0.3m,反插深度不宜大于活瓣桩尖长度的 2/3,如此反复进行,直至拔离地面。此法也可扩大桩径,提高桩的承载力
3	施工注意事项	单打法施工	(1)必须严格控制最后 30s 的电流、电压值,其值按设计要求或根据试桩和当地经验确定。 (2)桩管内灌满混凝土后,先振动 5~10s,再开始拔管,应边振边拔,每拔 0.5~1.0m 停拔振动 5~10s,如此反复,直至桩管全部拔出。 (3)在一般土层内,拔管速度宜为 1.2~1.5m/min,用活瓣桩尖时宜慢,用预制桩尖时适当加快,在软弱土层中,宜控制在 0.6~0.8m/min

(续表)

序号	项目		说 明
3	施工注意事项	反插法施工	(1)桩管灌满混凝土之后,先振动再拔管,每次拔管高度0.5~1.0m,反插深度0.3~0.5m;在拔管过程中,应分段添加混凝土,保持管内混凝土面始终不低于地表面或高于地下水位1.0~1.5m,拔管速度应小于0.5m/min。 (2)在桩尖处的1.5m范围内,宜多次反插以扩大桩的端部断面。 (3)穿过淤泥夹层时,应当放慢拔管速度,并减少拔管高度和反插深度,在流动性淤泥中不宜使用反插法
		复打法施工	(1)第一次灌注混凝土应达到自然地面。 (2)应随拔管随清除粘在管壁上和散落在地面上的泥土。 (3)前后两次沉管的轴线重合。 (4)复打施工必须在第一次灌注的混凝土初凝之前完成
		混凝土施工	混凝土的充盈系数不得小于1.0,对于混凝土充盈系数小于1.0的桩,宜全长复打,对可能有断桩和缩颈桩,应采用局部复打。成桩后的桩身混凝土顶面标高应不低于设计标高500mm。全长复打桩的入土深度宜接近原桩长,局部复打应超过断桩或缩颈区1m以上

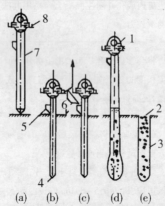

图4.10.2 振动沉管灌注桩施工工艺流程
(a)桩机就位;(b)振动沉管;(c)浇筑混凝土;(d)边拔管边振动边浇筑混凝土;(e)成桩
1—振动锤;2—短钢筋;3—混凝土桩;4—活瓣桩尖;
5—加料口;6—上料;7—桩管;8—加压减震弹簧

2. 锤击沉管灌注桩

锤击沉管灌注桩施工见表 4.10.8 和图 4.10.3。

表 4.10.8 锤击沉管灌注桩施工

序号	项目		说　明
1	工艺流程 (图4.10.3)	桩机就位	将桩管对预先埋设在桩位上的预制桩对准桩尖或将桩管对准桩位中心，使它们三点合一线，然后把桩尖活瓣合拢，放松卷扬机钢丝绳，利用桩机和桩管自重，把桩尖打入土中
		锤击沉管	检查桩管与桩锤、桩架等是否在一条垂直线上之后，看桩管垂直度偏差是否不大于5‰，即可用桩锤先低锤轻击桩管，观察偏差在容许范围内，再正式施打，直至将桩管打入至设计标高或要求的贯入度
		首次灌注混凝土	沉管至设计标高后，应立即灌注混凝土，尽量减少间隔时间；在灌注混凝土之前，必须用吊铊检查桩管内无泥浆或无渗水后，再用吊斗将混凝土通过灌注漏斗灌入桩管内
		边拔管边锤击,继续灌注混凝土	当混凝土灌满桩管后，便可开始拔管，一边拔管，一边锤击，拔管的速度要均匀，对一般土层以1m/min为宜，在软弱土层和软硬土层交界处宜控制在0.3~0.8m/min，采用倒打拔管的打击次数，单动汽锤不得少于50次/min，自由落锤轻击(小落距锤击)不得少于40次/min；在管底未拔至桩顶设计标高之前，倒打和轻击不得中断。在拔管过程中应向桩管内继续灌入混凝土，以满足灌注量的要求
		放钢筋笼灌注成桩	当桩身配钢筋笼时，第一次混凝土应先灌至笼底标高，然后放置钢筋笼，再灌混凝土至桩顶标高。第一次拔管高度应控制在能容纳第二次所需灌入的混凝土量为限，不宜拔得过高。在拔管过程中应有专用测锤或浮标检查混凝土面的下降情况
2	施工要点		锤击沉管施工法，是利用桩锤将桩管和预制桩尖(桩靴)打入土中，边拔管边振动，边灌注混凝土边成桩，在拔管过程中，由于保持对桩管进行连续低锤密击，使钢管不断得到冲击振动，从而密实混凝土。锤击沉管灌注桩的施工应该根据土质情况和荷载要求，分别选用单打法、复打法、反插法

(续表)

序号	项目	说　　明
3	施工注意事项	（1）群桩基础和桩中心距小于4倍桩径的桩基,应提出保证相邻桩桩身质量的技术措施。 （2）混凝土预制桩尖或钢桩尖的加工质量和埋设位置应与设计相符,桩管与桩尖的接触应有良好的密封性。 （3）沉管全过程必须有专职记录员做好施工记录;每根桩的施工记录均应包括每米的锤击数和最后1m的锤击数;必须准确测量最后3阵,每阵10锤的贯入度及落锤高度。 （4）混凝土的充盈系数不得小于1.0;对于混凝土充盈系数小于1.0的桩,宜全长复打。对可能有断桩和缩颈桩,应采用局部复打。成桩后的桩身混凝土顶面标高应不低于设计标高500mm。全长复打桩的入土深度宜接近原桩长,局部复打应超过断桩或缩颈区1m以上。 （5）全长复打桩施工时应遵守下列规定: ①第一次灌注混凝土应达到自然地面。 ②应随拔管随清除粘在管壁上和散落在地面上的泥土。 ③前后两次沉管的轴线应重合。 ④复打施工必须在第一次灌注的混凝土初凝之前完成。 （6）桩身的钢筋,应与混凝土的坍落度8~10cm相应,若为素混凝土,则为6~8cm

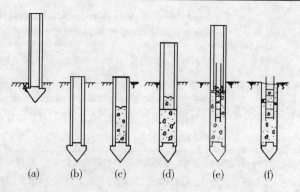

图4.10.3　锤击沉管灌注桩施工程序示意图
(a)就位;(b)锤击沉管;(c)首次灌注混凝土;
(d)边拔管边锤击边继续灌注混凝土;(e)安放钢筋笼,继续灌注混凝土;(f)成桩

4.10.6 爆扩成孔灌注桩

1. 爆扩成孔灌注桩的施工条件

爆扩成孔灌注桩的施工条件见表4.10.9。

表4.10.9 爆扩成孔灌注桩的施工条件

序号	项目	适用地质条件	适用施工条件
1	人工成孔桩	黄土类土或不大坚硬的黏性土	在没有电源和场地不大平整地区；大、小面积施工均可
2	爆扩成孔法	一般没有地下水的黏性土、黄土类土、未压实的人工填土	大、小面积施工均可，并可施工斜桩，但不能用于靠近建筑物的桩
3	打拔管成孔法	各种黏性土、地下水位高的新填土、软弱黏性土、流动性淤泥等	大、小面积施工均可，需具有一定打拔管机具条件
4	钻机成孔法	透水性较小的黏性土	大、小面积施工均可，需钻孔机具设备
5	冲抓锥成孔法	含有坚硬夹杂物的黏性土、大块碎石类土、砂卵石类土	大、小面积施工均可，需冲抓锥成孔机具设备

2. 爆扩成孔灌注桩的工艺流程和成孔爆扩

爆扩成孔灌注桩的工艺流程和成孔爆扩见表4.10.10。

表4.10.10 爆扩成孔灌注桩的工艺流程和成孔爆扩

序号	项目		说　明
1	施工工艺流程		成孔→检查修理桩孔→安放炸药包→注入压爆混凝土→引爆→检查扩大头→安放钢筋笼→二次灌注混凝土→成桩养护
2	成孔爆扩	流程图	爆扩成孔工艺流程如图4.10.4所示
		一般说明	爆扩桩的成孔方法有人工成孔法、机钻成孔法和爆扩成孔法。机钻成孔所用设备和钻孔方法相同，下面只介绍爆扩成孔法。 爆扩成孔法是先用小直径(如50mm)洛阳铲或手提麻花钻钻出导孔，然后根据不同土质放入不同直径的炸药条，经爆扩后形成桩孔，其施工工艺流程如图4.10.4所示。 采用爆扩成孔法，必须先在爆扩灌注桩施工地区进行试验，找

（续表）

序号	项目	说　　明	
2	成孔爆扩	一般说明	出在该地区地质条件下导管、装药量及其形成桩孔直径的有关数据，以便指导施工。 装炸药的管材，以玻璃管较好，既防水又透明，又能查明炸药情况，又便于插到导孔底部，管与管的接头处要牢固和防水，炸药要装满振实，药管接头处不得有空药现象。 雷管的放法，各地不一。有的按 0.5～0.6m 间距放 2 个；有的以 5m 为界限，药管长度小于 5m 放 2 个，大于 5m 放 3 个；有的是小于 3m 者，在药管中间放一个，3～6m 者，在药管的 1/4 和 3/4 处各放一个，究竟那种为好，可通过试爆确定

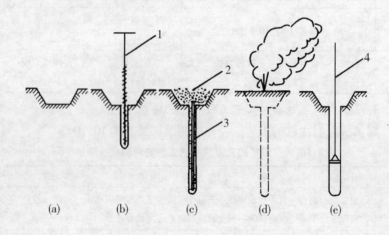

图 4.10.4　爆扩成孔工艺流程图
(a)挖喇叭口；(b)钻导孔；(c)安装炸药条并填砂；
(d)引爆成孔；(e)检查并修整桩孔
1—手提钻；2—砂；3—炸药条；4—太阳铲

3. 爆扩大头的操作说明

爆扩大头的操作说明见表 4.10.11。

第4章 地基基础工程施工技术

表 4.10.11 爆扩大头的操作说明

序号	项目	内　　容
1	原理	爆扩大头的工作,包括放入炸药包,灌入压爆混凝土,通电引爆,测量混凝土下落高度(或直接测量扩大头直径)以及捣实扩大头混凝土等几个操作过程
2	流程图	爆扩大头工艺流程如图 4.10.5 所示
3	炸药用量的确定	见表 4.10.12 和表 4.10.13
4	药包的包扎与安放	药包必须用塑料薄膜等防水材料紧密包扎,必要时包扎口还应涂以沥青等防水材料密闭,以免药包受潮湿而出现瞎炮。药包宜包扎成扁圆球形,其高度与直径之比以 1∶2 为宜。药包中心最好并联放置两个雷管,以保证顺利引爆。 药包用绳子吊进桩孔内,放到孔底中部,然后盖以 150～200mm 厚的砂,以免受混凝土的冲击。药包放好后,应将雷管的导线放松,以免灌入压爆混凝土时把导线砸断,施工时加以注意。 若桩孔内有水,必须在药包上绑以重物使之沉至孔底,否则药包上浮,使所爆扩大头的标高不符合设计要求
5	灌入第一次混凝土	第一次灌入的混凝土又称压爆混凝土。首先应根据不同的土质条件,选择适宜的混凝土坍落度:黏性土 9～12cm;砂类土 12～15cm;黄土 17～20cm。当桩径为 250～400mm 时,混凝土骨料粒径最大不宜超过 30mm。 第一次灌入的压爆混凝土量要适当。灌入量过少,混凝土在起爆时会飞扬起来,影响爆扩效果;若灌入量过大,混凝土可能产生"拒落"的事故,也就是混凝土积在扩大头上方的桩柱内,不回落到底部,一般情况下,第一次灌入桩孔的混凝土量应达 2～3m 高,或约为将要爆成的扩大头体积的一半为宜
6	引爆顺序	压爆混凝土灌入桩孔后,从浇筑混凝土开始至引爆时的间隔时间不宜超过 30min,否则,引爆时很容易出现"拒落"事故,而且难以处理。 为了保证爆扩桩的施工质量,应根据不同的桩距、扩大头标高和布置情况,严格遵守引爆顺序

(续表)

序号	项目	内 容
7	振捣扩大底部混凝土	扩大头引爆后,灌入的压爆混凝土即自行落入扩大头空腔的底部,接着应予以振实。振捣时,最好使用加长的软轴振动棒

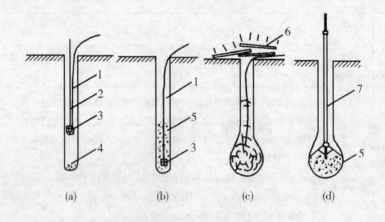

图 4.10.5 爆扩大头工艺流程图

(a)填砂,下药包;(b)灌压爆混凝土;(c)引爆;(d)检查扩大头直径
1—导线;2—绳;3—药包;4—砂;5—压爆混凝土;6—木板;7—测孔器

表 4.10.12 爆扩成孔桩扩大头用药量计算

项目	计算公式	符号意义
扩大头用药量	炸药用量与扩大头直径和土质有关,一般按以下经验公式计算: $D = K\sqrt[3]{C}$ 或 $C = \left(\dfrac{D}{K}\right)^3$	D——扩大头直径(m); C——炸药用量(kg); K——土质影响系数
大头试爆扩药量	炸药用量也可按试爆确定,试爆时,用药量可参考表4.10.13选用,施工时再按试爆数据调整用药量	

表 4.10.13　爆扩桩用药量参考值

扩大头直径(m)	用药量(kg)
0.6	0.30~0.45
0.7	0.45~0.60
0.8	0.60~0.75
0.9	0.75~0.90
1.0	0.90~1.10
1.1	1.10~1.30
1.2	1.30~1.50

注:1. 表内数值适用于地面以下深度 3.5~9.0m 的黏性土,土质松软时采用较小值,坚硬时采用较大值。

2. 在地面以下 2~3m 的土层中爆扩时,用药量应按本表减少 20%~30%。

3. 在砂土中爆扩时用药量应按本表增加 10%。

4. 混凝土的灌注

首先,钢筋笼应细心轻放,不可将孔口和孔壁的泥土带入孔内。灌注混凝土时,应随时注意钢筋笼位置,防止偏向一侧。所用混凝土的坍落度要合适,一般黏性土 5~7cm,砂类土 7~9cm,黄土 6~9cm。混凝土骨料最大粒径不得超过 25mm。扩大头和桩柱混凝土要连续浇筑完毕,不留施工缝。混凝土浇筑完毕后;根据气温情况,可用草袋覆盖,浇水养护,在干燥的砂类土地区,桩周围还需浇水养护。

第5章 砌体工程施工技术

5.1 常用砌筑材料

5.1.1 砌筑用砖

1. 普通烧结砖

普通烧结砖的规格及其技术要求见表5.1.1。

表5.1.1 普通烧结砖的规格及其技术要求

项目		说　　明
规格		普通砖的外形为直角六面体,其公称尺寸为长240mm、宽115mm、高53mm。当砌体灰缝厚变为10mm时,组砌成的墙体即4块砖长等于8块砖宽,也等于16块砖厚,等于1m长的规律。
		每块砖重,干燥时约为2.5kg,吸水后约为3kg。1m^3体积的砖重1600~1800kg。
		标准砖各个面的叫法如图5.1.1所示。
		空心砖和多孔砖:为了节约土地资源,减少侵占耕地,减轻墙体自重以及达到更好的保温、隔热、隔声等效果,目前在房屋建筑中大量采用空心砖和多孔砖。如图5.1.2所示,外形为直角六面体,其长度、宽度、高度尺寸应符合下列要求:290mm、240mm、190mm、180mm;170mm、110mm、115mm、90mm。孔洞尺寸应符合表5.1.2的规定。
		异型砖:在砌筑拱壳、花格、炉灶等部件时,往往由于几何尺寸复杂,砍凿加工困难而事先与砖厂协商订购异型砖
质量要求	抗压强度	根据抗压强度分为MU30、MU25、MU20、MU15、MU10五个强度等级(表5.1.3)
	抗风化性能	抗风化性能合格的砖,根据尺寸偏差、外观质量、泛霜和石灰爆裂分为优等品(A)、一等品(B)、合格品(C)三个产品等级。优等品可用于清水墙和墙体装饰,一等品、合格品可用于混水墙
	外观要求	砖的外形应该平整、方正,外观应无明显的弯曲、缺棱、掉角、裂缝等缺陷,敲击时发出清脆的金属声,色泽均匀一致

(续表)

项目		说 明
质量要求	泛霜	优等品:无泛霜。 一等品:不允许出现中等泛霜。 合格品:不得严重泛霜
	石灰爆裂	优等品:不允许出现最大尺寸大于 2mm 的爆裂区域。 一等品最大破坏尺寸大于 2mm,且小于等于 10mm 的爆裂区域,每组砖样不得多于 15 处;不允许出现最大破坏尺寸大于 10mm 的爆裂区域。 合格品:最大破坏尺寸大于 2mm,且小于等于 16mm 的爆裂区域,每组砖样不得多于 15 处,其中大于 10mm 的不得多于 7 处;不允许出现最大破坏尺寸大于 15mm 的爆裂区域
技术要求		普通烧结砖尺寸及外观允许偏差见表 5.1.4、表 5.1.5

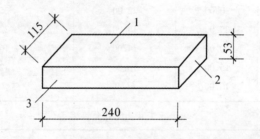

图 5.1.1 黏土砖
1—大面;2—顶面;3—条面

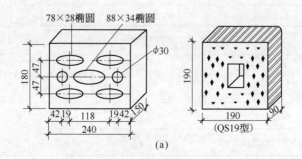

(a)

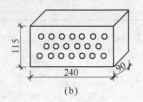
(b)

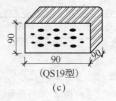
(c) (QS19型)

图 5.1.2 空心砖和多孔砖

表 5.1.2　孔洞尺寸　（mm）

圆孔直径	非圆孔内切圆直径	手抓孔
≤22	≤15	(10~30)×(75~85)

表 5.1.3　普通烧结砖强度等级（MPa）

强度等级	平均抗压强度 $f \geq$	变异系数 $\delta \leq 0.21$ 强度标准值 $f_k \geq$	变异系数 $\delta > 0.21$ 单块最小抗压强度 $f_{\min} \geq$
MU30	30.00	22.00	25.00
MU25	25.00	18.00	22.00
MU20	20.00	14.00	16.00
MU15	15.00	10.00	12.00
MU10	10.00	6.50	7.50

表 5.1.4　尺寸允许偏差　（mm）

公称尺寸	优等品 样本平均偏差	优等品 样本极差≤	一等品 样本平均偏差	一等品 样本极差≤	合格品 样本平均偏差	合格品 样本极差≤
240	±2.0	8	±2.5	8	±3.0	8
115	±1.5	6	±2.0	6	±2.5	7
53	±1.5	4	±1.6	5	±2.0	6

表 5.1.5　外观质量允许偏差　（mm）

项　目	优等品	一等品	合格品
两条面高度差≤	2	3	5
弯曲不大于	2	3	5
杂质凸出高度≤	2	3	5

（续表）

项　目	优等品	一等品	合格品
缺棱掉角的三个破坏尺寸≤	15	20	30
裂纹长度≤ 大面上宽度方向及其延伸至条面的长度	70	70	110
裂纹长度≤大面上长度方向及其延伸至顶面的长度或条顶面上水平裂纹的长度	100	100	150
完整面不得少于	一条面和一顶面	一条面和一顶面	
颜色	基本一致		

2．硅酸盐类砖

硅酸盐类砖的种类及其制作方法见表5.1.6。

表5.1.6　硅酸盐类砖的种类及其制作方法

种类	主要原料	制作方法	规格
蒸压灰砂砖	石灰和砂	经坯料制备、压制成形、蒸压养护而成	长度240mm 宽度115mm 高度53mm
粉煤灰砖	粉煤灰、石灰掺加适量石膏和骨料	经坯料制备、压制成形、高压或常压蒸汽养护而成	长度240mm 宽度115mm 高度53mm
煤渣砖	煤燃烧后的残渣，加入一定数量的石灰和石膏	加水搅拌后压制成型，经蒸养而成	
矿渣砖	水淬高炉矿渣和石灰	加水搅拌均匀、消解活化、压制成形，经蒸养而为成品	
煤矸石砖	煤矸石	经粉磨后掺入少量黏土，压制成形，风干后送入窑内煅烧而成	

蒸压灰砂砖其外观要求见表5.1.7。

表 5.1.7 蒸压灰砂砖外观质量 （mm）

项目		允许偏差		
		优等品	一等品	合格品
尺寸允许偏差	长度≤	±2		
	宽度≤	±2	±2	±3
	高度≤	±1		
对应高度差 ≤		1	2	3
缺棱掉角的最小破坏尺寸 ≤		10	15	25
完整面不少于		2个条面和1个顶面或2个顶面和1个条面	1个条面和1个顶面	1个条面和1个顶面
裂纹长度≤ 大面上宽度方向及其延伸到条面的长度		30	50	70
裂纹长度≤ 大面上长度方向及其延伸到顶面上的长度或条、顶面水平裂纹的长度		50	70	100

根据抗压强度蒸压灰砂砖分为 MU25、MU20、MU15、MU10 四个强度等级。强度应符合表 5.1.8 的规定。

表 5.1.8 蒸压灰砂砖强度等级 （MPa）

强度等级	抗压强度		抗折强度	
	平均值≥	单块值≥	平均值≥	单块值≥
MU25	25.00	20.00	5.00	4.00
MU20	20.00	16.00	4.00	3.20
MU15	15.00	12.00	3.30	2.60
MU10	10.00	8.00	2.50	2.00

粉煤灰砖外观质量见表 5.1.9。

表 5.1.9　粉煤灰砖外观质量表　　　　（mm）

项　目		允许偏差		
		优等品	一等品	合格品
尺寸允许偏差	长度≤	±2	±3	±4
	宽度≤	±2	±3	±4
	高度≤	±2	±3	±3
对应高度差≤		1	2	3
每一缺棱掉角的最小破坏尺寸≤		10	15	25
完整面不少于		二条面和一顶面或二顶面和一条面	一条面和一顶面	一条面和一顶面
裂纹长度≤ 大面上宽度方向的裂纹 （包括延伸到条面上的长度）		30	50	70
裂纹长度≤ 其他裂纹		50	70	100
层裂		不允许		

根据抗压强度粉煤灰砖分为 MU30、MU25、MU20、MU15、MU10 五个强度等级。强度应符合表 5.1.10 的规定。

表 5.1.10　粉煤灰砖强度等级　　　　（MPa）

强度等级	抗压强度		抗折强度	
	10 块平均值≥	单块值≥	10 块平均值≥	单块值≥
U30	30.00	24.00	6.20	5.00
U25	25.00	20.00	5.00	4.00
U20	20.00	16.00	4.00	3.20
U15	15.00	12.00	3.30	2.60
U10	10.00	8.00	2.50	2.00

煤渣砖外观质量见表 5.1.11。

表 5.1.11 煤渣砖外观质量　　　　　　　　（mm）

项　目		允许偏差		
		优等品	一等品	合格品
尺寸允许偏差	长度≤	±2	±3	±4
	宽度≤			
	高度≤			
对应高度差 ≤		1	2	3
每一缺棱掉角的最小破坏尺寸 ≤		10	20	30
完整面不少于		2个条面和1个顶面或2个顶面和1个条面	1个条面和1个顶面	1个条面和1个顶面
裂缝长度 ≤ 大面上宽度方向及其延伸到条面的长度		20	50	70
裂纹长度 ≤ 大面上长度方向及其延伸到顶面上的长度或条、顶面水平裂纹的长度		30	70	100

煤渣砖的强度等级应符合表 5.1.12 的规定。优等品的强度等级应不低于 MU15 级，一等品的强度等级应不低于 MU10 级，合格品的强度等级应不低于 MU7.5 级。

表 5.1.12 煤渣砖强度等级　　　　　　　　（MPa）

强度等级	抗压强度		抗折强度	
	10 块平均值≥	单块最小值≥	10 块平均值≥	单块最小值≥
MU20	20.00	15.00	4.00	3.00
MU15	15.00	11.20	3.20	2.40
MU10	10.00	7.50	2.50	1.90
MU7.5	7.50	5.60	2.00	1.50

注：强度等级以蒸汽养护后 24~36h 内的强度为准。

3. 耐火砖

耐火砖的制作方法与分类见表 5.1.13。

表5.1.13 耐火砖的制作方法与分类

类别		说 明
制作方法		用耐火黏土掺入熟料(燃烧并经粉碎后的黏土)后进行搅拌,压制成形、干燥后煅烧而成
主要用途		主要用于耐高温的建筑部件的内衬,如炉灶、烟道等
分类方法	按其形状和规格分	分为标准型和异型两大类。标准耐火砖的规格为250mm×123mm×60mm和230mm×115mm×65mm两种。异型砖按需要现场加工或厂家定做
	按其耐火程度分	分为普通型(耐火程度1 580~1 770℃)和高耐火砖(耐火程度1 770~2 000℃)两种
	按化学性能分	分为酸性、碱性和中性三种

5.1.2 砌筑用砌块

1. 粉煤灰硅酸盐砌块

粉煤灰硅酸盐砌块的制作方法及其规格见表5.1.14。

表5.1.14 粉煤灰硅酸盐砌块

类别	说 明
制作方法	由粉煤灰、石灰、石膏加水混合后,经搅拌振动成形、养护而成
规 格	一般为长1 185mm、1 080mm、1 180mm、880mm、580mm、480mm、280mm,宽380mm、385mm,厚240mm、200mm、180mm等

2. 普通混凝土小型空心砌块

(1)普通混凝土小型空心砌块的规格尺寸见表5.1.15。

表5.1.15 小型混凝土空心砌块规格

项目	外形尺寸(mm)			最小壁肋厚度(mm)	空心率(%)
	长度	宽度	高度		
主砌块	390	190	190	30	50
辅助砌块	290	190	190	30	42.7
	190	190	190	30	43.2
	90	190	190	30	15

注:最小外壁厚度应不小于30mm,最小肋厚应不小于25mm。

(2)普通混凝土小型空心砌块技术要求。
①普通混凝土小型空心砌块尺寸允许偏差见表5.1.16。
②普通混凝土小型空心砌块外观质量见表5.1.17。

3. 蒸压加气混凝土砌块

蒸压加气混凝土砌块的制作方法见表5.1.18。

(1) 蒸压加气混凝土砌块的规格尺寸见表5.1.19。

(2) 蒸压加气混凝土砌块的技术要求　蒸压加气混凝土砌块的尺寸允许偏差及外观见表5.1.20。

表5.1.16　尺寸允许偏差　　　　　　　　　(mm)

项目名称	优等品(A)	一等品(B)	合格品(C)
长度	±2	±3	±4
宽度	±2	±3	±4
高度	±2	±3	+3,-4

表5.1.17　外观质量　　　　　　　　　(mm)

项目名称		优等品(A)	一等品(B)	合格品(C)
弯曲≤		2	2	3
掉角缺棱	个数(个)不多于	0	2	2
	三个方向投影尺寸的最小值≤	0	20	30
	裂纹延伸的投影尺寸累计≤	0	20	30

表5.1.18　蒸压加气混凝土砌块的制作方法

类别	说　　明
制作方法	以水泥、矿渣、粉煤灰、砂为原料,加入铝粉或其他发泡引起剂作为膨胀加气剂,经过磨细、配料、浇注、切割、蒸养硬化等工序做成的一种轻质多孔材料
性能	保温好、隔声好,可以切割、刨削、锯钻和钉入钉子
主要用途	常用于砌筑轻质隔墙、混凝土外板墙的内衬。但是不能作为承重墙
使用注意事项	加气混凝土砌块吸水率高,一般可达到60%~70%,由于砌块比较疏松,抹灰时表面黏结强度较低,抹灰前要先进行表面处理

第5章 砌体工程施工技术

表 5.1.19 砌块的规格尺寸 （mm）

砌块公称尺寸			砌块制作尺寸		
长度 L	宽度 B	高度 H	长度 L_1	宽度 B_1	高度 H_1
600	100	200	$L-10$	B	$H-10$
	125				
	150				
	200	250			
	250				
	300				
	120	300			
	180				
	240				

表 5.1.20 尺寸偏差和外观

项　目		指标		
		优等品(A)	一等品(B)	合格品(C)
尺寸允许偏差(mm)	长度 L_1	±3	±4	±5
	高度 B_1	±2	±3	+3,-4
	高度 C_1	±2	±3	+3,-4
缺棱掉角	个数不多于(个)	0	1	2
	最大尺寸不得大于(mm)	0	70	70
	最小尺寸不得大于(mm)	0	30	30
	平面弯曲不得大于(mm)	0	3	5
裂纹	条数不多于(条)	0	1	2
	任一面上的裂纹长度不得大于裂纹方向尺寸的	0	1/3	1/2
	贯穿一棱二面的裂纹长度不得大于裂纹所在面的裂纹方向尺寸总和的	0	1/3	1/3
爆裂、粘模和损坏深度不得大于(mm)		10	20	30
表面疏松、层裂		不允许		
表面油垢		不允许		

5.1.3 砌筑砂浆

(1) 砂浆的作用及其分类见表5.1.21。

表5.1.21 砂浆的作用及其分类

项目		说　明
适用范围		砂浆是由胶凝材料、水和砂按适当比例拌和而成的。砂浆在建筑工程中是一项用量大、用途广的建筑材料,它主要用于砌筑砖结构(如基础、墙体等),也用于建筑物内外表面(墙面、地面、天棚等)的抹面
作用		把各个块体胶结在一起,形成一个整体,当砂浆硬结后,可以均匀地传递荷载,保证砌体的整体性,由于砂浆填满了砖石间的缝隙,对房屋起到保温的作用
种类	水泥砂浆	水泥砂浆是由水泥和砂按一定比例混合搅拌而成的,它可以配置强度较高的砂浆。水泥砂浆一般应用于基础、长期受水浸泡的地下室和承受较大外力的砌体
	混合砂浆	混合砂浆一般由水泥、石灰膏、砂拌合而成。一般用于地面以上的砌体。混和砂浆由于加入了石灰膏,改善了砂浆的和易性,操作起来比较方便,有利于砌体密实度和工效的提高
	石灰砂浆	石灰砂浆是由石灰膏和砂按一定比例搅拌而成的砂浆,完全靠石灰的气硬而获得强度。强度等级一般达到M0.4或M1
	其他砂浆 防水砂浆	在水泥砂浆中加入3%~5%的防水剂制成防水砂浆。防水砂浆应用于需要防水的砌体(如地下室墙、砖砌水池、化粪池等),也广泛用于房屋的防潮层
	其他砂浆 嵌缝砂浆	一般使用水泥砂浆,也有用白灰砂浆的。其主要特点是砂必须采用细砂或特细砂,以利于勾缝
	其他砂浆 聚合物砂浆	它是一种掺入一定量高分子聚合物的砂浆。一般用于有特殊要求的砌筑物

第5章 砌体工程施工技术

(2)砂浆的技术要求见表5.1.22。

表5.1.22 砂浆的技术要求

砂浆的技术要求	说　明
流动性	流动性也称稠度,是指砂浆稀稠程度。砂浆的流动性与砂浆的加水量、水泥用量、石灰膏用量、砂的颗粒大小和形状、砂的孔隙以及砂浆搅拌的时间等有关。对砂浆流动性的要求,可以因砌体种类、施工时大气温度和湿度等的不同而异。当砖浇水适当而气候干热时,稠度宜采用8~10;当气候湿冷,或砖浇水过多及遇雨天,稠度宜采用4~5;如砌筑毛石、块石等吸水率小的材料时,稠度宜采用5~7
保水性	砂浆的保水性是指砂浆从搅拌机出料后到使用在砌体上,砂浆中的水和胶结料以及骨料之间分离的快慢程度。分离快的保水性差,分离慢的保水性好。保水性与砂浆的组分配合、砂的粗细程度和密实度等有关。一般说来,石灰砂浆的保水性比较好,混合砂浆次之,水泥砂浆较差。远距离的运输也容易引起砂浆的离析。同一种砂浆,稠度大的容易离析,保水性就差。所以,在砂浆中添加微沫剂是改善保水性的有效措施
强度	强度是砂浆的主要指标,其数值与砌体的强度有直接关系。砂浆强度是由砂浆试块的强度测定的。砂浆强度等级分为 M5、M7.5、M10、M15、M20、M25、M30 七个等级

5.1.4 砌筑用石材

(1)砌筑用石材的分类见表5.1.23。

表5.1.23 石材的分类

项目	说　明
毛石	毛石是由人工采用撬凿法和爆破法开采出来的不规则石块。一般要求在一个方向有较平整的面,中部厚度不小于150mm,每块毛石重约20~30kg。在砌筑过程中一般用于基础、挡土墙、护坡、堤坝和墙体

(续表)

项目	说　　明
粗料石	粗料石亦称块石，形状比毛石整齐，具有近乎规则的六个面，是经过粗加工而得的成品。在砌筑工程中用于基础、房屋勒脚和毛石砌体的转角部位，或单独砌筑墙体
细料石	它是经过选择后，再经人工打凿和琢磨而成的成品。因其加工细度的不同，可分为一细、二细等。由于已经加工，形状方正，尺寸规则，因此可用于砌筑较高级房屋的台阶、勒脚、墙体等，也可用作高级房屋饰面的镶贴

(2) 砌筑用石材的技术性能见表 5.1.24。

表 5.1.24　部分砌筑用石材的性能

石材名称	密度（kg/m³）	抗压强度（N/mm²）
花岗岩	2 500～2 700	120～250
石灰岩	1 800～2 600	22～140
砂岩	2 400～2 600	47～140

5.2　砖基础的砌筑

5.2.1　砖基础砌筑的操作工艺

(1) 砖基础砌筑的操作工艺流程如图 5.2.1 所示。

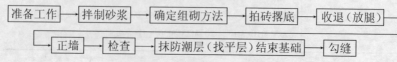

图 5.2.1　砖基础砌筑的操作工艺

(2) 砖基础砌筑的操作要点见表 5.2.1。

表 5.2.1　砖基础砌筑的操作要点

序号	类别	操作要点
1	准备工作	技术准备	砖石基础砌筑是在土方开挖结束后，垫层施工完毕，已经放好线、立好皮数杆的前提下进行的。砖石基础施工前，一方面应熟悉施工图，了解设计要求，听取施工技术人员的技术交底，另一方面应对上道工序进行验收，如检查土方开挖尺寸和坡度是否

(续表)

序号	类别	操作要点
1	技术准备	正确,基底墨斗线是否齐全、清楚,基础皮数杆的立设是否恰当,垫层或基底标高是否与基础皮数杆相符。如高差偏大,则采用C10细石混凝土找平,严禁在砂浆中加细石及砍砖包盒子
	材料准备	(1)砖石。检查砖石的规格、强度等级、品种等是否符合设计要求,并提前做好浇水润砖工作。 (2)水泥。要弄清水泥是袋装还是散装,它们的出厂日期、标号是否符合要求。如果是袋装水泥,要抽查过磅,以检查袋装水泥的计量正确程度。 (3)砂。砂一般用中砂,要求先经过5mm筛孔过筛。如果采用细砂,应提请施工技术人员调整配合比,砂粒必须有足够的强度,粉末量应与含泥量一样限制。 (4)掺和料。掺合料指石灰膏、粉煤灰等,冬期施工时也有掺入磨细生石灰代替石灰膏的。应注意的是长期在水位线以下的基础墙中,砂浆不能使用石灰膏等气硬性掺和料。 (5)外加剂。有时为了节约石灰膏和改善砂浆的和易性,使用添加微沫剂,这时应了解其性能和添加方法。 (6)其他材料。其他材料如拉结筋、预埋件、木砖、防水粉(或防水剂)等均应一一检查其数量、规格是否符合要求
	工具准备	砂浆搅拌机、大铲、刨锛、托线板、线钢卷尺、灰槽、小水桶、砖夹子、小线、筛子、扫帚、八字靠尺、钢筋卡子等
	作业条件准备	(1)检查基槽土方开挖是否符合要求;灰土或混凝土垫层是否验收合格;土壁是否安全,上下有无踏步或梯子。 (2)检查基础皮数杆最下一层砖是否为整砖,如不是整砖,要弄清各皮数杆的情况,确定是"提灰"还是"压灰"。如果差距较大,超过20mm以上,应用细石混凝土找平。 (3)检查砂浆搅拌机是否正常,后台计量器材是否齐全、准确。对运送材料的车辆进行过磅计量,以便装料后确定总配合比计量。 (4)对基槽有积水的要予以排除,并注意集水井、排水沟是否通畅,水泵工作是否正常

(续表)

序号	类别		操作要点
2	拌制砂浆		(1)砂浆的配合比:砂浆的配合比一般是以质量比的形式来表达的,是经过试验确定的,配合比确定后,操作者应严格按要求计量配料,水泥的称量精确度控制在±2%以内,砂和石灰膏等掺和料的称量精确度控制在±5%以内,外加剂由于总掺入量很少,更要按说明或技术交底严格计量加料,不能多加或少加。 (2)砂浆的使用:砂浆应随拌随用,对水泥砂浆或水泥混合砂浆,必须在拌制后3~4h内使用完毕。 (3)砂浆强度的测试:砂浆以砂浆试块经养护后试压测试强度的,每一施工段或每 $250m^3$ 砌体,应制作一组(6块)试块,如强度等级不同或变更配合比,均应另做试块
3	确定组砌方法	砖基础的一般构造	基础砌体都砌成台阶形式,称作大放脚。大放脚有等高式和间隔式两种,每两皮砖每边收进60mm 的称作等高大放脚,第一个台阶两皮砖收一次,每边收进60mm,第二台阶一皮砖收一次,每边也收进60mm,如此循环变化的称作间隔式大放脚。其收台形式如图5.2.2所示
		大放脚的组砌方法	(1)一砖墙身六皮三收等高式大放脚:此种大放脚共有三个台阶,每个台阶的宽度为1/4砖长,即60mm,按上述计算,得到基底宽度为 $B=600mm$,考虑竖缝后实际应为615mm,即两砖半宽,其组砌方式如图5.2.3所示。 (2)一砖墙身六皮四收大放脚:按上式计算,求得基底理论宽度为720mm,实际为740mm,其组砌方式如图5.2.4所示。 (3)一砖墙身附一砖半宽、凸出一砖的砖垛时,四皮两收大放脚的做法:墙身的排底方法与上面两例相仿,关键在于砖垛部分与墙身的咬槎处理和收放。根据上述方法计算出墙身放脚宽为两砖,砖垛的放脚宽度两砖半,其组砌方式如图5.2.5所示。 (4)一砖独立房柱六皮三收大放脚的做法:也可按上述方法计算得基底宽度为两砖半,其组砌方式如图5.2.6所示

第 5 章　砌体工程施工技术

(续表)

序号	类别	操作要点
4	摆砖撂底	根据基底尺寸边线和已确定的组砌方式,用砖在基底的一段长度上干摆一层,摆砖时应考虑竖缝的宽度,并按"退台压丁"(即收台在丁层砖上面)的原则进行,上、下皮砖错缝达 1/4 砖长,在转角处用"七分头"来调整搭接,避免立缝重缝,各种不同的大放脚摆砖方式如图 5.2.3、图 5.2.4 所示,摆完后应经复核无误才能正式砌筑。 排砖结束后,用砂浆把干摆的砖砌起来,就叫撂底。对撂底的要求,一是不能改已排好砖的平面位置,要一铲灰一块砖的砌筑;二是必须严格与皮数杆标准砌平。偏差过大的应在准备阶段处理完毕,但 10mm 左右的偏差要靠调整砂浆灰缝厚度来解决。所以,必须先在大角按皮数杆砌好,拉好拉紧准线,才能使撂底工作全面铺开。 排砖撂底工作的好坏,影响到整个基础的砌筑质量,必须严肃认真地做好
5	砌筑	盘角　盘角就是在房屋的转角、大角处砌好墙角。如图 5.2.7 所示,每次盘角高度不得超过五皮砖,并用线锤检查垂直度和用皮数杆检查其标高有无偏差。如有偏差时,应在砌筑大放脚的操作过程中逐皮进行调整(俗称提灰缝或杀灰缝)。在调整中,应防止砖错层,即要避免"螺钉墙"情况
		收台阶　基础大放脚是要收台阶的,每次收台阶必须用卷尺量准尺寸,中间部分的砌筑应以大角处准线为依据,不能用目测或砖块比量,以免出现偏差。收台阶结束后,砌基础墙前,要利用龙门板拉线检查墙身中心线,并用红铅笔将"中"画在基础墙侧面,以便随时检查复核
		砌筑要点　在收台阶完成后和砌基础墙之前,应利用龙门板的"中心钉"拉线检查墙身中心线,并用红铅笔将"中"字画在基础墙侧面,以便随时检查复核

(续表)

序号	类别		操作要点
5	砌筑	砌筑要点	核对基础墙的轴线和边线正确无误后，按照先盘角、后挂准线砌中间墙的操作顺序将基础墙体砌至设计标高。在砌筑基础的过程中，应注意以下事项： (1) 基础如深浅不一，有错台或踏步等情况时，应从深处砌起。 (2) 如有抗震缝、沉降缝时，缝的两侧应按弹线要求分开砌筑。砌时缝隙内落入的砂浆要随时清理干净，保证缝道通畅。 (3) 基础分段砌筑必须留斜槎（踏步槎），分段砌筑的高度相差不得超过1.2m。 (4) 基础大放脚应错缝，利用碎砖和断砖填心时，应分散填放在受力较小的、不重要的部位。 (5) 预留孔洞应留置准确，不得事后开凿。 (6) 基础灰缝必须密实，以防止地下水的浸入。 (7) 各层砖与皮数杆要保持一致，偏差不得大于±10mm。 (8) 管沟和预留孔洞的过梁，其标高、型号必须安放正确，座灰饱满，如座灰厚度超过20mm时应用细石混凝土铺垫。 (9) 搁置暖气沟盖板的挑砖和基础最上一皮砖均应用丁砖砌筑，挑砖的标高应一致。 (10) 地圈梁底和构造柱侧应留出支模用的"穿杠洞"，待拆模后再填补密实
6		做防潮层	基础防潮层应在基础墙全部砌到设计标高后才能施工，最好能在室内回填土完成以后进行。 如果基础墙顶部有钢筋混凝土地圈梁，则可代替防潮层，如果没有地圈梁，则必须做防潮层。防潮层应作为一道工序来单独完成，不允许在砌墙砂浆中添加一些防水剂进行砌筑来代替防潮层。防潮层所用砂浆一般采用1:2水泥砂浆加入水泥质量3%~5%的防水剂搅拌而成。如使用防水粉，应先把粉剂加水搅拌成均匀的稠浆后添加到砂浆中去。抹防潮层时，应先在基础墙顶的侧面抄出水平标高线，然后用直尺夹在基础墙两侧，尺面按水平线找准，然后摊铺砂浆，待初凝后再用木抹子收压一遍，做到平实表面拉毛（图5.2.8）

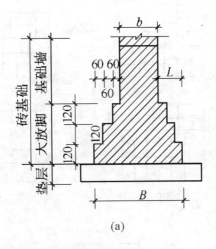

(a)

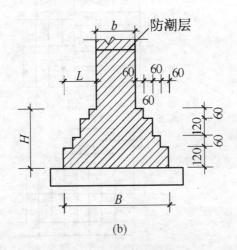

(b)

图 5.2.2 砖基础的形式
(a)等高式 $H:L=2$;(b)间隔式 $H:L=1.5$

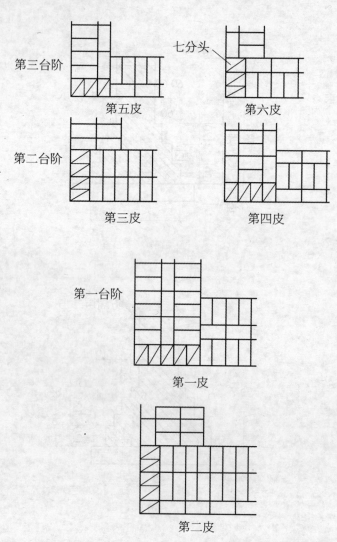

图 5.2.3 六皮三收大放脚台阶排砖方法

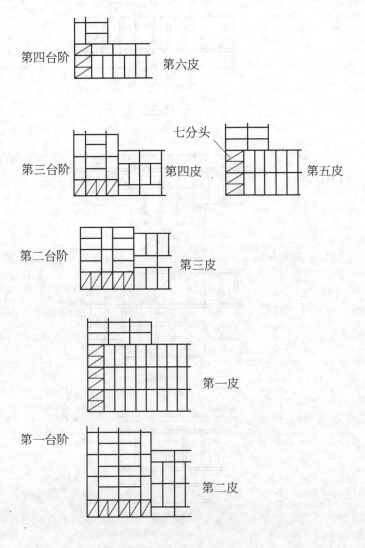

图 5.2.4 六皮四收大放脚台阶排砖方法

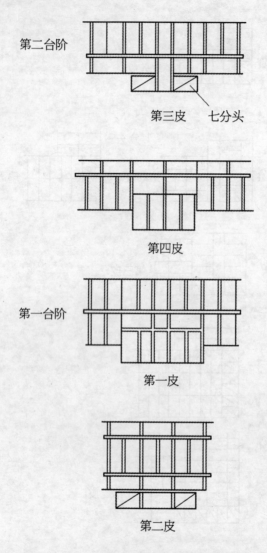

图 5.2.5 一砖墙身附一砖半砖垛四皮两收大放脚

第5章 砌体工程施工技术

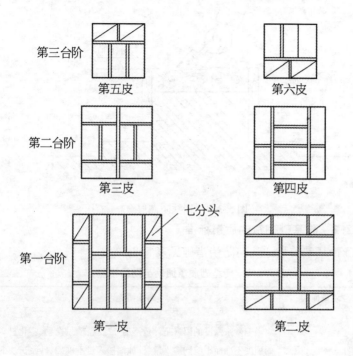

图 5.2.6　一砖方柱六皮三收大放脚

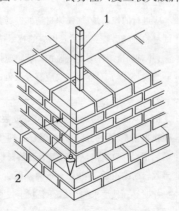

图 5.2.7　盘角示意
1—用皮数杆控制高度；
2—用线锤吊正垂直度，箭头示观察方向

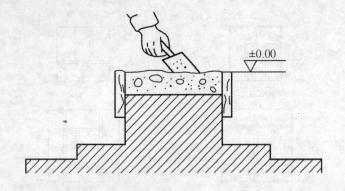

图 5.2.8 铺抹防潮层

5.2.2 砖基础砌筑的质量标准

(1) 砖基础质量通病与防治措施见表 5.2.2。

表 5.2.2 砖基础质量通病与防治措施

序号	质量通病	防治措施
1	砂浆强度不稳定	影响砂浆强度的因素是计量不准、原材料质量变动、塑化材料的稠度不准而影响到掺入量、外加剂掺入量不准确、砂浆试块的制作和养护方式不当等。 应进行的控制是:加强原材料的进场验收,不合格或质量较差的材料进场后要立即采取相应的技术措施,对计量器具进行检测,并对计量工作派专人监控。调整搅拌砂浆时的加料顺序,使砂浆搅拌均匀,对砂浆试块应有专人负责制作和养护
2	基顶标高不准	由于基底或垫层标高不准,钉好皮数杆后又没有用细石混凝土找平偏差较大的部位,在砌筑时,两角的人没有通好气,造成两端错层,砌成螺钉墙,或者小皮数杆设置得过于偏离中心,基础收台阶结束后,小皮数杆远离基础墙,失去实用意义。所以在操作时必须按要求先用细石混凝土找平,撂底时要撂平。小皮数杆应用2cm见方的小木条制作,一则可以砌在基础内,二则也具有一定的刚度,避免变形。基础开砌前,要用水准仪复核小皮数杆的标高,防止因皮数杆不平而造成基顶不平

(续表)

序号	质量通病	防治措施
3	基础墙身位移过大	基础墙身位移过大的主要原因是大放脚两边收退不均匀,砌到基础墙身时,未拉线找出正墙的轴线和边线,或者砌筑墙身时,未拉线找出正墙的轴线和边线,或者砌筑时墙身垂直偏差过大。 解决此质量问题的操作要求如下:大放脚两边收退应用尺量收退,使其收退均匀,不得采用目测和砖块比量的方法。基础收退到正墙时必须复准轴线后砌筑,正墙还应经常对墙身垂直度进行检查,要求盘头角时每5皮砖吊线检查一次,以保证墙身垂直度
4	墙面平整度偏差过大	墙面平整度偏差过大的主要原因是因为一砖半以上的墙体未双面挂线砌筑,还有砖墙挂线时跳皮挂线,另外还有舌头灰未刮清和毛石表面不平整所至。 其操作要点是:砖墙砌筑挂线应皮皮挂线不应跳皮挂线,一砖半以上墙必须双面挂线。砌筑还要随砌随清舌头灰,做到砖墙不碰线砌筑。对表面不平的毛石面应砌筑前修正,避免凹进凸出
5	基础墙交圈不平	基础墙交圈不平的主要原因有:水平抄平,皮数杆木桩不牢固、松动,皮数杆立好后水平标高的复验工作不够,皮数杆不平引起基础交圈不平或者扭曲。 要解决这个质量问题,操作时应在每个立皮数杆的位置上抄好水平,立皮数杆的木桩应牢固、无松动,并且立好的皮数杆应全部复核检查符合后才可使用
6	水平灰缝高低和厚薄不匀	这一问题主要反映在砖基础大放脚砌筑上,要防止水平灰缝高低和厚薄不匀问题产生,应做到盘角时灰缝均匀,每层砖要与皮数杆对平。砌筑时要左右照顾,线要收紧,挂线过长时中间应进行腰线处理,使挂线平直
7	埋入件和拉结筋位置不准	主要原因是没有按设计规定施工,小皮数杆上没有标示。因此,砌筑前要询问是否有埋入件,是否有预留的孔洞,并搞清楚位置和标高。砌筑过程要加强检查

(续表)

序号	质量通病	防治措施
8	基础防潮层失效	防潮层施工后出现开裂、起壳甚至脱落，以致不能有效地起到防潮作用，造成这种情况的原因是抹防潮层前没有做好基层清理；因碰撞而松动的砖没补砌好；砂浆搅拌不均匀或未作抹压；防水剂掺入量超过规定等。 防止办法是应将防潮层作为一项独立的工序来完成。基层必须清理干净和浇水湿润，对于松动的砖，必须凿除灰缝砂浆，重新补砌牢固。防潮层砂浆收水后要抹压，如果以地圈梁代替防潮层，除了要加强振捣外，还应在混凝土收水后抹压。砂浆的拌制必须均匀。当掺加粉状防水剂时必须先调成糊状后加入，掺入量应准确，如用干料直接掺入，可能造成结团或防水剂漂浮在砂浆表面而影响砂浆的均匀性

(2) 砖基础砌筑质量标准见表 5.2.3。

表 5.2.3　砖基础砌筑质量标准

序号	项目	质量标准
1	保证项目	(1)砖的品种、强度等级必须符合设计要求，并应规格一致。 (2)砂浆的品种必须符合设计要求，强度必须符合表 5.2.4 的规定
2	基本项目	(1)砌体上下错缝；每间(处)3~5m 的通缝不超过 3 处；混水墙中长度大于等于 300mm 的通缝每间不超过 3 处，且不得在同一墙面上。 (2)砌体接槎处灰浆密实，缝、砖平直。水平灰缝厚度应为 10mm，不小于 8mm，也不应大于 12mm。 (3)预埋拉结筋的数量、长度均应符合设计要求和施工验收规范规定。 (4)构造柱位置留置应正确，大马牙槎要先退后进，残留砂浆要清理干净
3	允许偏差项目	(1)轴线位置偏移：用经纬仪或拉线检查，其偏差不得超过 10mm。 (2)基础顶面标高：用水准仪和尺量检查，其偏差不得超过 ±15mm。 (3)预留构造柱的截面：允许偏差不得超过 ±15mm，用尺量检验。 (4)表面平整度和水平灰缝平直度均应符合要求

第5章 砌体工程施工技术

表5.2.4 砂浆强度规定

序号	强度要求
1	同一验收批砂浆试块的平均抗压强度必须大于或等于设计强度
2	同一验收批砂浆试块的抗压强度的最小一组平均值必须大于或等于设计强度的0.75倍
3	砌体砂浆必须密实饱满,实心砌体水平灰缝的砂浆饱满度不小于80%
4	外墙的转角处严禁留直槎,其他的临时间断处,留槎的做法必须符合施工验收规范的规定

5.3 砖墙的砌筑

5.3.1 砖墙砌筑的操作工艺

(1)砖墙砌筑的操作工艺流程如图5.3.1所示。

准备工作 → 拌制砂浆 → 确定组砌方式 → 抄平、放线 → 排砖摆底 → 立皮数杆 → 盘角、挂线 → 砌筑墙身 → 立门窗框 → 砌筑窗台和砖拱、过梁 → 构造柱边的处理 → 梁底和板底砖的处理 → 楼层砌筑 → 封山和拔檐 → 清水墙勾缝

图5.3.1 砖墙砌筑的操作工艺流程

(2)砖墙砌筑的操作要点见表5.3.1。

表5.3.1 砖墙砌筑的操作要点

序号	类别		操作要点
1	准备工作	技术准备	做好操作工艺技术交底和安全交底
		材料准备	(1)砖:检查了解砖的品种、规格、强度等级、外观尺寸,如果是砌清水墙还要观察色泽是否一致。经检查符合要求以后即可浇水润砖。砖要提前2天浇透,以水渗入砖四周内15mm以上为好,此时砖的含

· 333 ·

(续表)

序号	类别		操作要点
1	准备工作	材料准备	水量约达到10%~15%,砖洇湿后应晾半天,待表面略干后使用最好。如果碰到雨季,应检查进场砖的含水量,必要时应对砖堆作防雨遮盖。 (2)砂:检查它的细度和含泥量等。砂符合要求后要过筛,筛孔直径以6~8mm为宜。雨期施工时,砂应筛好并留出一定的储备量。 (3)水泥:了解水泥的品种、标号、储备量等,同时要知道是袋装还是散装。袋装水泥应抽检每袋水泥的质量是否为50kg,散装水泥应了解计量方法。 (4)掺和料:了解是否使用粉煤灰等掺合料,其技术性能如何。 (5)石灰膏:了解其稠度和性能。 (6)其他材料:了解木砖、拉结筋、预制过梁、预制壁龛、墙内加筋等是否进场。木砖是否涂好防腐剂,预制件规格尺寸和强度等级是否符合要求。如果是线立门窗框的,要了解门窗框的进场数量、规格等
		工具准备	砂浆搅拌机、大铲、刨锛、托线板、线坠、钢卷尺、灰槽、小水桶、砖夹子、小线、筛子、扫帚、八字靠尺、铁水平尺、钢筋卡子等
		作业条件准备	(1)完成室外及房心回填土,安装好沟盖板。 (2)办完地基、基础工作的隐检手续。 (3)按标高抹好水泥砂浆防潮层。 (4)弹好轴线墙身线,根据进场砖的实际规格尺寸,弹出门窗洞口位置线。 (5)按设计要求立好皮数杆,皮数杆的间距以15~20m为宜。 (6)向试验室申请砂浆配合比,准备好砂浆试模
2	拌制砂浆		基本上与基础砌筑部分类似
3	确定组砌方式	确定组砌形式	砖墙的组砌形式很多,可以是一顺一丁、梅花丁、三顺一丁等。一般选用一顺一丁组砌形式,如果砖的规格不太理想,则可以选用梅花丁式
		确定接头方式	组砌形式确定以后,接头形式也随之而定,以24厚实心墙体为例,采用一顺一丁形式组砌的砖墙大角的摆法如图5.3.2所示,丁字墙的接头方式如图5.3.3所示,十字墙的接头如图5.3.4所示,锐角和钝角接头如图5.3.5所示

第 5 章 砌体工程施工技术

(续表)

序号	类别	操作要点
4	抄平、放线	基础设置地圈梁时,可利用地圈梁混凝土找平。检测其标高可采用水准仪。没有地圈梁处可利用防潮层水泥砂浆找平。然后利用各主要墙上的主轴线,在防潮层面上用细线将两头拉通,沿轴线每 10~15m 划红痕,再将各点连通弹出墙的主轴线,最后弹出墙的其他轴线(图 5.3.6)。 轴线弹出后,根据轴线尺寸用尺量出门窗洞口位置,用墨线弹在基础墙面上,门窗洞口打上交叉的斜线。窗口画在墙的侧面,用箭头表示其位置和宽、高尺寸(图 5.3.7)。注意两个轴线间门、窗洞口划线应以一个定位轴线为控制进行丈量尺寸。 楼层板底标高控制宜以皮数杆控制,另外可利用在室内弹出的水平线来控制。当底层砌到一步架高度后,用水准仪根据龙门板上的±0.00 标高点,在室内进行抄平,并弹出高出室内地坪 0.5m 的标高控制线,用以控制底层过梁及楼板的标高。 二层以上楼层的测量放线工作,由测量工负责
5	摆砖撂底	防潮层上的墨线弄清以后,要通盘地干摆砖。摆砖要根据"山丁檐跑"的原则进行,不仅要像基础摆砖一样,把墙的转角、交接处排好,达到接槎合理、操作方便的目的,对于门口和窗口(窗口位置应在防潮层上用粉线弹线以便预排,对于清水墙尤其要这样做),还要排成砖的模数,如果摆下来不合适,可以对门窗口位置调整 1~2cm,以达到砖活好看的目的。对于清水墙,更要注意不能摆成"阴阳把"(即门窗口两侧不对称)。 防潮层的上表面应该水平,但与皮数杆上的皮数是否吻合,就可能有问题,所以也要通过撂底找正标高,如果水平灰缝太厚,一次找不到标高,可以分次分皮逐步找到标高,争取在窗台甚至窗上口达到皮数杆规定标高,但四周的水平缝必须在同一水平线上
6	立皮数杆	皮数杆是一层楼墙体的标志杆,其上划有每皮砖和灰缝的厚度,门、窗洞口底部、过梁楼板、梁底标高位置,用以控制墙体的竖向尺寸。皮数杆一般立在墙的大角、内外墙交接处、楼梯间及洞口多的地方(图 5.3.8)。在砌筑时应检查皮数杆上的±0.00 是否与房屋(或楼面)的±0.00 相吻合

(续表)

序号	类别		操作要点
7	盘角挂线	盘角	应由技术较好的技工盘角,每次盘角的高度不要超过5皮砖,然后用线锤作吊直检查。盘角时必须对照皮数杆,特别要控制好砖层上口高度,不要与皮数杆相应皮数高差太多,一般经验做法是比皮数杆标定皮数低5~10mm为宜。5皮砖盘好后两端要拉通线检查,先检查砖墙槎口是否有抬头和低头的现象,再与相对盘角的操作者核对砖的皮数,千万不能出现错层
		挂线	砌筑砖墙必须拉通线,砌一砖半以上的墙必须双面挂线。砖瓦工砌墙时主要依靠准线来掌握墙体的平直度,所以挂线工作十分重要,外墙大角挂线的办法是用线拴上半截砖头,挂在大角的砖缝里,然后用别线棍把线别住,别线棍的直径约为1cm,放在离开大角2~4cm处。砌筑内墙时,一般采用先拴立线,再将准线挂在立线上的办法砌筑,这样可以避免因槎口砖偏斜带来的误差。当墙面比较长,挂线长度超过20m,线就会因自重而下垂,这时要在墙身的中间砌上一块挑出3~4cm的腰线砖,托住准线,然后从一端穿看平直,再用砖将线压住,大角挂线的方式如图5.3.9所示,挑线的办法如图5.3.10所示,内墙挂线的办法如图5.3.11所示
8	砌筑墙身	砌筑墙要领	(1)角砖要平,绷线要紧:盘好角是砌好墙的保证,盘角时应该重视一个"直"字,砌好角才能挂好线,而线挂好绷紧了才能砌好墙。 (2)上灰要准,铺灰要活:底角与绷线都达到了要求,还要看每一块砖是否能摆平,灰浆厚薄是否一致,且铺得均匀,是摆平砖的保证。待灰浆基本铺平以后,只要用手轻轻揉压砖块,将砖块调平,不宜用砌刀击平(图5.3.12a)。 (3)上跟线,下跟棱:跟棱附跟线是砌平一块砖的关键,不然砖就摆不平,墙会走形或砌成台阶式(图5.3.12b、c)。 (4)皮数杆立正立直:楼房的层高有高有低,高的可达4~5m,由于皮数杆固定的方向不佳或者木料本身弯曲变形,往往使皮数杆倾斜,这样,砌出来的砖墙就会不正确,因此,砌筑时要随时注意皮数杆的垂直度

(续表)

序号	类别	操作要点
8	砌筑墙身	墙的留槎与接槎	(1)砖墙的转角处和交接处应同时砌筑。不能同时砌筑处,应留成斜槎,斜槎长度不应小于高度的2/3。槎子必须平直、通顺。 (2)如临时间断处留斜槎确有困难时,除转角处外,也可以留直槎(马牙槎)。留槎时凸出墙边砌一丁砖后,往上再每隔一皮砌条砖,并比丁砖多伸出1/4砖长,作为接槎用。此外,必须沿墙高每隔500mm设置2根ϕ6mm拉结钢筋,埋入长度从墙的留槎处算起,每边应不小于500mm,末端应有90°弯钩。 (3)隔墙与墙或柱如不能同时砌筑又不能留成斜槎时,可于墙或柱中引出阳槎,或于墙或柱中的灰缝中预埋拉结钢筋(其构造与上述相同)。隔墙顶应用立砖斜砌挤紧。 (4)设有钢筋混凝土构造柱的抗震多层砖混房屋,砖墙应砌成五进五出的大马牙槎,每一马牙槎高度方向的尺寸不超过300mm。墙与柱应沿高度方向每500mm设两根ϕ6mm钢筋,每边伸入墙内应不少于1m,构造柱应与圈梁相连接(图5.3.13)。构造柱拉结钢筋布置及马牙槎示意如图5.3.14所示。在构造柱处应先绑钢筋,而后砌砖墙,最后浇筑混凝土柱。 (5)接槎时,应先将槎齿清理干净,并检查其平整度、垂直度,合格后按上述砌筑墙的方法接槎砌筑。接槎处灰浆要密实,缝、砖平直,灰缝或透亮等缺陷不超过10个(图5.3.15)。
9	立门窗框		门口是在一开始砌墙时就要遇到的,如果是先立门框的,砌砖时要离开门框边3mm左右,不能顶死,以免门框受挤压而变形。同时要经常检查门框的位置和垂直度,随时纠正,门框与砖墙用燕尾木砖拉结(图5.3.16)。如后立门框的或者叫嵌樘子的,应按墨斗线砌筑(一般所弹的墨斗线比门框外包宽2cm),并根据门框高度安放木砖,第一次的木砖应放在第三或第四皮砖上,第二次的木砖应放在1m左右的高度,因为这个高度一般是安装门锁的高度。如果是2m高的门口,第三次木砖就放在从上往下数第三、四皮砖上。如果是2m以上带腰头的门,第三次木砖就放在2m左右高度,即中冒头以下,在门上口以下三、四皮还要放第四次木砖。金属门框不放木砖,另用铁件和

（续表）

序号	类别			操作要点
9	立门窗框			射钉固定。窗框侧的墙同样处理，一般无腰头的窗放两次木砖，上下各立2~3皮砖，有腰头的窗要放三次，即除了上下各一次以外中间还要放一次，这里所说的"次"是指每次在每一个窗口左右各放一块的意思。嵌橙子的木砖放法如图5.3.17所示，应注意使用的木砖必须经过防腐处理
10	砌筑窗台和砖拱、过梁	窗台		当墙砌到接近窗洞口标高时，如果窗台是用顶砖挑出，则在窗洞口下皮开始砌窗台；如果窗台是用侧砖挑出，则在窗洞口下两皮开始砌窗台。砌之前按图样把窗洞口位置在砖墙面上划出分口线，砌砖时砖应砌过分口线60~120mm，挑出墙面60mm，出檐砖的立缝要打碰头灰。 窗台砌虎头砖时，先把窗台两边的两块虎头砖砌上，用根小线挂在它的下皮砖外角上，线的两端固定，作为砌虎头砖的准线，挂线后把窗台的宽度量好，算出需要的砖数和灰缝的大小。虎头砖向外砌成斜坡，在窗口处的墙上砂浆应铺得厚一些，一般里面比外面高出20~30mm，以利泄水。操作方法是把灰打在砖中间，四边留10mm左右，一块一块地砌。砖要充分润湿，灰浆要饱满。如为清水窗台时，砖要认真进行挑选。 如果几个窗口连在一起通长砌，其操作方法与上述单窗台砌法相同
		砖拱	平碹	砖平碹多用烧结普通砖与水泥混合砂浆砌成。砖的强度等级应不低于MU10，砂浆的强度等级应不低于M5。它的厚度一般等于墙厚，高度为一砖或一砖半，外形呈楔形，上大下小。 砌筑时，先砌好两边拱脚，当墙砌到门窗上口时，开始在洞口两边墙上留出20~30mm错台，作为拱脚支点（俗称碹肩），而砌碹的两膀墙为拱座（俗称碹膀子）。除立碹外，其他碹膀子要砍成坡面，一砖碹错台上口宽40~50mm，一砖半上口宽60~70mm（图5.3.18）。 再在门窗洞口上部支设模板，模板中间应有1%的起拱。在模板上画出砖及灰缝位置，务必使砖数为单数。然后从拱脚处开始同时向中间砌砖，正中一块砖要紧紧砌入。灰缝宽度，在过梁顶部不超过15mm，在过梁底部不小于5mm。待砂浆强度达到设计强度的50%以上时方可拆除模板（图5.3.19）

(续表)

序号	类别		操作要点
10	砌筑窗台和砖拱、过梁	砖拱 拱碹	拱碹又称弧拱、弧碹,多采用烧结普通砖与水泥混合砂浆砌成。砖的强度等级应不低于MU10,砂浆的强度等级应不低于M5。它的厚度与墙厚相等,高度有一砖、一砖半等,外形呈圆弧形。 砌筑时,先砌好两边拱脚,拱脚斜度依圆弧曲率而定。再在洞口上部支设模板,模板中间有1%的起拱。在模板上画出砖及灰缝位置,务必使砖数为单数,然后从拱脚处开始同时向中间砌砖,正中一块砖应紧紧砌入。 灰缝宽度:在过梁顶部不超过15mm,在过梁底部不小于5mm。待砂浆强度达到设计强度的50%以上时方可拆除模板(图5.3.20)
		过梁(梁底和板底砖的处理)	砌筑时,先在门窗洞口上部支设模板,模板中间应有1%起拱。接着在模板面上铺设厚30mm的水泥砂浆,在砂浆层上放置钢筋,钢筋两端伸入墙内不小于240mm,其弯钩向上,再按砖墙组砌形式继续砌砖,要求钢筋上面的一皮砖应丁砌,钢筋弯钩应置入竖缝内。钢筋以上七皮砖作为过梁作用范围,此范围内的砖和砂浆强度等级应达到上述要求。待过梁作用范围内的砂浆强度达到设计强度50%以上方可拆除模板(图5.3.21)。 砖墙砌到楼板底时应砌成丁砖层,如果楼板是现浇的,并直接支承在砖墙上,则应砌低一皮砖,使楼板的支承处混凝土加厚,支承点得到加强。填充墙砌到框架梁底时,墙与梁底的缝隙要用铁楔子或木楔子打紧,然后用1:2水泥砂浆嵌填密实。如果是混水墙,可以用与平面交角在45°~60°的斜砌砖顶紧。假如填充墙是外墙,应等砌体沉降结束,砂浆达到强度后再用楔子楔紧,然后用1:2水泥砂浆嵌填密实,因为这一部分是薄弱点,最容易造成外墙渗漏,施工时要特别注意。梁板底的处理如图5.3.22所示
11	构造边的处理		因抗震的要求,目前砖混结构的建筑均在墙体内设置构造柱。一般情况是先砌墙,留出柱子的空档,然后绑扎钢筋,支模浇筑混凝土,使砖墙和混凝土形成整体。构造柱与墙同厚。留空档时,要根据设计位弹出墨线,砖墙与构造柱之间沿高度方向每500mm设置2ϕ6水平拉结筋,每边伸入墙内不少于1m。马牙槎的砌筑应注意要"先退后进",即起步时应后退1/4砖,5皮砖后砌至柱宽位置,而且要对称砌筑。做法如图5.3.23所示

（续表）

序号	类别	操作要点
12	楼层砌筑	在楼层砌筑，就考虑到现浇混凝土的养护期、多孔板的灌缝、找平整浇层的施工等多种因素。砌砖之前要检查皮数杆是否是由下层标高引测的，皮数杆的绘制方法是否与下层吻合。对于内墙，应检查所弹的墨斗线是否同下层墙重合，避免墙身位移，影响受力性能和管道安装，还要检查内墙皮数杆的杆底标高，有时因为楼层本身的误差和安装误差，可能出现第一皮砖砌不下或者灰缝太大，这时要用细石混凝土垫平。厕所、卫生间等容易积水的房间，要注意图纸上该类房间地面比其他房间低的情况，砌墙时应考虑标高上的高差。 楼层外墙上的门、窗、挑出件等应与底层或下层门、窗、挑出件等在同一垂直线上。分口线应用线锤从下面吊挂上来。 楼层砌砖时，特别要注意砖的堆放不能太多，不准超过允许的荷载。如造成房屋楼板超荷，有时会引起重大事故
13	封山和拔檐	封山	坡屋顶的山墙，在砌到檐口标高处就要往上收山尖，砌山尖时，把山尖皮数杆（或称样棒）钉在山墙中心线上，在皮数杆上的屋脊标高处钉上一个钉子，然后向前后檐挂斜线，按皮数杆的皮数和斜线的标志以退踏步楞的形式向上砌筑，这时，皮数杆在中间，两坡只有斜线其灰缝的厚度完全靠操作者技术水平自己掌握，可以用砌3～5皮砖量一下高度的办法来控制。山尖砌好以后就可以安放檩条。 檩条安放固定好后，即可封山。封山有两种形式，一种是砌平面的，称为平封山；另一种是把山墙砌得高出屋面，类似风火山墙的形式，称为高封山。 平封山的砌法是按已放好的檩条上皮拉线砌，或按屋面钉好的望板找平砌，封山顶坡的砖要砍成楔形砌成斜坡，然后抹灰找平，等待盖瓦。 高封山的砌法是根据图纸要求，在脊檩端头钉一小挂线杆，自高封山顶部标高往前后檐拉线，线的坡度应与屋面坡度一致，作为砌高封山的标准。高封山砌完后，在墙顶上砌1～2层压顶处檐砖，高封山在外观上屋脊处和檐口处高出屋面应该一致，要做到这一点必须把斜线挂好。收山尖和高封山的形式分别如图5.3.24和图5.3.25所示

(续表)

序号	类别		操作要点
13	封山和拔檐	封檐和拔檐	在坡屋顶的檐口部分,前后檐墙砌到檐口底时,先挑出2~3皮砖以顶到屋面板,此道工序被称为封檐。封檐前应检查墙身高度是否符合要求,前后两坡及左右两边是否在同一水平线上。砌筑前先在封檐两端挑出1~2块砖,再顺着砖的下口拉线穿平,清水墙封檐的灰缝错开,砌挑檐砖时,头缝应披灰,同时外口应略高于里口。在檐墙作封檐时,两山墙也要做好挑檐,挑檐的砖要选用边角整齐,如为清水墙,还要选择色泽一致的砖。山墙挑檐也叫拔檐,一般挑处的层数较多,要求把砖泅透水,砌筑时灰缝严密,特别是挑层中竖向灰缝必须饱满,砌筑时宜由外往里水平靠向已砌好的砖,将竖缝挤紧,放砖动作要快,砖放平不宜再动,然后再砌一块砖把它压住。当出檐或拔檐较大时,不宜一次完成,以免质量过大,造成水平缝变形或倒塌。拔檐(挑檐)的做法如图5.3.26所示
14	清水墙勾缝	一般要求	清水墙就是外面不粉刷,只将灰缝勾抹严实,砖面直接暴露在外的砖墙。除了工业建筑、简易仓房的内墙做成清水墙外,一般均适用于外墙。清水墙砌筑时要求选用规格正确、色泽一致的砖,必要时要进行挑选。在砌筑过程中,要严格控制水意头缝的竖向一致,避免游丁走缝,砌筑完毕要及时抠缝,可以用小钢皮或竹棍抠划,也可以用金刚丝刷剔刷,抠缝深度应根据勾缝形式来确定,一般深度为1cm左右
		勾缝形式	勾缝的形式一般有五种,如图5.3.27所示。 (1)平缝:操作简单,勾成的墙面平整,不易剥落和积污,防雨水的渗透作用较好,但墙面较为单调。平缝一般采用深浅两种做法,深的约凹进墙面3~5mm,多用于外墙面,浅的与墙面平,多用于车间、仓库等内墙面。 (2)凹缝:凹缝是将灰缝凹进墙面5~8mm的一种形式。凹面可做成矩形,也可略呈半圆形。勾凹缝的墙面有立体感,但容易导致雨水渗漏,而且耗工量大,一般宜用于气候干燥地区。 (3)斜缝:斜缝是把灰缝的上口压进墙面3~4mm,下口与墙面平,使其成为斜面向上的缝。斜缝泄水方便,适用于外墙面和烟囱。 (4)凸缝:凸缝包括矩形凸缝和半圆形凸缝。是在灰缝面做成一个矩形或半圆形的凸线,凸出墙面约5mm左右。凸缝墙面线条明显、清晰,外观美丽,但操作比较费事

（续表）

序号	类别	操作要点
14	清水墙勾缝	**准备工作** 勾缝一般使用稠度为4~5cm的1∶1水泥砂浆,水泥采用32.5号水泥,砂要经过3mm筛孔的筛子过筛。因砂浆用量不多,一般采用人工拌制。 勾缝以前应先将脚手眼清理干净并洒水湿润,再用与原墙相同的砖补砌严密,同时要把门窗框周围的缝隙用1∶3水泥砂浆堵严嵌实,深浅要一致,并要把碰掉的外窗台等补砌好。以上工作做完以后,要对灰缝进行整理,对偏斜的灰缝用扁钢凿剔凿,缺损处用1∶2水泥砂浆加氧化铁红调成与墙面相似的颜色修补(俗称做假砖),对于抠挖不深的灰缝要用钢凿剔深,最后将墙面黏结的泥浆、砂浆、杂物等清除干净 **操作技术** 勾缝前一天应将墙面浇水润透,勾缝的顺序是从上而下,先勾横缝,后勾竖缝。勾横缝的操作方法是:左手拿托灰板紧靠墙面,右手拿长溜子,将托灰板顶在要勾的缝口下边,右手用溜子将灰喂入缝内,同时自右向左随勾随移动托灰板。勾完一段后,再用溜子自左向右在砖缝内溜压密实,使其平整、深浅一致。勾竖缝的操作方法是用短溜子在托灰板上把灰浆刮起(俗称必刁灰),然后勾入缝中,使其塞压紧密、平整,勾缝的操作手法如图5.3.28所示。 勾好的横缝与竖缝要深浅一致,交圈对口,一段墙勾完以后要用扫帚把墙面扫干净,勾完的灰缝不应有搭楂、毛疵、舌头灰等毛病,墙面的阳角处水平缝转角要方正,阴角的竖缝要勾成弓形缝,左右分明,不要从上至下勾成一条直线,影响美观。拱碹的缝要勾立面和底面,虎头砖要勾三面,转角处要勾方正,灰缝面要颜色一致、黏结牢固、压实抹光、无开裂,砖墙面要洁净

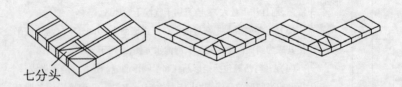

七分头

第 5 章 砌体工程施工技术

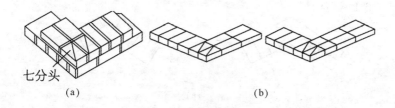

图 5.3.2 砖墙大角的摆法
(a)十字缝摆砖;(b)骑马缝摆砖

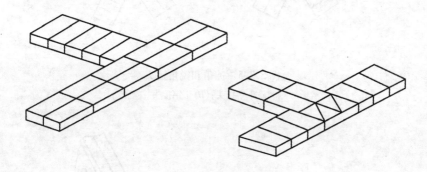

图 5.3.3 丁字墙的接头

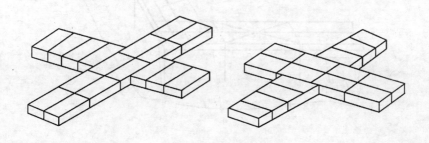

图 5.3.4 十字墙的接头

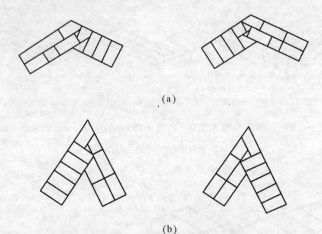

图 5.3.5 钝角和锐角接头
(a)十字接头;(b)丁字接头

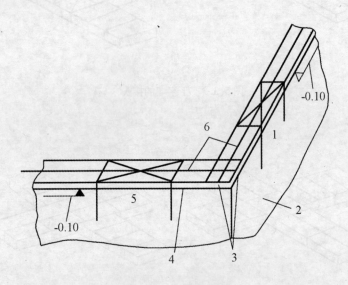

图 5.3.6 弹墙体轴线
1—窗洞 800×500;2—外墙;3—轴心标志;
4—防潮层;5—门洞;6—墙中心轴线

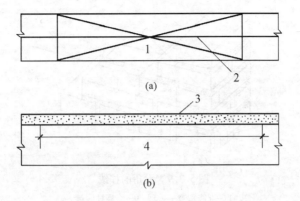

图 5.3.7 门窗洞口标志
(a)平面上线；(b)侧面墙上线
1—门口 1 000×2 700；2—轴线；3—防潮层；
4—窗口 1 500×1 800

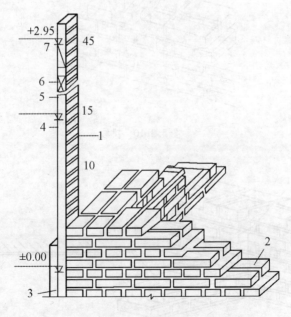

图 5.3.8 立墙身皮数杆
1—皮数杆；2—防潮层；3—木桩；4—窗口出砖；
5—窗口；6—窗口过梁；7—二层地面楼板

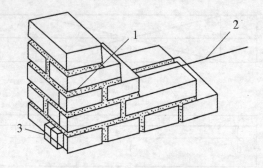

图 5.3.9　大角的挂线

1—别线棍;2—挂线;3—简易挂线锤

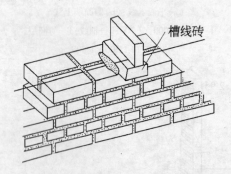

图 5.3.10　挑线

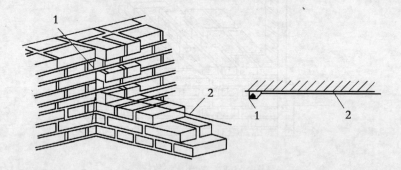

图 5.3.11　内墙挂准线的方法

1—立线;2—准线

第 5 章 砌体工程施工技术

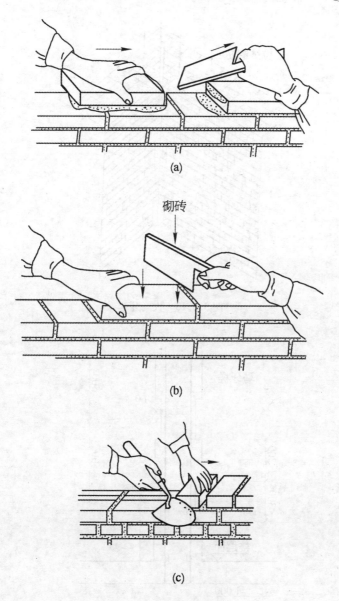

图 5.3.12 砌墙要领
(a)铺(刷)好灰;(b)砖摆平;(c)砌丁砖

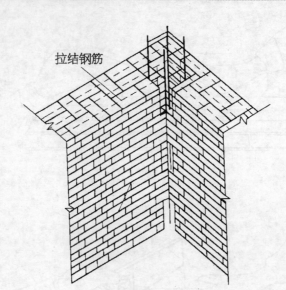

图 5.3.13 大马牙槎

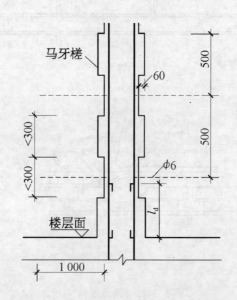

图 5.3.14 拉结钢筋布置及马牙槎

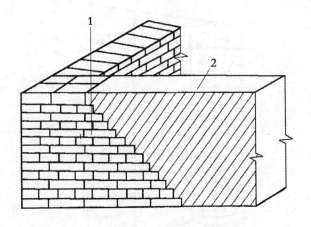

图 5.3.15 接槎
1—留槎墙体;2—接槎墙体

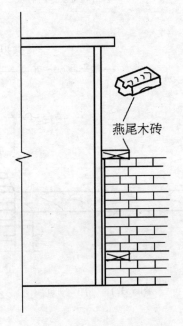

图 5.3.16 先立樘子木砖方法

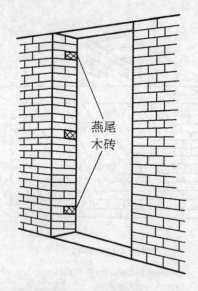

图 5.3.17 后嵌樘子木砖方法

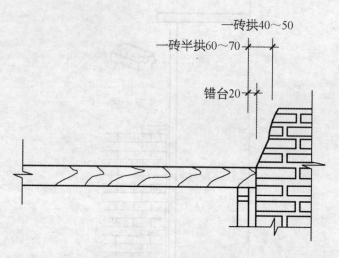

图 5.3.18 拱座砌筑

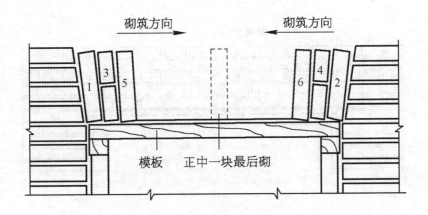

图 5.3.19 平拱式过梁砌筑

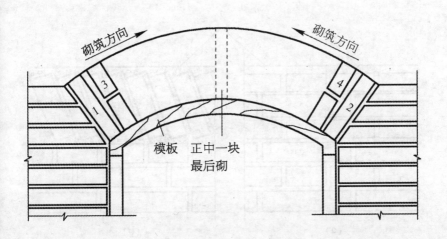

图 5.3.20 弧拱式过梁砌筑

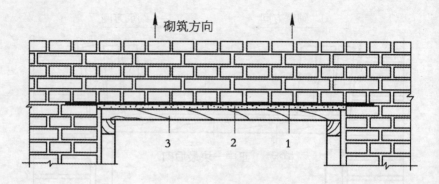

图 5.3.21 平砌式过梁砌筑
1—砂浆层;2—钢筋;3—模板

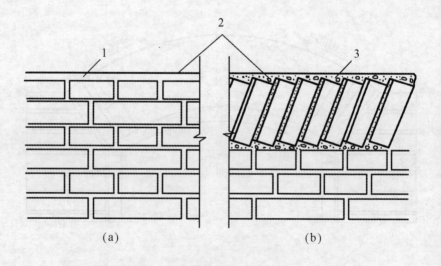

图 5.3.22 填充墙砌到框架梁板底时的处理
(a)清水墙;(b)混水墙
1—1:2水泥砂浆填塞;2—楔子楔紧;3—1:2水泥砂浆填塞

第 5 章 砌体工程施工技术

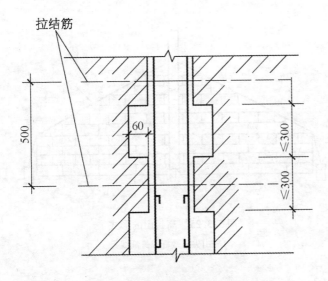

图 5.3.23 构造柱处大马牙槎留设

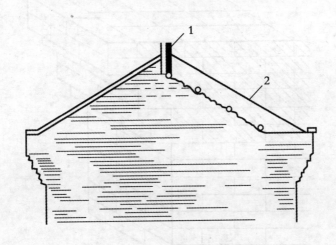

图 5.3.24 收山尖的形式
1—挂线杆；2—准线

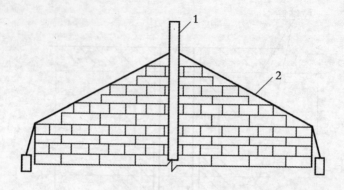

图 5.3.25　高封山的形式
1—山尖皮数杆；2—准线

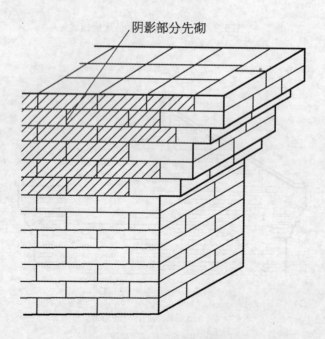

图 5.3.26　拔檐（挑檐）做法

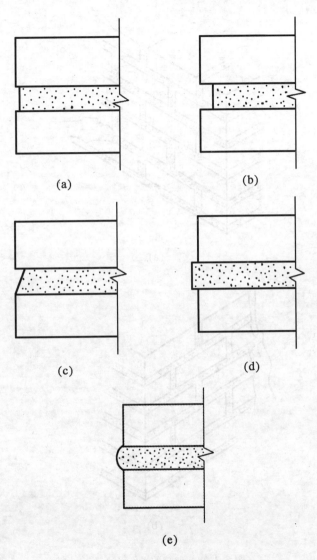

图 5.3.27 勾缝的形式
(a)平缝;(b)凹缝;(c)斜缝;(d)矩形凸缝;(e)半圆形凸缝

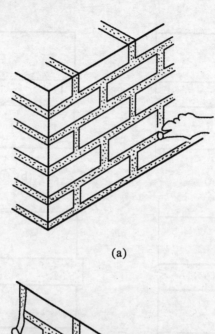

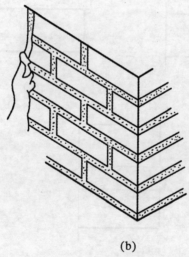

图 5.3.28　勾缝的操作手法

(a)勾横缝；(b)勾竖缝

5.3.2 砖墙砌筑的质量标准

(1)砖墙砌筑质量通病及其防治见表5.3.2。

表5.3.2 砖墙砌筑质量通病及其防治措施

序号	质量通病	防治措施
1	基础墙与上部墙错台	基础砖摆底要正确,收退大放脚两边要相等,退到墙身之前要检查轴线和连线是否正确,如有偏差应在基础部位纠正
2	清水墙游丁走缝	(1)摆砖时必须立缝摆匀。 (2)砌完一步架高度,每隔2m在丁砖立楞处用托线板吊直弹粉线,二步架往上继续吊直弹粉线。 (3)由底往上所有七分头的长度应保持一致。 (4)上层分窗口位置时必同下层窗口保持垂直
3	灰缝大小不匀	(1)立皮数杆时要保持标高一致。 (2)盘角时灰缝要掌握均匀。 (3)砌砖时小线要拉紧,防止一层线松,一层线紧
4	构造柱处砌筑不符合要求	(1)构造柱砖墙应砌成大马牙槎,设置好拉结钢筋。 (2)大马牙槎应从柱脚开始两侧应先退后进。 (3)浇筑混凝土前,构造柱内的落地灰、砖渣杂物必须清理干净
5	多角形墙转角处内墙出现通缝	多角形墙的转角,摆砖难度较大,稍有不当转角就会出现通缝。要防止转角出现通缝,操作时不能只摆一皮砖,最好摆3~4皮干砖,直到上下皮砖错缝搭缝摆通为止,应掌握好内外墙错缝搭接均符合要求。对异型砖要专人加工,使其规格一致
6	弧形墙外墙面竖向灰缝偏大	产生弧形墙竖向灰缝偏大的主要原因是弧形墙弧度偏小,砖墙摆砌方法不当,或在弧度急转的地方没有事先加工楔形砖,砌筑时用瓦刀劈砖不准等。防止弧形墙外墙面竖向灰缝偏大的预防措施有根据弧度的大小选择排砖组砌方法,对于弧度较小的采用丁砌法。不管采用哪种方法,均应在干摆砖时安排好弧形墙的内外皮砖的竖向灰缝,使其满足规范要求,干摆砖应至少摆2皮砖以上。弧度急转处,应加工相适应的楔形砖砌筑

(2)砖墙砌筑质量标准见表5.3.3。

表5.3.3 砖墙质量标准

序号	类别	质量标准
1	主控项目	(1)砖和砂浆的强度等级必须符合设计要求。 抽检数量:每一生产厂家的砖到现场后,按烧结砖15万块,多孔砖5万块,灰砂砖及粉煤灰砖10万块一验收批,抽检数量为一组。砂浆试块的抽检数量同砖基础。 检验方法:查砖和砂浆试块试验报告。 (2)砌体水平灰缝的砂浆饱满度不得小于80%。 (3)砖砌体的转角处和交接处应同时砌筑,严禁无可靠措施的内外墙分砌施工。对不能同时砌筑而又必须留置的临时间断处应砌成斜槎,斜槎投影长度不应小于高度的2/3。 (4)非抗震设防及抗震设防烈度为Ⅵ、Ⅶ度地区的临时间断处,当不能留斜槎时,除转角处外,可留直槎,但直槎必须做成凸槎。留直槎处应加设拉结钢筋,拉结钢筋的数量为每120mm墙厚放置1ϕ6拉结钢筋(120mm厚墙放置2ϕ6拉结钢筋),间距沿墙高不应超过500mm;埋入长度从留槎处算起每边均不应小于500mm,对抗震设防烈度Ⅵ、Ⅶ度的地区,不应小于1 000mm;末端应有90°弯钩
2	一般项目	(1)砖砌体组砌方法应正确,上下错缝,内外搭砌,砖柱不得采用包心砌法。 (2)砖砌体的灰缝应横平竖直,厚薄均匀。水平灰缝厚度宜为10mm,但不应小于8mm,也不应大于12mm
3	允许偏差	砖砌体的位置及垂直度允许偏差符合表5.3.4的规定
		砖砌体的一般尺寸允许偏差应符合表5.3.5的规定

表5.3.4 砖砌体的位置及垂直度允许偏差

项次	项 目	允许偏差(mm)	检验方法
1	轴线位置偏移	10	用经纬仪和尺检查或用其他测量仪器检查

第5章 砌体工程施工技术

(续表)

项次	项目		允许偏差(mm)	检验方法
2	垂直度	每层	5	用2m托线板检查
		全高 ≤10m	10	用经纬仪,吊线和尺检查,或用其他测量仪器检查
		>10m	20	

表5.3.5 砖砌体一般尺寸允许偏差

项次	项目		允许偏差(mm)	检验方法	检验数量
1	基础顶面和楼面标高		±15	用水平仪和尺检查	不应少于5处
2	表面平整度	清水墙、柱	5	用2m靠尺和楔形塞尺检查	有代表性自然间10%,但不应少于3间,每间不应少于2处
		混水墙、柱	8		
3	门窗洞口高、宽(后塞口)		±5	用尺检查	检查批洞口的10%,且不应少于5处
4	外墙上下窗口偏移		20	以底层窗口为准,用经纬仪或吊线检查	检验批的10%,且不应少于5处
5	水平灰缝平直度	清水墙	7	拉10m线和尺检查	有代表性自然间10%,但不应少于3间,每间不应少于2处
		混水墙	10		
6	清水墙游丁走缝		20	吊线和尺检查,以每层第一皮砖为准	有代表性自然间10%,但不应少于3间,每间不应少于2处

5.4 石材砌体砌筑技术

5.4.1 石材砌体分类及其适用范围

石材砌体是利用各种天然石材组砌而成。因石材形状和加工程度的不同而分为毛石砌体和料石砌体两种。由于一般石料的强度和密度比砖好,所以石砌体的耐久性和抗渗性一般也比砖砌体好。

石材砌体的分类及其适用范围见表5.4.1。

· 359 ·

表 5.4.1　石材砌体的分类及其适用范围

序号	类别		说　　明
1	石材的分类	毛石	毛石是指开采后未经加工的石材
		料石	料石是指开采后经过加工的石材
2	适用范围		毛石常用于砌筑房屋基础、勒脚、低层房屋的墙身及护坡、挡土墙等
			料石常用来砌筑墙身、墙角、石拱等

5.4.2　毛石砌体的组砌形式

毛石砌体的组砌形式见表 5.4.2。

表 5.4.2　毛石砌体的组砌形式

序号	组砌形式	说　　明
1	丁顺叠砌法	每上下两层石材,以一层丁石一层顺石且互成90°角叠砌而成(图5.4.1)。适用于石料中既有毛石,又有条石和块石的情况
2	丁顺混合组砌法	每一层都以丁石或顺石连续组砌,其他空余部分以块石或乱毛石砌筑(图5.4.2)。适用于石料中既有毛石,又有条石和块石的情况
3	交错混合组砌法	石块是不规则的,所以它的砌缝也是不规则的,其外观也是多种多样的(图5.4.3)。适用于毛石占绝大多数的情况

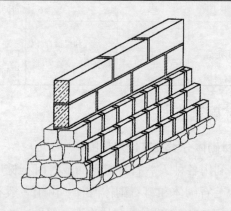

图 5.4.1　丁顺叠砌法

图 5.4.2　丁顺混合组砌法

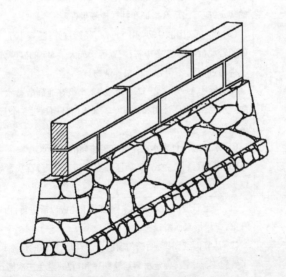

图 5.4.3　交错混合组砌法

5.4.3　毛石砌体的砌筑工艺与方法

(1)毛石砌体砌筑工艺顺序如图 5.4.4 所示。

准备工作 → 挂线、立皮数杆 → 砌筑 → 收尾工作

图 5.4.4　毛石砌体砌筑工艺顺序

(2)毛石砌体的砌筑方法见表 5.4.3。

表 5.4.3 毛石砌体的砌筑方法

序号	砌筑方法	砌筑操作要点
1	坐浆法	坐浆法又称卧砌法。操作要点：先铺砂浆，再将毛石分层卧砌。砌时上下要错缝，内外搭接；灰缝厚度宜为20~30mm。第一层应用丁砌层，以后每砌两层后再砌一层丁砌层
2	挤浆法	先铺筑一层30~50mm厚的砂浆，然后放置石块嵌实，接着再铺浆，再砌上面一层石块

（3）毛石砌体砌筑工艺与技术要求见表5.4.4。

表 5.4.4 毛石砌体砌筑工艺与技术要求

序号	砌筑工艺		技术要求
1	准备工作	材料准备	（1）毛石。其品种、规格、颜色必须符合设计要求和有关施工规范的规定，应有出厂合格证和抽样检测报告。 （2）砂。宜用粗、中砂，用5mm孔径筛过筛；配置小于M5的砂浆，砂的含泥量不得超过10%；配置等于或大于M5的砂浆，砂的含泥量不得超过5%，不得含有草根等杂物。 （3）水泥。一般采用32.5级或42.5级普通硅酸盐水泥或矿渣硅酸盐水泥，有出厂证明和复试单。如出厂日期超过3个月，应按复验结果使用。 （4）水。应用自来水或不含有害物质的洁净水。 （5）其他材料。拉结筋、预埋件应作防腐处理；石灰膏熟化时间不得少于7d
		施工条件准备	（1）砌毛石墙应在基槽和室内回填土完成以后进行，由于毛石比较笨重，应尽量双面搭设脚手架砌筑。 （2）认真阅读图纸，明确门窗洞口、预留预埋件的位置和埋设方法，了解施工流水段，确定材料运输顺序和道路，避免二次搬运。 （3）毛石墙无法像砖墙一样绘出皮数杆，一般为绘制线杆。线杆上表示出窗台、门窗上口、圈梁、过梁、预留洞、预埋件、楼板和檐口等，与皮数杆不同的仅是不绘出皮数。 （4）检查原材料。砌毛石墙的原材料与砌毛石基础的要求一样，值得重视的是石块不能缺楞、少角和外形过于不规则。 （5）检查基础顶面的墨线是否符合设计要求，标高是否达到规定要求

(续表)

序号	砌筑工艺		技术要求
1	准备工作	砌筑准备	(1)放好基础的轴线和边线,测出水平标高,立好皮数杆。皮数杆间距以不大于15m为宜,在毛石基础的转角处和交接处均应设置皮数杆。 (2)砌筑前,应将基础垫层上的泥土、杂物等清除干净,并浇水润湿。 (3)拉线检查基础直到表面标高是否符合设计要求。如第一皮水平灰缝厚度超过20mm时,应用细石混凝土找平,不得用砂浆或在砂浆中掺碎砖或碎石代替。 (4)常温施工时,砌石前一天应将毛石浇水润湿
2	确定砌筑方法		(1)采用角石的砌法。角石要选用三面都比较方正而且比较大的石块,缺少合适的石块时应当加工修整。角石砌好以后可以架线砌筑墙身,墙身的石块也要选基本平整的放在外面,选墙面石的原则是"有面取面,无面取凸",同一层的毛石要尽量选用大小相近的石块,同一堵墙的砌筑,应把大的石块砌在下面,小的砌到上面,这样可以给人以稳定感。如果是清水墙,应该选取棱角较多的石块,以增加墙面的装饰美。 (2)采用砖抱角的砌法。砖抱角的做法如图5.4.5所示。 砖抱角是在缺乏角石材料,又要求墙角平直的情况下使用的。它不仅可用于墙的转角处,也可以使用在门窗口边。砖抱角的做法是在转角处(门窗口边)砌上一砖到一砖半的角,一般砌成五进五出的弓形槎。砌筑时应先砌墙身的五皮砖然后再砌毛石,毛石上口要基本与砖面平,待毛石砌完这一层后,再砌上面的五皮砖,上面的五皮砖要伸入毛石墙身半砖长,以达到拉结的要求
3	挂线、立皮数杆		毛石基础砌筑前要在龙门板上将基础中心线及边线引入基槽,并在基槽中钉好中心桩和边线桩,固定挂线架,再根据基槽宽度和台阶宽度拉好立线和准线(要挂双面线)(图5.4.6)

(续表)

序号	砌筑工艺		技术要求
4	砌筑	砌筑要求	因毛石墙的砌筑要求比基础高,更应重视选石的工作,而且要注意大小石块搭配,避免把好石块在上半部用完,增加砌筑上部墙身时的困难。墙角的各层石块应互相压搭,不得留通缝(图5.4.7)。 毛石墙砌好一层以后,要用小石块填充墙体空隙,不能只填砂浆不填石块,也不能只填石块使砂浆无法进入。墙身要考虑左右错缝,也要考虑里外咬接,要正确使用拉结石,避免砌成夹心墙。 毛石墙每天的砌筑高度不得超过1.2m,以免砂浆没有凝固,石材自重下沉造成墙身鼓肚或坍塌。接槎时要将槎口的砂浆和松动的石块铲除,洒水湿润,再将要接砌的石墙接上去。砌筑毛石墙是把大小不规则的石块组砌成表面平整、花纹美观的砌体,是一项复杂的技术工作,只有不断反复实践才能达到理想的效果
		砌筑要领	搭:砌毛石墙都是双面挂线、内外搭脚手架同时操作,要求里外两面的操作者配合默契。所谓搭,就是外面砌一块长石,里面就要砌一块短石,使石墙里外上下都能错缝搭接。 压:砌好的石块要稳,要承受得住上面的压力;上面的石块要摆稳,而且要以自重来增加下层石块的稳定性。砌好的石块要求"下口清、上口平"。下口清就是石块有整齐的棱边,砌入墙身前先要进行适当加工,打去多余的棱角,砌完后做到外口灰缝均匀,里口灰缝严。上口平是指留槎口里外要平,为上层砌石创造条件。 拉:为了增加墙体的稳定性和整体性,毛石墙每0.7m^{2}要砌一块拉结石,拉结石的长度应为墙厚的2/3,当墙厚小于40cm时,可使用长度与墙厚相同的拉结石,但必须做到灰缝严密,防止雨水顺石缝渗入室内。 槎:每砌一层毛石,都要给上一层毛石留出槎口,槎的对接要平,使上下层石块咬槎严密,以增加砌体的整体性。留槎口应防止出现硬蹬槎或槎口过小的现象,当砌到窗口、窗上口、圈梁底和楼板底等处时,应跟线找平。找平槎口留出高度应结合毛石尺寸,但不得小于10cm,然后用小块石找平。 垫:毛石砌体要做到砂浆饱满,灰缝均匀。由于毛石本身的不规则性,造成灰缝的厚薄不同,砂浆过厚,砌体容易产生压缩变形;砂浆过薄或块石之间直接接触,容易应力集中,影响砌体强度,因此在灰缝过厚处要用石片垫塞,石片要垫在里口不要垫在外口,上下都要填抹砂浆

(续表)

序号	砌筑工艺	技术要求
5	收尾工作	砌筑结束时,要把当天砌筑的墙都勾好砂浆缝,并根据设计要求的勾缝形式来确定勾缝的深度。当天勾缝,砂浆强度还很低,操作容易。当天勾缝既是补缝又是抠缝,对砂浆不足处要补嵌砂浆,对于多余的砂浆则应抠掉,可以采用抿子、溜子等作业。墙缝抹完后,可用钢丝刷、竹丝扫帚等清刷墙面,以使石面能以其美观的天然纹理面向外侧

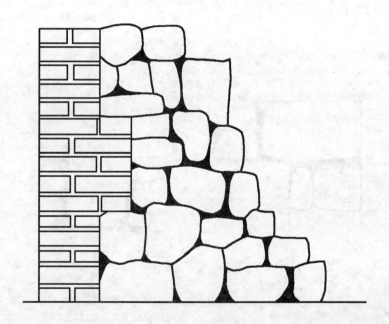

图 5.4.5　毛石墙的砖抱角砌法

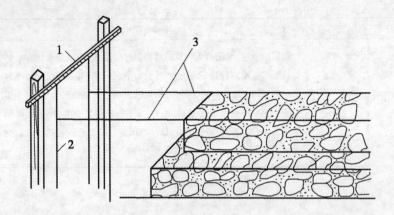

图 5.4.6　毛石墙体挂线
1—轴线钉；2—立线；3—水平线(卧线)

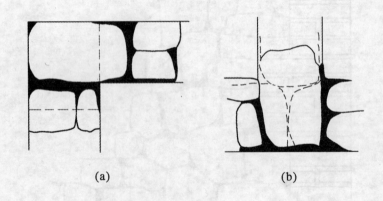

图 5.4.7　毛石墙的转角和接头(虚线表示下层石块位置)
(a)墙角；(b)丁字接头

5.4.4　毛石墙砌筑的勾缝

(1)毛石墙砌筑的勾缝工艺顺序如图 5.4.8 所示。

清理墙面、抠缝 → 确定勾缝形式 → 拌制砂浆 → 勾缝

图 5.4.8　毛石墙砌筑的勾缝工艺顺序

(2)毛石墙砌筑的勾缝技术及其要求见表 5.4.5。

表5.4.5　毛石墙砌筑的勾缝技术及其要求

序号	勾缝工艺顺序	技术要求
1	清理墙面、抠缝	勾缝前用竹扫帚将墙面清扫干净,洒水润湿。如果砌墙时没有抠好缝,就要在勾缝前抠缝,并确定抠缝深度,一般是勾平缝的墙缝要抠深5~10mm;勾凹缝的墙缝要抠深20mm;勾三角凸和半圆凸缝的要抠深5~10mm;勾平凸缝的,一般只要稍比墙面凹进一点就可以
2	确定勾缝形式	勾缝形式一般由设计决定。凸缝可增加砌体的美观,但比较费力;凹缝常使用于公共建筑的装饰墙面;平缝使用最多,但外观不漂亮,挡土墙、护坡等最适宜。各种勾缝形式如图5.4.9所示
3	拌制砂浆	勾缝一般用1:1水泥砂浆,稠度4~5cm,砂可采用粒径为0.3~1mm细砂,一般可用3mm孔径的筛子过筛。因砂浆用量不多,一般采取人工拌制
4	勾缝	勾缝应自上而下进行,先勾水平缝后勾竖缝。如果原组砌的石墙缝纹路不好看时,也可增补一些砌筑灰缝,但要补得好看可另在石面上做出一条假缝,不过这只适用于勾凸缝的情况。 (1)勾平缝:用勾缝工具把砂浆嵌入灰缝中,要嵌塞密实,缝面与石面相平,并把缝面压光。 (2)勾凸缝:先用小抿子把勾缝砂浆填入灰缝中,将灰缝补平,待初凝后抹上第二层砂浆,第二层砂浆可顺着灰缝抹0.5~1cm厚,并盖住石棱5~8mm,待收水后,将多余部分切掉,但缝宽仍应盖住石棱3~4mm,并要将表面压光压平,切口溜光。 (3)勾凹缝:灰缝应抠进20mm深,用特制的溜子把砂浆嵌入灰缝内,要求比石面深10mm左右,将灰缝面压平溜光

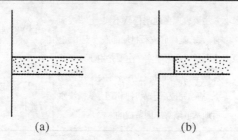

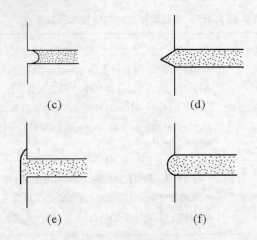

图 5.4.9 石墙的勾缝形式
(a)平缝;(b)平凹缝;(c)半圆形凹缝;
(d)三角形凸缝;(e)平凸缝;(f)半圆形凸缝

5.4.5 毛石砌体施工质量通病

毛石砌体施工质量通病及其防治措施见表 5.4.6。

表 5.4.6 毛石砌体施工质量通病及其防治措施

序号	质量通病	产生原因	防治措施
1	石材材质不合格	石材质量不符合要求主要表现在风化剥层、龟裂、形状过于细长、扁薄或尖锥,或者棱角不清,几乎成圆形,质地疏松、疵斑较多和敲击时发出"壳壳壳"的声音。这主要是由于石材的选用不当,加工运输中缺乏认真管理,乱毛石中未配平毛石等原因造成的	(1)砌筑用石材,应严格进行挑选,必要时对石材进行粗加工。 (2)已经风化和有裂缝的石材不能采用
2	基础不稳固	主要表现在地基松软不实,土壤表面有杂物,基础底皮石材局部嵌入土中,上皮石材明显未坐实。主要是由于地基处理草率、底层石材过小或将尖棱短边朝下,基础完成后未及时回填土,基槽浸水后地基下陷等原因造成的	(1)砌筑前必须处理好地基软土,对基槽进行清理、夯实平整。 (2)按施工规范的要求进行验槽,并办理隐检手续

第5章 砌体工程施工技术

(续表)

序号	质量通病	产生原因	防治措施
3	大放脚上下层未压砌	大放脚收台阶处所砌石材未压在下皮石材上,下皮石缝外露,影响基础传力。产生这种质量问题除了操作中的原因外,还有毛石规格不符合要求、尺寸偏小、未大小搭配等	(1)砌筑时要严格遵守操作规程,按确定的组砌方法施工。 (2)砌筑基础大放脚的毛石尺寸应与大放脚尺寸相匹配
4	墙体垂直通缝	这是由于忽视了毛石的交搭,砌缝未错开,尤其在墙角处未改变砌法,以及留槎不正确等原因造成的	墙体砌筑时一定要立好皮数杆,拉好准线,跟线进行砌筑
5	墙体不平或不垂直	砌筑操作未拉准线或未跟线砌筑	砌筑操作时应先拉准线,跟线砌筑。在砌筑的过程中,要勤检查,勤用靠尺靠,同时要经常检查准线的准确性
6	砌体黏结不牢	砌体中石块和砂浆有明显的分离现象,掀开石块有时可发现平缝砂浆铺得不严,石块之间存在瞎缝。这是由于灰缝过厚,砂浆收缩;石块过分干燥,造成砂浆早期脱水;石块表面有垃圾和泥土黏结等原因造成的	要求块石在使用前应用水冲洗干净,炎热天气要给块石适当浇水,一次砌筑高度控制在1.2m以内
7	墙面凹凸不平	墙面凹凸不平的产生原因可能是砌筑时未拉准线,或者是准线被石块顶出而没有发觉	砌筑时使用铲口石,砌成了夹心墙,砌筑高度超过规定而造成砌体变形。砌筑时必须经常检查准线,石料摆放要平稳,砂浆稠度要小,灰缝要控制在2~3cm;施工安排要得当,每天砌筑高度不应超过1.2m

(续表)

序号	质量通病	产生原因	防治措施
8	勾缝砂浆黏结不牢	勾缝砂浆与石块黏结不牢,特别是凸缝砂浆脱落经常可见。这除了石块表面不洁净,降低了黏结力的原因外,砂含泥量过大、砂粒过细、养护不及时等也是一个原因	要求严格掌握好原材料的质量和砂浆配合比,石墙面要先行冲洗,勾缝完成后要及时养护

5.4.6 石材砌体的质量标准

石材砌体的质量标准见表5.4.7。

表5.4.7 石材砌体的质量标准

序号	类别	质量标准
1	主控项目	(1)石材和砂浆强度等级必须符合设计要求。 (2)砂浆饱满强度不应小于80%。 (3)转角处必须同时砌筑,交接处不能同时砌筑时必须留斜槎。 (4)抽检数量:外墙,按楼层(或4m高以内)每20m抽查1处,每处3延长米,但不应少于3处;内墙按有代表性的自然间检查10%,但不应少于3间,每间不应少于2处,柱子不应少于5根。
2	一般项目	(1)抽检数量:外墙,按楼层(4m高以内)每20m抽查1处,每处3延长米,但不应少于3处;内墙,按有代表性的自然间抽查10%,但不应少于3间,每间不应少于2处,柱子不应少于5根。 (2)石砌体的组砌形式应符合下列规定: ①内外搭砌,上下错缝,拉结石、丁砌石交错设置。 ②毛石墙拉结石每0.7m² 墙面不应少于1块。 检查数量:外墙,按楼层(或4m高以内)每20m抽查1处,每处3延长米,但不应少于3处;内墙,按有代表性的自然间抽查10%,但不应少于3间。 检验方法:观察检查
3	允许偏差	石砌体的轴线位置及垂直度允许偏差应符合表5.4.8的规定 石砌体的一般尺寸允许偏差应符合表5.4.9的规定

(续表)

序号	类别	质量标准
4	勾缝质量标准	（1）外露面的灰缝厚度不得大于40mm，两个分层高度间分层处的错缝不得小于80mm。 （2）石墙的勾缝要求嵌填密实、黏结牢固，不得有搭槎、毛疵、舌头灰等。凸缝应表面平整一致、花纹美观，其宽度与高度也要平整一致、外观舒畅

表5.4.8 石砌体的轴线位置及垂直度允许偏差

序号	项目		允许偏差（mm）					检验方法
		毛石砌体		料石砌体				
				毛料石		粗料石	细料石	
		基础	墙	基础	墙	基础	墙	墙、柱	
1	轴线位置	20	15	20	15	15	10	10	用经纬仪和尺检查，或用其他测量仪器检查
2	墙面垂直度	每层	20		20		10	7	用经纬仪、吊线和尺检查或用其他测量仪器检查
		全高	30		30		25	20	

表5.4.9 石砌体的一般尺寸允许偏差

序号	项目		允许偏差（mm）					检验方法
		毛石砌体		料石砌体				
				毛料石		粗料石	细料石	
		基础	墙	基础	墙	基础	墙	墙、柱	
1	基础和墙砌体顶面标高	±25	±15	±25	±15	±15	±15	±10	用水准仪和尺检查
2	砌体厚度	±30	+20 -10	+30	+20 -10	+15	+10 -5	+10 -5	用尺检查

(续表)

序号	项目		允许偏差(mm)					检验方法
			毛石砌体		料石砌体			
					毛料石		粗料石	细料石	
			基础	墙	基础	墙	基础	墙	墙、柱	
3	表面平整度	清水墙、柱		20		20		10	5	细料石用2m靠尺和楔形塞尺检查,其他用两直尺垂直于灰缝拉2m线和尺检查
		混水墙、柱		20		20		15		
4	清水墙水平灰缝平直度							10	5	拉10m线和尺检查

5.5 混凝土小型空心砌块施工

5.5.1 混凝土小型空心砌块施工操作要点

1. 混凝土小型空心砌块墙的组砌形式

混凝土空心砌块的主规格为 390mm×190mm×190mm 的双孔砌块,其墙厚等于砌块宽度190mm,其立面的组砌形式只有全顺砌法一种,即各皮砖均为顺砌,上下皮砌块竖缝相互错开1/2砌块长,上下皮的砌块孔洞沿全高对齐,施工时可根据设计要求在小砌块墙体的孔洞内浇灌混凝土芯柱。辅助规格有 290mm×190mm×190mm 的一孔半砌块或 590mm×190mm×190mm 的三孔砌块,用于砌块墙T字接头处或十字接头处。

混凝土空心砌块墙的砌筑形式如图 5.5.1 所示,转角砌法如图 5.5.2 所示,T字交接处砌法(无芯柱)如图 5.5.3 所示,T字交接处砌法(有芯柱)如图 5.5.4 所示。

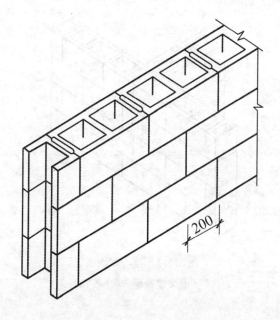

图 5.5.1　空心砌块墙的砌筑形式

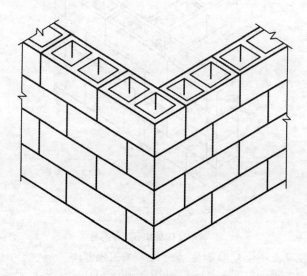

图 5.5.2　空心砌块墙转角砌法

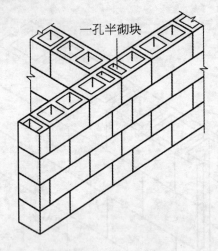

图 5.5.3 空心砌块墙
T 字形交接处砌法(无芯柱)

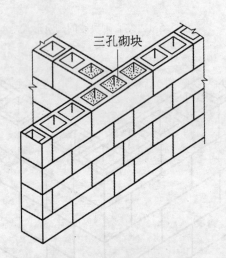

图 5.5.4 空心砌块墙
T 字形交接处砌法(有芯柱)

2. 混凝土小型空心砌块墙的施工工艺流程

混凝土小型空心砌块墙的施工工艺流程如图 5.5.5 所示。

第5章 砌体工程施工技术

施工准备 → 排砖摆底 → 铺砂浆 → 砌筑空心砌块 → 勾缝清理

图 5.5.5 混凝土小型空心砌块墙的施工工艺流程

3. 混凝土小型空心砌块墙的施工技术及其操作要点

混凝土小型空心砌块墙的施工技术及其操作要点见表 5.5.1。

表 5.5.1 混凝土小型空心砌块墙的施工技术及其操作要点

序号	施工工艺		施工技术及其操作要点
1	施工准备	材料准备	进场的砌块要经过验收,应按设计要求选择合格的砌块产品。砂浆用的水泥、中砂、石灰膏、外加剂等应符合相关的质量要求。 施工时所用的小砌块的产品龄期应不小于28d。砌筑小砌块时,应清除表面污物和芯柱用小砌块孔洞底部的毛边,剔除外观质量不合格的小砌块。施工时所用的砂浆,宜选用专用的小砌块砌筑砂浆,浇灌芯柱的混凝土,宜选用专用的小砌块灌孔混凝土,当采用普通混凝土时,其坍落度应不小于90m
		工具准备	塔吊、卷扬机及井架、搅拌机、翻斗车、吊斗、砖笼、手推车、大铲、小撬棍、筛子、瓦刀、托线板、线坠、水平尺、工具袋等
		技术准备	(1)听取技术人员的技术交底和安全交底,熟悉、了解相关设计图纸的内容。 (2)听取砌体节点组砌的具体要求
		作业条件准备	(1)做完主体承重结构工程,并办好隐检预检手续。 (2)将基底清理干净后,放好结构轴线、墙边线、门窗洞口线,并经复核,办理预检手续。 (3)按操作要点要求,找好标高,立好皮数杆。皮数杆宜用30mm×40mm木料制作,皮数杆上应注明门窗洞口、木砖、拉结钢筋、圈梁、过梁的尺寸和标高。皮数杆间距为15~20m,转角处应设立,一般距墙皮或墙角50mm为宜。皮数杆应垂直、牢固、标高一致。根据下一皮砖的标高,拉通线检查基底标高,如水平灰缝的厚度超过20mm应用细石混凝土找平,不得用砂浆找平或砍砖垫平。 (4)搭设好操作和卸料架子。 (5)申请砂浆配合比,并准备好砂浆试模

（续表）

序号	施工工艺	施工技术及其操作要点
2	排砖摆底	预排砌块时应尽量采用主规格，从转角或定位处开始向一侧进行，内外墙同时排砖。纵横墙交错搭接处、T形、十字形砌体交接处，若有辅助砌块应尽量使用。 要求砌块应对孔错缝搭砌，搭接长度不应小于90mm。若个别部位不能满足该要求时，应在灰缝中设置拉结钢筋或钢筋网片，但竖向通缝不得超过两皮砌块
3	铺砂浆	（1）小型混凝土空心砌块以采用水泥混合砂浆砌筑为宜，砂浆稠度为50~70mm，砂浆的分层度应控制在20mm以内。 （2）砂浆应随拌随用，水泥砂浆和水泥混合砂浆应分别在3h和4h之内使用完毕
4	砌筑空心砌块	（1）砌块砌筑前，一般不需浇水润湿，天气炎热干燥时，可在用前喷水润湿。 （2）砌块均应采用底面（即大面，为了制作抽模方便，一般芯模上大下小，致使砌块制作时底端的边肋、中肋较厚）朝上的"反砌"方法。水平灰缝应采用坐浆法铺浆（可采用专用盖孔套板铺浆，以减少砂浆落孔数量），砂浆饱满度按边肋、中肋的净面积计算不应低于90%；竖向灰缝应采用加浆的方法，可将许多砌块的铺浆端面朝上紧密排列后，在上面放砂浆，然后再将砌块一块块上墙组砌；当砌块的一个端面有凹槽时，应在有凹槽的端面加浆，将其与无凹槽的端面共同组成一个竖缝；竖向灰缝的砂浆饱满率应不低于80%。 （3）砌筑顺序可参考砖砌筑的方法先从外墙转角处或定位处开始盘角，然后拉准线砌筑中间墙。中间墙的砌筑一定要"上跟线、下跟棱，左右相邻要对平"，随砌随检查，以免误差累积，造成纠正困难。 （4）砌块应对孔错缝搭接，上下皮相错主规格砌块长度的1/2，个别情况无法做到孔对孔、肋对肋砌筑时，允许错孔砌筑，但上下皮竖缝相错的最小搭接长度应不小于90mm；否则，应在砌块的水平灰缝内设置两根6mm的I级钢筋作拉结钢筋或设置4mm的焊接钢筋网片，其总长度应不小于700mm；竖向通缝不得超过两皮小砌块（图5.5.6）。

第5章 砌体工程施工技术

(续表)

序号	施工工艺	施工技术及其操作要点
4	砌筑空心砌块	(5)空心砌块墙转角处的纵横墙砌块应采用隔皮相互搭砌的方法(图5.5.2)。T字接头处的内墙端头砌块应采用隔皮外露的搭砌方法。而此处的直通墙,无芯柱时可隔皮采用两块一孔半的辅助规格砌块或一块三孔砌块砌筑(图5.5.3);有芯柱时,则应采用一块三孔的大规格砌块砌筑(图5.5.4)。十字接头处,纵横墙均应隔皮采用一块三孔大规格的砌块砌筑,无芯柱时也可隔皮采用两块一孔半的砌块砌筑。承重墙体严禁使用断裂小砌块。 (6)空心砌块墙的转角处和交接处应同时砌筑,如不能同时砌筑时应留斜槎,斜槎长度应等于或大于斜槎高度(图5.5.7)。在非抗震设防地区,除外墙转角处外,其余临时间断处也可留伸出墙面200mm的"直阳槎",但必须每隔三皮砌块高就要在其水平灰缝中设置两根6mm的拉结钢筋,拉结钢筋埋入纵横墙内的长度,从接槎处算起每边不少于600mm,钢筋外露部分不得任意弯折(图5.5.8)。后砌隔墙或填充墙留槎要求同上。 (7)空心砌块墙表面不得预凿或打凿水平沟槽,对设计规定的洞口、管道、沟槽及预埋件,应在球体砌筑时预留和预埋,不得在砌块墙砌完后再打洞、凿槽。需要在墙上留脚手眼时,可用辅助规格的单孔砌块侧砌,利用其空间作脚手眼,墙体完工后用不低于C15的混凝土填实。 (8)临时设置的施工洞口,其边侧离墙体交接处应不小于600mm,施工洞口上方应设置过梁;填筑临时洞口的砂浆强度等级宜提高一级。 (9)砌块墙体的下列部位,应采用C20的混凝土灌实孔洞后的砌块砌筑,以便提高砌块墙的承载能力: ①底层室内地面或防潮层以下的砌体。 ②无圈梁的楼板支承面下的顶皮砌块。 ③无梁垫的次梁支承处,宽度不小于600mm,高度不小于一皮砌块高的范围内;挑梁悬挑长度不小于1.2m时,其支承部位的内外墙交接处,宽度为纵横墙均3个孔洞,高度不小于三皮砌块高的范围内。

（续表）

序号	施工工艺	施工技术及其操作要点
4	砌筑空心砌块	（10）需要移动已砌好的砌块时，应清除原有砂浆，重新铺砂浆砌筑。空心砌块墙每天的砌筑高度应控制在1.5m或一步脚手架高度内。 要诀：确保小砌块砌体的砌筑质量的关键是做到对孔、错缝、反砌。所谓对孔，即上皮小砌块的孔洞对准下皮小砌块的孔洞，上下皮小砌块的壁、肋可较好传递竖向荷载，保证砌体的整体性及强度。所谓错缝，即上下皮小砌块错开砌筑（搭砌），以增强砌体的整体性。所谓反砌，即小砌块生产时的底面朝上砌筑于墙体上，易于铺放砂浆和保证水平灰缝砂浆的饱满度
5	勾缝清理	每当砌完一块空心砌块，应随即进行灰缝的原浆勾缝，勾缝深度一般为3~5mm

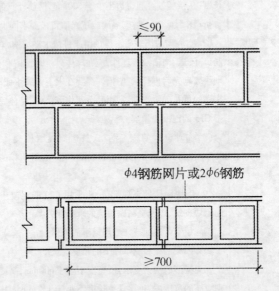

图5.5.6 混凝土空心砌块墙灰缝中设置拉结钢筋或网片

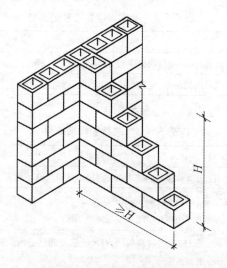

图 5.5.7 空心砌块墙直槎

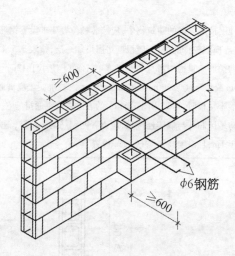

图 5.5.8 空心砌块墙斜槎

5.5.2 混凝土芯柱施工

1. 芯柱的设置

(1)墙体设置芯柱的部位见表 5.5.2。

表 5.5.2　墙体宜设置芯柱的部位

序号	设置部位及其要求
1	在外墙转角、楼梯间四角的纵横墙交接处的三个孔洞,宜设置素混凝土芯柱
2	五层及五层以上的房屋,应在上述的部位设置钢筋混凝土芯柱

（2）芯柱的构造要求见表 5.5.3。

表 5.5.3　芯柱的构造要求

序号	构造要求
1	芯柱截面不宜小于 120mm×120mm,宜用不低于 C20 的细石混凝土浇灌
2	钢筋混凝土芯柱每孔内插竖筋不应小于 110mm,底部应伸入室内地面以下 500mm 或与基础圈梁锚固,顶部与屋盖圈梁锚固
3	在钢筋混凝土芯柱处,沿墙高每隔 600mm 应设四钢筋网片拉结,每边伸入墙体不小于 600mm（图 5.5.9）
4	芯柱应沿房屋的全高贯通,并与各层圈梁整体现浇,可采用如图 5.5.10 所示的做法。 在Ⅵ～Ⅷ度抗震设防的建筑物中,应按芯柱位置要求设置钢筋混凝土芯柱;对医院、教学楼等横墙较少的房屋,应根据房屋增加一层,按表 5.5.4 的要求设置芯柱。 芯柱竖向插筋应贯通墙身且与圈梁连接;插筋不应小于 12mm。芯柱应伸入室外地下 500mm 或锚入浅于 500mm 基础圈梁内。芯柱混凝土应贯通楼板,当采用装配式钢筋混凝土楼板时,可采用图 5.5.11 的方式采取贯通措施。 抗震设防地区芯柱与墙体连接处,应设置四钢筋网片拉结,钢筋网片每边伸入墙内不宜小于 1m,且沿墙高每隔 600mm 设置

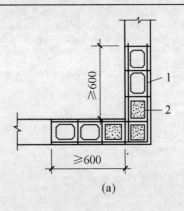

(a)

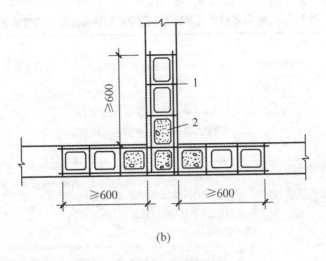

图 5.5.9 钢筋混凝土芯柱处拉筋
(a)转角处;(b)交接处
1—钢筋网片;2—芯柱

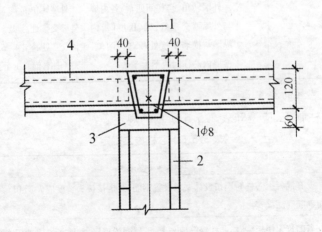

图 5.5.10 芯柱贯穿楼板的构造
1—芯柱钢筋;2—小砌块;3—圈梁模板;4—多孔板

表 5.5.4　抗震设防地区混凝土小型空心砌块房屋芯柱设置要求

序号	房屋层数及抗震设防烈度			设置部位	设置数量
	Ⅵ度	Ⅶ度	Ⅷ度		
1	4	3	2	外墙转角、楼梯间四角、大房间内外墙交接处、隔15m或单元隔墙与外纵墙交接处	外墙转角灌实3个孔；内外墙交接处灌实4个孔
	5	4	3		
	6	5	4	外墙转角、楼梯间四角、大房间内外墙交接处、山墙与外纵墙交接处、隔开间横墙（轴线）与外纵墙交接处	
2	7	6	5	外墙转角、楼梯间四角、各内墙（轴线）与外墙交接处；Ⅷ度时，内纵墙与横墙（轴线）交接处和洞口两侧	外墙转角灌实5个孔；内外墙交接处灌实4个孔；内墙交接处灌实4~5个孔；洞口两侧各灌实1个孔
3		7	6	外墙转角、楼梯间四角、各内墙与外纵墙交接处；Ⅷ、Ⅸ度时，内纵墙与横墙交接处和洞口两侧，横墙内芯柱间距不大于2m	外墙转角灌实7个孔；内外墙交接处灌实5个孔；内墙交接处灌实4~5个孔；洞口两侧各灌实1个孔

2. 芯柱的施工

芯柱施工，应遵守表5.5.5所示的规定。

表 5.5.5　芯柱施工规定

序号	施工规定及其要求
1	设有混凝土芯柱时应按设计要求设置钢筋，其搭接接头长度应大于40d。芯柱应随砌随灌随捣实
2	当砌筑无楼板墙时，芯柱钢筋应与上、下层圈梁连接，并按每一层进行连续浇筑
3	混凝土芯柱宜用不低于C15的细石混凝土浇灌。钢筋混凝土芯柱宜用不低于C15的细石混凝土浇灌，每孔内插入不小于1根10钢筋，钢筋底部伸入室内地面以下500mm或与基础圈梁锚固，顶部与屋盖圈梁锚固

(续表)

序号	施工规定及其要求
4	在钢筋混凝土芯柱处,沿墙高每隔600mm应设直径4mm钢筋网片拉结,每边伸入墙体不小于600mm
5	芯柱部位宜采用不封底的通孔小砌块,当采用半封底小砌块时,砌筑前应打掉孔洞毛边
6	混凝土浇筑前,应清理芯柱内的杂物及砂浆,用水冲洗干净,校正钢筋位置,并绑扎或焊接固定后,方可浇筑。浇筑时,每浇灌400~500mm高度捣实一次,或边浇灌边捣实。混凝土芯柱的第一皮砌块排列如图5.5.11所示
7	芯柱混凝土的浇筑,必须在砌筑砂浆强度大于1MPa以上时,方可进行浇筑。同时要求芯柱混凝土的坍落度控制在120mm左右

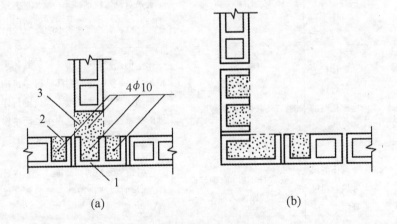

图 5.5.11 芯柱位置第一皮砌块排列
(a)T形芯柱接头;(b)L形芯柱接头
1—开口砌块;2—清扫口;3—C20填芯混凝土

5.5.3 砌块砌体施工质量通病与防治

砌块砌体施工质量通病及其防治措施见表5.5.6。

表5.5.6 砌块砌体施工质量通病及其防治措施

序号	质量通病	产生原因	防治措施
1	砌体黏结不牢	砌块浇水、清理不彻底,砌筑时一次铺砂浆的面积过大,校正不及时	砌块在砌筑使用前2d,应根据砌块的不同要求充分浇水湿润,随吊运(或操作)将砌块表面清理干净;砌块就位后应及时校正,紧跟着用砂浆(或细石混凝土)灌竖缝
2	第一皮砌块底铺砂浆不均匀	基底未事先用细石混凝土找平标高,造成砌筑时灰缝的厚度不一	砌筑前要根据已放出的水平标高准线检查基底的标高情况,然后按照施工方案的要求砌筑基底找平
3	拉结钢筋或压砌钢筋网片不符合设计要求	事先技术交底不清,现场施工执行不严	施工前应按设计或施工规范的要求,进行口头和书面的技术交底,使施工人员对设置拉结带和拉结钢筋及压砌钢筋网片的技术要求有清楚的认识
4	砌体错缝不符合设计施工规范的要求	事先未绘制砌块排列组砌图,或不按组砌图施工	施工前,应根据使用砌块的具体规格尺寸,结合现场的实际情况给出砌块排列组砌图,并向施工人员进行详细的技术交底,施工过程中要严格按图施工
5	砌体的尺寸偏差超过规定	皮数杆不准确,砌筑时控制灰缝的厚度不准	严格按照测控的标高准线支立皮数杆,砌筑时要严格控制灰缝的厚度保持一致
6	丁字墙、十字墙等接槎出现通缝	组砌混乱,操作人员忽略组砌形式,排砖时没有全墙排通就砌筑,或上、下皮砖在丁字墙、十字墙处错缝搭砌没有排好砖	熟悉掌握组砌形式,增强工作责任心,做好排砖摆底的工作

(续表)

序号	质量通病	产生原因	防治措施
7	墙面凹凸不平、水平缝不直	砌筑墙体长度较长,拉线不紧产生下坠,中间未定线,风吹长线摆动	加强操作人员的责任心,砌筑两端紧线和中间定线要专人负责,勤紧线勤检查,挂线长度不超过10m;每砌筑500mm高左右要用托线板检查一次垂直度

5.5.4 砌块砌体的质量标准

砌块砌体施工质量标准见表5.5.7。

表5.5.7 砌块砌体施工质量标准

序号	类别	质量标准
1	主控项目	(1)小砌块和砂浆的强度等级必须符合设计要求。抽检数量:每一生产厂家,每1万块小砌块至少应抽检1组;用于多层以上建筑基础和底层的小砌块抽检数量不应少于2组。砂浆试块的抽检数量:每一检验批且不超过$250m^3$砌体的各种类型及强度等级的砌筑砂浆,每台搅拌机应至少抽检一次。检验方法:查小砌块和砂浆试块试验报告。 (2)砌体水平灰缝的砂浆饱满度,应按净面积计算,且不得低于90%;竖向灰缝饱满度不得小于80%;竖向凹槽部位应用砌筑砂浆填实,不得出现瞎缝、透明缝。抽检数量:每检验批不应少于3处。检验方法:用专用百格网检测小砌块与砂浆黏结痕迹,每处检测3块小砌块,取其平均值。 (3)墙体转角处和纵横墙交接处应同时砌筑。临时间断处应砌成斜槎,斜槎水平投影长度不应小于高度的2/3。抽检数量:每检验批抽20%接槎,且不应少于5处。 检验方法:观察检查
2	一般项目	砌体的水平灰缝厚度和竖向灰缝宽度宜为10mm,不应大于12mm,也不应小于8mm。 抽检数量:每层楼的检测点不应少于3处。 检验方法:用尺量5皮小砌块的高度和2m砌体长度折算
3	允许偏差	砌体的轴线偏移和垂直度偏差应按表5.5.8的规定执行 小砌块墙体的一般尺寸允许偏差应按表5.5.9的规定执行

表5.5.8 混凝土小砌块砌体的轴线及垂直度允许偏差

序号	项目		允许偏差(mm)	检验方法
1	轴线位置偏移		10	用经纬仪和尺检查或用其他测量仪器检查
2	垂直度	每层	5	用2m托线板检查
		≤10m	10	用经纬仪、吊线和尺检查,或用其他测量仪器检查
		>10m	20	

抽检数量:轴线查全部承重墙柱;外墙垂直度全高查阳角,不应少于4处,每层每20m查一处;内墙按有代表性的自然间抽10%,但不应少于3间,每间不应少于2处,柱不少于5根。

表5.5.9 小砌块砌体一般尺寸允许偏差

序号	项目		允许偏差(mm)	检验方法	抽检数量
1	基础顶面和楼面标高		±15	用水平仪和尺检查	不应少于5处
2	表面平整度	清水墙、柱	5	用2m靠尺和楔形塞尺检查	有代表性自然间10%,但不应少于3间,每间不应少于2处
		混水墙、柱	8		
3	门窗洞口高、宽(后塞口)		±5	用尺检查	检验批洞口的10%,且不应少于5处
4	外墙上下窗口偏移		20	以底层窗口为准,用经纬仪或吊线检查	检验批的10%,且不应少于5处
5	水平灰缝平直度	清水墙	7	拉10m线和尺检查	有代表性自然间10%,但不应少于3间,每间不应少于2处
		混水墙	10		

第6章 混凝土结构工程施工技术

6.1 概述

6.1.1 混凝土施工过程

混凝土工程的施工过程包括浇筑前的准备、混凝土的搅拌、混凝土的运输、混凝土的浇筑、混凝土的振捣、混凝土的养护、混凝土模板的拆除以及混凝土缺陷修正等(图6.1.1)。

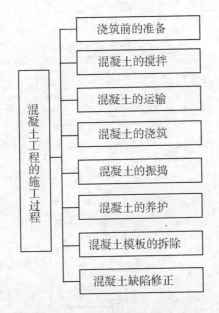

图6.1.1 混凝土工程的施工过程

在图6.1.1中,混凝土内、外质量控制关键在于混凝土设计、拌和等各项指标控制、模板设计、制作及浇筑过程的工艺控制。在混凝土施工过程中混凝土外观通病(气泡、蜂窝麻面、色差等)通常存在,但对于梁墩部来说,混凝土的外观质量控制至关重要。因此,无论是混凝土设计、拌和等各项指标控制,梁墩部模板设计、制作、使用、养护还是混凝土的浇筑工艺控制都是控制的关键点。因此,在混凝土施工过程中必须严格控制每一个施工环节,确保混凝土的施工质量。

混凝土施工的外观质量在施工过程中虽然会存在不同程度的缺陷,但只要注意施工过程的每一道环节的控制,这些缺陷都是可控的。因此,精心施工是控制工程质量的第一要素,全面的技术交底和严格要求是确保施工质量的第一步骤。所以在混凝土施工过程中,只要在混凝土设计、拌和等指标控制方面,模板设计、制作方面,混凝土浇筑工艺及养护管理方面把好关,混凝土的质量是完全有保证的。

6.1.2 混凝土施工工艺流程

混凝土工程施工工艺流程如图6.1.2所示。

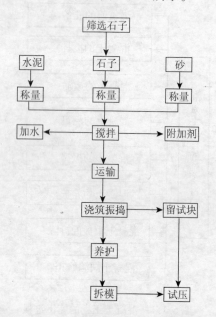

图6.1.2 混凝土施工工艺流程

6.2 施工准备

6.2.1 地基的检查和清理

地基的检查和清理内容见表6.2.1。

第6章 混凝土结构工程施工技术

表6.2.1 地基的检查和清理内容

序号	内容
1	检查基槽的轴线、标高和各部分尺寸是否与设计相符
2	检查地基土的土质、承载能力是否符合设计要求
3	清除基底表面上的杂物和淤泥浮土,凹凸不平处应加以修理整平
4	对于干燥的非黏土地基,应浇水润湿,对于岩石地基或混凝土垫层,应用清水冲洗,但不得留有积水
5	对于有地下水涌出或地表水流入地基时,应考虑排水,并应考虑混凝土浇筑后及硬化过程中的排水措施
6	检查基坑的支护及边坡的安全措施,并填写隐蔽工程验收单

6.2.2 模板的检查和清理

模板的检查和清理步骤见表6.2.2。

表6.2.2 模板的检查和清理步骤

序号	检查和清理步骤
1	检查模板的位置、标高、界面尺寸、垂直度
2	检查模板接缝是否严密,预埋件位置和数量是否符合图纸要求,支撑是否牢固
3	清除模板内的木屑、垃圾等杂物,并涂刷隔离剂
4	将木模板浇水湿润,但模板内不应有积水

6.2.3 钢筋的检查和清理

检查钢筋的规格、数量、位置及接头是否正确,钢筋表面的油污应清理干净;按规定垫好钢筋的保护层垫块(表6.2.3),并填写(钢筋)隐蔽工程验收单。

表 6.2.3　钢筋的混凝土保护层厚度　　　　　　　　　　（mm）

环境与条件	构件名称	混凝土强度等级		
		低于 C25	C25 及 C30	高于 C30
室内正常环境	板、墙、壳	15		
	梁和柱	25		
露天或室内高湿度环境	板、墙、壳	35	25	15
	梁和柱	45	35	25
有垫层	基础	35		
无垫层		70		

注：1. 轻骨料混凝土的钢筋保护层厚度应符合国家现行标准《轻骨料混凝土结构技术规程》的规定。

2. 处于室内正常环境由工厂生产的预制构件，当混凝土强度等级不低于 C20 且施工质量有可靠保证时，其保护层厚度可按表中规定减少 5mm，但预制构件中的预应力钢筋（包括冷拔低碳钢丝）的保护层厚度不应小于 15mm；处于露天或室内高湿度环境的预制构件，当表面另做水泥砂浆抹面层且有质量保证措施时，保护层厚度可按表中室内正常环境中构件的数值采用。

3. 钢筋混凝土受弯构件，钢筋端头的保护层厚度不应小于 10mm；预制的肋形板，其主肋的保护层厚度可按梁考虑。

4. 板、墙、壳中分布钢筋的保护层厚度不应小于 10mm；梁、柱中箍筋和构造钢筋的保护层厚度不应小于 15mm。

6.2.4　其他项目的检查与准备

其他项目主要包括供水供电及原材料的保证，道路及脚手架的检查，机具的检查与准备，设备、管线的检查与清理，安全与技术交底及其他（表 6.2.4）。

表 6.2.4　其他项目的检查与准备

检查项目	检查方法与步骤
供水供电及原材料的保证	主要检查水、电供应情况，并与水、电供应部门联系，防止施工过程水、电供应中断；检查材料的品种、规格、数量、质量是否符合要求

(续表)

检查项目	检查方法与步骤
道路及脚手架的检查	检查运输道路是否平整、通畅,运输工具是否能直接到达各浇筑部位;检查脚手架的搭设是否牢固,脚手板的铺设是否平整
机具的检查和准备	对机具主要检查其种类、规格、数量是否符合要求,运输是否正常
设备、管线的检查与清理	主要检查设备管线的数量、型号、位置和标高,并将其表面的油污清理干净
安全与技术交底	检查各项安全设施,并进行安全、技术交底。对班组的计划工作量、劳动力的组合与分工、施工程序及方法、施工缝的留置及处理、操作要点及要求进行技术交底
其他	了解天气预报,准备防雨、防冻措施

6.3 混凝土的搅拌

6.3.1 混凝土的制备流程

混凝土的制备就是根据混凝土的配合比,把水泥、砂、石、附加剂和水通过搅拌的手段,变成均质的混凝土(图6.3.1)。为此,必须解决混凝土的施工配料,选择搅拌方法,确定合理的搅拌制度或措施。

图 6.3.1　混凝土的制备流程

6.3.2 混凝土的施工配料

混凝土施工配料是保证混凝土质量的重要环节之一,因此,在施工过程中必须加以严格控制。施工配料过程中影响混凝土质量的因素主要表现在两方面,即称量不准和未按砂、石骨料实际含水率的变化进行施工配合比的换算。这样必然会改变原理论配合比的水灰比、砂石比(含砂率)及浆骨比。当水灰比增大时,混凝土黏聚性、保水性差,而且硬化后多余的水分残留在混凝土中形成水泡,或水分蒸发留下气孔,使混凝土密实性差、强度低。若水灰比减少时,则混凝土流动性差,甚至影响成形后的密实,造成混凝土结构内部松散,表面产生蜂窝、麻面现象。同样,含砂率减少时,则砂浆量不足,不仅会降低混凝土流动性,更严重的是将影响其黏聚性及保水性产生骨料离析、水泥浆流失,甚至溃散等不良现象。而浆骨比是反映水泥浆中用量的多少(即每立方米混凝土的用水量和水泥用量),如控制不准,亦直接影响混凝土的水灰比和流动性。所以,为了确保混凝土的质量,在施工中必须及时进行施工配合比的换算和严格控制称量。

1. 施工配料的换算

施工时应及时测定砂、石骨料的含水率,并将混凝土配合比换算成在实际含水率情况下的施工配合比。

设混凝土配合比为水泥:砂:石子 = 1 : X : Y,并测得砂的含水率为 $\overline{W}_X$,石子的含水率为 $\overline{W}_Y$。

例:已知 C20 混凝土的试验室配合比为 1 : 2.55 : 5.12,水灰比为 0.65,经测定砂的含水率为 3%,石子的含水率为 1%,每 1 m^3 混凝土的水泥用量 310kg,则施工配合比为

1 : 2.55(1 + 3%) : 5.12(1 + 1%) = 1 : 2.63 : 5.17

每 1 m^3 混凝土材料用量为

水泥:310kg

砂:310 × 2.63 = 815.3kg

石子:310 × 5.17 = 1 602.7kg

水:310 × 0.65 − 310 × 2.55 × 3% − 310 × 5.12 × 1% = 161.9kg

2. 施工配料

施工中往往以一袋或两袋水泥为下料单位,每搅拌一次叫做一盘。因此,求出每 1 m^3 混凝土材料用量后,还必须根据工地现有搅拌机出料容量确定每次需用几袋水泥,然后按水泥用量算出砂、石子的每盘用量。

一袋水泥的装料数量为

第6章 混凝土结构工程施工技术

水泥:50kg

水:50×0.52=26kg

砂:50×2.63=131.5kg

石子:50×5.17=258.5kg

3. 称量原材料允许偏差

混凝土配合比一经调整后,就严格按调整后的重量瓦砾量原材料,其重量允许偏差见表6.3.1。

表6.3.1 投料时允许的称量误差

材料名称	允许误差(%)不大于
水泥、混合材料、水、外加剂	±2
砂、石子、轻骨料	±3

4. 混凝土浇筑时的坍落度

混凝土浇筑时的坍落度见表6.3.2。

5. 水及水泥用量

(1)水的用量确定。每立方米混凝土的用水量,根据坍落度要求并参照砂石情况可按表6.3.3选用。用水量多少,直接决定混凝土流动性。

干硬性混凝土用水量可查表6.3.4。

(2)水泥用量。混凝土中的水泥用量根据用水量和水灰比计算。水灰比则根据试配强度,水泥品种和标号来计算。而混凝土的耐久性和密实性,主要取决于水灰比和单体积中的水泥量。因此,一般建筑工程中的混凝土和钢筋混凝土结构,其最大水灰比和最小水泥用量应符合表6.3.5 规定。但最大水泥用量不宜大于$500kg/m^3$。

表6.3.2 混凝土浇筑时的坍落度

序号	说　　明	坍落度(cm)
1	基础或地面等的垫层、无配筋的厚大结构(挡土墙、基础或厚大块体等)或配筋稀疏的结构	1~3

(续表)

序号	说　　明	坍落度(cm)
2	板、梁和大型及中型截面的柱子等	3~5
3	配筋密集的结构(薄壁、斗仓、筒仓、细柱等)	5~7
4	配筋特密的结构	7~9

注:1. 本表系指机械振捣时的坍落度,采用人工捣实时可适当增大。
   2. 需要配制大坍落度混凝土时,应掺用外加剂。
   3. 曲面或斜面结构的混凝土,其坍落度值应根据实际需要选定。
   4. 轻骨料混凝土的坍落度宜比表中数值减少1~2cm。

表6.3.3　流动性混凝土用水量选用表

坍落度(cm)	用水量(kg/m³)					
	碎石最大粒径(mm)			卵石最大粒径(mm)		
	15	20	40	10	20	40
1~2	205	185	170	190	170	160
3~5	215	195	180	200	180	170
5~7	225	205	190	210	190	180
7~9	235	215	200	215	195	185

注:1. 本表用水量系采用中砂时的平均值,如采用细砂,每1m³ 混凝土可增加用水量5~10kg,如采用粗砂,每1m³ 混凝土可减少用水量5~10kg。
   2. 掺用各种混合料或外加剂时,可相应增减用水量。
   3. 本表不适用于水灰比小于0.4或大于0.8的混凝土。

表6.3.4　干硬性混凝土用水量选用表

工作度(s)	用水量(kg/m³)			
	碎石最大粒径(mm)		卵石最大粒径(mm)	
	20	40	20	40
30~50	180	170	170	160
60~80	170	160	160	150
90~120	165	150	155	140
150~200	155	140	145	130

表 6.3.5　混凝土的最大水灰比和最小水泥用量表

序号	混凝土所处的环境条件	最大水灰比	最小水泥用量(kg/m³)			
			普通混凝土		轻骨料混凝土	
			配筋	无配筋	配筋	无配筋
1	不受雨雪影响的混凝土	不作规定	225	200	250	225
2	(1)受雨雪影响的露天混凝土。 (2)位于水中及水位升降范围内的混凝土。 (3)在潮湿环境中的混凝土	0.7	250	225	275	250
3	(1)寒冷地区水位升降范围内的混凝土。 (2)受水压作用的混凝土	0.65	275	250	300	275
4	严寒地区水位升降范围内的混凝土	0.60	300	275	325	300

注：1. 普通混凝土的水灰比系指水与水泥(包括外掺混合材料)用量之比；轻骨料混凝土的水灰比系指水与水泥的净水灰比(水，不包括轻骨料 1h 的吸水量；水泥不包括外掺混合材料)。

2. 表中最小水泥用量(普通混凝土包括外掺混合材料；轻骨料混凝土不包括外掺混合材料)当用人工捣实时，应增加 25kg/m³；当掺用外加剂且能有效地改善混凝土的和易性时，水泥用量可减少 25kg/m³。

3. 标号不大于 100 的混凝土，不受此规定限制。

4. 寒冷地区系指最冷月份的月平均温度在 -15 ~ -5℃ 之间；严寒地区系指最冷月份的月平均温度低于 -15℃。

6. 水及附加剂的计量

水及附加剂的计量见表 6.3.6。

表6.3.6 水及附加剂的计量

项目		操作要点
水的计量		水的计量可以用配水箱或定量水表来控制水的投放量
外加剂的计量	粉剂掺入	将粉剂按每拌比例用量称好,每拌用纸袋盛好。搅拌时与水泥按比例拌匀。即作为水泥的一部分,按水泥计量
	溶液掺入	先按比例稀释为溶液,即作为水的一部分,按用水量加入

6.3.3 混凝土的搅拌技术

1. 混凝土搅拌机的选择

混凝土搅拌机按其工作原理,可分为自落式和强制式两大类。

(1)自落式搅拌机多用于搅拌塑性混凝土和低流动性混凝土,根据其构造的不同又分为若干种(表6.3.7)。

(2)强制式搅拌机多用于搅拌干硬性混凝土和轻骨料混凝土,也可以搅拌低流动性混凝土。强制式搅拌机又分为立轴式和卧轴式两种。卧轴式有单轴、双轴之分,而立轴式又分为涡桨式和行星式(表6.3.7)。

表6.3.7 混凝土搅拌机类型

自落式			强制式			
鼓筒式	双锥式		立轴式			卧轴式(单轴双轴)
	反转出料	倾翻出料	涡桨式	行星式		
				定盘式	盘转式	

2. 混凝土的搅拌方式

混凝土的搅拌分为人工搅拌和机械搅拌两种。

(1)人工搅拌 人工搅拌只有在混凝土数量不多,野外临时作业或条件极端困难的情况下才采用。人工搅拌的相关设备及操作要点见表6.3.8。

表6.3.8 人工搅拌的相关设备及操作要点

项目	说　　明
搅拌设备	搅拌设备是一大一小的钢制或木制拌板和钢铲。大拌板约为1 200×1 200mm，小拌板约为800×1 200mm。为防止浆料从拌板旁流失，拌板的三边做成竖边。大拌板放在马凳上，离地面约30cm，小拌板接连大拌板的板口，摆放在地面上
操作要点	(1)按规定过秤后，先将砂倒拌板上，扒平，将水泥倒在砂上，进行干拌。 (2)水泥、砂干拌均匀后，加石子再进行干拌。 (3)水泥、砂、石子干拌均匀后，再加水进行湿拌，反复两次，拌均匀。 (4)拌合物从大拌板拌至小拌板备用
质量要求	人工拌制要求：颜色均匀；砂、石子表面均为水泥浆包裹；不离析，不泌水

(2)机械搅拌　机械搅拌的相关操作要点见表6.3.9。

表6.3.9 机械搅拌的相关操作要点

项目	说　　明
投料顺序	(1)投料顺序应从提高搅拌质量，减少叶片、衬板的磨损，减少拌和物与搅拌筒的黏结，减少水泥飞扬，改善工作环境，提高混凝土强度及节约水泥等方面综合考虑确定。常用一次投料法和二次投料法。 (2)一次投料法是在上料斗中先装石子，再加水泥和砂，然后一次投入搅拌筒中进行搅拌。自落式搅拌机要在搅拌筒内先加部分水，投料时砂压住水泥，使水泥不飞扬，而且水泥和砂先进搅拌筒形成水泥砂浆，可缩短水泥包裹石子的时间。强制式搅拌机出料口在下部，不能先加水，应在投入原材料的同时，缓慢均匀分散地加水。 (3)二次投料法是先向搅拌机内投入水和水泥(和砂)，待其搅拌1min后再投入石子和砂继续搅拌到规定时间。这种投料方法，能改善混凝土性能，提高混凝土的强度，在保证规定的混凝土强度的前提下节约水泥。目前常用的方法有两种：预拌水泥砂浆法和预拌水泥净浆法。预拌水泥砂浆法是指先将水泥、砂和水加入搅拌筒内进行充分搅拌，成为均匀的水泥砂浆后，再加入石子搅拌成均匀的混凝土。预拌水泥净浆法是先将水泥和水充分搅拌成均匀的水泥净浆后，

(续表)

项目	说　明
投料顺序	再加入砂和石子搅拌成混凝土。 （4）与一次投料法相比，二次投料法可使混凝土强度提高 10%～15%，节约水泥 15%～20%。 （5）水泥裹砂石法混凝土搅拌工艺，用这种方法拌制的混凝土称为造壳混凝土（简称 SEC 混凝土）。 ①它是分两次加水，两次搅拌。 ②先将全部砂、石子和部分水倒入搅拌机拌和，使骨料湿润，称之为造壳搅拌。 ③搅拌时间以 45～75s 为宜，再倒入全部水泥搅拌 20s，加入拌和水和外加剂进行第二次搅拌，60s 左右完成，这种搅拌工艺称为水泥裹砂石法
搅拌时间	（1）混凝土的搅拌时间：从砂、石子、水泥和水等全部材料投入搅拌筒起，到开始卸料为止所经历的时间。 （2）搅拌时间与混凝土的搅拌质量密切相关，随搅拌机类型和混凝土的和易性不同而变化。在一定范围内，随搅拌时间的延长，强度有所提高，但过长时间的搅拌既不经济，而且混凝土的和易性又将降低，影响混凝土的质量。 （3）加气混凝土还会因搅拌时间过长而使含气量下降。 （4）混凝土搅拌的最短时间可按表 6.3.10 采用
进料容量	混凝土搅拌机的规格常以"装料容积"（即能装松散拌合料的总体积）来表示。搅拌机再次搅拌出混凝土的体积，称为出料容量。出料容量与进料容量之比称为出料系数，一般为 55%～75%

表 6.3.10　混凝土搅拌的最短时间　　　　　　　　　　（s）

混凝土的坍落度(cm)	搅拌机机型	搅拌机容积(L)		
		<400	400～1 000	>1 000
≤3	自落式	90	120	150
	强制式	60	90	120
>3	自落式	90	90	120
	强制式	60	60	90

注：1. 掺有外加剂、搅拌时间应适当延长。

2. 轻骨料混凝土的搅拌时间可适当延长。

6.4 混凝土的运输

6.4.1 运输机具

混凝土运输主要分水平运输、垂直运输和楼面运输三种情况,应根据施工方法、工程特点、运距的长短及现有的运输设备,选择可满足施工要求的运输工具。常用的运输工具有手推车、机动翻斗车、自卸汽车、井架运输机、塔式起重机、混凝土搅拌运输车等。

运输机具选择的原则有:

(1)地面运输时,短距离多用双轮手推车、机动翻斗车;长距离宜用自卸汽车、混凝土搅拌运输车。

(2)垂直运输可采用各种井架、龙门架和塔式起重机作为垂直运输工具。对于浇筑量大、浇筑速度比较稳定的大型设备基础和高层建筑,宜采用混凝土泵,也可采用自升式塔式起重机或爬升式塔式起重机运输。

6.4.2 运输中的一般要求

对混凝土拌和物运输的要求是:运输过程中,应保持混凝土的匀质性,避免产生分层离析现象;混凝土运至浇筑地点,应符合浇筑时所规定的坍落度;运输工作应保证混凝土的浇筑工作连续进行;运送混凝土的容器应严密,其内壁应平整、光洁、不吸水、不粘浆,黏附在容器上的混凝土残渣应经常清除。

6.4.3 混凝土从搅拌机中卸出后到浇筑完毕的延续时间

混凝土从搅拌机中卸出后,应以最少的中转次数、最短的时间,从搅拌地点运至浇筑地点,保证混凝土从搅拌机卸出后到浇筑完毕的时间不超过表 6.4.1 的规定。

表6.4.1 混凝土从搅拌机中卸出后到浇筑完毕的延续时间 （min）

混凝土强度等级	延续时间	
	气温<25℃	气温≥25℃
C30及C30以下	120	90
C30以上	90	60

注：1.掺用外加剂或采用快硬水泥拌制混凝土时，应按试验确定。

2.轻骨料混凝土的运输、延续时间应适当缩短。

6.5 混凝土的浇筑

6.5.1 混凝土浇筑施工准备

混凝土浇筑施工准备工作见表6.5.1。

表6.5.1 混凝土浇筑施工准备

准备项目	操作说明
制定施工方案	根据工程对象、结构特点，结合具体条件，制定混凝土浇筑的施工方案
机具准备及检查	搅拌机、运输车、料斗、串筒、振动器等机具设备按需要准备充足，并考虑发生故障时的修理时间。重要工程，应有备用的搅拌机和振动器。特别是采用泵送混凝土，一定要有备用泵。所用的机具均应在浇筑前进行检查和试运转，同时配有专职技工，随时检修。浇筑前，必须核实一次浇筑完毕或浇筑至某施工缝前的工程材料，以免停工待料
保证水电及原材料的供应	在混凝土浇筑期间，要保证水、电、照明不中断。为了防备临时停水停电，事先应在浇筑地点储备一定数量的原材料（如砂、石子、水泥、水等）和人工拌合捣固用的工具，以防出现意外的施工停歇缝
掌握天气季节变化情况	加强气象预测预报的联系工作。在混凝土施工阶段应掌握天气的变化情况，特别是在雷雨台风季节和寒流突然袭击之际，更应注意，以保证混凝土连续浇筑的顺利进行，确保混凝土质量。根据工程需要和季节施工特点，应准备好在浇筑过程中所必需的抽水设备和防雨、防暑、防寒等物资

(续表)

准备项目	操作说明
检查模板、支架、钢筋和预埋件	在浇筑混凝土之前,应检查和控制模板、钢筋、保护层和预埋件等的尺寸、规格、数量和位置,其偏差值应符合现行国家标准《混凝土结构工程施工质量验收规范》(GB 50204—2011)的规定。此外,还应检查模板支撑的稳定性以及模板接缝的密合情况。 模板和隐蔽工程项目应分别进行预检和隐蔽验收。符合要求时,方可进行浇筑。检查时应注意以下几点: (1)模板的标高、位置与构件的截面尺寸是否与设计符合;构件的预留拱度是否正确。 (2)所安装的支架是否稳定;支柱的支撑和模板的固定是否可靠。 (3)模板的紧密程度。 (4)钢筋与预埋件的规格、数量、安装位置及构件接点连接焊缝,是否与设计符合。 在浇筑混凝土前,模板内的垃圾、木片、刨花、锯屑、泥土和钢筋上的油污、鳞落的铁皮等杂物,应清除干净。 木模板应浇水加以润湿,但不允许留有积水。湿润后,木模板中尚未胀密的缝隙应贴严,以防漏浆。 金属模板中的缝隙和孔洞也应予以封闭。 检查安全设施、劳动配备是否妥当,能否满足浇筑速度的要求
其他	在地基或基土上浇筑混凝土,应清除淤泥和杂物,并应有排水和防水措施。 对干燥的非黏性土,应用水湿润;对未风化的岩石,应用水清洗,但其表面不得留有积水

6.5.2 浇筑厚度及间歇时间

1. 浇筑层厚度

混凝土浇筑层的厚度,应符合表 6.5.2 的规定。

2. 浇筑间歇时间

浇筑混凝土应连续进行。如必须间歇时,其间歇时间宜缩短,并应在前层混凝土凝结之前,将次层混凝土浇筑完毕。

混凝土运输、浇筑及间歇的全部时间不得超过表 6.5.3 的规定,当超过规定时间必须设置施工缝。

表 6.5.2　混凝土浇筑层厚度　　　　　　　　　（mm）

捣实混凝土的方法		浇筑层的厚度
插入式振捣		振捣器作用部分长度的 1.25 倍
表面振动		200
人工捣固	在基础、无筋混凝土或配筋稀疏的结构中	250
	在梁、墙板、柱结构中	200
	在配筋密列的结构中	150
轻集料混凝土	插入式振捣	300
	表面振动（振动时需加荷）	200

表 6.5.3　混凝土运输、浇筑和间隙的时间　　　（min）

混凝土强度等级	气温（℃）		混凝土强度等级	气温（℃）	
	≤25	>25		≤25	>25
≤C30	210	180	>C30	180	150

注：当混凝土中掺有促凝或缓凝型外加剂时，其允许时间应通过试验确定。

6.5.3　混凝土浇筑质量要求

混凝土浇筑质量要求见表 6.5.4。

表 6.5.4　混凝土浇筑质量要求

序号	质量要求
1	在浇筑工序中，应控制混凝土的均匀性和密实性。混凝土拌合物运至浇筑地点后，应立即浇筑入模。在浇筑过程中，如发现混凝土拌合物的均匀性和稠度发生较大的变化，应及时处理
2	浇筑混凝土时，应注意防止混凝土的分层离析。混凝土由料斗、漏斗内卸出进行浇筑时，其自由倾落高度一般不宜超过 2m，在竖向结构中浇筑混凝土的高度不得超过 3m，否则应采用串筒、斜槽、溜管等下料
3	浇筑竖向结构混凝土前，底部应先填以 50～100mm 厚与混凝土成分相同的水泥砂浆

第6章 混凝土结构工程施工技术

(续表)

序号	质量要求
4	浇筑混凝土时,应经常观察模板、支架、钢筋、预埋件和预留孔洞的情况,当发现有变形、移位时,应立即停止浇筑,并应在已浇筑的混凝土凝结前修整完好
5	混凝土在浇筑及静置过程中,应采取措施防止产生裂缝。混凝土因沉降及干缩产生的非结构性的表面裂缝,应在混凝土终凝前予以修整。在浇筑与柱和墙连成整体的梁和板时,应在柱和墙浇筑完毕后停歇1~1.5h,使混凝土获得初步沉实后,再继续浇筑,以防止接缝处出现裂缝
6	梁和板应同时浇筑混凝土。较大尺寸的梁(梁的高度大于1m)、拱和类似的结构,可单独浇筑。但施工缝的设置应符合有关规定

6.5.4 施工缝的设置与处理

施工缝的设置与处理技术见表6.5.5。

表6.5.5 施工缝的设置与处理技术

序号	类别	处理技术
1	施工缝的设置	由于施工技术和施工组织上的原因,不能连续将结构整体浇筑完成,并且间歇的时间预计将超出表6.5.3规定的时间时,应预先选定适当的部位设置施工缝。 设置施工缝应该严格按照规定认真对待。如果位置不当或处理不好,会引起质量事故,轻则开裂渗漏,影响寿命;重则危及结构安全,影响使用。因此,不能不给予高度重视。 施工缝的位置应设置在结构受剪力较小且便于施工的部位。留缝应符合下列规定: (1)柱子留在基础的顶面、梁或吊车梁牛腿的下面、吊车梁的上面、无梁楼板柱帽的下面(图6.5.1)。 (2)和板连成整体的大断面梁,留置在板底面以下20~30mm处。当板下有梁托时,留在梁托下部。 (3)单向板留置在平行于板的短边的任何位置。 (4)有主次梁的楼板,宜顺着次梁方向浇筑,施工缝应留置在次梁跨度的中间1/3范围内(图6.5.2)。

(续表)

序号	类别	处理技术
1	施工缝的设置	(5)墙,留置在门洞口过梁跨中1/3范围内,也可留在纵横墙的交接处。 (6)双向受力楼板、大体积混凝土结构、拱、穹拱、薄壳、蓄水池、斗仓、多层刚架及其他结构复杂的工程,施工缝的位置应按设计要求留置。下列情况可作参考: ①斗仓施工缝可留在漏斗根部及上部,或漏斗斜板与漏斗主壁交接处(图6.5.3)。 ②一般设备地坑及水池,施工缝可留在坑壁上,距坑(池)底混凝土面30~50cm的范围内。 承受动力作用的设备基础,不应留施工缝;如必须留施工缝时,应征得设计单位同意。一般可按下列要求留置: ①基础上的机组在担负互不相依的工作时,可在其间留置垂直施工缝。 ②输送辊道支架基础之间,可留垂直施工缝。 在设备基础的地脚螺栓范围内留置施工缝时,应符合下列要求: ①水平施工缝的留置,必须低于地脚螺栓底端,其与地脚螺栓底端距离应大于150mm;直径小于30mm的地脚螺栓,水平施工缝可以留在不小于地脚螺栓埋入混凝土部分总长度的3/4处。 ②垂直施工缝的留置,其地脚螺栓中心线间的距离不得小于250mm,并不小于5倍螺栓直径
2	施工缝的处理	在施工缝处继续浇筑混凝土时,已浇筑的混凝土抗压强度不应小于$1.2N/mm^2$。混凝土达到$1.2N/mm^2$的时间,可通过试验决定,同时,必须对施工缝进行必要的处理。 (1)在已硬化的混凝土表面上继续浇筑混凝土前,应清除垃圾、水泥薄膜、表面上松动的砂石和软弱混凝土层,同时还应加以凿毛,用水冲洗干净并充分湿润,一般不宜少于24h,残留在混凝土表面的积水应予以清除。 (2)注意施工缝位置附近回弯钢筋时,要做到钢筋周围的混凝土不受松动和损坏。钢筋上的油污、水泥砂浆及浮锈等杂物也应清除。

(续表)

序号	类别	处理技术
2	施工缝的处理	（3）在浇筑前，水平施工缝宜先铺上 10～15mm 厚的水泥砂浆一层，其配合比与混凝土内的砂浆成分相同。 （4）从施工缝处开始继续浇筑时，要避免直接靠近缝边下料。机械振捣前，宜向施工缝处逐渐推进，并距 80～100cm 处停止振捣，但应加强对施工缝接缝的捣实工作，使其紧密结合。 （5）承受动力作用的设备基础的施工缝处理，应遵守下列规定： ①标高不同的两个水平施工缝，其高低接合处应留成台阶形，台阶的高度比不得大于 1。 ②在水平施工缝上继续浇筑混凝土前，应对地脚螺栓进行一次观测校正。 ③垂直施工缝处应加插钢筋，其直径为 12～16mm，长度为 50～60cm，间距为 50cm。在台阶式施工缝的垂直面上亦应补插钢筋
3	后浇带的设置	后浇带是为在现浇钢筋混凝土结构施工过程中，克服由于温度、收缩而可能产生有害裂缝而设置的临时施工缝。该缝需根据设计要求保留一段时间后再浇筑，将整个结构连成整体。 后浇带的设置距离，应考虑在有效降低温差和收缩应力的条件下，通过计算来获得。在正常的施工条件下，有关规范对此的规定是，如混凝土置于室内和土中，则为 30m，如在露天，则为 20m。 后浇带的保留时间应根据设计确定，若设计无要求时，一般至少保留 28d 以上。 后浇带的宽度应考虑施工简便，避免应力集中。一般其宽度为 70～100cm。后浇带内的钢筋应完好保存。后浇带的构造如图 6.5.4 所示。 后浇带在浇筑混凝土前，必须将整个混凝土表面按照施工缝的要求进行处理。填充后浇带混凝土可采用微膨胀或无收缩水泥，也可采用普通水泥加入相应的外加剂拌制，但必须要求填筑混凝土的强度等级比原结构强度提高一级，并保持至少 15d 的湿润养护

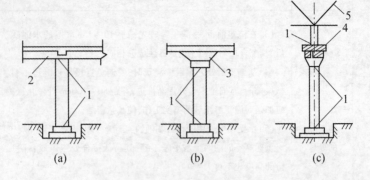

图 6.5.1　柱子施工缝的位置
(a)肋形楼板柱;(b)无梁楼板柱;(c)吊车梁柱
1—施工缝;2—梁;3—柱帽;4—漏斗;5—吊车梁

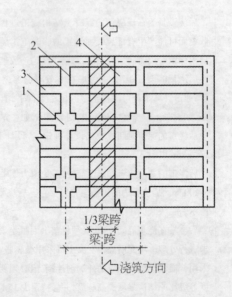

图 6.5.2　有梁板的施工缝位置
1—柱;2—主梁;3—次梁;4—板

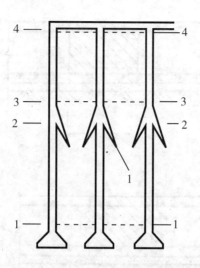

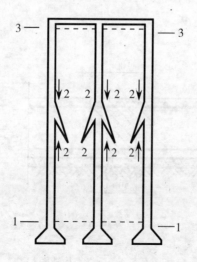

图 6.5.3 斗仓施工缝位置
1—漏斗板;1—1、2—2、3—3、4—4—施工缝位置

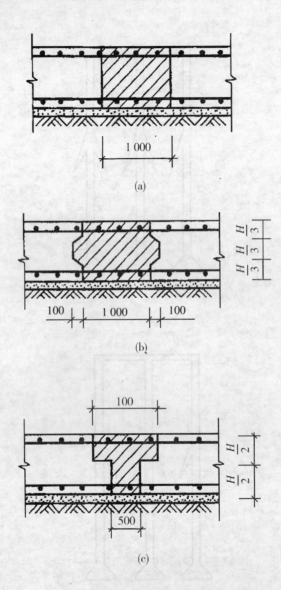

图 6.5.4 后浇带构造图
(a)平接式;(b)企口式;(c)台阶式

6.6 混凝土的振捣

在现浇钢筋混凝土结构的施工中,混凝土浇入模板以后,由于集料间内摩擦力和水泥浆的黏结力的作用,不能自动充满模板,其内部是疏松的,有一定体积的空洞和气泡,不能达到要求的密实度,这将影响其强度、抗渗性和耐久性。所以在混凝土入模之后,必须进行捣实,以保证混凝土的密实性,并充满模板,达到设计要求的形状和尺寸。

混凝土捣实的方法有人工捣实和机械振捣。机械振捣是使用振动器对混凝土施以强迫振动。在振动力作用下,各颗粒因振动而互相碰撞,产生瞬时的往复运动,混凝土的内摩擦也会削弱或消失。使有内摩擦的混凝土,形成悬浮液而获得流动性,使混凝土内部颗粒互相填充密实,并充满模板各个角落。振动停止后,混凝土又重新恢复其凝聚状态,逐渐凝结硬化。

机械振捣比人工捣实效果好,混凝土强度可以提高,水灰比可以减小。

6.6.1 振捣的目的和要求

混凝土振捣的目的和要求见表6.6.1。

表6.6.1 混凝土振捣的目的和要求

序号	目的和要求
1	混凝土入模后,处于松散状态,内部存在很多空隙,不经振捣而硬化的混凝土,不仅不能很好填满模具,而且其强度和对钢筋的握裹力都不能达到设计和使用要求。只有通过很好的振捣,才能使混凝土充满模板的各个边角,并把混凝土内部的气泡和部分游离水排挤出来,使混凝土密实,表面平整,从而使强度等各种性能符合设计要求
2	一般来说,振捣时间越长,力量越大,混凝土越密实,质量越好,但对流动性大的混凝土,振捣时间过长,会使混凝土产生泌水、离析现象。振捣时间长短应根据混凝土流动性大小而定,一般振捣到水泥浆使混凝土表面平整为止
3	混凝土浇灌后应立即进行振捣。振捣的混凝土初凝后,不允许再振捣。因初凝后混凝土中水泥已硬化,内部结晶结构已形成,并已丧失可塑性,再振捣就会破坏内部结构,降低强度和钢筋间的握裹力

6.6.2 常用振捣工艺

常用的混凝土振捣工艺见表6.6.2。

表6.6.2 常用的混凝土振捣工艺

序号	振捣工艺	工艺要求
1	机械振捣	混凝土的振捣机械按其工作方式不同,可分为内部振捣器、表面振捣器、附着式振捣器和振动台(图6.6.1)。这些振动机械的构造原理,主要是利用偏心轴或偏心块的高速旋转,使振动器因离心力的作用而振动
2	压力成形工艺	压力成形法是混凝土制品预制工艺的新发展,它不仅可以减少振动噪声,而且还可提高生产效率和产品质量。但由于某些压力成形设备复杂,适应性较差,只适用于某单一产品生产,目前还没有普遍采用。 压力成形法的原理是混凝土拌合物在强大的压力作用下,克服颗粒之间的摩擦力和黏结力而相互滑动,把空气和一些多余水分挤压出来,使混凝土得以密实。采用压制和振动复合工艺,效果更为显著
3	真空脱水密实成形	真空脱水成形法主要用于现浇混凝土楼板、地面、道路及机场地坪等工程的施工,也可用于预制混凝土楼板、墙板等的生产。在实际生产中,常将真空脱水与振动密实成形工艺配合使用,也称为振动真空密实成形法。混凝土制品真空脱水成形工艺流程如图6.6.2所示。混凝土真空脱水前,应根据成形的制品或结构情况,先支设模板,铺放钢筋,浇筑并摊平混凝土,然后用平板振动器或振动横梁将混凝土初步振动成形,再铺放真空吸垫,并用软管与真空泵相连,开动真空泵进行脱水。采用真空脱水成形的混凝土,振动时间不宜过久,一般以振动出浆为准。 真空脱水延续时间,一般厚度的制品可按1cm厚需1min计算,超过20cm厚时应适当增加作业时间。真空脱水的混凝土层不宜太厚,通常以15~20cm为宜,太厚时应分层脱水或真空度由小到大慢慢增加,否则将会造成上密下疏。经真空脱水的混凝土强度可提高20%~30%,表面强度提高更多。由于真空脱水的混凝土密实度增加,降低了表面吸水性能,减少了收缩,提高了混凝土的抗渗性、抗冻性和耐磨性。此外,真空脱水工艺能减少振动噪声,提高混凝土的初始结构强度,可立即抹面,缩短了施工工期

(续表)

序号	振捣工艺	工艺要求
4	人工振捣	混凝土的人工捣实,只有在缺少振动机械和工程量很小的情况下才采用。人工捣实多用于流动性较大的塑性混凝土。它是用插钎、捣棒或铁铲分层依次进行捣实。常用的是赶浆捣实法,即人站在混凝土的前进方向,面对混凝土用插钎或铁铲四面拦挡石子,不让石子向前滚,而让砂浆先流向前面和底下,使砂浆包裹住石子达到密实。 人工捣实注意事项: (1)应随混凝土的浇筑分层进行,随浇随捣。 (2)插捣应依次往复进行,防止漏插。 (3)用力要均匀,模板拐角、钢筋密集处以及施工缝接合处,应特别加强捣实
5	离心密实成形	离心密实成形法适用于制造管状制品,如上下水管、电杆、管桩及管柱等。离心法成形的混凝土质量好坏,与混凝土原材料组成、拌合物性质、离心速度、离心时间、离心成形设备及投料方式等有关,生产时应合理选用。 (1)离心速度。混凝土制品在离心成形过程中,一般按慢、中、快三挡速度变化。布料阶段为慢速,使混凝土拌合物在较小的离心力作用下,均匀分布于模壁并初步成形;密实阶段采用快速,使混凝土拌合物在较大的离心力作用下,排除混凝土中多余的水分及空气而密实;中速阶段是个必要的过渡阶段,不仅是由慢速到快速的调速过程,而且还可在继续布料与缓和增速的过程中,达到减少分层的目的。 (2)离心时间。离心过程中各阶段的延续时间,应根据制品管径大小和混凝土拌合物性质,通过试验确定。对于不同转速的各个阶段,各有一个最佳的离心延续时间,使制品混凝土得到最大程度密实。离心时间可参照表6.6.3确定。 由于离心脱水作用,混凝土的密实度及其强度显著提高;离心混凝土的28d强度比一般振实混凝土提高20%~30%

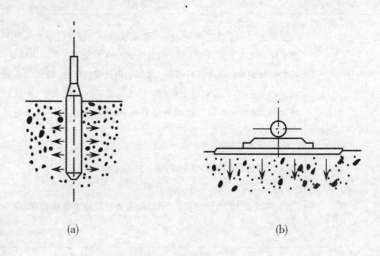
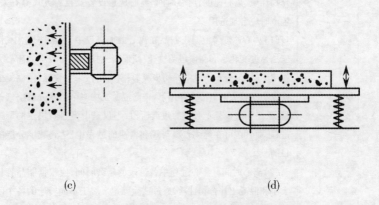

图 6.6.1　振动机械示意图
(a)内部振动器;(b)表面振动器;(c)外部振动器;(d)振动台

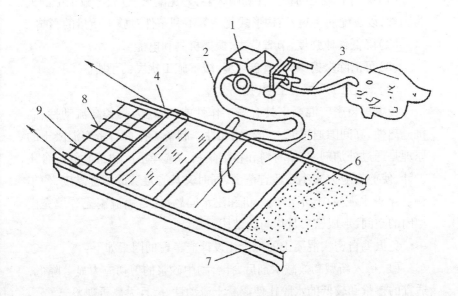

图 6.6.2 混凝土真空脱水作业示意

1—真空泵;2—吸水管;3—排水管;4—振动横梁;5—吸垫;
6—成形后混凝土;7—侧模板;8—钢筋;9—混凝土拌合物

表 6.6.3 离心延续时间

离心阶段	延续时间(min)
慢速布料	2~5
中速布料	2~5
快速布料	15~30

6.6.3 免振捣自密实混凝土技术

免振捣自密实混凝土是高性能混凝土的一种。其最主要的性能是能够在自重下不用振捣,自行填充模板内的空间,形成密实的混凝土结构。此外,它还具有良好的力学性能与耐久性能。这是种从混凝土拌合物开始直至硬化后的使用期都被全面考虑的高性能混凝土。

其优越性如下：

（1）提高混凝土的密实性和耐久性，避免漏振、过振等施工中的人为因素，以及配筋密集、结构形式复杂等不利条件对施工质量的影响。

（2）降低作业强度，节省劳力、振捣机具和电能。

（3）可消除振捣噪声，改善环境，缓解施工扰民的矛盾。

（4）简化工序，缩短工期，提高效率。

免振捣自密实混凝土具有高工作性能，表现为具备高流动性、高抗分离性、高间隙通过能力和高填充性。制备免振捣自密实混凝土的原理是通过外加剂、胶结材料和粗细集料的选择搭配和精心的配合比设计，使剪切应力减小到适宜范围，同时又具有足够的塑性黏度，使集料悬浮于水泥浆中，不出现离析和泌水问题，能自由流淌充分填充模型内的空间，形成密实且均匀的结构。

免振捣自密实混凝土的配合比设计应考虑的因素如下：

（1）掺入新型高效减水剂后，拌合物中砂浆的剪切应力显著降低，适宜的掺量和较低的水胶比使混凝土流动性好，且无离析现象。

（2）浆固比增大，拌合物流动性、间隙通过能力和填充性提高，强度增大；但随浆固比提高，混凝土收缩值有增大趋势。浆体所占体积比率最佳范围是34%~42%，可使混凝土具有良好的工作性能、力学性能及耐久性能。

（3）砂率值对间隙通过性能影响较大，对混凝土硬化后的各方面性能影响不显著。砂率值在50%左右为最佳。

（4）水泥用量相同的条件下，增大掺合料掺量可提高浆固比，调节改善混凝土拌合物的流动性，并可降低水胶比，提高强度和其他性能。在浆固比相同的条件下，粉煤灰掺量超过30%时对强度有降低影响，掺量45%以上影响较为显著。粉煤灰掺量提高，混凝土收缩值减小。

（5）混凝土拌合物的流动性能与拌合物中砂浆的流动性能有关，但不完全取决于砂浆的流动性能，还与粗细集料的质量、比率和胶结材料浆体所占比例有关。

免振捣自密实混凝土配合比的特征见表6.6.4。

表6.6.4 免振捣自密实混凝土配合比的特征

项目	内容
原材料采用	强度等级32.5的硅酸盐水泥和普通硅酸盐水泥、矿渣硅酸盐水泥；中砂,5~20mm碎卵石；DFS-2高效减水剂；Ⅱ、Ⅲ级粉煤灰和磨细矿渣粉等掺合料
水胶比为0.27~0.41	混凝土拌合物中胶结材料浆体体积占34%~42%；砂率值为50%左右,DFS-2高效减水剂掺量一般为0.5%~0.8%；粉煤灰、磨细矿渣等掺合料按其品质和作用效应的不同,有各自不同的掺量范围,如粉煤灰的掺量一般为20%~45%,磨细矿渣一般为40%~75%
工作性能的试验结果	坍落度为24~27cm,扩展度大于55cm,大者可达0~80cm。免振捣自密实混凝土配合比可见表6.6.5

表6.6.5 免振捣自密实混凝土配合比

序号	掺合料品种	水胶比	砂率(%)	水(kg/m³)	水泥(kg/m³)	掺合料(kg/m³)	砂(kg/m³)	石(kg/m³)	DFS-2(%)
1	Ⅰ级粉煤灰	0.36	50	200	370	180	799	799	0.5
2	Ⅱ级粉煤灰	0.40	50	200	260	230	816	816	0.5
3	Ⅲ级粉煤灰	0.33	50	115	300	200	835	835	0.6

6.7 混凝土的养护

6.7.1 自然养护

自然养护的覆盖与浇水除应满足规范规定外,还应符合下列要求：

(1)当采用特种水泥时,混凝土的养护应根据所采用水泥的技术性能确定。

(2)自然养护温度与龄期的混凝土强度增长百分率见表6.7.1。

表 6.7.1　自然养护不同温度与龄期的混凝土强度增长百分率　（%）

水泥品种、强度等级	硬化龄期(d)	混凝土硬化时的平均温度(℃)						
		1	5	10	15	20	25	30	35
32.5级普通水泥	2				28	35	41	46	50
	3	12	20	26	33	40	46	52	57
	5	20	28	35	44	50	56	62	67
	7	26	34	42	50	58	64	68	75
	10	35	44	52	61	68	75	80	86
	15	44	54	64	73	81	88		
	28	65	72	82	92	100			
42.5级普通水泥	2			19	25	30	35	40	45
	3	14	20	25	32	37	43	48	52
	5	24	30	36	44	50	57	63	66
	7	32	40	46	54	62	68	73	76
	10	42	50	58	66	74	78	82	86
	15	52	63	71	80	88			
	28	68	78	86	94	100			
32.5级矿渣水泥火山灰质水泥	2				15	18	24	30	35
	3			11	16	22	28	34	44
	5		16	21	27	33	42	50	58
	7	14	23	30	36	44	52	61	70
	10	21	32	41	49	55	65	74	81
	15	28	41	54	64	72	80	88	
	28	41	61	77	90	100			
42.5级矿渣水泥火山灰质水泥	2				15	18	24	30	35
	3			11	17	22	26	32	38
	5	12	17	22	28	34	39	44	52
	7	18	24	32	38	45	50	55	63
	10	25	34	44	52	58	63	67	75
	15	32	46	57	67	74	80	86	92
	28	48	64	83	92	100			

6.7.2 蒸汽养护

蒸汽法养护是利用蒸汽加热养护混凝土,可选用棚罩法、蒸汽套法、热模法、蒸汽毛管法。棚罩法是用帆布或其他罩子扣罩,内部通蒸汽养护混凝土,适用于预制梁、板、地下基础、沟道等。蒸汽套法是制作密封保温外套,分段送汽养护混凝土,蒸汽通入模板与套板之间的空隙,来加热混凝土,适用于现浇梁、板、框架结构、墙、柱等。热模法是在模板外侧配置蒸汽管,加热模板再由模板传热给混凝土进行养护,适用于墙、柱及框架结构,其构造如图6.7.1所示。蒸汽毛管法是在结构内部预留孔道,通蒸汽加热混凝土进行养护,适用于预制梁、柱、桁架,现浇梁、柱、框架单梁。其构造如图6.7.2所示。

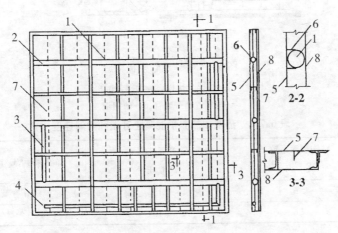

图 6.7.1　蒸汽热模构造

1—ϕ89 钢管；2—ϕ20 进汽口；3—ϕ50 连通管；4—ϕ20 出汽口；
5—3mm 厚面板；6—3mm×50mm 导热横肋；7—导热竖肋；8—26 号薄钢板

蒸汽养护应使用低压饱和蒸汽。采用普通硅酸盐水泥时最高养护温度不超过80℃,采用矿渣硅酸盐水泥时可提高到85℃,但采用内部通汽法时,最高加热温度不超过60℃。采用蒸汽养护整体浇筑的结构时,升温和降温速度不得超过表6.7.2的规定。蒸汽养护混凝土可掺入早强剂或无引气型减水剂。

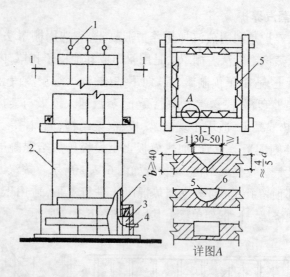

图 6.7.2 柱毛管模板构造
1—出汽孔;2—模板;3—蒸汽分配箱;
4—进气管;5—毛管;6—薄钢板

表 6.7.2 蒸汽加热养护混凝土升温和降温速度

结构表面系数 (m^{-1})	升温速度 (℃/h)	降温速度(℃/h)
≥6	15	10
<6	10	5

6.7.3 太阳能养护

太阳能养护是在结构或构件周围表面护盖塑料薄膜或透光材料搭设的棚罩,用以吸收太阳光的热能对结构、构件进行加热蓄热养护,使混凝土在强度增长过程中有足够的温度和湿度,促进水泥水化,获得早强。太阳能养护具有工艺简单,劳动强度低,投资少,节省费用(为自然养护的45%~65%,蒸汽养护的30%),缩短养护周期30%~50%,节省能源和养护用水等优点,但需消耗一定量塑料薄膜材料,而棚罩式不便保管,占场地较多。适于中、小型构件的养护,亦可用于现场楼板、路面等的养护。太阳能养护要点见表6.7.3。

第6章 混凝土结构工程施工技术

表6.7.3 太阳能养护要点

序号	养护要点
1	养护时要加强管理,根据气候情况,随时调整养护制度,当湿度不够时,要适当喷水
2	塑料薄膜较易损坏,要经常检查修补。修补方法是:将损坏部分擦洗干净,然后用刷子蘸点塑料胶涂刷在破损部位,再将事先剪好的塑料薄膜贴上去,用手压平即可
3	采用太阳能集热箱养护混凝土应注意使玻璃板斜度与太阳光垂直或接近垂直射入效果最好;反射角度可以调节,以反射光能全部射入为佳;反射板在夜间宜闭合,盖在玻璃板上,以减少箱内热介质传导散热的损失;吸热材料要注意防潮
4	当遇阴雨天气,收集的热量不足时,可在构件上加铺黑色薄膜,提高吸收效率

6.7.4 电热养护

电热养护是利用电能作为热源来加热养护混凝土的方法。这种方法设备简单、操作方便、热损失少,能适应各种条件。但耗电量较大、附加费用较高,只适宜在其他方法不能保证混凝土在冻结前达到规定的强度,并有充足的电源时使用。

1. 电极加热

电极加热是在混凝土构件内安设电极并通以交流电,利用混凝土作为导体和本身的电阻,使电能转变为热能,对混凝土进行加热(图6.7.3)。为保证施工安全和防止热量损失,通电加热应在混凝土的外露表面覆盖后进行。所用的工作电压宜为50~110V。加热时,混凝土的升、降温速度不得超过设计的规定,混凝土的养护温度不得超过表6.7.4的规定。在养护过程中,应注意观察混凝土外露表面的湿度,防止干燥脱水。当表面开始干燥时,应先停电,然后浇温水湿润混凝土表面。

2. 电热器加热

电热器加热是将电热器贴近于混凝土表面,靠电热元件发出的热量来加热混凝土。电热器可以用红外线电热元件或电阻丝电热元件制成,外形可做成板状或棒状,置于混凝土表面或内部进行加热养护。

表 6.7.4　　电热养护混凝土的温度　　（℃）

水泥强度等级	结构表面系数		
	<10	10～15	>15
32.5	70	50	45
42.5	40	40	35

3. 电磁感应加热

电磁感应加热是利用在电磁场中铁质材料发热的原理,使钢模板及混凝土中的钢筋发热,并将热量持续均匀地传给混凝土。工程中是在构件(如柱)模板表面绕上连续的感应线圈(图 6.7.4),线圈中通入交流电,则在钢模板和钢筋中都会产生涡流,钢模板和钢筋都会发热,从而加热其周围的混凝土。

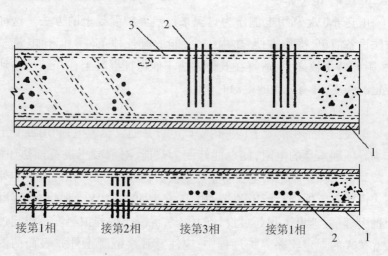

图 6.7.3　电极法加热示意图
1—模板;2—电极;3—梁内钢筋

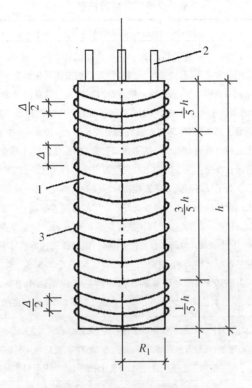

图 6.7.4 电磁感应加热示意图
1—模板；2—钢筋；3—感应线圈；
Δ—线圈的间距；h—感应线圈缠绕的高度

6.7.5 养护剂养护

养护剂养护又称喷膜养护，是在结构构件表面喷涂或刷涂养护剂，溶液中水分挥发后，在混凝土表面上结成一层塑料薄膜，使混凝土表面与空气隔绝，阻止内部水分蒸发，而使水泥水化作用完成。养护剂养护结构构件不用浇水养护，节省人工和养护用水等优点，但28d龄期强度要偏低8%左右。适于表面面积大、不便浇水养护结构（如烟囱筒壁、间隔浇筑的构件等）地面、路面、机场跑道或缺水地区使用。

1. 常用养护剂

表 6.7.5 所列是混凝土养护过程中常用的养护剂。

表 6.7.5 常用养护剂

常用养护剂	配制方法说明
薄膜养护剂	薄膜养护剂是将基料溶解于溶剂或乳化剂中而制成的一种液状材料。根据配制方法不同,薄膜养护剂可分为溶剂型和乳化剂型两种。溶剂型比乳化剂型涂膜均匀,成膜快。缺点是溶剂挥发会散发出异味。乳化型成本低廉,但由于水分蒸发较慢,用于垂直面易产生流淌现象。将养护剂喷涂于混凝土表面,当溶剂挥发或乳化液裂化后,有 10% ~50% 的固体物质残留于混凝土表面而形成一层不透水薄膜,从而使混凝土与空气隔离,水分被封闭在混凝土内。混凝土靠自身的水分进行水化作用,即可达到养护的目的。为了反射阳光并供直观检验涂膜的完整性起见,通常都在养护剂里掺入适量的白色或灰色短效染料。常用的薄膜养护剂有树脂型养护剂、油乳型养护剂、煤焦油养护剂和沥青型养护剂几种。树脂型养护剂以树脂、清漆、干性油及其他防水性物质作基料,以高挥发性溶液作溶剂配制而成。一种是以粗苯作溶剂,过氯乙烯树脂 9.5%、粗苯 86%、苯二甲酸二丁酯 4%、丙酮 0.5% 配制而成。另一种是以溶剂油作溶剂,其中溶剂油 87.5%、过氯乙烯树脂 10%、苯二甲酸二丁酯 2.5% 配制而成
油乳型养护剂	油乳型养护剂以石蜡和熟亚麻油作基料,用水作乳化剂,用硬脂酸和三乙醇胺作稳定剂,其配方为石蜡 12%、熟亚麻油 20%、硬脂酸 4%、三乙醇胺 3%、水 61%。硬脂酸和三乙醇胺的比例,视乳化液的稳定状况可稍作调整
煤焦油养护剂	煤焦油养护剂是用溶剂将煤焦油稀释至适宜于喷涂的稠度即成
沥青型养护剂	沥青型养护剂是以沥青作基料,用水作乳化剂而制成。也可用溶剂制成。在炎热气温下使用时,应在涂刷养护剂 3~4h 后刷一道石灰水,否则由于表面吸热过大会使混凝土表面与内部温差过大而产生裂缝

2.薄膜养护剂使用要点

(1)薄膜养护剂用人工涂刷或机械喷洒均可,但机械喷洒的涂膜均匀,操作速度快,尤其适宜大面积使用。

(2)喷涂时间视环境条件和混凝土泌水情况而定,通常当混凝土表面无水渍,用手轻按无印痕时即可喷涂。

(3)喷涂过早会影响涂膜与混凝土表面的结合;喷涂过迟,养护剂易被混凝土表面的孔隙吸收而影响混凝土强度。

(4)对模内的混凝土,拆模后应立即喷涂养护剂。如混凝土表面已明显干燥或失水严重,则应喷水使其湿润均匀,等表面游离水消失后方可喷涂养护剂。

(5)对薄膜养护剂的技术要求是应无毒性,能黏附在混凝土表面,还应具有一定的弹性,能形成一层至少 7d 内不破裂的薄膜。

(6)由于薄膜相当薄,隔热效能差,在炎夏使用时为避免烈日暴晒应加盖覆盖层或遮蔽阳光。

6.8 模板拆除

6.8.1 模板拆除条件

混凝土结构在浇筑完成一些构件或一层结构之后,经过自然养护(或冬期蓄热法等养护)之后,在混凝土具有相当强度时,为使模板能周转使用,就要对支撑的模板进行拆除。一般拆模可分为两种情况:一种是在混凝土硬化后对模板无作用力的,如侧模板;一种是混凝土虽已硬化,但要拆除模板则其构件本身还不具备承担荷载的能力。那么,这种构件的模板不是随便就可以拆除的,如梁、板、楼梯等构件。

1. 现浇混凝土结构拆模条件

对于整体式结构的拆模期限,应遵守以下规定:

(1)非承重的侧面模板,在混凝土强度能保证其表面及棱角不因拆除模板而损坏时,方可拆除。

(2)底模板在混凝土强度达到表 6.8.1 规定后,方可拆除。

(3)已拆除模板及其支架的结构,应在混凝土达到设计强度后,才允许承受全部计算荷载。施工中不得超载使用已拆除模板的结构,严禁堆放过量建筑材料。当承受施工荷载大于计算荷载时,必须经过核算加设临时支撑。

(4)钢筋混凝土结构如在混凝土未达到表 6.8.1 所规定的强度时进行拆模及承受部分荷载,应经过计算复核结构在实际荷载作用下的强度。必要时应加设临时支撑,但需说明的是表 6.8.1 中的强度系指抗压强度标准值。

表 6.8.1 底模拆除时的混凝土强度要求

构件类型	构件跨度(m)	达到设计的混凝土立方体抗压强度标准值的百分率(%)
板	≤2	≥50
	>2,≤8	≥75
	>8	≥100
梁、拱、壳	≤8	≥75
	>8	≥100
悬臂构件		≥100

（5）多层框架结构当需拆除下层结构的模板和支架，而其混凝土强度尚不能承受上层模板和支架所传来的荷载时，则上层结构的模板应选用减轻荷载的结构（如悬吊式模板、桁架支模等），但必须考虑其支承部分的强度和刚度。或对下层结构另设支柱（或称再支撑）后，才可安装上层结构的模板。

2. 预制构件拆模条件

预制构件的拆模强度，当设计无明确要求时，应遵守下列规定：

（1）拆除侧面模板时，混凝土强度能保证构件不变形、棱角完整和无裂缝时方可拆除。

（2）拆除承重底模时应符合表 6.8.2 的规定。

表 6.8.2 预制构件拆模时所需的混凝土强度

预制构件的类别	按设计的混凝土强度标准值的百分率计(%)	
	拆侧模板	拆底模板
普通梁、跨度在 4m 及 4m 以内分节脱模	25	50
普通薄腹梁、吊车梁、T 形梁、厂形梁、柱，跨度在 4m 以上	40	75
先张法预应力屋架、屋面板、吊车梁等	50	建立预应力后
后张法预应力屋架、屋面板、吊车梁等	25	建立预应力后
后张法预应力块体竖立浇筑	40	75
后张法预应力块体平卧浇筑	25	75

第6章 混凝土结构工程施工技术

(3)拆除空心板的芯模或预留孔洞的内模时,在能保证表面不发生塌陷和裂缝时方可拆模,并应避免较大的振动或碰伤孔壁。

3. 滑升模板拆除条件

滑动模板装置的拆除,尽可能避免在高空作业。提升系统的拆除可在操作平台上进行,只要先切断电源,外防护齐全(千斤顶拟留待与模板系统同时拆除),不会产生安全问题。

(1)模板系统及千斤顶和外挑架、外吊架的拆除,宜采用按轴线分段整体拆除的方法。总的原则是先拆外墙(柱)模板(提升架、外挑架、外吊架一同整体拆下),后拆内墙(柱)模板。模板拆除程序为:将外墙(柱)提升架向建筑物内侧拉牢→外吊架挂好溜绳→松开围圈连接件→挂好起重吊绳,并稍稍绷紧→松开模板拉牢绳索→割断支承杆→模板吊起缓慢落下→牵引溜绳使模板系统整体躺倒地面→模板系统解体。

此种方法模板吊点必须找好,钢丝绳垂直线应接近模板段重心,钢丝绳绷紧时,其拉力接近并稍小于模板段总重。

(2)若条件不允许时,模板必须高空解体散拆。高空作业危险性较大,除在操作层下方设置卧式安全网防护,危险作业人员系好安全带外,必须编制好详细、可行的施工方案。一般情况下,模板系统解体前,拆除提升系统及操作平台系统的方法与分段整体拆除相同。模板系统解体散拆的施工程序为:拆除外吊架脚手板、护身栏(自外墙无门窗洞口处开始,向后倒退拆除)→拆除外吊架吊杆及外挑架→拆除内固定平台→拆除外墙(柱)模板→拆除外墙(柱)围圈→拆除外墙(柱)提升架→将外墙(柱)千斤顶从支承杆上端抽出→拆除内墙模板→拆除一个轴线段围圈,相应拆除一个轴线段提升架→千斤顶从支承杆上端抽出。

高空解体散拆模板必须掌握的原则是:在模板解体散拆的过程中,必须保证模板系统的总体稳定和局部稳定,防止模板系统整体或局部倾倒塌落。因此,制订方案、技术交底和实施过程中,务必有专责人员统一组织、指挥。

· 425 ·

(3)滑升模板拆除中的技术安全措施。高层建筑滑模设备的拆除一般应做好下述几项工作：

①根据操作平台的结构特点,制定其拆除方案和拆除顺序。

②认真核实所吊运件的重量和起重机在不同起吊半径内的起重能力。

③在施工区域,画出安全警戒区,其范围应视建筑物高度及周围具体情况而定。禁区边缘应设置明显的安全标志,并配备警戒人员。

④建立可靠的通信指挥系统。

⑤拆除外围设备时必须系好安全带,并有专人监护。

⑥使用氧气和乙炔设备应有安全防火措施。

⑦施工期间应密切注意气候变化情况,及时采取预防措施。

⑧拆除工作一般不宜在夜间进行。

6.8.2 模板拆除程序

1. 拆除要点

模板拆除要点见表6.8.3。

表6.8.3 模板拆除要点

序号	拆除要点
1	模板拆除一般是先支的后拆,后支的先拆,先拆非承重部位,后拆承重部位,并做到不损伤构件或模板
2	肋形楼盖应先拆柱模板,再拆楼板底模,梁侧模板,最后拆梁底模板。拆除跨度较大的梁下支柱时,应先从跨中开始分别拆向两端。侧立模的拆除应按自上而下的原则进行
3	工具式支模的梁、板模板的拆除,应先拆卡具、顺口方木、侧板,再松动木楔,使支柱、桁架等平稳下降,逐段抽出底模板和横档木,最后取下桁架、支柱、托具
4	多层楼板模板支柱的拆除:当上层模板正在浇筑混凝土时,下一层楼板的支柱不得拆除,再下一层楼板支柱,仅可拆除一部分。跨度4m及4m以上的梁,均应保留支柱,其间距不得大于3m;其余再下一层楼的模板支柱,当楼板混凝土达到设计强度时,才可全部拆除

2. 拆模过程中应注意的问题

在拆模施工过程中应注意表 6.8.4 中所列的相关事项。

表 6.8.4 拆模过程中应注意的问题

序号	应注意的问题
1	拆除时不要用力过猛、过急,拆下来的木料应整理好及时运走,做到活完地清
2	在拆除模板过程中,如发现混凝土有影响结构安全的质量问题时,应暂停拆除。经处理后,方可继续拆除
3	拆除跨度较大的梁下支柱时,应先从跨中开始,分别拆向两端
4	多层楼板模板支柱的拆除,其上层楼板正在浇灌混凝土时,下一层楼板模板的支柱不得拆除,再下一层楼板的支柱,仅可拆除一部分
5	拆模间歇时,应将已活动的模板、牵杠、支撑等运走或妥善堆放,防止因扶空、踏空而坠落
6	模板上有预留孔洞者,应在安装后将洞口盖好。混凝土板上的预留孔洞,应在模板拆除后随即将洞口盖好
7	模板上架设的电线和使用的电动工具,应用 36V 的低压电源或采用其他有效的安全措施
8	拆除模板一般用长撬棍。人不许站在正在拆除的模板下。在拆除模板时,要防止整块模板掉下,拆模人员要站在门窗洞口外拉支撑,防止模板突然全部掉落伤人
9	高空拆模时,应有专人指挥,并在下面标明工作区,暂停人员过往
10	定型模板要加强保护,拆除后即清理干净,堆放整齐,以利再用
11	已拆除模板及其支架的结构,应在混凝土强度达到设计强度等级后,才允许承受全部计算荷载。当承受施工荷载大于计算荷载时,必须经过核算,加设临时支撑

6.9 先张法预应力施工技术

6.9.1 先张法概述

先张法是在浇筑混凝土前张拉预应力筋,并将张拉的预应力筋临时固定在台座或钢模上,然后才浇筑混凝土。待混凝土达一定强度

（一般不低于设计强度等级的75%），保证预应力筋与混凝土有足够黏结力时，放松预应力筋，借助于混凝土与预应力筋的黏结，使混凝土产生预压应力。

1. 先张法生产流程

先张法生产流程如图6.9.1所示。

2. 先张法的特点与适用范围

先张法的特点与适用范围见表6.9.1。

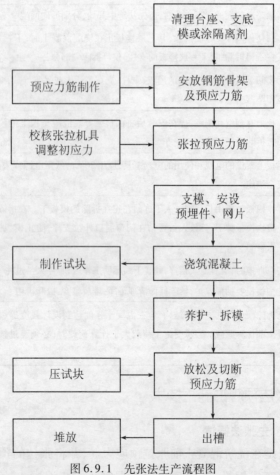

图6.9.1 先张法生产流程图

表 6.9.1　先张法的特点与适用范围

	特点	适用范围
优点	构件配筋简单,不需锚具,省去预留孔道、拼装、焊接、灌浆等工序,一次可制成多个构件,生产效率高,可实行工厂化、机械化,便于流水作业,可制成各种形状构件等	先张法适用于预制厂或现场集中成批生产各种中小型预应力混凝土构件,如吊车梁、屋架、过梁、基础梁、檩条、屋面板、槽形板、多孔板等,特别适于生产冷拔低碳钢丝混凝土构件
缺点	需建长线台座,占地面积大;如采取在特制的钢模上张拉的方法,设备较多,投资较高,生产操作较复杂,养护期较长;为提高台座和模板周转,常需蒸养;大型构件运输不便,灵活性差,生产受到一定限制	

6.9.2　预应力筋铺设

长线台座台面(或胎模)在铺设钢丝前应涂隔离剂。隔离剂不应弄污钢丝,以免影响钢丝与混凝土的黏结。如果预应力筋遭受污染,应使用适宜的溶剂加以清洗干净。在生产过程中,应防止雨水冲刷台面上的隔离剂。

预应力钢丝宜用牵引车铺设。如果钢丝需要接长,可借助于钢丝拼接器用 20~22° 号铁丝密排绑扎。绑扎长度:对冷轧带肋钢筋不应小于 $45d$;对刻痕钢丝不应小于 $80d$。钢丝搭接长度应比绑扎长度大 $10d$(d 为钢丝直径)。

6.9.3　预应力筋张拉

预应力筋张拉应根据设计要求,采用合适的张拉方法、张拉顺序、张拉设备及张拉程序进行,并应有可靠的保证质量措施和安全技术措施。

预应力筋的张拉可采用单根张拉或多根同时张拉。当预应力筋数量不多,张拉设备拉力有限时,常采用单根张拉。当预应力筋数量较多,且张拉设备拉力较大时,则可采用多根同时张拉。在确定预应力筋的张拉顺序时,应考虑尽可能减少倾覆力矩和偏心力,应先张拉靠近台座截面重心处的预应力筋。

1. 张拉控制应力

预应力筋的张拉工作是预应力施工中的关键工序,应严格按设计要求进行。预应力筋张拉控制应力的大小直接影响预应力效果,影响到构件的抗裂度和刚度,因而控制应力不能过低。但是,控制应力也不能过高,不允许超过其屈服强度,以使预应力筋处于单性工作状态,否则会使构件出现裂缝的荷载与破坏荷载很接近,这是很危险的。过大的超张拉会造成反拱过大,预拉区出现裂缝也是不利的。预应力筋的张拉控制应力应符合设计要求。当施工中预应力筋需要超张拉时,可比设计要求提高5%,但其最大张拉控制应力不得超过表6.9.2的规定。

表6.9.2 最大张拉控制应力允许值 N （mm^2）

钢筋种类	张拉方法	
	先张法	后张法
光面钢丝、刻痕钢丝、钢绞线	$0.80f_{ptk}$	$0.75f_{ptk}$
冷拔低碳钢丝、热处理钢筋	$0.75f_{ptk}$	$0.70f_{ptk}$
冷拉热轧钢筋	$0.95f_{ptk}$	$0.90f_{ptk}$

钢丝、钢绞线属于硬钢,冷拉热轧钢筋属于软钢。硬钢和软钢可根据它们是否存在屈服点划分,由于硬钢无明显屈服点,塑性较软钢差,所以其控制应力系数较软钢低。

2. 张拉程序

预应力筋张拉程序有以下两种:

(1) $0 \longrightarrow 105\% \sigma_{con} \xrightarrow{持荷2min} \sigma_{con}$。

(2) $0 \longrightarrow 103\% \sigma_{con}$

以上两种张拉程序是等效的,施工中可根据构件设计标明的张拉力大小、预应力筋与锚具品种、施工速度等选用。

预应力筋进行超张拉(103%~105%控制应力)主要是为了减少松弛引起的应力损失值。所谓应力松弛是指钢材在常温高应力作用下,由于塑性变形而使应力随时间延续而降低的现象。这种现象在张拉后的头几分钟内发展得特别快,往后则趋于缓慢。例如,超张拉5%并持荷2min,再回到控制应力,松弛已完成50%以上。

3. 张拉力

预应力筋的张拉力根据设计的张拉控制应力与钢筋截面积及超张拉系数之积而定：

$$N = m\sigma_{con}A_y$$

式中 N——预应力筋张拉力(N)；

m——超张拉系数,$1.03 \sim 1.05$；

σ_{con}——预应力筋张拉控制应力(N/mm^2)；

A_y——预应力筋的截面积(mm^2)。

预应力筋张拉锚固后实际应力值与工程设计规定检验值的相对允许偏差为 $\pm 5\%$。预应力钢丝的应力可利用 2CN-1 型钢丝测力计(图 6.9.2)，或半导体频率测力计测量。

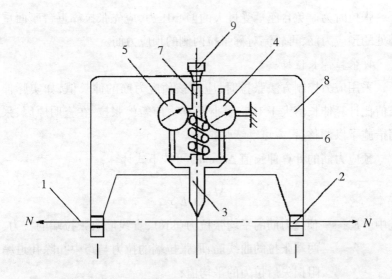

图 6.9.2　2CN-1 型钢丝测力计
1—钢丝；2—挂钩；3—测头；4—测挠度百分表；5—测力百分表；
6—弹簧；7—椎架；8—表架；9—螺钉

2CN-1型钢丝测力计工作时,先将挂钩2勾住钢丝,旋转螺钉9使测头与钢丝接触,此时测挠度百分表4和测力百分表5读数均为零,继续旋转螺钉9时,使测挠度百分表4的读数达到2mm时,从测力百分表5的读数便可知道钢丝的拉力值N。一根钢筋要反复测定4次,取后3次的平均值为钢丝的拉力值。2CN-1型钢丝测力计精度为2%。

半导体频率测力计是根据钢丝应力σ与钢丝振动频率ω的关系制成的,σ与ω的关系式如下:

$$\omega = \frac{1}{2l}\sqrt{\frac{\sigma}{\rho}}$$

式中　　l——钢丝的自由振动长度;

　　　　ρ——钢丝的密度。

张拉时为避免台座承受过大的偏心压力,应先张拉靠近台座面重心处的预应力筋,再轮流对称张拉两侧的预应力筋。

4. 张拉伸长值校核

采用应力控制方法张拉时,应校核预应力筋的伸长值,如实际伸长值比计算伸长值大于10%或小于5%,应暂停张拉,在查明原因、采用措施予以调整后,方可继续张拉。

预应力筋的计算伸长值$\Delta l(\mathrm{mm})$可按下式计算:

$$\Delta l = \frac{F_p l}{A_p E_s}$$

式中　　F_p——预应力筋的平均张拉力(kN),直线筋取张拉端的拉力,两端张拉的曲线筋,取张拉端的拉力与跨中扣除孔道摩阻损失后拉力的平均值;

　　　　A_p——预应力筋的截面面积(mm^2);

　　　　l——预应力筋的长度(mm);

　　　　E_s——预应力筋的弹性模量($\mathrm{kN/mm}^2$)。

预应力筋的实际伸长值,宜在初应力为张拉控制应力10%左右时开始测量,但必须加上初应力以下的推算伸长值;对后张法,尚应扣除混凝土构件在张拉过程中的弹性压缩值。

5. 预应力筋张拉要求

(1)单根预应力钢筋张拉,可采用 YC18、YC200、YC60 或 YL60 型千斤顶在双横梁式台座或钢模上单根张拉,螺杆式夹具或夹片锚固。热处理钢筋或钢绞线用优质夹片或夹具锚固。

(2)在三横梁式或四横梁式台座上生产大型预应力构件时,可采用台座式千斤顶成组张拉预应力钢筋(图 6.9.3)。张拉前应调整初应力[可取(5%～10%)σ_{con}],使每根均匀一致,然后再进行张拉。

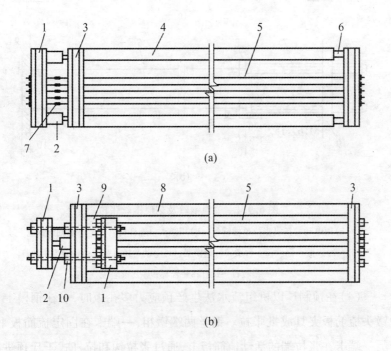

图 6.9.3　预应力筋张拉
(a)三横梁式成组预应力筋张拉;(b)四横梁式成组预应力筋(丝)张拉
1—活动横梁;2—千斤顶;3—固定横梁;4—槽式台座;5—预应力筋(丝);
6—放松装置;7—连接器;8—台座传力柱;9—大螺杆;10—螺母

(3)单根冷拔低碳钢丝张拉可采用10kN电动螺杆张拉机或电动卷扬张拉机,用弹簧测力计测力,锥锚式夹具锚固(图6.9.4a)。单根刻痕钢丝可采用20~30kN电动卷扬张拉机单根张拉,并用优质锥销式夹具或镦头螺杆夹具锚固(图6.9.4b)。

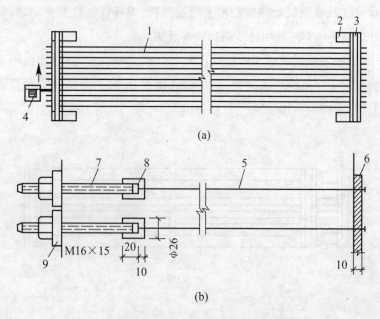

图6.9.4 单根钢丝及刻痕钢丝张拉
(a)用电动卷扬机张拉单根钢丝;(b)用镦头—螺杆夹具固定单根刻痕钢丝
1—冷拔低碳钢丝;2—台墩;3—钢横梁;4—电动卷扬机张拉;5—刻痕钢丝;
6—锚板;7—螺杆;8—锚杯;9—U形垫板

(4)在预制厂以机组流水法生产预应力多孔板时,可在钢模上用镦头梳筋板夹具成批张拉。钢丝两端镦粗,一端卡在固定梳筋板上,另一端卡在张拉端的活动梳筋板上,通过张拉钩和拉杆式千斤顶进行成组张拉。

(5)单根张拉钢筋(丝)时,应按对称位置进行,并考虑下批张拉所造成的预应力损失。

(6) 多根预应力筋同时张拉时,必须事先调整初应力,使其应力一致。张拉过程中,应抽查预应力值,其偏差不得大于或小于一个构件全部钢丝预应力总值的 5%;其断丝或滑丝数量不得大于钢丝总数的 3%。

(7) 锚固阶段张拉端预应力筋的内缩量不宜大于表 6.9.3 的规定。

表 6.9.3　锚固阶段张拉端预应力筋的内缩量允许值　（mm）

锚具类别	内缩量允许
支承式锚具（墩头锚、带有螺栓端杆的锚具等）	1
夹片式锚具	5
锥塞式锚具	5
每块后加的锚具垫板	1

注:1. 内缩量值系指预应力筋锚固过程中,由于锚具零件之间和锚具与预应力筋之间相对移动和局部塑性变形造成的回缩量。

2. 当设计对锚具内缩量允许值有专门规定时,可按设计规定确定。

(8) 张拉应以稳定的速率逐渐加大拉力,并保证使拉力传到台座横梁上,而不应使预应力筋或夹具产生次应力(如钢丝在分丝板、横梁或夹具处产生尖锐的转角或弯曲)。锚固时,敲击锥塞或楔块应先轻后重;与此同时,倒开张拉机,放松钢丝,两者应密切配合,既要减少钢丝滑移,又要防止锤击力过大,导致钢丝在锚固夹具与张拉夹具处受力过大而断裂。张拉设备应逐步放松。

6.9.4　混凝土的浇筑和养护

钢筋张拉、绑扎及立模工作完毕后,即应浇筑混凝土,且应一次浇筑完毕。混凝土的强度等级不得小于 C30。构件应避开台面的温度缝,当不可能避开时,在温度缝上可先铺薄钢板或垫油毡,然后浇筑混凝土。为保证钢丝与混凝土有良好的黏结,浇筑时振动器不应碰撞钢丝,混凝土未达一定强度前,也不允许碰撞或踩动钢丝。

混凝土的用水量和水泥用量必须严格控制,混凝土必须振捣密实,以减少混凝土由于收缩徐变而引起的预应力损失。

采用重叠法生产构件时,应待下层构件的混凝土强度达到 5MPa 后,方可浇筑上层构件的混凝土。一般当平均温度高于 20℃时,每两天可叠捣一层。气温较低时,可采用早强措施,以缩短养护时间,加速台座周转,提高生产率。

混凝土可采用自然养护或湿热养护。但须注意,用湿热养护时,温度升高后,预应力筋膨胀而台座的长度并无变化,因而引起预应力筋应力减小。如果在这种情况下,混凝土逐渐硬结,则在混凝土硬化前,预应力筋由于温度升高而引起的应力降低,将永远不能恢复,这就是温差引起的预应力损失。为了减少温差预应力损失,必须保证在混凝土达到一定强度前,温差不能太大(一般不超过 20℃)。故采用湿热养护时,应先按设计允许的温差加热,待混凝土强度达 7.5MPa(粗钢筋配筋)或 10MPa(钢丝、钢绞线配筋)以上后,再按一般升温制度养护。这种养护制度又称为"二次升温养护"。在采用机组流水法用钢模制作、湿热养护时,由于钢模和预应力筋同样伸缩,所以不存在因温差而引起的预应力损失,因此可采用一般加热养护制度。

6.9.5 预应力筋放张

预应力筋放张过程是预应力的传递过程,是先张法构件能否获得良好质量的一个重要生产过程。应根据放张要求,确定合宜的放张顺序、放张方法及相应的技术措施。

1. 放张要求

先张法施工的预应力放张时,预应力混凝土构件的强度必须符合设计要求。设计无要求时,其强度不低于设计的混凝土强度标准值的 75%。过早放张预应力会引起较大的预应力损失或预应力钢丝产生滑动。对于薄板等预应力较低的构件,预应力筋放张时混凝土的强度可适当降低。预应力混凝土构件在预应力筋放张前要对试块进行试压。

预应力混凝土构件的预应力筋为钢丝时,放张前,应根据预应力

第6章 混凝土结构工程施工技术

钢丝的应力传递长度,计算出预应力钢丝在混凝土内的回缩值,以检查预应力钢丝与混凝土黏结效果。若实测的回缩值小于计算的回缩值,则预应力钢丝与混凝土的黏结效果满足要求,可进行预应力钢丝的放张。

预应力钢丝理论回缩值,可按下式进行计算:

$$a = \frac{1}{2}\frac{\sigma_{yl}}{E_s}l_a$$

式中 a——预应力钢丝的理论回缩值(cm);

σ_{yl}——第一批损失后,预应力钢丝建立起的有效预应力值(N/mm²);

E_s——预应力钢丝的弹性模量(N/mm²);

l_a——预应力筋传递长度(mm)(表6.9.4)。

表6.9.4 预应力钢筋传递长度 l_a

序号	钢筋种类	放张时混凝土强度			
		C20	C30	C40	≥C50
1	刻痕钢丝 $d<5$mm	150d	100d	65d	50d
2	钢绞线 $d=7.5\sim15$mm		85d	70d	70d
3	冷拔低碳钢丝 $d=3\sim5$mm	110d	90d	80d	80d

注:1. 确定传递长度 l_a 时,表中混凝土强度等级应按传力锚固阶段混凝土立方体抗压强度确定。

2. 当刻痕钢丝的有效预应力值 σ_{yl} 大于或小于1 000MPa 时,其传递长度应根据本表序号1的数值按比例增减。

3. 当采用骤然放张预应力钢筋的施工工艺时,l_a 起点应从离构件末端 $0.25l_a$ 处开始计算。

4. 冷拉 HRB335 级、HRB400 级钢筋的传递长度 l_a 可不考虑。

预应力钢丝实测的回缩值,必须在预应力钢丝的应力接近 σ_{yl} 时进行测定。

2. 放张顺序

为避免预应力筋放张时对预应力混凝土构件产生过大的冲击力，引起构件端部开裂、构件翘曲和预应力筋断裂，预应力筋放张必须按下述规定进行：

（1）对配筋不多的预应力钢丝混凝土构件，预应力钢丝放张可采用剪切、割断和熔断的方法逐根放张，并应自中间向两侧进行。对配筋较多的预应力钢丝混凝土构件，预应力钢丝放张应同时进行，不得采用逐根放张的方法，以防止最后的预应力钢丝因应力增加过大而断裂或使构件端部开裂。

（2）对预应力混凝土构件，预应力钢筋放张应缓慢进行。预应力钢筋数量较少，可逐根放张；预应力钢筋数量较多，则应同时放张。对于轴心受压的预应力混凝土构件，预应力筋应同时放张。对于偏心受压的预应力混凝土构件，应同时放张预压应力较小区域的预应力筋，再同时放张预压应力较大区域的预应力筋。

（3）如果轴心受压的或偏心受压的预应力混凝土构件，不能按上述规定进行预应力筋放张，则应采用分阶段、对称、相互交错的放张方法，以防止在放张过程中，预应力混凝土构件发生翘曲，出现裂缝和预应力筋断裂等现象。

（4）采用湿热养护的预应力混凝土构件宜热态放张，不宜降温后放张。

3. 放张方法

可采用千斤顶、楔块、螺杆张拉架或沙箱等工具（图6.9.5）。

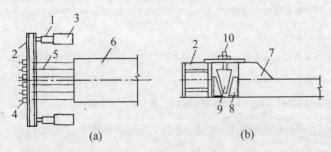

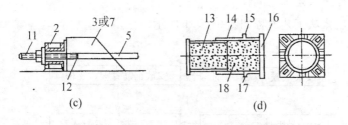

图 6.9.5 预应力筋(丝)的放张方法
(a)千斤顶放张;(b)楔块放张;(c)螺杆放张;(d)沙箱放张
1—千斤顶;2—横梁;3—承力支架;4—夹具;5—预应力钢筋(丝);6—构件;
7—台座;8—钢块;9—钢楔块;10—螺杆;11—螺栓端杆;12—对焊接头;
13—活塞;14—钢箱套;15—进砂口;16—箱套底板;17—出砂口;18—砂

对于预应力混凝土构件,为避免预应力筋一次放张时对构件产生过大的冲击力,可利用楔块或沙箱装置进行缓慢地放张。

楔块装置放置在台座与横梁之间,放张预应力筋时,旋转螺母使螺杆向上运动,带动楔块向上移动,横梁向台座方向移动,预应力筋得到放松。

沙箱装置放置在台座与横梁之间。沙箱装置由钢制的套箱和活塞组成,内装石英砂或铁砂。预应力筋放张时,将出砂口打开,砂缓慢流出,从而使预应力筋慢慢地放张。

6.10 后张法预应力施工技术

6.10.1 后张法概述

后张法是先制作混凝土构件(或块体),并在预应力筋的位置预留出相应的孔道,待混凝土强度达到设计规定数值后,穿预应力筋(束),用张拉机进行张拉,并用锚具将预应力筋(束)锚固在构件的两端,张拉力即由锚具传给混凝土构件,而使之产生预压应力,张拉完毕在孔道内灌浆。

1. 后张法工艺流程

后张法工艺流程如图6.10.1所示。

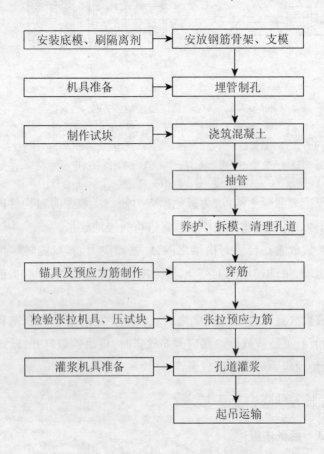

图6.10.1 后张法生产流程图

2. 后张法特点

后张法的特点是直接在构件上张拉预应力筋,构件在张拉预应力筋过程中,完成混凝土的弹性压缩,其生产示意如图6.10.2所示。因此,混凝土的弹性压缩,不直接影响预应力筋有效预应力值的建立。后张法适宜于在施工现场制作大型构件(如屋架等),以避免大型构件长途运输的麻烦。后张法除作为一种预加应力的工艺方法外,还可作为一种预制构件的拼装手段。大型构件(如拼装式屋架)可以预制成小型块体,运至施工现场后,通过预加应力的手段拼装成整体;或各种构件安装就位后,通过预加应力手段,拼装成整体预应力结构。但后张法预应力的传递主要依靠预应力筋两端的锚具。锚具作为预应力筋的组成部分,永远留在构件上,不能重复使用。这样,不仅需要多耗用钢材,而且锚具加工要求高,费用较昂贵,加上后张法工艺本身要预留孔道、穿筋、灌浆等工序,故施工工艺比较复杂,成本也比较高。

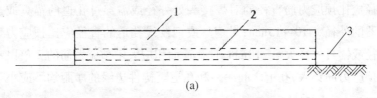

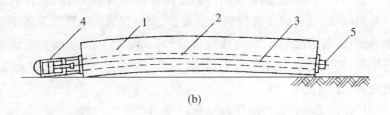

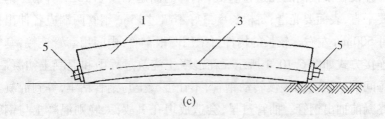

图 6.10.2　预应力混凝土后张法生产示意图
(a)制作混凝土构件;(b)张拉钢筋;(c)锚固和孔道灌浆
1—混凝土构件;2—预留孔道;3—预应力筋;4—千斤顶;5—锚具

3. 后张法适用范围

后张法适用于以下范围：

(1) 适宜于在现场预制大型构件；运输条件许可的可以在工厂预制。

(2) 适宜于现浇整体结构。

6.10.2 预留孔道

构件预留孔道的直径、长度、形状由设计确定，如无规定时，孔道直径应比预应力筋直径的对焊接头处外径或需穿过孔道的锚具或连接器的外径大 10~15mm；对钢丝或钢绞线孔道的直径应比预应力束外径或锚具外径大 5~10mm，且孔道面积应大于预应力筋的 2 倍以利于预应力筋穿入，孔道之间净距和孔道至构件边缘的净距均不应小于 25mm。

管芯材料可采用钢管、胶管（帆布橡胶管或钢丝胶管）、镀锌双波纹金属软管（简称波纹管）；黑薄钢板管、薄钢管等。钢管管芯适于直线孔道；胶管适用于直线、曲线或折线形孔道；波纹管（黑薄钢板管或薄钢管）埋入混凝土构件内，不用抽芯，为一种新工艺，适于跨度大、配筋密的构件孔道。

1. 预应力构件管芯埋设和抽管

(1) 钢管抽芯法。这种方法大都用于留设直线孔道时，预先将钢管埋设在模板内的孔道位置处，钢管的固定如图 6.10.3 所示。钢管要平直，表面要光滑，每根长度最好不超过 15m，钢管两端应各伸出构件 500mm 左右。较长的构件可采用两根钢管，中间用套管连接，套管连接方式如图 6.10.4 所示。在混凝土浇筑过程中和混凝土初凝后，每间隔一定时间慢慢转动钢管，不让混凝土与钢管粘牢，等到混凝土终凝前抽出钢管。抽管过早，会造成坍孔事故，太晚则混凝土与钢管黏结牢固，抽管困难。常温下抽管时间，在混凝土浇灌后 3~6h。抽管顺序宜先上后下，抽管可采用人工或用卷扬机，速度必须均匀，边抽边转，与孔道保持直线。抽管后应及时检查孔道情况，做好孔道清理工作。

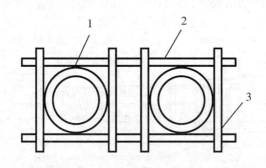

图 6.10.3 管芯的固定
1—钢管或胶管芯;2—钢筋;3—点焊

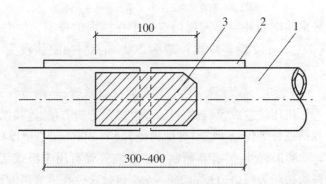

图 6.10.4 钢管连接方式
1—钢管;2—镀锌薄钢板套管;3—硬木塞

(2)胶管抽芯法。此方法不仅可以留设直线孔道,亦可留设曲线孔道,胶管弹性好,便于弯曲,一般有五层或七层帆布胶管和钢丝网橡皮管两种,工程实践中通常用前一端密封,另一端接阀门充水或充气(图 6.10.5)。胶管具有一定弹性,在拉力作用下,其断面能缩小,故在混凝土初凝后即可把胶管抽拔出来。夹布胶管质软,必须在管内充气或充水。在浇筑混凝土前,胶皮管中充入压力为 0.6~0.8MPa 的压缩空气或压力水,此时胶皮管直径可增大 3mm 左右,然后浇筑混凝土,待混凝土初凝后,放出压缩空气或压力水,胶管孔径变小,并与混凝土脱离，随即抽出胶管，形成孔道。抽管顺序一般应为先上后下，先曲后直。

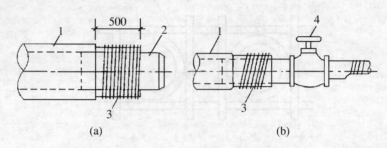

图6.10.5　胶管封端与连接
(a)胶管封端；(b)胶管与阀门连接
1—胶管；2—钢管堵头；3—20号钢丝密缠；4—阀门

一般采用钢筋井字形网架固定管子在模内的位置，井字网架间距：钢管1～2m；胶管直线段一般为500mm左右，曲线段为300～400mm。

(3)预埋管法。预埋管采用一种金属波纹软管，是由镀锌薄钢带经波纹卷管机压波卷成，具有重量轻、刚度好、弯折方便、连接简单、与混凝土黏结较好等优点。波纹管的内径为50～100mm，管壁厚0.25～0.3mm。除圆形管外，另有新研制的扁形波纹管可用于板式结构中，扁管的长边边长为短边边长的2.5～4.5倍。这种孔道成形方法一般均用于采用钢丝或钢绞线作为预应力筋的大型构件或结构中，可直接把下好料的钢丝、钢绞线在孔道成形前就穿入波纹管中，这样可以省掉穿束工序，亦可待孔道成形后再进行穿束。对连续结构中呈波浪状布置的曲线束，且高差较大时，应在孔道的每个峰顶处设置泌水孔；起伏较大的曲线孔道，应在弯曲的低点处设置泌水孔；对于较长的直线孔道，应每隔12～15m设置排气孔。泌水孔、排气孔必要时可考虑作为灌浆孔用。波纹管的连接可采用大一号的同型波纹管，接头管的长度为200～250mm，以密封胶带封口。

2. 曲线孔道留设

现浇整体预应力框架结构中，通常配置曲线预应力筋，因此在框架梁施工中必须留设曲线孔道。曲线孔道可采用白铁管或波形白铁管留孔,曲线白铁管的制作应在平直的工作台上借助于模具定位,利用液压弯管机进行弯曲成形,其弯曲部分的坐标按预应力筋曲线方程计算确定,弯制成形后的坐标误差应控制在2mm以内。

曲线白铁管一般可制成数节,然后在现场安装成所需的曲线孔道,接头部分用300mm长的白铁管套接。关于灌浆孔和泌水孔则在白铁管上打孔后用带嘴的弧形白铁(或塑料)压板形成(图6.10.6)。灌浆孔一般留设在曲线筋的最低部位,泌水孔设在曲线筋最高的拐点处。灌浆孔和泌水孔用$\phi 20$塑料管,并伸出梁表面50mm左右。

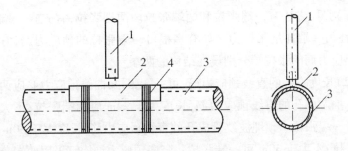

图6.10.6 灌浆孔或泌水孔留设示意图
1—$\phi 20$塑料管;2—带嘴弧形白铁压板;3—白铁管;4—绑扎钢丝

6.10.3 预应力筋张拉

1. 混凝土的强度

预应力筋的张拉是制作预应力构件的关键,必须按规范和有关规定精心施工。张拉时构件或结构的混凝土强度应符合设计要求;当设计无具体要求时,不应低于设计强度标准值的75%,以确保在张拉过程中,混凝土不至于受压而破坏。块体拼装的预应力构件,立缝处混凝土或砂浆强度如设计无规定时,不应低于块体混凝土设计强度等级的40%,且不得低于15MPa,以防止在张拉预应力筋时,压裂混凝土块体或使混凝土产生过大的弹性压缩。

2. 张拉控制应力及张拉程序

预应力张拉控制应力应符合设计要求及最大张拉控制应力不能

超过设计规定。其中后张法控制应力值低于先张法,这是因为后张法构件在张拉钢筋的同时,混凝土已受到弹性压缩,张拉力可以进一步补足;而先张法构件,是在预应力筋放松后,混凝土才受到弹性压缩,这时张拉力无法补足。此外,混凝土的收缩、徐变引起的预应力损失,后张法也比先张法小。

为了减少预应力筋的松弛损失等,与先张法一样采用超张拉法,其张拉程序为

$$(0 \to 105\%)\sigma_{con} \xrightarrow{持荷2min} \sigma_{con} 或 (0 \to 103\%)\sigma_{con}$$

3. 张拉方法

(1)张拉方法有一端张拉和两端张拉。两端张拉,宜先在一端张拉,再在另一端补足张拉力。如有多根可一端张拉的预应力筋,宜将这些预应力筋的张拉端分别设在结构的两端。

(2)长度不大的直线预应力筋,可一端张拉,曲线预应力筋应两端张拉。抽芯成孔的直线预应力筋,长度大于24m应两端张拉;不大于24m可一端张拉。预埋波纹管成孔的直线预应力筋,长度大于30m应两端张拉;不大于30m可一端张拉。竖向预应力结构宜采用两端分别张拉,且以下端张拉为主。

(3)安装张拉设备时,应使直线预应力筋张拉力的作用线与孔道中心线重合;曲线预应力筋张拉力的作用线与孔道中心线末端的切线重合。

4. 张拉值的校核

张拉控制应力值除了靠油压表读数来控制,在张拉时还应测定预应力筋的实际伸长值。若实际伸长值与计算伸长值相差10%以上时,应检查原因,修正后再重新张拉。预应力筋的计算伸长值可由下式求得

$$\Delta L = \frac{\sigma_{con}}{E_s} L$$

式中　ΔL——预应力筋的伸长值(mm);

σ_{con}——预应力筋张拉控制应力(N/mm^2),如需超张拉,σ_{con}取

实际超张拉的应力值;

E_s——预应力筋的弹性模量(N/mm^2);

L——预应力筋的长度(mm)。

5. 张拉顺序

选择合理的张拉顺序是保证质量的重要一环。当构件或结构有多根预应力筋(束)时,应采用分批张拉,此时按设计规定进行,如设计无规定或受设备限制必须改变时,则应经核算确定张拉时宜对称进行,避免引起偏心。在进行预应力筋张拉时,可采用一端张拉法,亦可采用两端同时张拉法。当采用一端张拉时,为了克服孔道摩擦力的影响,使预应力筋的应力得以均匀传递,采用反复张拉2~3次,可以达到较好的效果。采用分批张拉时,应考虑后批张拉预应力筋所产生的混凝土弹性压缩对先批预应力筋的影响,即应在先批张拉的预应力筋的张拉应力中增加$\frac{E_s}{E_h}\sigma_h$。

先批张拉的预应力筋的控制应力σ_{con}^1应为

$$\sigma_{con}^1 = \sigma_{con} + \frac{E_s}{E_h}\sigma_h$$

式中 σ_{con}^1——先批预应力筋张拉控制应力;

σ_{con}——设计控制应力(即后批预应力筋张拉控制应力);

E_s——预应力筋弹性模量;

E_h——混凝土弹性模量;

σ_h——张拉后批预应力筋时在已张拉预应力筋重心处产生的混凝土法向应力。

张拉平卧重叠浇筑的构件时,宜先上后下逐层进行张拉,为了减少上下层构件之间的摩阻力引起的预应力损失,可采用逐层加大张拉力的方法。但底层张拉力值对光面钢丝、钢铰线和热处理钢筋,不宜比顶层张拉力大5%;对于冷拉HRB335级、HRB400级、RRB400级钢筋,不宜比顶层张拉力大9%,但也不得大于预应力筋的最大超张拉力的规定。如用塑料薄膜作隔离层或用砖作隔离层,构件之间隔离层的隔离效果较好。用砖作隔离层时,大部分砖应在张拉预应力筋时取出,仅有局部的支撑点,构件之间基本上架空,也可自上而下采用同一张拉力值。

6.10.4 孔道灌浆

有黏结的预应力,其管道内必须灌浆,灌浆需要设置灌浆孔(或泌水孔),从经验得出设置泌水孔道的曲线预应力管道的灌浆效果好。一般一根梁上设三个点为宜,灌浆孔宜设在低处,泌水孔可相对高些,灌浆时可使孔道内的空气或水从泌水孔顺利排出。位置如图6.10.7所示。

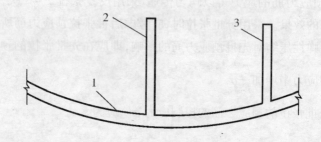

图6.10.7 灌浆孔、泌水孔设置示意图
1—预应力筋孔道;2—灌浆孔;3—泌水孔

在波纹管安装固定后,用钢锥在波纹管上凿孔,再在其上覆盖海绵垫片与带嘴的塑料弧形压板,用钢丝绑扎牢固,再用塑料管接在嘴上,并将其引出梁面40~60mm。

预应力筋张拉、锚固完成后,应立即进行孔道灌浆工作,以防锈蚀,增加结构的耐久性。

灌浆用的水泥浆,除应满足强度和黏结力的要求外,应具有较大的流动性和较小的干缩性、泌水性。应采用强度等级不低于42.5级普通硅酸盐水泥,水灰比宜为0.4左右。对于空隙大的孔道可采用水泥砂浆灌浆,水泥浆及水泥砂浆的强度均不得小于$20N/mm^2$。为增加灌浆密实度和强度,可使用一定比例的膨胀剂和减水剂。减水剂和膨胀剂均应事前检验,不得含有导致预应力钢材锈蚀的物质。建议拌合后的收缩率应小于2%,自由膨胀率不大于5%。灌浆前孔道应湿润、洁净。对于水平孔道,灌浆顺序应先灌下层孔道,后灌上层孔道。对于竖直孔道,应自下而上分段灌注,每段高度视施工条件而定,下段顶部及上段底部应分别设置排气孔和灌浆孔。灌浆压力 0.5~0.6MPa 为宜。灌浆应缓慢均匀地进行,不得中断,并应排气通畅。不掺外加剂的水泥浆,可采用二次灌浆法,以提高密实度。孔道灌浆前应检查灌浆孔和泌水孔是否通畅。灌浆前孔道应用高压水冲洗、湿润,并用高压风吹去积在低点的水,孔道应畅通、干净。灌浆应先灌下层孔道,对一条孔道必须在一个灌浆口一次把整个孔道灌满。在灌满孔道并封闭排气孔(泌水口)后,宜再继续加压至 0.5~0.6MPa,稍后再封闭灌浆孔。如果遇到孔道堵塞,必须更换灌浆门,此时,必须在第二灌浆口灌入整个孔道的水泥浆量,把第一灌浆口灌入的水泥浆排出,使两次灌入水泥浆之间的气体排出,以保证灌浆饱满密实。

冬期施工灌浆,要求把水泥浆的温度提高到20℃左右,并掺些减水剂,以防止水泥浆中的游离水造成冻害裂缝。

第7章 防水工程施工技术

7.1 屋面防水工程施工技术

7.1.1 卷材防水屋面施工技术

1. 防水卷材屋面防水层铺贴操作工艺流程

防水卷材屋面防水层铺贴操作工艺流程如图7.1.1所示。

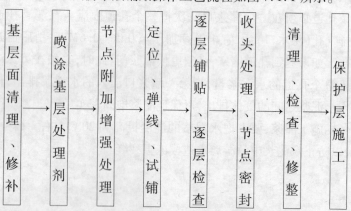

图7.1.1 防水卷材屋面防水层铺贴操作工艺流程

2. 卷材防水屋面的施工方法

卷材防水屋面的施工方法见表7.1.1。

表7.1.1 卷材防水屋面的施工方法和适用范围

工艺类别	名称	适用范围
热法施工工艺	热玛蹄脂粘贴法	石油沥青油毡,防水层可采用三毡四油或二毡三油叠层铺贴
	热熔法	有底层热熔胶的高聚物改性沥青防水卷材,单层或叠层铺贴
	热风焊接法	合成高分子防水卷材搭接缝焊接
冷法施工工艺	冷玛蹄脂或改性沥青冷胶料粘贴法	石油沥青油毡,防水层采用三毡四油或二毡三油,叠层铺贴;铺贴沥青玻璃布油毡、沥青玻纤胎油毡,防水层可以采用二布三胶,叠层铺贴

(续表)

工艺类别	名称	适用范围
冷法施工工艺	冷粘法	合成高分子防水卷材、高聚物改性沥青防水卷材
	自粘法	带有自粘胶的合成高分子防水卷材及高聚物改性沥青防水卷材
	机械钉压法	多用于木基层上铺设高聚物改性沥青防水卷材
	压埋法	用于空铺法、倒置式屋面

(1)热沥青胶结料(热玛琋脂)铺贴沥青防水卷材。

①热沥青胶结料的技术要求见表7.1.2。

表7.1.2 热沥青胶结料的技术要求

序号	技术要求
1	热沥青胶结料的标号(即耐热度)应根据屋面的使用条件、坡度、当地历年极端最高气温确定
2	配制沥青胶结料,一般采用10号、30号建筑石油沥青和60号甲、60号乙道路石油沥青,或用上述两种或三种牌号的沥青按一定比例熔合;各牌号沥青的配合比例应先经计算,再通过试验确定;其三项指标应满足表7.1.3中的质量技术要求
3	配制沥青胶结料,可在沥青中掺入10%~25%的粉状填充料或掺入5%~10%的纤维填充料;宜采用滑石粉、板岩粉、云母粉、石棉粉,填充料的含水率不宜大于3%。粉状填充料应全部通过0.21mm(900孔/cm^2)孔径的筛子,其中大于0.085mm(4 900孔/cm^2)的颗粒不应超过15%
4	在试验确定沥青胶结料配合比时,如耐热度不符合要求,可增加高软化点沥青用量,或适当增加填料用量;如柔韧性欠缺,在满足耐热度要求的情况下可适当减少填充料,或掺加适量生桐油;如黏结力不合格,可调整填充材料的掺入量或更换品种

(续表)

序号	技术要求
5	沥青胶结料采用两种软化点石油沥青的熔合物时,每种沥青的配合量可按下式计算: $$B_g = \left(\frac{t - t_2}{t_1 - t_2}\right) \times 100$$ $$B_d = 100 - B_g$$ 式中 B_g——熔合物中高软化点石油沥青含量(%); 　　　B_d——熔合物中低软化点石油沥青含量(%); 　　　t——沥青胶结料熔合物所需的软化点(℃); 　　　t_1——高软化点石油沥青的软化点(℃); 　　　t_2——低软化点石油沥青的软化点(℃)
6	铺贴石油沥青卷材应用石油沥青胶结材料,不得使用焦油沥青胶结材料

表 7.1.3 沥青胶结料(玛琋脂)的质量技术指标

指标	S-60	S-65	S-70	S-75	S-80	S-85
耐热度	用 2mm 厚的沥青玛琋脂黏合两张沥青油纸,于不低于下列温度(℃)中,在 1:1 坡度上停放 5h,沥青玛琋脂不应流淌,油纸不应滑动					
	60	65	70	75	80	85
柔韧性	涂在沥青油纸上的 2mm 厚的沥青玛琋脂层,在 18℃±2℃时,围绕下列直径(mm)的圆棒,用 2s 的时间以均衡速度弯成半周,沥青玛琋脂不应有裂纹					
	10	15	15	20	25	30
黏结力	用手将两张粘贴在一起的油纸慢慢地一次撕开,从油纸和沥青玛琋脂的粘贴面的任何一面撕开部分,应不大于粘贴面积的 1/2					

②热沥青胶结料(玛琋脂)的配制及使用注意事项见表 7.1.4。

表7.1.4 热沥青胶结料(玛琋脂)的配制及使用注意事项

序号	注意事项
1	沥青破成碎块,按配合比例严格过秤下料,加入熬制锅中熔化并加热脱水
2	热沥青胶结料的配合成分必须由试验室经试验确定。配合中各组分沥青先熔化再配制胶结料时,采用体积比,以量勺计量熔化的沥青,石油沥青的密度按1.00计;当采用块状沥青计量,配料后再熔化,应采用质量比
3	填充料应干燥,施工中宜先在铁板上干燥、预热,预热温度控制在120~140℃
4	在沥青完全熔化时脱水后,按配合比称量填充料,慢慢加入熬制锅中,并不停地搅拌直到混合均匀,即成热沥青胶结料(玛琋脂)
5	热沥青胶结料的加热温度不应高于240℃,使用温度不宜低于190℃,运输和施工过程中注意材料的保温并有专门人员进行搅拌,以防止配制锅、油桶、油壶内热沥青胶结料发生胶凝、沉淀
6	熬制好的玛琋脂宜在本工作班内用完,不能用完时应与新熬制的材料分批混合再使用,必要时做性能检验
7	施工中严格按确定的配合比称量,按规定的程序配制,每工作班均应检查与所配制玛琋脂耐热度相对应的软化点和柔韧性

③热沥青胶结料(玛琋脂)铺贴沥青卷材的操作要领见表7.1.5。

表7.1.5 热沥青胶结料(玛琋脂)铺贴沥青卷材的操作要领

序号	操作要领
1	在基层或下层卷材面弹出控制灰线,油毡卷边缘对准灰线
2	用有嘴的油壶在备铺的油毡卷前来回浇敷熬好的胶结料,迅速用长柄棕刷均匀涂开(或用胶皮刮板刮匀摊开),宽度稍宽于油毡,浇洒量以铺开的毡层下均匀布满胶结料,同时毡卷两端有少许挤出为宜
3	两手压住油毡卷,紧跟毡卷前刚浇敷或刮涂的热油层,均匀地用力向前推滚,油毡卷挤压胶结料使卷材与基层紧密黏结,并挤出多余胶结材料

(续表)

序号	操作要领
4	在推铺毡卷的同时,注意收边滚压。有专人处理搭接缝口,及时刮平、压紧毡边,赶出毡下气泡,清除挤出的胶结料
5	出现黏结不良的地方,可用小刀划破油毡,加温、添料、赶平、贴紧,最后加贴一块卷材盖住缝口
6	注意操作点胶结料的保温,并应有专人在浇敷前搅拌胶结料,防止油桶内产生胶凝、沉淀

(2)冷粘法铺贴沥青防水卷材。

①冷沥青胶结料(玛琋脂)的配制见表7.1.6。

表7.1.6 冷沥青胶结料(玛琋脂)的配制

序号	方法步骤
1	按配合比加热、熔化、熬制沥青
2	熬制好的沥青冷却至130~140℃,加入稀释剂(如轻柴油、绿油等)搅拌均匀
3	进一步冷却至70~80℃,加入干燥的填充材料拌和均匀,即成冷沥青胶结料(冷玛琋脂)

②冷沥青胶结料铺贴沥青防水卷材的方法和注意点见表7.1.7。

表7.1.7 冷沥青胶结料铺贴沥青防水卷材的方法和注意点

序号	方法和注意点
1	冷玛琋脂铺贴操作要领同热玛琋脂铺贴,由于涂刮胶结材料是冷作业,可从容操作,摊铺防水卷材后宜用辊滚压、以帮助赶压排尽空气、压实边缘、保证搭接口密封
2	冷玛琋脂使用时应搅匀,稠度太大时可加少量溶剂稀释
3	铺贴操作时冷玛琋脂应涂刮均匀,不得过厚或堆积;粘贴沥青防水卷材,冷胶结料厚度宜为0.5~1mm,面层宜为1~1.5mm
4	铺贴操作中的注意事项、细部处理方式等均同热沥青胶结料粘贴沥青防水卷材
5	完成一层卷材铺贴后宜适当间歇,使胶结材料层适度干燥

(3)"热熔法"铺贴热熔型高聚物改性沥青防水卷材 "热熔法"铺贴热熔型高聚物改性沥青防水卷材内容见表7.1.8。

表7.1.8 "热熔法"铺贴热熔型高聚物改性沥青防水卷材

项目	内 容
特点适用范围	热熔型卷材在工厂生产过程中就在其底面涂有一层软化点较高的改性沥青热熔胶,现场施工无需涂刷胶黏剂和掀剥隔离纸,只需烘烤熔化热熔胶即可直接与基层粘贴。 厚度小于3mm的高聚物改性沥青防水卷材严禁采用热熔法施工
基层处理剂使用及要求	宜在清扫干净的基层上涂刷基层处理剂,基层处理剂按防水卷材产品说明书选择和使用;涂刷基层处理剂后宜经8h以上干燥方可施行热熔粘贴操作
处理细部附加层	附加层宜采用厚度不大于3mm的卷材,先按细部形状剪裁试铺合适,基层涂刷一道密封材料,手持汽油喷灯烘烤有热熔胶的一面,呈熔融状态时立即铺贴到位、压实粘牢
卷材铺贴位置确定	弹出卷材铺贴基准粉线,合理安排和控制卷材铺贴位置
黏结方法	热熔型卷材可采用满粘法和条粘法铺贴,大面积满粘贴适宜采用"滚铺"(表7.1.9)操作方法,条粘铺贴适宜采用"展铺"(表7.1.10)操作方法,但"滚铺"操作方法也适用于条粘铺贴施工

表7.1.9 "滚铺"操作要领

序号	操作要领
1	将卷材置于起始位置,对准粉线,端头滚动展开1 000mm左右长,掀开已展开部分,点燃液化气火焰喷枪,火焰调成蓝色,喷枪头与卷材保持50~100mm距离,与基层呈30°~45°角,火焰始终对准卷材与基层交接位置,同时往复移动,加热卷材有热熔胶的粘贴面和基层,在热熔胶层出现黑色光泽并伴有微泡时即对齐放下卷材,同时排气辊压,使卷材与基层黏结牢固,在卷材端头只剩下300mm左右长时翻放在木制隔热板上熔烤粘铺

(续表)

序号	操作要领
2	完成端头铺贴固定后,持枪人位于滚铺卷材的前方,喷枪火焰始终对准卷材与基层交接处往复烘烤,同时熔化热熔胶和加热基层;负责推滚卷材的人蹲在卷材起始一端,掌握好粘贴面热熔胶熔融火候,缓缓推压滚动卷材,随时注意卷材的平整顺直,控制好搭接宽度;紧跟滚压者之后有一人用棉纱团或其他工具从卷材中间向两边抹压,赶出气泡,并用刮刀将溢出的热熔胶刮压接边缝;另有一人立即压辊滚压卷材,使之与基层紧密粘贴
3	铺贴每卷卷材的末端,操作方法类同卷材起始端铺贴
4	条粘法采取"滚铺"操作时只需加热卷材两侧边各150mm 左右,其余同满粘贴

表 7.1.10 "展铺"操作要领

序号	操作要领
1	先将卷材展开平铺于基层,对齐搭接缝,按与滚铺相同的操作方式粘结好卷材的起始端
2	拉直、铺平和对齐整幅卷材,用重物或站人压住卷材末端将其临时固定,防止回缩
3	由起始端开始,掀起卷材边缘约200mm 高,将喷枪头伸入卷材侧边底下,加热卷材边宽约200mm 的热熔胶和基层,边加热边向后退
4	由另一人用棉纱团或其它工具从卷材中间向两边赶出气泡,抹压平整,并用刮刀将溢出的热熔胶刮压平整;再由紧随其后的操作人员持辊压实卷材两侧边
5	粘贴到卷材末端1 000mm 左右,撤去临时固定,与"滚铺"黏结方式相同铺贴好卷材的末端

(4)高聚物改性沥青防水卷材的"冷粘贴"施工 高聚物改性沥青防水卷材的"冷粘贴"施工方法见表7.1.11。

表 7.1.11 高聚物改性沥青防水卷材的"冷粘贴"施工方法

项目	施工方法
辅助材料选择	高聚物改性沥青防水卷材一般使用卷材生产厂家配套供应的胶黏剂、接缝胶和基层处理剂
单层卷材冷粘贴基本操作步骤	涂布基层处理剂→复杂部位增强处理→涂刷基层胶黏剂及铺设卷材→搭接缝及收头处理→施工保护层

第7章 防水工程施工技术

(续表)

项目	施工方法
基层处理剂喷涂要求	对设计要求部位及范围铺贴附加层做涂膜增强层或粘贴密封胶片加强,增强层施工操作应符合相关材料的要求
冷粘贴施工操作要领	冷粘贴施工操作要领见表7.1.12
冷粘贴施工操作中注意事项	冷粘贴施工操作中注意事项见表7.1.13

表7.1.12 冷粘贴施工操作要领

序号	操作要领
1	弹出铺贴基准线,并随时在刚铺贴好的卷材上弹出搭接宽度线,铺贴时卷材边对准基准粉线控制
2	在预定铺贴的基层面涂刷基层胶黏剂,通常可用该卷材适宜的胶黏剂加入稀释剂稀释,搅拌均匀后使用;大面用滚刷,复杂部位用油漆刷,不得漏涂露底,也不允许有凝胶块;切忌在一处来回反复涂刷,以免"咬"起底胶,形成凝胶,影响粘贴效果
3	同时将卷材展开平铺在干净的基层上,用滚刷迅速而均匀地涂布基层胶黏剂,涂布同样不得漏涂,防止出现凝胶块;接头和搭接缝区域内不涂胶
4	凉胶:静置10~30min,使基层和卷材上涂刷的胶黏剂达到表干程度,通常以指触不粘手为准
5	对准粉线铺放卷材,操作方式有"抬铺"和"滚铺"
6	每铺完一张卷材,立即用干净而松软的长柄压滚从卷材一端开始沿卷材横向顺次用力滚压一遍(图7.1.2),排除黏结层间夹杂的空气
7	用压辊沿黏结面用力滚压,平面部位可用外包橡胶自重30~40kg的大压辊,滚压应从卷材中间向两侧边移动,做到黏结牢固、排气彻底
8	平面和立面的交接位置,应先粘贴好平面,轻轻沿转角压紧、压实,再由下往上粘贴,同时挤出空气,要顺次铺贴,切勿拉紧;最后用手持压辊从上往下滚压,使卷材与基层结合紧密

(续表)

序号	操作要领
9	卷材铺好压粘后,用棉纱沾少量汽油擦拭清理端接头和搭接部位结合面,用漆刷将接缝胶黏剂均匀涂刷在掀开的卷材两面,静置凉胶,达到表干时予以黏合,边压合边驱除空气,使之无气泡又无皱折,最后持压辊顺序滚压
10	搭接缝全部粘贴处理后,再用刮刀沿缝口刮涂密封材料封严,密封宽度不小于10mm,不留缺口。搭接缝三层重叠处更要重视,层层预先用密封材料加以填封,补平顺,以利于压接紧密、封严接口

图7.1.2 排除空气滚压方向示意图

表7.1.13 冷粘贴施工操作中注意事项

序号	注意事项
1	胶黏剂和卷材应材性相容、品种正确;在配套的基层胶黏剂、卷材胶黏剂和接缝胶黏剂有区分时不得错用,严禁混用。 厂家配套供应的单组分胶黏剂只需开桶搅拌均匀后即可使用;双组分胶黏剂则必须严格按材料说明书提供的配合比和配制方法精确计量,掺合和搅拌均匀后才能使用
2	阴阳角、平立面转角、卷材收头、排水口、伸出屋面管道根部等节点部位铺贴增强层时应用接缝胶黏剂
3	凉胶间隔时间长短取决于胶黏剂性能,施工时气温、湿度、风力等因素,操作时应凭试粘贴和施工经验确定;间隔时间的控制直接影响黏结力,应慎重对待

(5)自粘型卷材的铺贴施工(自粘法) 自粘型卷材的铺贴施工方法见表7.1.14。

表 7.1.14　自粘型卷材的铺贴施工

项目	施工方法
自粘型卷材要求	自粘型卷材通常为高聚物改性沥青卷材,在工厂生产时即涂布有一层与卷材同性的高效黏结层(压敏胶),并敷以隔离纸分隔,施工时只需剥去隔离纸即可直接铺贴
自粘贴施工铺贴优点	自粘贴施工可采用满粘法和条粘法铺贴,采取条粘贴时,只需将应与基层脱离的部位刷石灰水或用裁下的隔离纸铺垫隔开
"滚铺"操作要领	当铺贴面积大,容易掀剥隔离纸时,可采取"滚铺法"铺贴
"抬铺"操作要领	小面积铺贴、复杂部位或节点处,卷材应先剪裁、剥除隔离纸后再铺贴
自粘型卷材铺贴操作中注意事项	自粘型卷材铺贴操作中注意事项见表 7.1.15

表 7.1.15　自粘型卷材铺贴操作中注意事项

序号	注意事项
1	自粘法铺贴卷材前,基层表面应均匀涂刷基层处理剂,并应在基层处理剂干燥后及时铺贴卷材
2	自粘型卷材与基层的黏结力相对较低,为防止铺贴于立面和大坡面的卷材产生下坠滑落现象,尤其是在低温环境施工时,铺贴时宜用手持汽油喷灯将卷材底面的自粘胶层适当加热后进行粘贴施工
3	粘贴前自粘胶隔离纸应完全撕净。剥除隔离纸时,已撕开的纸与卷材黏结面呈45°~60°锐角,用力要适度、匀称,这样不易撕裂、拉断隔离纸。剥除隔离纸时要避免刺破卷材,小片难以剥除隔离纸的部位,可用密封材料涂盖后再粘贴
4	铺贴卷材应平整顺直,无扭曲、皱折,搭接尺寸正确,卷材下面的空气排除彻底,辊压黏结牢固
5	接缝口粘贴牢固、密封严密。接缝口搭接部位宜用热风焊枪加热后再粘贴,熔化和挤压接缝胶黏剂要控制适度,烘烤过分会直接损坏接缝卷材,粘贴中搭接边端无胶黏剂溢出或溢流过多都会使接缝不实不牢,影响接缝粘贴质量。粘贴后再用密封材料封口

3. 合成高分子防水卷材的焊接法施工

合成高分子防水卷材的焊接法施工内容见表7.1.16。

表7.1.16 合成高分子防水卷材的焊接法施工

序号	施工内容
1	采用"焊接法"施工的合成高分子防水卷材主要是聚氯乙烯(PVC)、高密度聚乙烯(HDPE)防水卷材,卷材的搭接缝由焊接方法完成
2	"焊接法"接合缝口的方法有热风焊接(又称热熔焊接)和熔剂焊(冷焊)两种。缝口也有搭接和对接两种形式。热风焊接就是采用热熔焊枪焊嘴口喷出的热气体,使卷材表面熔合;熔剂焊则是采用熔剂(如四氢呋喃)进行接合
3	热风焊接需用机具有手持温控热熔焊枪或半自动化温控热熔焊机、手持砂轮打毛机、热风机、真空泵及真空盒。 使用手持温控热熔焊枪施焊,应添加与卷材同材性的焊条;用半自动化温控热熔焊机施焊,则可不用焊条直接熔焊
4	合成高分子防水卷材热风焊接铺贴操作顺序及要领见表7.1.17
5	热风焊接方法铺贴合成高分子防水卷材施工注意事项表7.1.18

表7.1.17 合成高分子防水卷材热风焊接铺贴操作顺序及要领

序号	操作顺序及要领
1	基层应平整密实、清扫干净,彻底清除易戳破卷材的尖锐突起和颗粒;卷材收头处基层应尽量干燥并采取保证收头密封质量的措施
2	用高分子防水涂膜、密封膏密封或设计指定的其他增强做法,完成复杂部位的增强处理
3	正确裁剪并铺放防水卷材,铺放应平整顺直,不得有扭曲、皱折,卷材搭接宽度控制应符合要求
4	清扫卷材焊接面并应保持干净,使之无水滴、露珠,无油污或其他附着物
5	先用热风机将上下两层卷材实施热粘,再用手持砂轮打毛机打毛卷材焊口,打毛宽度为25~30mm,不得漏打
6	手持温控热熔焊枪和焊条将上下层卷材焊牢。大面积平面铺设时用半自动化温控热熔焊机处理卷材搭接缝,可不用焊条
7	施工时应先焊长边搭接缝,后焊短边搭接缝

表7.1.18 热风焊接方法铺贴合成高分子防水卷材施工注意事项

序号	注意事项
1	施工前认真检查材料品质,卷材应完好、无破损,焊条应干净、干燥,不得沾有污物和水
2	施工机具性能应完好,控制度量正确;焊接操作人员必须熟悉焊机的使用性能并经实际操作预练,掌握操作技能,适应施工环境
3	施焊时要严密控制热风加热温度和时间,保证焊接面受热均匀且控制在有少量熔浆出现,焊接处不得有漏焊、跳焊、焊焦或焊接不牢现象;焊接时不得损害非焊接部位的卷材
4	焊接完成、认真检查焊缝质量;对设计指定的重要结构,焊接完工的焊缝应用真空泵和真空盒进行严密性检查,发现焊缝质量问题或漏焊点,及时采取补救措施
5	热风焊接铺贴的防水卷材大面并未黏结在基层上(相当于空铺),周边卷材的收头处理好坏就成为防水效果的关键之一。无论平面还是立面,卷材端头必须遵循"先固定、再密封、后覆盖"的做法。 固定就是将卷材端头收头并用钉、膨胀螺栓、射钉及条可靠地固定在预留的锚固凹槽内;密封就是用塑料密封膏、聚氨酯密封材料或设计指定的材料和方式将收头口封严密并用相应材料填实凹槽;覆盖就是按设计,用与大面卷材保护层一样的做法做好收头位置的保护层
6	施工中随时注意防水卷材的保护。未施焊或施焊后尚未完成检查的卷材必须及时遮盖,限制随意踩踏和硬物碰压;已经完成铺设和检查的部位应随即完成保护层施工
7	避免在负温下或高温下施工,雨、雪、大风环境不得进行热风焊接施工

4. 排汽屋面施工技术措施

排汽屋面的施工技术措施见表7.1.19。

表7.1.19 排汽屋面施工技术措施

序号	措　　施
1	在铺贴沥青防水卷材前,屋面保温层和找平层含水率应符合设计要求,含水率过大则应采取排汽屋面做法
2	找平层的分格缝可兼作排汽通道,缝宽宜适当放宽到30mm左右。有保温层的屋面,保温层的排汽道应与找平层排汽通道对齐,排汽道内用相应材料松填
3	排汽道应纵横设置并贯通,不得堵塞,间距宜为6m,铺贴卷材时应采取措施避免玛琋脂流入,堵塞排汽道
4	宜每36m² 的屋面面积设置一个排汽孔(出口),可设置在檐口下或纵横排汽道的交叉位置,汽道与排汽孔相连,并直接与大气连通
5	屋面排汽出口和排汽道的防水构造如图7.1.3、图7.1.4所示,应符合表7.1.20中的要求

表7.1.20 屋面排汽出口和排汽道的施工要求

序号	要　　求
1	排汽出口宜布置在纵横排汽道交汇处,并应埋设排汽管,排汽管应从结构层开始设置
2	排汽管穿过保温层的管壁应打有排汽孔,打孔的孔径及分布应适当,以保证排汽道的畅通
3	排汽管四周防水层应做泛水,并增设附加层;泛水收头处用金属箍紧固或镀锌铁丝捆扎,并用密封材料封严
4	排汽道纵横连通布置,间距宜为6m,并与排汽出口连接贯通
5	有保温层的屋面,排汽道底部宜用粗粒保温材料松填,上部应留出截面不小于20mm×30mm通道,顶部干铺一层油毡条
6	无保温层屋面需采用排汽屋面做法时,找平层分格缝可兼作排汽道、留排汽出口,防水层卷材铺贴宜采用条粘法或点粘法
7	排汽屋面的卷材宜采用条粘法或点粘法铺贴,排汽孔管的出口应按图7.1.3做好防水处理

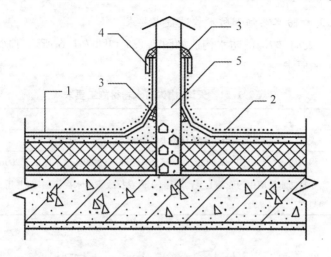

图 7.1.3　排汽出口防水构造
1—卷材或涂膜防水层；2—防水附加层；
3—密封材料；4—金属箍；5—排汽管

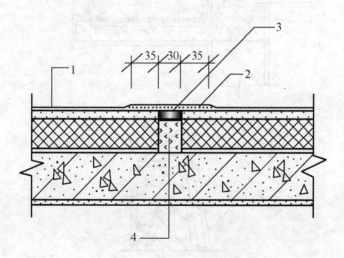

图 7.1.4　排汽道防水构造
1—卷材或涂膜防水层；2—干铺卷材条；
3—20mm×30mm 排汽道；4—粗粒保温材料松填

5. 卷材防水层细部防水构造技术要求

(1)天沟、檐沟的防水构造如图 7.1.5 和图 7.1.6 所示,应符合表 7.1.21 的要求。

表 7.1.21　天沟、檐沟防水卷材施工要求

序号	要　求
1	天沟、檐沟位置的沥青防水卷材防水层增铺一层防水卷材增强
2	沟内附加层在天沟、檐沟与屋面交接处宜空铺,空铺的宽度不应小于200mm
3	卷材防水层应由沟底翻上至沟外檐顶部,卷材收头用水泥钉固定,并用密封材料封严

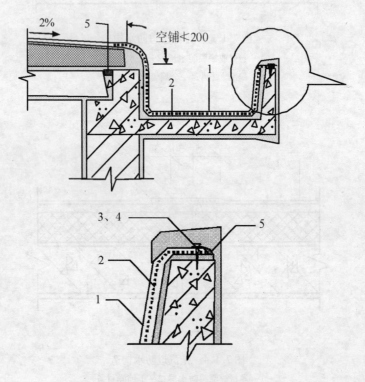

图 7.1.5　天沟、檐沟防水构造
1—防水层;2—附加层;3—金属压条;4—水泥钉;5—密封材料

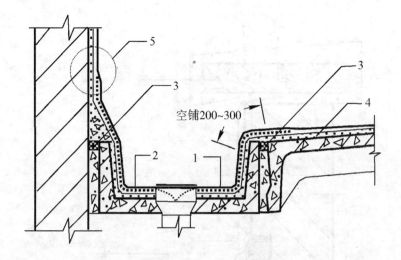

图 7.1.6 内天沟、内檐沟防水构造示意
1—卷材防水层；2—卷材附加层；3—密封材料密封；4—找平层；
5—使用防水材料不同收头做法不同，见泛水构造

(2)屋面防水层在女儿墙或其他墙面交接处，泛水构造按图 7.1.7 和图 7.1.8 处理，应符合表 7.1.22 的要求。

表 7.1.22 女儿墙或其他墙面交接处防水层卷材施工要求

序号	要 求
1	防水层卷材在泛水处的铺贴采取满粘法
2	砖墙上的卷材收头可直接铺压在女儿墙压顶下，压顶应作防水处理，也可压入砖墙凹槽内固定密封，凹槽距屋面找平层不应小于250mm，凹槽上部的墙体应作防水处理
3	混凝土墙上的卷材收头采用金属压条钉压，并用密封材料封严

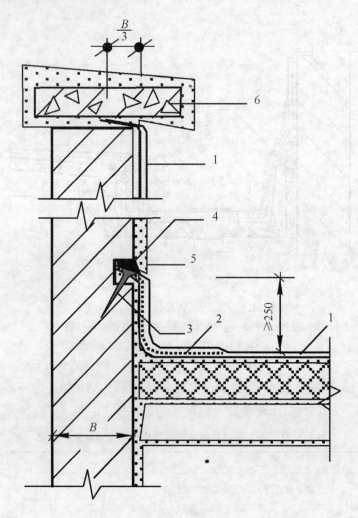

图 7.1.7 卷材防水层砖墙泛水构造
1—卷材防水层;2—防水附加层;3—钢钉压头;
4—密封材料;5—防水抹灰;6—混凝土压顶

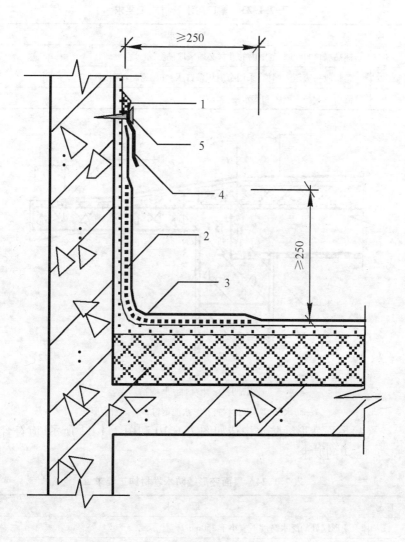

图 7.1.8 卷材防水层混凝土墙泛水构造
1—密封材料;2—防水附加层;3—卷材防水层;
4—金属或塑料压板;5—钢钉

(3)檐口的防水构造如图7.1.9所示,应符合表7.1.23的要求。

表7.1.23　檐口防水卷材施工要求

序号	要　求
1	铺贴檐口800mm范围内的卷材必须采取满粘法
2	卷材收头应压入凹槽,采用金属压条钉压,并用密封材料封口
3	檐口下端抹出鹰嘴和滴水槽

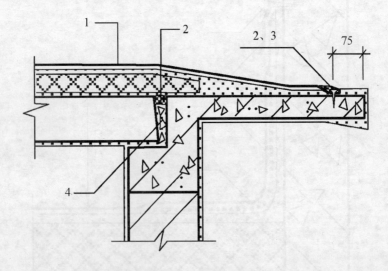

图7.1.9　檐口防水构造
1—防水层;2—密封材料;3—水泥钢钉;4—细石混凝土

(4)屋面变形缝防水构造如图7.1.10和图7.1.11所示,应符合表7.1.24的要求。

表7.1.24　屋面变形缝防水卷材施工要求

序号	要　求
1	变形缝处的泛水高度不应小于250mm
2	防水层应铺贴到变形缝两侧砌体的上部
3	变形缝内充填聚苯乙烯泡沫塑料等,上部填放衬垫材料,并用卷材封盖
4	变形缝顶部应加扣混凝土或金属盖板,混凝土盖板的接缝应用密封材料嵌填

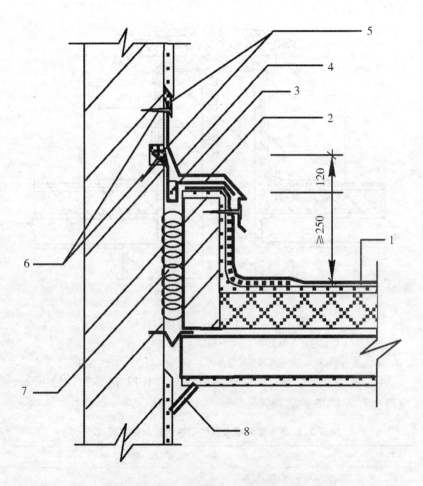

图 7.1.10 高低跨变形缝构造
1—防水材料;2—卷材封盖;3—沥青麻丝;
4—金属或高分子盖板;5—密封材料;6—钢钉固定金属压条;
7—聚苯乙烯泡沫塑料或其他憎水可压缩材料;8—饰角

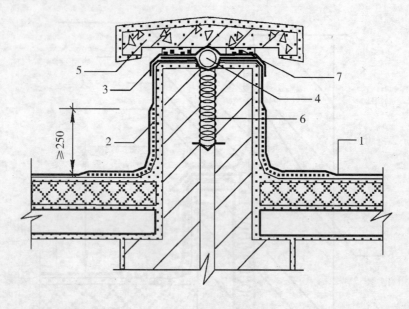

图 7.1.11 层面变形缝构造

1—卷材防水层;2—防水附加层;3—卷材封盖;4—衬垫材料;5—混凝土压顶板;
6—沥青麻丝、聚苯乙烯板或其他憎水可压缩材料;7—水泥砂浆坐浆

(5)屋面排水水落口的防水构造如图 7.1.12 和图 7.1.13 所示,应符合表 7.1.25 的要求。

表 7.1.25 屋面排水水落口防水卷材施工要求

序号	要 求
1	水落口宜采用金属或塑料制品
2	水落口埋设标高,应考虑水落口设防时增加的附加层和柔性密封层的厚度及排水坡度加大的尺寸
3	水落口周围直径 500mm 范围内的坡度不应小于 5%,并采用防水涂料或密封材料涂封,涂封厚度不应小于 2mm
4	水落口杯上口与基层接触处应留宽 20mm、深 20mm 的凹槽,嵌填密封材料

第7章 防水工程施工技术

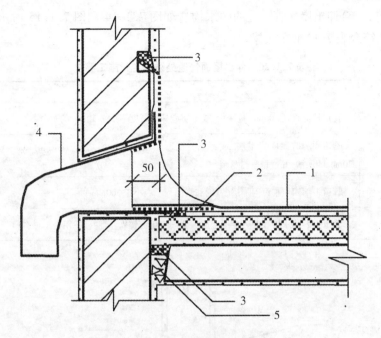

图 7.1.12 横式水落口防水构造
1—防水层；2—附加层；3—密封材料；4—水落口；5—细石混凝土

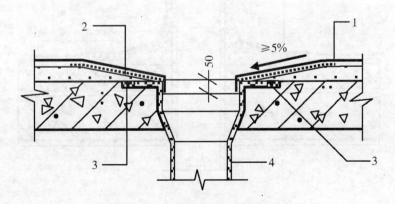

图 7.1.13 直式水落口防水构造
1—防水层；2—附加封涂层；3—密封材料；4—水落口杯

(6)伸出屋面管道处的防水构造如图7.1.14和图7.1.15所示,应符合表7.1.26的要求。

表7.1.26 伸出屋面管道处防水卷材施工要求

序号	要 求
1	管道根部直径500mm范围内,找平层应抹出高度不小于30mm的圆台
2	管道周围的屋面找平层,或者细石混凝土刚性防水层之间,应预留20mm×20mm的凹槽,并嵌填密封材料
3	管道根部四周增设附加层,宽度和高度均不应小于300mm
4	管道上的防水层收头处应用金属箍紧固或用镀锌铁丝捆扎,并用密封材料填严

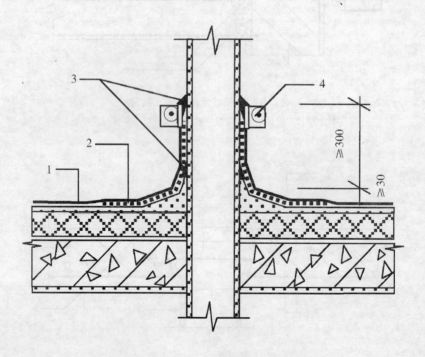

图7.1.14 伸出屋面管道细部防水构造
1—防水层;2—防水附加层;3—密封材料;4—金属箍箍紧

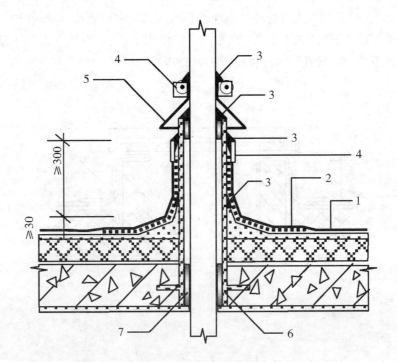

图 7.1.15 伸出屋面管道细部防水构造(有套管)
1—防水层;2—防水附加层;3—密封材料;4—金属箍;5—金属防雨罩;
6—金属套管;7—柔性可压缩材料充填

(7)通常沥青防水卷材屋面采用铺设绿豆砂(小豆石)作为保护层,保护层沥青防水卷材施工要求见表 7.1.27。

表 7.1.27 保护层防水卷材施工要求

序号	要 求
1	保护层应与防水层连续施工完成,以保证屋面防水层的完整和综合施工质量
2	应在涂刷最后一道黏结料(玛琋脂)时,随时涂随撒豆石,并注意黏结牢固和铺撒均匀
3	豆石须洁净、干燥并经预热,粒径以 3~5mm 为佳,要耐风化
4	粘贴豆石的黏结料(玛琋脂)控制涂刷厚度为 2~3mm

(8)屋面出入口处理 屋面垂直出入口防水层收头,应压在混凝土压顶圈下(图 7.1.16)。水平出入口防水层收头,应压在混凝土踏步下,防水层的泛水应设防墙(图 7.1.17)。

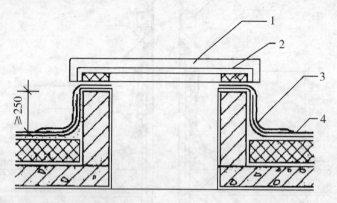

图 7.1.16 屋面垂直出入口构造
1—入孔盖;2—混凝土压顶圈;3—附加层;4—卷材防水层

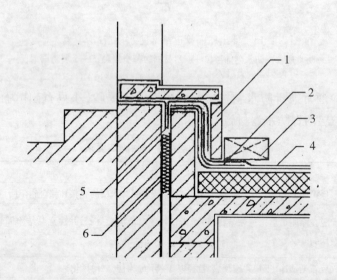

图 7.1.17 屋面水平出入口
1—护墙;2—附加层;3—踏步;4—卷材防水层;5—卷材封盖;6—泡沫塑料

7.1.2 涂膜防水屋面施工技术

1. 涂膜防水层敷、涂施工

(1) 防水涂料的配制方法见表 7.1.28。

表 7.1.28 防水涂料的配制注意事项

序号	配制方法及其注意事项
1	单组分涂料开桶前先搅拌混合均匀再使用,消除储放中因沉淀而产生的不匀质现象;打开包装后暂没用完的材料应及时加盖封严,如有少量结膜,应予以清除或过滤后再使用
2	双组分或多组分涂料配合前必须先搅匀各组分,严格按生产厂提供的配合比准确计量,混合并搅拌均匀。 (1) 涂料混合,应先将主剂放入搅拌容器或电动搅拌桶搅拌均匀,然后加入固化剂并立即充分搅拌混合,搅拌时间一般在 3~5min。 (2) 混合搅拌以颜色均匀一致为标准,如涂料太稠影响涂布,可掺加生产厂配套提供的稀释剂,加入量控制在说明书要求范围之内。严禁任意使用稀释剂,稀释剂的品种和加入量都会直接影响涂膜的质量。 (3) 多组分涂料配合时各个组分加入的先后必须严格按说明书要求,不正确的配制会影响涂料性能,甚至发生安全事故
3	已配成的双组分或多组分涂料应及时使用,混合后的涂料必须在说明书规定的时间内用完,气温也将影响到混合材料的允许存放时间,如施工需要可按说明书规定,在配制时加入适量的缓凝剂或促凝剂调节涂料的固化时间
4	涂料一次配制数量应以涂布操作的施工能力确定

(2) 涂层厚度、涂刷遍数和涂刷间隔时间的掌握及控制技巧见表 7.1.29。

表 7.1.29 涂层厚度、涂刷遍数和涂刷间隔时间的掌握及控制技巧

序号	涂层厚度、涂刷遍数和涂刷间隔时间的掌握及控制技巧
1	涂层厚度是涂膜起到防水作用和达到合理使用年限的关键。在满足涂层厚度的前提下,涂刷的遍数越多越对成膜的致密性有利。操作中通过合理掌握单位面积涂料用量和涂刷遍数来控制和保证涂层厚度

(续表)

序号	涂层厚度、涂刷遍数和涂刷间隔时间的掌握及控制技巧
2	每遍涂刷形成的涂膜不宜过厚,过厚的涂敷会出现表面干燥结膜后限制内部的溶剂和水分继续挥发的现象,使涂膜不能适时内外"实干",影响涂层的防水性能和施工质量,尤其在温度较高的天气施工。 每遍涂刷形成的涂膜也不宜过薄,过薄难以保证每遍都能涂布均匀且不露底,尤其对溶剂型涂料。同时,遍数过多将增加劳动力消耗及使工期延长
3	防水涂膜施工前,根据设计涂膜厚度和结构组成、材料参考消耗量、涂料材性、基层状态,通过试涂布确定形成每层涂膜需涂刷的合适遍数、操作次序和施工涂料用量,达到正确控制施工层厚,使每遍涂刷都能形成均匀的封闭膜并易达到"实干",保证防水涂膜的施工质量
4	不同的涂料、不同的涂布厚度以及施工时的温度、湿度条件,都会影响每遍涂刷形成膜的干燥时间。温度高、湿度小的涂膜干燥就快,应通过试验来确定操作中两遍涂刷的间隔控制时间,习惯以涂层达"表干"和"实干"来衡量,以手指触摸感觉涂膜表面不粘定为"表干"。 (1)涂层达到"表干",对单组分涂料溶剂基本挥发,对双组分涂料已基本完成固化,未干透的涂层面对下一遍涂层的附着力也有利,但刚"表干"的涂膜与基层的黏合力还较低,一遍涂刷较厚的涂层内部还发软,对上人操作不利,因此,要以涂膜"实干"作为下一遍涂布的控制间隔时间。 (2)"薄质涂料"有溶剂型和水乳型,一遍涂布形成的涂膜薄,涂层"表干"时已基本达到"实干",因时、因地、不同的材料涂布后"表干"时间可在 0.5~12h 之间。 (3)"厚质涂料"一遍涂层厚,间隔时间一般以涂层结膜已可上人操作,不粘脚或涂层不下陷为准。 (4)应通过试验来确定涂刷间隔时间,这个间隔不宜少于12h,一般在24h,亦不宜间隔大于72h

(3)防水涂料的涂布操作要领见表 7.1.30。

第7章 防水工程施工技术

表 7.1.30 防水涂料的涂布操作要领

序号	操作要领
1	原材料搅拌均匀、控制好涂布间隔时间、涂布均匀且保证涂膜厚度是保障涂层施工质量的操作关键。施工中注意有效控制
2	涂料涂布可采用机械喷涂,也可使用棕刷、长柄刷、圆辊刷、胶皮刮板等工具人工涂布
3	"薄质涂料"常用蘸涂、滚涂;平面操作可边倒边摊,倒料要控制均匀倒洒,涂布要注意刷开刷匀、方向一致、覆盖完全,及时消除起泡。 涂刷既要涂布均匀又要避免来回往复次数过多,尤其是溶剂型涂料和在高温天气,防止出现咬底、凝团等质量病态
4	"厚质涂料"一般先将涂料直接均匀、分散倒于涂刷基层,用胶皮刮板来回刮涂到涂敷层均匀、平整、厚度适宜、不露底、无气泡,再待其干燥;对流平性差的涂料,在刮平后表面收水尚未结膜时用铁抹子压实抹光;抹压要掌握好时机,过早无作用,过晚则出现粘抹子和显抹压痕等毛病;为便于操作可分条分带错开进行涂布
5	涂层间应留接槎,每遍涂刷后退50~100mm,涂刷接槎时又超过50~100mm,避免搭接处产生渗漏

(4)胎体增强材料铺设方法及要求见表7.1.31。

表 7.1.31 胎体增强材料铺设方法及要求

序号	铺设方法及要求
1	通常在涂料第二遍涂刷时或第三遍涂刷前,开始加铺胎体增强材料。根据现场条件可选择"湿铺法"或"干铺法"操作
2	"湿铺法"就是边倒料、边涂刷、边铺贴胎体增强材料的方法。 (1)操作时先均匀涂布好涂料,随即推滚铺放胎体增强材料,使布料及时展开平放在刚涂刷的涂层面,用滚刷滚压一遍,或用漆刷蘸料涂刷使涂料浸满全部布眼,使上下涂层能良好结合。 (2)对"厚质涂料"铺放胎体增强材料后用刮板或抹子轻轻刮抹或抹压,务必使布料底部充实,网眼中挤满涂料

(续表)

序号	铺设方法及要求
3	"干铺法"操作就是在干燥后的前一遍涂层上摊开、展平胎体增强材料,先蘸涂料局部粘牢边缘,再在表面均匀涂刷或刮抹涂料,使涂料充分浸润布料,进入网眼渗透到基层,形成增强涂膜并与底层良好黏结

2. 涂膜防水层收头施工要求

(1)涂膜防水层收头施工要求见表7.1.32。

表7.1.32 涂膜防水层收头施工要求

序号	施工要求
1	天沟、檐沟、檐口、泛水和立面涂膜防水层的收头,应用防水涂料多遍涂刷或用密封材料封严
2	为防止收头处出现翘边现象,所有收头均应用密封材料压边,压边宽度不小于10mm;胎体增强材料在收头处应裁剪整齐,有凹槽压入凹槽,否则应先固定处理再涂封密封材料

(2)涂膜防水屋面保护层施工要求见表7.1.33。

表7.1.33 涂膜防水屋面保护层施工要求

序号	施工要求
1	保护层应与防水层连续施工完成,以保证屋面防水层的完整和综合施工质量
2	无论是上人屋面还是非上人屋面,在防水层上用水泥砂浆铺砌块体,以及现浇水泥砂浆或细石混凝土作刚性保护面层时,与防水层之间应作隔离处理,可采取铺设一层塑料薄膜或先虚铺一薄层松散材料再铺设塑料薄膜的方式隔离开
3	屋面刚性保护层与女儿墙、山墙和其他突出屋面结构物之间应预留宽度为30mm的缝隙,并用密封材料嵌填严密

3. 涂膜施工注意事项

(1)一般要求见表7.1.34。

表 7.1.34 一般要求

序号	注意事项
1	涂膜施工应根据防水涂料的品种分层分遍涂布,不得一次涂成;每层涂刷遍数事先通过试验确定,并以此控制涂料使用量
2	每遍涂刷应均匀,不得有露底、漏涂和堆积,涂层应厚薄均匀、表面平整
3	操作中应待先涂的涂层干燥成膜后,方可涂后一遍涂料;两遍涂刷方向相互垂直,以提高防水层的均匀性和整体性;两遍涂刷的间隔时间也不宜过长,以涂刷不咬底为度,防止产生分层现象
4	在后一遍涂料涂布之前,应检查并修补消除气泡、凹坑、刮痕、皱折等涂层缺陷
5	屋面转角及立面的涂层,更应多遍薄涂,避免出现涂料流淌、堆积现象
6	防水涂料施工完成后,一般应有不少于7d的自然养护时间,养护期间禁止上人行走,严防暴雨冲淋,未采取适当的保护措施前也禁止在其上进行其他工序的作业
7	涂膜防水屋面通常采用撒粘细砂、云母或蛭石,抹水泥砂浆,浇细石混凝土,铺砌板块等作为防水层的保护层,其施工操作方法和注意点见《屋面保护层施工工艺标准》
8	涂膜防水层敷、涂施工,应按施工工序、层次逐层次进行检查,合格后方可进行下一层次的作业

(2)高低跨屋面交接处施工涂膜防水层应注意表 7.1.35 中的要求。

表 7.1.35 高低跨屋面交接处施工涂膜防水层施工要求

序号	施工要求
1	变形缝处的防水处理材料应有足够的变形能力,并严格按设计采取构造措施和做好封闭设防
2	高跨屋面为无组织排水时,低跨屋面受檐水冲刷部位应有加强的保护设计和施工措施
3	高跨屋面为有组织排水时,低跨屋面上水落管出口处应加设钢筋混凝土水簸箕

(3)涂膜防水屋面上安装其他设施注意事项见表 7.1.36。

表7.1.36 涂膜防水屋面上安装其他设施注意事项

序号	注意事项
1	设施基座与结构层相连时,防水层包裹设施基座上部,地脚螺栓周围应作密封处理
2	在防水层上直接放置设施,设施位置下部防水层应作附加增强层,必要时增加浇筑厚度大于50mm的细石混凝土
3	需经常维护的设施周围和屋面出入口至设施之间的通道应铺设刚性保护层

7.1.3 刚性防水屋面施工技术

1. 刚性防水屋面施工操作要领

（1）隔离层施工操作要领见表7.1.37。

表7.1.37 隔离层施工操作要领

序号	操作要领
1	完成基层灌缝和密封嵌填等工作,清扫并湿润基层面;摊铺拌合均匀的黏土砂浆或石灰砂浆等低强度等级砂浆,铺抹厚度10~20mm,要求压实、平整、表面收光,待砂浆基本干燥后再进行细石混凝土防水层施工
2	完成基层的处理工作后用1:3水泥砂浆将结构层找平、压实、抹光并养护,在干燥的结构找平层上铺一层3~8mm厚细砂滑动层,再空铺一层油毡,搭接缝用沥青胶结料(玛琋脂)粘封。也可以在找平层上直接铺一层塑料薄膜隔离
3	隔离层完成后应加强保护,禁止直接踩踏,防止扎破表面,防水层施工振捣过程中也要注意避免损坏隔离层

（2）普通及补偿收缩细石混凝土防水层施工操作要领见表7.1.38。

表7.1.38 普通及补偿收缩细石混凝土防水层施工操作要领

序号		操作要领
1	混凝土应采用机械搅拌,原材料配合比准确计量,投料顺序得当,搅拌时间不少于2min	一般控制水泥、外加剂和水的质量偏差在±2%,粗细骨料在±3%的范围以内;对补偿收缩混凝土中添加的膨胀剂称量误差应小于0.5%
		对掺加外加剂的细石混凝土连续搅拌时间不应少于3min,配制补偿收缩混凝土搅拌投料时膨胀剂应与水泥同时加入
		混凝土拌合料运输过程中应防雨、防止漏浆和拌合料离析

（续表）

序号	操作要领
2	布料和浇捣按"先远后近、先高后低"的原则安排,一个分格板块一次连续浇筑完成,禁止再留设施工缝
3	宜采用机械振捣,振实刮平后用铁辊滚压提浆;人工捣固时应一边人工拍压捣插,同时用铁辊往复滚压,直至防水层细石混凝土密实并表面泛浆。摊铺、振捣、压实操作过程中要确保防水层设计厚度和排水坡度,保证钢筋网的位置和间距准确
4	用木杠刮平已振捣密实、泛浆的防水层表面,木抹子拍实、搓平提浆;混凝土初凝收水后取出分格缝条,及时修整缝边缺损部分,第二次用木抹子压实、搓平表面;在混凝土终凝前用铁抹子进行第三次压实抹光,使细石混凝土防水层表面平整、光滑,无泛砂起层,无抹压痕,以利于封闭表面毛细孔,提高防水层的抗渗性。木抹子搓平提浆、抹子压实抹光过程不得洒水、撒水泥或加水泥浆
5	混凝土终凝后(浇筑 12~24h)及时开始养护,保持表面湿润,养护不少于 14d
6	养护初期严禁屋面上人踩踏

（3）小块体细石混凝土防水层施工操作要领见表 7.1.39。

表 7.1.39 小块体细石混凝土防水层施工操作要领

序号	操作要领
1	屋面细石混凝土防水层划分成 1 500mm×1 500mm 的小块分格块体,不配置钢筋网片
2	小块体细石混凝土防水层除在板端缝外,间隔 15~30m 范围留置一条 20~30mm 宽的完全分格缝;小块分格,留缝宽宜为 7~10mm;缝内应嵌填高分子密封材料
3	混凝土内掺加密实剂,减少收缩,避免小块内产生裂缝

（4）块体材料刚性防水层施工操作要领见表 7.1.40。

表 7.1.40 块体材料刚性防水层施工操作要领

序号	操作要领
1	块体材料刚性防水层是通过底层铺砌砂浆层、块体和面层防水砂浆层共同发挥作用,屋面温度、干湿变化产生的变形被均匀分散到排列整齐的块体接缝,从而避免屋面产生可导致渗漏的较大缝隙

(续表)

序号	操作要领
2	底层铺砌砂浆层和面层防水砂浆起着主要的防水作用。宜采用中砂或粗砂,质地坚硬、干净,强度等级不小于32.5级的普通硅酸盐水泥或42.5级矿渣水泥;砂浆中掺加防水剂,计量应准确,砂浆应使用机械搅拌均匀、随拌随用,拌合好的砂浆必须在2h内用完
3	块材可采用MU7.5以上的烧结普通砖或其他块体材料,块体应完整、质地密实、表面平整,无缺棱掉角和暗裂,预先充分湿润并晾干

2.刚性防水层施工技术要求及其注意事项

(1)刚性防水层施工前,注意检查屋面结构层,应符合表7.1.41中的要求。

表7.1.41 屋面结构层要求

序号	要求
1	水落口杯和水落管安装位置正确、固定可靠,水落口杯与屋面结构层间封堵严密并经过密封处理
2	伸出屋面的管道、设备、预埋件或预留孔等都应安设和留置完毕,并做好细部处理准备
3	屋面板等构件安装平稳、连接牢固,无缺焊和松动现象 板端缝、板侧缝应采用强度等级不低于C20的细石混凝土灌缝 灌缝前先清扫并充分湿润缝隙,较宽的缝吊设底模,细石混凝土宜掺加微膨胀剂,灌缝后注意养护 板侧缝宽度大于40mm或上宽下窄时,缝内应设置构造钢筋 板端缝应进行柔性密封处理
4	对装配式屋面结构中非保温屋面的结构板缝,除板端缝外,侧缝上部也宜预留凹槽并嵌填柔性密封材料

(2)刚性防水层施工注意事项见表7.1.42。

表7.1.42 刚性防水层施工注意事项

序号	注意事项	
1	刚性防水层与山墙、女儿墙以及凸出屋面结构的交接处均应作柔性密封处理	交接处应留出30mm的缝隙,并用密封材料嵌填
		交接处应做卷材或涂膜附加层泛水,泛水处理的高度和宽度都应不少于250mm,泛水收头等细部构造应符合相关要求
		交接处应作圆弧形过渡。附加层采用沥青防水卷材时,圆弧半径控制在100~150mm,采用高聚物改性沥青防水卷材或涂膜时,圆弧半径控制在50mm,采用合成高分子防水卷材时,圆弧半径控制在20mm
2	伸出屋面管道与刚性防水层交接处应留设缝隙,缝隙内嵌填密封材料,上部加设柔性材料附加层,附加层收头采取密封措施	
3	天沟、檐沟应用水泥砂浆找坡,找坡厚度大于20mm时宜采用细石混凝土	
4	屋面细石混凝土防水层与天沟、檐沟的交接处应留出凹槽并用密封材料封严	
5	细石混凝土防水层与基层间应设置隔离层,使结构层和防水层变形互不约束和影响;隔离层可用低强度等级砂浆或干铺卷材、塑料薄膜,也可使用纸筋灰、麻刀灰等	
6	刚性防水层内严禁埋设管线	

(3)补偿收缩细石混凝土配合比的确定和配制中的注意事项见表7.1.43。

表7.1.43 补偿收缩细石混凝土配合比的确定和配制中的注意事项

序号	注意事项
1	补偿收缩细石混凝土是通过掺入膨胀剂,使混凝土硬化过程产生微膨胀,补偿混凝土产生的收缩;在配筋的情况下,由于钢筋的限制而使混凝土产生自应力,从而进一步改善混凝土的孔隙结构,降低孔隙率,减少开裂,提高抗渗性能
2	补偿收缩细石混凝土的配合比设计与普通细石混凝土相同。使用水泥的强度等级不应低于42.5级,最小水泥用量330kg/m³。 掺加硫铝酸钙类(明矾石膨胀剂除外)和氧化钙类膨胀剂时,宜选用硅酸盐水泥和普通硅酸盐水泥;掺加明矾石膨胀剂宜采用普通硅酸盐水泥和矿渣硅酸盐水泥;如采用其他品种的水泥,应通过试验再确定可否采用

（续表）

序号	注意事项
3	现场采用的补偿收缩细石混凝土配合比应经试验后确定，根据参考数据和经验设计先选定多个配合比，分别制作一组三块 100mm×100mm×300mm 两端带不锈钢测头的试件，经养护拆模后在规定环境中分别测定 3d、7d、14d 长度，算出的自由膨胀率在 0.05%～0.1% 范围的、同时强度等级满足 C20 的配合比，才能采用。试件制作、试验程序和计算规则详见《混凝土外加剂应用技术规范》
4	膨胀剂的掺加按"内掺法"计算，即每立方米混凝土的计算水泥用量为实际水泥用量和膨胀剂用量之和
5	补偿收缩细石混凝土坍落度损失较大，应尽可能缩短运输和停放时间，或经试验采取加大坍落度的措施来满足施工需要，混凝土拌合后严禁再次加水搅拌

3. 刚性防水屋面细部构造

（1）屋面分格缝的处理见表 7.1.44。

表 7.1.44　刚性防水屋面的分格缝处理方法

序号	处理方法
1	完成养护的刚性防水屋面的分格缝都应首先进行清理、修整。缝边松动、起皮、泛砂等予以剔除，缺边掉角修补完整，过窄或堵塞段通过割、凿贯通，使分格缝纵横相互贯通，缝侧密实平整，宽窄均匀且满足设计要求
2	清除缝内残余物，钢丝刷刷除缝壁和缝顶两侧 80～100mm 范围的水泥浮浆等杂物，吹扫清洗干净并干燥、使之水率不大于 10%
3	缝壁涂刷基层处理剂，并认真嵌填密封材料，涂刷基层处理剂的分格缝都应在当天完成嵌填。密封材料指标、嵌填操作和质量要求见 QB-CNCEC J040302-2004《屋面防水的接缝密封施工工艺标准》
4	缝顶两侧刷基层处理剂并加贴防水卷材条或做一布二涂涂膜，其宽度不应小于 200mm，保护直接外露的密封材料，加强密封防水可靠性，延长密封材料的使用年限

（2）刚性防水屋面细石混凝土防水层在与天沟、檐沟的交接处，应留凹槽并用密封材料嵌填严密。

（3）刚性防水屋面的防水层，在与山墙、女儿墙或其他凸出屋面结构的交接处，细部防水及泛水构造应满足表 7.1.45 中的要求。

表 7.1.45 刚性防水屋面的防水层及其他部位连接处的施工要求

序号	要　　求
1	刚性防水层与墙等结构的交接处应留 30mm 缝隙并用密封材料嵌填
2	泛水处铺设卷材或胎体材料增强的涂膜附加层,附加层的宽度和高度均应不小于 250mm
3	砖墙上的泛水卷材收头可直接铺压在女儿墙压顶下,压顶应作防水处理;也可压入砖墙凹槽内固定密封,凹槽距屋面防水层的高度不应小于 250mm,凹槽上部的墙体应作防水处理
4	涂膜防水泛水可直接涂刷至女儿墙的压顶下,收头用防水涂料多遍涂刷或用密封材料封严,压顶应作防水处理;带胎体材料增强的涂膜防水层收头也可压入砖墙凹槽内并加以固定密封
5	混凝土墙上的泛水卷材收头应采用金属压条钉压,并用密封材料封严;涂膜防水泛水收头处可直接用防水涂料多遍涂刷或用密封材料封严

(4)刚性防水屋面的变形缝防水构造应符合表 7.1.46 中要求。

表 7.1.46 变形缝防水构造技术要求和质量要求

序号	技术要求和质量要求
1	刚性防水层与变形缝两侧墙体交接处留宽度为 30mm 的缝隙,并用密封材料嵌填
2	变形缝处泛水应铺设卷材或涂膜附加层,其高度与宽度均不应小于 250mm
3	泛水处的防水附加层应铺贴到变形缝两侧砌体的上部
4	变形缝内应充填聚苯乙烯泡沫塑料等,上部填放衬垫材料,并用卷材封盖
5	变形缝顶部应加扣混凝土或金属盖板,混凝土盖板的接缝应用密封材料嵌填

(5)刚性防水屋面水落口的防水构造应符合表 7.1.47 中基本要求。

表7.1.47 水落口的防水构造技术要求和质量要求

序号	要求
1	一根水落管的屋面最大汇水面积宜小于200m²,水落管的内径不应小于75mm
2	水落口安装位置应正确,同时应设置在沟底或排水的最低处;水落口杯埋设固定时上口标高应考虑设防时增加的附加层和柔性密封层厚度,以及水落口杯周围排水坡度加大的尺寸
3	水落口杯宜采用铸铁或塑料制品,铸铁必须作除锈防腐处理,水落口杯应牢固固定在屋面承重构件上,同时与结构层间封堵严密
4	水落口杯上口与基层接触处应留宽20mm、深20mm的凹槽,并嵌填密封材料
5	水落口周围直径500mm范围内的坡度不应小于5%,并采用防水涂料或密封材料涂封,涂封厚度不应小于2mm
6	附加防水层贴入水落口杯内不应少于50mm

(6)伸出屋面管道与刚性防水层交接处的防水构造应符合表7.1.48中要求。

表7.1.48 伸出屋面管道细部防水构造技术要求和质量要求

序号	要求
1	管道根部直径500mm范围内,找平层应抹出高度不小于30mm的圆台
2	管道周围与结构层混凝土之间,应预留20mm×20mm的凹槽,并用密封材料嵌填严密
3	细石混凝土刚性防水层与伸出屋面的管道之间,应留出宽30mm缝隙,缝内用密封材料嵌填严密
4	管道根部四周应增设卷材或涂膜附加层,宽度和高度均不应小于250mm
5	管道上的防水层收头处应用金属丝扎紧,或用金属箍紧固,并用密封材料封严

7.2 地下工程卷材防水施工

7.2.1 施工要求与工作准备

1. 施工要求

地下工程卷材防水施工要求见表7.2.1。

第7章 防水工程施工技术

表 7.2.1 地下工程卷材防水施工要求

序号	施工要求
1	防水卷材应采用抗菌型的高分子或高聚物改性沥青(非纸胎)类材料,并采用与其相适应配套的胶黏剂,由单项设计确定
2	防水卷材应铺贴在整体混凝土或整体水泥砂浆找平层的基础上
3	防水卷材应铺贴在主体结构的外表面(外防外贴法),只有在施工条件受限制时卷材可先铺贴在永久性保护墙的表面上,后做主体结构(外防内贴法)
4	防水卷材铺贴在转角处和特殊部位,应增贴 1~2 层附加层。沥青油毡的附加层应采用玻璃布油毡,高分子卷材应采用与卷材相同的材料
5	防水卷材防水层经检验合格后,应做保护层。保护层宜采用 20mm 厚聚苯乙烯板材或高发泡聚氯乙烯板材外贴,或采用膨润土防水板外贴。临时性保护墙应用石灰砂浆砌筑,内表面用石灰砂浆做找平层,并刷水泥浆

2. 施工准备

地下工程卷材防水施工准备工作见表 7.2.2。

表 7.2.2 地下工程卷材防水施工准备

序号	施工准备
1	地下工程防水卷材施工必须在结构验收合格后进行
2	为便于施工并保证施工质量,施工期间地下水位应降低到垫层以下不少于 300mm 处
3	卷材防水层铺贴前,所有穿过防水层的管道、预埋件均应施工完毕,并作了防水处理。防水层铺贴厚,严禁在防水层上打眼开洞,以免引起水的渗漏
4	铺贴卷材的温度应不低于5℃,最好在 10~25℃时进行。冬季施工时应采取保温措施,雨天施工时应采取防雨措施

3. 基层要求

地下工程卷材防水施工基层要求见表 7.2.3。

表7.2.3 地下工程卷材防水施工基层要求

序号	基层要求
1	基层必须牢固,无松动现象
2	基层表面应平整,其平整度为:用2m长直尺检查,基层与直尺间的最大空隙不应超过5mm
3	基层表面应清洁干净,基层表面的阴阳角处,均应做成圆弧形或钝角。对沥青类卷材圆弧半径应大于150mm

7.2.2 地下沥青卷材防水施工

1. 材料要求

地下沥青卷材防水施工的材料要求见表7.2.4。

表7.2.4 地下沥青卷材防水施工材料要求

序号	材料	要求
1	油毡	宜采用耐腐蚀油毡。油毡选用要求与防水屋面工程施工相同
2	沥青胶结材料	沥青胶结材料和冷底子油的选用、配制方法,与石油沥青油毡防水屋面工程施工基本相同。沥青的软化点,应较基层及防水层周围介质可能达到的最高温度高出20~25℃,且不低于40℃

2. 作业条件

地下沥青卷材防水施工作业条件见表7.2.5。

表7.2.5 地下沥青卷材防水施工作业条件

序号	流程	操作要点
1	保护墙放线	建筑物基础底板垫层施工后,按施工图测放保护墙位置线
2	砌筑保护墙	按设计要求砌筑保护墙至基础底板上平标高以上200mm。为使墙体面防水卷材接槎,加砌四皮砖临时保护墙,该四皮砖砌时用石灰砂浆,待做外墙体防水时拆除以满足底板防水卷材与墙体防水卷材的搭接宽度

(续表)

序号	流程	操作要点
3	结构防水面基层抹找平层	为卷材粘贴牢固,在底板垫层、保护墙、结构基体做防水面,应抹找平层,使防水卷材铺贴在一个平顺的基面上。要求阴阳角抹成圆角
4	找平层养护	找平层抹完后应洒水养护,使其强度上升后,经干燥方可作防水层
5	喷涂冷底子油	为使卷材防水卷材沥青玛琋脂与基层结合,在铺卷材前,应在铺贴面上喷涂冷底子油两道

3. 卷材铺贴

(1)平面铺贴卷材施工方法见表7.2.6。

表 7.2.6 卷材铺贴要求

序号	卷材铺贴要求
1	铺贴卷材前,宜使基层表面干燥,先喷冷底子油结合层两道,然后根据卷材规格及搭接要求弹线,按线分层铺设
2	粘贴卷材的沥青胶结材料的厚度一般为1.5~2.5mm
3	卷材搭接长度,长边不应小于100mm,短边不应小于150mm。上下两层和相邻两幅卷材的接缝应错开,上下层卷材不得相互垂直铺贴
4	在平面与立面的转角处,卷材的接缝应留在平面上距立面不小于600mm处
5	在所有转角处均应铺贴附加层。附加层可用两层同样的卷材,也可用一层抗拉强度较高的卷材。附加层应按加固处的形状仔细粘贴紧密
6	粘贴卷材时应展平压实。卷材与基层和各层卷材间必须黏结紧密,多余的沥青胶结材料应挤出,搭接缝必须用沥青胶结料仔细封严。最后一层卷材贴好后,应在其表面上均匀涂刷一层厚度为1~1.5mm的热沥青胶结材料。同时撒拍粗砂以形成防水保护层的结合层
7	平面与立面结构施工缝处,防水卷材接槎的处理如图7.2.1所示

(2)立面铺贴卷材施工方法 铺贴前宜使基层表面干燥,满喷冷底子油两道,干燥后即可铺贴。铺贴立面卷材,有两种铺贴方法,其做法要求见表7.2.7。

表7.2.7 立面铺贴卷材方法

序号	操作要求
1	应先铺平面,后铺贴立面,平立面交接处加铺附加层。一般施工将立面的根部根据结构施工缝高度改为外防内贴卷材层,接槎部位先做的卷材应留出搭接长度,该范围的保护墙应用石灰砂浆砌筑,待结构墙体做外防外贴卷材防水层时,分层接槎,外防水槎处接缝如图7.2.1所示。经验收后砌筑保护墙
2	在结构施工前,应将永久性保护墙砌筑在与需防水结构同一垫层上。保护墙贴防水卷材面应先抹1:3水泥砂浆找平层,干燥后喷涂冷底子油,干燥后即可铺贴油毡卷材。卷材铺贴必须分层,先铺贴立面,后铺贴平面,铺贴立面时应先铺转角,后铺大面;卷材防水层铺完后,应按规范或设计要求做水泥砂浆或混凝土保护层,一般在立面上应在涂刷防水层最后一层沥青胶结材料时,粘上干净的粗砂,待冷却后,抹一层10~20mm厚的1:3水泥砂浆保护层;在平面上可铺设一层30~50mm厚的细石混凝土保护层。外防内贴法保护墙铺设转折处卷材的方法如图7.2.2所示
3	防水卷材与管道埋设件连接处的做法如图7.2.3所示
4	采用埋入式橡胶或塑料止水带的变形缝做法如图7.2.4所示

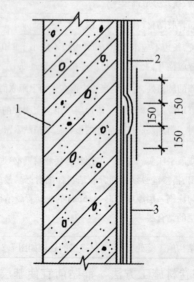

图7.2.1 防水错槎接缝
1—需防水结构;2—油毡防水层;3—找平层

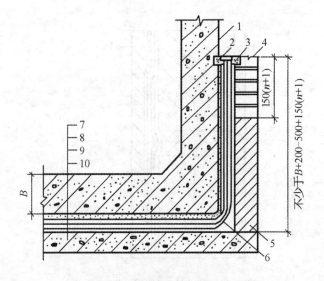

图 7.2.2 保护墙铺设转折处油毡的方法

1—需防水结构;2—永久性木条;3—临时性木条;4—临时保护墙;5—永久性保护墙;
6—附加油毡层;7—保护层;8—油毡防水层;9—找平层;10—钢筋混凝土垫层;n—油毡层数

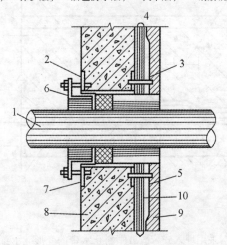

图 7.2.3 油毡防水层与管道埋设件连接处的做法示意图

1—管子;2—预埋件;3—夹板;4—油毡防水层;5—压紧螺栓;6—填缝材料的压紧环;
7—填缝材料;8—需防水结构;9—保护墙;10—附加油毡层

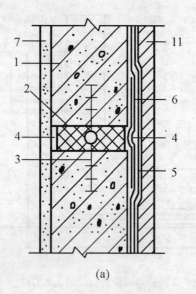

(a)

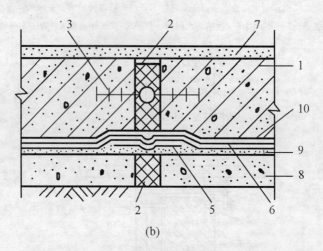

(b)

图 7.2.4 采用埋入式橡胶或塑料止水带的变形缝示意图
(a)墙体变形缝;(b)底板变形缝
1—防水结构;2—填缝材料;3—止水带;4—填缝油膏;5—油毡附加层;
6—油毡防水层;7—水泥砂浆面层;8—混凝土垫层;
9—水泥砂浆找平层;10—水泥砂浆保护层;11—保护墙

(3)外防外贴法施工见表7.2.8。

表7.2.8 外防外贴法施工方法

序号	操作要求
1	铺贴卷材应先铺平面,后铺立面,交接处应交叉搭接
2	临时性保护墙应用石灰砂浆砌筑,内表面应用石灰砂浆做找平层,并刷石灰浆。如用模板代替临时性保护墙时,应在其上涂刷隔离剂
3	从底面折向立面的卷材与永久性保护墙的接触部位,应采用空铺法施工。与临时性保护墙或围护结构模板接触的部位,应临时贴附在该墙上或模板上,卷材铺好后,其顶端应临时固定
4	当不设保护墙时,从底面折向立面的卷材的接茬部位应采取可靠的保护措施
5	主体结构完成后,铺贴立面卷材时,应先将接茬部位的各层卷材揭开,将其表面清理干净,如卷材有局部损伤,应及时进行修补。卷材接茬的搭接长度,高聚物改性沥青卷材为150mm,合成高分子卷材为100mm。当使用两层卷材时,卷材应错茬接缝,上层卷材应盖过下层卷材。卷材的甩茬、接茬做法如图7.2.5所示

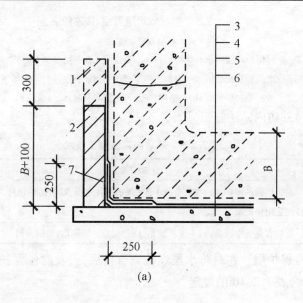

(a)

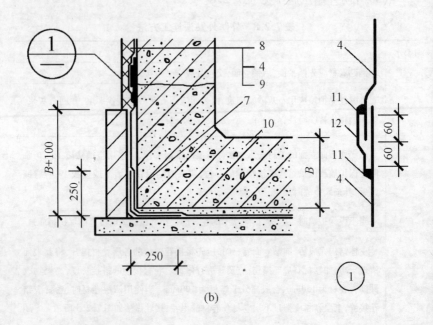

图 7.2.5 卷材防水层甩茬、接茬做法
(a)甩茬;(b)接茬
1—临时保护墙;2—永久保护墙;3—细石混凝土保护层;4—卷材防水层;
5—水泥砂浆找平层;6—混凝土垫层;7—卷材加强层;8—结构墙体;
9—卷材保护层;10—结构底板;11—密封材料;12—盖缝条

(4)外防内贴法施工见表 7.2.9。

表 7.2.9 外防内贴法施工技术

序号	操作要求
1	主体结构的保护墙内表面应抹 1:3 水泥砂浆找平层,然后铺贴卷材,并根据卷材特性选用保护层
2	卷材宜先铺立面,后铺平面。铺贴立面时,应先铺转角,后铺大面

(5)保护层。卷材防水层经检查合格后,应及时做保护层。保护层应符合表 7.2.10 的规定。

表 7.2.10 保护层的规定

序号	具体规定
1	顶板卷材防水层上的细石混凝土保护层厚度不应小于 70mm,防水层为单层卷材时,在防水层与保护层之间应设置隔离层
2	底板卷材防水层上的细石混凝土保护层厚度不应小于 50mm
3	侧墙卷材的防水层宜采用软保护或铺抹 20mm 厚的 1:3 水泥砂浆

7.2.3 高聚物改性沥青卷材防水施工

1. 材料要求

高聚物改性沥青卷材防水材料的具体要求见表 7.2.11。

表 7.2.11 高聚物改性沥青卷材防水施工材料要求

序号	材料	具体要求
1	防水层主体材料	当采用冷粘法施工时,防水层可选用 SBS 改性沥青防水卷材、APP 改性沥青防水卷材、铝箔面改性沥青防水卷材等品种。卷材不宜过厚,一般厚度≤4mm,胎体位于卷材厚度的中央。单层卷材防水层用量约为 $1.2m^2/m^2$
		当采用热熔法施工时,防水层可采用 SBS、APP 高聚物改性沥青防水卷材,尤其是 APP 高聚物改性沥青防水卷材最适宜作防水层,因为它能承受 265℃高温的烘烤而不改变性能。热熔防水卷材的厚度≥4mm,以防火焰烤穿防水卷材。卷材胎体位于卷材上部 1/3 层厚处。单层卷材防水层用量为 $1.15 \sim 1.2m^2/m^2$
2	基层处理剂及胶黏剂	基层处理剂或胶黏剂,一般可以选用橡胶或再生胶改性沥青的汽油溶剂,其胶黏强度 $\geq 5N/cm^2$,胶黏剂剥离强度为 $8 N/cm^2$。基层处理剂或胶黏剂主要用于卷材与基层的黏结,也可用于易于出现渗漏部位(如排水口、管道根部等处)的增强密封处理
3	辅助材料	辅助材料主要指工业汽油,它可作为冷粘法的稀释剂,机具的清洗剂以及热熔施工中汽油喷灯的燃料

2. 作业条件

高聚物改性沥青卷材防水施工作业条件见表7.2.12。

表7.2.12 高聚物改性沥青卷材防水施工作业条件

序号	作业条件
1	施工前审核图纸,编制防水工程施工方案,并进行技术交底。地下防水工程必须由专业队伍施工,操作人员持证上岗
2	铺贴防水层的基层必须按设计施工完毕,并经养护后干燥,含水率不大于9%;基层应平整、牢固,不空鼓开裂、不起砂
3	防水层施工涂底胶前(冷底子油),应将基层表面清理干净
4	施工用材料均为易燃,因而应准备好相应的消防器材
5	基层清理:施工前将验收合格的基层清理干净
6	涂刷基层处理剂:在基层表面满刷一道用汽油稀释的氯丁橡胶沥青胶黏剂,涂刷应均匀,不透底
7	铺贴附加层:管根、阴阳角部位加铺一层卷材。按规范及设计要求将卷材裁成相应的形状进行铺贴

3. 卷材铺贴

卷材铺贴施工操作要点见表7.2.13。

表7.2.13 卷材铺贴操作要点

序号	施工	操作要点
1	冷粘法施工	冷粘法是将冷胶黏剂(冷玛琦脂、聚合物改性沥青胶黏剂等)均匀地涂布在基层表面和卷材搭接边上,使卷材与基层、卷材与卷材牢固地黏结在一起的施工方法。 (1)涂刷胶黏剂要均匀,不露底、不堆积。胶黏剂涂布厚度一般为1~2mm,用量≥1kg/m² (2)涂刷胶黏剂后,铺贴防水卷材,其间隔时间根据胶黏剂的性能确定。

(续表)

序号	施工	操作要点
1	冷粘法施工	(3)铺贴卷材的同时,要用压辊滚压驱赶卷材下面的空气,使卷材粘牢。 (4)卷材的铺贴应平整顺直,不得有皱折、翘边、扭曲等现象。卷材的搭接应牢固,接缝处溢出的冷胶黏剂随即刮平,或者用热熔法接缝。 (5)卷材接封口应用密封材料封严,密封材料宽度≥10mm
2	冷自粘法施工	(1)先在基层表面均匀涂布基层处理剂,处理剂干燥后再及时铺贴卷材。 (2)铺贴卷材时,要将隔离纸撕净。 (3)铺贴卷材时,用压辊滚压以驱赶卷材下面的空气,并使卷材粘牢。 (4)卷材的铺贴应平整顺直,不得有皱折、翘边、扭曲等现象。卷材的搭缝应牢固,接缝处宜采用热风焊枪加热,加热后随即粘牢卷材,溢出的压敏胶随即刮平
3	热熔法施工	热熔法是用火焰喷枪(或喷灯)喷出的火焰烘烤卷材表面和基层(已刷过基层处理剂),待卷材表面熔融至光亮黑色,基层得到预热,立即滚铺卷材。边熔融卷材表面,边滚铺卷材,使卷材与基层,卷材与卷材之间紧密黏结。图7.2.6为热熔法施工示意图。 若防水层为双层卷材,第二层卷材的搭接缝与第一层卷材的搭接缝应错开卷材幅宽的1/3~1/2,以保证卷材的防水效果。 (1)喷枪或喷灯等加热器喷出的火焰,距卷材面的距离应适中;幅宽内加热应均匀,不得过分加热或烧穿卷材,以卷材表面熔融至光亮黑色为宜。 (2)卷材表面热熔后,应立即滚铺卷材,并用压辊滚压卷材,排除卷材下面空气,使卷材黏结牢固、平整,无皱折、扭曲现象。 (3)卷材接缝处,用溢出的热熔改性沥青随即刮平封口
4	保护层施工	平面做水泥砂浆或细石混凝土保护层;立面防水层施工完,应及时抹水泥

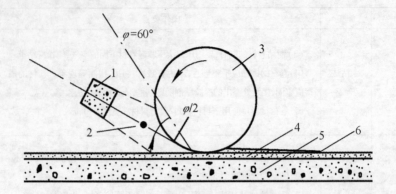

图 7.2.6 热熔法施工示意图
1—喷嘴；2—火焰；3—成卷的油毡；4—水泥砂浆找平层；
5—混凝土垫层；6—油毡防水层

7.2.4 合成高分子卷材防水施工

1. 材料要求

合成高分子卷材防水材料的具体要求见表 7.2.14。

表 7.2.14 合成高分子卷材防水施工材料要求

序号	材料	具体要求
1	三元乙丙橡胶防水卷材	(1) 规格：厚度 1.2mm、1.5mm，宽度 1.0mm，长度 20.0mm。 (2) 主要技术性能：抗拉断裂强度≥7MPa；断裂伸长率>450%；低温冷脆温度 -40℃以下；不透水性>0.3×30
2	聚氨酯底胶	用来作基层处理剂（相当于涂刷冷底子油），材料分甲、乙两组分，甲料为黄褐色胶体，乙料为黑色胶体
3	CX-404 胶	用于卷材与基层粘贴为黄色浑浊胶体
4	丁基胶黏剂	用于卷材接缝，分 A、B 两组分，A 组为黄浊胶体，B 组为黑色胶体。使用时按 1:1 的比例混合搅拌均匀使用

(续表)

序号	材料	具体要求
5	聚氨酯涂膜材料	用于处理接缝增补密封,材料分甲、乙两组分,甲组分为褐色胶体,乙组分为黑色胶体
6	聚氨酯嵌缝膏	用于卷材收头处密封
7	其他材料	(1)二甲苯。用于浸洗刷工具。 (2)乙酸乙酯。用于擦洗手

2. 作业条件

合成高分子卷材防水施工作业条件见表 7.2.15。

表 7.2.15　合成高分子卷材防水施工作业条件

序号	作业条件
1	在地下水位较高的条件下铺贴防水层前,应先降低地下水位,做好排水处理,使地下水位降至防水层标高 300mm 以下,并保持到防水层施工完成
2	铺贴防水层的基层表面应平整光滑,必须将基层表面的异物、砂浆疙瘩和其他尘土杂物清除干净,不得有空鼓、开裂及起砂、脱皮等缺陷
3	基层应保持干燥,含水率应不大于 9%;阴阳角处应做成圆弧形
4	防水层所用材料多属易燃品,存放和操作应隔绝火源,做好防火工作
5	施工前将验收不合格的基层上杂物、尘土清扫干净
6	聚氨酯材料按甲:乙 = 1:3(质量比)的比例配合,搅拌均匀即可进行涂刷施工
7	在大面积涂刷施工前,先在阴角、管根等复杂部位均匀涂刷一遍,然后用长把滚刷大面积顺序涂刷,涂刷胶厚度要均匀一致,不得有露底现象。涂刷的底胶经 4h 干燥,手摸不粘时,即可进行下道工序
8	特殊部位增补处理: (1)增补剂涂膜　聚氨酯涂膜防水材料分甲、乙两组分,按甲:乙 = 1:1.5 的质量比配合搅拌均匀,即可在地面、墙体的管根、伸缩缝、阴阳角部位,均匀涂刷一层聚氨酯涂膜,作为特殊防水薄膜部位的附加层,涂膜固化后即可进行下一工序。 (2)附加层施工　设计要求特殊部位,如阴阳角、管根,可用三元乙丙卷材铺贴一层处理

3. 卷材铺贴(铺贴三元乙丙卷材防水层)

卷材铺贴施工操作要点见表7.2.16。

表7.2.16 卷材铺贴操作要点

序号	流程	操作要点
1	排尺弹线	铺贴前在基层面上排尺弹线,作为掌握铺贴的标准线,使其铺设平直
2	卷材粘贴面涂胶	将卷材铺展在干净的基层上,用长把滚刷蘸CX-404胶涂匀,应留出搭接部位不涂胶。晾胶至胶基本干燥不粘手
3	基层表面涂胶	底胶干燥后,在清理干净的基层面上,用长把滚刷蘸CX-404胶均匀涂刷,涂刷面不宜过大,然后晾胶
4	卷材粘贴	在基层面及卷材粘贴面已涂刷好CX-404胶的前提下,将卷材用直径30mm、长1.5m的圆心棒(圆木或塑料管)卷好,由两人抬至铺设端头,注意用线控制,位置要正确,黏结固定端头,然后沿弹好的标准线向另一端铺贴,操作时卷材不要拉太紧,并注意方向沿标准线进行,以保证卷材搭接宽度。 (1)卷材不得在阴阳角处接头,接头处间隔错开。 (2)操作中排气。每铺完一张卷材,应立即用干净的滚刷从卷材的一端开始横向用力滚压一遍,以便将空气排出。 (3)滚压。排除空气后,为使卷材黏结牢固,应用外包橡皮的铁辊滚压一遍。 (4)接头处理。卷材搭接的长边与端头的短边100mm范围,用丁基胶黏剂黏结;将甲、乙组分料,按1:1质量比配合搅拌均匀,用毛刷蘸丁基胶黏剂,涂于搭接卷材的两个面,待其干燥15~30min即可进行压合,挤出空气,不许有皱折,然后用铁辊滚压一遍。 凡遇有卷材重叠三层的部位,必须用聚氨酯嵌缝膏填密封严。 (5)收头处理。防水层周边用聚氨酯嵌缝,并在其上涂刷一层聚氨酯涂膜

(续表)

序号	流程	操作要点
5	保护层	防水层做完后,应按设计要求做好保护层,一般平面为水泥砂浆或细石混凝土保护层,立面为砌筑保护墙或抹水泥砂浆保护层,外做防水层的也可贴有一定厚度的板块保护层。抹砂浆的保护层应在卷材铺贴时,表面涂刷聚氨酯涂膜稀撒石渣,以利保护砂浆层黏结

7.2.5 工程质量控制手段与措施

1. 施工质量控制

(1) 工程质量要求见表7.2.17。

表7.2.17 工程质量要求

序号	具体要求
1	卷材和沥青胶胶结材料的质量应符合现行技术标准和设计要求
2	卷材防水层及其变形缝、预埋件等细部做法必须符合设计要求和施工规范规定
3	找平层所用的砂浆灰砂比不应低于1:3,找平层要保证表面粗糙,抹压坚实,转角处要做成圆弧形或钝角
4	卷材的长、短边的搭接不应小于100~150mm,上下两层及相邻的两幅卷材的接缝要错开,上下层不得相互垂直铺贴。铺贴要严密,转角处应铺附加层
5	卷材防水层铺贴必须牢固,不允许有皱折、空鼓、起泡、滑溜、翘边与封口不严等缺陷

(2) 工程质量控制要点。

① 基层要求见表7.2.18。

表7.2.18 基层要求

序号	具体要求
1	基层必须牢固,无松动、起砂现象
2	基层表面须平整,其平整度用2m长的直尺检查,基层与直尺间的最大空隙不应超过5mm,且每米长度内不得多于一处,空隙仅允许平缓变化
3	基层表面应清洁干净。基层的阴阳角处,均应做成圆弧形或钝角(圆弧形的半径为100~150mm)

② 铺贴卷材的规定见表7.2.19。

表 7.2.19 铺贴卷材的规定

序号	具体规定
1	基层表面宜干燥。平面铺贴卷材时,卷材可用沥青胶结材料直接铺贴在潮湿的基层上,但应使卷材与基层贴紧;立面铺贴卷材时,基层表面应满涂冷底子油,待冷底子油干燥后,卷材即可铺贴
2	铺贴使用沥青卷材必须用石油沥青胶结材料,铺贴焦油沥青卷材必须用焦油沥青胶结材料
3	卷材的搭接长度,长边不应小于 100mm,短边不应小于 150mm。上下两层和相邻两幅卷材的接缝应错开,上下层卷材不得相互垂直铺贴
4	在立面与平面的转角处,卷材的接缝应留在平面上距立面不小于 600mm 处。在所有转角处均应铺贴附加层
5	粘贴卷材时应展平压实,卷材与基层和各层卷材间必须黏结紧密,搭接缝必须用沥青胶结材料仔细封严。最后一层卷材贴好后,应在其表面上均匀地涂上一层厚度为 1~1.5mm 的热沥青胶结材料
6	采用"内防内贴"或"外防外贴"、"外防内贴"等施工方法完成的卷材防水层,须经检查合格后,按规定做好保护层
7	底板卷材接槎部分甩出后的保护方法,对于沥青卷材,可在底板垫层周边上砌永久保护墙,保护墙高为钢筋混凝土底板厚度加 100mm,将转角处的加固层卷材粘贴在保护墙的内面。在保护墙的上面支设钢模板或木模板,在模板面上涂黏土浆,将第一层及其以上的卷材搭接部分临时粘在上面。保护墙地下应干铺沥青卷材一层
8	对于合成高分子卷材,可在底板垫层周边上砌永久保护墙,永久保护墙的高度为钢筋混凝土底板厚度加 100mm,在永久保护墙上面再砌临时保护墙,临时保护墙用 1:3 石灰砂浆砌筑,墙内面抹 1:3 石灰砂浆,墙高 360mm。转角处附加层粘贴在永久保护墙上,第一层卷材粘贴在临时保护墙上。保护墙底下干铺同类卷材一层

2. 成品保护

成品保护措施见表 7.2.20。

第7章 防水工程施工技术

表7.2.20　成品保护措施

序号	成品保护措施
1	地下卷材防水层部位预埋的管道,在施工中不得碰损和堵塞杂物
2	卷材防水层铺贴完成后,应及时做好保护层,防止结构施工碰损防水层;外贴防水层施工后,应按设计砌好防护墙
3	卷材平面防水层施工,不得在防水层上放置材料及作为施工运输车道
4	卷材防水层铺贴完成后,要及时做好保护层,防止结构损坏的处理方法,操作时认真按形状裁剪卷材,周边压平贴严,黏结牢固,在完成这些部位附加层铺贴后,精心检查,把好验收关

3. 工程质量通病防治

工程质量通病防治措施见表7.2.21。

表7.2.21　工程质量通病防治

序号	问题	原因分析	防治措施
1	空鼓	(1)基层潮湿,找平层表面被溺水沾污,立墙卷材甩头未加保护措施,卷材沾污。(2)未认真清理沾污表面,立面铺贴、热作业操作困难,而导致铺贴不实不严	(1)各种卷材防水层的基层必须保持找平层表面干燥洁净。严防在潮湿基层上铺贴卷材防水层。 (2)无论采用外贴法或内贴法施工,应把地下水位降至垫层以下不少于300mm。应在垫层上抹1:2.5水泥砂浆找平层,防止由于毛细水上升造成基层潮湿。 (3)立墙卷材的铺贴,应精心施工,操作仔细,使卷材铺贴密实、严密、牢固。 (4)铺贴卷材防水层之前,应提前1~2d,喷或刷1~2道冷底子油,确保卷材与基层表面附着力强,黏结牢固。 (5)铺贴卷材时气温不宜低于5℃,施工过程应确保胶结材料的施工温度。 (6)采用水泥砂浆找平层时,水泥砂浆抹平收水后应二次压光,充分养护,不得有酥松、起砂、起皮现象。 (7)基层与墙的连接处,均应做成圆弧。圆弧半径应根据卷材种类按表7.2.22选用

（续表）

序号	问题	原因分析	防治措施
2	转角处渗漏	（1）转角部位，卷材未能按转角轮廓铺贴严实，后浇主体结构时，此处卷材被破坏。（2）转角处未按规定增补附加增强层卷材。（3）所用的卷材韧性较差，转角处操作不便，未确保转角处卷材铺贴严密	（1）转角处应做成圆弧形。（2）转角处应先铺附加增强层卷材，并粘贴严密，尽量选用延伸率大，韧性好的卷材。（3）在立面与平面的转角处不应留设卷材搭接缝，卷材搭接缝应留在平面上，距立面不应小于600mm
3	管道周围渗漏	（1）管道表面未认真进行清理、除锈。（2）穿管处周边呈死角，使卷材不易铺贴	（1）穿墙管道处卷材防水层铺实贴严，严禁黏结不严，出现张口、翘边现象，而导致渗漏。（2）对其穿墙管道必须认真除锈和尘垢，保持管道洁净，确保卷材防水层与管道的黏结附着力。（3）穿墙管道周边找平层时，应将管道根部抹成直径不小于50mm的圆角，卷材防水层应按转角要求铺贴严实。（4）必要时可在穿管处埋设带法兰的套管，将卷材防水层粘贴在法兰上，粘贴宽度应在100mm以上，并应用夹板将卷材防水层压紧。法兰及夹板都应清理洁净。涂刷沥青胶黏剂，夹板下面应加油毡衬垫

(续表)

序号	问题	原因分析	防治措施
4	卷材搭接不良	(1)搭接形式以及长、短边的搭接长度没有符合规范要求。(2)接头处卷材黏结不密实,有空鼓、张嘴、翘边等现象。(3)接头甩槎部位损坏,甚至无法搭接	(1)应根据铺贴面积及卷材规格,事先丈量弹出基准线,然后按线铺贴;搭接形式应符合规范要求,立面铺贴自下而上,上层卷材应盖过下层卷材不少于150mm。平面铺贴时,卷材长短边搭接长度均应不少于100mm,上下两层卷材不得相互垂直铺贴。(2)施工时确保地下水位降低到垫层以下500mm,并保持到防水层施工完毕。(3)接头甩槎应妥加保护,避免受到环境或交叉工序的污染和损坏;接头搭接应仔细施工,满涂胶黏剂,并用力压实,最后粘贴封口条,用密封材料封严,封口宽度不应小于10mm。(4)临时性保护墙应用石灰砂浆砌筑以利拆除;临时性保护墙内的卷材不可用胶黏剂粘贴,可用保护隔离层卷材包裹后埋设于临时保护墙内,接头施工时,拆除临时保护墙,拆去保护隔离层卷材,即可分层按规定搭接施工
5	管道部位卷材粘贴不良	(1)对管道表面及法兰盘未进行认真清理、除锈,不能确保卷材与管道的黏结。(2)穿管处周围未抹成圆角,使卷材不易铺贴严密	(1)管道、法兰盘表面的尘垢、铁锈要清理干净。在穿过砖石结构处,管道周围浇筑细石混凝土,厚度不宜小于300mm;找平层在管道根部都应抹成圆角。卷材要按转角要求铺贴严实。(2)穿过混凝土的管道,可预埋带法兰盘的套管,卷材铺贴前,先将穿墙管和法兰盘及夹板表面处理干净,涂刷基层处理剂,然后将卷材铺贴在法兰盘上,粘贴宽度至少100mm,再用夹板将卷材压紧,夹板下加卷材衬垫,穿墙管与套管之间填塞沥青麻丝,管口用密封材料封固或用铅捻口

(续表)

序号	问题	原因分析	防治措施
6	卷材搭接处渗漏	(1)卷材甩头(槎)被污损破坏,保护墙的卷材被撕破。(2)卷材受水浸泡,沾污了卷材甩槎,缺乏保护措施	(1)铺贴卷材应采用搭接法,上下层及相邻两幅卷材的搭接缝应错开。(2)各种卷材搭接宽度应符合表7.2.23的要求。(3)铺贴后的卷材甩头要保持完整和不污损破坏,甩槎应层次清楚,工序搭接要严格控制铺实粘严压平。(4)排水降低水位的措施要正确,严禁浸泡、沾污卷材槎子。(5)从混凝土地板下面甩出的卷材可刷油铺贴在永久性保护墙上,但超出永久性保护墙部分的卷材不得刷油铺实,而用附加保护油毡包裹钉在木砖上,待完成主体结构,拆除临时保护墙时,撕去附加保护油毡,可使内部各层卷材完好无缺

表 7.2.22 转角处圆弧半径

卷材种类	圆弧半径(mm)
沥青防水卷材	100~150
高聚物改性沥青防水卷材	50
合成高分子防水卷材	20

表 7.2.23 卷材搭接宽度

搭接方向 铺贴方法 卷材种类	短边搭接宽度(mm)		长边搭接宽度(mm)	
	满粘法	空粘法 点粘法 条粘法	满粘法	空粘法 点粘法 条粘法
沥青防水卷材	100	150	70	100
高聚物改性沥青防水卷材	80	100	80	100
合成高分子防水卷材 黏结法	80	100	80	100
合成高分子防水卷材 焊接法	50			

4. 质量验收标准

(1)基本规定见表7.2.24。

表7.2.24 工程质量验收基本规定

序号	工程质量验收基本规定
1	本标准适用于受侵蚀性介质或受震动作用的地下工程主体迎水面铺贴的卷材防水层
2	卷材防水层应采用高聚物改性沥青防水卷材和合成高分子防水卷材。所选用的基层处理剂、胶黏剂、密封材料等配套材料,均应与铺贴的卷材材性相容
3	铺贴防水卷材前,应将找平层清扫干净,在基面上涂刷基层处理剂;当基面较潮湿时,应涂刷湿固化型胶黏剂或潮湿界面隔离剂
4	防水卷材厚度选用应符合表7.2.25的规定
5	两幅卷材短边和长边的搭接宽度均不应小于100mm。采用多层卷材时,上下两层和相邻两幅卷材的接缝应错开1/3幅宽,且两层卷材不得相互垂直铺贴
6	冷粘法铺贴卷材应符合表7.2.26的规定
7	热熔法铺贴卷材应符合表7.2.27的规定
8	卷材防水层完工并经验收合格后应及时做保护层。保护层应符合表7.2.28的规定
9	卷材防水层的施工质量检验数量,应按铺贴面积每100m^{2}抽查1处,每处10m^2,且不得少于3处

表7.2.25 防水卷材厚度

防水等级	设防要求	合成高分子防水卷材	高聚物改性沥青防水卷材
1级	三道或三道以上设防	单层不应小于1.5mm;双层每层不应小于1.2mm	单层不应小于4mm;双层每层不应小于3mm
2级	二道设防		
3级	一道设防	不应小于1.5mm	不应小于4mm
	复合设防	不应小于1.2mm	不应小于3mm

表 7.2.26　冷粘法铺贴卷材施工规定

序号	规定
1	胶黏剂涂刷应均匀,不露底、不堆积
2	铺贴卷材时应控制胶黏剂涂刷与卷材铺贴的间隔时间,排除卷材下面的空气,并辊压黏结牢固,不得有空鼓
3	铺贴卷材应平整、顺直,搭接尺寸正确,不得有扭曲、皱折
4	接封口应用密封材料封严,其宽度不应小于10mm

表 7.2.27　热熔法铺贴卷材施工规定

序号	具体规定
1	火焰加热器加热卷材应均匀,不得过分加热或烧穿卷材;厚度小于3mm的高聚物改性沥青防水卷材,严禁采用热熔法施工
2	卷材表面热熔后应立即滚铺卷材,排除卷材下面的空气,并辊压黏结牢固,不得有空鼓、皱折
3	滚铺卷材时接缝部位必须溢出沥青热熔胶,并应随即刮封接口使接缝黏结严密
4	铺贴后的卷材应平整、顺直,搭接尺寸正确,不得有扭曲

表 7.2.28　保护层规定

序号	具体规定
1	顶板的细石混凝土保护层与防水层之间宜设置隔离层
2	底板的细石混凝土保护层厚度应大于50mm
3	侧墙宜采用聚苯乙烯泡沫塑料保护层,或砌砖保护墙(边砌边填实)和铺抹30mm厚水泥砂浆

(2)主控项目质量要求及其检验方法见表 7.2.29。

表 7.2.29　主控项目内容及验收要求

序号	项目内容	质量要求	检验方法
1	卷材及配套材料质量	卷材防水层所用卷材及主要配套材料必须符合设计要求	检查出厂合格证、质量检验报告和现场抽样试验报告

(续表)

序号	项目内容	质量要求	检验方法
2	细部做法	卷材防水层及其转角处、变形缝、穿墙管道等细部做法均须符合设计要求	观察检查和检查隐蔽工程验收记录

（3）一般项目质量要求及其检验方法见表7.2.30。

表7.2.30　一般项目内容及验收要求

序号	项目内容	质量要求	检验方法
1	基层质量	卷材防水层的基层应牢固,基面应洁净、平整,不得有空鼓、松动、起砂和脱皮现象;基层阴阳角处应做成圆弧形	观察检查和检查隐蔽工程验收记录
2	卷材搭接缝	卷材防水层的搭接缝应黏（焊）结牢固,密封严密,不得有皱折、翘边和鼓泡等缺陷	观察检查
3	保护层	侧墙卷材防水层的保护层与防水层应黏结牢固、结合紧密,厚度均匀一致	观察检查
4	卷材搭接宽度允许偏差	卷材搭接宽度的允许偏差为±10mm	观察和尺量检查

第8章 装饰装修工程施工技术

8.1 内墙抹灰

8.1.1 内墙抹灰工艺流程

内墙抹灰的操作流程见表 8.1.1。

表 8.1.1 内墙抹灰的操作流程

序号	项目	说明
1	做标志块	先用托线板全面检查墙体表面的垂直平整程度,根据检查的实际情况并兼顾抹灰层的平均厚度规定,决定墙面抹灰厚度。接着在 2m 左右高度,距墙两边阴角 10~20cm 处,用底层抹灰砂浆(也可用 1:3 水泥砂浆或 1:3:9 混合砂浆)各做一个标准标志块(灰饼),厚度为抹灰层厚度(一般为 1~1.5cm),大小为 5cm×5cm。以这两个标准标志块为依据,再用托线板靠、吊垂直确定墙下部对应的两个标志块厚度,其位置在踢脚板上口,使上下两个标志块在一条垂直线上。标准标志块做好后,再在标志块附近墙面钉上钉子,拴上小线拉水平通线(注意小线要离开标志块 1mm),然后按间距 1.2~1.5m 加做若干标志块(图 8.1.1),凡窗口、垛角处必须做标志块
2	标筋	标筋也称冲筋,出柱头,就是在上下两个标志块之间先抹出一条长梯形灰埂,其宽度为 10cm 左右,厚度与标志块相平,作为墙面抹底子灰填平的标准。做法是在两个标志块中间先抹一层,再抹第二遍凸出成八字形,要比灰饼凸出 1cm 左右,然后用木杠紧贴灰饼左右上下来回搓,直至把标筋搓得与标志块一样平为止。同时要将标筋的两边用刮尺修成斜面,使其与抹灰层接槎顺平。标筋用砂浆,应与抹灰底层砂浆相同,标筋做法如图 8.1.1 所示。操作时应先检查木杠是否受潮变形,如果有变形应及时修理,以防止标筋不平

(续表)

序号	项目	说　　明
3	阴阳角找方	中级抹灰要求阳角找方。对于除门窗口外，还有阳角的房间，则首先要将房间大致规方。方法是先在阳角一侧墙做基线，用90°角尺将阳角先规方，然后在墙角弹出抹灰准线，并在准线上下两端挂通线做标志块。 高级抹灰要求阴阳角都要找方，阴阳角两边都要弹基线，为了便于做角和保证阴阳角方正垂直，必须在阴阳角两边都要做标志块和标筋
4	门窗洞口做护角	室内墙面、柱面的阳角和门窗洞口的阳角抹灰要求线条清晰、挺直，并防止碰坏。因此，不论设计有无规定，都需要做护角。护角做好后，也起到标筋作用。 护角应抹1:2水泥砂浆，一般高度不应低于2m，护角每侧宽度不小于50mm（图8.1.2）。 抹护角时，以墙面标志块为依据，首先要将阳角用90°角尺规方，靠门框一边，以门框离墙面的空隙为准，另一边以标志块厚度为据。最好在地面上画好准线，按准线粘好靠尺板，并用托线吊直，90°角尺找方。然后，在靠尺板的另一边墙角面分层抹1:2水泥砂浆，护角线的外角与靠尺板外口平齐；一边抹好后，再把靠尺板移到已抹好护角的一边，用钢筋卡子稳住，用线垂吊直靠尺板，护角的另一面分层抹好。然后，轻轻地将靠尺板拿下，待护角的棱角稍干时，用阳角抹子和水泥浆捋出小圆角。最后在墙面用靠尺板按要求尺寸沿角留出5cm，将多余砂浆以40°斜面切掉（切斜面的目的是为墙面抹灰时，便于与护角接槎），墙面和门框等落地灰应清理干净。窗洞口一般虽不要求做护角，但同样也要方正一致，棱角分明，平整光滑。操作方法与做护角相同。窗口正面应按大墙面标志块抹灰，侧面应根据窗框所留灰口确定抹灰厚度，同样应使用八字靠尺找方吊正，分层涂抹。阳角处也应用阳角抹子捋出小圆角

(续表)

序号	项目	说　　明
5	抹灰	抹灰环节包括三项主要工作,即抹底层、抹中层和抹面层。面层抹灰俗称罩面。一般室内砖墙面层抹灰常用纸筋石灰、麻刀石灰、石灰砂浆及刮大白腻子等。面层抹灰应在底灰稍干后进行,底灰太湿会影响抹灰面平整,还可能"咬色";底灰太干,则容易使面层脱水太快而影响黏结,造成面层空鼓

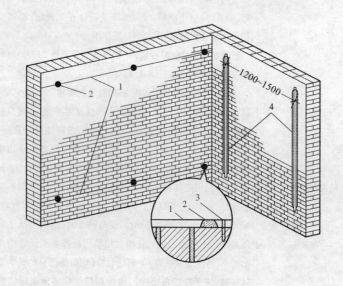

图 8.1.1　挂线做标志块及标筋
1—引线;2—灰饼(标志块);3—钉子;4—冲筋

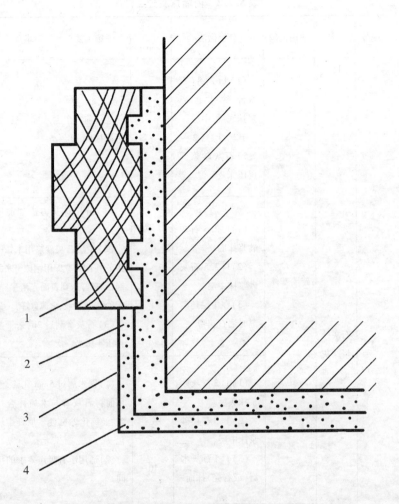

图 8.1.2 护角
1—窗口;2—墙面抹灰;3—面层;4—水泥护角

8.1.2 不同基体的内墙抹灰

内墙抹灰分层做法见表 8.1.2。

表 8.1.2 内墙抹灰分层做法

序号	名称	适用范围	分层做法	厚度(mm)	施工要点和注意事项
1	石灰砂浆抹灰	砖墙基体	(1) 1:2:8(石灰膏:砂:黏土)砂浆抹底层、中层。	13	应待前一层七八成干后,方可涂抹后一层
			(2) 1:(2~2.5)石灰砂浆面层压光	6	
			(1) 1:2.5石灰砂浆抹底层。	7~9	(1) 分层抹灰方法如前所述。 (2) 中层石灰砂浆用木抹子搓平稍干后,立即用钢抹子来回刮石灰膏,达到表面光滑平整,无砂眼,无裂纹,愈薄愈好。 (3) 石灰膏刮后2h,未干前再压实压光一次
			(2) 1:2.5石灰砂浆抹中层。	7~9	
			(3) 在中层还潮湿时刮石灰膏	1	
			(1) 1:3石灰砂浆抹底层。	7	(1) 锯木屑过5mm孔筛,使用前将石灰膏与木屑拌合均匀,经钙化24h,使木屑纤维软化。 (2) 适用于有吸声要求的房间
			(2) 1:3石灰砂浆抹中层。	7	
			(3) 1:1石灰木屑(或谷壳)抹面	10	
		加气混凝土条板基体	(1) 1:3石灰砂浆抹底层、中层。	13	
			(2) 待中层灰稍干,用1:1石灰砂浆随抹随搓平压光	6	

(续表)

序号	名称	适用范围	分层做法	厚度(mm)	施工要点和注意事项
1	石灰砂浆抹灰	加气混凝土条板基体	(1)1:3石灰砂浆抹底层。 (2)1:3石灰砂浆抹中层。 (3)刮石灰膏	7 7 1	墙面浇水湿润
2	水泥混合砂浆抹灰	砖墙基体	(1)1:1:6水泥白灰砂浆抹底层。 (2)1:1:6水泥白灰砂浆抹中层。 (3)刮石灰膏或大白腻子	7~9 7~9 1	(1)刮石灰膏和大白腻子，石灰砂浆抹灰。 (2)应待前一层抹灰凝结后，方可涂抹后一层
			1:1:3:5(水泥:石灰膏:砂:木屑)分两遍成活，木抹子搓平	15~18	(1)适用于有吸声要求的房间。 (2)木屑处理同石灰砂浆抹灰。 (3)抹灰方法同上
3	纸筋石灰或麻刀石灰抹灰	混凝土大板或大模板建筑内墙基体	(1)聚合物水泥砂浆或水泥混合砂浆喷毛打底。 (2)纸筋石灰或麻刀石灰罩面	1~3 2或3	

（续表）

序号	名称	适用范围	分层做法	厚度(mm)	施工要点和注意事项
3	纸筋石灰或麻刀石灰抹灰	加气混凝土砌块或条板基体	1	(1)1:3:9水泥石灰砂浆抹底层。	3	基层处理与聚合物水泥砂浆相同
				(2)1:3石灰砂浆抹中层。	7~9	
				(3)纸筋石灰或麻刀石灰罩面	2或3	
			2	(1)1:0.2:3水泥石灰砂浆喷涂成小拉毛。	3~5	(1)基层处理与聚合物水泥砂浆相同。 (2)小拉毛完后,应喷水养护2~3d。 (3)待中层六七成干时,喷水湿润后进行罩面
				(2)1:0.5:4水泥石灰砂浆找平(或采用机械喷涂抹灰)。	7~9	
				(3)纸筋石灰或麻刀石灰罩面	2或3	
		加气混凝土条板		(1)1:3石灰砂浆抹底层。	4	
				(2)1:3石灰砂浆抹中层。	4	
				(3)纸筋石灰或麻刀石灰罩面	2或3	
		板条、苇箔、金属网墙		(1)麻刀石灰或纸筋石灰砂浆抹底层。	3~6	
				(2)麻刀石灰或纸筋石灰砂浆抹中层。	3~6	

(续表)

序号	名称	适用范围	分层做法	厚度(mm)	施工要点和注意事项
3	纸筋石灰或麻刀石灰抹灰	板条、苇箔、金属网墙	(3)1:2.5石灰砂浆(略掺麻刀)找平。 (4)纸筋石灰或麻刀石灰抹面层	2~3 2或3	
4	石膏灰抹灰	高级装修的墙面	(1)1:3~1:2麻刀石灰抹底层。 (2)同上配比抹中层。 (3)13:6:4(石膏粉:水:石灰膏)罩面分两遍成活,在第一遍未收水时即进行第二遍抹灰,随即用钢抹子修补压光两遍,最后用钢抹子溜光至表面密实光滑为止	6 7 2~3	(1)底、中层灰用麻刀石灰,应在20d前消化备用,其中麻刀为白麻丝,石灰宜用2:8块灰,配合比为麻刀:石灰=7.5:1 300(质量比)。 (2)石膏一般宜用乙级建筑石膏。结硬时间为5min左右,4 900孔筛余量不大于10%。 (3)基层不宜用水泥砂浆或混合砂浆打底,亦不得掺用氯盐,以防返潮面层脱落
5	水砂面层抹灰	适用于高级建筑内墙面	(1)1:3~1:2麻刀石灰砂浆抹底层、中层(要求表面平整垂直)。 (2)水砂抹面分两遍抹成,应在第一遍砂浆略有收水时即抹第二遍。	13 2~3	(1)水砂,即沿海地区的细砂,其平均粒径0.15mm,容重为1 050kg,使用时用清水淘洗,除去污泥杂质,含泥量小于2%为宜。石灰必须是洁白块灰,不允许有灰末子、氧化钙含量不小于75%的二级石灰。

(续表)

序号	名称	适用范围	分层做法	厚度(mm)	施工要点和注意事项
5	水砂面层抹灰	适用于高级建筑内墙面	第一遍竖向抹,第二遍横向抹(抹水砂前,底子灰如有缺陷应修补完整,待墙干燥一致方能进行水砂抹面,否则将影响其表面颜色不均。墙面要均匀洒水,充分湿润,门窗玻璃必须装好,防止面层水分蒸发过快而产生龟裂)。水砂抹完后,用钢抹子压两遍,最后用钢抹子先横向后竖向溜光至表面密实光滑为止	13 2~3	(2)水砂砂浆拌制:块灰随淋随沥浆(用3mm径筛子过滤),将淘洗清洁的砂、沥浆过的热灰浆进行拌合,拌合后水砂呈淡灰色为宜,稠度为12.5cm。热灰浆:水砂=1:0.75(质量比),每立方米水砂砂浆约用水砂750kg,块灰300kg。 (3)使用热灰浆拌合目的在于使砂内盐分尽快蒸发,防止墙面产生龟裂。水砂拌合后置于池内进行消化,3~7d后方可使用

注:1. 本表所列配合比无注明者均为体积比。
  2. 水泥强度等级32.5级以上,石灰为含水率50%的石灰膏。

8.1.3 一般抹灰的允许偏差

一般抹灰允许偏差见表8.1.3。

表8.1.3 施工允许偏差

序号	项目	允许偏差(mm)		检验方法
		普通抹灰	高级抹灰	
1	立面垂直度	4	3	用2m垂直检测尺检查
2	表面平整度	4	3	用2m靠尺和塞尺检查

(续表)

序号	项目	允许偏差(mm)		检验方法
		普通抹灰	高级抹灰	
3	阴阳角方正	4	3	用90°角尺检查
4	分格条(缝)直线度	4	3	拉5m线,不足5m拉通线,用钢直尺检查
5	墙裙、勒脚上口直线度	4	3	拉5m线,不足5m拉通线,用钢直尺检查

注:1. 普通抹灰,本表序号3项阴阳角方正可不检查。
   2. 顶棚抹灰,本表序号2项表面平整度可不检查,但应平顺。

8.1.4 冬、雨期抹灰技术

冬、雨期抹灰技术要求见表8.1.4。

表8.1.4 冬、雨期抹灰技术要求

序号	技术要求
1	冬期抹灰砂浆应采取保温措施。涂抹时,砂浆的温度不宜低于5℃。 砂浆抹灰层硬化初期不得受冻。气温低于5℃时,室外抹灰所用的砂浆可掺入能降低冻结温度的外加剂,其掺量应由试验确定。 做涂料墙面的抹灰砂浆,不得掺入含氯盐的防冻剂
2	用冻结法砌筑的墙,室外抹灰应待其完全解冻后施工;室内抹灰应待抹灰的一面解冻深度不小于墙厚的一半时,方可施工,不得用热水冲刷冻结的墙面或用热水消除墙面的冰霜
3	冬期施工,抹灰层可采用热空气或带烟囱的火炉加速干燥。如采用热空气时,应设通风设备,排除湿气
4	雨期抹灰应采取防雨措施,防止终凝前的抹灰层受雨淋而损坏
5	在高温、多风、空气干燥的季节抹灰时,应对门窗进行封闭,然后进行

8.2 外墙抹灰

8.2.1 外墙抹灰工艺流程

外墙抹灰的操作流程见表8.2.1。

表8.2.1 外墙抹灰的操作流程

序号	项目	说明
1	挂线、做灰饼、冲筋	外墙面抹灰与内墙抹灰一样要挂线、做标志块、标筋。但因外墙面由檐口到地面,抹灰看面大,门窗、阳台、明柱、腰线等看面都要横平竖直,而抹灰操作则必须一步架一步架往下抹。因此,外墙抹灰找规矩要在四角先挂好自上至下垂直通线(多层及高层楼房应用钢丝线垂下),然后根据大致决定的抹灰厚度,每步架大角两侧弹上控制线,再拉水平通线,并弹水平线做标志块,然后作标筋
2	粘分格条	在室外抹灰时,为了增加墙面美观,避免罩面砂浆收缩后产生裂缝,一般均有分格条分格。具体做法:在底子灰抹完后根据尺寸用粉线包弹出分格线。分格条用前要在水中泡透,防止分格条使用时变形,并便于粘贴。分格条因本身水分蒸发而收缩容易起出,又能使分格条两侧的灰口整齐。根据分格线长度将分格条尺寸定好,然后用钢抹子将素水泥浆抹在分格条的背面,水平分格线宜粘在水平线的下口,垂直分格线粘贴在垂线的左侧,这样易于观察,操作比较方便。粘贴完一条竖线或横线分格条后,应用直尺校正是否平整,并在分格条两侧用水泥浆抹成八字形斜角(若是水平线应先抹下口)。如当天抹面层的分格条,两侧八字形斜角可抹成45°角(图8.2.1 a)。如当天不抹面的"隔夜条"两侧八字形斜角应抹得陡一些,成60°(图8.2.1 b)。罩面时须两遍成活,先薄薄刮一遍,再抹两遍,抹平分格条,然后根据分格厚度刮杠、搓平、压光。当天粘的分格条在压光后即可起出,并用水泥浆把缝子勾齐。隔夜条不能当时起条,需在水泥浆达到强度后再起出。分格线不得有错缝和掉棱掉角,其缝宽和深度应均匀一致。 外墙面采取喷涂、滚涂、喷砂等饰面面层时,由于饰面层较薄,墙面分格条可采用粘条法或划缝法。 (1)粘条法在底层,根据设计尺寸和水平线弹出分格线后,用素水泥浆粘贴胶布条(也可用绝缘塑料布条、砂布条等),然后做饰面层,饰面层初凝时,立即把胶布慢慢撕掉,即露出

(续表)

序号	项目	说　　明
2	粘分格条	分格缝。然后修理好分格缝两边的飞边。 （2）划缝法等做完饰面后，待砂浆初凝时弹出分格线。沿着分格线按贴靠尺板，用划缝工具沿靠尺板边进行划缝，深4~5mm（或露出垫层）
3	抹灰	外墙的抹灰层要求有一定的防水性能，一般采用水泥混合砂浆（水泥∶石子∶砂＝1∶1∶6）打底和罩面。其底层、中层抹灰及刮尺赶平方法与内墙基本相同。在刮尺赶平、砂浆吸水后，应用木抹子打磨。如果打磨时面层太干，应一手用扫帚洒水，一手用木抹子打磨，不得干磨，否则会造成颜色不一致

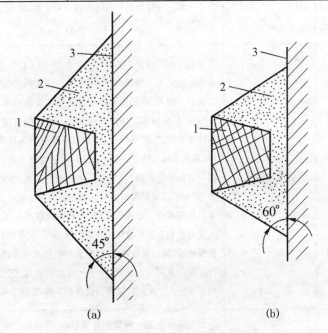

图8.2.1　分格条两侧斜节示意图
（a）当日起条者做45°角；（b）"隔夜条"做60°角
1—分格条；2—水泥浆；3—基层

8.2.2 外墙一般抹灰饰面做法

外墙一般抹灰饰面做法见表 8.2.2。

表 8.2.2 外墙一般抹灰饰面做法

序号	项目	要 求
1	抹水泥混合砂浆	外墙的抹灰层要求有一定的防水性能,一般采用水泥混合砂浆,水泥:石子:砂 = 1:1:6,打底和罩面,或打底用 1:1:6,罩面用 1:0.5:4。在基层处理四大角(即山墙角)与门窗洞口护角线、墙面的标志块、标筋等完成后即可进行。其底层、中层抹灰方法与内墙面一般抹灰方法基本相同。在刮尺赶平、砂浆收水后,应用木抹子以圆圈形打磨。如面层太干,应一手用扫帚洒水,一手用木抹子打磨,不得干磨,否则会造成颜色不一致。经打磨的饰面应做到表面平整、密实,抹纹顺直,色泽均匀
2	抹水泥砂浆	外墙抹水泥砂浆一般配合比为水泥:砂 = 1:3。抹底层时,必须把砂浆压入灰缝内,再用木抹子压实刮平,然后用笤帚在底层上扫毛,并要浇水养护。底层砂浆抹后第二天,先弹分格线,粘分格条。抹时先用 1:2.5 水泥砂浆薄薄刮一遍,再抹第二遍,先抹平分格条,然后根据分格条厚度用木杠刮平,再用木抹子搓平,用钢抹子揉实压光,最后用刷子蘸水按同一方向轻刷一遍,目的是要达到颜色一致,然后起出分格条,并用水泥浆把缝勾齐。"隔夜条"需在水泥砂浆达到强度之后再起出来。如底子灰较干,罩面灰纹不易压光,用劲过大又会造成罩面灰与底层分离空鼓,所以应洒水后再压。当底层较湿,罩面灰收水较慢,当天不能压光成活时,可撒干水泥砂粘在罩面灰上吸水,待干水泥砂吸水后,把这层水泥砂刮掉再压光。水泥砂浆罩面成活 24h 后,要浇水养护 3d
3	加气混凝土墙体的抹灰饰面	加气混凝土是一种新型建筑材料,其制品有砌块、屋面板和内外墙板,其材料性质具有容重轻、保温性能好、质轻多孔、便于加工及原材料广泛、价格低廉等特点。其墙体的内外饰面,是加气混凝土应用技术的重要内容之一,是用好、保

(续表)

序号	项目	要求
3	加气混凝土墙体的抹灰饰面	护好该制品的关键。利用加气混凝土抹灰饰面时,必须对基体表面进行处理,这是由加气混凝土的吸水性能决定的。加气混凝土在吸水性能方面有先快后慢、容量大且延续时间长的特点,对基本表面进行相应的处理可保证抹灰层有良好的凝结硬化条件,以保证抹灰层不致在水化(或气化)过程中水分被加气制品吸走而失去预期要求的强度;甚至引起空鼓、开裂;对于室内抹灰可以阻止或减少由于室内外温差所产生的压力(在北方的冬季尤为突出),使室内水蒸气向墙体内迁移的进程。基层表面处理的方法是多样的,设计和施工者可根据本地材料及施工方法的特点加以选择。如果采用浇水润湿墙面,如前所述,浇水量以渗入砌块内深度 8~10mm 为宜,每遍浇水之间的时间应有间歇,在常温下不得少于 15min。浇水面要均匀,不得漏面(做室内粉刷时应以喷水为宜)。抹灰前最后一遍浇水(或喷水),宜在抹灰前 1h 进行,浇水后立即可刷素水泥浆,刷素水泥浆后可立即抹灰,不得在素水泥浆干燥后再进行抹灰。如果在基层刷胶,应注意刷胶均匀、全面,不得漏刷。所使用的胶黏剂可根据当地情况采用价廉而对水泥砂浆不起不良反应的。如若采用将基体表面刮糙的方法,可用钢抹子在墙面刮成鱼鳞状,表面粗糙,与底面黏结良好,厚度 3~5mm

8.2.3 加气混凝土墙体抹灰操作的注意事项

加气混凝土墙体的抹灰操作的注意事项见表 8.2.3。

表 8.2.3 加气混凝土墙体的抹灰操作的注意事项

序号	注意事项
1	在基层表面处理完毕后,应立即进行抹底灰
2	底灰材料应选用与加气混凝土材性相适应的抹灰材料,如强度、弹性模量和收缩值等应与加气混凝土材性接近。一般是用 1:3:9 水泥混合砂浆薄抹一层,接着用 1:3 石灰砂浆抹第二遍。底层厚度为 3~5mm,中层厚度为 8~10mm,按照标筋,用大杠刮平,用木抹子搓平

(续表)

序号	注意事项
3	每层每次抹灰厚度应小于10mm,如找平有困难需增加厚度,则应分层、分次逐步加厚,每次间隔时间,应待第一次抹灰层终凝后进行,切忌连续流水作业
4	大面抹灰前的"冲筋"砂浆、埋设管线、暗线外的修补找平砂浆,应与大面抹灰材料一致,切忌采用高强度等级的砂浆
5	外墙抹灰应进行养护
6	外墙抹灰,在寒冷地区不宜冬期施工
7	底灰与基层表面应黏结良好,不得空鼓、开裂
8	对各种砂浆与墙面黏结力的要求是: 1:3砂子灰(石灰砂浆)≥0.8kg/cm^2。 1:1:6水泥石灰砂浆≥2.0kg/cm^2。 1:3:9水泥石灰砂浆≥1.5 kg/cm^2
9	在加气混凝土表面上抹灰,防止空鼓开裂的措施目前有三种:一是在基层上涂刷一层界面处理剂,封闭基层;二是在砂浆中掺入胶结材料,以改善砂浆的黏结性能;三是涂刷防裂剂。将基层表面清理干净,提前用水湿润,即可抹底灰,待底层灰修整、压光并收水时,在底灰表面及时刷或喷一道专用的防裂剂,接着抹中层灰,同样方法,在中层表面刷(喷)一道专用防裂剂再抹面层灰。如果在其面层上再罩一道防裂剂,见湿而不流,则效果更佳

8.2.4 外墙细部抹灰

外墙细部抹灰见表8.2.4。

表8.2.4　外部细部抹灰

序号	项目		抹灰说明
1	阳台		阳台抹灰,是室外装饰的重要部分,要求各个阳台上下成垂直线,左右成水平线,进出一致,各个细部划一,颜色一致。抹灰前要注意清理基层,把混凝土基层清扫干净并用水冲洗,用钢丝刷子将基层刷到露出混凝土新槎。阳台抹灰找规矩的方法是,由最上层阳台突出阳角及靠墙阴角往下挂垂线,找出上下各层阳台进出误差及左右垂直误差,以大多数阳台进出及左右边线为依据,误差小的,可以上下左右顺一下,误差太大的,要进行必要的结构处理。对于各相邻阳台要拉水平通线,对于进出及高低差太大的也要进行处理。根据找好的规矩,确定各部位大致抹灰厚度,再逐层逐个找好规矩,做灰饼抹灰。最上层两头最外边两个抹好后,以下都以这两个挂线为准作灰饼。抹灰还应注意排水坡度方向,要顺着阳台两侧的排水孔,不要抹成倒流水。阳台底面抹灰与顶棚抹灰相同。清理基体(层),湿润,刷素水泥浆,分层抹底层、中层水泥砂浆,面层有抹纸筋灰的,也有刷白灰水的。阳台上面用1:3水泥砂浆做面层抹灰。阳台挑梁和阳台梁,也要按规矩抹灰,高低进出要整齐一致,棱角清晰
2	窗台	外窗台	外窗台一般用1:2.5水泥砂浆打底,1:2水泥砂浆罩面。窗台的操作难度较大,一个窗台有五个面、八个角、一条凹档、一条滴水线或滴水槽,其质量要求较高,表面应平整光洁,棱角清晰,与相邻窗台的高度进出要一致,横竖都要成一条线,排水流畅,不渗水、不湿墙
			找规矩：抹灰前,要先检查窗台的平整度,以及与左右上下相邻窗台的关系,窗台与窗框下槛的距离是否满足要求。再将基体清理干净,浇水湿润,用水泥砂浆将下槛间隙填塞密实
			抹灰：应先打底,厚度为10mm。先抹立面,后抹平面再底面,最后侧面。用八字尺卡住,上灰用抹子搓平,第二天用1:2水泥砂浆罩面

(续表)

序号	项目		抹灰说明
2	窗台	外窗台 滴水槽（线）	外窗台抹灰，一般应做滴水槽（线），以阻止雨水沿窗台往墙面上流淌，做法在底面距为20mm处粘贴分格条，成活取掉即成。滴水线做法是将窗台下边口的直角改成锐角，并将角往下伸约10mm，形成滴水线
		内窗台	内窗台方法同外窗台一样。内窗台抹灰平整，窗台两端抹灰要超过窗口60mm，由窗台上皮往下抹40mm
3	压顶		压顶一般为女儿墙顶现浇的混凝土板带（也有用砖砌的）。压顶要求表面平整光洁，棱角清晰，水平成线，突出一致。因此抹灰前一定要拉水平通线，对于高低出进上不上线的要凿掉或补齐。但因其有两面檐口，在抹灰时一面要做流水坡度，两面都要设滴水线

8.3 顶棚抹灰

8.3.1 顶棚抹灰的工艺流程

顶棚抹灰的工艺流程见表8.3.1。

表8.3.1 顶棚抹灰的工艺流程

序号	项目	说　明
1	基层处理	混凝土顶棚抹灰的基层处理，除应按一般基层处理要求进行处理外，还要检查楼板有否下沉或裂缝。如为预制混凝土楼板，则应检查其板缝是否已用细石混凝土灌实，若板缝灌不实，顶棚抹灰后会顺板缝产生裂纹。近年来无论是现浇或预制混凝土，都大量采用钢模板，故表面较光滑，如直接抹灰，砂浆黏结不牢，抹灰层易出现空鼓、裂缝等现象，为此在抹灰时，应先在清理干净的混凝土表面用扫帚洒水后刮一遍水灰比为0.37~0.40的水泥浆进行处理，方可抹灰

(续表)

序号	项目	说　　明
2	找规矩	顶棚抹灰通常不做标志块和标筋,用目测的方法控制其平整度,以无明显高低不平及接槎痕迹为标准。先根据顶棚的水平线,确定抹灰的厚度,然后在墙面的四周与顶棚交接处弹出水平线,作为抹灰的水平标准
3	底、中层抹灰	一般底层砂浆采用配合比为水泥∶石灰膏∶砂 = 1∶0.5∶1的水泥混合砂浆,底层抹灰厚度为2mm。抹中层砂浆的配合比一般采用水泥∶石灰膏∶砂 = 1∶3∶9的混合砂浆,抹灰厚度为6mm左右,抹后用软刮尺刮平赶匀,随刮随用长毛刷子将抹印顺平,再用木抹子搓平,顶棚管道周围用小工具顺平。抹灰的顺序一般是由前往后退,并注意其方向必须同基体的缝隙(混凝土板缝)成垂直方向,这样容易使砂浆挤入缝隙,牢固结合。抹灰时,厚薄应掌握适度,随后用软刮尺赶平。如平整度欠佳,应再补抹和赶平,但不宜多次修补,否则容易搅动底灰而引起掉灰。如底层砂浆吸水快,应及时洒水,以保证与底层黏结牢固。在顶棚与墙面的交接处,一般是在墙面抹灰完成后再补做;也可在抹顶棚时,先将距顶棚20~30cm的墙面同时完成抹灰,方法是用钢抹子在墙面与顶棚交角处添上砂浆,然后用木阴角器抽平压直即可
4	面层抹灰	待中层抹灰到六至七成干,即用手按不软但有指印时,再开始面层抹灰。如使用纸筋石灰或麻刀石灰时,一般分两遍成活。其涂抹方法及抹灰厚度与内墙面抹灰相同,第一遍抹得越薄越好,随之第二遍。抹第二遍时,抹子要稍平,抹完后等灰浆稍干,再用塑料抹子或压子顺着抹纹压实压光

8.3.2 顶棚抹灰分层做法

顶棚抹灰一般分3~4遍(层)成活,根据抹灰等级(分普通、中级、高级抹灰三个档次)定,每遍抹灰厚度和使用灰浆材料及配合比均有所不同。抹灰层平均总厚度不得大于下列规定:当为板条抹灰及在现浇钢筋混凝土基体下直接抹灰为15mm;当在预制钢筋混凝土基体下直接抹灰时为18mm;当为钢板网抹灰时(包括板条钢板网)为20mm,

越薄越好。

8.3.3 顶棚直接抹灰施工方法

顶棚直接抹灰施工方法见表8.3.2。

表8.3.2 顶棚直接抹灰施工方法

序号	项目	施工方法
1	准备工作	顶棚直接抹灰是指在现浇钢筋混凝土或预制钢筋混凝土基体下抹灰,所以首先必须检查基体有无裂缝或其他缺陷,表面有无油污、不洁或附着杂物(塞模板缝的纸、油毡及钢丝、钉帽等),如为预制钢筋混凝土板,则检查其灌缝砂浆是否密实。其次,必须检查暗埋电线的接线盒或其他一些设施安装件是否已安装和保护完善。如均无问题,即应在基体表面满刷水灰比为0.37~0.40的纯水泥浆一道。如基体表面光滑(模板采用胶合板或钢模板并涂刷脱模剂者,混凝土表面均比较光滑),应涂刷界面处理剂,或凿毛,或刷聚合物水泥砂浆(参考质量配合比为白乳胶:水泥:水=1:5:1)形成一个一个小疙瘩等进行处理,以增加抹灰层与基体的黏结强度,防止抹灰层剥落、空鼓现象发生。需要强调的是石灰膏应提前熟化透,并经细筛网过滤,未经熟化透的石灰膏不得使用;纸筋应提前除去尘土、泡透、捣烂,按比例掺入石灰膏中使用,罩面灰浆用的纸筋宜机碾磨细后使用;麻刀(丝)要求坚韧、干燥、不含杂质,剪成20~30mm长并敲打松散,按比例掺入石灰膏中使用
2	弹线	视设计要求抹灰档次及抹灰面积大小等情况,在墙柱面顶弹出抹灰层控制线。一般小面积普通抹灰顶棚用目测控制其抹灰面平整度及阴阳角顺直即可。大面积高级抹灰顶棚则应找规矩、找水平、做灰饼及冲筋等
3	分遍成活	顶棚抹灰遍数应多越好,每遍厚度越薄越好,以能抹平整为准。抹灰前应对混凝土基体提前洒(喷)水润湿,抹时应一次用力抹灰到位,并初平,不宜翻来覆去扰动,以免引起掉灰,待稍干后再用搓板刮尺等刮平,最后一遍需压光,阴阳角应用角模拉顺直。抹面层灰时可在中层灰六七成干时进行,预制板抹灰时必须沿板缝方向垂直进行,抹水泥类灰浆后需注意洒(喷)水养护(石灰类灰浆自然养护)

8.4 机械抹灰

8.4.1 主要施工机具设备

砂浆输送泵(柱塞直给式、隔膜式、灰气联合)、组装车(UBJ0.8型、UBJ1.2型、UBJ1.8型)、管道、喷枪头(大泵喷枪头、小泵喷枪头)。

8.4.2 机械抹灰工艺流程

机械抹灰的工艺流程如图 8.4.1 所示。

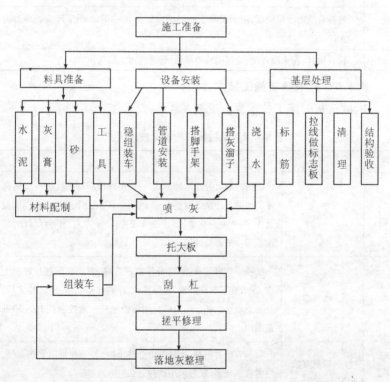

图 8.4.1 机械喷灰工艺流程

8.4.3 机械抹灰施工准备

机械抹灰的施工准备见表8.4.1。

表8.4.1 机械抹灰的施工准备

序号	施工准备
1	组装车安装就位:按施工平面布置图就位,合理布置,缩短管路,力争管径一致
2	安装好室内外管线,临时固定,防止施工时移动
3	检查主体结构是否符合设计要求,不合格者,应返工修补
4	选择合适的砂浆稠度,用于混凝土基层表面时为9~10cm,用于砖墙表面时为10~12cm
5	检查机具:在未喷灰前,应提前检查机械、管道能否正常运转

8.4.4 机械抹灰施工技术要点

机械抹灰的施工技术要点见表8.4.2。

表8.4.2 机械抹灰的施工技术要点

序号	项目		技术要点
1	冲筋		内墙冲筋可分为两种形式:一种是冲横筋,在屋内3m以内高度的墙面上冲两道横筋,上下间距2m左右,下道筋可在踢脚板上皮;另一种为立筋,间距是1.2~1.5m左右,作为刮杠的标准。每步架都要冲筋
2	喷灰	喷灰姿势	喷枪操作者侧身而立,身体右侧近墙,右手在前握住喷枪上方,左手在后握住胶管,两脚叉开,左右往复喷灰,前档喷完后,往后退喷第二档。喷枪口与墙面的距离一般控制在10~30cm范围内
		喷灰方法	喷灰方法有两种,一种是由上往下喷,另一种是由下往上喷。后者优点较多,最好采用这种方法
		喷枪嘴与墙面距离和角度	对于吸水性较强或干燥的墙面,在灰层厚的墙面喷灰时,喷嘴和墙面保持在10~25cm并成90°角。对于比较潮湿、吸水性弱的墙面或者是灰层较薄的墙面,喷枪嘴距墙面远一些,一般在15~30cm,并与墙面成65°角。持枪角度与喷枪口的距离见表8.4.3

第8章 装饰装修工程施工技术

(续表)

序号	项目	技术要点
2	喷灰 喷灰路线	内墙面喷灰线路可按由下往上和由上往下的S形巡回进行。由上往下喷时，灰层表面平整，灰层均匀，容易掌握厚度，无鱼鳞状，但操作时如果不熟练容易掉灰。由下往上喷射时，在喷涂过程中，由于已喷在墙上的灰浆对喷在上部的灰浆能起截挡作用，因而减少了掉灰现象，在施工中应尽量选用这种方法
3	托大板	托大板的主要任务是将喷涂于墙面的砂浆取高补低，初步找平，给刮杠工序创造条件。托大板的方法是：在喷完一长块后，先把下部横筋清理出来，把大板沿上部横筋斜向往上托一板，再把上部横筋清理出来，沿上部横筋斜向托一板，最后在中部往上平托板，使喷灰层的砂浆基本平整
4	刮杠	刮杠是根据冲筋厚度把多余的砂浆刮掉，并稍加搓揉压实，确保墙面的平直，为下一道抹灰工序创造条件。刮杠的方法是当砂浆喷涂于墙上后，刮杠人员紧随在托大板的后边，随喷、随托、随刮。第一次喷涂后用大杠略刮一下，主要是把喷溅到筋上的砂浆刮掉，待砂浆稍干后再刮第二遍，进行第二次刮杠，找平揉实。刮杠时，长杠紧贴上下两筋，前棱稍张开，上下刮动，并向前移动。刮杠人员要随时告诉喷枪手哪里要补喷，以保持工程质量
5	搓抹子	搓抹子的主要作用是把喷涂于墙面的砂浆，通过基本找平后，由它最后搓平以及补抹，为罩面工作创造工作面。它的操作方法与手工抹灰操作方法基本相同
6	清理	清理落地灰是一项重要工序，否则会给下一道工序造成困难，同时也是节约材料的一项措施，清理工必须及时清理、回收，以便再加稍加石灰膏通过组装车重新使用

8.4.5 持枪角度与喷枪口的距离

持枪角度与碰枪口的距离见表8.4.3。

表8.4.3 持枪角度与碰枪口的距离

序号	喷灰部位	持枪角度	喷枪口与墙面距离(cm)
1	喷上部墙面	35°~45°	30~45
2	喷下部墙面	70°~80°	25~30
3	喷门窗角(离开门窗框2cm)	10°~30°	6~10
4	喷窗下墙面	45°	5~7
5	喷吸水性强或较干燥的墙面,或灰厚的墙面	96°	10~15
6	喷吸水性较弱或比较潮湿的墙面,或灰层比较薄的墙面	65°	15~30

8.5 钢门窗安装

8.5.1 钢门窗的基本构造

钢门窗的基本构造见表8.5.1。

表8.5.1 钢门窗的基本构造

序号	项目	基本构造
1	钢窗	钢窗从构造类型上有"一玻"及"一玻一纱"之分。实腹钢窗料的选择一般与窗扇面积、玻璃大小有关,通常25mm钢料用于550mm宽度以内的窗扇;32mm钢料用于700mm宽的窗扇;38mm钢料用于700mm宽的窗扇。钢窗一般不做窗头线(即贴脸板),如做窗头线则须先做筒子板,均用木材制作,也可加装木纱窗。钢窗如加装铁纱窗时,窗扇外开,而铁纱窗固定于内侧。大面积钢窗,可用各式标准窗拼组装而成。其拼条连接方式有扁钢、型钢、钢管及空腹薄壁钢等形式。钢窗五金以钢质居多,也有表面镀铬或上烘漆的。撑头用于开窗时固定窗扇,有单杆式撑头、双根滑动牵筋、套栓撑档或螺钉匣式牵筋等,均可调整窗扇开启大小与通风量。执手在钢窗关闭时兼作固定之用,有钩式与旋转式两种,钩式可装纱窗,旋转式不可装纱窗

（续表）

序号	项目	基本构造
2	钢门	钢门的形式有半玻璃钢板门（也可为全部玻璃，仅留下部少许钢板，常称为落地长窗）、满镶钢板的门（为安全和防火之用）。实腹钢门框一般用32mm或38mm钢料，门扇大的可采用后者。门芯板用2~3mm厚的钢板，门芯板与门梃、冒头的连接，可于四周镶扁钢或钢皮线脚焊牢或做双面钢板与门的钢料相平。钢门须设下槛，不设中框，两扇门关闭时，合缝应严密，插销应装在门梃外侧合缝内。钢门安装及钢窗构造分别如图8.5.1和图8.5.2所示

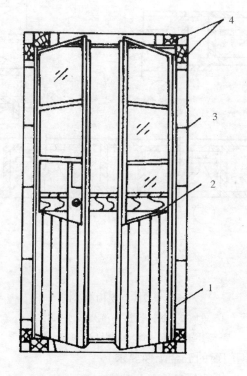

图8.5.1　钢门安装基本形式
1—门洞口；2—临时木撑；3—铁脚；4—木楔

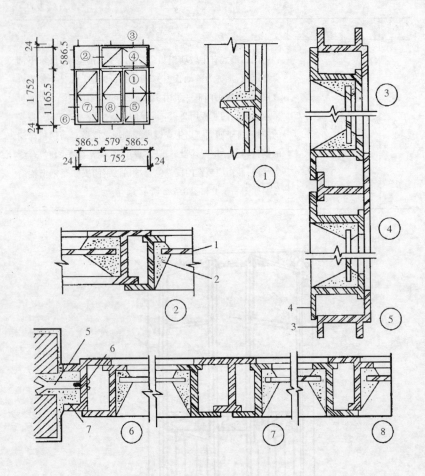

图 8.5.2 钢窗构造示例

1—玻璃;2—油灰坐缝;3—钢扇框;4—钢窗扇;

5—燕尾铁脚;6—M5×12 螺钉;7—1:2水泥砂浆

8.5.2 钢门窗的五金配件要求

1. 实腹钢门的五金配件要求

实腹钢门的五金配件要求见表 8.5.2。

第8章 装饰装修工程施工技术

表 8.5.2 实腹钢门的五金配件要求

类别	序号	代号	名称	规格（mm）	适用窗料	应用范围	备注
铁质零件	1	221	纱门拉手	100	32	用于内开纱门	（1）铁质零件表面电镀锌后钝化处理。（2）409插销拉手仅用于一般民用宿舍阳台门，不配门锁的钢门
	2	347	门风钩	184	32、40	用于外开阳台门	
	3	407	暗插销	375	32、40	用于双开扇的门	
	4	409	插销拉手	120	32、40	用于单户阳台或不配门锁的钢门	
钢质零件	5	116	平页合页	90	40	用于特殊要求的钢门	钢门弹子锁32料钢门配9471或9472,40料钢门配9477或9478
	6	118	长页合页	90	40	钢门	
	7	222	纱门拉手	100	32	用于内开纱门	
	8	408	暗插销	375	32、40	用于双开扇的门	
	9	420A~423B	弹子门锁		32、40		

2. 实腹钢窗的五金配件要求

实腹钢窗的五金配件要求见表 8.5.3。

表 8.5.3 实腹钢窗的五金配件要求

类别	序号	代号	名称	规格（mm）	适用窗料	应用范围	备注
铁质零件	1	201A 202B	左执手 右执手		25、32	外开启平开窗	（1）铁质零件表面电镀锌后钝化处理。（2）330、332 双臂
	2	201B 202B	左执手 右执手		25、32	内开启的双扇或单扇平开窗	

(续表)

类别	序号	代号	名称	规格（mm）	适用窗料	应用范围	备注
铁质零件	3	201C 202C	左执手 右执手		25、32	内开启的带固定的平开窗	外撑和336双臂内撑用的5×16撑杆和滑动杆，采用冷拉扁钢加工。 (3)330、332双臂外撑仅用于双层窗的外层开启的平开窗。 (4)201—02斜形轧头由制造厂铆在窗上出厂
	4	301	上套眼撑	255	25、32	上悬窗	
	5	302	下套眼撑	235～255	25、32	用平页合页或角型合页的外开启平开窗	
	6	330	双臂外撑	240	25、32	用平页合页的外开启平开窗	
	7	332	双臂外撑	280	25、32	用角型合页的外开启平开窗	
	8	336	双臂内撑	240	25、32	用平页合页的内开启平开窗	
铜质零件	9	205A 206A	左执手 右执手		32、40	外开启平开窗	(1)铜质零件表面需打砂抛光，装配后涂特种淡金水一层以免变色；铁质
	10	205B 206B	左执手 右执手		32、40	内开启的双扇或单扇平开窗	
	11	205C 206C	左执手 右执手		32、40	内开启的带固定平开窗	

第8章　装饰装修工程施工技术

（续表）

类别	序号	代号	名称	规格（mm）	适用窗料	应用范围	备注
铜质零件	12	209A 210A	联动左执手 联动右执手		32、40	窗扇高度在1 500mm以上的外开启平开窗	附件表面电镀锌钝化处理。 （2）330、331、332、333双臂外撑，适用双层窗的外层向外开启的平开窗。 （3）铜质零件亦可用925锌合金代用，表面镀铜、镍抛光或做墨色
	13	209B 210B	联动左执手 联动右执手		32、40	窗扇高度在1 500mm以上的双扇或单扇内开启平开窗	
	14	209C 210C	联动左执手 联动右执手		32、40	窗扇高度在1 500mm以上的带固定的内开启平开窗	
	15	306	上套眼撑	255	32、40	上悬窗	
	16	307	下套眼撑	235~255	32、40	用平页合页或角型合页的外开启平开窗	
	17	330	双臂外撑	240	32	用平页合页的外开启平开窗	
	18	331	双臂外撑	260	40	用平页合页的外开启平开窗	
	19	332	双臂外撑	280	32	用角型合页的外开启平开窗	
	20	333	双臂外撑	310	40	用角型合页的外开启平开窗	
	21	336	双臂外撑	240	32、40	用平页合页的内开启平开窗	

3. 空腹钢门的五金配件要求

部分空腹钢门的五金配件要求见表8.5.4。

表 8.5.4 空腹钢门的五金配件选用表

类别	序号	代号	名称	规格（mm）	应用范围
铁质零件	1	M30—01	平页合页	80	单开,双开,无亮子,带亮子门
	2	ML01—01	上套眼撑	255	单开,双开,带亮子上悬窗门
	3	ML30—02	下悬窗左合页	42	单开,双开,带亮子下悬窗门
	4	M130—02 右	下悬窗右合页	42	单开,双开,带亮子下悬窗门
	5	ML32—01 左	下悬窗左连杆	240	单开,双开,带亮子下悬窗门
	6	ML33—01 右	下悬窗右连杆	240	单开,双开,带亮子下悬窗门
	7	ML33—01	蝴蝶插销		单开,双开,带亮子下悬窗门
	8	ML36—02	暗插销	500	双开,无亮子门
	9	ML36—01	暗插销	300	双开,无亮子,带亮子上、下悬固定窗门
	10	9441	单头插芯门锁		单开,双开钢门
	11	ML34—01	纱门拉手		单开,双开钢纱门
	12	ML30—03	纱门弹簧合页	46~52	单开,双开钢门纱门

4. 空腹钢窗的五金配件要求

部分空腹钢窗的五金配件要求见表 8.5.5。

表 8.5.5 空腹钢窗部分五金零件选用表

类别	序号	名称	规格（mm）	应用范围
铁质零件	1	圆心合页	57	用于中悬扇、中悬平开扇
	2	平页合页	57	用于中悬平开扇、平开扇、平开扇带腰窗扇
	3	角型(或长页)合页	44	用于中悬平开扇、平开扇带腰窗扇
	4	套栓上撑档	260	用于平开扇带腰窗扇
	5	套栓下撑档	235~260	用于中悬平开扇、平开带腰窗扇
	6	外开执手		用于中悬扇、平开扇、平开带腰窗扇
	7	内开执手		用于平开扇、平开带腰窗扇
	8	蝴蝶插销	50~60	用于中悬扇、中悬平开扇
	9	扣窗合页	52	用于平开扇
	10	扣窗扣钩	100~125	用于平开扇

(续表)

类别	序号	名称	规格(mm)	应用范围
铁质零件	11	扣窗上撑档	260	用于平开扇
	12	扣窗下撑档(左)	240	用于平开扇
	13	扣窗下撑档(右)	240	用于平开扇

8.5.3 钢门窗的安装方法

钢门窗的安装方法见表8.5.6。

表8.5.6 钢门窗的安装方法

序号	项目	说明
1	划线定位	按照设计图纸要求,在门窗洞口上弹出水平和垂直控制线,以确定钢门窗的安装位置、尺寸、标高。水平线应从+50cm水平线上量出门窗框下皮标高拉通线;垂直线应从顶层楼门窗边线向下垂吊至底层,以控制每层边线,并做好标志,确保各楼层的门窗上下、左右整齐划一
2	钢门窗就位	(1)钢门窗安装前,应按设计图纸要求核对钢门窗的型号、规格、数量是否符合要求;拼樘构件、五金零件、安装铁脚和紧固零件的品种、规格、数量是否正确和齐全。 (2)钢门窗安装前,应逐樘进行检查,如发现钢门窗框变形或窗角、窗梃、窗心有脱焊、松动等现象,应校正修复后方可进行安装。 (3)检查门窗洞口内的预留孔洞和预埋铁件的位置、尺寸、数量是否符合钢门窗安装的要求,如发现问题应进行修整或补凿洞口。 (4)安装钢门窗时必须按建筑平面图分清门窗的开启方向是内开还是外开,单扇门是左手开启还是右手开启。然后按图纸的规格、型号将钢门窗樘运到安装洞口处,并要靠放稳当。 (5)在搬运钢门窗时,不可将棍棒等工具穿入窗心或窗梃起吊或杠抬,严禁抛、摔,起吊时要选择平稳牢固的着力点。 (6)将钢门窗立于图纸要求的安装位置,用木楔临时固定,

(续表)

序号	项目	说 明
2	钢门窗就位	将其铁脚插入预留孔中,然后根据门窗边线、水平线及距外墙皮的尺寸进行支垫,并用托线板靠吊垂直。 (7)钢门窗就位时,应保证钢门窗上框距过梁要有20mm缝隙,框左右缝宽一致,距外墙皮尺寸符合图纸要求
3	钢门窗固定	(1)钢门窗就位后,校正其水平和正、侧面垂直,然后将上框铁脚与过梁预埋件焊牢,将框两侧铁脚插入预留孔内,用水把预留孔内湿润,用1:2较硬的水泥砂浆或C20细石混凝土将其填实后抹平。终凝前不得碰动框扇。 (2)3d后取出四周木楔,用1:2水泥砂浆把框与墙之间的缝隙填实,与框同平面抹平。 (3)若为钢大门时,应将合页焊到墙中的预埋件上。要求每侧预埋件必须在同一垂直线上

8.5.4 钢门窗安装的允许偏差

钢门窗安装的留缝限值和允许偏差见表8.5.7。

表8.5.7 钢门窗安装的留缝限值和允许偏差

序号	项目		留缝限值(mm)	允许偏差(mm)	检验方法
1	门窗槽口宽度、高度	≤1 500mm		2.5	用钢直尺检查
		>1 500mm		3.5	
2	门窗槽口对角线长度差	≤2 000mm		5	用钢直尺检查
		>2 000mm		6	
3	门窗框的正、侧面垂直度			3	用1m垂直检测尺检查
4	门窗横框的水平度			3	用1m水平尺和塞尺检查
5	门窗横框标高			5	用钢直尺检查
6	门窗竖向偏离中心			4	用钢直尺检查
7	双层门窗内外框间距			5	用钢直尺检查
8	门窗框、扇配合间隙		≤2		用塞尺检查
9	无下框时门扇与地面间留缝		4~8		用塞尺检查

8.6 铝合金门窗安装

8.6.1 铝合金门窗的基本构造

铝合金门窗的基本构造见表 8.6.1。

表 8.6.1 铝合金门窗的基本构造

序号	项目	说 明
1	铝合金门窗的特点	(1)轻。铝合金门窗用材省、重量轻,平均耗用铝型材重量只有 $8\sim12kg/m^2$(钢门窗耗钢材重量平均为 $17\sim20kg/m^2$),较钢木门窗轻 50% 左右。 (2)性能好。铝合金门窗较木门窗、钢门窗突出的优点是密封性能好,气密性、水密性、音性好。 (3)色调美观。铝合金门窗框料型材表面经过氧化着色处理,可着银白色、古铜色、暗色、黑色等柔和的颜色或带色的花纹。制成的铝合金门窗表面光洁、外观美丽、色泽牢固,增加了建筑物立面和内部的美观。 (4)耐腐蚀,使用维修方便。铝合金门窗不需要涂漆,不褪色、不脱落,表面不需要维护;铝合金门窗强度高,刚性好,坚固耐用,开闭轻便灵活,无噪声,现场安装工作量较小,施工速度快。 (5)便于进行工业化生产。铝合金门窗从框料型材加工、配套零件及密封件的制作,到门窗装配试验都可以在工厂内进行大批量工业化生产,有利于实现门窗产品设计标准化、产品系列化、零配件通用化,有利于实现门窗产品商品化
2	铝合金门窗的类型	铝合金门窗按其结构与开闭方式可分为推拉窗(门)、平开窗(门)、固定窗、悬挂窗、回转窗(门)、百叶窗、纱窗等。所谓推拉窗,是窗扇可沿左右方向推拉启闭的窗;平开窗是窗扇绕合叶旋转启闭的窗;固定窗是固定不开启的窗

8.6.2 铝合金门窗的制作材料选购

铝合金门窗的制作材料选购见表 8.6.2。

表 8.6.2　铝合金门窗制作材料的选购

序号	项目	说　明
1	施工前的材料准备	施工前材料的准备主要有各种规格铝合金型材、门锁、滑轮、螺钉、拉铆钉、地弹簧、橡胶条、玻璃胶等，机具主要有切割机、手电锯、射钉枪，以及所需量具和其他一些常用的手工工具
2	门窗料的选择	门窗料的选择应当考虑材料的性能及其他各项技术指标。一般情况下，门窗料的表面色彩常用古铜色氧化膜（深古铜色、浅古铜色、银白色氧化膜、金色氧化膜等）。氧化膜的厚度应根据设计上的要求去选购，并根据使用的部位应有所区别。 　　如室内与室外相比，室外对氧化膜的要求应厚一些。根据所在的地区，对氧化膜的要求也应有所区别，如沿海地区和较干燥的内陆城市相比，沿海由于受海风侵蚀较内陆严重，那么沿海地区对氧化膜的要求应比内陆厚一些，建筑的等级不同，对氧化膜的厚度往往也不一样。所以，氧化膜厚度的确定，应根据气候条件、使用部位、建筑物的等级等诸因素综合考虑。既要考虑耐久性，同时也要注意经济因素。因为氧化膜厚度增加，型材的造价也相应提高。 　　门、窗料的断面几何尺寸目前已经系列化，但对断面的板壁厚度往往没有硬性规定。虽然断面是空腹薄壁组合断面，但板壁的宽度对耐久性及工程造价影响较大。如果板壁太薄，尽管是组合断面，但也因太薄而易使表面受损或变形，相应的也影响了门、窗抗风压能力。相反，如果板壁较厚，对耐久性有利，可是每吨型材所加工的铝合金门、窗面积就会减少，投资效益受到一定的影响。所以，门、窗料的板壁厚度应合理，过厚、过薄都是不妥的。一般建筑所用的窗料板壁厚度不宜小于 1.6mm，门的断面板壁厚度不宜小于 2mm
3	门的地弹簧	门的地弹簧应为不锈钢面或铜面，使用前进行前后左右、开闭速度的调整。液压部分不漏油，暗插为锌合金压铸件，表面镀铬或覆膜。门锁应为双面可开启的锁，门的推手可因

(续表)

序号	项目	说　　明
3	门的地弹簧	设计要求不同而有所差异。除了满足推、拉使用要求外,其装饰效果占有较大比重。所以,弹簧门的推手常用铝合金、不锈钢等材料制成。造型差异较大,有方的,有圆的
4	推拉窗	推拉窗的拉锁色彩可按设计要求选定,其规格应与窗的规格配套使用,常用锌合金压铸制品,表面镀铬或覆膜。也可用铝合金拉锁,表面氧化,滑轮常用尼龙轮,滑轮是通过滑轮架固定在窗上,滑轮架为镀锌钢制品
5	平开窗	平开窗的窗铰应为不锈钢制品,钢片厚度不宜小于1.5mm,并且有松、紧调节装置。滑块一般为铜制品,执手为锌合金压铸制品,表面镀铬或覆膜。也可用铝合金制品,表面氧化。 　　除了开启扇以外,固定扇使用也不少。因为在大面积的铝合金带形窗中,使用的角度,有时并不需要全部开启,往往安装一部分固定窗。这样做,不仅可以降低工程造价(因为配件减少,安装简单),同时也为门、窗的维修带来方便
6	固定扇	固定扇可以用推拉窗扇料,用螺钉固定在窗框上即可。也可以用铝通做框,然后将小方通或槽形压条用螺钉固定在玻璃两侧,起到镶嵌玻璃凹槽的作用。玻璃与小方通之间留有封缝密封的间隙。在大面积固定扇中,此种办法用得较多,不仅可以降低工程造价,也可因铝通规格较多,刚度好,将窗扇做得较大。如门厅、会议室等面积较大的带形窗,采用这种办法较多

8.6.3　铝合金门窗的制作与安装

铝合金门窗的制作与安装见表8.6.3。

表8.6.3 铝合金门窗制作与安装

类别	序号	项目	说 明
门窗制作	1	选料与下料	门扇制作时要求慎重选料与下料。选料时要充分考虑材料表面的色彩、料型、壁厚等因素,以保证足够的刚度、强度与装饰性。在确认材料的特点及适用部位之后,要按照设计尺寸进行下料;在一般的家庭住宅装修中,如果没有详细的设计图样,仅有门窗洞口尺寸和门扇划分尺寸,下料时要在门窗洞口尺寸中减去安装缝、门窗框尺寸,其余按照门窗扇数均分调整大小。要先计算,画简图,再按图下料。下料原则是竖向框架要满足门窗扇通长高度需要,横档则是总宽度减去竖向框架的宽度
	2	切割	切割时要用切割锯严格按照下料的尺寸准确切割
	3	门扇组装	门扇组装时应先在竖梃上拟安装部位用手电钻钻孔,用钢筋螺栓连接。钻孔孔径应大于钢筋直径。角铝连接部位靠上或靠下,视角铝规格而定,角铝规格一般选用22mm×22mm,钻孔可在上下10mm处,钻孔直径小于自攻螺栓。两边梃的钻孔部位应一致,否则会使横档不平
	4	门扇固定	门扇各节点的固定,上下横档(也有的地区称之为冒头)多数用套螺纹的钢筋固定,中横档用角铝(亦称为角马子)以自攻螺栓固定。先将角铝用自攻螺栓连接在两个边梃上,上下冒头中穿入套螺纹钢筋,套螺纹钢筋再从钻孔中深入边梃,中横档套在角铝上。接着用扳手将上、下冒头用螺母拧紧,中横档再用手电钻上、下钻孔,用自攻螺栓拧紧即可
	5	安装锁具和拉手	安装锁具与拉手时,应先在拟安装的部位用手电钻钻孔,再用曲线锯切割锁孔洞,随后将锁具安装上去。在门梃边上,门锁两边要对正,为保证安装精度,一般在门扇安装后再安装门锁

(续表)

类别	序号	项目	说　　明
门窗制作	6	制作门框	制作门框时要根据门的大小，按照设计尺寸下料。一般都是选择 50mm×70mm、50mm×100mm、100mm×25mm 型材做门框梁，具体做法与门扇制作相同
	7	门框组装	门框组装时，应先在门的上框和中框部位的边框上钻孔安装角铝，然后将中、上框套在角铝上，用自攻螺栓固定。最后在门框左右设扁铁连接件，并用自攻螺栓紧固
	8	铝合金门窗的制作与安装方法	铝合金窗的制作与安装方法同样包括材料与机具的准备、窗扇制作、窗框制作、窗扇的安装等工序，其中材料与机具的准备、窗扇的安装等工序与铝合金门的准备与安装方法相同
	9	窗扇制作	窗扇制作包括选料、下料和组装。窗扇制作的选料要求基本与门扇制作相同，选好竖向边梃和上、下冒头的窗料以后，将两侧竖向边梃上、下端铣出榫槽，槽的长度分别等于上、下内框的高度，然后在边梃壁上适当的高度钻孔，用不锈钢螺钉固定角铝
	10	窗扇组装	窗扇组装时将上、下冒头深入边的上、下端榫槽之中（铝合金型材断面在设计时已考虑到使上、下冒头的宽度等于边梃内壁的宽度），在上、下冒头与角铝的搭接处钻孔，用不锈钢螺钉拧入，组装窗扇的四个脚都要垂直，随时调整，经检查无扭曲变形后固定，以防窗扇变形影响安装

(续表)

类别	序号	项目	说明
铝合金门窗安装方法	1	划线定位	划线定位根据设计图纸和土建施工所提供的洞口中心线及水平标高,在门窗洞口墙体上弹出门窗框位置线。放线时应注意:在同一立面的门窗在水平与垂直方向应做到整齐一致,对于预留洞口尺寸偏差较大的部位,应采取妥善措施进行处理。根据设计,门窗可以立于墙的中心线部位,也可将门窗立于内侧,使门窗框表面与内饰面齐平,但在实际工程中将门窗立于洞口中心线的做法较为普遍,因为这样做便于室内装饰的收口处理(特别是在有内窗台板时)。门的安装须注意室内地面的标高,地弹簧的表面应与地面饰面的标高相一致
	2	防腐处理	(1)门窗框四周外表面的防腐处理设计有要求时,按设计要求处理。如果设计没有要求时,可涂刷防腐涂料或粘贴塑料薄膜进行保护,以免水泥砂浆直接与铝合金门窗表面接触,产生电化学反应,腐蚀铝合金门窗。 (2)安装铝合金门窗时,如果采用连接铁件固定,则连接铁件、固定件等安装用金属零件最好用不锈钢件。否则必须进行防腐处理,以免产生电化学反应,腐蚀铝合金门窗
	3	铝合金门窗框定位	铝合金门窗框就位按照弹线位置将门窗框立于洞内,调整正、侧面垂直度、水平度和对角线合格后,用对拔木楔作临时固定。木楔应垫在边、横框能够受力部位,以防止铝合金框料由于被挤压而变形
	4	铝合金门窗固定	(1)当墙体上预埋有铁件时,可直接把铝合金门窗的铁脚直接与墙体上的预埋铁件焊牢,焊接处需作防锈处理。 (2)当墙体上没有预埋铁件时,可用金属膨胀螺栓或塑料膨胀螺栓将铝合金门窗的铁脚固定到墙上。 (3)当墙体上没有预埋铁件时,也可用电钻在墙上打80mm深、直径6mm的孔,用L形80mm×50mm的6mm

(续表)

类别	序号	项目	说　　明
铝合金门窗安装方法	4	铝合金门窗固定	钢筋。在长的一端粘涂108胶水泥浆，然后打入孔中。待108胶水泥浆终凝后，再将铝合金门窗的铁脚与埋置的6mm钢筋焊牢。 （4）如果属于自由门的弹簧安装，应在地面预留洞口，在门扇与地弹簧安装尺寸调整准确后，要浇筑C25级细石混凝土固定。 （5）铝合金门边框和中竖框，应埋入地面以下20～50mm；组合窗框间立柱上、下端，应各嵌入框顶和框底墙体（或梁）内25mm以上；转角处的主要立柱嵌固长度应在35mm以上
	5	填缝	铝合金门窗的周边填缝，应该作为一道工序完成。例如推拉窗的框较宽，如果像钢窗框那样，仅靠内外抹灰时挤进一部分灰是不够的，难以塞得饱满。所以，对于较宽的窗框，应专门进行填缝。填缝所用的材料，原则上按设计要求选用。但不论使用何种填缝材料，其目的均是为了密闭和防水。以往用得最多的是1∶2水泥砂浆。由于水泥砂浆在塑性状态时呈强碱性，pH值可达11～13。所以在这种时候，会对铝合金型材的氧化膜有一定影响，特别是当氧化膜被划破时，碱性材料对铝有腐蚀作用。因此，当使用水泥砂浆作填缝材料时，门窗框的外侧应刷涂防腐剂。根据现行规范要求，铝合金门窗框与洞口墙体应采用弹性连接，框周缝隙宽度宜在20mm以上，缝隙内分层填入矿棉或玻璃棉毡条等软质材料。框边须留5～8mm深的槽口，待洞口饰面完成并干燥后，清除槽口内的浮灰渣土，嵌填防水密封胶
	6	门窗扇安装	（1）门窗扇和门窗玻璃应在洞口墙体表面装饰完工验收后安装。 （2）推拉门窗在门窗框安装固定后，将配好玻璃的门窗扇整体安入框内滑槽，调整好与扇的缝隙即可

(续表)

类别	序号	项目	说明
铝合金门窗安装方法	6	门窗扇安装	（3）平开门窗在框与扇格架组装上墙,安装固定好后再安玻璃,即先调整好框与扇的缝隙,再将玻璃安入扇并调整好位置,最后镶嵌密封条及密封胶。 （4）玻璃密封和固定。玻璃就位后,应及时用胶条固定。型材镶嵌玻璃的凹槽内,一般有以下三种做法: ①用橡胶条挤紧,然后在胶条上面注入硅酮系列密封胶。 ②用1cm左右长的橡胶块,将玻璃挤住,然后再注入硅酮系列密封胶。注胶使用胶枪,要注得均匀、光滑,注入深度不宜小于5mm。 ③用橡胶压条封缝、挤紧,表面不再注胶。 （5）地弹簧门应在门框及地弹簧主机入地安装固定后再安门扇。先将玻璃嵌入门扇格架并一起入框就位,调整好框扇缝隙,最后填嵌门扇玻璃的密封条及密封胶
	7	清理	清理:铝合金门、窗完工前,应将型材表面的塑料胶纸撕掉。如果发现塑料胶纸在型材表面留有胶痕和其他污物,可用单面刀片刮除擦拭干净,也可用香蕉水清洗干净

8.6.4 铝合金门窗安装的允许偏差

铝合金门窗安装的允许偏差见表8.6.4。

表8.6.4 铝合金门窗安装的允许偏差

序号	项目		允许偏差（mm）	检验方法
1	门窗槽口宽度、高度	≤1 500mm	1.5	用钢直尺检查
		>1 500mm	2	
2	门窗槽口对角线长度差	≤2 000mm	3	用钢直尺检查
		>2 000mm	4	
3	门窗框的正、侧面垂直度		2.5	用垂直检测尺检查
4	门窗横框的水平度		2	用1m水平尺和塞尺检查

(续表)

序号	项目	允许偏差（mm）	检验方法
5	门窗横框标高	5	用钢直尺检查
6	门窗竖向偏离中心	5	用钢直尺检查
7	双层门窗内外框间距	4	用钢直尺检查
8	推拉门窗扇与框搭接量	1.5	用钢直尺检查

8.7 塑料门窗安装

8.7.1 塑料门窗制作的工艺流程

1. 工艺流程

塑料门窗的制作包含两个主要方面，即塑料门的制作和塑料窗的制作。但实际上，两者在制作工艺上基本相同。所以这里只介绍塑料窗的制作，塑料门的制作可以以此作为参考。

塑料窗组装生产线常用的工艺流程如图 8.7.1 所示。

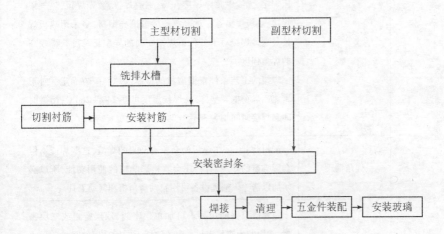

图 8.7.1　塑料窗组装流程示意图

2. 塑料窗的制作工艺

塑料窗的制作工艺见表 8.7.1。

表8.7.1 塑料窗的制作工艺

序号	项目	制作工艺说明
1	型材的定长切割	组成窗框的每段型材都是按预先计算好的下料尺寸,用切割锯截成带有角度的料段。用一台双角切割锯,将型材加工成双45°角、双尖角或双直角的料段
2	型材的V口切割	V口加工要注意两点:一是V口深度;二是V口的定位尺寸。这两点往往是影响窗型尺寸的主要因素
3	安装增强型材	安装增强型材是为了增加塑料型材的刚度。众所周知,由于塑料的刚性较钢、木要差一些,因此,对于大面积的窗或当PVC窗被用于风压较大的地区(或部位)时,均需设法增加窗的刚度。但一般不采用增大截面的办法,而是采用在异型材内衬加增强型材的方法解决。一般认为,当窗框异型材的长度>1.6m、窗扇异型材的长度>1m时,就必须衬用增强型材
4	焊接	用于塑料焊接的方法很多,如超声波焊接、线振动焊接、旋压焊接、无线电频率焊接、电磁感应焊接、激光焊接、热气体焊接、热板焊接等。对聚氯乙烯窗框异型材,多采用热板焊接。这种焊接对于各种不规则断面的异型材均可获得较高的焊角强度。 焊接的工艺条件根据型材的壁厚及原料配方而定。对于聚氯乙烯窗框异型材,其焊接温度可在240~260℃,熔融时间和焊接时间均为30s
5	焊角清理	型材焊接后,在焊接处会留有凸起的焊渣,这些焊渣不但会影响窗的外观,有些还会直接影响窗的使用功能,所以必须加以清除。清理设备可用自动清角机和气动工具
6	密封	塑料窗根据使用要求可加单层密封、双层密封或三层密封,常用的为双层密封。窗的位置不同所采用的密封条形式也不相同。密封条的材料一般有橡胶、塑料和橡塑混合体3种。密封条的装配很容易,可用一小压轮便可直接将其嵌入槽中

序号	项目	制作工艺说明
7	排水槽及五金装配	窗框的排水槽是 $\phi 5 \times 20mm$ 的槽孔。在多腔室的型材中，排水槽不应开在加筋的空腔内，以免腐蚀衬筋。单腔型材不宜开排水孔。进水口和出水口的位置应错开，间距一般为 120mm 左右。排水孔的加工可用气动工具或和五金孔加工一样，在专用设备上进行。 五金装配需要很高的加工精度，是在带有定位、夹紧、铣孔和自动供钉、上钉装置等的设备上进行的
8	玻璃的安装	在制作塑料窗时，玻璃的安装通常采用干法安装，即先在窗扇异型材一侧中空肋的凹槽内嵌入密封条，并在窗玻璃位置先放好底座和玻璃垫块，然后将玻璃安装到位，最后将已镶好密封条的玻璃压条在中空肋对侧的预留位置上嵌固固定

8.7.2 塑料门窗的安装方法

塑料门窗的安装方法见表 8.7.2。

表 8.7.2 塑料门窗的安装方法

序号	项目	安装方法
1	门窗洞口质量检查	门窗洞口质量检查，即按设计要求检查门窗洞口的尺寸。若无设计要求，一般应满足下列规定：门洞口宽度加 50mm；门洞口高度为门框高加 20mm；窗洞口宽度为窗框宽加 40mm；窗洞口高度为窗框高加 40mm。门窗洞口尺寸的允许偏差值为：洞口表面平整度允许偏差 3mm；洞口正、侧面垂直度允许偏差 3mm；洞口对角线长度允许偏差 3mm。 检查洞口的位置、标高与设计要求是否相符。 检查洞口内预埋木砖的位置、数量是否准确。 按设计要求弹好门窗安装位置线

(续表)

序号	项目	安装方法
2	固定片安装	在门窗的上框及边框上安装固定片,其安装应符合下列要求: (1)检查门窗框上下边的位置及其内外朝向,并确认无误后,再安固定片。安装时应先采用直径为 $\phi 3.2$ 的钻头钻开后将十字槽盘端头自攻螺钉 M4×20 拧入,严禁直接锤击钉入。 (2)固定片的位置应距门窗角、中竖框、中横框 150~200mm,固定片之间的间距应不大于 600mm。不得将固定片直接装在中横框、中竖框的挡头上
3	安装位置确定	根据设计图纸及门窗扇的开启方向,确定门窗框的安装位置,并把门窗框装入洞口,并使其上下框中线与洞口中线对齐。安装时应采取防止门窗变形的措施。无下框平开门应使两边框的下脚低于地面标高线 30mm。带下框的平开门或推拉门应使下框低于地面标高线 10mm。然后将上框的一个固定片固定在墙体上,并应调整门框的水平度、垂直度和直角度,用木楔临时固定。当下框长度大于 0.9m 时,其中间也用木楔塞紧。然后调整垂直度、水平度及直角度
4	门窗框与墙体连接的固定方法	塑料门窗框与墙体的固定方法,常见的有连接件法、直接固定法和假框法三种。 (1)连接件法。这是用一种专门制作的铁件将门窗框与墙体相连接,是我国目前运用较多的一种方法。其优点是比较经济,且基本上可以保证门窗的稳定性。连接件法的做法是先将塑料门窗放入窗洞口内,找平对中后用木模临时固定。然后,将固定在门窗框异型材靠墙一面的锚固铁件用螺钉或膨胀螺钉固定在墙上。 (2)直接固定法。在砌筑墙体时先将木砖预埋入门窗洞口内,当塑料门窗安入洞口并定位后,用木螺钉直接穿过门窗框与预埋木砖连接,从而将门窗框直接固定于墙体上。 (3)假框法。先在门窗洞口内安装一个与塑料门窗框相配套的镀锌铁皮金属框,或者当木门窗换成塑料门窗时,将原来的木门窗框保留,待抹灰装饰完成后,再将塑料门窗框直接固定在上述框材上,最后再用盖口条对接缝及边缘部分进行装饰

(续表)

序号	项目	安装方法
5	框与墙间缝隙处理	由于塑料的膨胀系数较大,故要求塑料门窗框与墙体间应留出一定宽度的缝隙,以适应塑料伸缩变形的安全余量。框与墙间的缝隙宽度,可根据总跨度、膨胀系数、年最大温差计算出最大膨胀量,再乘以要求的安全系数求出,一般取 10~20mm。 门窗框与门窗洞口之间缝隙的处理方法如下: (1)普通单玻璃窗、门洞口内外侧与门窗框之间用水泥砂浆或麻刀白灰浆填实抹平;靠近铰链一侧,灰浆压住门窗框的厚度以不影响窗(门)扇的开启为限,待水泥砂浆或麻刀灰浆硬化后,外侧用嵌缝膏进行密封处理。 (2)保温、隔声门窗洞口内侧与窗框之间用水泥砂浆或麻刀白灰浆填实抹平;当外侧抹灰时,应用片材将抹灰层与门窗框临时隔开,其厚度为5mm,抹灰层应超出门窗框,其厚度以不影响窗(门)扇的开启为限。待外抹灰层硬化后,撤去片材,将嵌缝膏挤入抹灰层与门窗框缝隙内。 不论采用何种填缝方法,均要求做到以下两点: (1)嵌填封缝材料应能承受墙体与框间的相对运动而保持密封性能。 (2)嵌填封缝材料不应对塑料门窗有腐蚀、软化作用,沥青类材料可能使塑料软化,故不宜使用。嵌填密封完成后,就可以进行墙面抹灰。工程有要求时,最后还需加装塑料盖口条
6	玻璃安装	(1)玻璃不得与玻璃槽直接接触,应在玻璃四边垫上不同厚度的玻璃垫块。边框上的垫块应用聚氯乙烯胶加以固定。 (2)将玻璃装进框扇内,然后用玻璃压条将其固定。 (3)安装双层玻璃时,玻璃夹层四周应嵌入隔条,中隔条应保证密封,不变形、不脱落;玻璃槽及玻璃内表面应干燥、清洁。 (4)镀膜玻璃应装在玻璃的最外层;单面镀膜层应朝向室内

8.7.3　塑料门窗安装的允许偏差

塑料门窗安装的允许偏差见表 8.7.3。

表 8.7.3 塑料门窗安装的允许偏差

序号	项目		允许偏差（mm）	检验方法
1	门窗槽口宽度、高度	≤1 500mm	2	用钢直尺检查
		>1 500mm	3	
2	门窗槽口对角线长度差	≤2 000mm	3	用钢直尺检查
		>2 000mm	5	
3	门窗框的正、侧面垂直度		2.5	用1m垂直检测尺检查
4	门窗横框的水平度		2	用1m水平尺和塞尺检查
5	门窗横框标高		5	用钢直尺检查
6	门窗竖向偏离中心		5	用钢直尺检查
7	双层门窗内外框间距		4	用钢直尺检查
8	同樘平开门窗相邻扇		2	用钢直尺检查
9	平开门窗铰链部位配合间隙		+2；-1	用塞尺检查
10	推拉门窗扇与竖框平行度		+1.5；-2.5	用钢直尺检查
11	推拉门窗扇与竖框平行度		2	用1m水平尺和塞尺检查

8.8 吊顶施工

8.8.1 吊顶的类型

吊顶的类型见表 8.8.1。

表 8.8.1 吊顶的类型

序号	项目	说明	
		概念	图例
1	活动式吊顶	活动式吊顶，一般和铝合金龙骨或轻钢龙骨配套使用，是将新型的轻质装饰板明摆浮搁在龙骨上，便于更换（又成明龙骨吊顶）。龙骨可以是外露的，也可以是半露的	（图：边龙骨、罩面板、伸缩式吊杆、龙骨；节点：罩面板同龙骨构造；罩面板、金属龙骨吊顶透视）

序号	项目	说明	
		概念	图例
2	隐蔽式吊顶	隐蔽式吊顶,是指龙骨不外露,罩面板表面呈整体的形式(又称暗龙骨吊顶)。罩面板与龙骨的固定有三种方式:用螺钉拧在龙骨上;用胶黏剂粘在龙骨上;将罩面板加工成企口形式,用龙骨将罩面板连接成一整体,如图所示。使用较多的是第一种。 这种吊顶的龙骨,一般采用轻钢或镀锌铁片挤压成形,吊杆可选用钢筋或型钢,规格和连接构造均应经计算确定。吊杆一般应吊在主龙骨上,如果龙骨无主次之分,则吊杆应吊在通长的龙骨上	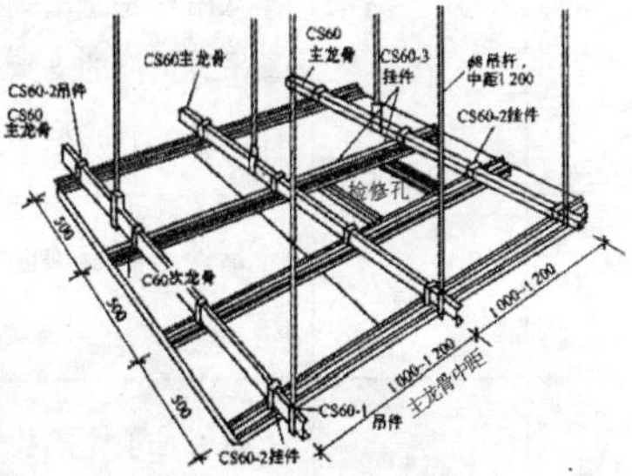
3	金属装饰板吊顶	金属装饰板吊顶,包括各种金属条板、方板、格栅用螺钉或自攻螺钉将条板固定在龙骨上。这种金属板安装完毕,不需要在表面再做其他装饰	
4	开敞式吊顶	开敞式吊顶的饰面是敞开的。吊顶的单体构件,一般通室内灯光照明的布置结合起来,有的甚至全部用灯具组成吊顶,并突出艺术造型,使其变成装饰品	

8.8.2 吊顶的构造

吊顶的构造见表8.8.2。

表8.8.2 吊顶的构造

序号	项目	说明
1	基层	吊顶按形式分为直接式和悬吊式两种。悬吊式吊顶是目前采用最广泛的技术，本部分就着重介绍悬吊式吊顶。悬吊装配式顶棚的构造主要由基层、悬吊件、龙骨和面层组成。 基层为建筑物结构件，主要为混凝土楼(顶)板或屋架
2	悬吊件	悬吊件是悬吊式顶棚与基层连接的构件，一般埋在基层内，属于悬吊式顶棚的支承部分。其材料可以根据顶棚不同的类型选用镀锌铁丝、钢筋、型钢吊杆(包括伸缩式吊杆)等。
3	龙骨	龙骨是固定顶棚面层的构件，并将承受面层的重量传递给支承部分
4	面层	面层是顶棚的装饰层，使顶棚既具有吸声、隔热、保温、防火等功能，又具有美化环境的效果

8.8.3 暗龙骨吊顶施工

1. 暗龙骨吊顶施工的工艺流程

暗龙骨吊顶施工的工艺流程见表8.8.3。

表8.8.3 暗龙骨吊顶施工的工艺流程

序号	项目	说明
1	弹线	用水准仪在房间内每个墙(柱)角上抄出水平点(若墙体较长，中间也应适当抄几个点)，弹出水准线(水准线距地面一般为500mm)，从水准线量至吊顶设计高度加上12mm(一层石膏板的厚度)，用粉线沿墙(柱)弹水准线，即为吊顶次龙骨的下皮线。同时，按吊顶平面图，在混凝土顶板弹出主龙骨的位置。主龙骨应从吊顶中心向两边分，最大间距为1 000mm，并标出吊杆的固定点，吊杆的固定点间距900~1 000mm，如遇到梁和管道固定点大于设计和规程要求，应增加吊杆的固定点

(续表)

序号	项目		说 明
2	吊杆安装	在预制板缝中安装吊杆	在预制板缝中浇灌细石混凝土或砂浆灌缝时,沿板缝通长设置 $\phi 8 \sim \phi 12$ 钢筋,将吊杆一端打弯,勾于板缝中通长钢筋上,另一端从板缝中抽出,抽出长度为板底到龙骨的高度再加上绑扎尺寸
		在现浇板上安放吊杆	在现浇混凝土楼板时,按吊顶间距,将钢筋吊杆一端放在现浇层中,在木模板上钻孔,孔径稍大于钢筋吊杆直径,吊杆另一端从此孔中穿出
		在已硬化楼板上安装吊杆	用射钉枪将射钉打入板底,可选用尾部带孔与不带孔的两种射钉规格。在带孔射钉上穿铜丝(或镀锌铁丝)绑扎龙骨,或在射钉上直接焊接吊杆。在吊点的位置,用冲击钻打胀管螺栓,然后将胀管螺栓同吊杆焊接。此种方法可省去预埋件,比较灵活,对于荷载较大的吊顶,比较适用
		在梁上设吊杆	在框架的下弦、木梁或木条上设吊杆,若是钢筋吊杆,可直接绑上,若是木吊杆,可用铁钉将吊杆钉上,每个木吊杆不少于两个钉子
3	龙骨安装	边龙骨安装	边龙骨的安装应按设计要求弹线,沿墙(柱)上的水平龙骨线把L形镀锌轻钢条用自攻螺钉固定在预埋木砖上,如为混凝土墙(柱)可用射钉固定,射钉间距应不大于吊顶次龙骨的间距
		主龙骨安装	(1)主龙骨应吊挂在吊杆上,主龙骨间距 900～1 000 mm。主龙骨分为不上人 UC38 小龙骨,上人 UC60 大龙骨两种。主龙骨宜平行房间长向安装,同时应起拱,起拱高度为房间跨度的 1/300～1/200。主龙骨的悬臂段不应大于 300mm,否则应增加吊点。主龙骨的接长应采取对接,相邻龙骨的对接接头要相互错开。主龙骨挂好后应基本调平。

(续表)

序号	项目		说　明
3	龙骨安装	主龙骨安装	(2) 跨度大于 15m 以上的吊顶，应在主龙骨上，每隔 15m 加一道大龙骨，并垂直主龙骨焊接牢固。 (3) 如有大的造型顶棚，造型部分应用角钢或扁钢焊接成框架，并应与楼板连接牢固。 (4) 吊顶如设检修走道，应另设附加吊挂系统，用 10mm 的吊杆与长度为 1 200mm 的 L15×5 角钢横担用螺栓连接，横担间距为 1 800~2 000mm，在横担上铺设走道，可以用 6 号槽钢两根间距 600mm，之间用 10mm 的钢筋焊接，钢筋的间距为 100mm，将槽钢与横担角钢焊接牢固，在走道的一侧设有栏杆，高度为 900mm，可以用 L50×4 的角钢作立柱，焊接在走道槽钢上，之间用 L30×4 的扁钢连接
		次龙骨安装	次龙骨应紧贴主龙骨安装。次龙骨间距 300~600mm。用 T 形镀锌铁片连接件把次龙骨固定在主龙骨上时，次龙骨的两端应搭在 L 形边龙骨的水平翼缘上。墙上应预先标出次龙骨中心线的位置，以便安装罩面板时找到次龙骨的位置。当用自攻螺钉安装板材时，板材接缝处必须安装在宽度不小于 40mm 的次龙骨上。次龙骨不得搭接。在通风、水电等洞口周围应设附加龙骨，附加龙骨的连接用拉铆等铆固。 吊顶灯具、风口及检修口等应设附加吊杆和补强龙骨
4	罩面板安装	石膏板类罩面板安装	石膏板安装时，应从吊顶顶棚的一边角开始，逐块排列推进。纸面石膏板的纸包边长应沿着次龙骨平行铺设。为了使顶棚受力均匀，在同一次次龙骨上的拼缝不能贯通，即铺设板时应错缝。其主要原因是板拼缝处，受力面断开。如果拼缝贯通，则在此龙骨处形成一条线荷载，易造成质量通病，即开裂或一板一棱的现象。 石膏板用镀锌 3.5mm×2.5mm 自攻螺钉固定在龙骨上。一般从一端角或中间开始顺序往前或两边钉，钉头应嵌

(续表)

序号	项目		说 明
4	罩面板安装	石膏板类罩面板安装	入石膏板内约 0.5~1mm,钉距为 150~170mm,钉距板边 15mm 为佳。以保证石膏板边缘不受破坏,从而保证其强度。板与板之间和板与墙之间应留缝,一般为 3~5mm,便于用腻子嵌缝。 当采用双面石膏板时,应注意其长短边与第一层石膏板的长短边均应错开一个龙骨间距以上,且第二层板也应如第一层一样错缝铺钉,应采用 3.5mm×35mm 自攻螺钉固定在龙骨上,螺钉位适当错位。 吊顶石膏板铺设完成后,应进行嵌缝处理。嵌缝的填充材料,有老粉(双飞粉)、石膏、水泥及配套专用嵌缝腻子。常见的材料一般配以水、胶,几种材料也可根据设计的要求配合在一起加上水与胶水搅拌匀之后使用。专用嵌缝腻子不用加胶水,只要根据说明加适量的水搅拌匀之后即可使用
		纤维水泥加压板安装	龙骨间距、螺钉与板边的距离,及螺钉间距等应满足设计要求和有关产品的要求。 纤维水泥加压板与龙骨固定时,所用手电钻钻头的直径应比选用螺钉直径小 0.5~1.0mm;固定后,钉帽应作防锈处理,并用油性腻子嵌平。 用密封膏、石膏腻子或掺界面剂胶的水泥砂浆嵌涂板缝并刮平,硬化后用砂纸磨光,板缝宽度应小于 50mm。 板材的开孔和切割,应按产品的有关要求进行
		胶合板、纤维板、钙塑板安装	胶合板应光面向外,相邻板色彩与木纹要协调,胶合板可用钉子固定,钉距为 80~150mm,钉长为 25~35mm,钉帽应打扁,并进入板面 0.5~1.0mm,钉眼用油性腻子抹平。胶合板面如涂刷清漆时,相邻板面的木纹和颜色应近似。 纤维板可用钉子固定,钉距为 80~120mm,钉长为 20~30mm,钉帽进入板面 0.5mm,钉眼用油性腻子抹平。硬质纤维板应用水浸透,自然阴干后安装。

(续表)

序号	项目		说 明
4	罩面板安装	胶合板、纤维板、钙塑板安装	胶合板、纤维板用木条固定时,钉距不应大于200mm,钉帽应打扁,并进入木压条0.5~1.0mm,钉眼用油性腻子抹平。钙塑装饰板用胶黏剂粘贴时,涂胶应均匀,粘贴后,应采取临时固定措施,并及时擦去挤出的胶液。用钉固定时,钉距不宜大于150mm,钉帽应与板面起平,排列整齐,并用与板面颜色相同的涂料涂饰
		金属板安装	金属铝板的安装应从边上开始,有搭口缝的铝板,应顺搭口缝方向逐块进行,铝板应用力插入齿口内,使其啮合。金属条板式吊顶龙骨一般可直接吊挂,也可增加主龙骨,主龙骨间距不大于1.2m,条板式吊顶龙骨形式应与条板配套;方板吊顶次龙骨分明装T形和暗装卡口两种,根据金属方板式样选定次龙骨,次龙骨与主龙骨用固定件连接;金属格栅的龙骨可明装也可暗装,龙骨间距由格栅做法确定。金属板吊顶与四周墙面所留空隙,用金属压缝条镶嵌或补边吊顶找齐,金属压条材质应与金属面板相同

2. 暗龙骨吊顶安装的允许偏差

暗龙骨吊顶安装的允许偏差见表8.8.4。

表8.8.4 暗龙骨吊顶安装的允许偏差

序号	项目	允许偏差(mm)				检验方法
		纸面石膏板	金属板	矿棉板	模板、塑料板、格栅	
1	表面平整度	3	2	2	2	用2m靠尺和塞尺检查
2	接缝直线度	3	1.5	3	3	拉5m线,不足5m拉通线,用钢直尺检查
3	接缝高低差	1	1	1.5	1	用钢直尺和塞尺检查

8.8.4 明龙骨吊顶施工

1. 明龙骨吊顶施工的工艺流程

明龙骨吊顶施工的工艺流程见表8.8.5。

表8.8.5 明龙骨吊顶施工的工艺流程

序号	项目		说　　明
1	弹线		用水准仪在房间内每个墙(柱)角上抄出水平点(若墙体较长,中间也应适当抄几个点),弹出水准线(水准线距地面一般为500mm),从水准线量至吊顶设计高度加上12mm(一层石膏板的厚度),用粉线沿墙(柱)弹出水准线,即为吊顶次龙骨的下皮线。同时,按吊顶平面图,在混凝土顶板上弹出主龙骨的位置。主龙骨应从吊顶中心向两边分,最大间距为1 000mm,并标出吊杆的固定点,吊杆的固定点间距为900～1 000mm。如遇到梁和管道固定点大于设计和规程要求,应增加吊杆的固定点
2	吊杆安装		采用膨胀螺栓固定吊挂杆件。不上人的吊顶,吊杆长度小于1 000mm,可以采用ϕ6的吊杆;如果大于1 000mm,应采用ϕ8的吊杆,还应设置反向支撑。吊杆可以采用冷拔钢筋和盘圆钢筋,但采用盘圆钢筋应用机械将其拉直。上人的吊顶,吊杆长度小于1 000mm,可以采用ϕ8的吊杆;如果大于1 000mm,应采用ϕ10的吊杆,还应设置反向支撑。吊杆的一端同L30×30×3角码焊接(角码的孔径应根据吊杆和膨胀螺栓的直径确定),另一端可以用攻螺纹套出大于100mm的丝杆,也可以买成品丝杆焊接。制作好的吊杆应作防锈处理,吊杆用膨胀螺栓固定在楼板上,用冲击电锤打孔,孔径应稍大于膨胀螺栓的直径
3	龙骨安装	边龙骨安装	边龙骨的安装应按设计要求弹线,沿墙(柱)上的水平龙骨线把L形镀锌轻钢条用自攻螺钉固定在预埋木砖上;如为混凝土墙(柱),可用射钉固定,射钉间距应不大于吊顶次龙骨的间距

(续表)

序号	项目		说 明
3	龙骨安装	主龙骨安装	(1) 主龙骨应吊挂在吊杆上。主龙骨间距900~1 000mm。主龙骨分为轻钢龙骨和T形龙骨。轻钢龙骨可选用UC50中龙骨和UC38小龙骨。主龙骨应平行房间长向安装,同时应起拱,起拱高度为房间跨度的1/300~1/200。主龙骨的悬臂段不应大于300mm,否则应增加吊杆。主龙骨的接长应采取对接,相邻龙骨的对接接头要相互错开。主龙骨挂好后应基本调平。 (2) 跨度大于15m以上的吊顶,应在主龙骨上,每隔15m加一道大龙骨,并垂直主龙骨焊接牢固。 (3) 如有大的造型顶棚,造型部分应用角钢或扁钢焊接成框架,并应与楼板连接牢固
		次龙骨安装	次龙骨应紧贴主龙骨安装。次龙骨间距300~600mm。次龙骨分为T形烤漆龙骨、T形铝合金龙骨,和各种条形扣板厂家配带的专用龙骨。用T形镀锌铁片连接件把次龙骨固定在主龙骨上时,次龙骨的两端应搭在L形边龙骨的水平翼缘上,条形扣板有专用的阴角线作边龙骨
4	罩面板安装	嵌装式装饰石膏板安装	(1) 嵌装式装饰石膏板安装与龙骨应系列配套。 (2) 嵌装式装饰石膏板安装前应分块弹线,花式图案应符合设计要求,若设计无要求时,嵌装式装饰石膏板宜由吊顶中间向两边对称排列安装,墙面与吊顶接缝应交圈一致。 (3) 嵌装式装饰石膏板安装宜选用企口暗缝咬接法,构造如图8.10.1所示。安装时应注意企口的相互咬接及图案的拼接。 (4) 龙骨调平及拼缝处应认真施工,固定石膏板时,应视吊顶高度及板厚,在板与板之间留适当间隙,拼缝缝隙用石膏腻子补平,并贴一层穿孔接缝纸

(续表)

序号	项目		说明
4	罩面板安装	金属微穿孔吸声板安装	(1)必须认真调平调直龙骨,这是保证大面积吊顶效果的关键。 (2)安装冲孔吸声板宜采用板用木螺钉或自攻螺钉固定在龙骨上,对于有些铝合金板吊顶,也可将冲孔板卡到龙骨上,具体的固定方法要视板的断面决定。 (3)安装金属微穿孔板应从一个方向开始,依次安装。 (4)在方板或条板安装完毕后铺放吸声材料。条板可将吸声材料放在板条内;方板可将吸声材料放在板上面

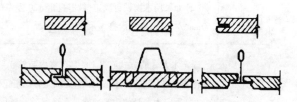

图 8.10.1　边板处理与安装示意图

2. 明龙骨吊顶安装的允许偏差

明龙骨吊顶安装的允许偏差见表 8.8.6。

表 8.8.6　明龙骨吊顶安装的允许偏差

序号	项目	允许偏差(mm)				检验方法
		石膏板	金属板	矿棉板	塑料板、玻璃板	
1	表面平整度	3	2	3	2	用2m靠尺和塞尺检查
2	接缝直线度	3	2	3	2	拉5m线,不足5m拉通线,用钢直尺检查
3	接缝高低差	1	1	2	1	用钢直尺和塞尺检查

8.9 骨架隔墙施工

8.9.1 骨架隔墙施工的工艺流程

骨架隔墙施工的工艺流程见表8.9.1。

表8.9.1 骨架隔墙施工的工艺流程

序号	项目		施工说明
1	木龙骨安装	弹线打孔	(1)在需要固定木隔断墙的地面和建筑墙面,弹出隔断墙的宽度线和中心线。同时,画出固定点的位置,通常按300~400mm的间距在地面和墙面,用φ7.8或φ10.8的钻头在中心线上打孔,孔深45mm左右,向孔内放入M6或M8的膨胀螺栓。注意打孔的位置应与骨架竖向木方错开位。 (2)如果用木楔铁钉固定,就需打出φ20左右的孔,孔深50mm左右,再向孔内打入木楔
		固定木龙骨	固定木龙骨的方式有几种,但在室内装饰工程中,通常遵循不破坏原建筑结构的原则,处理龙骨固定工作。 (1)固定木龙骨的位置通常是在沿墙、沿地和沿顶面处。 (2)固定木龙骨前,应按对应地面的墙面的顶面固定点的位置,在木骨架上画线,标出固定点位置。 (3)如用膨胀螺栓固定,就应在标出的固定点位置打孔。打孔的直径略大于膨胀螺栓的直径。 (4)对于半高矮隔断墙来说,主要靠地面固定和端头的建筑墙面固定。如果矮隔断墙的端头处无法与墙面固定,常用铁件来加固端头处,加固部分主要是地面与竖向木方之间。 (5)对于各种木隔墙的门框竖向木方,均应采用铁件加固法,否则,木隔墙将会因门的开闭振动而出现较大颤动,进而使门框松动,木隔墙松动
2	轻钢隔断龙骨安装	弹线	在基体上弹出水平线和竖向垂直线,以控制隔断龙骨安装的位置、龙骨的平直度和固定点

第8章　装饰装修工程施工技术

(续表)

序号	项目		施工说明
2	轻钢隔断龙骨安装	隔断龙骨的安装	(1)沿弹线位置固定沿顶和沿地龙骨,各自交接后的龙骨,应保持平直。固定点间距应不大于1 000mm,龙骨的端部必须固定牢固。边框龙骨与基体之间,应按设计要求安装密封条。 (2)当选用支撑卡系列龙骨时,应先将支撑卡安装在竖向龙骨的开口上,卡距为400~600mm,距龙骨两端的为20~25mm。 (3)选用通贯系列龙骨时,高度低于3m的隔墙安装一道;3~5m时安装两道;5m以上时安装三道。 (4)门窗或特殊节点处,应使用附加龙骨,加强其安装应符合设计要求。 (5)隔断的下端如用木踢脚板覆盖,隔断的罩面板下端应离地面20~30mm;如用大理石、水磨石踢脚时,罩面板下端应与踢脚板上口齐平,接缝要严密
3	墙面板安装	纸面石膏板安装	(1)在石膏板安装前,应对预埋隔断中的管道和有关附墙设备采取局部加强措施。 (2)石膏板宜竖向铺设,长边接缝宜落在竖龙骨上。但隔断为防火墙时,石膏板应竖向铺设,当为曲面墙时,石膏板宜横向铺设。 (3)用自攻螺钉固定石膏板,中间钉距不应大于300mm,沿石膏板周边螺钉间距不应大于200mm,螺钉与板边缘的距离应为10~16mm。 (4)安装石膏板时,应从板的中间向板的四边固定。钉头略埋入板内,以不损坏纸面为度。钉眼应用石膏腻子抹平。 (5)石膏板宜使用整板。如需接时,应靠紧,但不得强压就位。 (6)石膏板的接缝,应按设计要求进行板缝的防裂处理,隔墙端部的石膏板与周围墙或柱应留有3mm的槽口。施工时,先在槽口处加注嵌缝膏,然后铺板,挤压嵌缝膏使其

(续表)

序号	项目		施工说明
3	墙面板安装	纸面石膏板安装	和邻近表层紧紧接触。 (7)石膏板隔墙以丁字或十字形相接时,阴角处应用腻子嵌满,贴上接缝带。阳角处应做护角
		胶合板和纤维板安装	(1)浸水。硬质纤维板施工前应用水浸透,自然阴干后安装。这是由于硬质纤维板有湿胀、干缩的性质,如果放入水中浸泡24h后,可伸胀0.5%左右;如果事先没浸泡,安装后吸收空气中水分会产生膨胀,但因四周已有钉子固定无法伸胀,而造成起鼓、翘曲等问题。 (2)基层处理。安装胶合板的基体表面,用油毡、油纸防潮时,应铺设平整,搭接严密,不得有皱折、裂缝和透孔等。 (3)固定。胶合板如用钉子固定,钉距为80~150mm,钉帽打扁并进入板面0.5~1mm,钉眼用油性腻子抹平;纤维板如用钉子固定,钉距为80~120mm,钉长为20~30mm,钉帽宜进入板面0.5mm。钉眼用油性腻子抹平。胶合板、纤维板用木压条固定时,钉距不应大于200mm,钉帽应打扁,并进入木压条0.5~1mm,钉眼用油性腻子抹平。墙面用胶合板、纤维板装饰,在阳角处宜做护角
		塑料板罩面安装	塑料板罩面安装方法,一般有黏结和钉结两种。 (1)黏结聚氯乙烯塑料装饰板用胶黏剂黏结。 ①胶黏剂:聚氯乙烯胶黏剂(601胶)或聚酯酸乙烯胶。 ②操作方法:用乱板或毛刷同时在墙面和塑料板背面涂刷,不得有漏刷。涂胶后见胶液流动性显著消失,用手接触胶层感到黏性较大时,即可黏结。黏结后应采用临时固定措施,同时将挤压在板缝中多余的胶液刮除,将板面擦净。 (2)钉接安装塑料贴面板复合板应预先钻孔,再用木螺钉加垫圈紧固,也可用金属压条固定。木螺钉的钉距一般为400~500mm,排列应一致整齐。 加金属压条时,应拉横竖通线拉直,并应先用钉子将塑料贴面复合板临时固定,然后加盖金属压条,用垫圈找平固定。

(续表)

序号	项目		施工说明
3	墙面板安装	塑料板罩面安装	需要隔声、保温、防火的应根据设计要求在龙骨一侧安装好塑料贴面复合板,进行隔声、保温、防火等材料的填充;一般采用玻璃丝棉或30~100mm岩棉板进行隔声、防火处理;采用50~100mm苯板进行保温处理。再封闭另一侧的罩面板
		铝合金装饰条板安装	用铝合金条板装饰墙面时,可用螺钉直接固定在结构层上,也可用锚固件悬挂或嵌卡的方法,将板固定在轻钢龙骨上,或将板固定在墙筋上

8.9.2 骨架隔墙安装的允许偏差

骨架隔墙安装的允许偏差见表8.9.2。

表8.9.2 骨架隔墙安装的允许偏差

序号	项目	允许偏差(mm)		检验方法
		纸面石膏板	人造木板、水泥纤维板	
1	立面垂直度	3	4	用2m垂直检测尺检查
2	表面平整度	3	3	用2m靠尺和塞尺检查
3	阴阳角方正	3	3	用90°角尺检查
4	接缝直线度		3	拉5m线,不足5m拉通线,用钢直尺检查
5	压条直线度		3	拉5m线,不足5m拉通线,用钢直尺检查
6	接缝高低差	1	1	用钢直尺和塞尺检查

8.10 石膏空心板隔墙安装

8.10.1 石膏空心板隔墙安装的施工要点

石膏空心板隔墙安装的施工要点见表8.10.1。

表8.10.1 石膏空心板隔墙安装的施工要点

序号	施工要点
1	安装前,在室内墙面弹出+500mm标高线。按图纸要求的隔墙位置,分别在地面、墙面、顶面弹好隔墙边线和门窗洞口边线,并按板宽分档
2	清理石膏空心板与顶面、地面、墙面的结合部位,剔除凸出墙面的砂浆、混凝土块等并扫干净,用水泥砂浆找平
3	隔墙板的长度应为楼层净高尺寸减去2~3mm。量测并计算门窗洞口上部和窗下部隔墙板尺寸,并按此尺寸配板。当板宽与隔墙长度不符时,可将部分隔墙板预先拼接加宽或锯窄,使其变成合适的宽度,并放置于阴角处。有缺陷的板应经修补合格后方可使用
4	当有抗震要求时,必须按设计要求用U形钢板卡固定隔墙板顶端。在两块板顶端拼缝之间用射钉或膨胀螺钉(栓)将U形钢板卡固定在梁或板上。随安装隔墙板随固定U形钢板卡
5	胶黏剂一般用SG791胶与建筑石膏粉配制成胶泥使用。重量配合比为石膏粉:SG791胶=1:(0.6~0.7)。配制量以每次使用不超过20min为宜
6	隔墙板安装顺序应从与墙结合处或门洞边开始,依次顺序安装。安装时,先清扫隔板表面浮灰,在板顶面、侧面及与板结合的墙面、楼屋顶面刷SG791胶液一道,再满刮SG791石膏胶泥;按弹线位置安装就位,用木楔顶在板底,用手平推隔墙板,使板缝冒浆;一人用撬棍在板底向上顶,另一人打板底木楔,使隔墙板侧面挤紧、顶面顶实;用腻子刀将挤出的胶黏剂刮平。每装完一块隔墙板,应用靠尺及垂直检测尺检查墙面的平整度和垂直度。墙板固定后,应在板下填塞1:2水泥砂浆或C20干硬性细石混凝土。当砂浆或混凝土强度达到10MPa以上时,撤出板上木楔,用1:2水泥砂浆或C20细石混凝土堵严木楔孔
7	对有门窗洞口的墙体,一般均采用后塞口。门窗框与门窗洞口板之间的缝隙不宜超过3mm,超过3mm时应加木垫片过渡

(续表)

序号	施工要点
8	隔墙板安装10d后,检查所有缝隙黏结情况,如发现裂缝,应查明原因后进行修补。清理板缝、阴角缝表面浮灰,刷SG791胶液后粘贴50~60mm宽玻璃纤维布条,隔墙砖角处粘贴200mm宽玻璃纤维布条一层,每边各100mm宽。干后刮SG791胶泥。隔声双层板墙板缝应相互错开
9	墙面直接用石膏腻子刮平,打磨后再刮两道腻子,第二次打磨平整后,做饰面层
10	所有电线管必须顺石膏空心板板孔铺设,严禁横铺、斜铺

8.10.2 石膏空心板(石膏砌块)隔墙安装的允许偏差和检验方法

石膏空心板(石膏砌块)隔墙安装的允许偏差和检验方法见表8.10.2。

表8.10.2 石膏空心板(石膏砌块)隔墙安装的允许偏差和检验方法

序号	项目	允许偏差(mm)	检验方法
1	立面垂直度	3	用2m垂直检验尺检查
2	表面平整度	3	用2m靠尺和塞尺检查
3	阴阳角方正	3	用90°角尺检查
4	接缝高低差	2	用钢直尺和塞尺检查

8.11 饰面工程

8.11.1 饰面板安装的施工要求

饰面板安装的施工要求见表8.11.1。

表8.11.1 饰面板安装的施工要求

项目	序号	施工要求
石材饰面板安装	1	饰面板安装前,应按厂牌、品种、规格和颜色进行分类选配,并将其侧面和背面清扫干净,修边打眼,每块板的上、下边打眼数量不得少于2个,并用防锈金属丝穿入孔内,以作系固之用

(续表)

项目	序号	施工要求
石材饰面板安装	2	饰面板安装时,接缝宽度可垫木楔调整。并确保外表面平整、垂直及板的上沿平顺
	3	灌注砂浆时,应先在竖缝内塞15~20mm深的麻丝或泡沫塑料条,以防漏浆,并将饰面板背面和基体表面湿润。砂浆灌注应分层进行,每层灌注高度为150~200mm,且不得大于板高的1/3,插捣密实。施工缝位置应留在饰面板水平接缝以下50~100mm处。待砂浆硬化后,将填缝材料清除
	4	室内安装天然石光面和镜面的饰面板,接缝应干接,接缝处宜用与饰面板相同颜色的水泥浆填抹;室外安装天然石光面和镜面饰面板,接缝可干接或用水泥细砂浆勾缝,干接缝应用与饰面板相同颜色水泥浆填平。安装天然石粗磨面、麻面、条纹面、天然面饰面板的接缝和勾缝应用水泥砂浆
	5	安装人造石饰面板,接缝宜用与饰面相同颜色的水泥浆或水泥砂浆抹勾严实
	6	饰面板完工后,表面应清洗干净。光面和镜面饰面板经清洗晾干后,方可打蜡擦亮
	7	石材饰面板的接缝宽度应符合表8.11.2的规定
金属饰面板安装	1	金属饰面板安装,当设计无要求时,宜采用抽芯铝铆钉,中间必须垫橡胶垫圈。抽芯铝铆钉间距以控制在100~150mm为宜
	2	板材安装时严禁采用对接,搭接长度应符合设计要求,不得有透缝现象
	3	阴阳角宜采用预制角装饰板安装,角板与大面搭接方向应与主导风向一致,严禁逆向安装

8.11.2 饰面板的接缝宽度

饰面板的接缝宽度见表8.11.2。

第8章 装饰装修工程施工技术

表8.11.2 饰面板的接缝宽度

名称		接缝宽度(mm)
天然石	光面、镜面	1
天然石	粗磨面、麻面、条纹面	5
天然石	天然棉	10
人造石	水磨石	2
人造石	水刷石	10
人造石	大理石、花岗石	1

8.11.3 饰面板安装的允许偏差

饰面板安装的允许偏差见表8.11.3。

表8.11.3 饰面板安装的允许偏差

项目	允许偏差(mm)							检验方法
	石材			瓷板	木材	塑料	金属	
	光面	剁斧石	蘑菇石					
立面垂直度	2	3	3	2	1.5	2	2	用2m垂直检测尺检查
表面平整度	2	3	3	1.5	1	3	3	用2m靠尺和塞尺检查
阴阳角方正	2	4	4	2	1.5	3	3	用90°角尺检查
接缝直线度	2	4	4	2	1	1	1	拉5m线,不足5m拉通线,用钢直尺检查
墙裙、勒脚上口直线度	2	3	3	2	2	2	2	拉5m线,不足5m拉通线,用钢直尺检查
接缝高低差	0.5	3	3	0.5	0.5	1	1	用钢直尺和塞尺检查
接缝宽度	1	2	2					用钢直尺检查

8.11.4 饰面砖粘贴的施工要求

饰面砖粘贴的施工要求见表8.11.4。

表8.11.4 饰面砖粘贴的施工要求

序号	项目	施工要求
1	基层处理	镶贴饰面的基体表面应具有足够的稳定性和刚度,同时,对光滑的基体表面应精心凿毛处理。凿毛深度应为0.5~1.5cm,间距3m左右。 基体表面残留的砂浆、灰尘及油渍等,应用钢丝刷刷洗干净。基体表面凹凸明显部位,应事先剔平或用1:3水泥砂浆补平。不同基体材料相接处,应铺钉金属网,方法与抹灰饰面做法相同。门窗口与主墙交接处应用水泥砂浆嵌填密实。为使基体与找平层粘接牢固,可洒水泥砂浆(水泥:细砂=1:1,拌成稀浆)或聚合物水泥浆(108胶:水=1:4的胶水拌水泥)进行处理。 当基层为加气混凝土时,可酌情选用下述两种方法中的一种: (1)用水湿润加气混凝土表面,修补缺棱掉角处。修补前,先刷一道聚合物水泥浆,然后用1:3:9=水泥:白灰膏:砂混合砂浆分层补平,隔天刷聚合物水泥浆并抹1:1:6混合砂浆打底,木抹子搓平,隔天养护。 (2)用水湿润加气混凝土表面,在缺棱掉角处刷聚合物水泥浆一道,用1:3:9混合砂浆分层补平,待干燥后,钉金属网一层并绷紧。在金属网上分层抹1:1:6混合砂浆打底(最好采取机械喷射工艺),砂浆与金属网应结合牢固,最后用木抹子轻轻搓平,隔天浇水养护
2	吊垂直、冲筋	单层建筑物应在四大角和门窗口边用经纬仪打垂直线找直;多层建筑物,可从顶层开始用特制的大线坠绷低碳钢丝吊垂直,然后根据面砖的规格尺寸分层设点、做灰饼,间距1.6m。横向水平线以楼层为水平基准线交圈控制,竖向垂直线以四周大角和通天柱或墙垛子为基准线控制,应全部是整砖。阳角处要双面排直。每层打底时,应以此灰饼作为基准点进行冲筋,使其底层灰做到横平竖直。同时要注意找好突出檐口、腰线、窗台、雨篷等饰面的流水坡度和滴水线(槽)
3	抹底层砂浆	先刷一道掺水重10%的界面剂胶水泥素浆,打底应分层分遍进行抹底层砂浆(常温时采用配合比为1:3水泥砂浆),第一遍厚度宜为5mm,抹后用木抹子搓平、扫毛,待第一遍六至七成干时,即可抹第二遍,厚度约为8~12mm,随即用木杠刮平、木抹子搓毛,终凝后洒水养护。砂浆总厚不得超过20mm,否则应作加强处理

(续表)

序号	项目	施工要求
4	预排	饰面砖镶贴前应进行预排,预排时要注意同一墙面的横竖排列,均不得有一行以上的非整砖。非整砖行应排在最不醒目的部位或阴角处,方法是用接缝宽度调整砖行。室内镶贴釉面砖如设计无具体规定时,接缝宽度可在1~1.5mm之间调整。在管线、灯具、卫生设备支承等部位,应用整砖套割吻合,不得用非整砖拼凑镶贴,以保证饰面的美观。 对于外墙面砖则要根据设计图纸尺寸,进行排砖分格并应绘制大样图。一般要求水平缝应与楦脸、窗台齐平,竖向要求阳角及窗口处都是整砖,分格按整块分匀,并根据已确定的缝子大小做分格条和划出皮数杆。对窗心墙、墙垛等处要事先测好中心线、水平分格线和阴阳角垂直线。 饰面砖的排列方法很多,有无缝镶贴、划块留缝镶贴、单块留缝镶贴等。质量好的饰面砖,可以适应任何排列形式;外形尺寸偏差大的饰面砖,不能大面积无缝镶贴,否则不仅缝口参差不齐,而且贴到最后会难以收尾。对外形尺寸偏差大的饰面砖,可采取单块留缝镶贴,用砖缝的大小调节砖的大小,以解决尺寸不一致的问题。饰面砖外形尺寸出入不大时,可采取划块留缝镶贴,在划块留缝内,可以调节尺寸。如果饰面砖的厚薄尺寸不一时,可以把厚薄不一的砖分开,分别镶贴于不同的墙面,以镶贴砂浆的厚薄来调节砖的厚薄,这样就可避免因饰面砖的厚度不一致而使墙面不平
5	饰面砖浸水	釉面砖和外墙面砖,镶贴前要先清扫干净,而后置于清水中浸泡。釉面砖需浸泡到不冒气泡为止,约不少于2h;外墙面砖则要隔夜浸泡。然后取出阴干备用。不经浸水的饰面砖吸水性较大,铺贴后会迅速吸收砂浆中的水分,影响黏结质量;虽经浸水但没有阴干的饰面砖,由于其表面尚存有水膜,铺贴时会产生面砖浮滑现象,不仅不便操作,且因水分散发会引起饰面砖与基层分离自坠。阴干的时间视气候和环境温度而定,一般为半天左右,即以饰面砖表面有潮湿感,但手按无水迹为准
6	内墙面釉面砖粘贴	镶贴釉面砖宜从阳角处开始,并由下往上进行。一般用1∶2(体积比)水泥砂浆,为了改善砂浆的和易性,便于操作,可掺入不大于水泥用量的15%的石灰膏,用铲刀在釉面砖背面刮满刀灰,厚度5~6mm,最大

(续表)

序号	项目	施工要求
6	内墙面釉面砖粘贴	不超过8mm,砂浆用量以镶贴后刚好满浆为止。贴于墙面的釉面砖应用力按压,并用铲刀木柄轻轻敲击,使釉面砖紧密贴于墙面,再用靠尺按标志块将其校正平直。镶贴完整行的釉面砖后,再用长靠尺横向校正一次。对高于标志块的,需轻轻敲击,使其平齐;低于标志块(即亏灰)时,应取下釉面砖,重新抹满刀灰再镶贴,不得在砖口处塞灰,否则会造成空鼓。然后依次按上法往上镶贴,注意保持与相邻釉面砖的平整。如遇釉面砖的规格尺寸或几何形状不等时,应在镶贴时随时调整,使缝隙宽窄一致。 镶贴完毕后进行质量检查,用清水将釉面砖表面擦洗洁净,接缝处用与釉面砖相同颜色的白水泥浆擦嵌密实,并将釉面砖表面擦净。全部完工后,要根据不同的污染情况,用棉丝或用稀盐酸刷洗并及时以清水冲净
7	外墙面砖粘贴	外墙面砖镶贴,应根据施工大样图要求统一弹线分格、排砖。方法可采取在外墙阳角用钢丝花篮螺钉拉垂线,根据阳角钢丝出墙面每隔1.5~2m做标志块,并找准阳角方正,抹找平层,找平找直。在找平层上按设计图案先弹出分层水平线,并在山墙上每隔1m左右弹一条垂直线(根据面砖块数定),在层高范围内应根据实际选用面砖尺寸,划出分层皮数(最好按层高做皮数杆),然后根据皮数杆的皮数,在墙面上从上到下弹若干条水平线,控制水平的皮数,并按整块面砖尺寸弹出竖直方向的控制线。如采取离缝分格,则应按整块砖的尺寸分匀,确定分格缝(离缝)的尺寸,并按离缝实际宽度做分条条,分格条的宽度一般宜控制在5~10mm,外墙面砖的镶贴顺序应自上而下分层分段进行;每段内镶贴程序应是自下而上进行,而且要先贴附墙柱、后墙面,再贴窗间墙。 镶贴时,先按水平线垫平八字尺或直靠尺,操作方法与釉面砖基本相同。铺贴的砂浆一般为1:2水泥砂浆或掺不大于水泥重量15%的石灰膏的水泥混合砂浆,砂浆的稠度要一致,以避免砂浆上墙后流淌。刮满刀灰厚度为6~10mm。贴完一行后,须将每块面砖上的灰浆刮净。如上口不在同一直线上,应在面砖的下口垫小木片,尽量使上口在同一直线上。然后在上口放分格条,以控制水平缝大小与平直,又可防止面砖向下滑移,随后再进行第二皮面砖的铺贴。

（续表）

序号	项目	施工要求
7	外墙面砖粘贴	在完成一个层段的墙面并检查合格后，即可进行勾缝。勾缝用1:1水泥砂浆或水泥浆分两次进行嵌实，第一次用一般水泥砂浆，第二次按设计要求用彩色水泥浆或普通水泥浆勾缝。勾缝可做成凹缝，深度3mm左右。面砖密缝处用与面砖相同颜色水泥擦缝。完工后应将面砖表面清洗干净，清洗工作须在勾缝材料硬化后进行。如有污染，可用浓度为10%的盐酸刷洗，再用水冲净
8	陶瓷锦砖粘贴	(1) 抹好底子灰并经划毛及浇水养护后，根据节点细部详图和施工大样图，先弹出水平线和垂直线。水平线按每方陶瓷锦砖一道；垂直线亦可每方一道，亦可二三方一道。垂直线要与房屋大角以及墙垛中心线保持一致。如有分格时，按施工大样图规定的留缝宽度弹出。 (2) 镶贴陶瓷锦砖时，一般是自下而上进行，按已弹好的水平线安放八字靠尺或直靠尺，并用水平尺校正垫平。通常由二人协同操作，一人在前洒水润湿墙面，先刮一道素水泥浆，随即抹上2mm厚的水泥浆为黏结层，一人将陶瓷锦砖铺在木垫板上，纸面向下，锦砖背面朝上，先用湿布把底面擦净。用水刷一遍，再刮素水泥浆，将素水泥浆刮至陶瓷锦砖的缝隙中，在砖面不要留砂浆。而后，再将一张张陶瓷锦砖沿尺粘贴在墙上。 (3) 将陶瓷锦砖贴于墙面后，一手将硬木拍板放在已贴好的砖面上，一手用小木槌敲击木拍板，把所有的陶瓷锦砖满敲一遍，使其平整。然后将陶瓷锦砖的护面纸用软刷子刷水润湿，待护面纸吸水泡开，即开始揭纸。 (4) 揭纸后检查缝的大小，不合要求的缝必须拨正。调整砖缝的工作，要在黏结层砂浆初凝前进行。拨缝的方法是，一手将开刀放于缝间，一手用抹子轻敲开刀，逐条按要求将缝拨匀、拨正，使陶瓷锦砖的边口以开刀为准排齐。拨缝后用小木槌敲击木拍板将其拍实一遍，以增强与墙面的黏结。 (5) 待黏结水泥浆凝固后，用素水泥浆找补擦缝。方法是先用橡皮刮板将水泥浆在陶瓷锦砖表面刮一遍，嵌实缝隙，接着加些干水泥，进一步找补擦缝，全面清理擦干净后，次日喷水养护。擦缝所用水泥，如为浅色陶瓷锦砖应使用白色水泥

8.11.5 饰面砖粘贴的允许偏差

饰面砖粘贴的允许偏差见表 8.11.5。

表 8.11.5 饰面砖粘贴的允许偏差

序号	项目	允许偏差(mm)		检验方法
		外墙面砖	内墙面砖	
1	立面垂直度	3	2	用 2m 垂直检测尺检查
2	表面平整度	4	3	用 2m 靠尺和塞尺检查
3	阴阳角方正	3	3	用 90°尺检查
4	接缝直线度	3	2	拉 5m 线,不足 5m 拉通线,用钢直尺检查
5	接缝高低差	1	0.5	用钢直尺和塞尺检查
6	接缝宽度	1	1	用钢直尺检查

8.12 地面基层施工

8.12.1 地面基层施工的一般规定

地面基层施工的一般规定见表 8.12.1。

表 8.12.1 地面基层施工的一般规定

序号	项目	规　　定
1	施工一般规定	(1)对软弱涂层应按设计要求进行处理。 (2)填土应分层压(夯)实,填土质量应符合现行国家标准《建筑地基基础工程施工质量验收规范》(GB 50202—2002)的有关规定。 (3)填土时应为最优含水量。重要工程或大面积的地面填土前,应取土样,按击实试验确定最优含水量与相应的最大干密度
2	材料要求	基土选用土料应符合设计要求。如无具体设计要求时,应采用含水量符合设计要求的黏性土。现场鉴别土的含水量方法是:用手紧握土料成团,两指轻捏即碎为宜。土料的最优含水量和最大干密度参考数值见表 8.12.2。

(续表)

序号	项目	规　定
2	材料要求	当土料的含水量大于最佳含水量范围时,将影响夯实质量,对这种情况应采取翻松、晾晒,或均匀掺入干土,或掺入吸水性填料;含水量偏低、小于最佳含水量范围时,应采取预先洒水润湿,增加压实遍数,或使用大功率压实机械碾压。一般讲,最佳含水量的土料,经过压实,可得到最佳密实度。 基土的土料不得使用淤泥、淤泥质土、冻土、耕植土、垃圾以及有机物含量大于8%的土料。膨胀土作填土时,应进行技术处理。 碎石、卵石和爆破石渣可作表面以下的填料。作填料时,其最大粒径不得超过每层铺填厚度的2/3
3	主要机具	(1)根据土质和施工条件,应合理选用适当的摊铺、平整、碾压、夯实机具设备和辅助用具,以能达到设计要求为基本原则,兼顾进度、经济要求。 (2)常用机具设备平碾、凸块碾、振动平碾、蛙式打夯机、柴油式打夯机、手推车、筛子、木耙、铁锹、小线、钢直尺、胶皮管等;工程量较大时,装运土方机械有铲土机、自卸汽车、推土机、铲运机以及翻斗车等
4	施工作业条件	(1)填土前应对所覆盖的隐蔽工程进行验收且合格,并进行隐检会签。 (2)施工前,应做好水平标志,以控制填土的高度和厚度,可采用立桩、竖尺、拉线、弹线等方法。 (3)如使用汽车或大型自行机械,应确定好其行走路线、装卸料场地、转运场地等,并编制好施工方案。 (4)对所有作业人员已进行了技术交底,特殊工种必须持证上岗。 (5)作业时的环境如天气、温度、湿度等状况应满足施工质量可达到标准的要求。 (6)基底松、软土处理完,隐蔽验收完

（续表）

序号	项目	规　定
5	基土处理要求	（1）填土前应将基底地坪的杂物、浮土清理干净。 （2）检验土的质量有无杂质、粒径是否符合要求。土的含水量是否在控制的范围内，如过高，可采用翻松、晾晒或均匀掺入干土等措施；如过低，可采用预先洒水湿润等措施。 （3）回填土应分层摊铺，每层铺土厚度应根据土质、密实度要求和机具性能通过压实试验确定。作业时，应严格按照试验所确定的参数进行。每层摊铺后，随之耙平。压实系数应符合设计要求，设计无要求，应符合规范要求。 （4）回填土每层的夯压遍数根据压实试验确定。作业时，应严格按照试验所确定的参数进行。打夯应一夯压半夯，夯夯相接、行行相连、纵横交叉，并且严禁采用水浇使土下沉的所谓"水夯"法。每层夯实土验收之后回填上层土。 分层厚度和碾压次数应根据所选择的碾压机械和设计要求的密实度进行现场试验确定。一般关系见表8.12.3。 （5）深浅两基坑相连时，应先填夯深基土，填至浅基坑相同标高时，再与浅基土一起填夯。如必须分段填夯时，交接处应填成阶梯形，梯形宽高比一般为1:2。上下层错缝距离不应小于1.0m。 （6）基坑回填应在相对两侧或四周同时进行，基础墙两侧标高不可相差太多，以免把墙挤歪；较长的管沟墙，应采用内部加支撑的措施，然后再在外侧回填土方。 （7）回填房心及管沟时，为防止管道中心线位移或损坏管道，应用人工先在管子两侧填土夯实；并应由管道两侧同时进行，直至管顶0.5m以上时，在不损坏管道的情况下，方可采用蛙式打夯机夯实。在抹带接口处、防腐绝缘层或电缆周围，应回填细粒料。 （8）回填土每层填土夯实后应按规范进行环刀取样，测出干土的质量密度；达到要求后，再进行上一层的铺土。 （9）填土全部完成后，应进行表面拉线找平，凡超过标准高程的地方，及时依线铲平；凡低于标准高程的地方，应补土夯实。

(续表)

序号	项目	规　定
5	基土处理要求	当工业厂房填土时,在施工前应通过试验确定其最优含水量和施工含水量的控制范围。 (10)当墙、柱基础处填土时,应重叠夯填密实。在填土与墙柱相连处,也可采取设缝进行技术处理。 (11)当基土下为非湿陷性土层,其填土为砂土时可随浇水随压(夯)实。每层虚铺厚度不应大于200mm。 (12)在冻胀性土上铺设地面时,应按设计要求作防冻处理后方可施工。并不得在冻土上进行填土施工
6	施工注意事项	(1)基土下土层不应被扰动,或扰动后未能恢复初始状态,应清至未被扰动层。 (2)回填土作业应连续进行,尽快完成。在雨季应有防雨措施,防止基土和基底遭到雨水浸泡;冬季应有保温防冻措施,防止土层受冻。基底受冻或有冻块土均不得回填。 (3)在雨、雪、低温、强风条件下,在室外或露天不宜进行基土作业。 (4)凡检验不合格的部位,均应返工纠正,并制定纠正措施,防止再次发生

8.12.2　土料最佳含水量和最大干密度

土料最佳含水量和最大干密度见表8.12.2。

表8.12.2　土料最佳含水量和最大干密度

序号	土料种类	最佳含水量(质量比)(%)	最大干密度(g/cm³)
1	黏土	19～23	1.58～1.70
2	粉质黏土	12～15	1.85～1.95
3	粉土	9～15	1.85～2.08
4	砂土	8～12	1.80～1.88

8.12.3　每层虚铺厚度和碾压遍数关系

每层虚铺厚度和碾压遍数关系见表8.12.3。

表8.12.3 每层虚铺厚度和碾压遍数关系

序号	碾压机械	每层虚铺厚度(mm)	每层碾压遍数	说明
1	凸块碾	200~350	8~16	土块粒径不大于50mm
2	平碾	200~300	6~8	
3	蛙式打夯机	200~250	3~4	
4	人工打夯	≤200	3~4	

8.13 地面垫层施工

8.13.1 灰土垫层施工

1. 灰土垫层铺设

灰土垫层铺设见表8.13.1。

表8.13.1 灰土垫层铺设

序号	项目	说明
1	施工一般规定	(1)灰土垫层应采用熟化石灰与黏土(或粉质黏土、粉土)的拌合料铺设,其厚度应不小于100mm。 (2)熟化石灰可采用磨细生石灰,亦可用粉煤灰或电石渣代替。 (3)灰土垫层应铺设在不受地下水浸泡的基土上,施工后应有防止水浸泡的措施。 (4)灰土垫层应分层夯实,经湿润养护,晾干后方可进行下一道工序施工
2	材料(机具)要求	(1)材料要求。 ①土料。宜优先选用黏土、粉质黏土或粉土,不得含有有机杂物,使用前应先过筛,其粒径不大于15mm。 ②石灰。块灰闷制的熟石灰,要用6~10mm的筛子过筛。生石灰块熟化不良,没有认真过筛,颗粒过大,造成颗粒遇水熟化体积膨胀,会将上层构造层拱裂,务必认真对待熟石灰的过筛要求。 熟化石灰可采用磨细生石灰,亦可用粉煤灰或电石渣代

第8章 装饰装修工程施工技术

序号	项目	说　　明
2	材料（机具）要求	替。当采用粉煤灰或电石渣代替熟化石灰作垫层时，其粒径不得大于5mm，且粉煤灰放射性指标应符合有关规定。 ③拌合料的体积比宜为3:7（熟化石灰:黏土），或按设计要求配料。 （2）主要机具有蛙式打夯机、机动翻斗车、手扶式振动压路机、筛子（孔径6~10mm和16~20mm两种）、标准斗、靠尺、铁耙、铁锹、水桶、喷壶、手推胶轮车等
3	施工作业条件	（1）基土表面干净、无积水，已检验合格并办理隐检手续。 （2）基础墙体、垫层内暗管埋设完毕，并按设计要求予以稳固，检查合格，并办理中间交接验收手续。 （3）在室内墙面已弹好控制地面垫层标高和排水坡度的水平控制线或标志。 （4）施工机具设备已备齐，经维修试用，可满足施工要求，水、电已接通
4	施工工艺流程	基土清理→弹线→设标志→灰土铺实和夯实→垫层接缝
5	施工操作要点	灰土垫层施工操作要点见表8.13.2
6	冬、雨期施工	施工应连续进行，尽快完成，施工中应有防雨排水措施。刚打完或尚未夯实的灰土，如遭受雨淋浸泡，应将积水及松软灰土除去，并补填夯实；受浸湿的灰土，应晾干后再夯打密实。 灰土垫层不宜冬期施工，当施工时必须采取措施，并不得在基土受冻的状态下铺设灰土，土料不得含有冻块，应覆盖保温，当日拌合灰土，应当日铺完夯完，夯完的灰土表面应用塑料薄膜和革袋覆盖保温

2. 灰土垫层施工操作要点

灰土垫层施工操作要点见表8.13.2。

表 8.13.2 灰土垫层施工操作要点

序号	项目	施工操作要点
1	基土清理	铺设灰土前先检验基土土质,清除松散土、积水、污泥、杂质,并打底夯两遍,使表土密实
2	弹线、设标志	在墙面弹线,在地面设标桩,找好标高、挂线,作为控制铺填灰土厚度的标准
3	灰土拌合	(1)灰土垫层应采用熟化石灰与黏土(或粉质黏土、粉土)的拌合料铺设,其厚度不应小于100mm。黏土含水率应符合规定。 (2)灰土的配合比应用体积比,除设计有特殊要求外,一般为石灰:黏土 = 2:8 及 3:7。通过标准斗,控制配合比。拌合时必须均匀一致,至少翻拌两次。灰土拌合料应拌合均匀,颜色一致,并保持一定的湿度,加水量宜为拌合料总质量的16%。工地检验方法是:以手握成团,两指轻捏即碎为宜。如土料水分过大或不足时,应晾干或洒水湿润
4	灰土铺设和夯实	(1)灰土垫层应铺设在不受地下水浸泡的基土上。施工后应有防止水浸泡的措施。 (2)灰土垫层应分层夯实,经湿润养护、晾干后方可进行下一道工序施工。 (3)灰土摊铺虚铺厚度一般为150~250mm(夯实后为100~150mm厚),垫层厚度超过150mm应由一端向另一端分段分层铺设,分层夯实。各层厚度钉标桩控制,夯实采用蛙式打夯机或木夯,大面积宜采用小型手扶振动压路机,夯打遍数一般不少于3遍,碾压遍数不少于6遍;人工打夯应一夯压半夯,夯夯相接,行行相接,纵横交错。 灰土夯实后,质量标准可按压实系数 λ_c 进行鉴定,一般为0.93~0.95。每层夯实厚度应符合设计,在现场试验确定。 (4)夯实的干密度最低值应符合设计要求,当设计无规定时。应符合表8.13.3的规定。 (5)灰土回填每层夯(压)实后,应根据规范规定进行环刀取样,测

(续表)

序号	项目	施工操作要点
4	灰土铺设和夯实	出灰土的质量密度。也可用贯入度仪检查灰土质量,但应先进行现场试验确定贯入度的具体要求,以达到控制压实系数所对应的贯入度。环刀取样检验灰土干密度的检验点数,对大面积每 50~100m² 应不少于1个,房间每间不少于1个。并注意要绘制每层的取样点图
5	垫层接缝	灰土分段施工时,上下两层灰土的接槎距离不得小于500mm。当灰土垫层标高不同时,应做成阶梯形。接槎时应将槎子垂直切齐。接缝不要留在地面荷载较大的部位

3. 灰土质量标准

灰土质量标准见表8.13.3。

表8.13.3 灰土质量标准

序号	土料种类	灰土最小干密度(g/cm³)
1	粉土	1.55
2	粉质黏土	1.50
3	黏土	1.45

8.13.2 三合土垫层施工

1. 三合土垫层铺设

三合土垫层铺设见表8.13.4。

表8.13.4 三合土垫层铺设

序号	项目	说明
1	一般规定	(1)三合土垫层采用石灰、砂(可掺入少量黏土)与碎砖的拌合料铺设,其厚度应不小于100mm。 (2)三合土垫层应分层夯实。 (3)每10m³三合土垫层材料用量见表8.13.5

(续表)

序号	项目	说　明
2	材料(机具)要求	(1)材料要求。 ①石灰应采用熟化石灰。熟化石灰应在生石灰(石灰中的块灰不应小于70%)使用前3~4d洒水粉化，并加以过筛，其粒径不得大于5mm，熟化石灰也可采用磨细生石灰，并按体积比与黏土拌合洒水堆放8h后使用。 块灰闷制的熟石灰，要用6~10mm的筛子过筛；熟化石灰可采用磨细生石灰，亦可用粉煤灰或电石渣代替。当采用粉煤灰或电石渣代替熟化石灰作垫层时，其粒径不得大于5mm。 ②用废砖、断砖加工而成，粒径20~60mm，不得夹有风化、酥松碎块、瓦片和有机杂质。 ③采用中砂或中粗砂，并不得含有草根等有机杂质。 ④土料宜优先选用黏土、粉质黏土或粉土，不得含有有机杂物，使用前应过筛，其粒径不大于15mm。 (2)主要机具有铲土机、自卸汽车、推土机、蛙式打夯机、手扶式振动压路机、机动翻斗车、铁锹、铁耙、筛子、喷壶、手推胶轮车、铁锤等
3	施工作业条件	(1)设置铺填厚度的标志，如水平木桩或标高桩，或固定在建筑物的墙上弹上水平标高线。 (2)基础墙体、垫层内暗管埋设完毕，并按设计要求予以稳固，检查合格，并办理中间交接验收手续。 (3)在室内墙面已弹好控制地面垫层标高和排水坡度的水平控制线或标志。 (4)施工机具设备已备齐，经维修试用，可满足施工要求，水、电已接通。 (5)基土上无浮土、杂物和积水
4	施工操作要点	三合土垫层施工操作要点见表8.13.6

(续表)

序号	项目	说 明
5	成品保护	(1)三合土垫层下土层不应被扰动,或扰动后未能恢复初始状态,清除被扰动土。 (2)作业应连续进行,尽快完成。在雨季应有防雨措施,防止遭到雨水浸泡;冬季应有保温防冻措施,防止受冻。 (3)在雨、雪、低温、强风条件下,在室外或露天不宜进行三合土垫层作业。 (4)凡检验不合格的部位,均应返工纠正,并制定纠正措施,防止再次发生

2. 三合土垫层材料用量

三合土垫层材料用量见表 8.13.5。

表 8.13.5 三合土垫层材料用量 (m^3)

序号	材料名称	单位	配合比	
			1:2:4	1:3:6
1	碎料	m^3	11.72	11.72
2	净砂	m^3	5.86	5.86
3	石灰	kg	1 400	980

3. 三合土垫层施工操作要点

三合土垫层施工操作要点见表 8.13.6。

表 8.13.6 三合土垫层施工操作要点

序号	项目	施工操作要点
1	基土清理	铺设前先检验基土土质,清除松散土、积水、污泥、杂质,并打底夯两遍,使表土密实
2	弹线、设标志	在墙面弹线,在地面设标桩。找好标高、挂线,作为控制铺填灰土厚度的标准

(续表)

序号	项目	施工操作要点
3	三合土垫层铺设	(1)检验石灰的质量,确保粒径和熟化程度符合要求;检验碎砖的质量,其粒径不得大于60mm。 (2)拌合。灰、砂、砖的配合比应用体积比,应按照实验确定的参数或设计要求控制配合比。拌合时必须均匀一致,至少翻拌两次,拌合好的土料颜色应一致。 (3)三合土施工时应适当控制含水量,如砂水分过大或过干,应提前采取晾晒或洒水等措施。 (4)填土应分层摊铺。每层铺土厚度应根据土质、密实度要求和机具性能通过压实实验确定。作业时,应严格按照实验所确定的参数进行。每层摊铺后,随之耙平。 (5)回填土每层的夯压遍数,根据压实实验确定。作业时,应严格按照实验所确定的参数进行。打夯应一夯压半夯,夯夯相接、行行相连,纵横交叉。 (6)三合土分段施工时,应留成斜坡接槎,并夯压密实;上下两层接槎的水平距离不得小于500mm。 (7)三合土每层夯实后应按规范进行实验,测出压实度(密实度);达到要求后,再进行上一层的铺土。 (8)垫层全部完成后,应进行表面拉线找平,凡超过标准高程的地方,及时依线铲平;凡低于标准高程的地方,应补土夯实

8.13.3 炉渣垫层施工

1. 炉渣垫层铺设

炉渣垫层铺设见表8.13.7。

表8.13.7 炉渣垫层铺设

序号	项目	说明
1	施工一般规定	(1)炉渣垫层采用炉渣或水泥与炉渣或水泥、石灰与炉渣的拌合料铺设,其厚度应不小于80mm。 (2)炉渣或水泥炉渣垫层的炉渣,使用前应浇水闷透;水泥石灰炉渣垫层的炉渣,使用前应用石灰浆或用熟化石灰浇水拌合闷透;闷透时

(续表)

序号	项目	说　　明
1	施工一般规定	间均不得少于5d。 (3)在垫层铺设前,其下一层应湿润;铺设时应分层压实,铺设后应养护,待其凝结后方可进行下一道工序施工
2	材料(机具)要求	(1)材料要求。 ①水泥进场后按同品种、同强度等级取样进行检验,水泥质量有怀疑或水泥出厂日期超过3个月时应在使用前作复验,检验合格后,方准使用。 水泥应按不同品种、不同强度、不同出厂日期分别堆放和保管,不得混杂,并防止混掺使用。 ②炉渣内不应含有有机杂质和未燃尽的煤块,粒径不应大于4mm(且不得大于垫层厚度的1/2),且粒径在5mm及其以下的颗粒,不得超过总体积的40%。 炉渣或水泥炉渣垫层采用的炉渣应为陈渣,即在使用前应浇水闷透的炉渣,禁止使用新渣。 ③熟化石灰。石灰应用块灰,使用前应充分熟化过筛,不得含有粒径大于5mm的生石灰块,也不得含有过多的水分。也可采用磨细生石灰,或用粉煤灰、电石渣代替;采用加工磨细生石灰粉时,使用前加水溶化后方可使用。 ④炉渣垫层配合比应符合设计要求。如设计无要求,可根据实际情况按表8.13.8选用。 (2)主要机具有搅拌机、手推车、石制或铁制压滚(直径200mm,长600mm)、平板振动器、平铁锹、计量器、筛子、喷壶、浆壶、木拍板、3m和1m长木制大杠、笤帚、钢丝刷等
3	施工作业条件	(1)结构工程已经验收,并办完验收手续,墙上水平标高控制线已弹好。 (2)预埋在垫层内的电气及其设备管线已安装完(用细石混凝土或1∶3水泥砂浆将电管嵌固严密,有一定强度后才能铺炉渣),并办完隐蔽验收手续。 (3)穿过楼板的管线已安装验收完,楼板孔洞已用细石混凝土填塞密实。

(续表)

序号	项目	说明
3	施工作业条件	(4)地面以下的排水管道、暖气沟、暖气管道已安装完,并办理完隐蔽验收手续
4	施工操作工艺	(1)铺设垫层前应将基底上的杂物、浮土、落地灰等清理干净,洒水湿润。 (2)炉渣在使用前必须过两遍筛,第一遍过40mm大孔径筛,第二遍过5mm小孔径筛,主要筛去细粉末,使粒径在5mm以下的体积,不得超过总体积的40%,这样使炉渣具有粗细粒径搭配的合理配比,对促进垫层的成形和早期强度很有利。 (3)炉渣或水泥炉渣垫层采用的炉渣,不得用新渣。必须使用的陈渣就是在使用前已经浇水闷透的炉渣,浇水闷透的时间不少于5d。 (4)水泥石灰炉渣垫层采用的炉渣,应先用石灰浆或用熟化石灰浇水拌合闷透,闷透时间不少于5d
5	施工操作要点	炉渣垫层施工操作要点见表8.13.9
6	成品保护	(1)炉渣铺设应连续进行,尽快完成。在雨季应有防雨措施,防止遭到雨水浸泡;冬季应有保温防冻措施,防止受冻;在雨、雪、低温、强风条件下,在室外或露天不宜进行炉渣垫层作业。 (2)铺炉渣拌合料时,注意不得将稳固线管的细石混凝土碰松动,通过地面的竖管也要加以保护。 (3)炉渣垫层铺设完之后,要注意加以养护,常温下养护3d后方能进行面层施工。 (4)不得直接在垫层上存放各种材料,以免影响与面层的黏结力。 (5)凡检验不合格部位,均应返工纠正,并制定纠正措施,防止再次发生

2. 炉渣垫层配合比

炉渣垫层配合比见表8.13.8。

第8章 装饰装修工程施工技术

表8.13.8 炉渣垫层配合比

序号	垫层名称	石灰	水泥	炉渣
1	石灰炉渣垫层	1		3
2	水泥炉渣垫层		1	6
3	水泥炉渣垫层		1	8
4	水泥石灰炉渣垫层	1	1	8
5	水泥石灰炉渣垫层	1	1	10
6	水泥石灰炉渣垫层	1	1	12

3. 炉渣垫层施工操作要点

炉渣垫层施工操作要点见表8.13.9。

表8.13.9 炉渣垫层施工操作要点

序号	项目	施工操作要点
1	基层处理	铺设炉渣垫层前,对黏结在基层上的水泥浆皮、混凝土渣子等用钢凿子剔凿,钢丝刷刷掉,再用扫帚清扫干净,洒水湿润
2	炉渣配制	(1)炉渣或水泥炉渣垫层的炉渣,使用前应浇水闷透;水泥石灰炉渣垫层的炉渣使用前应用石灰浆或用熟化石灰浇水拌合闷透,闷透时间均不得少于5d。 (2)炉渣在使用前必须过两遍筛,第一遍过大孔径筛,筛孔径为40mm,第二遍用小孔径筛,筛孔为5mm,主要筛去细粉末,使粒径5mm以下的颗粒体积不得超过总体积的40%。 (3)炉渣垫层的拌合料体积比应按设计要求配制。如设计无要求,水泥与炉渣拌合料的体积比宜为1:6(水泥:炉渣)。水泥、石灰与炉渣拌合料的体积比宜为1:1:8(水泥:石灰:炉渣)。 (4)炉渣垫层的拌合料必须拌合均匀。先将闷透的炉渣按体积比与水泥干拌均匀后,再加水拌合,颜色一致,加水量应严格控制,使铺设时表面不致出现泌水现象。 水泥石灰炉渣的拌合方法同上,先按配合比干拌均匀后,再加水拌合均匀

(续表)

序号	项目	施工操作要点
3	弹线	根据墙上+500mm水平标高线及设计规定的垫层厚度(如无设计规定,其厚度不应小于80mm),往下量测出垫层的上平标高,并弹在周墙上。然后拉水平线抹水平墩(用细石混凝土或水泥砂浆抹成60mm×60mm见方,与垫层同高),其间距2m左右,有泛水要求的房间,按坡度要求拉线找出最高和最低的标高,抹出坡度墩,用来控制垫层的表面标高
4	炉渣铺设	(1)炉渣垫层拌合料铺设之前再次用扫帚清扫基层,用清水洒一遍(用喷壶洒均匀)。 (2)铺设炉渣前在基层刷一道素水泥浆(水灰比为0.4~0.5),将拌合均匀的拌合料,从房间内退着往外铺设,虚铺厚度宜控制在1.3:1,如设计要求垫层厚度为80mm,拌合料虚铺厚度为104mm(当垫层厚度大于120mm时,应分层铺设,每层压实后的厚度不应大于虚铺厚度的3/4)。 (3)在垫层铺设前,其下一层应湿润。铺设时应分层压实,铺设后应养护,待其凝结后方可进行下一道工序施工
5	炉渣刮平、滚压	(1)以找平墩为标志,控制好虚铺厚度,用铁锹粗略找平,然后用木杠刮平,再用滚筒往返滚压(厚度超过120mm时,应用平板振动器),并随时用2m靠尺检查平整度,高出部分铲掉,凹处填平。直到滚压平整出浆且无松散颗粒为止。对于墙根、边角、管根周围不易滚压处,应用木拍板拍打密实。采用木拍压实时,应按拍实—拍实找平—轻拍砂浆—抹平等四道工序完成。 (2)水泥炉渣垫层应随拌随铺随压实,全部操作过程应控制在2h内完成。施工过程中一般不留施工缝,如房间大必须留施工缝时,应用木方或木板挡好留槎处,保证直槎密实,接槎时应刷水泥浆(水灰比为0.4~0.5)后,再继续铺炉渣拌合料
6	养护	垫层施工完毕应防止受水浸润。要做好养护工作(进行洒水养护),常温条件下,水泥炉渣垫层至少养护2d,水泥石灰炉渣垫层至少养护7d,严禁上人乱踩、弄脏,待其凝固后方可进行面层施工

8.13.4 水泥混凝土垫层施工

1. 水泥混凝土垫层铺设

水泥混凝土垫层铺设见表8.13.10。

表8.13.10 水泥混凝土垫层铺设

序号	项目	说 明
1	施工一般规定	(1) 水泥混凝土垫层铺设在基土上，当气温长期处于0℃以下，设计无要求时，垫层应设置伸缩缝。 (2) 水泥混凝土垫层的厚度应不小于60mm。 (3) 垫层铺设前，其下一层表面应湿润。 (4) 室内地面的水泥混凝土垫层应设置纵向缩缝和横向缩缝，纵向缩缝间距不得大于6m，横向缩缝不得大于12m。 (5) 垫层的纵向缩缝应做平头缝或加肋板平头缝，当垫层厚度大于150mm时可做企口缝，横向缩缝应做假缝。平头缝和企口缝的缝间不得放置隔离材料，浇筑时应互相紧贴。企口缝的尺寸应符合设计要求，假缝宽度为5~20mm，深度为垫层厚度的1/3，缝内填水泥砂浆。 (6) 工业厂房、礼堂、门厅等大面积水泥混凝土垫层应分区段浇筑。分区段应结合变形缝位置、不同类型的建筑地面连接处和设备基础的位置进行划分，并应与设置的纵向、横向缩缝的间距相一致。 (7) 水泥混凝土施工质量检验尚应符合现行国家标准《混凝土结构工程施工质量验收规范》(GB 50204—2011) 的有关规定
2	材料(机具)要求	(1) 材料要求。 ①水泥。水泥采用硅酸盐水泥、普通硅酸盐水泥或矿渣硅酸盐水泥，其强度等级不得低于32.5级。进场时应对其品种、级别、包装或散装仓号、出厂日期等进行检查，并应对其强度、安定性及其他必要的性能指标进行复验。 当在使用中对水泥质量有怀疑或水泥出厂超过3个月(快硬硅酸盐水泥超过1个月)时，须进行复验，并按复验结果使用。 ②砂宜采用中砂或粗砂，含泥量不应大于3%。

（续表）

序号	项目	说　　明
2	材料(机具)要求	③石采用碎石或卵石,粗骨料的级配要适宜,其最大粒径不应大于垫层厚度的2/3,含泥量不应大于2%。 ④水宜采用饮用水。 ⑤外加剂。混凝土中掺用外加剂的质量应符合现行国家标准《混凝土外加剂》(GB 8076—2008)的规定。 (2)水泥混凝土垫层施工主要机具有混凝土搅拌机、翻斗车、手推车、平板振捣器、磅秤、筛子、铁锹、小线、木拍板、刮杠、木抹子等
3	施工作业条件	(1)楼地面基层施工完毕,暗敷管线、预留孔洞等已经验收合格,并做好记录。 (2)垫层混凝土配合比已经确认,混凝土搅拌后对混凝土强度等级、配合比、搅拌制度、操作规程等进行挂牌。 (3)水平标高控制线已弹完。 (4)水、电布线到位,施工机具、材料已准备就绪
4	施工操作要点	施工操作要点见表8.13.11
5	冬期施工	冬期施工环境温度不得低于5℃。如在0℃以下施工时,混凝土中应掺加防冻剂,防冻剂应经检验合格后方准使用,防冻剂掺量应由试验确定。混凝土垫层施工完后,应及时覆盖塑料布和保温材料
6	成品保护	(1)水泥混凝土垫层的厚度不应小于60mm。 (2)混凝土浇筑完毕后,应在12h以内用草帘等加以覆盖和浇水,浇水次数应能保持混凝土具有足够的湿润状态,浇水养护时间不少于7d。 (3)浇筑的垫层混凝土强度达到1.2MPa以后,才可允许人员在其上面走动和进行其他工序施工。 (4)落地混凝土应在初凝前及时回收,回收的混凝土不得夹有杂物,并应及时运至搅拌地点,掺入新混凝土中拌合使用

第8章 装饰装修工程施工技术

2. 水泥混凝土垫层施工操作要点

水泥混凝土垫层施工操作要点见表 8.13.11。

表 8.13.11　水泥混凝土垫层施工操作要点

序号	项目	施工操作要点
1	基层清理	浇筑混凝土垫层前,应清除基层的淤泥和杂物;基层表面平整度应控制在 15mm 内
2	弹线、找标高	根据墙上水平标高控制线,向下量出垫层标高。在墙上弹出控制标高线。垫层面积较大时,底层地面可视基层情况采用控制桩或细石混凝土(或水泥砂浆)作找平墩控制垫层标高;楼层地面采用细石混凝土或水泥砂浆作找平墩控制垫层标高
3	混凝土拌制与运输	(1)混凝土搅拌机开机前应进行试运行,并对其安全性能进行检查,确保其运行正常。 (2)混凝土搅拌时应先加石子,后加水泥,最后加砂和水,其搅拌时间不得少于 1.5min,当掺有外加剂时,搅拌时间应适当延长。 (3)在运输中,应保持混凝土的匀质性,做到不分层、不离析、不漏浆。运到浇筑地点时,应具有要求的坍落度,坍落度一般控制在 10~30mm
4	混凝土垫层铺设	(1)混凝土的配合比应根据设计要求通过试验确定。 (2)投料必须严格过磅,精确控制配合比。每盘投料顺序为石子→水泥→砂→水。应严格控制水量,搅拌要均匀,搅拌时间不少于 90s。 (3)铺设前,将基层湿润,并在基底上刷一道素水泥浆或界面结合剂,随刷随铺混凝土。 (4)混凝土铺设应从一端开始,由内向外铺设。混凝土应连续浇筑,间歇时间不得超过 2h。如间歇时间过长,应分块浇筑,接槎处按施工缝处理。接缝处混凝土应捣实压平,不显接头楞。 (5)工业厂房、礼堂、门厅等大面积水泥混凝土垫层应分区段浇筑,分区段时应结合变形缝位置、不同类型的建筑地面连接处和设备基础的位置进行划分,并应与设置的纵向、横向缩缝的间距相一致。

(续表)

序号	项目	施工操作要点
4	混凝土垫层铺设	(6)水泥混凝土垫层铺设在基土上,当气温长期处于0℃以下,设计无要求时,垫层应设置施工缝。 (7)室内地面的水泥混凝土垫层,应设置纵向缩缝和横向缩缝;纵向缩缝间距不得大于6m,并应做成平头缝或加肋板平头缝,当垫层厚度大于150mm时,可做企口缝;横向缩缝间距不得大于12m,横向缩缝应做假缝。 (8)平头缝和企口缝的缝间不得放置隔离材料,浇筑时应互相紧贴,企口缝的尺寸应符合设计要求,假缝宽度为5～20mm,深度为垫层厚度的1/3,缝内填水泥砂浆
5	混凝土垫层的振捣和找平	(1)用铁锹摊铺混凝土,用水平控制桩和找平墩控制标高,虚铺厚度略高于找平墩,然后用平板振捣器振捣。厚度超过200mm时,应采用插入式振捣器,其移动距离不应大于作用半径的1.5倍,做到不漏振,确保混凝土密实。 (2)混凝土振捣密实后,以墙柱上水平控制线和水平墩为标志,检查平整度,高出的地方铲平,凹的地方补平。混凝土先用水平刮杠刮平,然后表面用木抹子搓平。有找坡要求时,坡度应符合设计要求
6	混凝土取样试验	混凝土取样强度试块应在混凝土的浇筑地点随机抽取,取样与试件留置应符合下列规定: (1)拌制100盘且不超过100 m³ 的同配合比混凝土,取样不得少于一次。 (2)工作班拌制的同一配合比的混凝土不足100盘时,取样不得少于一次。 (3)每一层楼、同一配合比的混凝土,取样不得少于一次;当每一层建筑地面工程大于1 000m² 时,每增加1 000m² 应增做一组试块。 每次取样应至少留置一组标准养护试件,同条件养护试件的留置根据实际需要确定

8.14 找平层施工

8.14.1 找平层施工要求

找平层施工要求见表8.14.1。

表8.14.1 找平层施工要求

序号	项目		施工要求
1	施工一般规定		(1)找平层应采用水泥砂浆或水泥混凝土铺设,并应符合有关面层的规定。 (2)铺设找平层前,当其下一层有松散填充料时,应予铺平振实。 (3)有防水要求的建筑地面工程,铺设前必须对立管、套管和地漏与楼板节点之间进行密封处理;排水坡度应符合设计要求。 (4)在预制钢筋混凝土板上铺设找平层前,板缝填嵌的施工应符合下列要求: ①预制钢筋混凝土板相邻缝底宽应不小于20mm。 ②填嵌时,板缝内应清理干净,保持湿润。 ③填缝采用细石混凝土,其强度等级不得小于C20。填缝高度应低于板面10~20mm,且振捣密实,表面不应压光,填缝后应养护。 ④当板缝底宽大于40mm时,应按设计要求配置钢筋。 (5)在预制钢筋混凝土板上铺设找平层时,其板端应按设计要求作防裂的构造措施
2	材料(机具)要求	材料要求	(1)水泥。水泥宜采用硅酸盐水泥、普通硅酸盐水泥,其强度等级不宜小于32.5级。 (2)砂。砂应符合现行的行业标准《普通混凝土用砂、石质量及检验方法标准》(JGJ 52—2006)的规定,宜采用中粗砂,含泥量不大于3%。 (3)石。石应符合现行的行业标准《普通混凝土用砂、石质量及检验方法标准》(JGJ 52—2006)的规定,其最大粒径不应大于找平层厚度的2/3。

序号	项目		施工要求
2	材料(机具)要求	材料要求	(4)沥青。沥青应选用石油沥青,并符合有关标准规定。其软化点按"环球法"试验时宜为50~60℃,不得大于70℃。 (5)粉状填充料。粉状填充料应采用磨细的石料、砂或炉灰、粉煤灰、页岩灰和其他粉状的矿物质材料。不得采用石灰、石膏、泥岩灰或黏土作为粉状填充料。粉状填充料中小于0.08mm的细颗粒含量不应小于85%。采用振动法使粉状填充料密实时,其空隙不应大于45%,其含泥量不应大于3%。 (6)配合比设计要求。 ①水泥砂浆体积比不宜小于1:3(水泥:砂)。 ②水泥混凝土强度等级不应小于C15。 ③沥青设计配合比宜为1:8(沥青:砂和粉料)。 ④沥青混凝土配合比由计算试验确定,或按设计要求
		主要机具	主要机具有混凝土搅拌机、翻斗车、手推车、平板振捣器、磅秤、筛子、铁锹、小线、木拍板、刮杠、木抹子等
3	施工作业条件		(1)楼地面基层施工完毕,暗敷管线、预留孔洞等已经验收合格,并做好记录。 (2)垫层混凝土配合比已经确认,混凝土搅拌后对混凝土强度等级、配合比、搅拌制度、操作规程等进行挂牌。 (3)控制找平层标高的水平控制线已弹完。 (4)楼板孔洞已进行可靠封堵。 (5)水、电布线到位,施工机具、材料已准备就绪
4	施工操作要点		施工操作要点见表8.14.2
5	成品保护		(1)运送混凝土应使用不漏浆和不吸水的容器,使用前须湿润,运送过程中要清除容器内粘着的残渣,以确保浇灌前混凝土的成品质量。 (2)混凝土运输应尽量减少运输时间,从搅拌机卸出到浇灌完毕的延续时间应符合下列规定:

第8章 装饰装修工程施工技术

(续表)

序号	项目	施工要求
5	成品保护	①混凝土强度等级≤C30时,气温<25℃时为2h,气温>25℃时为1.5h。 ②混凝土强度等级>C30时,气温<25℃时为1.5h,气温>25℃时为1h。 (3)砂浆储存:砂浆应盛入不漏水的储灰器中,并随用随拌,少量储存。 (4)找平层浇灌完毕后应及时养护,混凝土强度达到1.2MPa以上时,方准施工人员在其上行走

8.14.2 找平层施工操作要点

找平层施工操作要点见表8.14.2。

表8.14.2 找平层施工操作要点

序号	项目	施工操作要点
1	基层清理	浇灌混凝土前,应清除基层的淤泥和杂物;基层表面平整度应控制在10mm内
2	弹线、找标准	根据墙上水平标高控制线,向下量出找平层标高,在墙上弹出控制标高线。找平层面积较大时,采用细石混凝土或水泥砂浆找平墩控制垫层标高,找平墩60mm×60mm,高度同找平层厚度,双向布置,间距不大于2m。用水泥砂浆做找平层时,还应冲筋
3	混凝土或砂浆搅拌与运输	(1)混凝土搅拌机开机前应进行试运行,并对其安全性能进行检查,确保其运行正常。 (2)混凝土搅拌时应先加石子,后加水泥,最后加砂和水,其搅拌时间不少于1.5min,当掺有外加剂时,搅拌时间应适当延长。 (3)水泥砂浆搅拌先向已转动的搅拌机内加入适量的水,再按配合比将水泥和砂先后投入,再加水至规定配合比,搅拌时间不得少于2min。 (4)水泥砂浆一次拌制不得过多,应随用随拌。砂浆放置时间不得过长,应在初凝前用完。 (5)混凝土、砂浆运输过程中,应保持其匀质性,做到不分层、不离

(续表)

序号	项目	施工操作要点
3	混凝土或砂浆搅拌与运输	析、不漏浆。运到浇灌地点时,混凝土应具有要求的坍落度。坍落度一般控制在 10~30mm,砂浆应满足施工要求的稠度
4	找平层铺设	(1)铺设找平层前,应将下一层表面清理干净。当找平层下有松散填充料时,应予铺平振实。 (2)用水泥砂浆或水泥混凝土铺设找平层,其下一层为水泥混凝土垫层时,应予湿润;当表面光滑时,应划(凿)毛。铺设时先刷一层水泥浆,其水灰比宜为 0.4~0.5。并应随刷随铺。 (3)在预制钢筋混凝土楼板上铺设找平层时,其板端间应按设计要求采取防裂的构造措施。 (4)有防水要求的楼面工程,在铺设找平层前,应对立管、套管和地漏与楼板节点之间进行密封处理。应在管的四周留出深度为 8~10mm 的沟槽,采用防水卷材或防水涂料裹住管口和地漏(图 8.14.1)。 (5)在水泥砂浆或水泥混凝土找平层上铺设防水卷材或涂布防水涂料隔离层时,找平层表面应洁净、干燥,其含水率不应大于 9%,并应涂刷基层处理剂。基层处理剂应采用与卷材性能配套的材料或采用同类涂料的底子油。铺设找平层后,涂刷基层处理剂相隔时间与其配合比均应通过试验确定
5	振捣和找平	(1)用铁锹摊铺混凝土或砂浆,用水平控制桩和找平墩控制标高,虚铺厚度略高于找平墩,然后用平板振捣器振捣。厚度超过200mm 时,应采用插入式振捣器,其移动距离不应大于作用半径的 1.5 倍,做到不漏振,确保混凝土密实。 (2)混凝土振捣密实后,以墙柱上水平控制线和水平墩为标志,检查平整度,高出的地方铲平,凹的地方补平。混凝土或砂浆先用水平刮杠刮平,然后表面用木抹子搓平,铁抹子抹平压光
6	见证取样试验	混凝土取样强度试块应在混凝土的浇筑地点随机抽取,取样与试件留置应符合下列规定: (1)制 100 盘且不超过 100 m^3 的同配合比混凝土,取样不得少于

(续表)

序号	项目	施工操作要点
6	见证取样试验	一次。 (2)工作班拌制同一配合比的混凝土不足100盘时,取样不得少于一次。 (3)每一层楼、同一配合比的混凝土,取样不得少于一次,当每一层建筑地面工程大于1 000 m^2 时,每增加1 000m^2 应增做一组试块。 每次取样应至少留置一组标准养护试件,同条件养护试件的留置根据实际需要确定

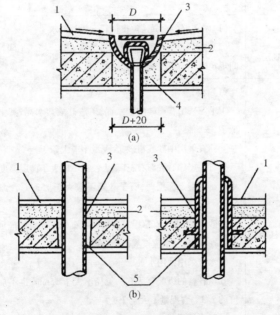

图 8.14.1 管道与楼面防水构造

(a)地漏部位防水构造;(b)立管、套管与楼面防水构造

1—饰面层;2—找平(防水层);3—地漏(管)四周留出8~10mm小沟槽(圆钉剔槽、打毛、扫净);4—1:2水泥砂浆或细石混凝土填实;5—1:2水泥砂浆

8.15 各种面层施工

8.15.1 水泥混凝土面层施工

水泥混凝土面层构造及施工操作要点等见表 8.15.1。

表 8.15.1　水泥混凝土面层

序号	项目	说　明
1	面层构造	水泥混凝土面层常用两种做法,一种是采用细石混凝土面层,其强度等级不应小于 C20,厚度为 30~40mm;另一种是采用水泥混凝土垫层兼面层,其强度等级不应小于 C15,厚度按垫层确定,(图 8.15.1)
2	施工一般规定	(1)水泥混凝土面层厚度应符合设计要求。 (2)水泥混凝土面层铺设不得留施工缝。当施工间隙超过允许时间规定时,应对接槎处进行处理
3	材料(机具)要求	(1)材料要求。 ①水泥采用普通硅酸盐水泥、矿渣硅酸盐水泥,其强度等级不得低于 32.5 级。 ②砂宜采用中砂或粗砂,含泥量不应大于 3%。 ③石采用碎石或卵石,其最大粒径不应大于面层厚度的 2/3;当采用细石混凝土面层时,石子粒径不应大于 15mm;含泥量不应大于 2%。 ④砂、石不得含有草根等杂物;砂、石的粒径级配应通过筛分试验进行控制,含泥量应按规范严格控制。 ⑤水宜采用饮用水。 ⑥粗骨料的级配要适宜。粒径不大于 15mm,也不应大于面层厚度的 2/3。含泥量不大于 2%。 ⑦配合比设计:混凝土强度等级不低于 C15、C20,水泥用量不少于 300kg/m³,坍落度为 10~30mm。 (2)主要机具有混凝土搅拌机、拉线和靠尺、抹子和木杠、捋角器及地碾(用于碾压混凝土面层,代替平板振动器的振实工作,且在碾压的同时,能提浆水,便于表面抹灰)

第 8 章　装饰装修工程施工技术

(续表)

序号	项目	说　　明
4	施工作业条件	(1)施工前在四周墙身弹好基准水平墨线(一般弹+500mm线)。 (2)门框和楼地面预埋件、水电设备管线等均应施工完毕并经检查合格。对于有室内外高差的门口位置,如果是安装有下槛的铁门时,尚应考虑室内外完成面能各在下槛两侧收口。 (3)各种立管孔洞等缝隙应先用细石混凝土灌实堵严(细小缝隙可用水泥砂浆灌堵)。 (4)办好作业层的结构隐蔽验收手续。 (5)作业层的顶棚(天花)、墙柱施工完毕
5	施工操作要点	施工操作要点见表8.15.2
6	施工养护及冬期施工	(1)水泥混凝土面层应在施工完成后24h左右覆盖和洒水养护,每天不少于两次,严禁上人,养护期不得少于7d。 (2)当水泥混凝土整体面层的抗压强度达到设计要求后,其上面方可走人,且在养护期内严禁在饰面上推动手推车、放重物品及随意践踏。 (3)推手推车时不许碰撞门立边和栏杆及墙柱饰面,门框适当要包铁皮保护,以防手推车轴头碰撞门框。 (4)施工时不得碰撞水电安装用的水暖立管等,保护好地漏、出水口等部位的临时堵头,以防灌入浆液杂物造成堵塞。 (5)施工过程中被沾污的墙柱面、门窗框、设备立管线要及时清理干净。 (6)冬季施工时,环境温度不应低于5℃。如果在0℃以下施工时,所掺抗冻剂必须经过试验室试验合格后方可使用。不宜采用氯盐、氨等作为抗冻剂,不得不使用时掺量必须严格按照规范规定的控制量和配合比通知单的要求加入

表 8.15.2　水泥混凝土面层施工操作要点

序号	项目	施工操作要点
1	基层清理	把沾在基层上的浮浆、落地灰等用錾子或钢丝刷清理掉,再用扫帚将浮土清扫干净;如有油污,应用 5%~10% 浓度火碱水溶液清洗。湿润后,刷素水泥浆或界面处理剂,随刷随铺设混凝土,避免间隔时间过长风干形成空鼓
2	弹线、找标高	(1)根据水平标准线和设计厚度,在四周墙、柱上弹出面层的上平标高控制线。 (2)按线拉水平线抹找平墩(60mm×60mm 见方,与面层完成面同高,用同种混凝土),间距双向不大于 2m。有坡度要求的房间应按设计坡度要求拉线,抹出坡度墩。 (3)面积较大的房间为保证房间地面平整度,还要做冲筋,以做好的灰饼为标准抹条形冲筋,高度与灰饼同高,形成控制标高的"田"字格,用刮尺刮平,作为混凝土面层厚度控制的标准。当天抹灰墩、冲筋,当天应当抹完灰,不应当隔夜
3	混凝土搅拌	(1)混凝土的配合比应根据设计要求通过试验确定。 (2)投料必须严格过磅,精确控制配合比。每盘投料顺序为石子→水泥→砂→水。应严格控制用水量,搅拌要均匀,搅拌时间不少于 90s,坍落度一般不应大于 30mm
4	混凝土铺设	(1)铺设前应按标准水平线用木板隔成宽度不大于 3m 的条形区段,以控制面层厚度。 (2)铺设时,先刷以水灰比为 0.4~0.5 的水泥浆,并随刷随铺混凝土,用刮尺找平。浇筑水泥混凝土的坍落度不宜大于 30mm。 (3)水泥混凝土面层宜采用机械振捣,必须振捣密实。采用人工捣实时,滚筒要交叉滚压 3~5 遍,直至表面泛浆为止。然后进行抹平和压光。 (4)水泥混凝土面层不得留置施工缝。当施工间歇超过规定的允许时间后,在继续浇筑混凝土时,应对已凝结的混凝土接槎处进行处理,用钢丝刷刷到石子外露,表面用水冲洗,并涂以水灰比为 0.4~0.5 的水泥浆,再浇筑混凝土,并应捣实压平,使新旧混凝土接缝紧密,不显接头槎

(续表)

序号	项目	施工操作要点
4	混凝土铺设	(5) 混凝土面层应在水泥初凝前完成抹平工作。水泥终凝前完成压光工作。 (6) 浇筑钢筋混凝土楼板或水泥混凝土垫层兼面层时,宜采用随捣随抹的方法。当面层表面出现泌水时,可加干拌的水泥和砂进行撒匀,其水泥和砂的体积比宜为1:2~1:2.5(水泥:砂),并进行表面压实抹光。 (7) 水泥混凝土面层浇筑完成后,应在12h内加以覆盖和浇水,养护时间不少于7d。浇水次数应能保持混凝土具有足够的湿润状态。 (8) 当建筑地面要求具有耐磨损、不起灰、抗冲击、高强度时,宜采用耐磨混凝土面层。它是以水泥为主要胶结材料,配以化学外加剂和高效矿物掺合料,达到高强和高黏结力。选用人造烧结材料、天然硬质材料为骨料的施工工艺铺设在新拌水泥混凝土基层上形成复合面强化的现浇整体面层,其构造如图8.15.1所示。 (9) 如在原有建筑地面上铺设时,应先铺设厚度不小于30mm的水泥混凝土一层,在混凝土未硬化前随即铺设耐磨混凝土面层,要求如下: ①耐磨混凝土面层厚度,一般为10~15mm,但不应大于30mm。 ②面层铺设在水泥混凝土垫层或结合层上,垫层或结合层的厚度不应小于50mm。当有较大冲击作用时,宜在垫层或结合层内加配防裂钢筋网,一般采用$\phi 4@(150~200)$mm双向网格,并应放置在上部,其保护层控制在20mm。 ③当有较高清洁美观要求时,宜采用彩色耐磨混凝土面层。 ④耐磨混凝土面层,应采用随捣随抹的方法。 ⑤对复合强化的现浇整体面层下基层的表面处理同水泥砂浆面层。 ⑥对设置变形缝的两侧100~150mm宽范围内的耐磨层应进行局部加厚3~5mm处理。 ⑦耐磨混凝土面层的主要技术指标:耐磨硬度(1 000r/min)≤0.289/cm²;抗压强度≥80N/mm²;抗折强度≥8N/mm²

(续表)

序号	项目	施工操作要点
5	混凝土振捣和找平	(1)用铁锹铺混凝土,厚度略高于找平墩,随即用平板振捣器振捣。厚度超过200mm时,应采用插入式振捣器,其移动距离不大于作用半径的1.5倍,做到不漏振,确保混凝土密实。振捣以混凝土表面出现泌水现象为宜。或者用30kg重滚纵横滚压密实,表面出浆即可。 (2)混凝土振捣密实后,以墙柱上的水平控制线和找平墩为标志,检查平整度,高的铲掉,凹处补平。撒一层干拌水泥砂(水泥:砂=1:1),用水平刮杠刮平,有坡度要求的,应按设计要求的坡度施工
6	表面压光	(1)当面层灰面吸水后,用木抹子用力搓打、抹平,将干拌水泥砂拌合料与混凝土砂浆混合,使面层达到紧密接合。 (2)第一遍抹压:用铁抹子轻轻抹压一遍直到出浆为止。 (3)第二遍抹压:当面层砂浆初凝后(上人有脚印但不下陷),用铁抹子把凹坑、砂眼填实抹平,注意不得漏压。 (4)第三遍抹压:当面层砂浆终凝前(上人有轻微脚印),用铁抹子用力抹压。把所有抹纹压平压光,达到面层表面密实光洁

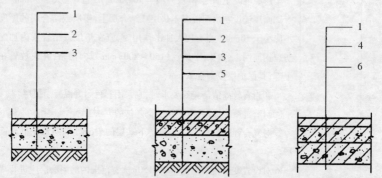

图 8.15.1 耐磨混凝土构造
1—耐磨混凝土面层;2—水泥混凝土垫层;3—细石混凝土结合层;
4—细石混凝土找平层;5—基土;6—钢筋混凝土楼板或结构整浇层

8.15.2 水泥砂浆面层施工

水泥砂浆面层的施工要求见表8.15.3。

表8.15.3 水泥砂浆面层的施工要求

序号	项目	说明
1	面层构造	水泥砂浆面层厚度应符合设计要求,且不应小于20mm,有单层和双层两种做法。图8.15.2a所示为单层做法,为20mm厚度,采用1:2水泥砂浆铺抹而成;图8.15.2b为双层做法,双层的下层为12mm厚度,采用1:2水泥砂浆,双层的上层为13mm厚度,采用1:1.5水泥砂浆铺抹而成
2	施工一般规定	水泥砂浆面层的厚度应符合设计要求,且应不小于20mm
3	材料(机具)要求	(1)材料要求。 ①水泥砂浆面层所用的水泥,宜优先采用硅酸盐水泥、普通硅酸盐水泥,且强度等级不得低于32.5级。如果采用石屑代砂时,水泥强度等级不低于42.5级。上述品种水泥在常用水泥中具有早期强度高、水化热大、干缩值较小等优点。 ②如采用矿渣硅酸盐水泥,其强度等级不低于42.5级,在施工中要严格按施工工艺操作,且要加强养护,方能保证工程质量。 ③水泥砂浆面层所用的砂,应采用中砂或粗砂,也可两者混合使用,其含泥量不得大于3%。因为细砂拌制的砂浆强度要比粗、中砂拌制的砂浆强度约低25%~35%,不仅其耐磨性差,而且还有干缩性大,容易产生收缩裂缝等缺点。 ④如采用石屑代砂,粒径宜为3~6mm,含泥量不大于3%。 ⑤材料配合比: A. 水泥砂浆:面层水泥砂浆的配合比应不低于1:2,其稠度不大于3.5cm。水泥砂浆必须拌合均匀,颜色一致。 B. 水泥石屑浆:如果面层采用水泥石屑浆,其配合比为1:2,水灰比为0.3~0.4,并特别要求做好养护工作。 (2)主要机具:砂浆搅拌机、拉线和靠尺、抹子和木杠、捋角器及地面抹光机(用于水泥砂浆面层的抹光)

(续表)

序号	项目	说明
4	施工作业条件	(1)施工前在四周墙身弹好基准水平墨线(一般弹+500mm线)。 (2)门框和楼地面预埋件、水电设备管线等均应施工完毕并经检查合格。对于有室内外高差的门口位置,如果是安装有下槛的铁门时,尚应顾及室内外完成面能各在下槛两侧收口。 (3)各种立管孔洞等缝隙应先用细石混凝土灌实堵严(细小缝隙可用水泥砂浆灌堵)。 (4)办好作业层的结构隐蔽验收手续。 (5)作业层的顶棚(天花板)、墙柱施工完毕
5	施工操作要点	施工操作要点见表8.15.4
6	施工养护及冬期施工	(1)水泥砂浆面层抹压后,应在常温湿润条件下养护。养护要适时,如浇水过早易起皮,如浇水过晚则会使面层强度降低而加剧其干缩和开裂倾向。一般在夏天是24h后养护,春秋季节应在48h后养护。养护一般不少于7d。最好是在铺上锯木屑(或以草垫覆盖)后再浇水养护,浇水时宜用喷壶喷洒,使锯木屑(或草垫等)保持湿润即可。如采用矿渣水泥时,养护时间应延长到14d。 (2)冬季施工时,环境温度不应低于5℃。如果在0℃以下施工时,所掺抗冻剂必须经过试验室试验合格后方可使用。不宜采用氯盐、氨等作为抗冻剂,不得不使用时掺量必须严格按照规范规定的控制量和配合比通知单的要求加入。 (3)在水泥砂浆面层强度达不到5MPa之前,不准在上面行走或进行其他作业,以免损伤地面

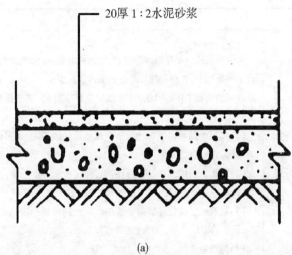

(a)

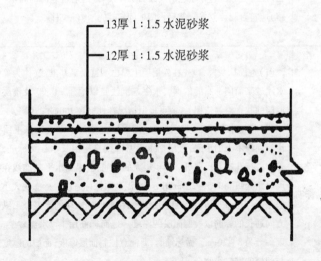

(b)

图 8.15.2 水泥砂浆面层
(a)单层做法;(b)双层做法

表8.15.4 水泥砂浆面层施工操作要点

序号	项目	施工操作要点
1	基层处理	水泥砂浆面层多是铺抹在楼面、地面的混凝土、水泥炉渣、碎砖三合土等垫层上,垫层处理是防止水泥砂浆面层空鼓、裂纹、起砂等质量通病的关键工序。因此,要求垫层应具有粗糙、洁净和潮湿的表面。 (1)垫层上的一切浮灰、油渍、杂质必须仔细清除,否则形成一层隔离层,会使面层结合不牢。 (2)表面较滑的基层,应进行凿毛,并用清水冲洗干净,冲洗后的基层,最好不要上人。 (3)宜在垫层或找平层的砂浆或混凝土的抗压强度达到1.2MPa后,再铺设面层砂浆,这样才不致破坏其内部结构。 (4)铺设地面前,还要再一次将门框校核找正。方法是先将门框锯口线找平校正,并注意当地面面层铺设后,门扇与地面的间隙(风路)应符合规定要求。然后将门框固定,防止构件位移
2	弹线、做标筋	(1)地面抹灰前,应先在四周墙上弹出一道水平基准线,作为确定水泥砂浆面层标高的依据。水平基准线是以地面±0.00及楼层砌墙前的找平点为依据,一般可根据情况弹性标高100cm的墙上。 (2)根据水平基准线再把楼地面面层上皮的水平辅助基准线弹出。面积不大的房间,可根据水平基准线直接用长木杠抹标筋,施工中进行几次复尺即可。面积较大的房间,应根据水平基准线在四周墙角处每隔1.5~2.0m用1:2水泥砂浆抹标志块。标志块大小一般是8~10cm见方。待标志块结硬后,再以标志块的高度做出纵横方向通长的标筋以控制面层的厚度。地面标筋用1:2水泥砂浆,宽度一般为8~10cm。做标筋时,要注意控制面层厚度,面层的厚度应与门框的锯口线吻合。 (3)对于厨房、浴室、卫生间等房间的地面,须将流水坡度找好。有地漏的房间,要在地漏四周找出不小于5%的泛水。找平时注意各室内地面与走廊高度的关系

(续表)

序号	项目	施工操作要点
3	水泥砂浆面层铺设	(1)水泥砂浆应采用机械搅拌,拌合要均匀,颜色一致,搅拌时间不应小于2min。水泥砂浆的稠度(以标准圆锥体沉入度计,以下同)。当在炉渣垫层上铺设时,宜为25~35mm;当在水泥混凝土垫层上铺设时,应采用干硬性水泥砂浆,以手捏成团稍出浆为准。 (2)施工时,先刷水灰比为0.4~0.5的水泥浆,随刷随铺随拍实,并应在水泥初凝前用木抹搓平压实。 (3)面层压光宜用钢皮抹子分三遍完成,并逐遍加大用力压光。当采用地面抹光机压光时,在压第二、三遍中,水泥砂浆的干硬度应比手工压光时稍干一些。压光工作应在水泥终凝前完成。 (4)当水泥砂浆面层干湿度不适宜时,可采淋水或撒布干拌的1:1水泥和砂(体积比,砂须过3mm筛)进行抹平压光工作。 (5)当面层需分格时,应在水泥初凝后进行弹线分格。先用木抹搓一条约一抹子宽的面层,用钢皮抹子压光,并用分格器压缝。分格应平直,深浅要一致。 (6)当水泥砂浆面层内埋设管线等出现局部厚度减薄处并在10mm及10mm以下时,应按设计要求作防止面层开裂处理后方可施工。 (7)水泥砂浆面层铺好经1d后,用锯屑、砂或草袋盖洒水养护,每天两次,不少于7d。 (8)当水泥砂浆面层采用矿渣硅酸盐水泥拌制时,施工中应采取下列措施: ①严格控制水灰比,水泥砂浆稠度不应大于35mm,宜采用干硬性或半干硬性砂浆。 ②精心进行压光工作,一般不应少于三遍。 ③养护期应延长到14d。 (9)当采用石屑代砂铺设水泥石屑面层时,施工除应执行上述的规定外,尚应符合下列规定: ①采用的石屑粒径宜为3~5mm,其含粉量不应大于3%。 ②水泥宜采用硅酸盐水泥、普通硅酸盐水泥,其强度等级不宜小于42.5级。

(续表)

序号	项目	施工操作要点
3	水泥砂浆面层铺设	③水泥与石屑的体积比宜为1:2(水泥:石屑),其水灰比宜控制在0.4。 ④面层的压光工作不应少于两次,并做养护工作。 (10)当水泥砂浆面层出现局部起砂等施工质量缺陷时,可采用108胶水泥腻子进行修理、补强和装饰。施工工艺:处理好基层、表面洒水湿润,涂刷108胶水一道,满刮腻子2~5遍,厚度控制在0.7~1.5mm,洒水养护,砂纸磨平,清除粉尘,再涂刷纯108胶一遍或做一道蜡面

8.15.3 水磨石面层施工

水磨石面层的施工要求见表8.15.5。

表8.15.5 水磨石面层的施工要求

序号	项目	说明
1	面层构造	水磨石面层是采用水泥与石粒的拌合料在15~20mm厚1:3水泥砂浆基层上铺设而成。面层厚度除特殊要求外,宜为12~18mm,并应按选用石粒粒径确定(图8.15.3)。水磨石面层的厚度和允许石粒最大粒径见表8.15.6。水磨石面层的颜色和图案应按设计要求,面层分格不宜大于1 000mm×1 000mm,或按设计要求
2	施工一般规定	(1)水磨石面层应采用水泥与石粒的拌合料铺设,面层厚度除有特殊要求外宜为12~18mm,且按石粒粒径确定,水磨石面层的颜色和图案应符合设计要求。 (2)白色或浅色的水磨石面层,应采用白水泥;深色的水磨石面层,宜采用硅酸盐水泥、普通硅酸盐水泥或矿渣硅酸盐水泥;同颜色的面层应使用同一批水泥,同一彩色面层应使用同厂、同批的颜料,其掺入量宜为水泥重量的3%~6%或由试验确定。

(续表)

序号	项目	说　明
2	施工一般规定	(3)水磨石面层的结合层的水泥砂浆体积比宜为1:3,相应的强度等级应不小于 M10,水泥砂浆稠度(以标准圆锥体沉入度计)宜为30~35mm。 (4)普通水磨石面层磨光遍数不应少于3遍,高级水磨石面层的厚度和磨光遍数由设计确定。 (5)在水磨石面层磨光后,涂草酸和上蜡前,其表面不得污染
3	材料(机具)要求	(1)材料要求。 ①水泥。深色水磨石面层,宜采用硅酸盐水泥、普通硅酸盐水泥或矿渣硅酸盐水泥,其强度等级不应小于32.5级;白色或浅色水磨石面层,应采用白水泥。同颜色的面层应使用同一批水泥。 ②石粒。应用坚硬可磨的岩石(如白云石、大理石等)加工而成。石粒应有棱角、洁净、无杂质,其粒径除特殊要求外,宜为6~15mm。石粒应分批按不同品种、规格、色彩堆放在席子上保管,使用前应用水冲洗干净、晾干待用。 ③玻璃条。用厚3mm普通平板玻璃裁制而成,宽10mm左右(视石子粒径定),长度由分块尺寸决定。 ④铜条。用2~3mm厚铜板,宽度10mm左右(视石子粒径定),长度由分块尺寸决定。铜条须经调直才能使用。铜条下部1/3处每米钻4个$\phi 2.0$的孔,穿铁丝备用。 ⑤颜料。应采用耐光、耐碱的矿物颜料,不得使用酸性颜料。掺入量宜为水泥质量的3%~6%,或由试验确定,超过量将会降低面层的强度。同一彩色面层应使用同厂同批的颜料。 ⑥分格条。应采用铜条或玻璃条,亦可用彩色塑料条。分格彩色的规格见表8.15.7。 ⑦草酸。白色结晶,受潮不松散,块状或粉状均可。 ⑧蜡。用川蜡或地板蜡成品,颜色符合磨面颜色。 ⑨配合比。水磨石面层拌合料的体积比,一般为水泥:石料=1:(1.5~2.5),具体见表8.15.8,水磨石面层施工参考配合比见表8.15.9。

(续表)

序号	项目	说　　明
3	材料(机具)要求	(2)主要机具:机械磨石机或手提磨石机、拉线和靠尺、抹子和木杠、捋角器及地碾(用于碾压混凝土面层,代替平板振动器的振实工作,且在碾压的同时,能提浆水,便于表面抹灰)
4	施工作业条件	(1)施工前应在四周墙壁弹出基准水平墨线(一般弹+1 000mm或+500mm线)。 (2)门框和楼地面预埋件、水电设备管线等均应施工完毕并经检查合格。对于有室内外高差的门口部位,如果是安装有下槛的铁门时,尚应顾及室内外完成面能各在下槛两侧收口。 (3)各种立管孔洞等缝隙应先用细石混凝土灌实堵严(细小缝隙可用水泥砂浆灌堵)。 (4)办好作业层的结构隐蔽验收手续。 (5)作业层的顶棚(天花板)、墙柱抹灰施工完毕。 (6)石子粒径及颜色须由设计人员认定后才进货。 (7)彩色水磨石如用白色水泥掺色粉拌制时,应事先按不同的配比做样板,交设计人员或业主认可。一般彩色水磨石色粉掺量为水泥量的3%~5%,深色则不超过12%。 (8)水泥砂浆找平层施工完毕,养护2~3d后施工面层。 (9)配备的施工人员必须熟悉有关安全技术规程和该工种的操作规程
5	施工操作要点	施工操作要点见表8.15.10
6	成品保护	(1)推手推车时不许碰撞门口立边和栏杆及墙柱饰面,门框适当要包铁皮保护,以防手推车头碰撞门框。 (2)施工时不得碰撞水暖立管等。并保护好地漏、出水口等部位安放的临时堵头,以防灌入浆液杂物造成堵塞。 (3)磨石机应有罩板,以免浆水四溅沾污墙面,施工时污染的墙柱面、门窗框、设备及管线要及时清理干净。 (4)养护期内(一般不宜少于7d),严禁在饰面推手推车、放重物及随意践踏

(续表)

序号	项目	说　　明
6	成品保护	(5)磨石浆应有组织排放,及时清运到指定地点,并倒入预先挖好的沉淀坑内,不得流入地漏、下水排污口内,以免造成堵塞。 (6)完成后的面层,严禁在上面推车随意践踏、搅拌浆料、抛掷物件。堆放料具杂物时要采取隔离防护措施,以免损伤面层。 (7)在水磨石面层磨光后,涂草酸和上蜡前,其表面不得污染

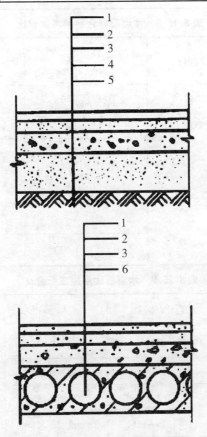

图 8.15.3　水磨石面层构造

1—水磨石面层;2—1:3水泥砂浆基层;
3—水泥混凝土垫层;4—灰土垫层;5—基土;6—楼层结构层

表 8.15.6　水磨石面层厚度和允许石粒最大粒径　（mm）

水磨石面层厚度	10	15	20	25	30
石粒最大粒径	9	14	18	23	28

表 8.15.7　水磨石面层分格嵌条规格　（mm）

种类	铜条	玻璃条
长×宽×厚	100×10×(1~1.2)	不限×10×3

表 8.15.8　水磨石拌合料参考体积比

部位	石渣规格	体积比（水泥：石渣）	铺抹厚度（mm）
楼地面	大八厘	1:(1.5~2)	12~15
地面、墙裙	中八厘	1:(1.3~2)	8~15
地面	小八厘或米粒石	1:(1.25~1.5)	8~1
墙裙		1:(1~1.4)	10
踏步、扶手		1:1.3	10
预制板		1:(1.3~1.35)	20

表 8.15.9　水磨石面层施工配合比

石粒规格(mm)	配合比（体积比）（水泥+颜料）:石粒	适用部位	铺抹厚度(mm)
8	1:2	地面面层	12~15
4.8 混合	1:2.5	地面面层	12~15
4.6 混合	1:(1.25~1.5)	地面面层	8~10

水磨石施工操作要点见表 8.15.10。

表 8.15.10 水磨石施工操作要点

序号	项目	施工操作要点
1	基层清理、找标高	(1)把沾在基层上的浮浆、落地灰等用錾子或钢丝刷清理掉,再用扫帚将浮土清扫干净。 (2)根据水平标准线和设计厚度,在四周墙、柱上弹出面层的上平标高控制线
2	贴饼、冲筋	根据水准基准线(如+500mm 水平线),在地面四周做灰饼,然后拉线打中间灰饼(打墩)再用干硬性水泥砂浆做软筋(推栏),软筋间距约1.5m左右。在有地漏和坡度要求的地面,应按设计要求做泛水和坡度。对于面积较大的地面,则应用水准仪测出面层平均厚度,然后边测标高边做灰饼
3	水泥砂浆找平层	(1)找平层施工前宜刷水灰比为 0.4~0.5 的素水泥浆,也可在基层上均匀洒水湿润后,再撒水泥粉,用竹扫帚(把)均匀涂刷,随刷随做面层,并控制一次涂刷面积不宜过大。 (2)找平层用1:3干硬性水泥砂浆,先将砂浆摊平,再用靠尺(压尺)按冲筋刮平,随即用灰板(木抹子)磨平压实,要求表面平整、密实,保持粗糙。找平层抹好后,第二天应浇水养护至少1d
4	分格条镶嵌	一般是在楼地面找平层铺设24h 后,即可在找平层上弹(划)出设计要求的纵横分格式图案分界线,然后用水泥浆按线固定嵌条。水泥浆顶部应低于条顶4~6mm,并做成45°。嵌条应平直、牢固、接头严密,并作为铺设面层的标志。分格条十字交叉接头处粘嵌水泥浆时,宜留有15~20mm 的空隙,以确保铺设水泥石粒浆时使石粒分布饱满,磨光后表面美观(图8.15.4)。 分格条粘嵌后,经24h 即可洒水养护,一般养护3~5d
5	抹石子浆(石米)面层	(1)水泥石子浆必须严格按照配合比计量。若为彩色水磨石,应先按配合比将白水泥和颜料反复干拌均匀,拌完后密筛多次,使颜料均匀混合在白水泥中,并注意调足用量以备补浆之用,以免多次调和产生色差,最后按配合比与石子搅拌均匀,然后加水搅拌。

(续表)

序号	项目	施工操作要点
5	抹石子浆（石米）面层	（2）铺水泥石子浆前一天，洒水将基层充分湿润。在涂刷素水泥浆结合层前应将分格条内的积水和浮砂清除干净，接着刷水泥浆一遍，水泥品种与石子浆的水泥品种一致，随即将水泥石子浆先铺在分格条旁边，将分格条边约100mm内的水泥石子浆轻轻抹平压实，以保护分格条，然后再整格铺抹，用灰板（木抹子）或铁抹子（灰匙）抹平压实（石子浆配合比一般为1∶1.25或1∶1.5），但不应用靠尺（压尺）刮。面层应比分格条高5mm，如局部石子浆过厚，应用铁抹子（灰匙）挖去，再将周围的石子浆刮平压实，对局部水泥浆较厚处，应适当补撒一些石子，并压平压实，要达到表面平整，石子（石米）分布均匀。 （3）石子浆面至少经两次用毛刷（横扫）粘拉开面浆（开面），检查石粒均匀（若过于稀疏应及时补上石子）后，再用铁抹子（灰匙）抹平压实，至泛浆为止。要求将波纹压平，分格条顶面上的石子应清除掉。 （4）在同一平面上如有几种颜色图案时，应先做深色，后做浅色。待前一色浆凝固后，再抹后一种色浆。两种颜色的色浆不应同时铺抹，以免做成串色，界线不清，影响质量。但间隔时间不宜过长，一般可隔日铺抹
6	磨光	（1）水磨石开磨的时间与水泥强度及气温高低有关，以开磨后石粒不松动、水泥浆面与石粒面基本平齐为准。水泥浆强度过高，磨面耗费工时；水泥浆强度太低，磨石转动时底面所产生的负压力易把水泥浆拉成槽或将石粒打掉。为掌握相适应的硬度，大面积开磨前宜试磨，每遍磨光采用的油石规格可按表8.15.11选用，一般开磨时间见表8.15.12。 （2）磨光作业应采用"二浆三磨"方法进行，即整个磨光过程分为磨光三遍，补浆二次。 ①用60~80号粗磨石磨第一遍，随磨随用清水冲洗，并将磨出的浆液及时扫除。对整个水磨面要磨匀、磨平、磨透，使石粒面及全部分格条顶面外露。

(续表)

序号	项目	施工操作要点
6	磨光	②磨完后要及时将泥浆水冲洗干净，稍干后，涂刷一层同颜色水泥浆（即补浆），用以填补砂眼和凹痕，对个别脱石部位要填补好，不同颜色上浆时，要按先深后浅的顺序进行。 ③补刷浆第二天后需养护3~4d，然后用100~150号磨石进行第二遍研磨，方法同第一遍。要求磨至表面平滑，无模糊不清之处为止。 ④磨完清洗干净后，再涂刷一层同色水泥浆。继续养护3~4d，用180~240号细磨石进行第三遍研磨，要求磨至石子粒显露，表面平整光滑，无砂眼细孔为止，并用清水将其冲洗干净
7	抛光	抛光主要是化学作用与物理作用的混合，即腐蚀作用和填补作用。抛光所用的草酸和氧化铝加水后的混合溶液与水磨石表面，在摩擦力作用下，立即腐蚀了细磨表面的突出部分，又将生成物挤压到凹陷部位，经物理和化学反应，使水磨石表面形成一层光泽膜，然后经打蜡保护，使水磨石地面呈现光泽。 在水磨石面层磨光后涂草酸和上蜡前，其表面严禁污染。涂草酸和上蜡工作，应是在有影响面层质量的其他工序全部完成后进行。 （1）擦草酸可使用10%浓度的草酸溶液，再加入1%~2%的氧化铝。 擦草酸有两种方法，一种方法是涂草酸溶液后随即用280~320号油石进行细磨，草酸溶液起助磨剂作用，照此法施工，一般能达到表面光洁的要求。如感不足，可采用第二种方法，做法是：将地面冲洗干净，浇上草酸溶液，把布卷固定在磨石机上进行研磨，至表面光滑为止。最后再冲洗干净、晾干，准备上蜡。 （2）上蜡。上述工作完成后，可进行上蜡。上蜡的方法是，在水磨石面层上薄涂一层蜡，稍干后用磨光机研磨，或用钉有细帆布（或麻布）的木块代替油石，装在磨石机上研磨出光亮后，再涂蜡研磨一遍，直到光滑亮洁为止

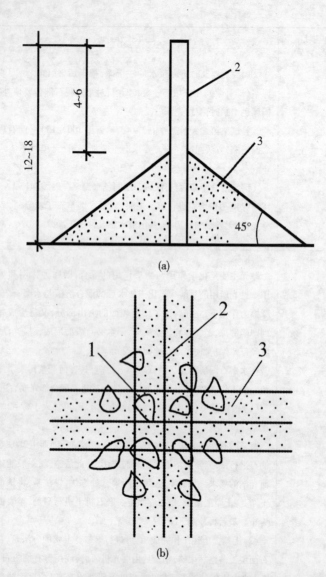

图 8.15.4 分格条粘嵌方式
(a)嵌条镶固;(b)十条交叉处的正确粘嵌示意
1—石粒;2—分格条;3—水泥素浆

表 8.15.11　油石规格选用

遍　数	油石规格(号数)
头遍	54、60、70
二遍	90、100、120
三遍	180、220、240

表 8.15.12　水磨石面层开磨时间

平均温度(℃)	开磨时间(d)	
	机　磨	人工磨
20~30	3~4	1~2
10~20	4~5	1.5~2.5
5~10	6~7	2~3

8.15.4　板块面层施工

板块面层的铺设要求见表 8.15.13。

表 8.15.13　板块面层的铺设要求

序号	铺设要求
1	铺设板块面层时，其水泥类基层的抗压强度不得小于 1.2MPa
2	铺设板块面层的结合层和板块间的填缝采用水泥砂浆，应符合下列规定： (1)配制水泥砂浆应采用硅酸盐水泥、普通硅酸盐水泥或矿渣硅酸盐水泥；其水泥强度等级不宜小于 32.5 级。 (2)配制水泥砂浆的砂应符合国家现行行业标准《普通混凝土用砂、石质量及检验方法标准》(JGJ 52—2006)的规定。 (3)配制水泥砂浆的体积比(或强度等级)应符合设计要求
3	结合层和板块面层填缝的沥青胶结材料应符合国家现行有关产品标准和设计要求
4	板块的铺砌应符合设计要求，当设计无要求时，宜避免出现板块小于 1/4 边长的边角料

(续表)

序号	铺设要求
5	铺设水泥混凝土板块、水磨石板块、水泥花砖、陶瓷锦砖、陶瓷釉砖、缸砖、料石、大理石和花岗石面层等的结合层和填缝的水泥砂浆,在面层铺设后,表面应覆盖、湿润,其养护时间不应少于7d。 当板块面层的水泥砂浆结合层的抗压强度达到设计要求后,方可正常使用
6	板块类踢脚线施工时,不得采用石灰砂浆打底
7	板、块面层的允许偏差和检验方法应符合表8.15.14的规定。木、竹面层的铺设允许偏差和检验方法见表8.15.15

表8.15.14 板、块面层的允许偏差和检验方法

项目	陶瓷锦砖面层、高级水磨石板、陶瓷地砖面层	缸砖面层	水泥花砖面层	水磨石板块面层	大理石面层和花岗石面层	塑料板面层	水泥混凝土板块面层	碎拼大理石、碎拼花岗石面层	活动地板面层	条石面层	块石面层	检验方法
表面平整度	2.0	4.0	3.0	3.0	1.0	2.0	4.0	3.0	2.0	10.0	10.0	用2m靠尺和楔形塞尺检查
缝格平直	3.0	3.0	3.0	3.0	2.0	3.0	3.0		2.5	8.0	8.0	拉5m线和用钢直尺检查

第8章 装饰装修工程施工技术

(续表)

项目	陶瓷锦砖面层、高级水磨石板、陶瓷地砖面层	缸砖面层	水泥花砖面层	水磨石板块面层	大理石面层和花岗石面层	塑料板面层	水泥混凝土板块面层	碎拼大理石、碎拼花岗石面层	活动地板面层	条石面层	块石面层	检验方法
接缝高低差	0.5	1.5	0.5	1.0	0.5	0.5	1.5		0.4	2.0		用钢直尺和楔形塞尺检查
踢脚线上口平直	3.0	4.0		4.0	1.0	2.0	4.0	1.0				拉5m线和用钢直尺检查
板块间隙宽度	2.0	2.0	2.0	2.0	1.0		6.0		0.3	5.0		

表8.15.15 木、竹面层的铺设允许偏差和检验方法

项目	允许偏差				检验方法
	实木地板面层			实木复合地板、中密度(强化)复合地板面层、竹地板面层	
	松木地板	硬木地板	拼花地板		
板面缝隙宽度	1.0	0.5	0.2	0.5	用钢直尺检查
表面平整度	3.0	2.0	2.0	2.0	用2m靠尺和楔形塞尺检查

(续表)

项目	允许偏差			允许偏差	检验方法
	实木地板面层			实木复合地板、中密度(强化)复合地板面层、竹地板面层	
	松木地板	硬木地板	拼花地板		
踢脚线上口平齐	3.0	3.0	3.0	3.0	拉5m线,不足5m拉通线和用钢直尺检查
版面拼缝平直	3.0	3.0	3.0	3.0	
相邻板材高差	0.5	0.5	0.5	0.5	用钢直尺和楔形塞尺检查
踢脚线与面层的接缝	1.0				楔形塞尺检查

8.16 水性涂料涂饰工程

8.16.1 水性涂料涂饰工程的材料要求

水性涂料涂饰工程的材料要求见表8.16.1。

表8.16.1 水性涂料涂饰工程的材料要求

序号	材料要求
1	水性涂料涂刷工程所用涂料的品种、型号和性能应符合设计要求
2	民用建筑工程室内用水性涂料,应测定总挥发性有机化合物(TVOC)和游离甲醛的含量,其限量应符合表8.16.2的规定
3	民用建筑工程室内用水性胶黏剂,应测定其总挥发性有机化合物(TVOC)和游离甲醛的含量,其限量应符合表8.16.3的规定
4	室外带颜色的涂料,应采用耐碱和耐光的颜料

表8.16.2 室内用水性涂料中总挥发性有机化合物(TVOC)和游离甲醛限量

测定项目	限量(g/L)	测定项目	限量(g/kg)
TVOC	≤200	游离甲醛	≤0.1

表8.16.3 室内用水性胶黏剂中总挥发性有机化合物(TVOC)和游离甲醛限量

测定项目	限量(g/L)	测定项目	限量(g/kg)
TVOC	≤50	游离甲醛	≤1

8.16.2 聚乙烯醇水玻璃内墙涂料施工

聚乙烯醇水玻璃内墙涂料施工见表8.16.4。

表8.16.4 聚乙烯醇水玻璃内墙涂料施工

序号	项目	施工说明
1	基层处理	(1)对大模混凝土墙面,虽较平整,但存有水气泡孔,必须进行批嵌,或采用1:3:8(水泥:纸筋:珍珠岩砂)珍珠岩砂浆抹面。 (2)对砌块和砖砌墙面用1:3(石灰膏:黄沙)刮批,上粉纸筋灰面层,如有龟裂,应满批后方得涂刷。 (3)对旧墙面,应清除浮灰,保持光洁。表面若有高低不平、小洞或缺陷处,要进行批嵌后再涂刷,以使整个墙面平整,确保涂料色泽一致,光洁平滑。批嵌用的腻子,一般采用5%羟甲纤维素加95%的水,隔夜溶解成水溶液(简称化学浆糊),再加老粉调和后批嵌。在喷刷过大白浆或干墙粉墙面上涂刷时,应先铲除干净(必要时要进行一度批嵌)后,方可涂刷,以免产生起壳、翘曲等缺陷
2	施工要点	(1)涂料施工温度最好在10℃以上,由于涂料易沉淀分层,使用时必须将沉淀在桶底的填料用棒充分搅拌均匀,方可涂刷,否则会造成桶内上面涂料稀薄,色料上浮,遮盖力差,下面涂料稠厚,填料沉淀,色淡易起粉。 (2)涂料的黏度随温度变化而变化,天冷黏度增加。在冬期施工若发现涂料有凝冻现象,可适当进行水溶加温到凝冻完全消失后,再进行施工。若涂料确因蒸发后变稠的,施工时不易涂刷,切勿单一加水,可采用胶结料(乙烯-醋酸乙烯共聚乳液)与温水(1:1)调匀后,适量加入涂料内以改善其可涂性,并做小块试验,检验其黏结力、遮盖力和结膜强度。 (3)施工用的涂料,其色彩应完全一致,施工时应认真检查,发现涂料颜色有深浅,应分别堆放。如果使用两种不同颜色的剩余涂料时,需充分搅拌均匀后,在同一房间内进行涂刷。

(续表)

序号	项目	施工说明
2	施工要点	(4)气温高,涂料黏度小,容易涂刷,可用排笔;气温低,涂料黏度大,不易涂刷,用料要增加,宜用漆刷;也可第一遍用漆刷,第二遍用排笔,使涂层厚薄均匀,色泽一致。操作时用的盛料桶宜用木制或塑料制品,盛料前和用完后,连同漆刷、排笔用清水洗干净,妥善存放。漆刷、排笔亦可浸水存放,切忌接触油剂类材料,以免涂料涂刷时油缩、结膜后出现水渍纹,涂料结膜后,不能用湿布重擦

8.16.3 多彩花纹内墙涂料施工

多彩花纹内墙涂料施工见表8.16.5。

表8.16.5 多彩花纹内墙涂料施工

序号	项目	施工说明
1	基层处理与底层涂料喷涂	(1)先将装修表面上的灰块、浮渣等杂物用开刀铲除,如表面有油污,应用清洗剂和清水洗净,干燥后再用棕刷将表面灰尘清扫干净。 (2)表面清扫后,用水与醋酸乙烯乳胶(配合比为10∶1)的稀释乳液将SG821腻子调至合适稠度,用它将墙面麻面、蜂窝、洞眼、残缺处填补好。腻子干透后,先用开刀将多余腻子铲平整,然后用粗砂纸打磨平整。 (3)满刮两遍腻子。第一遍应用胶皮刮板满刮,要求横向刮抹平整、均匀、光滑,密实平整,线角及边棱整齐为度。尽量刮薄,不得漏刮,接头不得留槎,注意不要沾污门窗框及其他部位,否则应及时清理。待第一遍腻子干透后,用粗砂纸打磨平整。注意操作要平稳,保护棱角,磨后用棕扫帚清扫干净。 第二遍满刮腻子方法同第一遍,但刮抹方向与前遍腻子相垂直。然后用细砂纸打磨平整、光滑为止。 (4)底层涂料施工应在干燥、清洁、牢固的基层表面上进行,喷涂或滚涂一遍,涂层需均匀,不得漏涂

(续表)

序号	项目	施工说明
2	中层涂料喷涂	（1）涂刷第一遍中层涂料。涂料在使用前应用手提电动搅拌枪充分搅拌均匀。如稠度较大，可适当加清水稀释，但每次加水量需一致，不得稀稠不一。然后将涂料倒入托盘，用涂料滚子蘸料涂刷第一遍。滚子应横向涂刷，然后再纵向滚压，将涂料赶开、涂平。滚涂顺序一般为从上到下，从左到右，先远后近，先边角、棱角、小面后大面。要求厚薄均匀，防止涂料过多流坠。滚子涂不到的阴角处，需用毛刷补齐，不得漏涂。要随时剔除沾在墙上的滚子毛。一面墙要一气呵成，避免接槎刷迹重叠现象，沾污到其他部位的涂料要及时用清水擦净。第一遍中层涂料施工后，一般需干燥4h以上，才能进行下一道磨光工序。如遇天气潮湿，应适当延长间隔时间。然后，用细砂纸进行打磨，打磨时用力要轻而匀，并不得磨穿涂层。磨后将表面清扫干净。 （2）第二遍中层涂料涂刷与第一遍相同，但不再磨光。涂刷后，应达到一般乳胶漆高级刷浆的要求
3	多彩面层喷涂	（1）由于基层材质、龄期、碱性、干燥程度不同，应预先在局部墙面上进行试喷，以确定基层与涂料的相容情况，并同时确定合适的涂布量。 多彩涂料在使用前要充分摇动容器，使其充分混合均匀，然后打开容器，用木棍充分搅拌。注意不可使用电动搅拌枪，以免破坏多彩颗粒。 温度较低时，可在搅拌情况下，用温水加热涂料容器外部。但任何情况下都不可用水或有机溶剂稀释多彩涂料。 （2）喷涂时，喷嘴应始终保持与装饰表面垂直（尤其在阴角处），距离约为0.3~0.5m（根据装修面大小调整），喷嘴压力为0.2~0.3MPa，喷枪呈Z形向前推进，横纵交叉进行（图8.16.1）。喷枪移动要平稳，涂布量要一致，不得时停时移，跳跃前进，以免发生堆料、流挂或漏喷现象。 为提高喷涂效率和质量，喷涂顺序应为：墙面部位—柱面部位—

(续表)

序号	项目	施工说明
3	多彩面层喷涂	顶面部位—门窗部位。该顺序应灵活掌握,以不增加重复遮挡和不影响已完成的饰面为准。飞溅到其他部位上的涂料应用棉纱随时清理。 (3)喷涂完成后,应用清水将料罐洗净,然后灌上清水喷水,直到喷出的完全是清水为止。用水冲洗不掉的涂料,可用棉纱蘸丙酮清洗。 现场遮挡物可在喷涂完成后立即清除,注意不要破坏未干的涂层。遮挡物与装饰面连为一体时,要注意扯离方向,已趋于干燥的漆膜,应用小刀在遮挡物与装饰面之间划开,以免将装饰面破坏

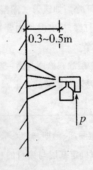

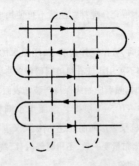

图 8.16.1　多彩涂料喷涂方法

8.16.4 104外墙饰面涂料施工

104外墙饰面涂料施工见表8.16.6。

表8.16.6　104外墙饰面涂料施工

序号	项目	施工要求
1	基层要求	（1）基层一般要求是混凝土预制板、水泥砂浆或混合砂浆抹面、水泥石棉板、清水砖墙等。 （2）基层表面必须坚固，无酥松、脱皮、起壳、粉化等现象；基层表面的泥土、灰尘、油污油漆、广告色等杂物污迹，必须清除干净。 （3）基层要求含水率在10%以下，pH值在10以下，否则会由于基层碱性太大又太湿而使涂料与基层黏结不好，颜色不匀，甚至引起剥落。墙面养护期一般为：现抹砂浆墙面夏季7d以上，冬季14d以上；现浇混凝土墙面夏季10d以上，冬季20d以上。 （4）基层要求平整，但又不应太光滑。太光滑的表面对涂料黏结性能有影响；太粗糙的表面，涂料消耗量大。孔洞和不必要的沟槽应提前进行修补。修补材料可采用108胶加水泥（胶与水泥配比为20∶100）和适量的水调成的腻子
2	施工要求	104外墙饰面涂料可根据掺入的填料种类和量的多少，采用刷涂、喷涂、辊涂或弹涂的方法施工。各种施工方法的要点如下： （1）手工涂刷时，其涂刷方向和行程长短均应一致。如涂料干燥快，应勤沾短刷，接茬最好在分格缝处。涂刷层次一般不少于2道，在前一道涂层表面干后才能进行后一道涂刷。前后两次涂刷的相隔时间与施工现场的温度、湿度有密切关系，通常不少于3h。 （2）在喷涂施工中，涂料稠度、空气压力、喷射距离、喷枪运行中的角度和速度等方面均有一定的要求。涂料稠度必须适中，太稠不便施工，太稀影响涂层厚度且容易流淌。空气压力在4~8MPa之间选择，压力选得过低或过高，涂层质感差，涂料损耗多。喷射距离一般为40~60cm。喷嘴离被涂墙面过近，涂层厚薄难控制，易出现过厚或挂流等现象；喷嘴距离过远，则涂料损耗多。喷枪运行中，喷嘴中心线必须与墙面垂直，喷枪应与被涂墙面平行移动，运行速度要保持一致，快慢要适中。运行过快，涂层较薄，色泽不均；运行过慢，涂

(续表)

序号	项目	施工要求
2	施工要求	料黏附太多,容易流淌。喷涂施工要连续作业,到分格缝处再停歇。 涂层表面均匀布满粗颗粒或云母片等填料,色彩均匀一致,涂层以盖底为佳,不宜过厚,不要出现虚喷、花脸、流挂、漏喷等现象。 (3)彩弹饰面施工的全过程,必须根据事先设计的样板色泽和涂层表面形状的要求进行。在基层表面先刷 1~2 道涂料,作为底色涂层。待底色涂层干燥后,才能进行弹涂。门窗等不必进行弹涂的部位应予遮挡。弹涂时,手提彩弹机,先调整和控制好浆门、浆量和弹棒,然后开动电动机,使机口垂直对正墙面,保持适当距离(一般为 30~50cm),按一定手势和速度,自上而下、自右至左或自左至右,循序渐进。要注意弹点密度均匀适当,上下左右接头不明显。对于压花型彩弹,在弹涂以后,应有一人进行批刮压花。弹涂到批刮压花之间的时间,间隔视施工现场的温度、湿度及花型等不同而定。压花操作用力要均匀,运动速度要适当,方向竖直不偏斜,刮板和墙面的角度宜在 15°~30°之间,要单方向批刮,不能往复操作。每批刮一次,刮板均须用棉纱擦抹,不得间隔,以防花纹模糊。大面积弹涂后,如出现局部弹点不匀或压花不合要求影响装饰效果时,应进行修补,修补方法有补弹和笔绘两种。修补所用的涂料,应采用与刷底或弹涂同一颜色的涂料。 (4)色彩花纹应基本符合样板要求。对于仿干粘石彩弹,弹点不应有流淌;对于压花型彩弹,压花厚薄要一致,花纹及边界要清晰,接头处要协调,不污染门窗等
3	施工注意事项	(1)涂料在施工过程中,不能随意掺水或随意掺加颜料,也不宜在夜间灯光下施工。掺水后,涂层手感掉粉;掺颜料或在夜间施工,会使涂层色泽不均匀。 (2)在施工过程中,要尽量避免涂料污染门窗等不需涂装的部位。万一污染,务必在涂料未干时擦去。 (3)要防止有水分从涂层的背面渗透过来,如遇女儿墙、卫生间、盥洗室等,应在室内墙根处做防水封闭层。否则,外墙正面的涂层容易起粉、发花、鼓泡或被污染,严重影响装饰效果。

(续表)

序号	项目	施工要求
3	施工注意事项	(4)施工所用的一切机具、用具等必须事先洗净,不得将灰尘、油垢等杂质带入涂料中。施工完毕或间断时,机具、用具应及时洗净,以备用。 (5)一个工程所需要的涂料,应选同一批号的产品,尽可能一次备足,以免由于涂料批号不同,颜色和稠度不一致而影响装饰效果。 (6)涂料在使用前要充分搅拌,使用过程中仍需不断搅拌,以防涂料厚薄不均、填料结块或色泽不一致。 (7)涂料不能冒雨进行施工,预计有雨时应停止施工。风力4级以上时不能进行喷涂施工

8.17 溶剂型涂料施工

8.17.1 溶剂型涂料的材料质量要求

溶剂型涂料的材料质量要求见表8.17.1。

表8.17.1 溶剂型涂料的材料质量要求

序号	材料质量要求
1	溶剂型涂料包括丙烯酸酯涂料、聚氨酯丙烯酸涂料、有机硅丙烯酸涂料等
2	溶剂型涂料涂饰工程所选涂料的品种、型号和性能应符合设计要求
3	溶剂型混色涂料质量与技术要求见表8.17.2
4	民用建筑工程室内用溶剂型胶黏剂,应测定其总挥发性有机化合物(TVOC)和苯的含量,其限量应符合表8.17.3 的规定

表8.17.2 溶剂型混合色涂料质量及技术要求

项目	限量值		
	硝基漆类	聚氨酯漆类	醇酸漆类
挥发性有机化合物(VOC)(g/L)≤	750	光泽(60°)≥80,6 000 光泽(60°)<80,700	550
苯(%)≤	0.5		
苯和二甲苯总和(%)≤	45		10

(续表)

项目		限量值		
		硝基漆类	聚氨酯漆类	醇酸漆类
游离甲苯二异氰酸酯(TDI)(%)≤			0.7	
重金属漆(限色漆)(mg/kg)≤	可溶性铅	90		
	可溶性镉	75		
	可溶性铬	60		
	可溶性汞	60		

表8.17.3 室内用溶剂型胶黏剂中总挥发性有机化合物(TVOC)和苯限量

测定项目	限量(g/L)	测定项目	限量(g/kg)
TVOC	≤750	苯	≤5

8.17.2 丙烯酸酯类建筑涂料施工

丙烯酸酯类建筑涂料施工见表8.17.4。

表8.17.4 丙烯酸酯类建筑涂料施工

序号	项目		说明
1	彩砂涂料施工	基层处理	混凝土墙面抹灰找平时,先将混凝土墙表面凿毛,充分浇水湿润,用1:1水泥砂浆,抹在基层上并拉毛。待拉毛硬结后,再用1:2.5水泥砂浆罩面抹光。对预制混凝土外墙麻面以及气泡,需进行修补找平,在常温条件下湿润基层,用水:石灰膏:胶黏剂=1:0.3:0.3,加适量水泥,拌成石灰水泥浆,抹平压实。这样处理过的墙面的颜色与外墙板的颜色近似
		施工要点	(1)基层封闭乳液刷两遍。第一遍刷完待稍干燥后再刷第二遍,不能漏刷。 (2)基层封闭乳液干燥后,即可喷黏结涂料。胶厚度在1.5mm左右,要喷匀,过薄则干得快,影响黏结力,遮盖能力低,过厚会造成流坠。接槎处的涂料要厚薄一致,否则也会造成颜色不均匀。 (3)喷黏结涂料和喷石粒工序连续进行,一人在前喷胶,一人在后喷石,不能间断操作,否则会起膜,影响粘石效果和产生明显的接槎

(续表)

序号	项目		说　明
1	彩砂涂料施工	施工要点	喷斗一般垂直距墙面40cm左右,不得斜喷,喷斗气量要均匀,气压在0.5~0.7MPa之间,保持石粒均匀呈面状地粘在涂料上。喷石的方法以鱼鳞划弧或横线直喷为宜,以免造成竖向印痕。 水平缝内镶嵌的分格条,在喷罩面胶之前要起出,并把缝内的胶和石粒全部刮净。 (4)喷石后5~10min用胶辊滚压两遍。滚压时以涂料不外溢为准,若涂料外溢会发白,造成颜色不匀。第二遍滚压与第一遍滚压间隔时间为2~3min。滚压时用力要均匀,不能漏压。第二遍滚压可比第一遍用力稍大。滚压的作用主要是使饰面密实平整,观感好,并把悬浮的石粒压入涂料中。 (5)喷罩面胶(BC-02)时,在现场按配合比配好后用铜箩筛子,防止粗颗粒堵塞喷枪(用能喷漆斗)。喷完石粒后隔2h左右再喷罩面胶两遍。上午喷石下午喷罩面胶,当天喷完石粒,当天要罩面。喷涂要均匀,不得漏喷。罩面胶喷完后形成一定厚度的隔膜,把石渣覆盖住,用手摸感觉光滑不扎手,不掉石粒
2	丙烯酸有关凹凸乳胶漆施工	基层处理	丙烯酸有光凹凸乳胶漆可以喷涂在混凝土、水泥石棉板等基体表面,也可以喷涂在水泥砂浆或混合砂浆基层上。其基层含水率不大于10%,pH值在7~10之间。其基层处理要求与前述喷涂无机高分子涂料基层处理方法基本相同
		施工要点	(1)喷枪口径采用6~8mm,喷涂压力0.4~0.8MPa。先调整好黏度和压力后,由一人手持喷枪与饰面成90°角进行喷涂。其行走路线,可根据施工需要上下或左右进行。花纹与斑点的大小以及涂层厚薄,可调节压力和喷枪口径大小进行调整。一般底漆用量为0.8~1.0kg/m²。 喷涂后,一般在25℃±1℃,相对湿度65%±5%的条件下停5min后,再由一人用蘸水的铁抹子轻轻抹、轧涂层表面,始终按上下方向操作,使涂层呈现立体感图案,且要花纹均匀一致,不得有空鼓、起皮、漏喷、脱落、裂缝及流坠现象。

(续表)

序号	项目	说　明
2	丙烯酸有关凹凸乳胶漆施工	施工要点 （2）喷底漆后，相隔 8h(25℃±1℃,相对湿度 65%±5%)；即用 1 号喷枪喷涂丙烯酸有光乳胶漆。喷涂压力控制在 0.3～0.5MPa 之间，喷枪与饰面成 90°角，与饰面距离 40～50cm 为宜。喷出的涂料要成浓雾状，涂层要均匀，不宜过厚，不得漏喷。一般可喷涂两道，一般面漆用量为 $0.3kg/m^2$。 （3）喷涂时，一定要注意用遮挡板将门窗等易被污染部位挡好。如已污染应及时清除干净。雨天及风力较大的天气不要施工。 （4）须注意每道涂料在使用之前都需搅拌均匀后方可施工，厚涂料过稠时，可适当加水稀释。 （5）双色型的凹凸复层涂料施工，其一般做法为第一道封底涂料，第二道带彩色的面涂料，第三道喷厚涂料，第四道为罩光涂料。具体操作时，应依照各厂家的产品说明进行。在一般情况下，丙烯酸凹凸乳胶漆厚涂料作喷涂后数分钟，可采用专用塑料辊蘸煤油滚压，注意掌握压力的均匀，以保持涂层厚度一致
		施工注意事项 （1）大多数涂料的储存期为 6 个月，购买时和使用前应检查出厂日期，过期者不得使用。 （2）基层墙面如为混凝土、水泥砂浆面，应养护 7～10d 后方可作涂料施工，冬期需 20d。 （3）涂料施工温度必须是在 5℃以上，涂料的储存温度须在 0℃以上，夏季要避免日光照射，存放于干燥通风之处

8.17.3　聚氯酯仿瓷涂料施工要求

聚氯酯仿瓷涂料施工要求见表 8.17.5。

表8.17.5 聚氯酯仿瓷涂料施工要求

序号	项目		施工要求
1	概念		聚氨酯仿瓷涂料的施工,应按照各生产厂的产品说明进行操作。基本原则是复层涂装,一般均为底涂、中涂和面涂。对于基层处理、底涂操作、中涂甲乙组分材料按规定比例配合,以及面涂的要求(一般中层与面层的材料相同)和涂层间相隔时间的规定,应严格实施,不可自行选择添加剂、稀释剂及任意混淆涂层材料
2	基层要求		处理基面的腻子,一般要求用801胶水调制(SJ-801建筑胶黏剂可用于粘贴瓷砖、锦砖、墙纸等,固体含量高,游离甲醛少,黏结强度大,耐水、耐酸碱,无味无毒),也可采用环氧树脂,但严禁与其他油漆混合使用。对于新抹水泥砂浆面层,其常温龄期应大于10d;普通混凝土的常温龄期应大于20d
3	施工要点	底涂施工	对于底涂的要求,各厂产品不一。有的不要求底涂,并可直接作为丙烯酸树脂、环氧树脂及聚合物水泥等中间层的罩面装饰层;有的产品则包括底涂料。以沧浪牌R8 812-61仿瓷釉涂料为例,其底涂料与面涂料为配套供应(表8.17.6),可以采用刷、滚、喷等方法涂底漆。沧浪牌冷瓷产品,也附有用作底涂的底漆,要求涂刷底漆后用腻子批平并打磨平整,然后用TH型面漆进行中涂
		中涂施工	中涂施工,一般均要求用喷涂。喷涂压力应依照材料使用说明,通常为0.3~0.4MPa或0.6~0.8MPa,喷嘴口径也应按要求选择,一般为4mm。根据不同品种,将其甲乙组分进行混合调制或采用配套中层材料均匀喷涂,如涂料过稠不便施工时,可加入配套溶剂或醋酸丁酯进行稀释,有的则无需加入稀释剂
		面涂施工	面涂施工,一般可用喷涂、滚涂和刷涂任意选择,施涂的间隔时间视涂料品种而定,一般在2~4h之间。不论采用何种品牌的仿瓷涂料,其涂装施工时的环境温度均不得低于5℃,环境的相对湿度不得大于85%。根据产品说明,面层涂装一道或二道后,应注意成品保护,通常要求保养3~5d

表 8.17.6 R8812-61 仿瓷釉涂料的分层涂装

分层涂料	材料	用料量(kg/m²)	涂装遍数
底涂料	水乳型底涂料	0.13~0.15	1
面涂料(Ⅰ)	仿瓷釉涂料(A、B色)	0.6~1.0	1
面涂料(Ⅱ)	仿瓷釉清漆	0.4~0.7	1

8.18 美术涂饰工程

8.18.1 美术涂饰工程的材料质量要求

美术涂饰工程的材料质量要求见表8.18.1。

表 8.18.1 美术涂饰工程的材料质量要求

序号	材料质量要求
1	美术涂饰包括套色涂饰、滚花涂饰、仿花纹涂饰等
2	油漆、涂料、填充料、催干剂、稀释剂等材料选用必须符合《民用建筑工程室内环境污染控制规范》(GB 50325—2010)要求。并具备有关国家环境检测机构出具的有关有害物质限量等级检测报告
3	各色颜料应耐碱、耐光

8.18.2 油漆涂饰施工要求

油漆涂饰施工要求见表8.18.2。

表 8.18.2 油漆涂饰施工要求

序号	项目	施工要求
1	基层处理	(1)手工清除。使用铲刀、刮刀、剁刀及金属刷具等,对木质面、金属面、抹灰基层上的毛刺、飞边、凸缘、旧涂层及氧化铁皮等进行清理去除。 (2)机械清除。采用动力钢丝刷、除锈枪、蒸汽剥除器、喷砂及喷水等机械清除方式。 (3)化学清除。当基层表面的油脂污垢、锈蚀和旧涂膜等较为坚实、牢固时,可采用化学清除的处理方法与打磨工序配合进行。 (4)热清除。利用石油液化气炬、热吹风刮除器及火焰清除器等设备,清除金属基层表面的锈蚀、氧化皮及木质基层表面的旧涂膜

(续表)

序号	项目	施工要求
2	腻子嵌批	嵌、批的要点是实、平、光,即做到密实牢固、平整光洁,为涂饰质量打好基础。嵌、批工序要在涂刷底漆并待其干燥后进行,以防止腻子中的漆料被基层过多吸收而影响腻子的附着性。为避免腻子出现开裂和脱落,要尽量降低腻子的收缩率,一次填刮不要过厚,最好不超过 0.5mm。批刮速度宜快,特别是对于快干腻子,不应过多地往返批刮,否则易出现卷皮脱落或将腻子中的漆料挤出封住表面而难以干燥。应根据基层、面漆及各涂层材料的特点选择腻子,注意其配套性,以保持整个涂层物理与化学性能的一致性
3	材质打磨	打磨方式分干磨与湿磨。干磨即是用砂纸或砂布或浮石等直接对物面进行研磨。湿磨是由于卫生防护的需要,以及为防止打磨时漆膜受热变软黏附于磨粒间而有损研磨质量,将水砂纸或浮石蘸水(或润滑剂)进行打磨。硬质涂料或含铅涂料一般需采用湿磨方法。如果湿磨易吸水基层或环境湿度大时,可用松香水与生亚麻油(3:1)的混合物作润滑剂打磨。对于木质材料表面不易磨除的硬刺、木丝和木毛等,可采用稀释的虫胶漆[虫胶:酒精 =1:(7~8)]进行涂刷,待干后再行打磨的方法;也可用湿布擦抹表面使木材毛刺吸水胀起干后再打磨的方法。 根据不同要求和打磨目的,分为基层打磨、层间打磨和面层打磨(表 8.18.3)
4	色漆调配	为满足设计要求,大部分成品色漆需进行现场混合调兑,但参与调配的色漆的漆基应相同或能够混溶,否则掺和后会引起色料上浮、沉淀或树脂分离与析出等。选定基本色漆后应先试配小样与样品色或标准色卡比照,尤须注意湿漆干燥后的色泽变化。调配浅色漆时若用催干剂,应在配兑之前加入。试配小样时须准确记录其色漆配比值,以备调配大样时参照
5	透明涂料配色	木质材料面的透明涂饰配色,一般以水色为主,水色常由酸、碱性染料等混合配制。常用的底色有水粉底色、油粉底色、豆腐底色、水色底、血料底等。木质面显木纹,透明涂饰的着色分两个步骤,首先嵌批填孔料,根据木材管孔的特点及温度情况掌握水或油与体质颜料的比例,使稠度适宜。然后再采取用水色、油色或酒色对木质材料表面再进行染色

(续表)

序号	项目	施工要求
6	油漆稠度调配	桶装的成品油漆,一般都较为稠厚,使用时需要酌情加入部分稀料(稀释剂)调节其稠度后方可满足施工要求。但在实际工作中的油漆稠度并非依靠黏度计进行测量定取,而是根据各种施工条件如油漆的性能、环境气温、操作场地、工具及施工方法等因素来决定。稠度又直接影响油漆涂膜质量,情况较为复杂,除机械化固定施工条件之外,油漆的稠度往往是不时变动才可适用。 油漆工所依照的固定稠度,或称基本稠度,即是机械化涂装或手工操作的稠度基础,常用涂 -4 号黏度计测量决定。常用的油基漆的各种底漆的平均稠度为 35~40s,一般情况下在此稠度范围内较适宜涂刷,油漆对毛刷的浮力与刷毛的弹力相接近。若刷毛软,还需降低稠度;当刷毛硬时则需提高稠度。常用喷涂的稠度一般为 25~30s,在此稠度范围内喷出油漆的速度快、覆盖力强、雾化程度好,中途干燥现象轻微
7	喷涂	所用油漆品种应是干燥快的挥发性油漆,如硝基磁漆、过氯乙烯磁漆等。油漆喷涂的类别有空气喷涂、高压无气喷涂、热喷涂及静电喷涂等,在建筑工程中采用最多的是空气喷涂和高压无气喷涂。普通的空气喷涂喷枪种类繁多,一般有吸出式、对嘴式和流出式。高压无气喷涂利用 0.4~0.6MPa 的压缩空气作动力,带动高压泵将油漆涂料吸入,加压到 15MPa 左右通过特制喷嘴喷出,当加过高压的涂料喷至空气中时,即剧烈膨胀雾化成扇形气流冲向被涂物面,此设备可以喷涂高黏度油漆,效率高、成膜厚、遮盖率高、涂饰质量好。 从储漆罐中带出,再用压缩空气将油漆涂料吹成雾状,喷在被涂物品上(也有直接靠压缩空气的力量将涂料吹出的)。此类喷涂设备简单,操作容易,维修也方便。但也有不足之处:第一,油漆或其他涂料在喷涂前必须稀释,喷涂施工中有相当一部分涂料随着空气的扩散而损耗消失,故此成膜较薄,需反复多遍喷涂才可达到一定厚度;第二,喷涂的渗透性和附着性,大都较刷涂差;第三,喷涂时扩

(续表)

序号	项目	施工要求
7	喷涂	散于空气中的漆料和溶剂,对人体有害;第四,在通风不良的现场喷涂施工,存在着不安全因素,漆雾易引起火灾,而溶剂的蒸气在空气中达到足够浓度时,有酿成爆炸祸患的可能

表 8.18.3　不同阶段的打磨要求

序号	打磨部位	打磨方式	要　求及注意事项
1	基层打磨	干磨	用 1~1$\frac{1}{2}$号砂纸打磨。线角处要用对折砂纸的边角砂磨。边缘棱角要打磨光滑,去其锐角以利涂料的黏附。在纸面石膏板上打磨,不要使纸面起毛
2	层间打磨	干磨或湿磨	用 0 号砂纸、1 号旧砂纸或 280~320 号水砂纸。木质面上的透明涂层应顺木纹方向直磨,遇有凹凸线角部位可适当运用直磨、横磨交叉进行的方法轻轻打磨
3	面漆打磨	湿磨	用 400 号以上水砂纸蘸清水或肥皂水打磨。磨至从正面看去是暗光,但从水平侧面看去如同镜面。此工序仅适用硬质涂层,打磨边缘、棱角、曲面时不可使用垫块,要轻磨并随时查看以免磨透、磨穿

8.18.3　仿天然石涂料施工要求

仿天然石涂料施工要求见表 8.18.4。

表 8.18.4　仿天然石涂料施工要求

序号	项目	施工要点
1	涂底漆	底涂料用量每遍 0.3kg/m² 以上,均匀刷涂或用尼龙毛辊滚涂,直到无渗色现象为止
2	放样弹线,粘贴线条胶带	为仿天然石材效果,一般设计均有分块分格要求。施工时弹线粘贴线条胶带,先贴竖直方向,后贴水平方向,在接头处可临时钉上铁钉,便于施涂后找出胶带端头

(续表)

序号	项目	施工要点
3	喷涂中层	中涂施工采用喷枪喷涂,空气压力在 $6\sim 8kg/m^2$ 之间,涂层厚度 $2\sim 3mm$,涂料用量 $4\sim 5kg/m^2$,喷涂面应与事先选定的样片外观效果相符合。喷涂硬化24h,方可进行下道工序
4	揭除分格线胶带	中涂后可随即揭除分格胶带,揭除时不得损伤涂膜切角。应将胶带向上牵拉,而不是垂直于墙面牵拉
5	喷制及镶贴石头漆片	此做法仅用于室内饰面,一般是用于饰面要求颜色复杂、造型处理图案多变的现场情况。可预先在板片或贴纸类材料上喷成石头漆切片,待涂膜硬化后,即可用强力胶黏剂将其镶贴于既定位置以达到富立体感的装饰效果。切片分硬版与软版两种,硬版用于平面镶贴,软版用于曲面或转角处
6	喷涂罩面层	待中涂层完全硬化,局部粘贴石头漆片胶结牢固后,即全面喷涂罩面涂料。其配套面漆一般为透明搪瓷漆,罩面喷涂用量应在 $0.3kg/m^2$ 以上

第9章 施工现场安全管理

9.1 施工现场临时用电安全管理

9.1.1 一般规定

施工现场临时用电安全管理的一般规定见表9.1.1。

表9.1.1 一般规定

序号	规 定 与 要 求
1	电工必须经过按国家现行标准考核合格后,持证上岗工作;其他用电人员必须通过相关安全教育培训和技术交底,考核合格后方可上岗工作
2	安装、巡检、维修或拆除临时用电设备和线路,必须由电工完成,并应有人监护。电工等级应同工程的难易程度和技术复杂性相适应
3	各类用电人员应掌握安全用电基本知识和所用设备的性能,并应符合下列规定: (1)使用电气设备前必须按规定穿戴和配备好相应的劳动防护用品,并应检查电气装置和保护设施,严禁设备带"缺陷"运转。 (2)保管和维护所用设备,发现问题及时报告解决。 (3)暂时停用设备的开关箱必须切断电源隔离开关,并应关门上锁。 (4)移动电气设备时,必须经电工切断电源并作妥善处理后进行

9.1.2 临时用电安全管理原则

1. 临时用电施工组织设计

临时用电施工组织设计见表9.1.2。

表9.1.2 临时用电施工组织设计

类别	说 明
施工组织设计范围	依据《施工现场临时用电安全技术规范》(JGJ 46—2005)的规定,临时用电设备在5台及5台以上或设备总容量在50kW及50kW以上者,应编制临时用电施工组织设计和制定安全用电技术措施及电气防火措施。编制临时用电施工组织设计是保障施工现场临时用电安全可靠必不可少的基础性技术措施。 以上是施工现场临时用电管理应当遵循的第一项技术原则,不必考虑正式工程的技术内容

(续表)

类别	说　明
施工现场临时用电组织设计的内容	(1)现场勘测。 (2)确定电源进线、变电所或配电室、配电装置、用电设备位置及线路走向。 (3)进行负荷计算。 (4)选择变压器。 (5)设计配电系统： ①设计配电线路,选择导线或电缆。 ②设计配电装置,选择电器。 ③设计接地装置。 ④绘制临时用电工程图纸,主要包括用电工程总平面图、配电装置布置图、配电系统接线图、接地装置设计图。 (6)设计防雷装置。 (7)确定防护措施。 (8)制定安全用电措施和电气防火措施
其他要求	(1)临时用电工程图纸应单独绘制,临时用电工程应按图施工。 (2)临时用电组织设计及变更时,必须履行"编制、审核、批准"程序,由电气工程技术人员组织编制,经相关部门审核及具有法人资格企业的技术负责人批准后实施。变更用电组织设计时应补充有关图纸资料。 (3)临时用电工程必须经编制、审核、批准部门和使用单位共同验收,合格后方可投入使用。 (4)临时用电施工组织设计审批手续： ①施工现场临时用电施工组织设计必须由施工单位的电气工程技术人员编制,技术负责人审核。封面上要注明工程名称、施工单位、编制人并加盖单位公章。 ②施工单位所编制的施工组织设计,必须符合《施工现场临时用电安全技术规范》(JGJ 46—2005)中的有关规定。 ③临时用电施工组织设计必须在开工前15d内报上级主管部门审核、批准后方可进行临时用电施工。施工时要严格执行审核后的施工组织设计,按图施工。当需要变更施工组织设计时,应补充有关图纸资料,同样需要上报主管部门批准,待批准后,按照修改前、后的临时用电施工组织设计对照施工

(续表)

类别	说明
其他要求	编制临时用电施工组织设计的目的在于使施工现场临时用电工程有一个科学的依据,从而保障临时用电运行的安全可靠;另一方面,临时用电施工组织设计作为临时用电工程的主要技术资料,有助于加强对临时用电工程的技术管理,从而保障其使用的安全可靠

2. 临时用电安全技术档案

临时用电安全技术档案见表9.1.3。

表9.1.3 临时用电安全技术档案

类别	内容与要求
临时用电安全技术的内容	施工现场临时用电必须建立安全技术档案,并应包括下列内容: (1)用电组织设计的全部资料(包括修改后实施的临时用电施工组织设计的补充资料)。 (2)修改用电组织设计的资料。 (3)用电技术交底资料。 (4)用电工程检查验收表。 (5)电气设备的试、检验凭单和调试记录。 (6)接地电阻、绝缘电阻和漏电保护器漏电动作参数测定记录表。 (7)定期检(复)查表。 (8)电工安装、巡检、维修、拆除工作记录
安全技术档案建立与管理	安全技术档案应由主管该现场的电气技术人员负责建立与管理。其中"电工安装、巡检、维修、拆除工作记录"可指定电工代管,每周由项目经理审核认可,并应在临时用电工程拆除后统一归档。 临时用电工程应定期检查。定期检查时,应复查接地电阻值和绝缘电阻值。 临时用电工程定期检查应按分部、分项工程进行,对安全隐患必须及时处理,并应履行复查验收手续

9.1.3 施工现场外电线路的安全距离与防护

(1)外电线路的安全距离见表9.1.4。

表9.1.4 外电线路的安全距离

序号	安全距离要求
1	在建工程不得在外电架空线路正下方施工、搭设作业棚、建造生活设施或堆放构件、架具、材料及其他杂物等
2	在建工程(含脚手架)的周边与外电架空线路的边线之间的最小安全操作距离应符合表9.1.5规定
3	施工现场的机动车道与外电架空线路交叉时,架空线路的最低点与路面的最小垂直距离应符合表9.1.6规定
4	起重机严禁越过无防护设施的外电架空线路作业。在外电架空线路附近吊装时,起重机的任何部位或被吊物边缘在最大偏斜时与架空线路边线的最小安全距离应符合表9.1.7规定
5	施工现场开挖沟槽边缘与外电埋地电缆沟槽边缘之间的距离不得小于0.5m
6	当达不到第2~4条中的规定时,必须采取绝缘隔离防护措施,并应悬挂醒目的警告标志
7	架设防护设施时,必须经有关部门批准,采用线路暂时停电或其他可靠的安全技术措施,并应有电气工程技术人员和专职安全人员监护。 防护设施与外电线路之间的安全距离不应小于表9.1.8所列数值。 防护设施应坚固、稳定,且对外电线路的隔离防护应达到IP30级
8	在外电架空线路附近开挖沟槽时,必须与有关部门协商,采取停电、迁移外电线路或改变工程位置等措施,未采取上述措施的严禁施工
9	在外电架空线路附近开挖沟槽时,必须会同有关部门采取加固措施,防止外电架空线路电杆倾斜、悬倒

表9.1.5 在建工程(含脚手架)的周边与架空线路的边线之间的最小安全操作距离

外电线路电压等级(kV)	<1	1~10	35~10	220	330~500
最小安全操作距离(m)	4.0	6.0	8.0	10	15

注:上、下脚手架的斜道不宜设在有外电线路的一侧。

表 9.1.6 施工现场的机动车道与架空线路交叉时的最小垂直距离

外电线路电压等级(kV)	<1	1~10	35
最小垂直距离(m)	6.0	7.0	7.0

表 9.1.7 起重机与架空线路边线的最小安全距离

电压安全距离(kV)	<1	10	35	110	220	330	500
沿垂直方向(m)	1.5	3.0	4.0	5.0	6.0	7.0	8.5
沿水平方向(m)	1.5	2.0	3.5	4.0	6.0	7.0	8.5

表 9.1.8 防护设施与外电线路之间的最小安全距离

外电线路电压等级(kV)	≤10	35	110	220	330	500
最小安全距离(m)	1.7	2.0	2.5	4.0	5.0	6.0

(2)电气设备保护措施见表 9.1.9。

表 9.1.9 电气设备保护措施

序号	防护措施与要求
1	电气设备现场周围不得存放易燃易爆物、污染源和腐蚀介质,否则应予清除或作防护处置,其防护等级必须与环境条件相适应
2	电气设备设置场所应能避免物体打击和机械损伤,否则应作防护处置

9.2 电器接零与接地保护措施

在施工现场专用变压器的供电的 TN-S 接零保护系统中,电气设备的金属外壳必须与保护零线连接。保护零线应由工作接地线、配电室(总配电箱)电源侧零线或总漏电保护器电源侧零线处引出(图 9.2.1)。

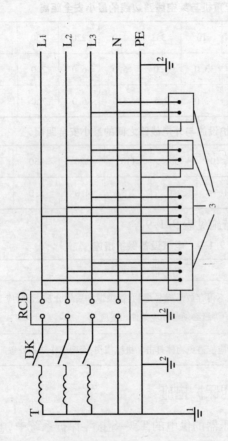

图 9.2.1 专用变压器供电时 TN-S 接零保护系统示意图

1—工作接地；2—PE 线重复接地；3—电气设备金属外壳（正常不带电的外露可导电部分）；
L_1、L_2、L_3—相线；N—工作零线；PE—保护零线；DK—总电源隔离开关；RCD—总漏电保护器
（兼有短路、过载、漏电保护功能的漏电断路器）；T—变压器

当施工现场与外电线路共用同一供电系统时,电气设备的接地、接零保护应与原系统保持一致。不得一部分设备作保护接零,另一部分设备作保护接地。

采用 TN 系统作保护接零时,工作零线(N 线)必须通过总漏电保护器,保护零线(PE 线)必须由电源进线零线重复接地处或总漏电保护器电源侧零线处,引出形成局部 TN – S 接零保护系统(图 9.2.2)。

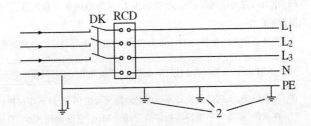

图 9.2.2　三相四线供电时局部 TN – S 接零保护系统保护零线引出示意图
1—NPE 线重复接地;2—PE 线重复接地; L_1、L_2、L_3—相线;N—工作零线;PE—保护零线;DK—总电源隔离开关;RCD—总漏电保护器(兼有短路、过载、漏电保护功能的漏电断路器)

9.2.1 保护接零

保护接零安全技术措施见表9.2.1。

表9.2.1 保护接零安全技术措施

序号	技术措施
1	在TN系统中,下列电气设备不带电的外露可导电部分应作保护接零: (1)电动机、变压器、电器、照明器具、手持式电动工具的金属外壳。 (2)电气设备传动装置的金属部件。 (3)配电柜与控制柜的金属框架。 (4)配电装置的金属箱体、框架及靠近带电部分的金属围栏和金属门。 (5)电力线路的金属保护管、敷线的钢索、起重机的底座和轨道、滑升模板金属操作平台等。 (6)安装在电力线路杆(塔)上的开关、电容器等电气装置的金属外壳及支架
2	城防、人防、隧道等潮湿或条件特别恶劣施工现场的电气设备必须采用保护接零
3	在TN系统中,下列电气设备不带电的外露可导电部分,可不作保护接零: (1)在木质、沥青等不良导电地坪的干燥房间内,交流电压380V及以下的电气装置金属外壳(当维修人员可能同时触及电气设备金属外壳和接地金属物件时除外)。 (2)安装在配电柜、控制柜金属框架和配电箱的金属箱体上,且与其可靠电气连接的电气测量仪表、电流互感器、电器的金属外壳

9.2.2 接地与接地电阻

接地与接地电阻安全技术措施见表9.2.2。

表9.2.2 接地与接地电阻安全技术措施

序号	技术措施
1	单台容量超过100kV·A或使用同一接地装置并联运行且总容量超过100kV·A的电力变压器或发电机的工作接地电阻值不得大于4Ω。 单台容量不超过100kV·A或使用同一接地装置并联运行且总容量不超过100kV·A的电力变压器或发电机的工作接地电阻值不得大于10Ω。 在土壤电阻率大于1 000Ω·m的地区,当达到上述接地电阻值有困难时,工作接地电阻值可提高到30Ω

第9章 施工现场安全管理

(续表)

序号	技术措施
2	TN系统中的保护零线除必须在配电室或总配电箱处作重复接地外，还必须在配电系统的中间处和末端处作重复接地。 在TN系统中，保护零线每一处重复接地装置的接地电阻值不应大于10Ω。在工作接地电阻值允许达到10Ω的电力系统中，所有重复接地的等效电阻值不应大于10Ω
3	在TN系统中，严禁将单独敷设的工作零线再作重复接地
4	接地装置的设置应考虑土壤干燥或冻结等季节变化的影响，并应符合表9.2.3的规定，接地电阻值在四季中均应符合要求。但防雷装置的冲击接地电阻值只考虑在雷雨季节中土壤干燥状态的影响
5	PE线所用材质与相线、工作零线（N线）相同时，其最小截面应符合表9.2.4的规定
6	每一接地装置的接地线应采用2根及以上导体，在不同点与接地体接电气连接。 不得采用铝导体作接地体或地下接地线。垂直接地体宜采用角钢、钢管或光面圆钢，不得采用螺纹钢。 接地可利用自然接地体，但应保证其电气连接和热稳定
7	移动式发电机供电的用电设备，其金属外壳或底座应与发电机电源的接地装置有可靠的电气连接
8	移动式发电机系统接地应符合电力变压器系统接地的要求。下列情况可不另作保护接零： (1)移动式发电机和用电设备固定在同一金属支架上，且不供给其他设备用电时。 (2)不超过2台的用电设备由专用的移动式发电机供电，供、用电设备间距不超过50m，且供、用电设备的金属外壳之间有可靠的电气连接时

表9.2.3 接地装置的季节系数 ψ 值

埋深(m)	水平接地体	长2~3m的垂直接地体
0.5	1.4~1.8	1.2~1.4
0.8~1.0	1.25~1.45	1.15~1.3
2.5~3.0	1.0~1.1	1.0~1.1

注:大地比较干燥时,取表中较小值;比较潮湿时,取表中较大值。

表9.2.4 PE线截面与相线截面的关系

相线芯线截面 $S(mm^2)$	PE线最小截面(mm^2)
$S \leqslant 16$	5
$16 < S \leqslant 35$	16
$S > 35$	$S/2$

9.2.3 防雷

防雷技术措施见表9.2.5。

表9.2.5 防雷技术措施

序号	技术措施
1	在土壤电阻率低于200Ω·m区域的电杆可不另设防雷接地装置,但在配电室的架空进线或出线处均将绝缘子铁脚与配电室的接地装置相连接
2	施工现场内的起重机、井字架、龙门架等机械设备,以及钢脚手架和正在施工的在建工程等的金属结构,当在相邻建筑物、构筑物等设施的防雷装置接闪器的保护范围以外时,应按表9.2.6规定安装防雷装置。 当最高机械设备上避雷针(接闪器)的保护范围能覆盖其他设备,且又最后退出现场,则其他设备可不设防雷装置
3	机械设备或设施的防雷引下线可利用该设备或设施的金属结构体,但应保证电气连接
4	机械设备上的避雷针(接闪器)长度应为1~2m。塔式起重机可不另设避雷针(接闪器)
5	安装避雷针(接闪器)的机械设备,所有固定的动力、控制、照明、信号及通信线路,宜采用钢管敷设。钢管与该机械设备的金属结构体应作电气连接

(续表)

序号	技术措施
6	施工现场内所有防雷装置的冲击接地电阻值不得大于30Ω
7	作防雷接地机械上的电气设备,所连接的PE线必须同时作重复接地,同一台机械电气设备的重复接地和机械的防雷接地可共用同一接地体,但接地电阻应符合重复接地电阻值的要求

表9.2.6 施工现场内机械设备及高架设施需安装防雷装置的规定

地区年平均雷暴日(d)	机械设备高度(m)
≤15	≥50
>15,<40	≥32
≥40,<90	≥20
≥90及雷害特别严重地区	≥12

9.3 配电室(柜、组)安全技术要求

9.3.1 配电室安全技术

配电室安全技术措施见表9.3.1。

表9.3.1 配电室安全技术措施

序号	技术措施
1	配电室应靠近电源,并应设在灰尘少、潮气少、振动小、无腐蚀介质、无易燃易爆物及道路畅通的地方
2	成列的配电柜和控制柜两端应与重复接地线及保护零线作电气连接
3	配电室和控制室应能自然通风,并应采取防止雨雪侵入和动物进入的措施
4	配电室布置应符合下列要求: (1)配电柜正面的操作通道宽度,单列布置或双列背对背布置不小于1.5m,双列面对面布置不小于2m。 (2)配电柜后面的维护通道宽度,单列布置或双列面对面布置不小于0.8m,双列背对背布置不小于1.5m,个别地点有建筑物结构突出的地方,则此点通道宽度可减少0.2m。

(续表)

序号	技术措施
4	(3)配电柜侧面的维护通道宽度不小于1m。 (4)配电室的顶棚与地面的距离不低于3m。 (5)配电室内设置值班或检修室时,该室边缘距配电柜的水平距离大于1m,并采取屏障隔离。 (6)配电室内的裸母线与地面垂直距离小于2.5m时,采用遮栏隔离,遮栏下面通道的高度不小于1.9m。 (7)配电室围栏上端与其正上方带电部分的净距不小于0.075m。 (8)配电装置的上端距顶棚不小于0.5m。 (9)配电室内的母线涂刷有色油漆,以标志相序,以柜正面方向为基准,其涂色符合表9.3.2规定。 (10)配电室的建筑物和构筑物的耐火等级不低于3级,室内配置砂箱和可用于扑灭电气火灾的灭火器。 (11)配电室的门向外开,并配锁。 (12)配电室的照明分别设置正常照明和事故照明
5	配电柜应装设电度表,并应装设电流、电压表。电流表与计费电度表不得共用一组电流互感器
6	配电柜应装设电源隔离开关及短路、过载、漏电保护电器。电源隔离开关分断时应有明显可见分断点
7	配电柜应编号,并应有用途标记
8	配电柜或配电线路停电维修时,应挂接地线,并应悬挂"禁止合闸,有人工作"、停电标志牌。停送电必须由专人负责
9	配电室保持整洁,不得堆放任何妨碍操作、维修的杂物

表9.3.2 母线涂色

相别	颜色	垂直排列	水平排列	引下排列
L_1(A)	黄	上	后	左
L_2(B)	绿	中	中	中
L_3(C)	红	下	前	右
N	淡蓝			

9.3.2 230/400V 自备发电机组

230/400V 自备发电机组安全技术措施见表9.3.3。

表 9.3.3 230/400V 自备发电机组安全技术措施

序号	技术措施
1	发电机组及其控制、配电、修理室等可分开设置；在保证电气安全距离和满足防火要求情况下可合并设置
2	发电机组的排烟管道必须伸出室外。发电机组及其控制、配电室内必须配置可用于扑灭电气火灾的灭火器，严禁存放储油桶
3	发电机组电源必须与外电线路电源连锁，严禁并列运行
4	发电机组应采用电源中性点直接接地的三相四线制供电系统和独立设置TN-S接零保护系统，其工作接地电阻值应符合以下要求： (1) 单台容量超过100kV·A或使用同一接地装置并联运行且总容量超过100kV·A的电力变压器或发电机的工作接地电阻值不得大于4Ω。 (2) 单台容量不超过100kV·A或使用同一接地装置并联运行且总容量不超过100kV·A的电力变压器或发电机的工作接地电阻值不得大于10Ω。 (3) 在土壤电阻率大于1 000Ω·m的地区，当达到上述接地电阻值有困难时，工作接地电阻值可提高到30Ω
5	发电机控制屏宜装设下列仪表： (1) 交流电压表。 (2) 交流电流表。 (3) 有功功率表。 (4) 电度表。 (5) 功率因数表。 (6) 频率表。 (7) 直流电流表
6	发电机供电系统应设置电源隔离开关及短路、过载、漏电保护电器。电源隔离开关分断时应有明显可见分断点
7	发电机组并列运行时，必须装设同期装置，并在机组同步运行后再向负载供电

9.3.3 配电箱安全技术措施

配电箱安全技术措施见表9.3.4。

表9.3.4 配电箱安全技术措施

序号	技术措施
1	配电系统应设置配电柜或总配电箱、分配电箱、开关箱,实行三级配电。 配电系统宜使三相负荷平衡。220V 或 380V 单相用电设备宜接入 220/380V 三相四线系统;当单相照明线路电流大于 30A 时,宜采用 220/380V 三相四线制供电。 室内配电柜的设置应符合相关的规定
2	总配电箱以下可设若干分配电箱;分配电箱以下可设若干开关箱。 总配电箱应设在靠近电源的区域,分配电箱应设在用电设备或负荷相对集中的区域,分配电箱与开关箱的距离不得超过 30m,开关箱与其控制的固定式用电设备的水平距离不宜超过 3m
3	每台用电设备必须有各自专用的开关箱,严禁用同一个开关箱直接控制 2 台及 2 台以上用电设备(含插座)
4	动力配电箱与照明配电箱宜分别设置。当合并设置为同一配电箱时,动力和照明应分路配电;动力开关箱与照明开关箱必须分设
5	配电箱、开关箱应装设在干燥、通风及常温场所,不得装设在有严重损伤作用的瓦斯、烟气、潮气及其他有害介质中,亦不得装设在易受外来固体物撞击、强烈振动、液体浸溅及热源烘烤场所。否则,应予清除或作防护处理
6	配电箱、开关箱周围应有足够 2 人同时工作的空间和通道,不得堆放任何妨碍操作、维修的物品,不得有灌木、杂草
7	配电箱、开关箱应采用冷轧钢板或阻燃绝缘材料制作,钢板厚度应为 1.2~2.0mm,其中开关箱箱体钢板厚度不得小于 1.2mm,配电箱箱体钢板厚度不得小于 1.5mm,箱体表面应作防腐处理
8	配电箱、开关箱应装设端正、牢固。固定式配电箱、开关箱的中心点与地面的垂直距离应为 1.4~1.6m。移动式配电箱、开关箱应装设在坚固、稳定的支架上。其中心点与地面的垂直距离宜为 0.8~1.6m
9	配电箱、开关箱内的电器(含插座)应先安装在金属或非木质阻燃绝缘电器安装板上,然后方可整体紧固在配电箱、开关箱箱体内。金属电器安装板与金属箱体应作电气连接

（续表）

序号	技术措施
10	配电箱、开关箱内的电器（含插座）应按其规定位置紧固在电器安装板上，不得歪斜和松动
11	配电箱的电器安装板上必须分设N线端子板和PE线端子板。N线端子板必须与金属电器安装板绝缘；PE线端子板必须与金属电器安装板作电气连接。进出线中的N线必须通过N线端子板连接；PE线必须通过PE线端子板连接
12	配电箱、开关箱内的连接线必须采用铜芯绝缘导线。导线绝缘的颜色标志应按要求排列整齐；导线分支接头不得采用螺栓压接，应采用焊接并作绝缘包扎，不得有外露带电部分
13	配电箱、开关箱的金属箱体、金属电器安装板以及电器正常不带电的金属底座、外壳等必须通过N线端子板与PE线作电气连接，金属箱门与金属箱体必须通过采用编织软铜线作电气连接
14	配电箱、开关箱的箱体尺寸应与箱内电器的数量和尺寸相适应，箱内电器安装板板面电器安装尺寸可按照表9.3.5确定
15	配电箱、开关箱中导线的进线口和出线口应设在箱体的下底面

表9.3.5 配电箱、开关箱内电器安装尺寸选择值

间距名称	最小净距(mm)
并列电器（含单极熔断器）间	30
电器进、出线瓷管(塑胶管)孔与电器边沿间	15A,30 20~30A,50 60A及以上,80
上、下排电器进出线瓷管(塑胶管)孔间	25
电器进、出线瓷管(塑胶管)孔至板边	40
电器至板边	40

9.4 施工现场用电线路

9.4.1 架空线路

施工现场对架空线路的要求见表9.4.1。

表 9.4.1　对架空线路的要求

序号	要　　求
1	架空线必须采用绝缘导线
2	架空线必须架设在专用电杆上，严禁架设在树木、脚手架及其他设施上
3	架空线导线截面的选择应符合下列要求： (1)导线中的计算负荷电流不大于其长期连续负荷允许载流量。 (2)线路末端电压偏移不大于其额定电压的 5%。 (3)三相四线制线路的 N 线和 PE 线截面不小于相线截面的 50%，单相线路的零线截面与相线截面相同。 (4)按机械强度要求，绝缘铜线截面不小于 $10mm^2$，绝缘铝线截面不小于 $16mm^2$。 (5)在跨越铁路、公路、河流、电力线路档距内，绝缘铜线截面不小于 $16mm^2$，绝缘铝线截面不小于 $2mm^2$
4	架空线在一个档距内，每层导线的接头数不得超过该层导线条数的 50%，且一条导线应只有一个接头。在跨越铁路、公路、河流、电力线路档距内，架空线不得有接头
5	架空线路相序排列应符合下列规定： (1)动力、照明线在同一横担上架设时，导线相序排列是面向负荷从左侧起依次为 L_1、N、L_2、L_3、PE。 (2)动力、照明线在二层横担上分别架设时，导线相序排列是：上层横担面向负荷从左侧起依次为 L_1、L_2、L_3，下层横担面向负荷从左侧起依次为 L_1(L_2、L_3)、N、PE
6	架空线路的档距不得大于 35m
7	架空线路的线间距不得小于 0.3m，靠近电杆的两导线的间距不得小于 0.5m
8	架空线路横担间的最小垂直距离不得小于表 9.4.2 所列数值；横担宜采用角钢或方木，低压铁横担角钢应按表 9.4.3 选用，方木横担截面应按 80mm×80mm 选用；横担长度应按表 9.4.4 选用
9	架空线路与邻近线路或固定物的距离应符合表 9.4.5 的规定
10	架空线路宜采用钢筋混凝土杆或木杆。钢筋混凝土杆不得有露筋、宽度大于 0.4mm 的裂纹和扭曲；木杆不得腐朽，其梢径不应小于 140mm

第9章 施工现场安全管理

(续表)

序号	要求
11	电杆埋设深度宜为杆长的 1/10 加 0.6m,回填土应分层夯实。在松软土质处宜加大埋入深度或采用卡盘等加固
12	直线杆和15°以下的转角杆,可采用单横担单绝缘子,但跨越机动车道时应采用单横担双绝缘子;15°~45°的转角杆应采用双横担双绝缘子;45°以上的转角杆应采用十字横担
13	架空线路绝缘子应按下列原则选择: (1)直线杆采用针式绝缘子。 (2)耐张杆采用蝶式绝缘子
14	电杆的拉线宜采用不少于 3 根直径 4.0mm 的镀锌钢丝。拉线与电杆的夹角应在 30°~45°之间。拉线埋设深度不得小于 1m。 电杆拉线如从导线之间穿过,应在高于地面 2.5m 处装设拉线绝缘子
15	因受地形环境限制不能装设拉线时,可采用撑杆代替拉线,撑杆埋设深度不得小于 0.8m,其底部应垫底盘或石块。撑杆与电杆的夹角宜为 30°
16	接户线在档距内不得有接头,进线处离地高度不得小于 2.5m。接户线最小截面应符合表 9.4.6 规定。接户线线间及与邻近线路间的距离应符合表 9.4.7 的要求
17	架空线路必须有短路保护。 采用熔断器作短路保护时,其熔体额定电流不应大于明敷绝缘导线长期连续负荷允许载流量的 1.5 倍。 采用断路器作短路保护时,其瞬动过流脱扣器脱扣电流整定值应小于线路末端单相短路电流
18	架空线路必须有过载保护。 采用熔断器或断路器作过载保护时,绝缘导线长期连续负荷允许载流量不应小于熔断器熔体额定电流或断路器长延时过流脱扣器脱扣电流整定值的 1.25 倍

表 9.4.2　横担间的最小垂直距离　　　　　　　　（m）

排列方式	直线杆	分支或转角杆
高压与低压	1.2	1.0
低压与低压	0.6	0.3

表 9.4.3　低压铁横担角钢选用

导线截面（mm²）	直线杆	分支或转角杆	
		二线及三线	四线以及上
16 25 35 50	∟50×50	2×∟50×5	2×∟63×5
70 95 120	∟63×5	2×∟63×5	2×∟70×6

表 9.4.4　横担长度　　　　　　　　（m）

二线	三线、四线	五线
0.7	1.5	1.8

表 9.4.5　架空线路与邻近线路或固定物的距离

项目	距离类别				
最小净空距离(m)	架空线路的过引线、接下线与邻线	架空线与架空线电杆外缘	架空线与摆动最大时树梢		
	0.13	0.05	0.50		
最小垂直距离(m)	架空线同杆架设下方的通信、广播线路	架空线最大弧垂与地面		架空线最大弧垂与暂设工程顶端	架空线与邻近电力线路交叉
		施工现场	机动车道	铁路轨道		1kV 以下	1～10kV
	1.0	4.0	6.0	7.5	2.5	1.2	2.5
最小水平距离(m)	架空线电杆与路基边缘	架空线电杆与铁路轨道边缘	架空线边线与建筑物凸出部分		
	1.0	杆高(m)+3.0	1.0		

表9.4.6 接户线最小截面

接户线架设方式	接户线长度(m)	接户线截面(mm^2)	
		铜线	铝线
架空或沿墙敷设	10～25	6.0	10.0
	≤10	4.0	6.0

表9.4.7 接户线线间及邻近线路间的距离

接户线架设方式	接户线档距(m)	接户线线间距离(mm)
架空敷设	≤25	150
	>25	200
沿墙敷设	≤6	100
	>6	150
架空接户线与广播电话线交叉时的距离(mm)		接户线在上部,600 接户线在下部,300
架空或沿墙敷设的接户线零线和相线交叉时的距离(mm)		100

9.4.2 电缆线路

施工现场对电缆线路的要求见表9.4.8。

表9.4.8 施工现场对电缆线路的要求

序号	要　　求
1	电缆中必须包含全部工作芯线和用作保护零线或保护线的芯线。需要三相四线制配电的电联线路必须采用五芯电缆。 五芯电缆必须包含淡蓝、绿/黄两种颜色绝缘芯线。淡蓝色芯线必须用作N线;绿/黄双色芯线必须用作PE线,严禁混用
2	电缆直接埋地敷设的深度不应小于0.7m,并应在电缆紧邻上、下、左、右侧均匀敷设不小于50mm厚的细砂,然后覆盖砖或混凝土板等硬质保护层
3	电缆直接埋地敷设的深度不应小于0.7m,并应在电缆紧邻上、下、左、右侧均匀敷设不小于50mm厚的细砂,然后覆盖砖或混凝土板等硬质保护层

(续表)

序号	要　求
4	埋地电缆在穿越建筑物、构筑物、道路、易受机械损伤、介质腐蚀场所及引出地面从 2.0m 高到地下 0.2m 处,必须加设防护套管,防护套管内径不应小于电缆外径的 1.5 倍
5	埋地电缆与其附近外电电缆和管沟的平行间距不得小于 2m,交叉间距不得小于 1m
6	埋地电缆的接头应设在地面上的接线盒内,接线盒应能防水、防尘、防机械损伤,并应远离易燃、易爆、易腐蚀场所
7	架空电缆应沿电杆、支架或墙壁敷设,并采用绝缘子固定,绑扎线必须采用绝缘线,固定点间距应保证电缆能承受自重所带来的荷载,敷设高度应符合架空线路敷设高度的要求,但沿墙壁敷设时最大弧垂距地不得小于 2.0m。架空电缆严禁沿脚手架、树木或其他设施敷设
8	在建工程内的电缆线路必须采用电缆埋地引入,严禁穿越脚手架引入。电缆垂直敷设应充分利用在建工程的竖井、垂直孔洞等,并宜靠近用电负荷中心,固定点每楼层不得少于一处。 电缆水平敷设宜沿墙或门口刚性固定,最大弧垂距地不得小于 2.0m。 装饰装修工程或其他特殊阶段,应补充编制单位施工用电方案。电源线可沿墙角、地面敷设,但应采取防机械损伤和电火措施
9	电缆线路必须有短路保护和过载保护,短路保护和过载保护电器与电缆的选配应符合架空线路的要求

9.4.3　室内配线

施工现场对室内配线的要求见表 9.4.9。

表 9.4.9　施工现场对室内配线的要求

序号	要　求
1	室内配线必须采用绝缘导线或电缆
2	室内配线应根据配线类型采用瓷瓶、瓷(塑料)夹、嵌绝缘槽、穿管或钢索敷设。潮湿场所或埋地非电缆配线必须穿管敷设,管口和管接头应密封;当采用金属管敷设时,金属管必须作等电位连接,且必须与 PE 线相连接

(续表)

序号	要　求
3	室内非埋地明敷主干线距地面高度不得小于2.5m
4	架空进户线的室外端应采用绝缘子固定，过墙处应穿管保护，距地面高度不得小于2.5m，并应采取防雨措施
5	室内配线所用导线或电缆的截面应根据用电设备或线路的计算负荷确定，但铜线截面不应小于1.5mm^2，铝线截面不应小于2.5mm^2
6	钢索配线的吊架间距不宜大于12m。采用瓷夹固定导线时，导线间距不应小于35mm，瓷夹间距不应大于800mm；采用瓷瓶固定导线时，导线间距不应小于100mm，瓷瓶间距不应大于1.5m；采用护套绝缘导线或电缆时，可直接敷设于钢索上
7	室内配线必须有短路保护和过载保护。短路保护和过载保护电器与绝缘导线、电缆的选配应符合架空线路的要求。对穿管敷设的绝缘导线线路，其短路保护熔断器的熔体额定电流不应大于穿管绝缘导线长期连续负荷允许载流量的2.5倍

9.5　施工现场照明

9.5.1　施工现场照明基本规定

施工现场照明基本规定见表9.5.1。

表9.5.1　施工现场照明基本规定

序号	要　求
1	在坑、洞、井内作业，夜间施工或厂房、道路、仓库、办公室、食堂、宿舍、料具堆放场及自然采光差等场所，应设一般照明、局部照明或混合照明。 在一个工作场所内，不得只设局部照明，停电后，操作人员需及时撤离的施工现场，必须装设自备电源的应急照明
2	现场照明应采用高光效、长寿命的照明光源。对需大面积照明的场所，应采用高压汞灯、高压钠灯或混光用的卤钨灯等

(续表)

序号	要求
3	照明器的选择必须按下列环境条件确定： (1) 正常湿度一般场所,选用开启式照明器。 (2) 潮湿或特别潮湿场所,选用密闭型防水照明器或配有防水灯头的开启式照明器。 (3) 含有大量尘埃但无爆炸和火灾危险的场所,选用防尘型照明器。 (4) 有爆炸和火灾危险的场所,按危险场所等级选用防爆型照明器。 (5) 存在较强振动的场所,选用防振型照明器。 (6) 有酸碱等强腐蚀介质场所,选用耐酸碱型照明器
4	照明器具和器材的质量应符合国家现行有关强制性标准的规定,不得使用绝缘老化或破损的器具和器材
5	无自然采光的地下大空间施工场所,应编制单项照明用电方案

9.5.2 照明供电

施工现场照明供电安全技术要求见表9.5.2。

表9.5.2 施工现场照明供电安全技术要求

序号	要求
1	一般场所宜选用额定电压为220V的照明器
2	下列特殊场所应使用安全特低电压照明器： (1) 隧道、人防工程、高温、有导电灰尘、比较潮湿或灯具离地面高度低于2.5m等场所的照明,电源电压不应大于36V。 (2) 潮湿和易触及带电体场所的照明,电源电压不得大于24V。 (3) 特别潮湿场所、导电良好的地面、锅炉或金属容器内的照明,电源电压不得大于12V
3	使用行灯应符合下列要求： (1) 电源电压不大于36V。 (2) 灯体与手柄应坚固、绝缘良好并耐热耐潮湿。 (3) 灯头与灯体结合牢固,灯头无开关。 (4) 灯泡外部有金属保护网。 (5) 金属网、反光罩、悬吊挂钩固定在灯具的绝缘部位上

(续表)

序号	要　　求
4	远离电源的小面积工作场地、道路照明、警卫照明或额定电压为12～36V照明的场所,其电压允许偏移值为额定电压值的-10%～5%;其余场所电压允许偏移值为额定电压值的±5%
5	照明变压器必须使用双绕组型安全隔离变压器,严禁使用自耦变压器
6	照明系统宜使三相负荷平衡,其中每一单相回路上,灯具和插座数量不宜超过25个,负荷电流不宜超过15A
7	携带式变压器的一侧电源线应采用橡皮护套或塑料护套铜芯软电缆,中间不得有接头,长度不宜超过3m,其中绿/黄双色线只可作PE线使用,电源插销应有保护触头
8	作零线截面应按下列规定选择: (1)单相二线及二相二线线路中,零线截面与相线截面相同。 (2)三相四线制线路中,当照明器为白炽灯时,零线截面不小于相线截面的50%;当照明器为气体放电灯时,零线截面按最大负载相的电流选择。 (3)在逐相切断的三相照明电路中,零线截面与最大负载相线截面相同
9	室内、室外照明线路的敷设应符合《施工现场临时用电安全技术规范》(JGJ 46—2005)的基本要求

9.5.3　照明装置

施工现场照明装置的安全技术要求见表9.5.3。

表9.5.3　施工现场照明装置的安全技术要求

序号	要　　求
1	照明灯具的金属外壳必须与PE线相连接,照明开关箱内必须装设隔离开关、短路与过载保护电器和漏电保护器,并应符合《施工现场临时用电安全技术规范》(JGJ 46—2005)的规定
2	室外220V灯具距地面不得低于3m,室内220V灯具距地面不得低于2.5m。普通灯具与易燃物距离不宜小于300mm;聚光灯、碘钨灯等高热灯具与易燃物距离不宜小于500mm,且不得直接照射易燃物。达不到规定安全距离时,应采取隔热措施

(续表)

序号	要　　求
3	路灯的每个灯具应单独装设熔断器保护。灯头线应做防水弯
4	荧光灯管应采用管座固定或用吊链悬挂。荧光灯的镇流器不得安装在易燃的结构物上
5	碘钨灯及钠、铊、铟等金属卤化物灯具的安装高度宜在 3m 以上,灯线应固定在接线柱上,不得靠近灯具表面
6	投光灯的底座应安装牢固,应按需要的光轴方向将枢轴拧紧固定
7	螺口灯头及其接线应符合下列要求: (1)绝缘外壳无损伤、无漏电。 (2)接在与中心触头相连的一端,零线接在与螺纹口相连的一端
8	灯具内的接线必须牢固,灯具外的接线必须作可靠的防水绝缘包扎
9	暂设工程的照明灯具宜采用拉线开关控制,开关安装位置宜符合下列要求: (1)拉线开关距地面高度为 2~3m,与出入口的水平距离为 0.15~0.2m,拉线的出口向下。 (2)其他开关距地面高度为 1.3m,与出入口的水平距离为 0.15~0.2m
10	灯具的相线必须经开关控制,不得将相线直接引入灯具
11	对夜间影响飞机或车辆通行的在建工程及机械设备,必须设置醒目的红色信号灯,其电源应设在施工现场总电源开关的前侧,并应设置外电线路停止供电时的应急自备电源

9.6　施工现场消防安全

9.6.1　施工现场消防安全一般规定

施工现场消防安全一般规定见表 9.6.1。

表9.6.1 施工现场消防安全一般规定

序号	要 求
1	消防工作的基本方针是"预防为主,防消结合"。 要做到"预防为主,防消结合"就必须做到: (1)各单位消防工作应指定专门领导负责,制定结合本单位实际的防火工作计划。组建基本消防队伍,绘制消防器材平面布置图。 (2)消防器材管理要由保卫部门或指定专人负责,并进行登记造册,建立台账。 (3)明确防火责任区,将防火工作切实落实到车间、班组,做到防火安全人人有责,处处有人管。 (4)建立定期检查制度,杜绝火灾、爆炸事故的发生,若发现隐患,应及时整改,并在安全台账上作记录
2	施工现场应按照国家和地方消防工作的方针、政策和消防法规的规定,根据工程特点、规模和现场环境状况确定消防管理机构并配备专(兼)职消防管理人员,制定消防管理制度,对施工人员进行消防知识的教育,对现场进行检查、防控,做好消防安全工作
3	施工组织设计中应根据施工中使用的机具、材料、气候和现场环境状况,分析施工过程中可能出现的消防隐患与可能出现的火灾事故(事件),制定相应的防火措施
4	施工现场应实行区域管理,作业区与生活区、库区应分开设置,并按规定配置相应的消防器材
5	施工现场使用的电气设备必须符合防火要求。临时用电必须安装过载保护装置,配电箱、开关箱不得使用易燃、可燃材料制作
6	现场一旦发生火灾事故,必须立即组织人员扑救,及时准确地拨打火警电话,并保护现场,配合公安消防部门开展火灾原因调查,吸取教训,采取预防措施
7	现场动火作业必须履行审批制度,动火操作人员必须经考试合格持证上岗
8	施工现场应定期进行防火检查,并及时消除火灾隐患

9.6.2 防火安全管理制度

施工现场防火安全管理制度见表9.6.2。

表 9.6.2　施工现场防火安全管理制度

序号	类别	管理制度
1	建立防火防爆知识宣传教育制度	组织施工人员认真学习《中华人民共和国消防法》和公安部《关于建筑工地防火基本措施》,教育参加施工的全体职工认真贯彻执行消防法规,增强全员的法律意识
2	建立定期消防技能培训制度	定期对职工进行消防技能培训,使所有施工人员都懂得基本防火知识,掌握安全技术,能熟练使用工地上配备的防火器具,能掌握正确的灭火方法
3	建立现场明火管理制度	施工现场未经主管领导批准,任何人不准擅自动用明火。从事电、气焊的作业人员要持证上岗(用火证),在批准的范围内作业。要从技术上采取安全措施,消除火源。 火灾发生的条件:同时具备氧化剂、可燃物、点燃源,即火的三要素。这三个要素中缺少任何一个,燃烧都不能发生和维持,因此火的三要素是燃烧的必要条件。在火灾防治中,如果能够阻断三要素的任何一个要素就可以扑灭火灾
4	存放易燃易爆材料的仓库要建立严格管理制度	现场的临时建筑和仓库要严格管理,存放易燃液体和易燃易爆材料的库房,要设置专门的防火设备,采取消除静电等防火措施,防止火灾、爆炸等恶性事故的发生
5	建立定期防火检查制度	定期检查施工现场设置的消防器具、存放易燃易爆材料的仓库、施工重点防火部位和重点工种的施工操作,不合格者责令整改,及时消除火灾隐患

9.6.3　重点工种的防火要求

重点工种的防火要求见表 9.6.3。

表 9.6.3　重点工种的防火要求

序号	类别	防火要求
1	电焊工、气割工	（1）从事电焊、气割操作人员，必须进行专门培训，掌握焊割的安全技术、操作规程，经过考试合格，取得操作合格证后方准操作。操作时应持证上岗。徒工学习期间，不得单独操作，必须在师傅的监护下进行操作。 （2）严格执行用火审批程序和制度。操作前必须办理用火申请手续，经本单位领导同意和消防保卫或安全技术部门检查批准，领取用火许可证后方可进行操作。 （3）用火审批人员要认真负责，严格把关。审批前要深入用火地点查看，确认无火险隐患后再行审批。批准用火应采取定时（时间）、定位（层、段、档）、定人（操作人、看火人）、定措施（应采取的具体防火措施），部位变动或仍需继续操作，应事先更换用火证。用火证只限当日本人使用，并要随身携带，以备消防保卫人员检查。 （4）进行电焊、气割前，由施工员或班组长向操作、看火人员进行消防安全技术措施交底，任何领导不得以任何借口纵容电、气焊工人进行冒险操作。 （5）装过或有易燃、可燃液体、气体及化学危险物品的容器、管道和设备，在未彻底清洗干净前，不得进行焊割。 （6）严禁在有可燃蒸气、气体、粉尘或禁止明火的危险性场所焊割。在这些场所附近进行焊割时，应按有关规定，保持一定的防火距离。 （7）遇有五级以上大风气候时，施工现场的高空和露天焊割作业应停止。 （8）领导及生产技术人员，要合理安排工艺和编排施工进度程序，在有可燃材料保温的部位，不准进行焊割作业。必要时，应在工艺安排和施工方法上采取严格的防火措施。焊割作业不准与油漆、喷漆、脱漆、木工等易燃操作同时间、同部位上下交叉作业。 （9）焊割结束或离开操作现场时，必须切断电源、气源。赤热的焊嘴、焊钳以及焊条头等，禁止放在易燃、易爆物品和可燃物上。 （10）禁止使用不合格的焊割工具和设备。电焊的导线不能与装有气体的气瓶接触，也不能与气焊的软管或气体的导管放在一起。

(续表)

序号	类别	防火要求
1	电焊工、气割工	焊把线和气焊的软管不得从生产、使用、储存易燃、易爆物品的场所或部位穿过。 (11)焊割现场必须配备灭火器材,危险性较大的应有专人现场监护。 (12)电焊工的防火要求: ①电焊工在操作前,要严格检查所用工具(包括电焊机设备、电缆线的接点等),使用的工具均应符合标准,保持完好状态。 ②电焊机应有单独开关,装在防火、防雨的闸箱内,电焊机应设防雨棚(罩)。开关的熔丝容量应为该机的1.5倍,熔丝不准用铜丝或铁丝代替。 ③焊割部位必须与氧气瓶、乙炔瓶、乙炔发生器及各种易燃、可燃材料隔离,两瓶之间不得小于5m,与明火之间不得小于10m。 ④电焊机必须设有专用接地线,直接放在焊件上,接地线不准接在建筑物、机械设备、各种管道、避雷引线下和金属架上借路使用,防止接触火花,造成起火事故。 ⑤电焊机一、二次线应用线鼻子压接牢固,同时应加装防护罩,防止松动、短路放弧,引燃可燃物。 ⑥严格执行防火规定和操作规程,操作时采取相应的防火措施,与看火人员密切配合,防止引起火灾。 (13)气焊工的防火要求: ①乙炔发生器、乙炔瓶、氧气瓶和焊割工具的安全设备必须齐全有效。 ②乙炔发生器、乙炔瓶、液化石油气罐和氧气瓶在新建、维修工程内存放,应设置专用房间单独分开存放并有专人管理,要有灭火器材和防火标志。 ③乙炔发生器和乙炔瓶等与氧气瓶应保持距离。在乙炔发生器旁严禁一切火源。夜间添加电石时,应使用防爆手电筒照明,禁止用明火照明。 ④乙炔发生器、乙炔瓶和氧气瓶不准放在高低压架空线路下方或变压器旁。在高空焊割时,也不要放在焊割部位的下方,应保持一定的水平距离。

(续表)

序号	类别	防火要求
1	电焊工、气割工	⑤乙炔瓶、氧气瓶应直立使用,禁止平放卧倒使用,以防止油类落在氧气瓶上;油脂或沾油的物品,不要接触氧气瓶、导管及其零部件。 ⑥氧气瓶、乙炔瓶严禁暴晒、撞击,防止受热膨胀。开启阀门时要缓慢开启,防止升压过速产生高温、火花而引起爆炸和火灾。 ⑦乙炔发生器、回火阻止器及导管发生冻结时,只能用蒸汽、热水等解决,严禁使用火烤或金属敲打。测定气体导管及其分配装置有无漏气现象时,应用气体探测仪或用肥皂水等简单方法测试,严禁用明火测试。 ⑧操作乙炔发生器和电石桶时,应使用不产生火花的工具,在乙炔发生器上不能装有纯铜的配件。加入乙炔发生器中的水,不能含油脂,以免油脂与氧气接触发生反应,引起燃烧或爆炸。 ⑨防爆膜失去作用后,要按照规定规格、型号进行更换,严禁任意更换防爆膜规格、型号,禁止使用胶皮等代替防爆膜。浮桶式乙炔发生器上面不准堆压其他物品。 ⑩电石应存放在电石库内,不准在潮湿场所和露天存放。 ⑪焊割时要严格执行操作规程和程序。焊割操作时先乙炔气点燃,然后再开氧气进行调火。操作完毕时按相反程序关闭。瓶内气体不能用尽,必须留有余气。 ⑫工作完毕,应将乙炔发生器内电石、污水及其残渣清除干净,倒在指定的安全地点,并要排除内腔和其他部分的气体。禁止电石、污水到处乱放乱摆
2	油漆工	(1)喷漆、涂漆的场所应有良好的通风,防止形成爆炸极限浓度,引起火灾或爆炸。 (2)喷漆、涂漆的场所内禁止一切火源,应采用防爆的电器设备。 (3)禁止与焊工同时间、同部位的上下交叉作业。 (4)油漆工不能穿易产生静电的工作服。接触涂料、稀释剂的工具应采用防火花型的。 (5)浸有涂料、稀释剂的破布、纱团、手套和工作服等,应及时清理,不能随意堆放,防止因化学反应而生热,发生自燃。 (6)对使用中能分解、发热自燃的物料,要妥善管理

(续表)

序号	类别	防火要求
3	木工	(1)操作间建筑应采用阻燃材料搭建。 (2)操作间冬季宜采用暖气(水暖)供暖,如用火炉取暖时,必须在四周采取挡火措施;不应用燃烧劈柴、刨花代替煤取暖。每个火炉都要有专人负责,下班时要将余火彻底熄灭。 (3)电气设备的安装要符合要求。抛光、电锯等部位的电气设备应采用密封式或防爆式。刨花、锯末较多部位的电动机,应安装防尘罩。 (4)操作间内严禁吸烟和用明火作业。 (5)操作间只能存放当班的用料,成品及半成品要及时运走。木工应做到活完场地清,刨花、锯末每班都打扫干净,倒在指定地点。 (6)严格遵守操作规程,对旧木料一定要经过检查,起出铁钉等金属后,方可上锯料。 (7)配电盘、刀闸下方不能堆放成品、半成品及废料等杂物。 (8)工作完毕应拉闸断电,并经检查确认无火险后方可离开
4	电工	(1)电工应经过专门培训,掌握安装与维修的安全技术,并经过考试合格后,方准独立操作。 (2)施工现场暂设线路、电气设备的安装与维修应执行《施工现场临时用电安全技术规范》的要求。 (3)新设、增设的电气设备,必须由主管部门或人员检查合格后,方可通电使用。 (4)各种电气设备或线路,不应超过安全负荷,并要牢靠、绝缘良好和安装合格的保险设备,严禁用铜丝、铁丝等代替熔丝。 (5)放置及使用易燃液体、气体的场所,应采用防爆型电气设备及照明灯具。 (6)定期检查电气设备的绝缘电阻是否符合"不低于$1k\Omega/V$(如对地220V绝缘电阻应不低于$0.22M\Omega$)"的规定,发现隐患,应及时排除。 (7)不可用纸、布或其他可燃材料做无骨架的灯罩,灯泡距可燃物应保持一定的距离。 (8)变(配)电室应保护清洁、干燥。变电室要有良好的通风。配电室内禁止吸烟、生火及保存与配电无关的物品(如食物等)。

(续表)

序号	类别	防火要求
4	电工	(9)当电线穿过墙壁、苇席或与其他物体接触时,应当在电线上套有磁管等绝缘材料加以隔绝。 (10)电气设备和线路应经常检查,发现可能引起火花、短路、发热和绝缘损坏等情况时,必须立即修理。 (11)各种机械设备的电闸箱内,必须保持清洁,不得存放其他物品,电闸箱应配销栓。 (12)电气设备应安装在干燥处,各种电气设备应有妥善的防雨、防潮设施
5	仓库保管员	(1)仓库保管员必须一定要遵守《仓库防火安全管理规则》。 (2)熟悉存放物品的性质、储存中的防火要求及灭火方法,要严格按照其性质、包装、灭火方法、储存防火要求和密封条件等分别存放。性质相抵触的物品不得混存在一起。 (3)严格按照"五距"储存物资。即垛与垛间距不小于1m;垛与墙间距不小于0.5m;垛与梁、柱间距不小于0.3m;垛与散热器、供暖管道的间距不小于0.3m;照明灯具垂直下方与垛的水平间距不得小于0.5m。 (4)库存物品应分类、分垛储存,主要通道的宽度不小于2m。 (5)露天存放物品应当分类、分堆、分组和分垛,并留出必要的防火间距。甲、乙类桶装液体,不宜露天存放。 (6)物品入库前应当进行检查,确定无火种等隐患后,方准入库。 (7)库房门窗等应当严密,物资不能储存在预留孔洞的下方。 (8)库房内照明灯具不准超过60W,并做到人走断电、锁门。 (9)库房内严禁吸烟和使用明火。 (10)库房管理人员在每日下班前,应对经管的库房巡查一遍,确认无火灾隐患后,关好门窗,切断电源后方准离开。 (11)随时清扫库房内的可燃材料,保持地面清洁。 (12)严禁在仓库内兼设办公室、休息室或更衣室、值班室以及进行各种加工作业等

(续表)

序号	类别	防火要求
6	喷灯操作工	(1)喷灯加油时,要选择好安全地点,并认真检查喷灯是否有漏油或渗油的地方,发现漏油或渗油,应禁止使用。因为汽油的渗透性和流散性极好,一旦加油不慎倒出油或喷灯渗油,点火时极易引起着火。 (2)喷灯加油时,应将加油防爆盖旋开,用漏斗灌入汽油。如加油不慎,油洒在灯体上,则应将油擦干净,同时放置在通风良好的地方,使汽油挥发掉再点火使用。 (3)喷灯在使用过程中需要添油时,应首先把灯的火焰熄灭,然后慢慢地旋松加油防爆盖放气,待放尽气和灯体冷却以后再添油。严禁带火加油。 (4)喷灯点火后先要预热喷嘴。预热喷嘴应利用喷灯上的储油杯,不能图省事采取喷灯对喷的方法或用炉火烘烤的方法进行预热,防止造成灯内的油类蒸气膨胀,使灯体爆破伤人或引起火灾。放气点火时,要慢慢地旋开手轮,防止放气太急将油带出起火。 (5)喷灯作业时,火焰与加工件应注意保持适当的距离,防止高热反射造成灯体内气体膨胀而发生事故。 (6)高空作业使用喷灯时,应在地面上点燃喷灯后,将火焰调至最小,用绳子吊上去,不应携带点燃的喷灯攀高。作业点下面及周围不允许堆放可燃物,防止金属熔渣及火花掉落在可燃物上发生火灾。 (7)在地下井或地沟内使用喷灯时,应先进行通风,排除该场所内的易燃、可燃气体。严禁在地下人井或地沟内进行点火,应在距离人井或地沟 1.5~2m 以外的地面点火,然后用绳子将喷灯吊下去使用。 (8)使用喷灯,禁止与喷漆、木工等工序同时间、同部位、上下交叉作业。 (9)喷灯使用时间不宜过长,发现灯体发烫时,应停止使用,进行冷却,防止气体膨胀,发生爆炸引起火灾。 (10)使用喷灯的操作人员,应经过专门训练,其他人员不应随便使用喷灯。

(续表)

序号	类别	防火要求
6	喷灯操作工	(11)喷灯使用一段时间后应进行检查和保养。手动泵应保持清洁,不应有污物进入泵体内,手动泵内的活塞应经常加少量机油,保持润滑,防止活塞干燥碎裂,加油防爆盖上装有安全防爆栓,在压力600~800Pa范围内能自动开启关闭,在一般情况下不应拆开,以防失效。 (12)煤油和汽油喷灯,应有明显的标志,煤油喷灯严禁使用汽油燃料。 (13)使用后的喷灯,应冷却后,将余气放掉,才能存放在安全地点,不应与废棉纱、手套、绳子等可燃物混放在一起
7	熬炼工	(1)在熬炼前必须认真检查设备,如炉灶、烟道、熬炼锅有无裂缝、破漏,如发现损坏,禁止熬炼,应立即修补。 (2)熬炼作业要严格控制温度,应经常检查测温,随时掌握升温情况。 (3)对高压蒸汽熬炼设备,必须安装压力表和安全阀,以控制压力变化。 (4)严禁将熬炼锅设在简易工棚、危险场所附近和电气线路下进行熬炼。 (5)熬炼锅台上应设金属防溢槽,避免熔融液体溢出锅口与明火接触。 (6)建筑工地临时露天熬炼沥青时,炉灶必须架设牢固,不得靠近周围的可燃物。 (7)熬炼油类时,不要在锅内过多地添油,应控制在容器的3/4以内。 (8)熬炼投料时,一次不宜过多,一般将投料控制在熬锅容积的2/3以内;但也不能太少,以防造成过快升温。 (9)生火时,严禁用汽油或煤油等易燃液体点火,也不得直接把沥青当作燃料投入炉火中使用。 (10)在室内进行熬炼作业时,应将周围可燃物清除,做好通风、排油气、水汽的准备工作,然后才能生火熬炼,并经常对油垢及各种沉积物进行清除。

(续表)

序号	类别	防火要求
7	熬炼工	(11)对室内使用的电气设备,发现受潮、挂满油污时,要及时清除与更换。 (12)用煤油稀释沥青时,必须在熔化的沥青冷却到适当的温度时进行,并选择没有明火的地方,严禁用汽油稀释沥青。 (13)熬炼地点应设有消防器材,并配备泡沫灭火器、干粉灭火器、干砂等灭火器材,以便万一发生火灾紧急扑救用。 (14)熬炼操作结束时或下班时,要把油锅盖好,以防雨雪浸入,并把炉火熄灭,消灭火种。 (15)熬炼操作时应有专人看管,不能擅离职守,严禁违反操作规程
8	锻炉工	(1)锻炉宜独立设置,并应选择在距可燃建筑、可燃材料堆场5m以外的地点。 (2)锻炉不能设在电源线的下方,其建筑应采用不燃或难燃材料修建。 (3)锻炉建造好后,须经工地消防保卫或安全技术部门检查合作,并领取用火审批合格证后,方可进行操作及使用。 (4)禁止使用可燃液体开火,工作完毕,应将余火彻底熄灭,方可离开。 (5)鼓风机等电器设备要安装合理,符合防火要求。 (6)加工完的钎子要码放整齐,与可燃材料的防火间距不小于1m。 (7)遇有5级以上的大风气候,应停止露天锻炉作业。 (8)使用可燃液体或硝石溶液淬火时,要控制好油温,防止因液体加热而自燃。 (9)锻炉间应配备适量的灭火器材
9	值班、门卫、警卫人员	(1)严禁任何人擅自将易燃易爆危险品带入单位内部。 (2)认真检查责任范围内的火源、火种、电源等重点部位的防火安全情况,并做好值班记录。

(续表)

序号	类别	防火要求
9	值班、门卫、警卫人员	(3)检查单位内各重点部位、车间、设备等是否断电;检查库房、车间、资料库等要害部位的门窗是否已关好上锁。 (4)检查消防通道是否畅通,消防水源是否有埋压的问题。 (5)对违反防火规定的行为,要及时劝阻和制止。 (6)对发现的消防不安全等问题,及时报告单位值班领导或上级值班人员,采取措施予以解决。 (7)要做到"三知"、"三会"、"五不准": ①"三知":即一要知火警电话119,二要知匪警电话110,三要知当地派出所和上级保卫部门的电话。 ②"三会":即一要会报火警,做到遇有火警沉着、镇静,报清单位地址、火势及燃烧的是什么物质;二要会使用灭火器材,做到对本单位的灭火器材知位置、知性能、知使用方法,三要会扑救初起火灾,做到正确选用灭火工具和扑救方法。 ③"五不准":即值班时,不准睡觉,不准喝酒,不准干私活,不准看小说,不准打扑克、下棋

9.6.4 重点部位的防火要求

重点部位的防火要求见表9.6.4。

表9.6.4 重点部位的防火要求

序号	类别	防火要求
1	料场仓库	(1)易着火的仓库应设在工地下风方向、水源充足和消防车能驶到的地方。 (2)易燃露天仓库四周应有6m宽。平坦空地的消防通道,禁止堆放障碍物。 (3)储存量大的易燃仓库应设两个以上的大门,并将堆放区与有明火的生活区、生活辅助区分开布置,至少应保持30m的防火距离,有飞火的烟囱应布置在仓库的下风方向。 (4)易燃仓库和堆料场应分组设置堆垛,堆垛之间应有3m宽的消防通道,每个堆垛的面积不得大于:木材(板材)300m²、稻草150 m²、锯木 320 m² 。

(续表)

序号	类别	防火要求
1	料场仓库	(5)库存物品应分类分堆储存编号,对危险物品应加强入库检验,易燃易爆物品应使用不发火的工具、设备搬运和装卸。 (6)库房内防火设施齐全,应分组布置种类适合的灭火器,每组不少于4个,组间距不大于30m,重点防火区应每$25m^2$布置1个灭火器。 (7)库房内不得兼作加工、办公等其他用途。 (8)库房内严禁使用碘钨灯,电气线路和照明应符合安全规程。 (9)易燃材料堆垛应保持通风良好,并且应经常检查其温度和湿度,防止自燃起火。 (10)拖拉机不得进入仓库和料场进行装卸作业;其他车辆进入易燃料场仓库时,应安装符合要求的火星熄灭器。 (11)露天油桶堆放场应有醒目的禁火标志和防火防爆措施,润滑油桶应双行并列卧放,桶底相对,桶口朝外,出口向上;轻质油桶应与地面成75°鱼鳞相靠式斜放,各堆之间应保持防火安全距离。 (12)各种气瓶均应单独设库存放
2	电石库	(1)电石库属于甲类物品储存仓库,电石库的建筑应采用一、二级耐火等级。 (2)电石库应建在长年风向的下风方向,与其他建筑及临时设施的防火间距,应符合《建筑设计防火规范》的要求。 (3)电石库不应建在低洼处,库内地面应高于库外地面20cm,同时不能采用易发火花的地面,可用木板或橡胶等铺垫。 (4)电石库应保持干燥、通风,不漏雨水。 (5)电石库的照明设备应采用防爆型,应使用不发火花型的开启工具。 (6)电石渣及粉末应随时清扫
3	油漆料库和调料间	(1)油漆料库与调料间应分开设置,油漆料库和调料间应与散发火花的场所保持一定的防火间距。 (2)性质相抵触、灭火方法不同的品种,应分库存放。 (3)涂料和稀释剂的存放和管理,应符合《仓库防火安全管理规则》的要求。

(续表)

序号	类别	防火要求
3	油漆料库和调料间	(4)调料间应有良好的通风,并应采用防爆电器设备,室内禁止一切火源,调料间不能兼作更衣室和休息室。 (5)油漆工、调料人员应穿不易产生静电的工作服,不带钉子的鞋。使用开启涂料和稀释剂包装的工具,应采用不易产生火花型的工具。 (6)油漆工禁止与焊工同时间、同部位的上下交叉作业。 (7)浸有涂料、稀释剂的破布、纱团、手套和工作服等,应及时清理,不能随意堆放,防止因化学反应而生热,发生自燃。 (8)调料人员应严格遵守操作规程,调料间内不应存放超过当日加工所用的原料
4	木工操作间	(1)操作间建筑应采用阻燃材料搭建。 (2)操作间冬季宜采用暖气(水暖)供暖,如用火炉取暖时,必须在四周采取挡火措施;不应用燃烧劈柴、刨花代煤取暖。 (3)每个火炉都要有专人负责,下班时要将余火彻底熄灭。 (4)电气设备的安装要符合要求。抛光、电锯等部位的电气设备应采用密封式或防爆式。刨花、锯末较多部位的电动机,应安装防尘罩。 (5)操作间内严禁吸烟和用明火作业
5	喷灯作业现场	(1)作业开始前,要将作业现场清理干净,清除下方和四周的易燃可燃物;作业结束时,要认真检查现场,在确无余热引起燃烧危险时,才能离开。 (2)在互相连接的金属工件上使用喷灯烘烤时,要防止由于热传导作用,把靠近金属工件上的易燃可燃物烤着引起火灾,如果被烘烤的物体距离可燃物如木板墙等较近,要用不传热材料遮挡;在无法遮挡时,要有人监护并进行冷却,确保安全。喷灯火焰离带电导线的距离是:10kV以下的1.5m;20~35kV的3m;110kV及以上的5m。并用石棉布等绝缘隔热材料将可燃物遮盖,防止烤着。 (3)电话电缆,常常需要干燥芯线,芯线干燥严禁喷灯直接烘烤,应在蜡中去潮。

(续表)

序号	类别	防火要求
5	喷灯作业现场	（4）在易燃易爆场所或在其他禁火的区域使用喷灯烘烤时,事先必须经过动火审批手续,未经批准不得动用喷灯烘烤。作业时要指定专人负责监护,并做好灭火准备。 （5）作业现场准备一定数量的灭火器材,如黄沙、泡沫灭火器、干粉灭火器、麻袋等,一旦起火能及时扑救

9.6.5 特殊施工场所的防火要求

特殊施工场所的防火要求见表9.6.5。

表9.6.5 特殊施工场所的防火要求

序号	类别	防火要求
1	地下工程施工	（1）施工现场的临时电源线不宜直接敷设在墙壁或土墙上,应用绝缘材料架空安装。配电箱应采取防水措施,潮湿地段或渗水部位照明灯具应采取相应措施或安装防潮灯具。 （2）施工现场应有不少于两个出入口或坡道,施工距离长,应适当增加出入口的数量。施工区面积不超过 $50m^2$,且施工人员不超过20人时,可只设一个直通地上的安全出口。 （3）安全出入口、疏散走道和楼梯的宽度应按其通过人数每100人不小于1m的净宽计算。每个出入口的疏散人数不宜超过250人。安全出入口、疏散走道、楼梯的最小净宽不应小于1m。 （4）疏散走道、安全出入口、拐弯处、楼梯、操作区域等部位,不宜设置突出物或堆放施工材料和机具,同时应设置火灾事故照明灯和设置疏散指示标志灯。疏散指示标志灯的间距不宜过大,距地面高度应为1~1.2m。 （5）火灾事故照明灯照度不应低于5lx(勒克斯),疏散指示标志灯正前方0.5m处的地面照度不应低于1lx。火灾事故照明灯和疏散指示灯工作电源断电后,应能自动投合。 （6）地下工程施工区域应设置消防给水管道和消火栓,消防给水管道可以与施工用水管道合用。特殊地下工程不能设置消防用水时,应配备足够数量的轻便消防器材。

(续表)

序号	类别	防火要求
1	地下工程施工	(7)地下工程施工禁止一切火源和禁止中压式乙炔发生器在地下工程内部使用及存放。 (8)地下工程施工前必须制定相应的应急疏散计划和应急处置方案
2	古建筑物的修缮	(1)电源线、照明灯具不应直接敷设在古建筑的柱、梁上。照明灯具应安装在支架上或吊装,同时加装防护罩。 (2)古建筑工程的修缮若在雨季施工,应考虑安装避雷设备。 (3)古建筑施工应加强动火管理,对电、气焊等实施一次动火的审批制度。 (4)油漆彩画时,禁止一切火源,夏季应及时处理剩下的油皮子,防止因高温自燃。 (5)古建筑施工中,对废弃的刨花、锯末、贴金纸等可燃材料,应及时进行清理,做到活完料清。 (6)施工现场应设置消防给水设施、水池或消防水桶
3	设备安装与调试施工	(1)在设备安装与调试施工前,应进行详细的调查,根据设备安装与调试施工中的火灾危险性及特点,制定消防保卫工作方案,规定必要的制度和措施,制定调试运行过程中单项的和整体的调试运行工作计划或方案,做到定人、定岗、定要求。 (2)在有易燃、易爆气体和液体附近进行明火作业前,应检测可燃气体的爆炸浓度是否能保证施工安全,然后再进行动火作业。动火作业时间应设专人随时进行观测。 (3)调试过的可燃、易燃液体的气体管道、塔、容器、设备等,在进行修理时,必须使用惰性气体或蒸汽进行置换和吹扫,用测量仪器测定爆炸浓度后,方可进行维修检查。 (4)调试过程中,应组织一支专门的应急力量,随时处理一些紧急事故。 (5)在有可燃、易燃液体、气体附近的用电设备,应采用与该场所相匹配防火安全的临时用电设备。 (6)调试过程中,应准备一定数量的填料、堵料及工具、设备,以应对滴、漏、跑、冒的发生,减少火灾和隐患

(续表)

序号	类别	防火要求
4	高层建筑施工	根据高层建筑施工的特点,施工中必须从实际出发,始终贯彻"预防为主,防消结合"的消防工作方针,因地制宜,进行科学管理。高层建筑施工中除遵守正常施工中的各项防火安全管理制度和要求外,还应遵守以下防火安全要求: (1)建筑施工单位要成立施工工地消防安全组织,负责制定施工工地消防安全规章制度、消防安全操作规程和灭火、疏散应急处置预案;负责建筑工地日常消防安全检查、巡查;组织灭火疏散应急预案演练和施工人员消防安全教育培训;负责施工工地灭火器材配备和维护保养;督促落实施工工地火灾隐患整改工作。 (2)施工单位要根据高层建筑施工中安装、装修各阶段的特点,及时提出与之相适应的防火措施和应急预案,并落实到位,演练到位。 (3)严格执行各项消防安全规章制度和消防安全操作规程。要把防火责任落实到每个施工面的具体负责人和每个施工人员。加强现场检查巡查,重点检查消防安全规章制度和消防安全操作规程是否落实到位,及时发现火灾隐患,落实并督促整改责任人员,认真整改。 (4)加强施工工地火源、电源管理。高层建筑施工期间临时用电线路多,电焊、电刨、电锯、电钻等用电设备多,喷灯、烤漆等用火工艺多,要管理好电源和明火,严禁擅自私拉乱接电源、擅自使用明火,严禁在施工工地吸烟。 (5)把电焊作业作为重点防范对象严格管理。电焊作业应严格执行《中华人民共和国消防法》、《机关、团体、企业、事业单位消防安全管理规定》等法律法规的规定,落实各项安全防范措施。水平作业时,必须使用隔火挡板,在有竖井、缝隙、孔洞处作业时,还应使用接火斗,防止电焊火花溅落到作业面下层。 (6)加强对施工工地可燃、易燃材料的管理。材料管理要定点、定位、定人管理,分类存放,远离电源和火源。装修工地的木屑、锯末、各种可燃包装物要随时清理。 (7)配齐足量的临时消防设施。高层建筑设施施工工地应配齐足量的类型相适应的灭火器材。在设备安装和内装修前宜最先安装消防给水设施保证消防用水,必要时还可在每个楼层储备适量的消

(续表)

序号	类别	防火要求
4	高层建筑施工	防用水。工地内要设置临时疏散指示标志、临时应急照明设施,醒目标明楼层位置和楼梯间,安装临时消防广播。各类器材、设施严禁挪作他用。 (8)高层建筑设施工地内材料、垃圾、杂物严禁堵塞通道,要保证施工人员上下左右通行快捷,确保在发生火灾时人员能及时疏散。同时,要保证建筑工地周围消防车通道畅通,各种消防车辆能便捷施救

9.7 施工现场高处作业安全防护

9.7.1 一般规定

施工现场高处作业安全防护一般规定见表9.7.1。

表9.7.1 施工现场高处作业安全防护一般规定

序号	一般规定
1	现场设置的安全防护设施必须坚固、醒目、整齐,安设牢固,具有抗风能力
2	施工现场的安全防护设施必须设专人管理,随时检查,保持其完整和有效性
3	在夜间和阴暗时,现场设置安全防护设施的地方必须设警示灯

9.7.2 临边作业安全防护

施工现场任何处所,当工作面的边沿并无围护设施,使人与物有各种坠落可能的高处作业,属于临边作业。临边作业安全防护技术要求见表9.7.2。

表9.7.2 临边作业安全防护技术要求

序号	安全防护技术要求
1	防护栏杆应由上、下两道栏杆和栏杆柱组成,上杆离地高度应为1.2m,下杆离地高度应为50~60cm。栏杆柱间距应经计算确定,且不得大于2m

(续表)

序号	安全防护技术要求
2	杆件的规格与连接应符合下列要求： （1）当在基坑四围固定时，可采用钢管打入地面50~70cm深，钢管离边口的距离不应小于50cm。当基坑周边采用板桩时，钢管可打在板桩外侧。 （2）当在混凝土楼面、屋面或墙面固定时，可用预埋件与钢管或钢筋焊牢。采用竹、木栏杆时，可在预埋件上焊接30cm长的∟50×5角钢，其上下各钻一孔，然后用10mm螺栓与竹、木栏杆件拴牢。 （3）当在砖或砌块等砌体上固定时，可预先砌入规格相适应的80×6弯转扁钢作预埋铁的混凝土块，然后用上项方法固定
3	栏杆柱的固定及其与横杆的连接，整体构造应使防护栏杆在上杆任何处，能经受任何方向的1 000N外力。当栏杆所处位置有发生人群拥挤、车辆冲击或物件碰撞等可能时，应加大横杆截面或加密柱距
4	防护栏杆必须自上而下用安全立网封闭，或在栏杆下边设置严密固定的高度不低于18cm的挡脚板或40cm的挡脚笆，挡脚板与挡脚笆上如有孔眼，不应大于25mm。板与笆下边距离地面空隙不大于10mm。接料平台两侧的栏杆，必须自上而下加挂安全立网或满扎竹笆
5	当临边的外侧面临街道时，除防护栏杆外，敞口立面必须采取满挂安全网或其他可靠措施作全封闭处理

9.7.3 洞口作业安全防护

施工现场，结构体上往往存在各式各样的孔和洞，在孔和洞边口旁的高处作业统称为洞口作业。洞口作业安全防护措施见表9.7.3。

表9.7.3 洞口作业安全防护措施

序号	安全防护措施
1	楼板、屋面和平台等面上短边尺寸2.5~25cm以上的洞口，必须设坚实盖板并能防止挪动移位
2	25cm×25cm~50cm×50cm的洞口，必须设置固定盖板，保持四周搁置均衡，并有固定其公交车的措施

(续表)

序号	安全防护措施
3	50cm×50cm~150cm×150cm 的洞口,必须预埋通长钢筋网片,纵横钢筋间距不得大于15cm;或满铺脚手板,脚手板应绑扎固定,任何人未经许可不得随意移动
4	150cm×150cm 以上洞口,四周必须搭设围护架,并设双道防护栏杆,洞口中间支挂水平安全网,网的四周要拴挂牢固、严密
5	位于车辆行驶道路旁的洞口、深沟、管道、坑、槽等,所加盖板应能承受不小于当地额定卡车后轮有效承载力2倍的荷载
6	墙面等处的竖向洞口,凡落地的洞口应设置防护门或绑防护栏杆,下设挡脚板。低于80cm的竖向洞口,应加设1.2m高的临时护栏
7	电梯井必须设不低于1.2m的金属防护门,井内首层和首层以上每隔10m设一道水平安全网,安全网应封闭。未经上级主管技术部门批准,电梯井内不得作垂直运输通道和垃圾道
8	洞口必须按规定设置照明装置和安全标志

9.7.4 悬空作业安全防护

施工现场,在周边临空的状态下进行作业时,高度在2m及2m以上,属于悬空高处作业。悬空高处作业的法定定义是:"在无立足点或无牢靠立足点的条件下,进行的高处作业统称为悬空高处作业"。悬空作业尚无立足点,必须适当地建立牢靠的立足点,如搭设操作平台、脚手架或吊篮等,方可进行施工。具体作业安全防护措施见表9.7.4。

表9.7.4 悬空作业安全防护措施

序号	安全防护措施
1	作业处,一般应设作业平台。作业平台必须坚固,支撑牢固,临边设防护栏杆。上下平台必须设攀登设施
2	单人作业,高度较小,且不移位时,可在作业处设安全梯等攀登设施。作业人员应使用安全带
3	电工登杆作业必须戴安全帽、系安全带、穿绝缘鞋,并佩戴脚扣
4	使用专用升降机械时,应遵守机械使用说明书的规定,并制定相应的安全操作规程

9.7.5 上下高处和沟槽(基坑)安全防护

上下高处和沟槽(基坑)安全防护措施见表9.7.5。

表9.7.5 上下高处和沟槽(基坑)安全防护措施

序号	安全防护措施
1	采购的安全梯应符合现行国家标准
2	现场自制安全梯应符合下列要求: (1)梯子结构必须坚固,梯梁与踏板的连接必须牢固。梯子应根据材料性能进行受力验算,其强度、刚度、稳定性应符合相关结构设计要求。 (2)攀登高度不宜超过8m;梯子踏板间距宜为30cm,不得缺档;梯子净宽宜为40~50cm;梯子工作角度宜为75°±5°。 (3)梯脚应置于坚实基面上,放置牢固,不得垫高使用。梯子上端应有固定措施。 (4)梯子需接长使用时,必须有可靠的连接措施,且接头不得超过一处。连接后的梯梁强度、刚度,不得低于单梯梯梁的强度、刚度
3	采用固定式直爬梯时,爬梯应用金属材料制成。梯宽宜为50cm,埋设与焊接必须牢固。梯子顶端应设1.0~1.5m高的扶手。攀登高度超过7m以上部分宜加设护笼;超过13m时,必须设梯间平台
4	人员上下梯子时,必须面向梯子,双手扶梯;梯子上有人时,他人不宜上梯
5	沟槽、基坑施工现场可根据环境状况修筑人行土坡道供施工人员使用。人行土坡道应符合下列要求: (1)坡道土体应稳定、坚实,宜设阶梯,表层宜硬化处理,无障碍物。 (2)宽度不宜小于1m,纵坡不宜陡于1:3。 (3)两侧应设边坡,沟槽(基坑)侧无条件设边坡时,应根据现场情况设防护栏杆。 (4)施工中应采取防扬尘措施,并经常维护,保持完好
6	采用斜道(马道)时,脚手架必须置于坚固的地基上,斜道宽度不得小于1m,纵坡不得陡于1:3,支搭必须牢固

9.7.6 上下交叉作业安全防护

施工现场常会有上下立体交叉的作业。因此,凡在不同层次中,处于空间贯通状态下同时进行的高处作业,属于交叉作业。上下交叉作业安全防护技术见表9.7.6。

第 9 章 施工现场安全管理

表 9.7.6 上下交叉作业安全防护

序号	安全防护技术
1	支模、砌墙、粉刷等各工种,在交叉作业中,不得在同一垂直方向上下同时操作。下层作业的位置必须处于依上层高度确定的可能坠落范围半径之外。不符合此条件,中间应设安全防护层
2	拆除脚手架与模板时,下方不得有其他操作人员
3	拆下的模板、脚手架等部件,临时堆放处离楼层边缘应不小于 1m。堆放高度不得超过 1m。楼梯口、通道口、脚手架边缘等处,严禁堆放卸下物件
4	结构施工至二层起,凡人员进出的通道口(包括井架、施工电梯的进出口)均应搭设安全防护棚。高层建筑高度超过 24m 的层次上交叉作业,应设双层防护设施
5	由于上方施工可能坠落物体,以及处于起重机把杆回转范围之内的通道,其受影响的范围内,必须搭设顶部能防止穿透的双层防护廊或防护棚

9.8 文明施工的基本要求

9.8.1 文明施工的基本要求

文明施工的基本要求见表 9.8.1。

表 9.8.1 文明施工的基本要求

序号	类别	基本要求
1	施工工地大门及围护	(1)施工工地的大门和门柱应牢固、美观,高度不低于 2m。沿城市主要街道工地的门柱应为矩形或正方形,短边不小于 0.36m。 (2)施工现场围墙应封闭严密、完整、牢固、美观,上口要平,外立面要直,高度不低于 1.8m。沿街围墙按地区要求使用金属板材、标准块材砌筑,有机板材、石棉板材或编织布、苫布等软质材料拉紧绷直 (3)施工工地应在大门外附近明显处设置宽 0.7m、高 0.5m 的施工标牌,写明工程名称、建筑面积、建设单位、设计单位、施工单位、工地负责人姓名、开工日期、竣工日期等内容。字体规整、明洁美观,设置高度底边距地面不低于 1.2m。

（续表）

序号	类别	基本要求
1	施工工地大门及围护	（4）大门内应有施工平面布置图，比例合适、内容齐全，一般以结构施工期平面图为主，也可分基础期、结构期、装修期分别设置平面图。还应有安全生产管理制度板、消防保卫管理制度板、场容卫生环保制度板，内容简明、实用，字迹工整规范。 在有条件的工地，四周围墙、宿舍外墙等地方，必须张挂、书写反映企业精神、时代岁月的醒目宣传标语
2	临时设施	（1）利用施工现场或附近的现有设施（包括要拆迁但可暂时利用的建筑物），在建工程本身的建筑物先完成的结构工程（供施工临时使用，交工前再装修）。 （2）必须修建的临时设施，应充分利用当地材料或旧料，尽量采用移动式或容易拆装的建筑，以便重复使用。 （3）临时设施的布置，应方便生产和生活，不得占据在建工程的位置，与施工的建筑物之间，或临设房屋之间要保持安全和消防间距，并考虑总包和分包单位的需要，生活区与施工区要有明确划分。 （4）如有可能，借用建设单位在施工现场或附近的设施
3	场区道路及排水	（1）施工现场首先应尽量利用原有交通设施，并争取提前修建和利用拟建的永久设施解决现场运输问题。 （2）当现场不具备上述条件时，就需要修建临时道路。临时道路的布局，须依据现场情况及施工需要而定，房建工地一般应做成循环道，以保现场运输和消防车的畅通。 （3）为解决临时道路排水问题，道路横断面应有2%~3%向路两侧的坡度。沿道路两侧应设排水沟，边沟纵断面尺寸下口40cm，深度依受水面积及最大雨量计算；一般深度不小于30cm，边坡坡度1:1~1:1.5。在道路交会处或车辆出入处边沟要用涵管沟通
4	现场场容管理	（1）工地主要入口要设置简朴规整大门，门旁必须设立明显的标牌，标明工程名称、施工单位和工程负责人姓名等内容。 （2）建立文明施工责任制，划分区域，明确管理负责人，实行挂牌制，做到现场清洁整齐。

(续表)

序号	类别	基本要求
4	现场场容管理	(3)施工现场场地平整,道路坚实畅通,有排水措施,基础、地下管道施工完成后要及时回填平整,清除积土。 (4)现场施工临时水电要有专人管理,不得有长流水、长明灯。 (5)施工现场的临时设施,包括生产、办公、生活用房、仓库、料场、临时上下水管道以及照明、动力线路,要严格按施工组织设计确定的施工平面图布置、搭设或埋设整齐。 (6)工人操作地点和周围必须清洁整齐,做到活完脚下清,工完场地清,丢洒在楼梯、楼板上的砂浆、混凝土要及时清除,落地灰要回收过筛使用。 (7)砂浆、混凝土在搅拌、运输、使用过程中,要做到不洒、不漏、不剩,使用地点盛放砂浆、混凝土必须有容器或垫板,如有洒、漏要及时清理。 (8)要有严格的成品保护措施,严禁损坏污染成品,堵塞管道。高层建筑要设置临时便桶,严禁在建筑物内大小便。 (9)建筑物内清除的垃圾渣土,要通过临时搭设的竖井或利用电梯井或采取其他措施稳妥下卸,严禁从门窗向下抛掷。 (10)施工现场不准乱堆垃圾及杂物,应在适当地点设置临时堆放点,并定期外运。清运渣土垃圾及流体物品,要采取遮盖防漏措施,运送途中不得遗撒。 (11)根据工程性质和所在地区的不同情况,采取适当的围护和遮挡措施,并保持外观整洁。 (12)针对施工现场情况设置宣传标语和黑板报,并适时更换内容,切实起到鼓舞士气、表扬先进的作用。 (13)施工现场严禁居住家属,严禁居民、家属、小孩在施工现场穿行、玩耍。 (14)现场使用的机械设备,要按平面布置规划固定点存放,遵守机械安全规程,经常保持机身及周围环境的清洁,机械的标记、编号明显,安全装置可靠。 (15)清洗机械排出的污水要有排放措施,不得随地流淌。

(续表)

序号	类别	基本要求
4	现场场容管理	(16) 在用的搅拌机、砂浆机旁必须设有沉淀池,不得将浆水直接排放下水道及河流等处。 (17) 塔吊轨道按规定铺设整齐稳固,塔边要封闭,道砟不外溢,路基内外排水畅通。 (18) 施工现场应建立不扰民措施,针对施工特点设置防尘和防噪声设施,夜间施工必须有当地主管部门的批准
5	现场机械管理	(1) 现场使用的机械设备,要按平面固定点存放,遵守机械安全规程,经常保持机身等周围环境的清洁。机械的标记、编号明显,安全装置可靠。 (2) 清洗机械排出的污水要有排放措施,不得随地流淌。 (3) 塔吊轨道安装铺设整齐稳固,塔边要封闭,道砟不外溢
6	现场生活卫生管理	(1) 施工现场办公室、仓库、职工(包括民工)宿舍,保持清洁卫生,要建立卫生区域,经常打扫,并按规定在工程竣工交用后及时拆除和清退。上述房屋内未经许可一律禁止使用电炉。 (2) 工地伙房食堂及临时卖饭处所,要整洁卫生,做到生熟食隔离,要有防蝇防尘设施。 (3) 施工现场按规定设置临时厕所,经常打扫,保持清洁,定期施洒白灰或其他消毒药物,露天粪池必须加盖,市区工地厕所要有水冲设施。 (4) 施工现场严禁居住家属,严禁居民、家属、小孩在施工现场穿行、玩耍
7	施工现场环境保护	(1) 建筑物内外的零散碎料和垃圾渣土应及时清理,楼梯踏步、休息平台、阳台等悬挑结构上不得堆放垃圾及杂物。 (2) 施工现场应设置垃圾站,及时集中分拣、回收、利用和清运。垃圾清运出场必须到批准的垃圾消纳场倾倒,不得乱倒乱卸。 (3) 施工现场应经常保持整洁卫生,运输车辆不带泥沙出场,并做到沿途不遗撒。

第9章 施工现场安全管理

(续表)

序号	类别	基本要求
7	施工现场环境保护	(4)办公室、职工宿舍和更衣室要保持整洁、有序。生活区周围应保持卫生,无污物和污水,生活垃圾集中排放,及时清理。 (5)施工现场及施工的建筑物内外不得随地大小便,现场内设厕所,应有专人保洁。 (6)冬季取暖炉防煤气中毒设施必须齐全有效,使用前验收合格后方可使用。 (7)工地食堂、伙房要有卫生管理人员。食堂、伙房应经当地卫生防疫部门的审查批准,建立食品卫生管理制度,办理食品卫生许可证、炊事人员身体健康证。 (8)伙房内外整洁,炊具用具必须干净,无腐烂变质食品,操作人员上岗穿整洁的工作服并保持个人卫生。生食和熟食分开加工和保管。 (9)施工现场应供应开水,饮水器具要卫生
8	料具及构配件码放	(1)料具及构配件应按施工平面布置图划定的位置分类码放整齐。预制圆孔板、大楼板、外墙板等大型构件、大模板存放时,场地应平整夯实,有排水措施。 (2)施工现场各种料具按施工平面布置图指定位置存放,并分规格码放整齐,稳固,一头齐、一条线,砖成丁、成行,高度不超过1.5m,砌块码放高度不超过1.8m,砂、石子和其他散料堆放成堆,界限分清,不得混杂。 (3)现场材料应根据其性能采取防雨、防潮、防晒、防冻、防火、防损坏等措施。贵重物品、易燃易爆物品和有毒品应及时入库,专库专管,加设明显标志,并建立严格的领、退料手续。 (4)施工现场外临时存放施工材料,须经有关部门批准,并按规定办理临时占地手续。材料堆放整齐,不影响交通和市容,并应加围挡

9.8.2 文明工地的检查与评选

文明工地的检查与评选方法见表9.8.2。

表9.8.2 文明工地的检查与评选方法

序号	类别	方法
1	文明工地的检查	对参加创建文明工地的工程项目部的检查,要严格执行日常巡查和定期检查制度,检查工作要从工程开工做起,直到竣工交验为止。 施工企业对工程项目部的检查每月应不少于1次。对开出的隐患整改通知书要建立跟踪管理措施,督促项目部及时整改,并对工程项目部的文明施工进行动态监控。工程项目部每月检查应不少于4次。检查按照国家、行业《建筑施工安全检查标准》(JGJ 59—1999)、地方和企业有关规定,对施工现场的安全防护措施、环境保护措施、文明施工责任制以及各项管理制度、现场防火措施等落实情况进行重点检查。在检查中发现的一般安全隐患和违反文明施工的现象,要按"三定"原则予以整改;对各类重大安全隐患和严重违反文明施工的问题,项目部必须认真地进行原因分析,制定纠正和预防措施,并付诸实施
2	文明工地的评选	施工企业内部的文明工地评选,应参照有关文明工地检查评分标准以及本企业有关文明工地评选规定进行。 参加省、市级文明工地的评选,应按照建设行政主管部门的有关规定,实行预申报与推荐相结合、定期评查与不定期抽查相结合的方式进行评选。 申报工程的书面推荐资料应包括: (1)工程中标通知书。 (2)施工现场安全生产保证体系审核认证通过证书。 (3)安全标准化管理工地结构阶段复验合格审批单。 (4)文明工地推荐表。 申报企业可网上查询相关工程的推荐情况。 参加文明工地评选的工地必须遵守以下纪律: (1)不得在工作时内停工待检。 (2)不得违反有关廉洁自律规定。 文明工地创建工作是文明社会发展的要求,也是安全生产的重要保证,体现了施工企业的综合管理水平,各施工企业要把文明工地创建活动放到工作的议事日程上,作为企业施工实现可持续发展的

(续表)

序号	类别	方　法
2	文明工地的评选	一项重要工作来抓。企业内部对文明施工管理和创建文明工地工作要有目标、有组织、有制度、有具体计划和措施,责任职责明确,上下一致,形成企业文明施工和文明工地创建的总体网络系统,使施工现场的安全文明工作落到实处

参考文献

[1] 中国建筑工业出版社. 现行建筑施工规范大全[M]. 修订缩印本. 北京:中国建筑工业出版社,2005.

[2] 北京建工集团总公司. 建筑分项工程施工工艺标准[M]. 2版. 北京. 中国建筑工业出版社,1997.

[3] 杨南方,伊辉. 建筑施工技术措施[M]. 北京:中国建筑工业出版社,1999.

[4] GB 50300—2001 建筑工程施工质量验收统一标准[S]. 北京:中国建筑工业出版社,2001.

[5] GB 50202—2002 建筑地基基础工程施工质量验收规范[S]. 北京:中国建筑工业出版社,2002.

[6] GB 50208—2011 地下防水工程施工质量验收规范[S]. 北京:中国建筑工业出版社,2002.

[7] GB 50204—2002 混凝土结构工程施工质量验收规范[S]. 北京:中国建筑工业出版社,2002.

[8] GB 50203—2011 砌体工程施工质量验收规范[S]. 北京:中国建筑工业出版社,2002.

[9] GB 50209—2010 建筑地面工程施工质量验收规范[S]. 北京:中国建筑工业出版社,2002.

[10] GB 50202—2002 屋面工程施工质量验收规范[S]. 北京:中国建筑工业出版社,2002.

[11] GB 50210—2001 建筑装饰装修工程施工质量验收规范[S]. 北京:中国建筑工业出版社,2001.

[12] GB/T 50001—2010 房屋建筑制图统一标准[S]. 北京:中国计划出版社,2010.

[13] GB/T 50103—2010 总图制图标准[S]. 北京:中国计划出版社,2010.

[14] GB/T 50105—2010 建筑制图标准[S].北京:中国计划出版社, 2010.

[15] GB/T 50105—2010 建筑结构制图标准[S].北京:中国建筑工业出版社,2010.

[16] GB/T 50106—2010 建筑给水排水制图标准[S].北京:中国建筑工业出版社,2010.

[17] GB 50011—2010 建筑抗震设计规范[S].北京:中国建筑工业出版社,2010.

[18] 建筑施工手册[M].4版.北京:中国建筑工业出版社,2003.

[19] 朱浩.建筑制图[M].北京:高等教育出版社,1997.

[20] 王寿华,王比君.屋面工程设计与施工手册[M].2版.北京:中国建筑工业出版社,2003.

[21] 卫明.建筑工程施工强制性条文实施指南[M].北京:中国建筑工业出版社,2002.

[22] 陈书申,陈晓平.土力学与地基基础[M].2版.武汉:武汉理工大学出版社,2003.

[23] 顾晓鲁,钱鸿缙,刘惠珊,等.地基与基础[M].3版.北京:中国建筑工业出版社,2003.

[24] 江正荣.建筑施工计算手册[M].北京:中国建筑工业出版社,2001.

[25] 中国建筑工业出版社.新版建筑工程施工质量验收规范汇编[M].修订版.北京:中国建筑工业出版社,中国计划出版社,2003.

[26] 中国钢结构协会.建筑钢结构施工手册[M].北京:中国计划出版社,2002.

[27] 赵鸿铁.钢与混凝土组合结构[M].北京:科学出版社,2001.

[28]《工程项目施工组织与进度管理便携手册》编委会.工程项目施工组织与进度管理便携手册[M].北京:地震出版社,2005.

[29] 丛培经.实用工程项目管理手册[M].北京:中国建筑工业出

社,1999.
- [30] 刘志才.建筑工程施工项目管理[M].哈尔滨:黑龙江科学技术出版社,1995.
- [31] 全国建筑施工企业项目经理培训教材编写委员会.施工项目质量与安全管理[M].修订版.北京:中国建筑工业出版社,2001.
- [32] 苏振民.建筑施工现场管理手册[M].北京:中国建筑工业出版社,1998.
- [33] 游浩.建筑工程检验批项目验收速查手册[M].北京:中国电力出版社,2004.
- [34] 张向群.建筑工程质量检查验收一本通[M].北京:中国建材工业出版社,2005.